Java EE 互联网轻量级框架整合开发

SSM框架（Spring MVC+Spring+MyBatis）和Redis实现

杨开振　周吉文　梁华辉　谭茂华／著

電子工業出版社
Publishing House of Electronics Industry
北京•BEIJING

内 容 简 介

随着移动互联网的兴起，以 Java 技术为后台的互联网技术占据了市场的主导地位，而在 Java 互联网后台开发中，SSM 框架（Spring+Spring MVC+MyBatis）成为了主要架构，本书以此为焦点从入门到实际工作要求讲述了 SSM 框架的技术应用；与此同时，为了提高系统性能，NoSQL（尤其是 Redis）在互联网系统中已经广泛使用，为了适应这个变化，本书通过 Spring 讲解了有关 Redis 的技术应用，这样更加贴近实际学习和工作的需要。

本书主要分为 6 个部分，第 1 部分对 Java 互联网的框架和主要涉及的模式做初步简介；第 2 部分讲述 MyBatis 技术；第 3 部分讲述 Spring 基础（包括 IoC、AOP 和数据库应用），重点讲解 Spring 数据库事务应用，以满足互联网企业的应用要求；第 4 部分，讲述 Spring MVC 框架；第 5 部分，通过 Spring 技术的应用，讲解 Redis 技术；第 6 部分，讲解 SSM+Redis 实践应用，通过互联网高并发如抢票、抢红包等场景，使用全注解的方式讲解 SSM 框架的整合，以及高并发与锁的应用和系统性能优化。

本书结合企业的实际需求，从原理到实践全面讲解 SSM+Redis 技术应用，无论你是 Java 程序员、SSM 应用和研究人员，还是 Redis 应用人员、互联网开发人员，都可以从本书中收获知识。

图书在版编目（CIP）数据

Java EE 互联网轻量级框架整合开发：SSM 框架（Spring MVC+Spring+MyBatis）和 Redis 实现 / 杨开振等著. —北京：电子工业出版社，2017.7
ISBN 978-7-121-31847-4

Ⅰ. ①J… Ⅱ. ①杨… Ⅲ. ①JAVA 语言－程序设计 ②数据库－基本知识 Ⅳ. ①TP312.8 ②TP311.138

中国版本图书馆 CIP 数据核字（2017）第 130168 号

策划编辑：汪达文
责任编辑：徐津平
印　　刷：三河市鑫金马印装有限公司
装　　订：三河市鑫金马印装有限公司
出版发行：电子工业出版社
　　　　　北京市海淀区万寿路 173 信箱　邮编 100036
开　　本：787×1092　1/16　印张：43　字数：1100 千字
版　　次：2017 年 7 月第 1 版
印　　次：2018 年 12 月第 13 次印刷
印　　数：31001～34000 册　定价：119.00 元

凡所购买电子工业出版社图书有缺损问题，请向购买书店调换。若书店售缺，请与本社发行部联系，联系及邮购电话：（010）88254888，88258888。

质量投诉请发邮件至 zlts@phei.com.cn，盗版侵权举报请发邮件至 dbqq@phei.com.cn。

本书咨询联系方式：（010）51260888-819，faq@phei.com.cn。

前　　言

随着移动互联网的兴起以及手机和平板电脑的普及，Java 开发方向发生了很大变化，渐渐从管理系统走向了互联网系统。互联网系统的要求是大数据、高并发、高响应，而非管理系统的少数据、低并发和缓慢响应。为顺应技术发展趋势，2016 年春季笔者写了一本关于 MyBatis 的著作《深入浅出 MyBatis 技术原理与实战》，作为国内第一本关于 MyBatis 技术的著作，该书受到了业内的广泛肯定。与此同时，电子工业出版社编辑汪达文给了我一个很好的建议，她建议写一本 Java 合集，这更贴近开发工作的实际需求。在移动互联网兴起的时代，Spring+Spring MVC+MyBatis（SSM）的 Java 组合已经成为时代的主流，伴随着 NoSQL（缓存）的广泛应用，Redis 成了主要的 NoSQL 工具，这些都是当今移动互联网最为流行的技术，于是笔者打算竭尽所能写一本 SSM+Redis 的合集，这就是本书创作的缘起。

移动互联网的新要求

- 高并发：举个例子，大公司企业 ERP 应用，有 1 万名员工使用，同时在线的用户可能只有数百人，而操作一个业务的同一个数据的可能只有几个人，其系统一般不会存在高并发的压力，使用传统程序和数据库完全可以应付。在互联网中一件热门的商品，比如新版小米手机，可能刚一上市就有成千上万的请求到达服务器，要求瞬间执行数以万计的数据操作，对性能要求高，操作不当容易造成网站瘫痪，引发网站的生存危机。
- 高响应：企业管理系统可以缓慢处理一些业务，而在高并发的互联网系统中，却不可以，按照互联网的要求一般以 5 秒为上限，超过 5 秒后响应，用户体验不好，从而影响用户忠诚度，而这些往往需要在高并发和大数据量的场景下实现。
- 数据一致性：由于高并发，多个线程对同一数据同时访问，需要保证数据的一致性，比如电商网站的金额、商品库存不能出错，还要保证其性能不能太差，这是在管理系统中不会出现的场景。

- 技术复杂化：在互联网中流行许多新技术，比如常见的 NoSQL（Redis、MongoDB），又如 MQ、RPC 框架、ZooKeeper、大数据、分布式等技术。

为什么选择 SSM 框架+Redis 的开发模式

首先，Struts2 框架和 Spring 结合，多年来改变不了臃肿的老毛病，更为严重的是近年来多次出现的漏洞问题，使得其名声和使用率大降。这个时候 Spring MVC 框架成了新一代 MVC 框架的主流。它原生于 Spring 框架，可以无缝对接 Spring 的核心技术。与 Struts 不同，它的流程模块化，没有那么多臃肿的类，所以互联网应用的框架大部分使用的是 Spring MVC。

其次，目前企业的 Java 应用中，Spring 框架是必须的，Spring 的核心是 IoC（控制反转），它是一个大容器，方便组装和管理各类系统内外部资源，同时支持 AOP（面向切面编程），这是对面向对象的补充，目前广泛用于日志和数据库事务控制，减少了大量的重复代码，使得程序更为清晰。因为 Spring 可以使模块解耦，控制对象之间的协作，所以 Spring 框架是目前 Java 最为流行的框架，几乎没有之一。

最后，对于 Hibernate 而言，笔者感慨最多，在需要存储过程或者复杂 SQL 时，它的映射关系几乎完全用不上，所有的问题都需要自己敲代码处理。作为全映射的框架，它的致命缺点是没有办法完全掌控数据库的 SQL，而优化 SQL 是高并发、高响应系统的必然要求，这是互联网系统的普遍特性，所以 Hibernate 在互联网系统中被排除了。而另一个持久层框架 MyBatis，它需要编写 SQL、提供映射规则，不过它加入了动态 SQL、自动映射、接口编程等功能使得它简单易用，同时支持 SQL 优化、动态绑定，并满足高并发和高响应的要求，所以它成为最流行的 Java 互联网持久框架。

NoSQL 的成功在于，首先它是基于内存的，也就是数据放在内存中，而不是像数据库那样把数据放在磁盘上，而内存的读取速度是磁盘读取速度的几十倍到上百倍，所以 NoSQL 工具的速度远比数据库读取速度要快得多，满足了高响应的要求。即使 NoSQL 将数据放在磁盘中，它也是一种半结构化的数据格式，读取到解析的复杂度远比数据库要简单，这是因为数据库存储的是经过结构化、多范式等有复杂规则的数据，还原为内存结构的速度较慢。NoSQL 在很大程度上满足了高并发、快速读/写和响应的要求，所以它也是 Java 互联网系统的利器。于是两种 NoSQL 的工具 Redis 和 MongoDB 流行起来，尤其是 Redis 已经成为了主要的 NoSQL 工具，本书会详细介绍它的常用方法。

基于以上原因，Spring+Spring MVC +MyBatis 已经成了 Java 互联网时代的主流框架，而 Redis 缓存已经成了主流的 NoSQL 技术，笔者愿意将自己所掌握的知识分享给大家，为目前奋斗在 SSM 和 Redis 战线上的同行们奉献一本有价值的参考书，给一些准备进入这个行业的新手一定的帮助和指导。

本书的特点

全书具备五大特点。

- 实用性：全书内容来自于笔者多年互联网实践开发工作，理论结合实际应用。
- 理论性：突出基础理念，结合设计模式阐述框架的实现原理和应用理念，让读者知其然也知其所以然。
- 与时俱进：介绍最新框架技术，与当前互联网企业保持同步，比如全注解搭建 SSM 框架和 Redis 的应用，使得读者能够把最新技术应用到实际的工作中去。
- 突出热点和重点：着重介绍 MyBatis 实践应用，Spring 数据库及事务应用，使用 Spring 介绍 Redis 实践应用、高并发和锁等互联网热门技术的热点和重点。
- 性能要求突出：这是移动互联网的要求，因为互联网面对大数据和高并发，体现互联网企业真实需要。

本书的内容安排

本书基于一线企业的实际应用要求，介绍了 Java 互联网最流行的框架技术，内容全面，以实际应用为导向，取舍明确，尤其对于技术的重点、难点解释得深入浅出，案例丰富，具体来说本书在体例上分为六大部分。

第 1 部分，首先讲解基础，让读者对 SSM 框架里的每一门技术的主要作用有所了解。然后介绍 SSM 框架的主要设计模式，它们有助于从底层深入理解框架。

第 2 部分，讲解 MyBatis 的基础应用，包括其主要组成、配置、映射器、动态 SQL，并且深入 MyBatis 的底层运行原理和插件，详细讨论它们的高级应用。

第 3 部分，讲解 Spring IoC 和 Spring AOP。掌握 Spring 如何通过 IoC 管理资源，然后通过设计模式讨论 AOP 的实现原理及其使用方法、实践。讨论 Spring 对数据库的支持，如何整合 MyBatis，并且着重讨论了 Spring 数据库事务的相关内容，包括数据库隔离级别和传播行为的应用。

第 4 部分，讲解 Spring MVC 主要的流程、HandlerMapping 的应用、控制器 Controller、处理适配器（HandlerAdapter）、视图和视图解析器，然后讨论传递参数、注解、数据校验、消息转换和国际化等应用。

第 5 部分，掌握 NoSQL 的优势和应用方法，掌握 Redis 的常用数据类型和主要命令，以及一些基本的特性（比如事务）和用法，并教会你在 Java 和 Spring 环境中使用它。

第 6 部分，SSM 框架+Redis 的实战，通过全注解的方式搭建 SSM 框架，讲解 Redis 应用，并展现了互联网的核心问题——高并发和锁的问题。介绍了通过悲观锁、乐观锁和 Redis Lua 语言方案来解决高并发和锁的问题。

和读者的约定

为了方便论述，我们进行以下约定。

- import 语句一般不出现在代码中，主要是为了缩减篇幅，可以使用 IDE 自动导入，除非是笔者认为有必要的场景、一些重要的实例它才会出现在代码中。
- 本书的例子大部分使用附录 A 中的数据模型，附录 A 中有基本的论述和对应的 SQL 语句。
- 对于普通的 POJO，笔者大部分都会以“/**setter and getter**/”代替 POJO 的 setter 和 getter 方法，类似这样：

```
public class Role {
private Long id;
private String roleName;
private String note;
/**setter and getter**/
}
```

读者可以用 IDE 生成这些属性的 setter 和 getter 方法，这样做主要是为了节省篇幅，突出重点，也有利于读者的阅读。当然在一些特别重要的和使用广泛的场景，比如 MyBatis 入门、SSM 框架整合等场景才会给出全量代码，以便读者进行编码学习。

- 在默认情况下，笔者使用互联网最常用的 MySQL 数据库，当使用其他数据库时，笔者会事先加以说明。
- 本书采用 MyBatis 的版本是 3.4.1，Spring 的版本是 4.3.2，Redis 的版本是 3.2.4，在实践的过程中读者需要注意版本之间的差异。

本书的目标读者

阅读本书，读者要掌握以下知识：Java 编程基础、Java EE 基础（JSP、Servlet 等）及数据库基础知识（本书以互联网数据库 MySQL 为主）。本书以互联网企业最广泛使用的技术框架为中心讲解 Java EE 技术，从入门讲解到实践，适合有志于从事 Java EE 开发的各类人员阅读，通过学习本书能够有效提高技术能力，并且将知识点应用到实际的企业工作当中去。本书也可以作为大中专院校计算机专业的教材，帮助在校学生学习企业实际应用，当然你也可以把本书当作一本工作手册进行查阅。

致谢

本书的成功出版，要感谢电子工业出版社的编辑们，没有他们的辛苦付出，绝对没有本书的成功出版，尤其是编辑汪达文，她启发我创作本书，并且在写作过程中给了我很多的建议和帮助，她为此付出了很多时间和精力。

在撰写本书的过程中，得到了我的师兄周吉文的大力支持，他统稿了全书，也帮助我编写了部分章节的内容；同时还得到梁华辉和谭茂华两位好友的协助，他们以过硬的技术为我排除了不少错误，同时也给了我很多很好的建议，并撰写了一些很好的实例；还要感谢我的姐姐杨坚，她撰写了部分内容，并对书中那些晦涩难懂的句子进行了润色，在此对他们的辛苦付出表示最诚挚的感谢。

互联网技术博大精深，涉及的技术门类特别多，甚至跨行业也特别频繁，技术更新较快。撰写本书时笔者也遇到了一些困难，涉及的知识十分广泛，对技术要求也更高，出错的概率也大大增加，正如没有完美的程序一样，也没有完美的书，一切都需要一个完善的过程，所以尊敬的读者，如果对本书有任何意见或建议，欢迎发送邮件（ykzhen2013@163.com），或者在博客（http://blog.csdn.net/ykzhen2015）上留言，以便于本书的修订。

杨开振

2017 年 6 月

读者服务

轻松注册成为博文视点社区用户（www.broadview.com.cn），扫码直达本书页面。

- **下载资源**：本书如提供示例代码及资源文件，均可在 下载资源 处下载。
- **提交勘误**：您对书中内容的修改意见可在 提交勘误 处提交，若被采纳，将获赠博文视点社区积分（在您购买电子书时，积分可用来抵扣相应金额）。
- **交流互动**：在页面下方 读者评论 处留下您的疑问或观点，与我们和其他读者一同学习交流。

页面入口：*http://www.broadview.com.cn/31847*

目　　录

第 1 部分　入门和技术基础

第 2 部分 互联网持久框架——MyBatis

第 3 部分 Spring 基础

第 4 部分　Spring MVC 框架

第 5 部分 Redis 应用

第 6 部分 SSM 框架+Redis 实践应用

第 1 部分

入门和技术基础

第 1 章

认识 SSM 框架和 Redis

本章目标

1．了解 Spring IoC 和 Spring AOP 的基础概念
2．了解 MyBatis 的特点
3．了解 Spring MVC 的特点
4．了解为什么要使用 NoSQL（Redis）及 Redis 的优点
5．掌握 SSM 和 Redis 的基本结构框图和各种技术的作用

1.1 Spring 框架

Spring 框架是 Java 应用最广的框架。它的成功来源于理念，而不是技术本身，它的理念包括 IoC（Inversion of Control，控制反转）和 AOP（Aspect Oriented Programming，面向切面编程）。

1.1.1 Spring IoC 简介

IoC 是一个容器，在 Spring 中，它会认为一切 Java 资源都是 Java Bean，容器的目标就是管理这些 Bean 和它们之间的关系。所以在 Spring IoC 里面装载的各种 Bean，也可以理解为 Java 的各种资源，包括 Java Bean 的创建、事件、行为等，它们由 IoC 容器管理。除此之外，各个 Java Bean 之间会存在一定的依赖关系，比如班级是依赖于老师和学生组成的，假设老师、学生都是 Java Bean，那么显然二者之间形成了依赖关系，老师和学生有教育和被教育的关系。这些 Spring IoC 容器都能够对其进行管理。只是 Spring IoC 管理对象和其依赖关系，采用的不是人为的主动创建，而是由 Spring IoC 自己通过描述创建的，也就是说 Spring 是依靠描述来完成对象的创建及其依赖关系的。

比如插座，它依赖国家标准（这个标准可以定义为一个接口，Socket）去定义，现有两种插座（Socket1 和 Socket2），如图 1-1 所示。

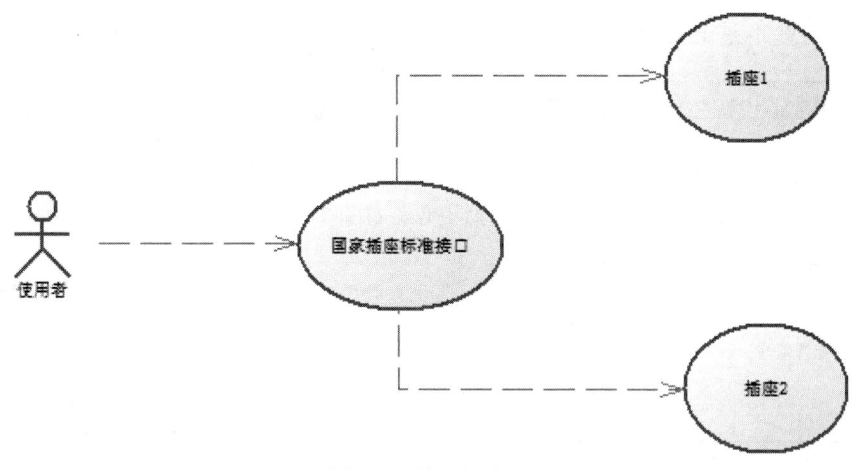

图 1-1　使用插座图

有两种插座可供选择，具体使用哪种呢？我们可以通过代码来实现使用插座 1（Socket1），如代码清单 1-1 所示。

代码清单 1-1：使插座 1（Socket1）

```
Socket socket = new Socket1();
user.setSocket(socket);
user.useSocket();
```

使用 Socket socket = new Socket1();后，国家标准插座接口（Socket）就和插座 1（Socket1）捆绑在一起了。这样就会有一个弊端：如果要使用其他的插座，就需要修改代码了。这种情况 Socket 接口和其实现类 Socket1 耦合了，如果有一天不再使用 Socket1，而是要使用 Socket2，那么就要把代码修改为代码清单 1-2 所示的样子。

代码清单 1-2：使用插座 2（Socket2）

```
Socket socket = new Socket2();
user.setSocket(socket);
user.useSocket();
```

如果有其他更好的插座，岂不是还要修改源码？一个大型互联网的对象成千上万，如果要不断修改，那么对系统的可靠性将是极大的挑战，Spring IoC 可以解决这个问题。

首先，我们不用 new 的方式创建对象，而是使用配置的方式，然后让 Spring IoC 容器自己通过配置去找到插座。先用一段 XML 描述插座和用户的引用插座 1，如代码清单 1-3 所示。

代码清单 1-3：使用 Spring IoC 注入插座 1 给用户

```
<bean id="socket" class="Socket1"/>
<bean id="user" class="xxx.User">
      <property name="socket" ref="socket"/>
</bean>
```

请注意这些不是 Java 代码，而是 XML 配置文件，换句话说只要把配置切换为：

```
<bean id="scocket" class="Socket2">
```

就可以往用户信息中注入插座 2，切换插座的实现类十分方便。这个时候 Socket 接口就可以不依赖任何插座，而通过配置进行切换，如图 1-2 所示。

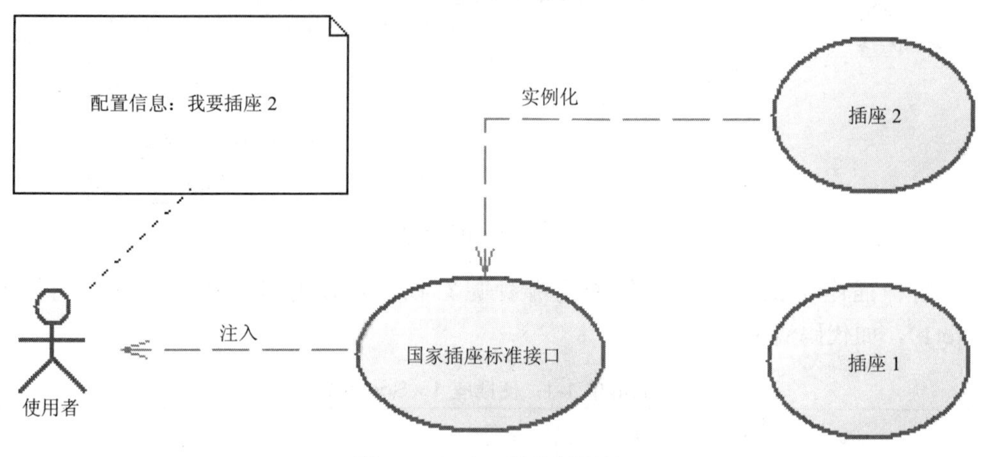

图 1-2　Spring 的控制反转

图 1-2 的配置信息是“我要插座 2”，相当于 XML 依赖关系配置，这个时候 Spring IoC 只会拿到插座 2，然后通过国家标准插座接口注入给使用者，提供给使用者使用。换句话说，这是一种被动的行为，而需要的资源（Bean）通过描述信息就可以得到，其中的控制权在 Spring IoC 容器中，它会根据描述找到使用者需要的资源，这就是控制反转的含义。

这样的好处是 Socket 接口不再依赖于某个实现类，需要使用某个实现类时我们通过配置信息就可以完成了。这样想修改或者加入其他资源就可以通过配置完成，不需要再用 new 关键字进行创建对象，依赖关系也可以通过配置完成，从而完全可以即插即拔地管理它们之间的关系。

你不需要去找资源，只要向 Spring IoC 容器描述所需资源，Spring IoC 自己会找到你所需要的资源，这就是 Spring IoC 的理念。这样就把 Bean 之间的依赖关系解耦了，更容易写出结构清晰的程序。除此之外，Spring IoC 还提供对 Java Bean 生命周期的管理，可以延迟加载，可以在其生命周期内定义一些行为等，更加方便有效地使用和管理 Java 资源，这就是 Spring IoC 的魅力。

1.1.2　Spring AOP

IoC 的目标就是为了管理 Bean，而 Bean 是 Java 面向对象（OOP）的基础设计，比如声明一个用户类、插座类等都是基于面向对象的概念。

有些情况是面向对象没办法处理的。举个例子，生产部门的订单、生产部门、财务部门三者符合 OOP 的设计理念。订单发出，生产部门审批通过准备付款，但是财务部门发现订单的价格超支了，需要取消订单。显然超支限定已经不只是影响财务部门了，还会影响生产部门之前所做的审批，需要把它们作废。我们把预算超支这个条件称为切面，它影响了订单、生产部门和财务部门 3 个 OOP 对象。在现实中，这样的切面条件跨越了 3 个甚至更多的对象，并且影响了它们的协作。所以只用 OOP 并不完善，还需要面向切面的编程，通过它去管理在切面上的某些对象之间的协作，如图 1-3 所示。

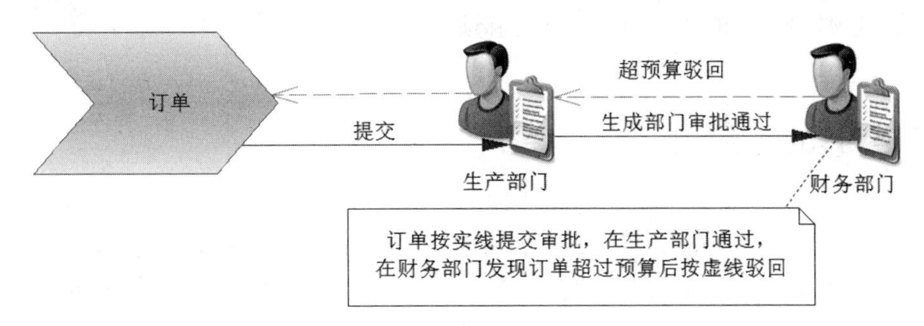

图 1-3　Spring 的切面

在图 1-3 中，实线是订单提交的流程，虚线是订单驳回的流程，影响它们的条件是预算超额，这是一个切面条件。

Spring AOP 常用于数据库事务的编程，很多情况都如同上面的例子，我们在做完第一步数据库数据更新后，不知道下一步是否会成功，如果下一步失败，会使用数据库事务的回滚功能去回滚事务，使得第一步的数据库更新也作废。在 Spring AOP 实现的数据库事务管理中，是以异常作为消息的。在默认的情况下（可以通过 Spring 的配置修改），只要 Spring 接收到了异常信息，它就会将数据库的事务回滚，从而保证数据的一致性。这样我们就知道在 Spring 的事务管理中只要让它接收到异常信息，它就会回滚事务，而不需要通过代码来实现这个过程。比如上面的例子，可用一段伪代码来进行一些必要的说明，如代码清单 1-4 所示。

代码清单 1-4：Spring AOP 处理订单

```
/**
* Spring AOP 处理订单伪代码
* @param order 订单
**/
private void proceed(Order order) {
    //判断生产部门是否通过订单，数据库记录订单
    boolean pflag = productionDept.isPass(order);
    if(pflag) {//如果生产部门通过进行财务部门审批
       if (financialDept.isOverBudget(order)) {//财务审批是否超限
           //抛出异常回滚事务，之前的订单操作也会被回滚
           throw new RuntimeException("预算超限!! ");
       }
    }
}
```

这里我们完全看不到数据库代码，也没有复杂的 try...catch...finally...语句。在现实中，

Spring AOP 的编程也是如此，这些东西都被 Spring 屏蔽了，不需要关注它，只需关注业务代码，知道只要发生了异常，Spring 会回滚事务就足够了。当然这段话还不算准确，因为事务和业务是十分复杂的，但是 Spring 已经提供了隔离级别和传播行为去控制它们，只是在入门的章节没有必要谈得如此复杂，后面会详细剖析它们，有了 Spring 的这些封装，开发人员就可以减少很多的代码和不必要的麻烦。

1.2 MyBatis 简介

MyBatis 的前身是 Apache 的开源项目 iBatis。iBatis 一词来源于“internet”和“abatis”的组合，是一个基于 Java 的持久层框架。2010 年这个项目由 Apache software foundation 迁移到 Google code，并更名为 MyBatis。2013 年 11 月，MyBatis 迁移到 GitHub 上，目前由 GitHub 提供维护。

MyBatis 的优势在于灵活，它几乎可以代替 JDBC，同时提供了接口编程。目前 MyBatis 的数据访问层 DAO（Data Access Objects）是不需要实现类的，它只需要一个接口和 XML（或者注解）。MyBatis 提供自动映射、动态 SQL、级联、缓存、注解、代码和 SQL 分离等特性，使用方便，同时也可以对 SQL 进行优化。因为其具有封装少、映射多样化、支持存储过程、可以进行 SQL 优化等特点，使得它取代了 Hibernate 成为了 Java 互联网中首选的持久框架。

Hibernate 作为一种十分流行的框架，它有其无可替代的优势，这里我们有必要讨论一下它和 MyBatis 的区别。由于 MyBatis 和 Hibernate 都是持久层框架，都会涉及数据库，所以首先定义一个数据库表——角色表（t_role），其结构如图 1-4 所示。

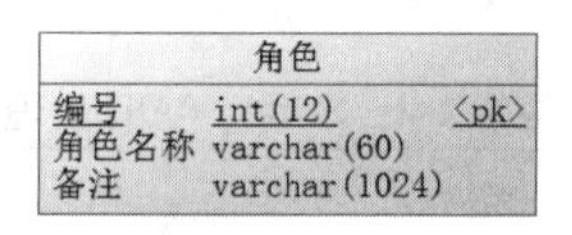

图 1-4　角色表

根据这个角色表，我们可以用一个 POJO（Plain Ordinary Java Object）和这张表定义的字段对应起来，如代码清单 1-5 所示。

代码清单 1-5：定义角色 POJO

```
package com.learn.chapter1.pojo;
public class Role  implements java.io.Serializable {
    private Integer id;
    private String roleName;
    private String note;
    /** setter and getter **/
}
```

无论是 MyBatis 还是 Hibernate 都是依靠某种方法，将数据库的表和 POJO 映射起来的，这样程序员就可以操作 POJO 来完成相关的逻辑了。

1.2.1　Hibernate 简介

要将 POJO 和数据库映射起来需要给这些框架提供映射规则，所以下一步要提供映射的规则，如图 1-5 所示。

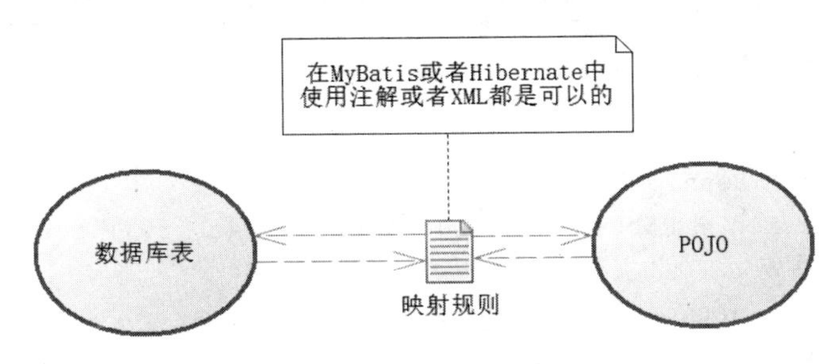

图 1-5　映射规则

在 MyBatis 或者 Hibernate 中可以通过 XML 或者注解提供映射规则，这里讨论的是 XML 方式，因为在 MyBatis 中注解方式会受到一定的限制，所以 MyBatis 通常使用 XML 方式实现映射关系。

我们把 POJO 对象和数据库表相互映射的框架称为对象关系映射（Object Relational Mapping，ORM，或 O/RM，或 O/R mapping）框架。无论 MyBatis 或者 Hibernate 都可以称为 ORM 框架，只是 Hibernate 的设计理念是完全面向 POJO 的，而 MyBatis 则不是。Hibernate 基本不再需要编写 SQL 就可以通过映射关系来操作数据库，是一种全表映射的体现；而 MyBatis 则不同，它需要我们提供 SQL 去运行。

Hibernate 是将 POJO 和数据库表对应的映射文件，如代码清单 1-6 所示。

代码清单 1-6：Hibernate 映射文件

```
<?xml version="1.0"?>
<!DOCTYPE hibernate-mapping PUBLIC "-//Hibernate/Hibernate Mapping DTD 
3.0//EN"
"http://www.hibernate.org/dtd/hibernate-mapping-3.0.dtd">
<hibernate-mapping>
    <class name="com.learn.chapter1.pojo.Role" table="t_role">
        <id name="id" type="java.lang.Integer">
            <column name="id" />
            <generator class="identity" />
        </id>
        <property name="roleName" type="string">
            <column name="role_name" length="60" not-null="true" />
        </property>
        <property name="note" type="string">
            <column name="note" length="512" />
        </property>
    </class>
</hibernate-mapping>
```

首先，对 POJO 和表 t_role 进行了映射配置，把两者映射起来了。然后，对 POJO 进行操作，从而影响 t_role 表的数据，比如对其增、删、查、改可以按照如代码清单 1-7 所示方式操作。

代码清单 1-7：Hibernate 通过 Session 操作数据库数据

```
Session session = null;
Transaction tx = null;
try {
    //打开 Session
    session = HibernateUtil.getSessionFactory().openSession();
    //事务
    tx = session.beginTransaction();
    //POJO
    Role role = new Role();
    role.setId(1);
    role.setRoleName("rolename1");
    role.setNote("note1");
    session.save(role);//保存
    Role role2 = (Role) session.get(Role.class, 1);//查询
    role2.setNote("修改备注");
    session.update(role2);//更新
    System.err.println(role2.getRoleName());
    session.delete(role2);//删除
    tx.commit();//提交事务
} catch (Exception ex) {
    if (tx != null && tx.isActive()) {
        tx.rollback();//回滚事务
    }
    ex.printStackTrace();
} finally {
    if (session != null && session.isOpen()) {
        session.close();
    }
}
```

这里我们没有看到 SQL，那是因为 Hibernate 会根据映射关系来生成对应的 SQL，程序员不用精通 SQL，只要懂得操作 POJO 就能够操作对应数据库的表了。

这在管理系统时代是十分有利的。因为对于管理系统而言，首先在于实现业务逻辑，然后才是性能，所以 Hibernate 成为了那个时代的主流持久框架。

1.2.2 MyBatis

在移动互联网时代，MyBatis 成为了目前互联网 Java 持久框架的首选，与 Hibernate 消除 SQL 不同，MyBatis 不屏蔽 SQL。不屏蔽 SQL 的优势在于，程序员可以自己制定 SQL

规则，无须 Hibernate 自动生成规则，这样能够更加精确地定义 SQL，从而优化性能。它更符合移动互联网高并发、大数据、高性能、高响应的要求。

与 Hibernate 一样，MyBatis 也需要一个映射文件把 POJO 和数据库的表对应起来。MyBatis 映射文件如代码清单 1-8 所示。

代码清单 1-8：MyBatis 映射文件

```
<?xml version="1.0" encoding="UTF-8" ?>
<!DOCTYPE mapper PUBLIC "-//mybatis.org//DTD Mapper 3.0//EN"
"http://mybatis.org/dtd/mybatis-3-mapper.dtd">
<mapper namespace="com.learn.chapter1.mapper.RoleMapper">
   <resultMap id="roleMap" type="com.learn.chapter1.pojo.Role">
      <id property="id" column="id" />
      <result property="roleName" column="role_name"/>
      <result property="note" column="note"/>
   </resultMap>

   <select id="getRole" resultMap="roleMap">
      select id, role_name, note from t_role where id = #{id}
   </select>

   <delete id ="deleteRole" parameterType="int">
      delete from t_role where id = #{id}
   </delete>

   <insert id ="insertRole" parameterType="com.learn.chapter1.pojo.Role">
      insert into t_role(role_name, note) values(#{roleName}, #{note})
   </insert>

   <update id="updateRole" parameterType="com.learn.chapter1.pojo.Role">
      update t_role set
      role_name = #{roleName},
      note = #{note}
      where id = #{id}
   </update>
</mapper>
```

这里的 resultMap 元素用于定义映射规则，而实际上 MyBatis 在满足一定的规则下，完成自动映射，而增、删、查、改对应着 insert、delete、select、update 四个元素，十分明了。

注意，mapper 元素中的 namespace 属性，它要和一个接口的全限定名保持一致，而里面的 SQL 的 id 也需要和接口定义的方法完全保持一致，定义 MyBatis 映射文件，如代码清单 1-9 所示。

代码清单 1-9：定义 MyBatis 映射文件

```
package com.learn.chapter1.mapper;
import com.learn.chapter1.pojo.Role;
```

```
public interface RoleMapper {

    public Role getRole(Integer id);

    public int deleteRole(Integer id);

    public int insertRole(Role role);

    public int updateRole(Role role);
}
```

定义了 MyBatis 映射文件，或许读者会有一个很大的疑问，就是是否需要定义一个实现类呢？答案是不需要。

完成对角色类的增、删、查、改，如代码清单 1-10 所示。

代码清单 1-10：MyBatis 对角色类的增、删、查、改

```
SqlSession sqlSession = null;
try {
    sqlSession = MyBatisUtil.getSqlSession();
    RoleMapper roleMapper = sqlSession.getMapper(RoleMapper.class);
    Role role = roleMapper.getRole(1);//查询
    System.err.println(role.getRoleName());
    role.setRoleName("update_role_name");
    roleMapper.updateRole(role);//更新
    Role role2 = new Role();
    role2.setNote("note2");
    role2.setRoleName("role2");
    roleMapper.insertRole(role);//插入
    roleMapper.deleteRole(5);//删除
    sqlSession.commit();//提交事务
} catch (Exception ex) {
    ex.printStackTrace();
    if (sqlSession != null) {
        sqlSession.rollback();//回滚事务
    }
} finally {//关闭连接
    if (sqlSession != null) {
        sqlSession.close();
    }
    }
```

显然 MyBatis 在业务逻辑上和 Hibernate 是大同小异的。其区别在于，MyBatis 需要提供接口和 SQL，这意味着它的工作量会比 Hibernate 大，但是由于自定义 SQL、映射关系，所以其灵活性、可优化性就超过了 Hibernate。互联网可优化性、灵活性是十分重要的，因为一条 SQL 的性能可能相差十几倍到几十倍，这对于互联网系统是十分重要的。

1.2.3　Hibernate 和 MyBatis 的区别

Hibernate 和 MyBatis 的增、删、查、改，对于业务逻辑层来说大同小异，对于映射层而言 Hibernate 的配置不需要接口和 SQL，相反 MyBatis 是需要的。对于 Hibernate 而言，不需要编写大量的 SQL，就可以完全映射，同时提供了日志、缓存、级联（级联比 MyBatis 强大）等特性，此外还提供 HQL（Hibernate Query Language）对 POJO 进行操作，使用十分方便，但是它也有致命的缺陷。

由于无须 SQL，当多表关联超过 3 个的时候，通过 Hibernate 的级联会造成太多性能的丢失，又或者我现在访问一个财务的表，然后它会关联财产信息表，财产又分为机械、原料等，显然机械和原料的字段是不一样的，这样关联字段只能根据特定的条件变化而变化，而 Hibernate 无法支持这样的变化。遇到存储过程，Hibernate 只能作罢。更为关键的是性能，在管理系统的时代，对于性能的要求不是那么苛刻，但是在互联网时代性能就是系统的根本，响应过慢就会丧失客户，试想一下谁会去用一个经常需要等待超过 10 秒以上的应用呢？

以上的问题 MyBatis 都可以解决，MyBatis 可以自由书写 SQL、支持动态 SQL、处理列表、动态生成表名、支持存储过程。这样就可以灵活地定义查询语句，满足各类需求和性能优化的需要，这些在互联网系统中是十分重要的。

但 MyBatis 也有缺陷。首先，它要编写 SQL 和映射规则，其工作量稍微大于 Hibernate。其次，它支持的工具也很有限，不能像 Hibernate 那样有许多的插件可以帮助生成映射代码和关联关系，而即使使用生成工具，往往也需要开发者进一步简化，MyBatis 通过手工编码，工作量相对大些。所以对于性能要求不太苛刻的系统，比如管理系统、ERP 等推荐使用 Hibernate；而对于性能要求高、响应快、灵活的系统则推荐使用 MyBatis。

1.3　Spring MVC 简介

长期以来 Struts2 与 Spring 的结合一直存在很多的问题，比如兼容性和类臃肿。加之近年来 Struts2 漏洞问题频发，导致使用率大减。与此同时，生于 Spring Web 项目的 MVC（Model View Controller）框架走到了我们的面前，Spring MVC 结构层次清晰，类比较简单，并且与 Spring 的核心 IoC 和 AOP 无缝对接，成为了互联网时代的主流框架。

MVC 模式把应用程序（输入逻辑、业务逻辑和 UI 逻辑）分成不同的方面，同时提供这些元素之间的松耦合。

- Model（模型），封装了应用程序的数据和由它们组成的 POJO。
- View（视图），负责把模型数据渲染到视图上，将数据以一定的形式展现给用户。
- Controller（控制器），负责处理用户请求，并建立适当的模型把它传递给视图渲染。

在 Spring MVC 中还可以定义逻辑视图，通过其提供的视图解析器就能够很方便地找到对应的视图进行渲染，或者使用其消息转换的功能，比如在 Controller 的方法内加入注解 @ResponseBody 后，Spring MVC 就可以通过其消息转换系统，将数据转换为 JSON，提供给前端 Ajax 请求使用。

Spring MVC 中的重点在于它的流程和一些重要的注解，包括控制器、视图解析器、视图等重要内容。

1.4 最流行的 NoSQL——Redis

Redis 是当前互联网世界最为流行的 NoSQL（Not Only SQL）。NoSQL 在互联网系统中的作用很大，因为它可以在很大程度上提高互联网系统的性能。它具备一定持久层的功能，也可以作为一种缓存工具。对于 NoSQL 数据库而言，作为持久层，它存储的数据是半结构化的，这就意味着计算机在读入内存中有更少的规则，读入速度更快。对于那些结构化、多范式规则的数据库系统而言，它更具性能优势。作为缓存，它可以支持大数据存入内存中，只要命中率高，它就能快速响应，因为在内存中的数据读/写比数据库读/写磁盘的速度快几十到上百倍，其作用如图 1-6 所示。

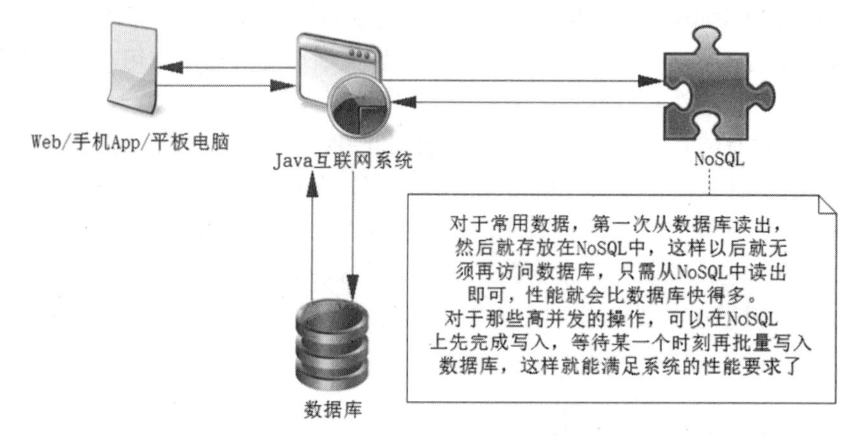

图 1-6　NoSQL 的作用

目前 NoSQL 有很多争议，有些人认为它可以取代数据库，而笔者却不这么认为，因为数据库系统有更好的规范性和数据完整性，功能更强大，作为持久层更为完善，安全性更高。而 NoSQL 结构松散、不完整，功能有限，目前尚不具备取代数据库的实力，但是作为缓存工具，它的高性能、高响应等功能，使它成为一个很重要的工具。

当前 Redis 已经成为了主要的 NoSQL 工具，其原因如下。

- **响应快速**：Redis 响应非常快，每秒可以执行大约 110 000 个写入操作，或者 81 000 个读操作，其速度远超数据库。如果存入一些常用的数据，就能有效提高系统的性能。
- **支持 6 种数据类型**：它们是字符串、哈希结构、列表、集合、可排序集合和基数。比如对于字符串可以存入一些 Java 基础数据类型，哈希可以存储对象，列表可以存储 List 对象等。这使得在应用中很容易根据自己的需要选择存储的数据类型，方便开发。对于 Redis 而言，虽然只有 6 种数据类型，但是有两大好处：一方面可以满足存储各种数据结构体的需要；另外一方面数据类型少，使得规则就少，需要的判断和逻辑就少，这样读/写的速度就更快。

- **操作都是原子的：** 所有 Redis 的操作都是原子的，从而确保当两个客户同时访问 Redis 服务器时，得到的是更新后的值（最新值）。在需要高并发的场合可以考虑使用 Redis 的事务，处理一些需要锁的业务。
- **MultiUtility 工具：** Redis 可以在如缓存、消息传递队列中使用（Redis 支持“发布+订阅”的消息模式），在应用程序如 Web 应用程序会话、网站页面点击数等任何短暂的数据中使用。

正是因为 Redis 具备这些优点，使得它成为了目前主流的 NoSQL 技术，在 Java 互联网中得到了广泛使用。

一方面，使用 NoSQL 从数据库中读取数据进行缓存，就可以从内存中读取数据了，而不像数据库一样读磁盘。现实是读操作远比写操作要多得多，所以缓存很多常用的数据，提高其命中率有助于整体性能的提高，并且能减缓数据库的压力，对互联网系统架构是十分有利的。另一方面，它也能满足互联网高并发需要高速处理数据的场合，比如抢红包、商品秒杀等场景，这些场合需要高速处理，并保证并发数据安全和一致性。

1.5　SSM+Redis 结构框图及概述

在 Java 互联网中，以 Spring+Spring MVC+MyBatis（SSM）作为主流框架，SSM+Redis 的结构框图，如图 1-7 所示。

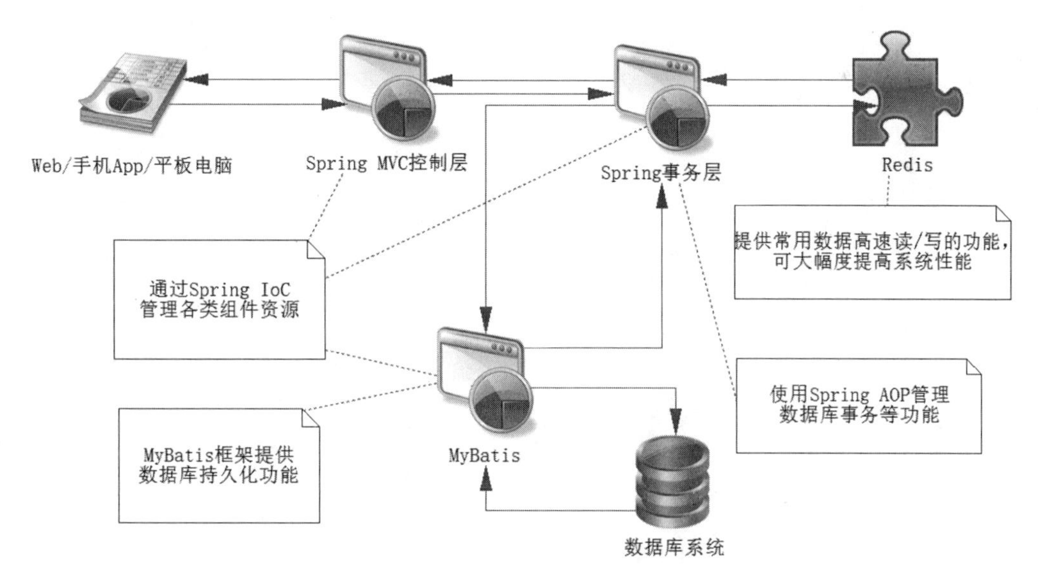

图 1-7　SSM+Redis 结构框图

下面简单介绍它们各自承担的功能。

- Spring IoC 承担了一个资源管理、整合、即插即拔的功能。

- Spring AOP 可以提供切面管理，特别是数据库事务管理的功能。
- Spring MVC 用于把模型、视图和控制器分层，组合成一个有机灵活的系统。
- MyBatis 提供了一个数据库访问的持久层，通过 MyBatis-Spring 项目，它便能和 Spring 无缝对接。
- Redis 作为缓存工具，它提供了高速度处理数据和缓存数据的功能，使得系统大部分只需要访问缓存，而无须从数据库磁盘中重复读/写；在一些需要高速运算的场合中，也可以先用它来完成运算，再把数据批量存入数据库，这样便能极大地提升互联网系统的性能和响应能力。

从第 2 章开始，我们通过工程案例来详细讲解这些技术的使用方法、原理和优化方法。

第 2 章 Java 设计模式

本章目标

1. 学习反射技术，掌握反射的基本概念
2. 着重学习全书重点——动态代理和责任链模式，以及拦截器的概念
3. 掌握观察者模式
4. 掌握工厂和抽象工厂模式
5. 掌握 Builder（构建）模式

2.1 Java 反射技术

Java 反射技术应用广泛，它能够配置：类的全限定名、方法和参数，完成对象的初始化，甚至是反射某些方法。这样就可以大大增强 Java 的可配置性，Spring IoC 的基本原理也是如此，当然 Spring IoC 的代码要复杂得多。

Java 的反射内容繁多，包括对象构建、反射方法、注解、参数、接口等。本书不会面面俱到详谈所有内容，而是主要讲解对象构建（包括没有参数的和有参数的构建方法）和方法的反射调用。在 Java 中，反射是通过包 java.lang.reflect.*来实现的。

2.1.1 通过反射构建对象

在 Java 中允许通过反射配置信息构建对象，比如 ReflectServiceImpl 类，如代码清单 2-1 所示。

代码清单 2-1：ReflectServiceImpl.java

```
package com.lean.ssm.chapter2.reflect;

public class ReflectServiceImpl {
    public void sayHello(String name) {
        System.err.println("Hello "+name);
```

```
    }
}
```

然后通过反射的方法去构建它，如代码清单 2-2 所示。

代码清单 2-2：反射生成对象

```
public ReflectServiceImpl getInstance() {
   ReflectServiceImpl object = null;
   try {
      object = (ReflectServiceImpl)
      Class.forName("com.lean.ssm.chapter2.reflect.ReflectServiceImpl").
newInstance();
   } catch (ClassNotFoundException | InstantiationException |
IllegalAccessException ex) {
      ex.printStackTrace();
   }
return object;
}
```

这里的代码就是生成一个对象，然后将其返回。下面这行代码的目的就是给类加载器注册了一个类 ReflectServiceImpl 的全限定名，然后通过 newInstance 方法初始化了一个类对象，使用反射的方式也十分简单。

```
object = (ReflectServiceImpl)
   Class.forName("com.lean.ssm.chapter2.reflect.ReflectServiceImpl").
newInstance();
```

这是一个构建方法，没有任何参数的类的反射生成，所以还剩下一个问题，即如果一个类的所有构建方法里都至少存在一个参数，如何用反射构建它。在 Java 中，只要稍微改变一下就可以了，例如把 ReflectServiceImpl 改造成 ReflectServiceImpl2 ，如代码清单 2-3 所示。

代码清单 2-3：构建方法含有参数的类

```
package com.lean.ssm.chapter2.reflect;
public class ReflectServiceImpl2 {
   private String name;

   public ReflectServiceImpl2(String name) {
      this.name = name;
   }
   public void sayHello() {
      System.err.println("hello "+name);
}
}
```

这里实现了含一个参数的构建方法，这时将不能用之前的办法将其反射生成对象，用代码清单 2-4 的方法可以完成相同的功能。

代码清单 2-4：通过反射生成带有参数的构建方法

```
public ReflectServiceImpl2 getInstance() {
    ReflectServiceImpl2 object = null;
    try {
        object =
            (ReflectServiceImpl2)
            Class.forName("com.lean.ssm.chapter2.reflect.
ReflectServiceImpl2").
            getConstructor(String.class).newInstance("张三");
    } catch (ClassNotFoundException | InstantiationException
              | IllegalAccessException | NoSuchMethodException
              | SecurityException | IllegalArgumentException
              | InvocationTargetException ex) {
            ex.printStackTrace();
    }
    return object;
}
```

使用如下代码反射生成对象：

```
object =
(ReflectServiceImpl2)
Class.forName("com.lean.ssm.chapter2.reflect.ReflectServiceImpl2").
getConstructor(String.class).newInstance("张三");
```

先通过 forName 加载到类的加载器。然后通过 getConstructor 方法，它的参数可以是多个，这里定义为 String.class，意为有且只有一个参数类型为 String 的构建方法。通过这个方法可以对重名方法进行排除，此时再用 newInstance 方法生成对象，只是 newInstance 方法也多了一个参数“张三”而已。实际就等于 object = new ReflectServiceImpl2("张三")，只是这里用反射机制来生成这个对象而已。

反射的优点是只要配置就可以生成对象，可以解除程序的耦合度，比较灵活。反射的缺点是运行比较慢。但是大部分情况下为了灵活度，降低程序的耦合度，我们还是会使用反射的，比如 Spring IoC 容器。

2.1.2　反射方法

本节着重介绍如何使用反射方法。在使用反射方法前要获取方法对象，得到了方法才能够去反射。以代码清单 2-1 的 ReflectServiceImpl 类为例，其方法如代码清单 2-5 所示。

代码清单 2-5：获取和反射方法

```
public Object reflectMethod() {
    Object returnObj = null;
```

```
    ReflectServiceImpl target = new ReflectServiceImpl();
    try {
        Method method = ReflectServiceImpl.class.getMethod("sayHello", 
String.class);
        returnObj = method.invoke(target, "张三");
    } catch (NoSuchMethodException | SecurityException
            | IllegalAccessException | IllegalArgumentException
            | InvocationTargetException ex) {
        ex.printStackTrace();
    }
    return returnObj;
}
```

我们来看加粗的代码，当有具体的对象 target，而不知道具体是哪个类时，也可以使用 target.getClass().getMethod("sayHello", String.class);代替它，其中第一个参数是方法名称，第二个参数是参数类型，是一个列表，多个参数可以继续编写多个类型，这样便能获得反射的方法对象。反射方法是运用 returnObj = method.invoke(target, "张三");代码完成的，第一个参数为 target，就是确定用哪个对象调用方法，而“张三”是参数，这行就等同于 target.sayHello("张三");。如果存在多个参数，可以写成 Method.invoke(target, obj1,obj2, obj3......)，这些要根据对象的具体方法来确定。

2.1.3 实例

通过实例来看看如何反射生成对象和反射调度方法。继续使用 ReflectServiceImpl 类，现在来看看这样的一个调度方法，如代码清单 2-6 所示。

代码清单 2-6：反射生成对象和反射调度方法

```
public Object reflect() {
    ReflectServiceImpl object = null;
    try {
        object = (ReflectServiceImpl)
        Class.forName("com.lean.ssm.chapter2.reflect.ReflectServiceImpl").
newInstance();
        Method method = object.getClass().getMethod("sayHello", String.class);
        method.invoke(object, "张三");
    } catch (NoSuchMethodException | SecurityException
            | ClassNotFoundException | IllegalAccessException
            | IllegalArgumentException | InvocationTargetException
            | InstantiationException ex) {
        ex.printStackTrace();
    }
    return object;
}
```

这样便能反射对象和方法，测试结果如下：

```
Hello 张三
```

对象在反射机制下生成后，反射了方法，这样我们完全可以通过配置来完成对象和方法的反射，大大增强了 Java 的可配置性和可扩展性，其中 Spring IoC 就是一个典型的样例。

2.2　动态代理模式和责任链模式

本节是全书的重点内容之一，请读者务必掌握好。动态代理和责任链无论在 Spring 还是 MyBatis 中都有重要的应用，只要随着本书的例子多写代码，反复体验，就能掌握。在分析 Spring 和 MyBatis 技术原理时，我们还会不断提及它们，它们适用范围广，值得读者认真研究。

动态代理的意义在于生成一个占位（又称代理对象），来代理真实对象，从而控制真实对象的访问。

先来谈谈什么是代理模式。假设这样一个场景，你的公司是一家软件公司，你是一位软件工程师。客户带着需求去找公司显然不会直接和你谈，而是去找商务谈，此时客户会认为商务就代表公司。

让我们用一张图来表示代理模式的含义，如图 2-1 所示。

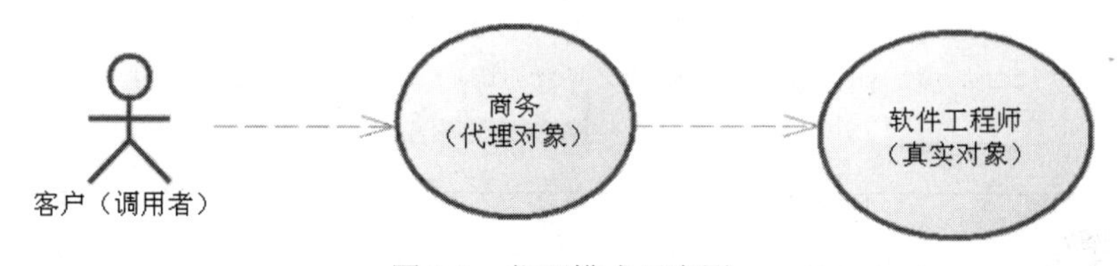

图 2-1　代理模式示意图

显然客户是通过商务去访问软件工程师的，那么商务（代理对象）的意义在于什么呢？商务可以进行谈判，比如项目启动前的商务谈判，软件的价格、交付、进度的时间节点等，或者项目完成后的商务追讨应收账款等。商务也有可能在开发软件之前谈判失败，此时商务就会根据公司规则去结束和客户的合作关系，这些都不用软件工程师来处理。因此，代理的作用就是，在真实对象访问之前或者之后加入对应的逻辑，或者根据其他规则控制是否使用真实对象，显然在这个例子里商务控制了客户对软件工程师的访问。

经过上面的论述，我们知道商务和软件工程师是代理和被代理的关系，客户是经过商务去访问软件工程师的。此时客户就是程序中的调用者，商务就是代理对象，软件工程师就是真实对象。我们需要在调用者调用对象之前产生一个代理对象，而这个代理对象需要和真实对象建立代理关系，所以代理必须分为两个步骤：

- 代理对象和真实对象建立代理关系。
- 实现代理对象的代理逻辑方法。

在 Java 中有多种动态代理技术，比如 JDK、CGLIB、Javassist、ASM，其中最常用的动态代理技术有两种：一种是 JDK 动态代理，这是 JDK 自带的功能；另一种是 CGLIB，这是第三方提供的一个技术。目前，Spring 常用 JDK 和 CGLIB，而 MyBatis 还使用了 Javassist，无论哪种代理其技术，它们的理念都是相似的。

本书会谈论两种最常用的动态代理技术：JDK 和 CGLIB。在 JDK 动态代理中，我们必须使用接口，而 CGLIB 不需要，所以使用 CGLIB 会更简单一些。下面依次讨论这两种最常用的动态代理。

2.2.1 JDK 动态代理

JDK 动态代理是 java.lang.reflect.*包提供的方式，它必须借助一个接口才能产生代理对象，所以先定义接口，如代码清单 2-7 所示。

代码清单 2-7：定义接口

```
public interface HelloWorld {
   public void sayHelloWorld();
}
```

然后提供实现类 HelloWordImpl 来实现接口，如代码清单 2-8 所示。

代码清单 2-8：实现接口

```
public class HelloWorldImpl  implements HelloWorld {
   @Override
   public void sayHelloWorld() {
      System.out.println("Hello World");
   }
}
```

这是最简单的 Java 接口和实现类的关系，此时可以开始动态代理了。按照我们之前的分析，先要建立起代理对象和真实服务对象的关系，然后实现代理逻辑，所以一共分为两个步骤。

在 JDK 动态代理中，要实现代理逻辑类必须去实现 java.lang.reflect.InvocationHandler 接口，它里面定义了一个 invoke 方法，并提供接口数组用于下挂代理对象，如代码清单 2-9 所示。

代码清单 2-9：动态代理绑定和代理逻辑实现

```
public class JdkProxyExample implements InvocationHandler {

   //真实对象
   private Object target = null;

   /**
    * 建立代理对象和真实对象的代理关系，并返回代理对象
    * @param target 真实对象
```

```
     * @return  代理对象
     */
    public Object bind(Object target) {
        this.target = target;
        return  Proxy.newProxyInstance(target.getClass().getClassLoader(),
target.getClass().getInterfaces(), this);
    }

    /**
     * 代理方法逻辑
     * @param proxy 代理对象
     * @param method 当前调度方法
     * @param args 当前方法参数
     * @return 代理结果返回
     * @throws Throwable 异常
     */
    @Override
    public Object invoke(Object proxy, Method method, Object[] args) throws
Throwable {
        System.out.println("进入代理逻辑方法");
        System.out.println("在调度真实对象之前的服务");
        Object obj = method.invoke(target, args);//相当于调用 sayHelloWorld
方法
        System.out.println("在调度真实对象之后的服务");
        return obj;
}
}
```

第 1 步，建立代理对象和真实对象的关系。这里是使用了 bind 方法去完成的，方法里面首先用类的属性 target 保存了真实对象，然后通过如下代码建立并生成代理对象。

```
Proxy.newProxyInstance(target.getClass()
.getClassLoader(), target.getClass().getInterfaces(), this);
```

其中 newProxyInstance 方法包含 3 个参数。

- 第 1 个是类加载器，我们采用了 target 本身的类加载器。
- 第 2 个是把生成的动态代理对象下挂在哪些接口下，这个写法就是放在 target 实现的接口下。HelloWorldImpl 对象的接口显然就是 HelloWorld，代理对象可以这样声明：`HelloWorld proxy = xxxx;`。
- 第 3 个是定义实现方法逻辑的代理类，this 表示当前对象，它必须实现 InvocationHandler 接口的 invoke 方法，它就是代理逻辑方法的现实方法。

第 2 步，实现代理逻辑方法。invoke 方法可以实现代理逻辑，invoke 方法的 3 个参数的含义如下所示。

- proxy，代理对象，就是 bind 方法生成的对象。

- method，当前调度的方法。
- args，调度方法的参数。

当我们使用了代理对象调度方法后，它就会进入到 invoke 方法里面。

```
Object obj = method.invoke(target, args);
```

这行代码相当于调度真实对象的方法，只是通过反射实现而已。

类比前面的例子，proxy 相当于商务对象，target 相当于软件工程师对象，bind 方法就是建立商务和软件工程师代理关系的方法。而 invoke 就是商务逻辑，它将控制软件工程师的访问。

测试 JDK 动态代理，如代码清单 2-10 所示。

代码清单 2-10：测试 JDK 动态代理

```
public void testJdkProxy() {
    JdkProxyExample jdk = new JdkProxyExample();
    //绑定关系，因为挂在接口 HelloWorld 下，所以声明代理对象 HelloWorld proxy
    HelloWorld proxy = (HelloWorld)jdk.bind(new HelloWorldImpl());
    //注意，此时 HelloWorld 对象已经是一个代理对象，它会进入代理的逻辑方法 invoke 里
proxy.sayHelloWorld();
}
```

首先通过 bind 方法绑定了代理关系，然后在代理对象调度 sayHelloWorld 方法时进入了代理的逻辑，测试结果如下：

```
进入代理逻辑方法
在调度真实对象之前的服务
Hello World
在调度真实对象之后的服务
```

此时，在调度打印 Hello World 之前和之后都可以加入相关的逻辑，甚至可以不调度 Hello World 的打印。

这就是 JDK 动态代理，它是一种最常用的动态代理，十分重要，后面会以 JDK 动态代理为主讨论框架的实现。代理模式要掌握不容易，读者可以通过打断点，一步步验证执行的步骤，就一定能够掌握好它。

2.2.2 CGLIB 动态代理

JDK 动态代理必须提供接口才能使用，在一些不能提供接口的环境中，只能采用其他第三方技术，比如 CGLIB 动态代理。它的优势在于不需要提供接口，只要一个非抽象类就能实现动态代理。

选取代码清单 2-1 的 ReflectServiceImpl 类作为例子，它不存在实现任何接口，所以没办法使用 JDK 动态代理，这里采用 CBLIB 动态代理技术，如代码清单 2-11 所示。

代码清单 2-11：CGLIB 动态代理

```
public class CglibProxyExample implements MethodInterceptor {
    /**
     * 生成 CGLIB 代理对象
     * @param cls —— Class 类
     * @return Class 类的 CGLIB 代理对象
     */
    public Object getProxy(Class cls) {
        //CGLIB enhancer 增强类对象
        Enhancer enhancer = new Enhancer();
        //设置增强类型
        enhancer.setSuperclass(cls);
        //定义代理逻辑对象为当前对象，要求当前对象实现 MethodInterceptor 方法
        enhancer.setCallback(this);
        //生成并返回代理对象
        return enhancer.create();
    }

    /**
     * 代理逻辑方法
     * @param proxy 代理对象
     * @param method 方法
     * @param args 方法参数
     * @param methodProxy 方法代理
     * @return 代理逻辑返回
     * @throws Throwable 异常
     */
    @Override
    public Object intercept(Object proxy, Method method,
            Object[] args, MethodProxy methodProxy) throws Throwable {
        System.err.println("调用真实对象前");
        //CGLIB 反射调用真实对象方法
        Object result = methodProxy.invokeSuper(proxy, args);
        System.err.println("调用真实对象后");
        return result;
    }
}
```

这里用了 CGLIB 的加强者 Enhancer，通过设置超类的方法（setSuperclass），然后通过 setCallback 方法设置哪个类为它的代理类。其中，参数为 this 就意味着是当前对象，那就要求用 this 这个对象实现接口 MethodInterceptor 的方法——intercept，然后返回代理对象。

那么此时当前类的 intercept 方法就是其代理逻辑方法，其参数内容见代码注解，我们在反射真实对象方法前后进行了打印，CGLIB 是通过如下代码完成的。

```
Object result = methodProxy.invokeSuper(proxy, args);
```

测试一下 CGLIB 动态代理，如代码清单 2-12 所示。

代码清单 2-12：测试 CGLIB 动态代理

```
public void tesCGLIBProxy() {
    CglibProxyExample cpe = new CglibProxyExample();
    ReflectServiceImpl    obj    =    (ReflectServiceImpl)cpe.getProxy
(ReflectServiceImpl.class);
    obj.sayHello("张三");
}
```

于是得到这样的一个结果：

```
调用真实对象前
Hello 张三
调用真实对象后
```

掌握了 JDK 动态代理就很容易掌握 CGLIB 动态代理，因为二者是相似的。它们都是用 getProxy 方法生成代理对象，制定代理的逻辑类。而代理逻辑类要实现一个接口的一个方法，那么这个接口定义的方法就是代理对象的逻辑方法，它可以控制真实对象的方法。

2.2.3 拦截器

由于动态代理一般都比较难理解，程序设计者会设计一个拦截器接口供开发者使用，开发者只要知道拦截器接口的方法、含义和作用即可，无须知道动态代理是怎么实现的。用 JDK 动态代理来实现一个拦截器的逻辑，为此先定义拦截器接口 Interceptor，如代码清单 2-13 所示。

代码清单 2-13：定义拦截器接口 Interceptor

```
public interface Interceptor {
    public boolean before(Object proxy, Object target, Method method, Object[]
args);

    public void around(Object proxy, Object target, Method method, Object[]
args);

    public void after(Object proxy, Object target, Method method, Object[]
args);
}
```

这里定义了 3 个方法，before、around、after 方法，分别给予这些方法如下逻辑定义。

- 3 个方法的参数为：proxy 代理对象、target 真实对象、method 方法、args 运行方法参数。
- before 方法返回 boolean 值，它在真实对象前调用。当返回为 true 时，则反射真实对象的方法；当返回为 false 时，则调用 around 方法。

- 在 before 方法返回为 false 的情况下，调用 around 方法。
- 在反射真实对象方法或者 around 方法执行之后，调用 after 方法。

实现这个 Interceptor 的实现类——MyInterceptor，如代码清单 2-14 所示。

代码清单 2-14：MyInterceptor

```
public class MyInterceptor implements Interceptor {
    @Override
    public boolean before(Object proxy, Object target, Method method, Object[]
args) {
        System.err.println("反射方法前逻辑");
        return false;//不反射被代理对象原有方法
    }
    @Override
    public void after(Object proxy, Object target, Method method, Object[]
args) {
        System.err.println("反射方法后逻辑");
    }
    @Override
    public void around(Object proxy, Object target, Method method, Object[]
args) {
        System.err.println("取代了被代理对象的方法");
    }
}
```

它实现了所有的 Interceptor 接口方法，使用 JDK 动态代理，就可以去实现这些方法在适当时的调用逻辑了。以代码清单 2-7 和代码清单 2-8 的接口和实现类为例，在 JDK 动态代理中使用拦截器，如代码清单 2-15 所示。

代码清单 2-15：在 JDK 动态代理中使用拦截器

```
public class InterceptorJdkProxy implements InvocationHandler {

    private Object target; //真实对象
    private String interceptorClass = null;//拦截器全限定名

    public InterceptorJdkProxy(Object target, String interceptorClass) {
        this.target = target;
        this.interceptorClass = interceptorClass;
    }

    /**
     * 绑定委托对象并返回一个【代理占位】
     *
     * @param target 真实对象
     * @return 代理对象【占位】
```

```
     */
    public static Object bind(Object target, String interceptorClass) {
        //取得代理对象
        return Proxy.newProxyInstance(target.getClass().getClassLoader(),
                target.getClass().getInterfaces(),
                new InterceptorJdkProxy(target, interceptorClass));
    }

    @Override
    /**
     * 通过代理对象调用方法，首先进入这个方法
     *
     * @param proxy  代理对象
     * @param method  方法，被调用方法
     * @param args  方法的参数
     */
    public Object invoke(Object proxy, Method method, Object[] args) throws
Throwable {
        if (interceptorClass == null) {
            //没有设置拦截器则直接反射原有方法
            return method.invoke(target, args);
        }
        Object result = null;
        //通过反射生成拦截器
        Interceptor interceptor =
            (Interceptor) Class.forName(interceptorClass).newInstance();
        //调用前置方法
        if (interceptor.before(proxy, target, method, args)) {
            //反射原有对象方法
            result = method.invoke(target, args);
        } else {//返回 false 执行 around 方法
            interceptor.around(proxy, target, method, args);
        }
        //调用后置方法
        interceptor.after(proxy, target, method, args);
        return result;
    }
}
```

这里有两个属性，一个是 target，它是真实对象；另一个是字符串 interceptorClass，它是一个拦截器的全限定名。解释一下这段代码的执行步骤。

第 1 步，在 bind 方法中用 JDK 动态代理绑定了一个对象，然后返回代理对象。

第 2 步，如果没有设置拦截器，则直接反射真实对象的方法，然后结束，否则进行第 3 步。

第 3 步，通过反射生成拦截器，并准备使用它。

第 4 步，调用拦截器的 before 方法，如果返回为 true，反射原来的方法；否则运行拦截器的 around 方法。

第 5 步，调用拦截器的 after 方法。

第 6 步，返回结果。

拦截器的工作流程，如图 2-2 所示。

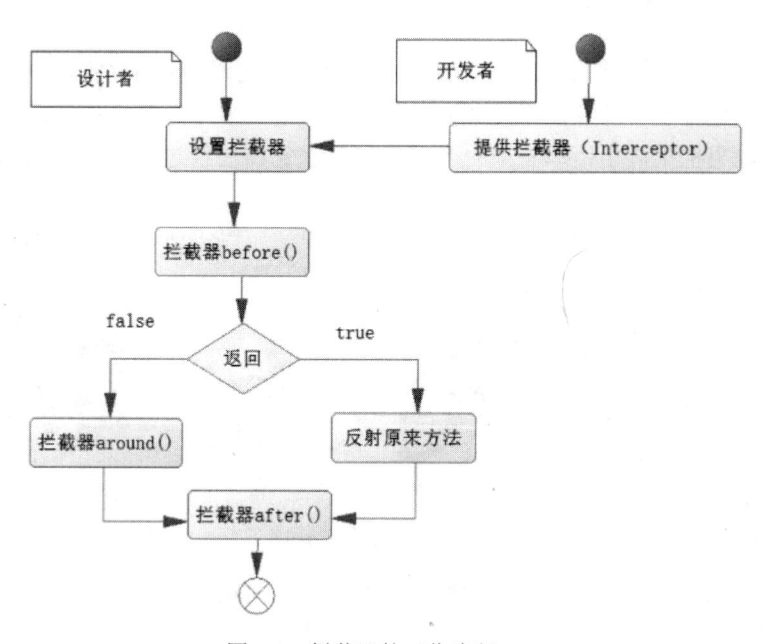

图 2-2 拦截器的工作流程

- 开发者只要知道拦截器的作用就可以编写拦截器了，编写完后可以设置拦截器，这样就完成了任务，所以对于开发者而言相对简单了。
- 设计者可能是精通 Java 的开发人员，他来完成动态代理的逻辑。
- 设计者只会把拦截器接口暴露给开发者使用，让动态代理的逻辑在开发者的视野中“消失”。

拦截器可以进一步简化动态代理的使用方法，使程序变得更简单，用代码清单 2-16 测试一下。

代码清单 2-16：测试 MyInterceptor 拦截器

```
public static void main(String[] args) {
    HelloWorld proxy = (HelloWorld) InterceptorJdkProxy.bind(new HelloWorldImpl(),
    "com.learn.ssm.chapter2.interceptor.MyInterceptor");
proxy.sayHelloWorld();
}
```

运行这段代码，于是得到以下结果。

```
反射方法前逻辑。
```

```
取代了被代理对象的方法。
反射方法后逻辑。
```

显然拦截器已经生效。

2.2.4 责任链模式

2.2.3 节讨论到设计者往往会用拦截器去代替动态代理，然后将拦截器的接口提供给开发者，从而简化开发者的开发难度，但是拦截器可能有多个。举个例子，一个程序员需要请假一周。如果把请假申请单看成一个对象，那么它需要经过项目经理、部门经理、人事等多个角色的审批，每个角色都有机会通过拦截这个申请单进行审批或者修改。这个时就要考虑提供项目经理、部门经理和人事的处理逻辑，所以需要提供 3 个拦截器，而传递的则是请假申请单，请假示例如图 2-3 所示。

图 2-3　请假示例

当一个对象在一条链上被多个拦截器拦截处理（拦截器也可以选择不拦截处理它）时，我们把这样的设计模式称为责任链模式，它用于一个对象在多个角色中传递的场景。还是刚才的例子，申请单走到项目经理那，经理可能把申请时间“一周”改为“5 天”，从而影响了后面的审批，后面的审批都要根据前面的结果进行。这个时候可以考虑用层层代理来实现，就是当申请单（target）走到项目经理处，使用第一个动态代理 proxy1。当它走到部门经理处，部门经理会得到一个在项目经理的代理 proxy1 基础上生成的 proxy2 来处理部门经理的逻辑。当它走到人事处，会在 proxy2 的基础生成 proxy3。如果还有其他角色，依此类推即可，用图 2-4 来描述拦截逻辑会更加清晰。

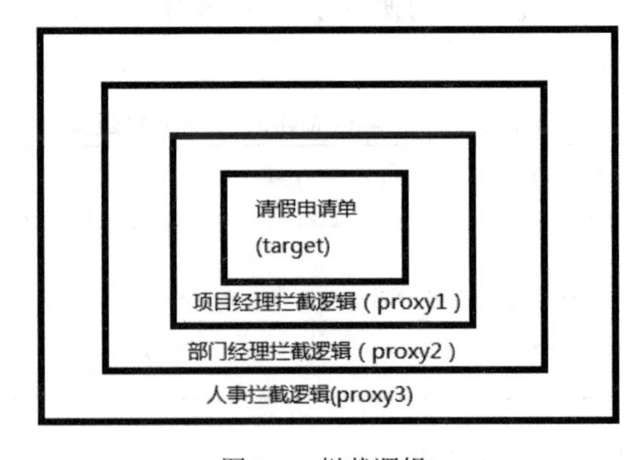

图 2-4　拦截逻辑

仍以代码清单 2-13 定义的拦截器接口为例，定义 3 个拦截器，如代码清单 2-17 所示。

代码清单2-17：责任链拦截器接口定义

```
/*************************拦截器1****************************/
public class Interceptor1 implements Interceptor {
    public boolean before(Object proxy, Object target, Method method, Object[]
args) {
        System.out.println("【拦截器1】的before方法");
        return true;
    }

    public void around(Object proxy, Object target, Method method, Object[]
args) {}

    public void after(Object proxy, Object target, Method method, Object[]
args) {
        System.out.println("【拦截器1】的after方法");
    }
}

/*************************拦截器2****************************/
public class Interceptor2 implements Interceptor {
    public boolean before(Object proxy, Object target, Method method, Object[]
args) {
        System.out.println("【拦截器2】的before方法");
        return true;
    }

    public void around(Object proxy, Object target, Method method, Object[]
args) {}

    public void after(Object proxy, Object target, Method method, Object[]
args) {
        System.out.println("【拦截器2】的after方法");
    }
}

/*************************拦截器3****************************/
public class Interceptor3 implements Interceptor {
    public boolean before(Object proxy, Object target, Method method, Object[]
args) {
        System.out.println("【拦截器3】的before方法");
        return true;
    }

    public void around(Object proxy, Object target, Method method, Object[]
args) {}
```

```
    public void after(Object proxy, Object target, Method method, Object[] args) {
        System.out.println("【拦截器 3】的 after 方法");
    }
}
```

延续使用代码清单 2-15 的 InterceptorJdkProxy 类，测试一下这段代码，如代码清单 2-18 所示。

代码清单 2-18：测试责任链模式上的多拦截器

```
    public static void main(String[] args) {
        HelloWorld proxy1 = (HelloWorld) InterceptorJdkProxy.bind(
                new HelloWorldImpl(), "com.learn.ssm.chapter2.interceptor.Interceptor1");
        HelloWorld proxy2 = (HelloWorld) InterceptorJdkProxy.bind(
                proxy1, "com.learn.ssm.chapter2.interceptor.Interceptor2");
        HelloWorld proxy3 = (HelloWorld) InterceptorJdkProxy.bind(
                proxy2, "com.learn.ssm.chapter2.interceptor.Interceptor3");
        proxy3.sayHelloWorld();
    }
```

运行这段代码后得到这样的结果，请注意观察其方法的执行顺序。

```
【拦截器 3】的 before 方法
【拦截器 2】的 before 方法
【拦截器 1】的 before 方法
Hello World
【拦截器 1】的 after 方法
【拦截器 2】的 after 方法
【拦截器 3】的 after 方法
```

before 方法按照从最后一个拦截器到第一个拦截器的加载顺序运行，而 after 方法则按照从第一个拦截器到最后一个拦截器的加载顺序运行。

从代码中可见，责任链模式的优点在于我们可以在传递链上加入新的拦截器，增加拦截逻辑，其缺点是会增加代理和反射，而代理和反射的性能不高。

2.3 观察者（Observer）模式

观察者模式又称为发布订阅模式，是对象的行为模式。观察者模式定义了一种一对多的依赖关系，让多个观察者对象同时监视着被观察者的状态，当被观察者的状态发生变化时，会通知所有观察者，并让其自动更新自己。

函数 $y=x^2$ 的图像，如图 2-5 所示。

当 x=1 时，y=1；当 x=2 时，y=4；当 x=3 时，y=9……换句话说，y 的值是根据 x 的变化而变化的，我们把 x 称为自变量，把 y 称为因变量。现实中这样的情况也会发生，比如监控卫星，需要根据卫星飞行的高度、纬度等因素的变化而做出不同的决策；气象部门需要监测气温和水位，随着它们的变化情况来采取不同的行动。

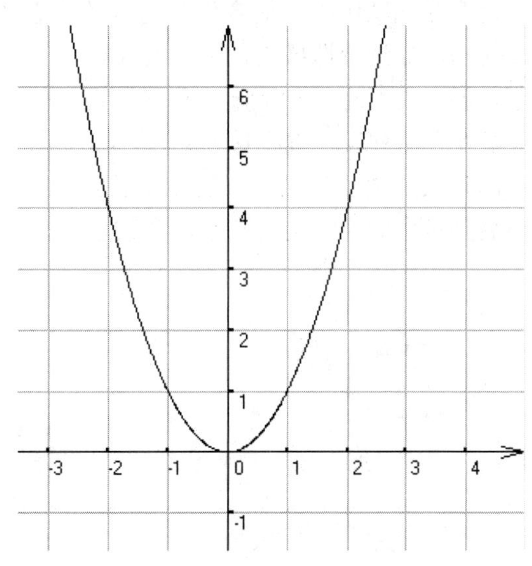

图 2-5　函数 $y=x^2$ 的图像

2.3.1　概述

在现实中，有些条件发生了变化，其他的行为也需要发生变化，我们可以用 if 语句来应对。举个例子，一个商家有一些产品，它和一些电商合作，每当有新产品时，就会把这些产品推送到电商，现在只和淘宝、京东合作，于是有这样的伪代码：

```
if (产品库有新产品) {
    推送产品到淘宝;
    推送产品到京东;
}
```

如果公司又和国美、苏宁、当当、唯品会签订合作协议，那么就需要改变这段伪代码。

```
if (产品库有新产品) {
    推送产品到淘宝;
    推送产品到京东;
    推送产品到国美;
    推送产品到苏宁;
    推送产品到当当;
    推送产品到唯品会;
}
```

按照这种方法，如果还有其他电商合作，那么还要继续在 if 语句里增加逻辑。首先，如果多达数百家电商，那么 if 的逻辑就异常复杂了。如果推送商品给淘宝发生异常，需要捕捉异常，避免影响之后的电商接口，导致其不能往下进行，这样代码耦合就会增多。其次，这样会在 if 语句里堆砌太多的代码，不利于维护，同时造成扩展困难。在现实中对开发团队而言，可能产品库是产品团队维护，而合作的电商又是电商团队在维护，这样两个团队之间又要维护同一段代码，显然会造成责任不清的问题。

而观察者模式更易于扩展，责任也更加清晰。首先，把每一个电商接口看成一个观察者，每一个观察者都能观察到产品列表（被监听对象）。当公司发布新产品时，就会发送到这个产品列表上，于是产品列表（被监听对象）就发生了变化，这时就可以触发各个电商接口（观察者）发送新产品到对应的合作电商那里，观察者模式示例如图 2-6 所示。

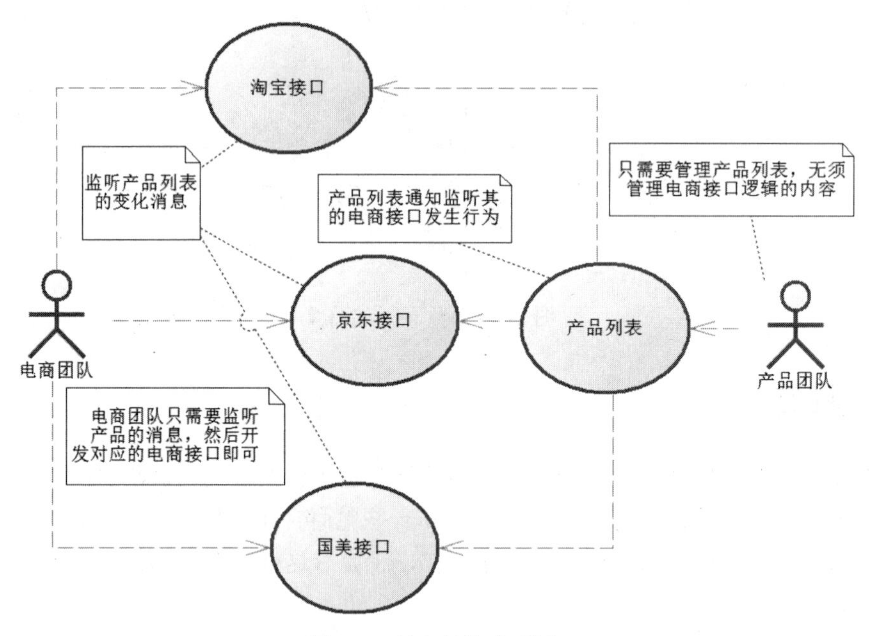

图 2-6　观察者模式示例

类似这样，一个对象（电商接口）会去监听另外一个对象（产品列表），当被监听对象（产品列表）发生变化时，对象（电商接口）就会触发一定的行为，以适合变化的逻辑模式，我们称为观察者模式，电商接口被称为观察者或者监听者，而产品对象被称为被观察者或者被监听者。

这样的好处在于，程序不再出现 if 语句，观察者会根据被观察对象的变化而做出对应的行为，无论是淘宝、京东或者其他的电商接口只要维护自己的逻辑，而无须耦合在一起，同时责任也是明确的，产品团队只要维护产品列表，电商团队可以通过增加观察者去监听产品的电商接口，不会带来 if 语句导致的责任不清的情况。

2.3.2　实例

观察者模式要同时存在观察者和被观察者双方，观察者可以是多个。在 Java 中，需要去继承 java.util.Observable 类，先看被观察者——一个产品列表，如代码清单 2-19 所示。

代码清单 2-19：被观察的产品列表

```
public class ProductList extends Observable {

    private List<String> productList = null;//产品列表

    private static ProductList instance;//类唯一实例

    private ProductList() {}//构建方法私有化

    /**
     * 取得唯一实例
     * @return 产品列表唯一实例
     */
    public static ProductList getInstance() {
        if (instance == null) {
            instance = new ProductList();
            instance.productList = new ArrayList<String>();
        }
        return instance;
    }

    /**
     * 增加观察者（电商接口）
     * @param observer 观察者
     */
    public void addProductListObserver(Observer observer) {
        this.addObserver(observer);
    }

    /**
     *  新增产品
     * @param newProduct 新产品
     */
    public void addProudct(String newProduct) {
        productList.add(newProduct);
        System.out.println("产品列表新增了产品: "+newProduct);
        this.setChanged();//设置被观察对象发生变化
        this.notifyObservers(newProduct);//通知观察者，并传递新产品
    }
}
```

这个类的一些基本内容和主要方法如下：

- 构建方法私有化，避免通过 new 的方式创建对象，而是通过 getInstance 方法获得产品列表单例，这里使用的是单例模式。

- addProductListObserver 可以增加一个电商接口（观察者）。
- 核心逻辑在 addProduct 方法上。在产品列表上增加了一个新的产品，然后调用 setChanged 方法。这个方法用于告知观察者当前被观察者发生了变化，如果没有，则无法触发其行为。最后通过 notifyObservers 告知观察者，让它们发生相应的动作，并将新产品作为参数传递给观察者。

这时已经有了被观察者对象，还要去编写观察者。仍以淘宝和京东为例，去实现它们的电商接口。作为观察者需要实现 java.util.Observer 接口的 update 方法，如代码清单 2-20 所示。

代码清单 2-20：京东和淘宝电商接口

```
    /*****************京东电商接口***********/
public class JingDongObserver implements Observer {

    @Override
    public void update(Observable o, Object product) {
        String newProduct = (String) product;
        System.err.println("发送新产品【"+newProduct+"】同步到京东商城");
    }

}

/**********************淘宝电商接口**************/
public class TaoBaoObserver implements Observer {

    @Override
    public void update(Observable o, Object product) {
        String newProduct = (String) product;
        System.err.println("发送新产品【"+newProduct+"】同步到淘宝商城");
    }
}
```

用代码清单 2-21 来测试一下这两个观察者和产品列表的被观察者。

代码清单 2-21：测试观察者模式

```
public static void main(String[] args) {
    ProductList observable = ProductList.getInstance();
    TaoBaoObserver taoBaoObserver = new TaoBaoObserver();
    JingDongObserver jdObserver = new JingDongObserver();
    observable.addObserver(jdObserver);
    observable.addObserver(taoBaoObserver);
    observable.addProudct("新增产品 1");
}
```

加粗的代码是对被观察者注册观察者，这样才能让观察者监控到被观察者的变化情况，运行它得到下面的结果：

```
产品列表新增了产品：新增产品 1
发送新产品【新增产品 1】同步到淘宝商城
发送新产品【新增产品 1】同步到京东商城
```

以后在产品列表发布新产品，观察者们都可以触发对应的行为了，就不会出现 if 语句的各类问题了，更利于扩展和维护。

2.4 工厂模式和抽象工厂模式

在大部分的情况下，我们都是以 new 关键字来创建对象的。举个例子，现实中车子的种类可能很多，有大巴车、轿车、救护车、越野车、卡车等，每个种类下面还有具体的型号，一个工厂生产如此多的车会难以管理，所以往往还需要进一步拆分为各个分工厂：大巴车、轿车等分工厂。但是客户不需要知道工厂是如何拆分的，他只会告诉客服需要什么车，客服会根据客户的需要找到对应的工厂去生产车。对客户而言，车厂只是一个抽象概念，他只是大概知道有这样的一个工厂能满足他的需要。

2.4.1 普通工厂（Simple Factory）模式

在程序中往往也是如此，例如，有个 IProduct 的产品接口，它下面有 5 个实现类 Product1、Product2、Product3、Product4、Product5。它们属于一个大类，可以通过一个工厂去管理它们的生成，但是由于类型不同，所以初始化有所不同。为了方便使用产品工厂（ProductFactory）类来创建这些产品的对象，用户可以通过产品号来确定需要哪种产品，如图 2-7 所示。

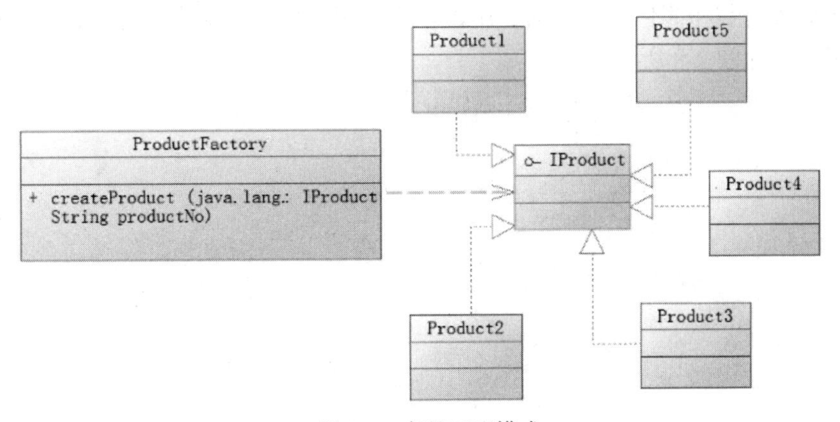

图 2-7 产品工厂模式

不同的用户可能不知道彼此订了什么类型的产品，只知道对方订了产品，满足 IProduct 接口的定义，这样就有了 ProductFactory 类的伪代码：

```
public class ProductFactory{
public static IProduct createProduct(String productNo) {
    switch (productNo) {
        case "1": return new Product1(xxxx);
        case "2": return new Product2(xxxx);
        case "3": return new Product3(xxxx);
        case "4": return new Product4(xxxx);
        case "5": return new Product5(xxxx);
        default : throw new
            NotSupportedException("未支持此编号产品生产。");
    }
}
}
```

对于程序调用者而言，它只需要知道通过工厂的 createProduct 方法，指定产品编号——productNo 可以得到对应的产品，而产品满足接口 IProduct 的规范，所以初始化就简单了许多。对于产品对象的创建，可以把一些特有产品规则写入工厂类中。

2.4.2 抽象工厂（Abstract Factory）模式

抽象工厂模式可以向客户端提供一个接口，使得客户端在不必指定产品的具体情况下，创建多个产品族中的产品对象。

对于普通工厂而言，它解决了一类对象创建问题，但是有时候对象很复杂，有几十种，又分为几个类别。如果只有一个工厂，面对如此多的产品，这个工厂需要实现的逻辑就太复杂了，所以我们希望把工厂分成好几个，这样便于工厂产品规则的维护。但是设计者并不想让调用者知道具体的工厂规则，而只是希望他们知道有一个统一的工厂即可。这样的设计有助于对外封装和简化调用者的使用，毕竟调用者可不想知道选择具体工厂的规则，抽象工厂示意图如图 2-8 所示。

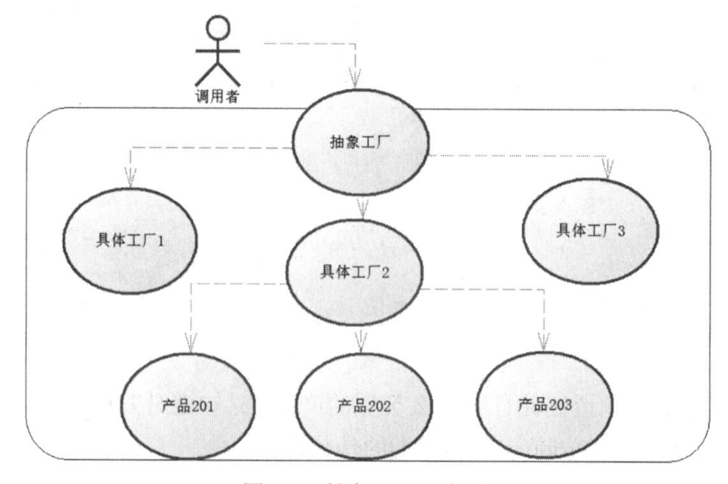

图 2-8　抽象工厂示意图

仍以车厂为例，生产商不会把轿车、大巴车、警车、吉普车、救护车等车型都放在一个车厂生产，那样会造成车厂异常复杂，从而导致难以管理和维护。所以，生产商通常会把它们按种类分为轿车厂、大巴车厂、警车厂、吉普车厂等分厂，每个种类下面有一些型号的产品。但是对于客户而言，只要告诉客服自己需要什么类型的车即可，至于如何分配给工厂那是客服的事情。

客户只是认为有一个能够生产各类车的工厂，它能生成我所需要的产品，这里工厂只是一个虚拟的概念，并不真实存在，它是通过车厂内部各个分厂去实现的，这个虚拟工厂被称为抽象工厂，它的各个分厂称为具体工厂。为了统一，需要制定一个接口规范（IProductFactory），所有的具体工厂和抽象工厂都要实现这个接口，IProductFactory 工厂接口就可以设计成：

```
public interface IProductFactory {
    public IProduct createProduct(String productNo);
}
```

这里的工厂方法 createProduct 是每一个具体工厂和抽象工厂都要去实现的。现在先实现 3 个工厂类，它要实现 IProductFactory 接口的 createProduct 方法，我们把 createProduct 称为工厂的具体实现方法，其伪代码如下：

```
public class ProductFactory1 implements IProductFactory {
public IProduct createProduct(String productNo) {
    IProduct product = xxx;// 工厂 1 生成产品对象规则，可以是一类产品的规则
    return product;
}
}

public class ProductFactory2 implements IProductFactory {
public IProduct createProduct(String productNo) {
    IProduct product = xxx;// 工厂 2 生成产品对象规则，可以是一类产品的规则
    return product;
}
}

public class ProductFactory3 implements IProductFactory {
public IProduct createProduct(String productNo) {
    IProduct product =  xxx;//工厂 3 生成产品对象规则，可以是一类产品的规则
    return product;
}
}
```

这里有 3 个工厂，但是不需要把这 3 个工厂全部提供给调用者，因为这样会给其造成选择困难。为此使用一个公共的工厂，由它提供规则选择工厂，我们做如下业务约定：

- 产品编号以 1 开头的用工厂 ProductFactory1 创建对象。
- 产品编号以 2 开头的用工厂 ProductFactory2 创建对象。

- 产品编号以 3 开头的用工厂 ProductFactory3 创建对象。

依据上面的假定规则，来完成一个公共的工厂——ProductFactory，其伪代码如下：

```
public class ProductFactory implements IProductFactory {
public static IProduct createProduct(String productNo) {
    char ch = productNo.charAt(0);
    IProductFactory factory = null;
    if (ch == '1') {
        factory  = new ProductFactory1();
    } else if (ch == '2') {
        factory  = new ProductFactory2();
    } else if (ch == '3') {
        factory  = new ProductFactory3();
    }
    If (factory != null) {
        return factory.createProduct(productNo);
    }
    return null;
}
}
```

通过抽象工厂可以知道只需要知道产品编号——productNo，就能通过 ProductFactory 创建产品的对象了。这样调用者不需要去理会 ProductFactory 选择使用哪个具体工厂的规则。对于设计者而言，ProductFactory 就是一个抽象工厂，这样创建对象对调用者而言就简单多了。每一个工厂也只要维护其类型产品对象的生成，具体的工厂规则也不会特别复杂，难以维护。

2.5 建造者（Builder）模式

2.5.1 概述

建造者模式属于对象的创建模式。可以将一个产品的内部表象（属性）与产品的生成过程分割开来，从而使一个建造过程生成具有不同的内部表象的产品对象。

在大部分情况下都可以使用 new 关键字或者工厂模式来创建对象，但是有些对象却比较复杂，比如一些旅游套票可以分为：普通成年人、退休老人、半票有座小孩、免费无座小孩、军人及其家属等，他们有不同的规定和优惠。如果通过 new 或者工厂模式来创建对象会造成不便，因为所需参数太多，对象也复杂，旅游套票示意图如图 2-9 所示。

显然构建套票所需数据异常复杂，导致套票对象的构建难以进行。

为了处理这个问题，Builder 模式出现了。Builder 模式是一种分步构建对象的模式。仍以旅游套票为例，既然一次性构建套票对象有困难，那么就分步完成：

第 1 步，构建普通成年人票。

第 2 步，构建退休老人票。

第 3 步，构建有座儿童票。

第 4 步，构建无座儿童票。

第 5 步，构建军人及其家属票。

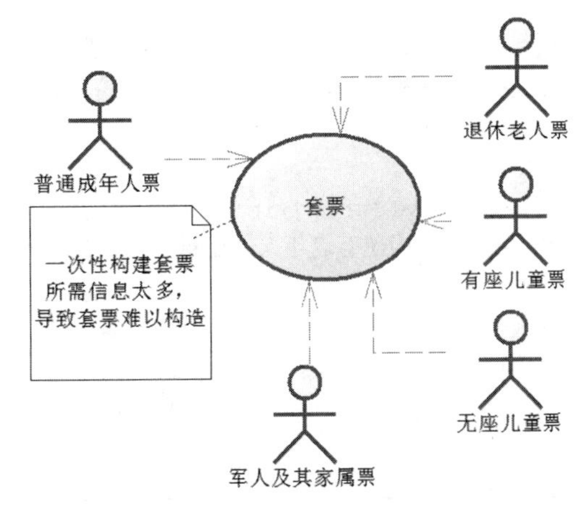

图 2-9　旅游套票示意图

用一个配置类对这些步骤进行统筹，然后将所有的信息交由构建器来完成构建对象，如图 2-10 所示。

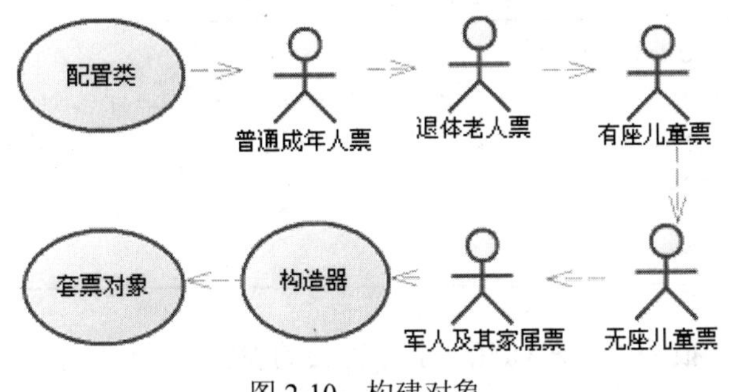

图 2-10　构建对象

显然这里的构建不那么复杂，我们只是由配置类一次性构建一种票，步步推进，当所有的票都已经构建结束，我们会通过构建器来构建套票对象。

2.5.2　Builder 模式实例

首先，创建一个 TicketHelper 对象，它是配置类，能帮我们一步步完成构建对象。如代码清单 2-22 所示。

代码清单 2-22：TicketHelper.java

```
public class TicketHelper {

    public void buildAdult(String info) {
```

```
        System.err.println("构建成年人票逻辑："+info);
    }

    public void buildChildrenForSeat(String info) {
        System.err.println("构建有座儿童票逻辑："+info);
    }

    public void buildchildrenNoSeat(String info) {
        System.err.println("构建无座儿童票逻辑："+info);
    }

    public void buildElderly(String info) {
        System.err.println("构建有老年人票逻辑："+info);
    }

    public void buildSoldier(String info) {
        System.err.println("构建军人及其家属票逻辑："+info);
    }
}
```

这里只是模拟，所以用打印信息代替真实的逻辑，但这样并不会带来理解上的困难。然后，需要一个构建类——TicketBuilder，如代码清单 2-23 所示。

代码清单 2-23：TicketBuilder.java

```
public class TicketBuilder {
    public static Object builder(TicketHelper helper) {
        System.out.println("通过 TicketHelper 构建套票信息");
        return null;
    }
}
```

显然 Builder 方法很简单，它只有一个配置类的参数，通过它就可以得到所有套票的信息，从而构建套票对象。有了这两个类，可以使用如代码清单 2-24 所示代码来完成套票对象的构建。

代码清单 2-24：构建套票对象

```
TicketHelper helper = new TicketHelper();
helper.buildAdult("成人票");
helper.buildChildrenForSeat("有座儿童");
helper.buildchildrenNoSeat("无座儿童");
helper.buildElderly("老人票");
helper.buildSoldier("军人票");
Object ticket = TicketBuilder.builder(helper);
```

这就是构建模式的使用，构建分成若干步，通过一步步构建信息，把一个复杂的对象构建出来。

2.6　总结

动态代理和责任链模式是本章乃至全书的重点，因为很多框架的底层都是通过它们实现的，尤其是 Spring 和 MyBatis 更是如此，只有掌握好了它们，才能真正理解 Spring AOP 和 MyBatis 的底层运行原理。

设计模式比较抽象，尤其对初学者而言，理解更是困难的，建议读者多动手。本章除工厂模式外，其他代码都是可以运行的，建议读者按着本章的思路，一步步做下去，慢慢理解它们。软件是一门实践科学，只看不做的人永远学不会。

第 2 部分

互联网持久框架——MyBatis

第 3 章

认识 MyBatis 核心组件

本章目标

1. 掌握 MyBatis 基础组件及其作用、MyBatis 的使用方法
2. 掌握基础组件的生命周期及其实现方法
3. 掌握入门实例

3.1 持久层的概念和 MyBatis 的特点

持久层可以将业务数据存储到磁盘，具备长期存储能力，只要磁盘不损坏（大部分的重要数据都会有相关的备份机制），在断电或者其他情况下，重新开启系统仍然可以读取这些数据。一般执行持久任务的都是数据库系统，持久层可以使用巨大的磁盘空间，也比较廉价，它的缺点就是比较慢。当然慢是针对内存而言的，在一般的系统中运行是不存在问题的，比如内部管理系统，但是在互联网的秒杀场景下，每秒都需要执行成千上万次数据操作，慢是不能承受的，极有可能导致宕机，在这样的场景下考虑使用 Redis（NoSQL）处理它，我们在讲解 Redis 的时候会谈及这些内容，这是互联网技术的热点内容之一。

Java 互联网应用可以通过 MyBatis 框架访问数据库，如图 3-1 所示。

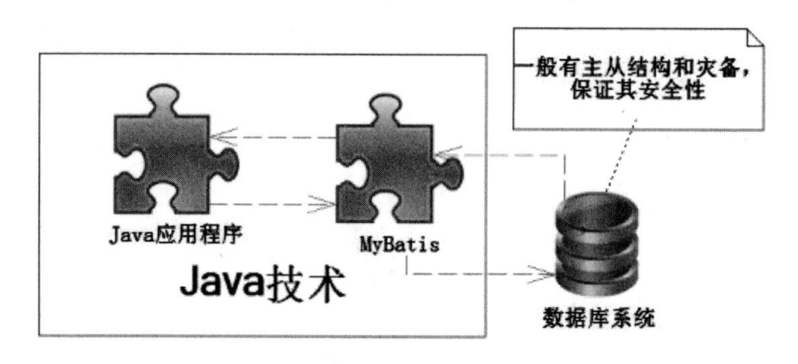

图 3-1　Java 互联网应用通过 MyBatis 框架访问数据库

笔者认为 MyBatis 最大的成功主要有 3 点：

- 不屏蔽 SQL，意味着可以更为精确地定位 SQL 语句，可以对其进行优化和改造，这有利于互联网系统性能的提高，符合互联网需要性能优化的特点。
- 提供强大、灵活的映射机制，方便 Java 开发者使用。提供动态 SQL 的功能，允许我们根据不同条件组装 SQL，这个功能远比其他工具或者 Java 编码的可读性和可维护性高得多，满足各种应用系统的同时也满足了需求经常变化的互联网应用的要求。
- 在 MyBatis 中，提供了使用 Mapper 的接口编程，只要一个接口和一个 XML 就能创建映射器，进一步简化我们的工作，使得很多框架 API 在 MyBatis 中消失，开发者能更集中于业务逻辑。

基于以上的原因，MyBatis 成为了 Java 互联网时代的首选持久框架，下面开始学习它的详细应用。

3.2　准备 MyBatis 环境

软件开发是一门实践课程，只有一边学习，一边实践，技术才能得到真正的提高。首先，下载和搭建 MyBatis 的开发环境，在编写本书时最新的 MyBatis 版本为 3.4.1，因此笔者选择这个版本作为实践环境。打开链接 https://github.com/mybatis/mybatis-3/releases 下载 MyBatis 所需要的包和源码，如图 3-2 所示。笔者建议将包和源码都下载下来，对于 MyBatis 的包，我们需要在工程路径下配置引入它；对于源码，我们在分析 MyBatis 运行原理时会用到它，有时阅读它可以得到更多的信息，包括 API 没有的信息。

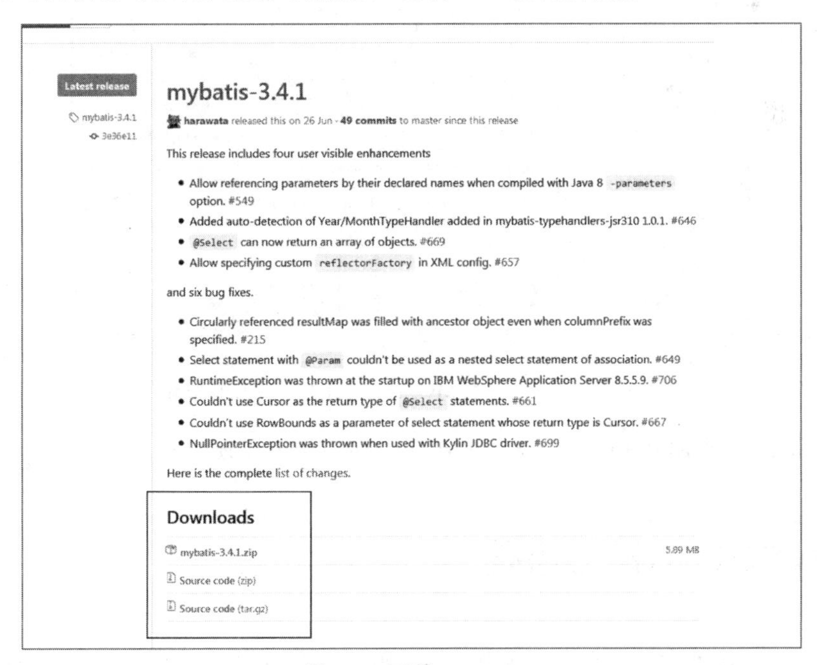

图 3-2　下载 MyBatis

使用 MyBatis 还可以阅读相关的参考手册，它的网址是 http://www.mybatis.org/mybatis-3/zh/getting-started.html。它虽然写得很一般，但是也是一篇十分有用的参考文章，同时也常常更新内容，读者经常去阅读它，从而可以获得最新的内容更新。

下载 MyBatis 的包解压缩后，可以得到如图 3-3 所示的文件目录。

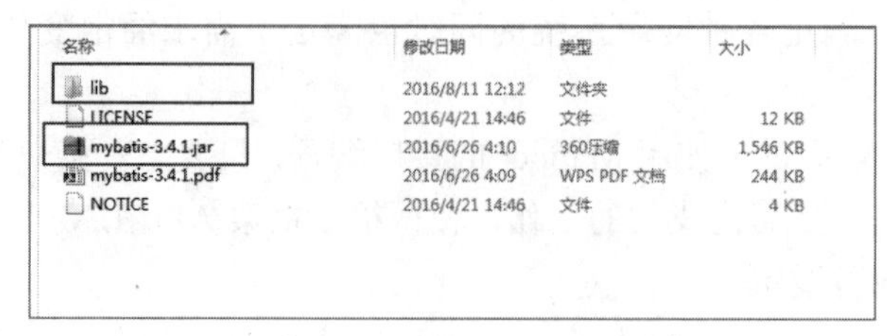

图 3-3　MyBatis 文件目录

其中 jar 包是 MyBatis 项目工程包，lib 文件目录下放置的是 MyBatis 项目工程包所需依赖的第三方包，而 pdf 文件则是它的说明文档，网址是 http://www.mybatis.org/mybatis-3/zh/getting-started.html。

这主要是给读者进行参考用的，它是全英文的，不喜欢英文的读者可以直接看网址。

笔者使用 Eclipse 环境进行配置，也可以使用包括 NetBeans 等开发环境（IDE），无论什么环境都可以轻松搭建 MyBatis 应用。我们只要在工程中加入 MyBatis 包即可，它包含图 3-3 中的 MyBatis 工程包及其依赖包，如图 3-4 所示。

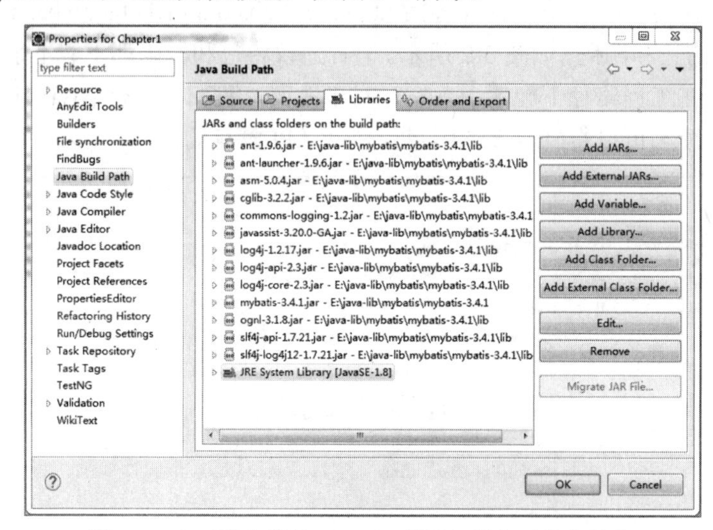

图 3-4　在工程中引入 MyBatis 项目工程包及其依赖包

这样便搭建好了 MyBatis 的开发环境，在工程中就可以使用它了。

3.3　MyBatis 的核心组件

我们先来看 MyBatis 的“表面现象”——组件，并且讨论它们的作用，然后讨论它们的实现原理。MyBatis 的核心组件分为 4 个部分。

- SqlSessionFactoryBuilder（构造器）：它会根据配置或者代码来生成 SqlSessionFactory，采用的是分步构建的 Builder 模式。
- SqlSessionFactory（工厂接口）：依靠它来生成 SqlSession，使用的是工厂模式。
- SqlSession（会话）：一个既可以发送 SQL 执行返回结果，也可以获取 Mapper 的接口。在现有的技术中，一般我们会让其在业务逻辑代码中"消失"，而使用的是 MyBatis 提供的 SQL Mapper 接口编程技术，它能提高代码的可读性和可维护性。
- SQL Mapper（映射器）：MyBatis 新设计存在的组件，它由一个 Java 接口和 XML 文件（或注解）构成，需要给出对应的 SQL 和映射规则。它负责发送 SQL 去执行，并返回结果。

用一张图来展示 MyBatis 核心组件之间的关系，如图 3-5 所示。

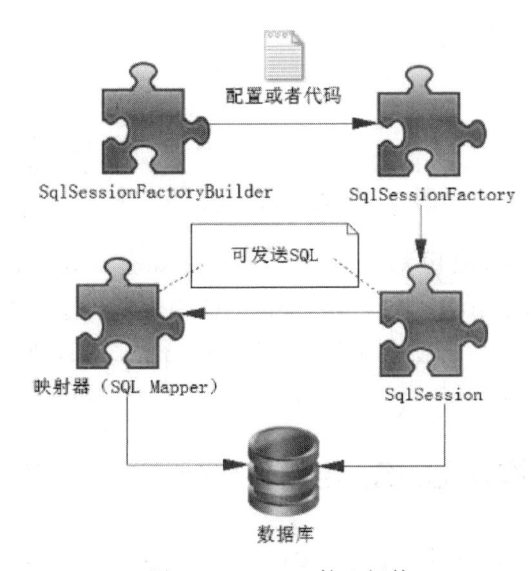

图 3-5　MyBatis 核心组件

注意，无论是映射器还是 SqlSession 都可以发送 SQL 到数据库执行，下面学习这些组件的用法。

3.4　SqlSessionFactory（工厂接口）

使用 MyBatis 首先是使用配置或者代码去生产 SqlSessionFactory，而 MyBatis 提供了构造器 SqlSessionFactoryBuilder。它提供了一个类 org.apache.ibatis.session.Configuration 作为引导，采用的是 Builder 模式。具体的分步则是在 Configuration 类里面完成的，当然会有很多内容，包括你很感兴趣的插件。

在 MyBatis 中，既可以通过读取配置的 XML 文件的形式生成 SqlSessionFactory，也可以通过 Java 代码的形式去生成 SqlSessionFactory。笔者强烈推荐采用 XML 的形式，因为代码的方式在需要修改的时候会比较麻烦。当配置了 XML 或者提供代码后，MyBatis 会读取配置文件，通过 Configuration 类对象构建整个 MyBatis 的上下文。注意，SqlSessionFactory 是一个接口，在 MyBatis 中它存在两个实现类：SqlSessionManager 和 DefaultSqlSessionFactory。一般而言，具体是由 DefaultSqlSessionFactory 去实现的，而 SqlSessionManager 使用在多线程的环境中，它的具体实现依靠 DefaultSqlSessionFactory，它们之间的关系如图 3-6 所示。

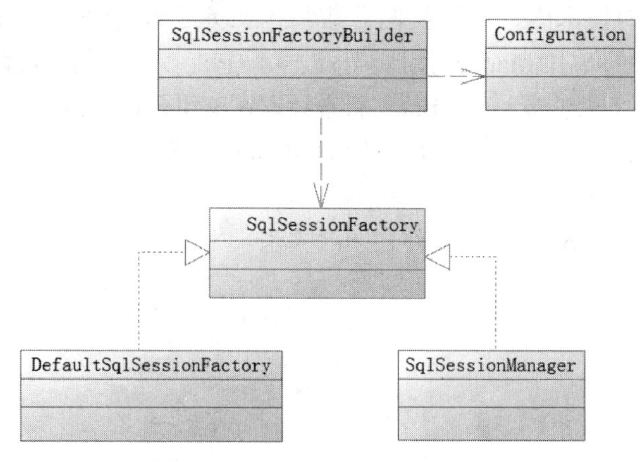

图 3-6　SqlSessionFactory 的生成

每个基于 MyBatis 的应用都是以一个 SqlSessionFactory 的实例为中心的，而 SqlSessionFactory 唯一的作用就是生产 MyBatis 的核心接口对象 SqlSession，所以它的责任是唯一的。我们往往会采用单例模式处理它，下面讨论使用配置文件和 Java 代码两种形式去生成 SqlSessionFactory 的方法。

3.4.1　使用 XML 构建 SqlSessionFactory

首先，在 MyBatis 中的 XML 分为两类，一类是基础配置文件，通常只有一个，主要是配置一些最基本的上下文参数和运行环境；另一类是映射文件，它可以配置映射关系、SQL、参数等信息。先看一份简易的基础配置文件，我们把它命名为 mybatis-config.xml，放在工程类路径下，其内容如代码清单 3-1 所示。

代码清单 3-1：MyBatis 的基础配置文件

```
<?xml version="1.0" encoding="UTF-8" ?>
<!DOCTYPE configuration
  PUBLIC "-//mybatis.org//DTD Config 3.0//EN"
  "http://mybatis.org/dtd/mybatis-3-config.dtd">
<configuration>
  <typeAliases><!-- 别名 -->
    <typeAlias alias="role" type="com.learn.ssm.chapter3.pojo.Role"/>
  </typeAliases>
  <!-- 数据库环境 -->
  <environments default="development">
   <environment id="development">
    <transactionManager type="JDBC"/>
```

```
      <dataSource type="POOLED">
        <property name="driver" value="com.mysql.jdbc.Driver"/>
        <property name="url" value="jdbc:mysql://localhost:3306/ssm"/>
        <property name="username" value="root"/>
        <property name="password" value="123456"/>
      </dataSource>
    </environment>
  </environments>
  <!-- 映射文件 -->
  <mappers>
    <mapper resource="com/learn/ssm/chapter3/mapper/RoleMapper.xml"/>
  </mappers>
</configuration>
```

我们描述一下 MyBatis 的基础配置文件：

- <typeAlias>元素定义了一个别名 role，它代表着 com.learn.ssm.chapter3.pojo.Role 这个类。这样定义后，在 MyBatis 上下文中就可以使用别名去代替全限定名了。
- <environment>元素的定义，这里描述的是数据库。它里面的<transactionManager>元素是配置事务管理器，这里采用的是 MyBatis 的 JDBC 管理器方式。然后采用<dataSource>元素配置数据库，其中属性 type="POOLED"代表采用 MyBatis 内部提供的连接池方式，最后定义一些关于 JDBC 的属性信息。
- <mapper>元素代表引入的那些映射器，在谈到映射器时会详细讨论它。

有了基础配置文件，就可以用一段很简短的代码来生成 SqlSessionFactory 了，如代码清单 3-2 所示。

代码清单 3-2：通过 XML 构建 SqlSessionFactory

```
SqlSessionFactory SqlSessionFactory = null;
String resource = "mybatis-config.xml";
InputStream inputStream;
try {
    inputStream = Resources.getResourceAsStream(resource);
    SqlSessionFactory =
        new SqlSessionFactoryBuilder().build(inputStream);
} catch (IOException e) {
    e.printStackTrace();
}
```

首先读取 mybatis-config.xml，然后通过 SqlSessionFactoryBuilder 的 Builder 方法去创建 SqlSessionFactory。整个过程比较简单，而里面的步骤还是比较烦琐的，只是 MyBatis 采用了 Builder 模式为开发者隐藏了这些细节。这样一个 SqlSessionFactory 就被创建出来了。

采用 XML 创建的形式，信息在配置文件中，有利于我们日后的维护和修改，避免了重新编译代码，因此笔者推荐这种方式。

3.4.2 使用代码创建 SqlSessionFactory

虽然笔者不推荐使用这种方式，但是我们还是谈谈如何使用它。通过代码来实现与 3.4.1 节相同的功能——创建 SqlSessionFactory，如代码清单 3-3 所示。

代码清单 3-3：使用代码创建 SqlSessionFactory

```
//数据库连接池信息
PooledDataSource dataSource = new PooledDataSource();
dataSource.setDriver("com.mysql.jdbc.Driver");
dataSource.setUsername("root");
dataSource.setPassword("123456");
dataSource.setUrl("jdbc:mysql://localhost:3306/ssm");
dataSource.setDefaultAutoCommit(false);
//采用 MyBatis 的 JDBC 事务方式
TransactionFactory transactionFactory = new JdbcTransactionFactory();
Environment environment = new Environment("development", transactionFactory,
dataSource);
//创建 Configuration 对象
Configuration configuration = new Configuration(environment);
//注册一个 MyBatis 上下文别名
configuration.getTypeAliasRegistry().registerAlias("role", Role.class);
//加入一个映射器
configuration.addMapper(RoleMapper.class);
//使用 SqlSessionFactoryBuilder 构建 SqlSessionFactory
SqlSessionFactory SqlSessionFactory =
new SqlSessionFactoryBuilder().build(configuration);
return SqlSessionFactory;
```

注意代码中的注释，它和 XML 方式实现的功能是一致的，只是方式不太一样而已。但是代码冗长，如果发生系统修改，那么有可能需要重新编译代码才能继续，所以这不是一个很好的方式。除非有特殊的需要，比如在配置文件中，需要配置加密过的数据库用户名和密码，需要我们在生成 SqlSessionFactory 前解密为明文的时候，才会考虑使用这样的方式。

3.5 SqlSession

在 MyBatis 中，SqlSession 是其核心接口。在 MyBatis 中有两个实现类，DefaultSqlSession 和 SqlSessionManager。DefaultSqlSession 是单线程使用的，而 SqlSessionManager 在多线程环境下使用。SqlSession 的作用类似于一个 JDBC 中的 Connection 对象，代表着一个连接资源的启用。具体而言，它的作用有 3 个：

- 获取 Mapper 接口。

- 发送 SQL 给数据库。
- 控制数据库事务。

先来掌握它的创建方法，有了 SqlSessionFactory 创建的 SqlSession 就十分简单了，如代码清单 3-4 所示。

代码清单 3-4：创建 SqlSession

```
SqlSession sqlSession = SqlSessionFactory.openSession();
```

注意，SqlSession 只是一个门面接口，它有很多方法，可以直接发送 SQL。它就好像一家软件公司的商务人员，是一个门面，而实际干活的是软件工程师。在 MyBatis 中，真正干活的是 Executor，我们会在底层看到它。

SqlSession 控制数据库事务的方法，如代码清单 3-5 所示。

代码清单 3-5：SqlSession 事务控制伪代码

```
//定义 SqlSession
SqlSession sqlSession = null;
try {
    //打开 SqlSession 会话
    sqlSession = SqlSessionFactory.openSession();
    //some code ....
    sqlSession.commit();//提交事务
} catch(Exception ex) {
    sqlSession.rollback();//回滚事务
}finally {
    //在 finally 语句中确保资源被顺利关闭
    if (sqlSession != null) {
        sqlSession.close();
    }
}
```

这里使用 commit 方法提交事务，或者使用 rollback 方法回滚事务。因为它代表着一个数据库的连接资源，使用后要及时关闭它，如果不关闭，那么数据库的连接资源就会很快被耗费光，整个系统就会陷入瘫痪状态，所以用 finally 语句保证其顺利关闭。

由于 SqlSession 的获取 Mapper 接口和发送 SQL 的功能需要先实现映射器的功能，而映射器接口也可以实现发送 SQL 的功能，那么我们应该采取何种方式会更好一些呢？这些内容笔者会放到下一节论述。

3.6　映射器

映射器是 MyBatis 中最重要、最复杂的组件，它由一个接口和对应的 XML 文件（或注解）组成。它可以配置以下内容：

- 描述映射规则。
- 提供 SQL 语句，并可以配置 SQL 参数类型、返回类型、缓存刷新等信息。
- 配置缓存。
- 提供动态 SQL。

本节阐述两种实现映射器的方式，XML 文件形式和注解形式。不过在此之前，先定义一个 POJO，它十分简单，如代码清单 3-6 所示。

代码清单 3-6：定义角色 POJO

```
package com.learn.ssm.chapter3.pojo;
public class Role {
    private Long id;
    private String roleName;
    private String note;
/**setter and getter**/
}
```

映射器的主要作用就是将 SQL 查询到的结果映射为一个 POJO，或者将 POJO 的数据插入到数据库中，并定义一些关于缓存等的重要内容。

注意，开发只是一个接口，而不是一个实现类。初学者可能会产生一个很大的疑问，那就是接口不是不能运行吗？是的，接口不能直接运行。MyBatis 运用了动态代理技术使得接口能运行起来，入门阶段只要懂得 MyBatis 会为这个接口生成一个代理对象，代理对象会去处理相关的逻辑即可。

3.6.1 用 XML 实现映射器

用 XML 定义映射器分为两个部分：接口和 XML。先定义一个映射器接口，如代码清单 3-7 所示。

代码清单 3-7：映射器接口

```
package com.learn.ssm.chapter3.mapper;
public interface RoleMapper {
   public Role getRole(Long id);
}
```

在用 XML 方式创建 SqlSession 的配置文件中有这样一段代码：

```
<mapper resource="com/learn/ssm/chapter3/mapper/RoleMapper.xml"/>
```

它的作用就是引入一个 XML 文件。用 XML 方式创建映射器，如代码清单 3-8 所示。

代码清单 3-8：用 XML 方式创建映射器

```
<?xml version="1.0" encoding="UTF-8" ?>
<!DOCTYPE mapper
```

```
  PUBLIC "-//mybatis.org//DTD Mapper 3.0//EN"
  "http://mybatis.org/dtd/mybatis-3-mapper.dtd">
<mapper namespace="com.learn.ssm.chapter3.mapper.RoleMapper">
    <select id="getRole" parameterType="long" resultType="role">
        select id, role_name as roleName, note from t_role where id = #{id}
    </select>
</mapper>
```

有了这两个文件，就完成了一个映射器的定义。XML 文件还算比较简单，我们稍微讲解一下：

- <mapper>元素中的属性 namespace 所对应的是一个接口的全限定名，于是 MyBatis 上下文就可以通过它找到对应的接口。
- <select>元素表明这是一条查询语句，而属性 id 标识了这条 SQL，属性 parameterType="long" 说明传递给 SQL 的是一个 long 型的参数，而 resultType="role" 表示返回的是一个 role 类型的返回值。而 role 是之前配置文件 mybatis-config.xml 配置的别名，指代的是 com.learn.ssm.chapter3.pojo.Role。
- 这条 SQL 中的#{id}表示传递进去的参数。

注意，我们并没有配置 SQL 执行后和 role 的对应关系，它是如何映射的呢？其实这里采用的是一种被称为自动映射的功能，MyBatis 在默认情况下提供自动映射，只要 SQL 返回的列名能和 POJO 对应起来即可。这里 SQL 返回的列名 id 和 note 是可以和之前定义的 POJO 的属性对应起来的，而表里的列 role_name 通过 SQL 别名的改写，使其成为 roleName，也是和 POJO 对应起来的，所以此时 MyBatis 就可以把 SQL 查询的结果通过自动映射的功能映射成为一个 POJO。

3.6.2 注解实现映射器

除 XML 方式定义映射器外，还可以采用注解方式定义映射器，它只需要一个接口就可以通过 MyBatis 的注解来注入 SQL，如代码清单 3-9 所示。

代码清单 3-9：通过注解实现映射器

```
import com.learn.ssm.chapter3.pojo.Role;
public interface RoleMapper2 {
    @Select("select id, role_name as roleName, note from t_role where
id=#{id}")
    public Role getRole(Long id);
}
```

这完全等同于 XML 方式创建映射器。也许你会觉得使用注解的方式比 XML 方式要简单得多。如果它和 XML 方式同时定义时，XML 方式将覆盖掉注解方式，所以 MyBatis 官方推荐使用的是 XML 方式，因此本书以 XML 方式为主讨论 MyBatis 的应用。

在工作和学习中，SQL 的复杂度远远超过我们现在看到的 SQL，比如下面这条 SQL。

```
select * from t_user u
left join t_user_role ur on u.id = ur.user_id
left join t_role r on ur.role_id = r.id
left join t_user_info ui on u.id = ui.user_id
left join t_female_health fh on u.id = fh.user_id
left join t_male_health mh on u.id = mh.user_id
where u.user_name like concat('%', ${userName}, '%')
and r.role_name like concat('%', ${roleName}, '%')
and u.sex = 1
and ui.head_image is not null;
```

显然这条 SQL 比较复杂，如果放入@Select 中会明显增加注解的内容。如果把大量的 SQL 放入 Java 代码中，显然代码的可读性也会下降。如果同时还要考虑使用动态 SQL，比如当参数 userName 为空，则不使用 u.user_name like concat('%', ${userName}, '%')作为查询条件；当 roleName 为空，则不使用 r.role_name like concat('%', ${roleName}, '%')作为查询条件，但是还需要加入其他的逻辑，这样就使得这个注解更加复杂了，不利于日后的维护和修改。

此外，XML 可以相互引入，而注解是不可以的，所以在一些比较复杂的场景下，使用 XML 方式会更加灵活和方便。所以大部分的企业都是以 XML 为主，本书也会保持一致，以 XML 方式来创建映射器。当然在一些简单的表和应用中使用注解方式也会比较简单。

这个接口可以在 XML 中定义，我们仿造在 mybatis-config.xml 中配置 XML 语句：

```
<mapper resource="com/learn/ssm/chapter3/mapper/RoleMapper.xml"/>
```

把它修改为下面的形式即可。

```
<mapper class="com.learn.ssm.chapter3.mapper.RoleMapper2"/>
```

也可以使用 configuration 对象注册这个接口，比如：

```
configuration.addMapper(RoleMapper2.class);
```

3.6.3 SqlSession 发送 SQL

有了映射器就可以通过 SqlSession 发送 SQL 了。我们以 getRole 这条 SQL 为例看看如何发送 SQL。

```
Role role = (Role)sqlSession.
selectOne("com.learn.ssm.chapter3.mapper.RoleMapper.getRole", 1L);
```

selectOne 方法表示使用查询并且只返回一个对象，而参数则是一个 String 对象和一个 Object 对象。这里是一个 long 参数，long 参数是它的主键。

String 对象是由一个命名空间加上 SQL id 组合而成的，它完全定位了一条 SQL，这样 MyBatis 就会找到对应的 SQL。如果在 MyBatis 中只有一个 id 为 getRole 的 SQL，那么也可以简写为：

```
Role role = (Role)sqlSession.selectOne("getRole", 1L);
```

这是 MyBatis 前身 iBatis 所留下的方式。

3.6.4　用 Mapper 接口发送 SQL

SqlSession 还可以获取 Mapper 接口，通过 Mapper 接口发送 SQL，如代码清单 3-10 所示。

代码清单 3-10：用 SqlSession 获取 Mapper 接口，并发送 SQL

```
RoleMapper roleMapper = sqlSession.getMapper(RoleMapper.class);
Role role = roleMapper.getRole(1L);
```

通过 SqlSession 的 getMapper 方法来获取一个 Mapper 接口，就可以调用它的方法了。因为 XML 文件或者接口注解定义的 SQL 都可以通过“类的全限定名+方法名”查找，所以 MyBatis 会启用对应的 SQL 进行运行，并返回结果。

3.6.5　对比两种发送 SQL 方式

3.6.3 节和 3.6.4 节展示了 MyBatis 存在的两种发送 SQL 的方式，一种用 SqlSession 直接发送，另外一种通过 SqlSession 获取 Mapper 接口再发送。笔者建议采用 SqlSession 获取 Mapper 的方式，理由如下：

- 使用 Mapper 接口编程可以消除 SqlSession 带来的功能性代码，提高可读性，而 SqlSession 发送 SQL，需要一个 SQL id 去匹配 SQL，比较晦涩难懂。使用 Mapper 接口，类似 roleMapper.getRole(1L)则是完全面向对象的语言，更能体现业务的逻辑。
- 使用 Mapper.getRole(1L) 方式，IDE 会提示错误和校验，而使用 sqlSession.selectOne(“getRole”, 1L)语法，只有在运行中才能知道是否会产生错误。

目前使用 Mapper 接口编程已成为主流，尤其在 Spring 中运用 MyBatis 时，Mapper 接口的使用就更为简单，所以本书使用 Mapper 接口的方式讨论 MyBatis。

3.7　生命周期

我们已经掌握了 MyBatis 组件的创建及其基本应用，但这是远远不够的，还需要讨论其生命周期。生命周期是组件的重要问题，尤其是在多线程的环境中，比如互联网应用、Socket 请求等，而 MyBatis 也常用于多线程的环境中，错误使用会造成严重的多线程并发问题，为了正确编写 MyBatis 的应用程序，我们需要掌握 MyBatis 组件的生命周期。

所谓生命周期就是每一个对象应该存活的时间，比如一些对象一次用完后就要关闭，使它们被 Java 虚拟机（JVM）销毁，以避免继续占用资源，所以我们会根据每一个组件的作用去确定其生命周期。

3.7.1 SqlSessionFactoryBuilder

SqlSessionFactoryBuilder 的作用在于创建 SqlSessionFactory，创建成功后，SqlSessionFactoryBuilder 就失去了作用，所以它只能存在于创建 SqlSessionFactory 的方法中，而不要让其长期存在。

3.7.2 SqlSessionFactory

SqlSessionFactory 可以被认为是一个数据库连接池，它的作用是创建 SqlSession 接口对象。因为 MyBatis 的本质就是 Java 对数据库的操作，所以 SqlSessionFactory 的生命周期存在于整个 MyBatis 的应用之中，所以一旦创建了 SqlSessionFactory，就要长期保存它，直至不再使用 MyBatis 应用，所以可以认为 SqlSessionFactory 的生命周期就等同于 MyBatis 的应用周期。

由于 SqlSessionFactory 是一个对数据库的连接池，所以它占据着数据库的连接资源。如果创建多个 SqlSessionFactory，那么就存在多个数据库连接池，这样不利于对数据库资源的控制，也会导致数据库连接资源被消耗光，出现系统宕机等情况，所以尽量避免发生这样的情况。因此在一般的应用中我们往往希望 SqlSessionFactory 作为一个单例，让它在应用中被共享。

3.7.3 SqlSession

如果说 SqlSessionFactory 相当于数据库连接池，那么 SqlSession 就相当于一个数据库连接（Connection 对象），你可以在一个事务里面执行多条 SQL，然后通过它的 commit、rollback 等方法，提交或者回滚事务。所以它应该存活在一个业务请求中，处理完整个请求后，应该关闭这条连接，让它归还给 SqlSessionFactory，否则数据库资源就很快被耗费精光，系统就会瘫痪，所以用 try...catch...finally...语句来保证其正确关闭。

3.7.4 Mapper

Mapper 是一个接口，它由 SqlSession 所创建，所以它的最大生命周期至多和 SqlSession 保持一致，尽管它很好用，但是由于 SqlSession 的关闭，它的数据库连接资源也会消失，所以它的生命周期应该小于等于 SqlSession 的生命周期。Mapper 代表的是一个请求中的业务处理，所以它应该在一个请求中，一旦处理完了相关的业务，就应该废弃它。

从 3.7.1 节到 3.7.4 节，我们讨论了 MyBatis 组件的生命周期，如图 3-7 示。

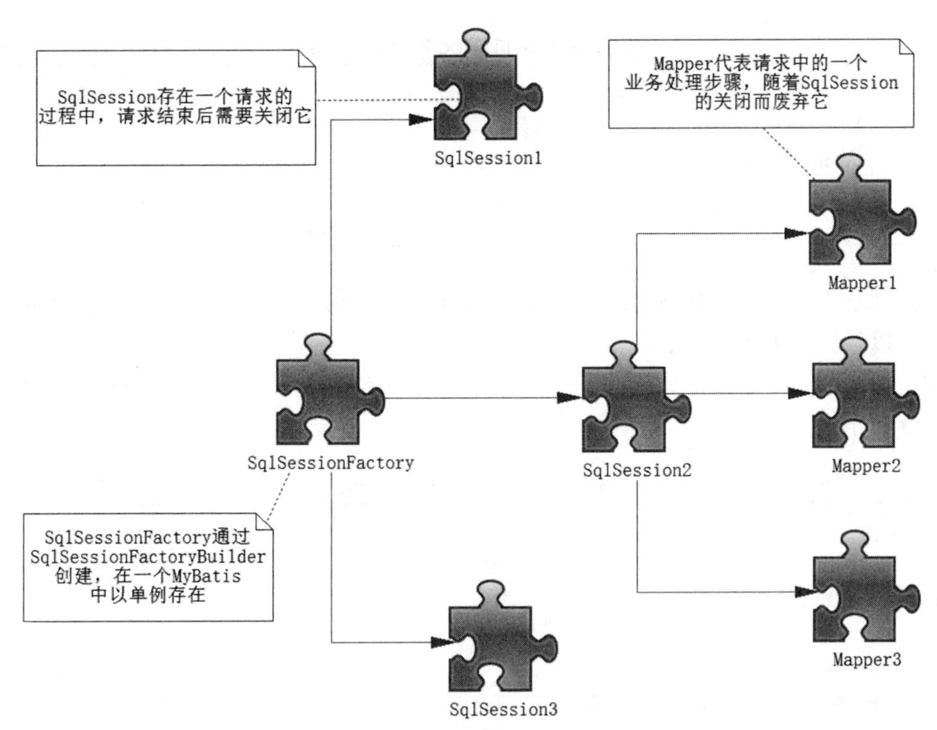

图 3-7　MyBatis 组件的生命周期

3.8　实例

论述完了 MyBatis 组件，为了使读者有更深刻的印象，我们做一个简单的实例，实例的内容主要是处理角色表的增、删、查、改，涉及的文件及其作用，如图 3-8 所示。

Chapter3
src
com.learn.ssm.chapter3.main
Chapter3Main.java
com.learn.ssm.chapter3.mapper
RoleMapper.java
RoleMapper.xml
com.learn.ssm.chapter3.pojo
Role.java
com.learn.ssm.chapter3.utils
SqlSessionFactoryUtils.java
log4j.properties
mybatis-config.xml
JRE System Library [JavaSE-1.8]
MyBatis

图 3-8　实例

各个文件的作用在表 3-1 中列明。

表 3-1　各个文件的作用

文　件	作　用
Chapter3Main.java	程序入口，拥有 main 方法
RoleMapper.java	映射器接口
RoleMapper.xml	映射器 XML 文件，描述映射关系、SQL 等内容
Role.java	POJO 对象
SqlSessionFactoryUtils.java	一个工具类，用于创建 SqlSessionFactory 和获取 SqlSession 对象
log4j.properties	日志配置文件，让后台日志数据 MyBatis 运行的过程日志
mybatis-config.xml	MyBatis 配置文件

首先让我们看看 log4j.properties，如代码清单 3-11 所示。

代码清单 3-11：log4j.properties

```
log4j.rootLogger=DEBUG , stdout
log4j.logger.org.mybatis=DEBUG
log4j.appender.stdout=org.apache.log4j.ConsoleAppender
log4j.appender.stdout.layout=org.apache.log4j.PatternLayout
log4j.appender.stdout.layout.ConversionPattern=%5p %d %C: %m%n
```

我们把它设置为 DEBUG 级别，让它能够把最详细的日志打印处理，以便调试，在生产中，可以设置为 INFO 级别。

构造一个 POJO 对象，如代码清单 3-12 所示。最终查询会映射到它上面，或者将其保存到数据库中。

代码清单 3-12：Role.java

```
package com.learn.ssm.chapter3.pojo;

public class Role {

    private Long id;
    private String roleName;
    private String note;
   /**setter and getter**/
}
```

采用 XML 方式构建映射器，它包含一个接口和一个 XML。这里要实现增、删、查、改，所以定义一个接口，如代码清单 3-13 所示。

代码清单 3-13：RoleMapper.java

```
package com.learn.ssm.chapter3.mapper;
import java.util.List;
import com.learn.ssm.chapter3.pojo.Role;
public interface RoleMapper {
    public int insertRole(Role role);
    public int deleteRole(Long id);
    public int updateRole(Role role);
    public Role getRole(Long id);
    public List<Role> findRoles(String roleName);
}
```

其中，insertRole 代表插入一个 Role 对象；deleteRole 则是删除；updateRole 是修改一个 Role 对象；getRole 是获取一个 Role 对象；findRoles 则是通过角色名称获得一个角色对象列表。我们要用一个 XML 描述这些功能，如代码清单 3-14 所示。

代码清单 3-14：增、删、查、改角色对象

```
<?xml version="1.0" encoding="UTF-8" ?>
<!DOCTYPE mapper PUBLIC "-//mybatis.org//DTD Mapper 3.0//EN"
```

```
  "http://mybatis.org/dtd/mybatis-3-mapper.dtd">
<mapper namespace="com.learn.ssm.chapter3.mapper.RoleMapper">

    <insert id="insertRole" parameterType="role">
       insert into t_role(role_name, note) values(#{roleName}, #{note})
    </insert>

    <delete id="deleteRole" parameterType="long">
       delete from t_role where id= #{id}
    </delete>

   <update id="updateRole" parameterType="role">
      update t_role set role_name = #{roleName}, note = #{note} where id=
#{id}
   </update>

    <select id="getRole" parameterType="long" resultType="role">
       select id, role_name as roleName, note from t_role where id = #{id}
    </select>

    <select id="findRoles" parameterType="string" resultType="role">
       select id, role_name as roleName, note from t_role
       where role_name like concat('%', #{roleName}, '%')
    </select>
</mapper>
```

这是一些比较简单的 SQL 语句，insert、delete、select、update 元素代表了增、删、查、改，而它们里面的元素 id 则标识了对应的 SQL。parameterType 标出了是什么类型的参数，resultType 则代表结果映射成为什么类型。其中 insert、delete 和 update 返回的都是影响条数。

有了它们就可以开始构建 SqlSessionFactory。先来完成 mybatis-config.xml 文件，如代码清单 3-15 所示。

代码清单 3-15：mybatis-config.xml

```
<?xml version="1.0" encoding="UTF-8" ?>
<!DOCTYPE configuration  PUBLIC "-//mybatis.org//DTD Config 3.0//EN"
  "http://mybatis.org/dtd/mybatis-3-config.dtd">
<configuration>
  <typeAliases><!-- 别名 -->
     <typeAlias alias="role" type="com.learn.ssm.chapter3.pojo.Role"/>
  </typeAliases>
  <!-- 数据库环境 -->
  <environments default="development">
    <environment id="development">
      <transactionManager type="JDBC"/>
```

```
      <dataSource type="POOLED">
        <property name="driver" value="com.mysql.jdbc.Driver"/>
        <property name="url" value="jdbc:mysql://localhost:3306/ssm"/>
        <property name="username" value="root"/>
        <property name="password" value="123456"/>
      </dataSource>
    </environment>
  </environments>
  <!-- 映射文件 -->
  <mappers>
    <mapper resource="com/learn/ssm/chapter3/mapper/RoleMapper.xml"/>
  </mappers>
</configuration>
```

使用 mybatis-config.xml 文件，通过 SQLSessionFactoryBuilder 来构建 SqlSessionFactory。由于 SqlSessionFactory 应该采用单例模式，所以这里使用单例模式去构建它，如代码清单 3-16 所示。

代码清单 3-16：构建 SqlSessionFactory

```
package com.learn.ssm.chapter3.utils;
import java.io.IOException;
import java.io.InputStream;
import org.apache.ibatis.io.Resources;
import org.apache.ibatis.session.SqlSession;
import org.apache.ibatis.session.SqlSessionFactory;
import org.apache.ibatis.session.SqlSessionFactoryBuilder;
public class SqlSessionFactoryUtils {

    private final static Class<SqlSessionFactoryUtils> LOCK = 
SqlSessionFactoryUtils.class;

    private static SqlSessionFactory sqlSessionFactory = null;

private SqlSessionFactoryUtils() {}

    public static SqlSessionFactory getSqlSessionFactory() {
        synchronized (LOCK) {
            if (sqlSessionFactory != null) {
                return sqlSessionFactory;
            }
            String resource = "mybatis-config.xml";
            InputStream inputStream;
            try {
                inputStream = Resources.getResourceAsStream(resource);
                sqlSessionFactory = new SqlSessionFactoryBuilder().
build(inputStream);
```

```
            } catch (IOException e) {
                e.printStackTrace();
                return null;
            }
            return sqlSessionFactory;
        }
    }

    public static SqlSession openSqlSession() {
        if (sqlSessionFactory == null) {
            getSqlSessionFactory();
        }
        return sqlSessionFactory.openSession();
    }
}
```

构造方法中加入了 private 关键字，使得其他代码不能通过 new 的方式来创建它。而加入 synchronized 关键字加锁，主要是为了防止在多线程中多次实例化 SqlSessionFactory 对象，从而保证 SqlSessionFactory 的唯一性。而 openSqlSession 方法的作用则是创建 SqlSession 对象。

这样我们就可以编写运行代码了，这里使用 Chapter3Main 来完成，如代码清单 3-17 所示。

代码清单 3-17：Chapter3Main.java

```
package com.learn.ssm.chapter3.main;
import org.apache.ibatis.session.SqlSession;
import com.learn.ssm.chapter3.mapper.RoleMapper;
import com.learn.ssm.chapter3.pojo.Role;
import com.learn.ssm.chapter3.utils.SqlSessionFactoryUtils;
import org.apache.log4j.Logger;
public class Chapter3Main {

    public static void main(String[] args) {
        Logger log = Logger.getLogger(Chapter3Main.class);
        SqlSession sqlSession = null;
        try {
            sqlSession = SqlSessionFactoryUtils.openSqlSession();
            RoleMapper      roleMapper      =      sqlSession.getMapper
(RoleMapper.class);
            Role role = roleMapper.getRole(1L);
            log.info(role.getRoleName());
        } finally {
            if (sqlSession != null) {
                sqlSession.close();
            }
```

```
            }
        }
    }
```

通过 SqlSession 获取了一个 RoleMapper 接口对象，然后通过 getRole 方法获取对象，最后正确关闭 SqlSession 对象。以 Java Application 的形式运行它，于是得到了如下所示的打印日志。

```
......
DEBUG    2016-08-14    17:49:18,457    org.apache.ibatis.transaction.jdbc.
JdbcTransaction:  Setting  autocommit  to  false  on  JDBC  Connection
[com.mysql.jdbc.JDBC4Connection@56235b8e]
DEBUG     2016-08-14     17:49:18,457     org.apache.ibatis.logging.jdbc.
BaseJdbcLogger: ==>  Preparing: select id, role_name as roleName, note from
t_role where id = ?
DEBUG     2016-08-14     17:49:18,506     org.apache.ibatis.logging.jdbc.
BaseJdbcLogger: ==> Parameters: 1(Long)
DEBUG     2016-08-14     17:49:18,553     org.apache.ibatis.logging.jdbc.
BaseJdbcLogger: <==     Total: 1
 INFO  2016-08-14  17:49:18,553  com.learn.ssm.chapter3.main.Chapter3Main:
role_name1
DEBUG    2016-08-14    17:49:18,568    org.apache.ibatis.transaction.jdbc.
JdbcTransaction:  Resetting  autocommit  to  true  on  JDBC  Connection
[com.mysql.jdbc.JDBC4Connection@56235b8e]
......
```

通过 logj4.properties 文件配置，让 MyBatis 打印了其运行过程的轨迹。我们可以清晰地看到了日志打印出来的 SQL、SQL 参数，以及返回的结果数，这样有利于监控 MyBatis 的运行过程和定位问题的所在。

这里展示了整个 MyBatis 的组件，同时也实现了其生命周期，但还是停留在表面现象和简单应用的学习上，后文将详细学习 MyBatis 的高级应用。

第 4 章 MyBatis 配置

本章目标

1. 掌握 properties 元素的用法
2. 掌握 settings 元素的配置
3. 掌握 typeAliases 的用法
4. 重点掌握 typeHandler 在 MyBatis 中的用法
5. 了解 ObjectFactory 的作用
6. 了解 environments 的配置
7. 了解 databaseIdProvider 的用法
8. 掌握如何有效引入映射器

4.1 概述

MyBatis 配置文件并不复杂，它所有的元素如代码清单 4-1 所示。

代码清单 4-1：MyBatis 配置文件元素

```
<?xml version="1.0" encoding="UTF-8"?>
<configuration> <!--配置 -->
    <properties/> <!--属性-->
    <settings/> <!--设置-->
    <typeAliases/> <!--类型命名-->
    <typeHandlers/> <!--类型处理器-->
    <objectFactory/> <!--对象工厂-->
    <plugins/> <!--插件-->
    <environments> <!--配置环境 -->
        <environment> <!--环境变量 -->
            <transactionManager/> <!--事务管理器-->
            <dataSource/> <!--数据源-->
        </environment>
    </environments>
```

```
  <databaseIdProvider/> <!--数据库厂商标识-->
  <mappers/> <!--映射器-->
</configuration>
```

但是需要注意的是，MyBatis 配置项的顺序不能颠倒。如果颠倒了它们的顺序，那么在 MyBatis 启动阶段就会发生异常，导致程序无法运行。

本章的任务是了解 MyBatis 配置项的作用，其中 properties、settings、typeAliases、typeHandler、plugin、environments、mappers 是常用的内容。本章不讨论 plugin（插件）元素的使用，在进一步学习 MyBatis 的许多底层内容和设计后我们才会学习它。objectFactory 和 databaseIdProvider 不常用。

4.2 properties 属性

properties 属性可以给系统配置一些运行参数，可以放在 XML 文件或者 properties 文件中，而不是放在 Java 编码中，这样的好处在于方便参数修改，而不会引起代码的重新编译。一般而言，MyBatis 提供了 3 种方式让我们使用 properties，它们是：

- property 子元素。
- properties 文件。
- 程序代码传递。

下面展开讨论。

4.2.1 property 子元素

以代码清单 3-14 为基础，使用 property 子元素将数据库连接的相关配置进行改写，如代码清单 4-2 所示。

代码清单 4-2：使用 property 子元素定义参数

```
<?xml version="1.0" encoding="UTF-8" ?>
<!DOCTYPE configuration PUBLIC "-//mybatis.org//DTD Config 3.0//EN"
  "http://mybatis.org/dtd/mybatis-3-config.dtd">
<configuration>
  <properties>
      <property name="database.driver" value="com.mysql.jdbc.Driver"/>
      <property  name="database.url"  value="jdbc:mysql://localhost:3306/
ssm"/>
      <property name="database.username" value="root"/>
      <property name="database.password" value="123456"/>
   </properties>
  <typeAliases><!-- 别名 -->
     <typeAlias alias="role" type="com.learn.ssm.chapter3.pojo.Role"/>
  </typeAliases>
```

```
  <!-- 数据库环境 -->
  <environments default="development">
    <environment id="development">
      <transactionManager type="JDBC"/>
      <dataSource type="POOLED">
        <property name="driver" value="${database.driver}"/>
        <property name="url" value="${database.url}"/>
        <property name="username" value="${database.username}"/>
        <property name="password" value="${database.password}"/>
      </dataSource>
    </environment>
  </environments>
  <!-- 映射文件 -->
  <mappers>
    <mapper resource="com/learn/ssm/chapter3/mapper/RoleMapper.xml"/>
  </mappers>
</configuration>
```

这里使用了元素<properties>下的子元素<property>定义，用字符串 database.username 定义数据库用户名，然后就可以在数据库定义中引入这个已经定义好的属性参数，如${database.username}，这样定义一次就可以到处引用了。但是如果属性参数有成百上千个，显然使用这样的方式不是一个很好的选择，这个时候可以使用 properties 文件。

4.2.2 使用 properties 文件

使用 properties 文件是比较普遍的方法，一方面这个文件十分简单，其逻辑就是键值对应，我们可以配置多个键值放在一个 properties 文件中，也可以把多个键值放到多个 properties 文件中，这些都是允许的，它方便日后维护和修改。

我们仿造代码清单 4-2，创建一个文件 jdbc.properties 放到 classpath 的路径下，如代码清单 4-3 所示。

代码清单 4-3：jdbc.properties

```
database.driver=com.mysql.jdbc.Driver
database.url=jdbc:mysql://localhost:3306/ssm
database.username=root
database.password=123456
```

在 MyBatis 中通过<properties>的属性 resource 来引入 properties 文件。

```
<properties resource="jdbc.properties"/>
```

也可以按${database.username}的方法引入 properties 文件的属性参数到 MyBatis 配置文件中。这个时候通过维护 properties 文件就可以维护我们的配置内容了。

4.2.3 使用程序传递方式传递参数

在真实的生产环境中，数据库的用户密码是对开发人员和其他人员保密的。运维人员为了保密，一般都需要把用户和密码经过加密成为密文后，配置到 properties 文件中。对于开发人员及其他人员而言，就不知道其真实的用户密码了，数据库也不可能使用已经加密的字符串去连接，此时往往需要通过解密才能得到真实的用户和密码了。现在假设系统已经为提供了这样的一个 CodeUtils.decode(str)进行解密，那么我们在创建 SqlSessionFactory 前，就需要把用户名和密码解密，然后把解密后的字符串重置到 properties 属性中，如代码清单 4-4 所示。

代码清单 4-4：解密用户和密码后创建 SqlSessionFacotry

```
String resource = "mybatis-config.xml";
InputStream inputStream;
InputStream in = Resources.getResourceAsStream("jdbc.properties");
Properties props = new Properties();
props.load(in);
String username = props.getProperty("database.username");
String password= props.getProperty("database.password");
//解密用户和密码，并在属性中重置
props.put("database.username", CodeUtils.decode(username));
props.put("database.password", CodeUtils.decode(password));
inputStream = Resources.getResourceAsStream(resource);
//使用程序传递的方式覆盖原有的 properties 属性参数
SqlSessionFactory = new SqlSessionFactoryBuilder().build(inputStream,
props);
```

首先使用 Resources 对象读取了一个 jdbc.properties 配置文件，然后获取了它原来配置的用户和密码，进行解密并重置，最后使用 SqlSessionFactoryBuilder 的 build 方法，传递多个 properties 参数来完成。这将覆盖之前配置的密文，这样就能连接数据库了，同时也满足了运维人员对数据库用户和密码安全的要求。

4.2.4 总结

从 4.2.1 节到 4.2.3 节，我们讨论了 MyBatis 使用 properties 的 3 种方式。这 3 种方式是有优先级的，最优先的是使用程序传递的方式，其次是使用 properties 文件的方式，最后是使用 property 子元素的方式，MyBatis 会根据优先级来覆盖原先配置的属性值。

笔者建议采用 properties 文件的方式，因为管理它简单易行，而且可以从 XML 文件中剥离出来独立维护，如果存在需要加密的场景，我们可以参考代码清单 4-4 进行处理。

4.3 settings 设置

settings 是 MyBatis 中最复杂的配置，它能深刻影响 MyBatis 底层的运行，但是在大部分情况下使用默认值便可以运行，所以在大部分情况下不需要大量配置它，只需要修改一些常用的规则即可，比如自动映射、驼峰命名映射、级联规则、是否启动缓存、执行器（Executor）类型等。settings 配置项说明，如表 4-1 所示。

表 4-1　settings 配置项说明

配 置 项	作 用	配置选项说明	默 认 值
cacheEnabled	该配置影响所有映射器中配置缓存的全局开关	true|false	true
lazyLoadingEnabled	延迟加载的全局开关。当开启时，所有关联对象都会延迟加载。在特定关联关系中可通过设置 fetchType 属性来覆盖该项的开关状态	true|false	false
aggressiveLazyLoading	当启用时，对任意延迟属性的调用会使带有延迟加载属性的对象完整加载；反之，每种属性将会按需加载	true|false	版本 3.4.1（不包含）之前 true，之后 false
multipleResultSetsEnabled	是否允许单一语句返回多结果集（需要兼容驱动）	true|false	true
useColumnLabel	使用列标签代替列名。不同的驱动会有不同的表现，具体可参考相关驱动文档或通过测试这两种不同的模式来观察所用驱动的结果	true|false	true
useGeneratedKeys	允许 JDBC 支持自动生成主键，需要驱动兼容。如果设置为 true，则这个设置强制使用自动生成主键，尽管一些驱动不能兼容但仍可正常工作（比如 Derby）	true|false	false
autoMappingBehavior	指定 MyBatis 应如何自动映射列到字段或属性。NONE 表示取消自动映射；PARTIAL 表示只会自动映射，没有定义嵌套结果集和映射结果集。FULL 会自动映射任意复杂的结果集（无论是否嵌套）	NONE、PARTIAL、FULL	PARTIAL
autoMappingUnknownColumnBehavior	指定自动映射当中未知列（或未知属性类型）时的行为。默认是不处理，只有当日志级别达到 WARN 级别或者以下，才会显示相关日志，如果处理失败会抛出 SqlSessionException 异常	NONE、WARNING、FAILING	NONE
defaultExecutorType	配置默认的执行器。SIMPLE 是普通的执行器；REUSE 会重用预处理语句（prepared statements）；BATCH 执行器将重用语句并执行批量更新	SIMPLE、REUSE、BATCH	SIMPLE
defaultStatementTimeout	设置超时时间，它决定驱动等待数据库响应的秒数	任何正整数	Not Set (null)
defaultFetchSize	设置数据库驱动程序默认返回的条数限制，此参数可以重新设置	任何正整数	Not Set (null)
safeRowBoundsEnabled	允许在嵌套语句中使用分页（RowBounds）。如果允许，设置 false	true|false	false
safeResultHandlerEnabled	允许在嵌套语句中使用分页（ResultHandler）。如果允许，设置 false	true | false	true
mapUnderscoreToCamelCase	是否开启自动驼峰命名规则映射，即从经典数据库列名 A_COLUMN 到经典 Java 属性名 aColumn 的类似映射	true|false	false

续表

配 置 项	作 用	配置选项说明	默 认 值
localCacheScope	MyBatis 利用本地缓存机制（Local Cache）防止循环引用（circular references）和加速重复嵌套查询。默认值为 SESSION，这种情况下会缓存一个会话中执行的所有查询。若设置值为 STATEMENT，本地会话仅用在语句执行上，对相同 SqlSession 的不同调用将不会共享数据	SESSION|STATEMENT	SESSION
jdbcTypeForNull	当没有为参数提供特定的 JDBC 类型时，为空值指定 JDBC 类型。某些驱动需要指定列的 JDBC 类型，多数情况直接用一般类型即可，比如 NULL、VARCHAR 或 OTHER	NULL、VARCHAR、OTHER	OTHER
lazyLoadTriggerMethods	指定哪个对象的方法触发一次延迟加载	—	equals、clone、hashCode、toString
defaultScriptingLanguage	指定动态 SQL 生成的默认语言	—	org.apache.ibatis.scripting.xmltags.XMLDynamicLanguageDriver
callSettersOnNulls	指定当结果集中值为 null 时，是否调用映射对象的 setter（map 对象时为 put）方法，这对于有 Map.keySet()依赖或 null 值初始化时是有用的。注意，基本类型（int、boolean 等）不能设置成 null	true|false	false
logPrefix	指定 MyBatis 增加到日志名称的前缀	任何字符串	Not set
logImpl	指定 MyBatis 所用日志的具体实现，未指定时将自动查找	SLF4J|LOG4J|LOG4J2|JDK_LOGGING|COMMONS_LOGGING|STDOUT_LOGGING|NO_LOGGING	Not set
proxyFactory	指定 MyBatis 创建具有延迟加载能力的对象所用到的代理工具	CGLIB|JAVASSIST	JAVASSIST（MyBatis 版本为 3.3 及以上的）
vfsImpl	指定 VFS 的实现类	提供 VFS 类的全限定名，如果存在多个，可以使用逗号分隔	Not set
useActualParamName	允许用方法参数中声明的实际名称引用参数。要使用此功能，项目必须被编译为 Java 8 参数的选择。（从版本 3.4.1 开始可以使用）	true|false	true

settings 的配置项很多，但是真正用到的不会太多，我们把常用的配置项研究清楚就可以了，比如关于缓存的 cacheEnabled，关于级联的 lazyLoadingEnabled 和 aggressiveLazyLoading，关于自动映射的 autoMappingBehavior 和 mapUnderscoreToCamelCase，关于执行器类型的 defaultExecutorType 等。这里给出一个全量的配置样例，如代码清单 4-5 所示。

代码清单 4-5：全量 settings 的配置样例

```
<settings>
  <setting name="cacheEnabled" value="true"/>
```

```
    <setting name="lazyLoadingEnabled" value="true"/>
    <setting name="multipleResultSetsEnabled" value="true"/>
    <setting name="useColumnLabel" value="true"/>
    <setting name="useGeneratedKeys" value="false"/>
    <setting name="autoMappingBehavior" value="PARTIAL"/>
    <setting name="autoMappingUnknownColumnBehavior" value="WARNING"/>
    <setting name="defaultExecutorType" value="SIMPLE"/>
    <setting name="defaultStatementTimeout" value="25"/>
    <setting name="defaultFetchSize" value="100"/>
    <setting name="safeRowBoundsEnabled" value="false"/>
    <setting name="mapUnderscoreToCamelCase" value="false"/>
    <setting name="localCacheScope" value="SESSION"/>
    <setting name="jdbcTypeForNull" value="OTHER"/>
    <setting name="lazyLoadTriggerMethods" value="equals,clone, hashCode,
toString"/>
</settings>
```

4.4 typeAliases 别名

由于类的全限定名称很长，需要大量使用的时候，总写那么长的名称不方便。在 MyBatis 中允许定义一个简写来代表这个类，这就是别名，别名分为系统定义别名和自定义别名。在 MyBatis 中别名由类 TypeAliasRegistry（org.apache.ibatis.type.TypeAliasRegistry）去定义。注意，在 MyBatis 中别名不区分大小写。

4.4.1 系统定义别名

在 MyBatis 的初始化过程中，系统自动初始化了一些别名，如表 4-2 所示。

表 4-2 系统自定义别名

别 名	Java 类型	是否支持数组
_byte	byte	是
_long	long	是
_short	short	是
_int	int	是
_integer	int	是
_double	double	是
_float	float	是
_boolean	boolean	是
string	String	是
byte	Byte	是
long	Long	是

续表

别　名	Java 类型	是否支持数组
short	Short	是
int	Integer	是
integer	Integer	是
double	Double	是
float	Float	是
boolean	Boolean	是
date	Date	是
decimal	BigDecimal	是
bigdecimal	BigDecimal	是
object	Object	是
map	Map	否
hashmap	HashMap	否
list	List	否
arraylist	ArrayList	否
collection	Collection	否
iterator	Iterator	否
ResultSet	ResultSet	否

如果需要使用对应类型的数组型，要看其是否能支持数据，如果支持只需要使用别名加[]即可，比如_int 数组的别名就是_int[]。而类似 list 这样不支持数组的别名，则不能那么写。

有时候要通过代码来实现注册别名，让我们看看 MyBatis 是如何初始化这些别名的，如代码清单 4-6 所示。

代码清单 4-6：TypeAliasRegistry 初始化别名

```
public TypeAliasRegistry() {
  registerAlias("string", String.class);

  registerAlias("byte", Byte.class);
  registerAlias("long", Long.class);
  ......
  registerAlias("byte[]", Byte[].class);
  registerAlias("long[]", Long[].class);
  ......
  registerAlias("map", Map.class);
  registerAlias("hashmap", HashMap.class);
  registerAlias("list", List.class);
  registerAlias("arraylist", ArrayList.class);
  registerAlias("collection", Collection.class);
  registerAlias("iterator", Iterator.class);
  registerAlias("ResultSet", ResultSet.class);
}
```

所以使用 TypeAliasRegistry 的 registerAlias 方法就可以注册别名了。一般是通过 Configuration 获取 TypeAliasRegistry 类对象，其中有一个 getTypeAliasRegistry 方法可以获得别名，如 configuration.getTypeAliasRegistry()。然后就可以通过 registerAlias 方法对别名注册了。而事实上 Configuration 对象也对一些常用的配置项配置了别名，如代码清单 4-7 所示。

代码清单 4-7：Configuration 配置的别名

```
//事务方式别名
typeAliasRegistry.registerAlias("JDBC", JdbcTransactionFactory.class);
typeAliasRegistry.registerAlias("MANAGED",
ManagedTransactionFactory.class);
//数据源类型别名
typeAliasRegistry.registerAlias("JNDI", JndiDataSourceFactory.class);
typeAliasRegistry.registerAlias("POOLED",
PooledDataSourceFactory.class);
typeAliasRegistry.registerAlias("UNPOOLED",
UnpooledDataSourceFactory.class);
//缓存策略别名
typeAliasRegistry.registerAlias("PERPETUAL", PerpetualCache.class);
typeAliasRegistry.registerAlias("FIFO", FifoCache.class);
typeAliasRegistry.registerAlias("LRU", LruCache.class);
typeAliasRegistry.registerAlias("SOFT", SoftCache.class);
typeAliasRegistry.registerAlias("WEAK", WeakCache.class);
//数据库标识别名
typeAliasRegistry.registerAlias("DB_VENDOR",
VendorDatabaseIdProvider.class);
//语言驱动类别名
typeAliasRegistry.registerAlias("XML", XMLLanguageDriver.class);
typeAliasRegistry.registerAlias("RAW", RawLanguageDriver.class);
//日志类别名
typeAliasRegistry.registerAlias("SLF4J", Slf4jImpl.class);
typeAliasRegistry.registerAlias("COMMONS_LOGGING",
JakartaCommonsLoggingImpl.class);
typeAliasRegistry.registerAlias("LOG4J", Log4jImpl.class);
typeAliasRegistry.registerAlias("LOG4J2", Log4j2Impl.class);
typeAliasRegistry.registerAlias("JDK_LOGGING", Jdk14LoggingImpl.class);
typeAliasRegistry.registerAlias("STDOUT_LOGGING", StdOutImpl.class);
typeAliasRegistry.registerAlias("NO_LOGGING", NoLoggingImpl.class);
//动态代理别名
typeAliasRegistry.registerAlias("CGLIB", CglibProxyFactory.class);
typeAliasRegistry.registerAlias("JAVASSIST",
JavassistProxyFactory.class);
```

这些配置为的是让我们更容易配置 MyBatis 的相关信息。

以上就是 MyBatis 系统定义的别名，我们在使用的时候，不要重复命名，导致出现其他问题。

4.4.2 自定义别名

由于现实中，特别是大型互联网系统中存在许多对象，比如用户（User）这个对象有时候需要大量重复地使用，因此 MyBatis 也提供了用户自定义别名的规则。我们可以通过 TypeAliasRegistry 类的 registerAlias 方法注册，也可以采用配置文件或者扫描方式来自定义它。

使用配置文件定义很简单：

```
<typeAliases><!-- 别名 -->
    <typeAlias alias="role" type="com.learn.ssm.chapter4.pojo.Role"/>
    <typeAlias alias="user" type="com.learn.ssm.chapter4.pojo.User"/>
</typeAliases>
```

这样就可以定义一个别名了。如果有很多类需要定义别名，那么用这样的方式进行配置可就不那么轻松了。MyBatis 还支持扫描别名。比如上面的两个类都在包 com.learn.ssm.chapter4.pojo 之下，那么就可以定义为：

```
<typeAliases><!-- 别名 -->
    <package name="com.learn.ssm.chapter4.pojo"/>
</typeAliases>
```

这样 MyBatis 将扫描这个包里面的类，将其第一个字母变为小写作为其别名，比如类 Role 的别名会变为 role，而 User 的别名会变为 user。使用这样的规则，有时候会出现重名，比如 com.learn.ssm.chapter3.pojo.User 这个类，MyBatis 还增加了对包 com.learn.ssm.chapter3.pojo 的扫描，那么就会出现异常，这个时候可以使用 MyBatis 提供的注解 @Alias("user3")进行区分，如代码清单 4-8 所示。

代码清单 4-8：扫描自定义别名

```
package com.learn.ssm.chapter3.pojo;
@Alias("user3")
public Class User {
    ......
}
```

这样就能够避免因为别名重名导致的扫描失败的问题。

4.5 typeHandler 类型转换器

在 JDBC 中，需要在 PreparedStatement 对象中设置那些已经预编译过的 SQL 语句的参数。执行 SQL 后，会通过 ResultSet 对象获取得到数据库的数据，而这些 MyBatis 是根据数据的类型通过 typeHandler 来实现的。在 typeHandler 中，分为 jdbcType 和 javaType，其中 jdbcType 用于定义数据库类型，而 javaType 用于定义 Java 类型，那么 typeHandler 的作用就是承担 jdbcType 和 javaType 之间的相互转换，如图 4-1 所示。在很多情况下我们并不需要去配置 typeHandler、jdbcType、javaType，因为 MyBatis 会探测应该使用什么类型的 typeHandler 进行处理，但是有些场景无法探测到。对于那些需要使用自定义枚举的场景，或者数据库使用特殊数据类型的场景，可以使用自定义的 typeHandler 去处理类型之间的转换问题。

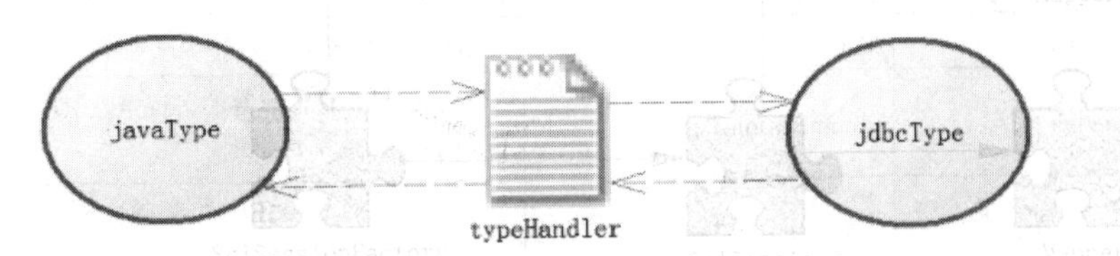

图 4-1 typeHandler 的作用

和别名一样，在 MyBatis 中存在系统定义 typeHandler 和自定义 typeHandler。MyBatis 会根据 javaType 和数据库的 jdbcType 来决定采用哪个 typeHandler 处理这些转换规则。系统提供的 typeHandler 能覆盖大部分场景的要求，但是有些情况下是不够的，比如我们有特殊的转换规则，枚举类就是这样。

4.5.1 系统定义的 typeHandler

MyBatis 内部定义了许多有用的 typeHandler，如表 4-3 所示。

表 4-3 系统定义的 typeHandler

类型处理器	Java 类型	JDBC 类型
BooleanTypeHandler	java.lang.Boolean, boolean	数据库兼容的 BOOLEAN
ByteTypeHandler	java.lang.Byte, byte	数据库兼容的 NUMERIC 或 BYTE
ShortTypeHandler	java.lang.Short, short	数据库兼容的 NUMERIC 或 SHORT INTEGER
IntegerTypeHandler	java.lang.Integer, int	数据库兼容的 NUMERIC 或 INTEGER
LongTypeHandler	java.lang.Long, long	数据库兼容的 NUMERIC 或 LONG INTEGER
FloatTypeHandler	java.lang.Float, float	数据库兼容的 NUMERIC 或 FLOAT
DoubleTypeHandler	java.lang.Double, double	数据库兼容的 NUMERIC 或 DOUBLE
BigDecimalTypeHandler	java.math.BigDecimal	数据库兼容的 NUMERIC 或 DECIMAL
StringTypeHandler	java.lang.String	CHAR、VARCHAR
ClobReaderTypeHandler	java.io.Reader	—
ClobTypeHandler	java.lang.String	CLOB、LONGVARCHAR
NStringTypeHandler	java.lang.String	NVARCHAR、NCHAR
NClobTypeHandler	java.lang.String	NCLOB
BlobInputStreamTypeHandler	java.io.InputStream	—
ByteArrayTypeHandler	byte[]	数据库兼容的字节流类型
BlobTypeHandler	byte[]	BLOB、LONGVARBINARY
DateTypeHandler	java.util.Date	TIMESTAMP

续表

类型处理器	Java 类型	JDBC 类型
DateOnlyTypeHandler	java.util.Date	DATE
TimeOnlyTypeHandler	java.util.Date	TIME
SqlTimestampTypeHandler	java.sql.Timestamp	TIMESTAMP
SqlDateTypeHandler	java.sql.Date	DATE
SqlTimeTypeHandler	java.sql.Time	TIME
ObjectTypeHandler	Any	OTHER 或未指定类型
EnumTypeHandler	Enumeration Type	VARCHAR 任何兼容的字符串类型，存储枚举的名称（而不是索引）
EnumOrdinalTypeHandler	Enumeration Type	任何兼容的 NUMERIC 或 DOUBLE 类型，存储枚举的索引（而不是名称）

这些就是 MyBatis 系统已经创建好的 typeHandler。在大部分的情况下无须显式地声明 jdbcType 和 javaType，或者用 typeHandler 去指定对应的 typeHandler 来实现数据类型转换，因为 MyBatis 系统会自己探测。有时候需要修改一些转换规则，比如枚举类往往需要自己去编写规则。

在 MyBatis 中 typeHandler 都要实现接口 org.apache.ibatis.type.TypeHandler，首先让我们先看看这个接口的定义，如代码清单 4-9 所示。

代码清单 4-9：TypeHandler.java

```
public interface TypeHandler<T> {
  void setParameter(PreparedStatement ps, int i, T parameter, jdbcType
jdbcType)
      throws SQLException;
  T getResult(ResultSet rs, String columnName) throws SQLException;
  T getResult(ResultSet rs, int columnIndex) throws SQLException;
  T getResult(CallableStatement cs, int columnIndex) throws SQLException;
}
```

这里我们稍微说明一下它的定义。

- 其中 T 是泛型，专指 javaType，比如我们需要 String 的时候，那么实现类可以写为 implements TypeHandler<String>。
- setParameter 方法，是使用 typeHandler 通过 PreparedStatement 对象进行设置 SQL 参数的时候使用的具体方法，其中 i 是参数在 SQL 的下标，parameter 是参数，jdbcType 是数据库类型。
- 其中有 3 个 getResult 的方法，它的作用是从 JDBC 结果集中获取数据进行转换，要么使用列名（columnName）要么使用下标（columnIndex）获取数据库的数据，其中最后一个 getResult 方法是存储过程专用的。

在编写 typeHandler 前，先来研究一下 MyBatis 系统的 typeHandler 是如何实现的，所以有必要先研究一下 MyBatis 系统的 typeHandler。如果读者打开源码，就可以发现它们都继承了 org.apache.ibatis.type.BaseTypeHandler，如代码清单 4-10 所示。

代码清单 4-10：BaseTypeHandler.java

```
public abstract class BaseTypeHandler<T> extends TypeReference<T>
implements TypeHandler<T> {
  ......
  @Override
  public void setParameter(PreparedStatement ps, int i, T parameter, JdbcType
jdbcType) throws SQLException {
    if (parameter == null) {
      if (jdbcType == null) {
        throw new TypeException("JDBC requires that the jdbcType must be
specified for all nullable parameters.");
      }
      try {
        ps.setNull(i, jdbcType.TYPE_CODE);
      } catch (SQLException e) {
        throw new TypeException("Error setting null for parameter #" + i +
" with jdbcType " + jdbcType + " . " +
                "Try setting a different jdbcType for this parameter or a
different jdbcTypeForNull configuration property. " +
                "Cause: " + e, e);
      }
    } else {
      try {
        setNonNullParameter(ps, i, parameter, jdbcType);
      } catch (Exception e) {
        throw new TypeException("Error setting non null for parameter #" +
i + " with jdbcType " + jdbcType + " . " +
                "Try setting a different jdbcType for this parameter or a
different configuration property. " +
                "Cause: " + e, e);
      }
    }
  }

  @Override
  public T getResult(ResultSet rs, String columnName) throws SQLException
{
    T result;
    try {
      result = getNullableResult(rs, columnName);
    } catch (Exception e) {
      throw new ResultMapException("Error attempting to get column '" +
columnName + "' from result set.  Cause: " + e, e);
    }
    if (rs.wasNull()) {
      return null;
```

```
      } else {
        return result;
      }
    }

    @Override
    public T getResult(ResultSet rs, int columnIndex) throws SQLException {
      ......
    }

    @Override
  public T getResult(CallableStatement cs, int columnIndex) throws
  SQLException {
      ......
    }

    public abstract void setNonNullParameter(PreparedStatement ps, int i, T
  parameter, jdbcType jdbcType) throws SQLException;

    public abstract T getNullableResult(ResultSet rs, String columnName)
  throws SQLException;

    public abstract T getNullableResult(ResultSet rs, int columnIndex) throws
  SQLException;

    public abstract T getNullableResult(CallableStatement cs, int columnIndex)
  throws SQLException;

  }
```

简单分析一下 BaseTypeHandler 的源码。

- BaseTypeHandler 是个抽象类，需要子类去实现其定义的 4 个抽象方法，而它本身实现了 typeHandler 接口的 4 个方法。
- getResult 方法，非空结果集是通过 getNullableResult 方法获取的。如果判断为空，则返回 null。
- setParameter 方法，当参数 parameter 和 jdbcType 同时为空时，MyBatis 将抛出异常。如果能明确 jdbcType，则会进行空设置；如果参数不为空，那么它将采用 setNonNullParameter 方法设置参数。
- getNullableResult 方法用于存储过程。

MyBatis 使用最多的 typeHanlder 之一——StringTypeHandler。它用于字符串转换，其源码如代码清单 4-11 所示。

代码清单 4-11：StringTypeHanlder

```
public class StringTypeHandler extends BaseTypeHandler<String> {
```

```
  @Override
  public void setNonNullParameter(PreparedStatement ps, int i, String
parameter, JdbcType jdbcType)
      throws SQLException {
    ps.setString(i, parameter);
  }

  @Override
  public String getNullableResult(ResultSet rs, String columnName)
      throws SQLException {
    return rs.getString(columnName);
  }

  @Override
  public String getNullableResult(ResultSet rs, int columnIndex)
      throws SQLException {
    return rs.getString(columnIndex);
  }

  @Override
  public String getNullableResult(CallableStatement cs, int columnIndex)
      throws SQLException {
    return cs.getString(columnIndex);
  }
}
```

显然它实现了 BaseTypeHandler 的 4 个抽象方法，代码也非常简单。

在这里，MyBatis 把 javaType 和 jdbcType 相互转换，那么它们是如何注册的呢？在 MyBatis 中采用 org.apache.ibatis.type.TypeHandlerRegistry 类对象的 register 方法进行注册，如代码清单 4-12 所示。

代码清单 4-12：系统注册 typeHanlder

```
public TypeHandlerRegistry() {
    register(Boolean.class, new BooleanTypeHandler());
    register(boolean.class, new BooleanTypeHandler());
    ....
    register(byte[].class, JdbcType.BLOB, new BlobTypeHandler());
    register(byte[].class, JdbcType.LONGVARBINARY, new BlobTypeHandler());
    ....
}
```

这样就实现了用代码的形式注册 typeHandler。注意，自定义的 typeHandler 一般不会使用代码注册，而是通过配置或扫描，下面让我们开始学习它的自定义。

4.5.2 自定义 typeHandler

在大部分的场景下，MyBatis 的 typeHandler 就能应付一般的场景，但是有时候不够用。比如使用枚举的时候，枚举有特殊的转化规则，这个时候需要自定义 typeHandler 进行处理它。

从系统定义的 typeHandler 可以知道，要实现 typeHandler 就需要去实现接口 typeHandler，或者继承 BaseTypeHandler（实际上，BaseTypeHandler 实现了 typeHanlder 接口）。这里我们仿造一个 StringTypeHandler 来实现一个自定义的 typeHandler——MyTypeHandler，它只是用于实现接口 typeHandler，如代码清单 4-13 所示。

代码清单 4-13：MyTypeHandler

```
public class MyTypeHandler implements TypeHandler<String> {

    Logger logger = Logger.getLogger(MyTypeHandler.class);

    @Override
    public void setParameter(PreparedStatement ps, int i, String parameter,
            JdbcType jdbcType) throws SQLException {
        logger.info("设置 string 参数【" + parameter+"】");
        ps.setString(i, parameter);
    }

    @Override
    public String getResult(ResultSet rs, String columnName)
            throws SQLException {
        String result = rs.getString(columnName);
        logger.info("读取 string 参数 1【" + result+"】");
        return result;
    }

    @Override
    public String getResult(ResultSet rs, int columnIndex) throws
SQLException {
        String result = rs.getString(columnIndex);
        logger.info("读取 string 参数 2【" + result+"】");
        return result;
    }

    @Override
    public String getResult(CallableStatement cs, int columnIndex)
            throws SQLException {
        String result = cs.getString(columnIndex);
        logger.info("读取 string 参数 3【" + result+"】");
        return result;
    }
```

```
    }
```

定义的 typeHandler 泛型为 String，显然我们要把数据库的数据类型转化为 String 型，然后实现设置参数和获取结果集的方法。但是这个时候还没有启用 typeHandler，它还需要做如代码清单 4-14 所示的配置。

代码清单 4-14：配置 typeHandler

```
<typeHandlers>
       <typeHandler jdbcType="VARCHAR" javaType="string"
         handler="com.learn.ssm.chapter4.typehandler.MyTypeHandler" />
</typeHandlers>
```

配置完成后系统才会读取它，这样注册后，当 jdbcType 和 javaType 能与 MyTypeHandler 对应的时候，它就会启动 MyTypeHandler。有时候还可以显式启用 typeHandler，一般而言启用这个 typeHandler 有两种方式，如代码清单 4-15 所示。

代码清单 4-15：使用自定义 typeHandler 的两种方法

```
......
<resultMap id="roleMapper" type="role">
   <result property="id" column="id"/>
   <result property="roleName" column="role_name" jdbcType="VARCHAR"
javaType="string"/>
   <result property="note" column="note" typeHandler="com.learn.ssm.
chapter4.typehandler.MyTypeHandler"/>
</resultMap>

<select id="getRole" parameterType="long" resultMap="roleMapper" >
    select id, role_name, note from t_role where id = #{id}
</select>

<select id="findRoles" parameterType="string" resultMap="roleMapper">
   select id, role_name, note from t_role
   where role_name like concat('%', #{roleName, jdbcType=VARCHAR,
javaType=string}, '%')
</select>

<select id="findRoles2" parameterType="string" resultMap="roleMapper">
   select id, role_name, note from t_role
   where note like concat('%', #{note, typeHandler=com.learn.ssm.chapter4.
typehandler.MyTypeHandler}, '%')
</select>
......
```

注意，要么指定了与自定义 typeHandler 一致的 jdbcType 和 javaType，要么直接使用

typeHandler 指定具体的实现类。在一些因为数据库返回为空导致无法断定采用哪个 typeHandler 来处理，而又没有注册对应的 javaType 的 typeHandler 时，MyBatis 无法知道使用哪个 typeHandler 转换数据，我们可以采用这样的方式来确定采用哪个 typeHandler 处理，这样就不会有异常出现了。运行代码查看日志结果：

```
DEBUG 2016-08-23 14:13:49,837 org.apache.ibatis.logging.jdbc.
BaseJdbcLogger: ==>  Preparing: select id, role_name, note from t_role where
id = ?
DEBUG 2016-08-23 14:13:49,862 org.apache.ibatis.logging.jdbc.
BaseJdbcLogger: ==> Parameters: 1(Long)
 INFO 2016-08-23 14:13:49,885 com.learn.ssm.chapter4.typehandler.
MyTypeHandler: 读取 string 参数 1【role_name_1】
 INFO 2016-08-23 14:13:49,885 com.learn.ssm.chapter4.typehandler.
MyTypeHandler: 读取 string 参数 1【note_1】
DEBUG 2016-08-23 14:13:49,885 org.apache.ibatis.logging.jdbc.
BaseJdbcLogger: <==      Total: 1
DEBUG 2016-08-23 14:13:49,886 org.apache.ibatis.logging.jdbc.
BaseJdbcLogger: ==>  Preparing: select id, role_name, note from t_role where
role_name like concat('%', ?, '%')
 INFO 2016-08-23 14:13:49,887 com.learn.ssm.chapter4.typehandler.
MyTypeHandler: 设置 string 参数【role_】
DEBUG 2016-08-23 14:13:49,887 org.apache.ibatis.logging.jdbc.
BaseJdbcLogger: ==> Parameters: role_(String)
 INFO 2016-08-23 14:13:49,890 com.learn.ssm.chapter4.typehandler.
MyTypeHandler: 读取 string 参数 1【role_name_1】
 INFO 2016-08-23 14:13:49,890 com.learn.ssm.chapter4.typehandler.
MyTypeHandler: 读取 string 参数 1【note_1】
 INFO 2016-08-23 14:13:49,890 com.learn.ssm.chapter4.typehandler.
MyTypeHandler: 读取 string 参数 1【role_name_2】
 INFO 2016-08-23 14:13:49,891 com.learn.ssm.chapter4.typehandler.
MyTypeHandler: 读取 string 参数 1【note_2】
DEBUG 2016-08-23 14:13:49,891 org.apache.ibatis.logging.jdbc.
BaseJdbcLogger: <==      Total: 2
DEBUG 2016-08-23 14:13:49,891 org.apache.ibatis.logging.jdbc.
BaseJdbcLogger: ==>  Preparing: select id, role_name, note from t_role where
note like concat('%', ?, '%')
 INFO 2016-08-23 14:13:49,891 com.learn.ssm.chapter4.typehandler.
MyTypeHandler: 设置 string 参数【note】
DEBUG 2016-08-23 14:13:49,892 org.apache.ibatis.logging.jdbc.
BaseJdbcLogger: ==> Parameters: note(String)
 INFO 2016-08-23 14:13:49,893 com.learn.ssm.chapter4.typehandler.
MyTypeHandler: 读取 string 参数 1【role_name_1】
 INFO 2016-08-23 14:13:49,893 com.learn.ssm.chapter4.typehandler.
MyTypeHandler: 读取 string 参数 1【note_1】
 INFO 2016-08-23 14:13:49,893 com.learn.ssm.chapter4.typehandler.
MyTypeHandler: 读取 string 参数 1【role_name_2】
```

```
 INFO    2016-08-23    14:13:49,893    com.learn.ssm.chapter4.typehandler.
MyTypeHandler: 读取 string 参数 1【note_2】
DEBUG     2016-08-23     14:13:49,894     org.apache.ibatis.logging.jdbc.
BaseJdbcLogger: <==      Total: 2
```

显然我们配置的 MyTypeHandler 已经启用了。

有时候由于枚举类型很多，系统需要的 typeHandler 也会很多，如果采用配置也会很麻烦，这个时候可以考虑使用包扫描的形式，那么就需要按照代码清单 4-16 配置了。

代码清单 4-16：使用扫描方式配置 typeHandler

```
<typeHandlertype>
      <package name="com.learn.ssm.chapter4.typehandler"/>
</typeHandlertype>
```

只是这样就没法指定 jdbcType 和 javaType 了，不过我们可以使用注解来处理它们。我们把 MyTypeHandler 的声明修改一下，如代码清单 4-17 所示。

代码清单 4-17：使用包扫描和注解注册 typeHandler

```
@MappedTypes(String.class)
@MappedjdbcTypes(jdbcType.VARCHAR)
public class MyTypeHandler implements TypeHandler<String> {
......
}
```

4.5.3　枚举 typeHandler

在绝大多数情况下，typeHandler 因为枚举而使用，MyBatis 已经定义了两个类作为枚举类型的支持，这两个类分别是：

- EnumOrdinalTypeHandler。
- EnumTypeHandler。

因为它们的作用不大，所以在大部分情况下，我们都不用它们，不过我们还是要稍微了解一下它们的用法。在此之前，先来建一个性别枚举类——SexEnum，如代码清单 4-18 所示。

代码清单 4-18：性别枚举类——SexEnum

```
public enum SexEnum {
    MALE(1, "男"),
    FEMALE(0, "女");

    private int id;
    private String name;
   /** setter and getter **/
```

```
    SexEnum(int id, String name) {
        this.id = id;
        this.name = name;
    }

    public SexEnum getSexById(int id) {
        for (SexEnum sex : SexEnum.values()) {
            if (sex.getId() == id) {
                return sex;
            }
        }
        return null;
    }
}
```

为了使用这个关于性别的枚举，我们以附录 A 的数据模型中的用户表为例。在讨论它们之前先创建一个用户 POJO，如代码清单 4-19 所示。

代码清单 4-19：用户 POJO

```
public class User {
    private Long id;
    private String userName;
    private String password;
    private SexEnum sex;
    private String mobile;
    private String tel;
    private String email;
    private String note;
/** setter and getter **/
}
```

4.5.3.1 EnumOrdinalTypeHandler

EnumOrdinalTypeHandler 是按 MyBatis 根据枚举数组下标索引的方式进行匹配的，它要求数据库返回一个整数作为其下标，它会根据下标找到对应的枚举类型，根据这条规则，可以创建一个 UserMapper.xml 作为测试的例子，如代码清单 4-20 所示。

代码清单 4-20：使用 EnumOrdinalTypeHandler 定义 UserMapper.xml

```
<?xml version="1.0" encoding="UTF-8" ?>
<!DOCTYPE mapper
  PUBLIC "-//mybatis.org//DTD Mapper 3.0//EN"
  "http://mybatis.org/dtd/mybatis-3-mapper.dtd">
<mapper namespace="com.learn.ssm.chapter4.mapper.UserMapper">
    <resultMap id="userMapper" type="user">
```

```
            <result property="id" column="id" />
            <result property="userName" column="user_name" />
            <result property="password" column="password" />
            <result property="sex" column="sex"
             typeHandler="org.apache.ibatis.type.EnumOrdinalTypeHandler"/>
            <result property="mobile" column="mobile" />
            <result property="tel" column="tel" />
            <result property="email" column="email" />
            <result property="note" column="note" />
        </resultMap>
        <select id="getUser" resultMap="userMapper" parameterType="long">
          select id, user_name, password, sex, mobile, tel, email, note from
    t_user
         where id = #{id}
        </select>
    </mapper>
```

插入一条数据，执行的 SQL 如下：

```
insert into `t_user` (`id`, `user_name`, `password`, `sex`, `mobile`, `tel`,
`email`, `note`) values(1, 'zhangsan', '123456', '1', '13699988874',
'0755-88888888', 'zhangsan@163.com', 'note......')
```

这样，sex 字段就在数据库里被设置为 1，代表女性，使用代码清单 4-21 进行测试。

代码清单 4-21：测试 EnumOrdinalTypeHandler

```
sqlSession = SqlSessionFactoryUtils.openSqlSession();
UserMapper userMapper = sqlSession.getMapper(UserMapper.class);
User user = userMapper.getUser(1L);
log.info(user.getSex().getName());
```

这样便得到日志：

```
DEBUG    2016-08-23    15:32:22,243    org.apache.ibatis.transaction.jdbc.
JdbcTransaction: Opening JDBC Connection
DEBUG    2016-08-23    15:32:22,252    org.apache.ibatis.transaction.jdbc.
JdbcTransaction: Setting autocommit to false on JDBC Connection [22069592,
URL=jdbc:mysql://localhost:3306/ssm,  UserName=root@localhost,  MySQL-AB
JDBC Driver]
DEBUG     2016-08-23     15:32:22,264     org.apache.ibatis.logging.jdbc.
BaseJdbcLogger: ==>  Preparing: select id, user_name, password, sex, mobile,
tel, email, note from t_user where id = ?
DEBUG     2016-08-23     15:32:22,288     org.apache.ibatis.logging.jdbc.
BaseJdbcLogger: ==> Parameters: 1(Long)
DEBUG     2016-08-23     15:32:22,335     org.apache.ibatis.logging.jdbc.
```

```
BaseJdbcLogger: <==      Total: 1
 INFO 2016-08-23 15:32:22,337 com.learn.ssm.chapter4.main.Chapter4Main: 女
```

显然此时是使用了下标进行转换的结果。

4.5.3.2 EnumTypeHandler

EnumTypeHandler 会把使用的名称转化为对应的枚举，比如它会根据数据库返回的字符串“MALE”，进行 Enum.valueOf(SexEnum.class, "MALE");转换，所以为了测试 EnumTypeHandler 的转换，我们把数据库的 sex 字段修改为字符型（varchar（10）），并把 sex=1 的数据修改为 FEMALE，于是可以执行以下 SQL。

```
alter table t_user modify sex varchar(10);
update t_user set sex = 'FEMALE' where sex = 1;
```

然后使用 EnumTypeHandler 修改 UserMaperr.xml，如代码清单 4-22 所示。

代码清单 4-22：使用 EnumTypeHandler

```
<?xml version="1.0" encoding="UTF-8" ?>
<!DOCTYPE mapper
  PUBLIC "-//mybatis.org//DTD Mapper 3.0//EN"
  "http://mybatis.org/dtd/mybatis-3-mapper.dtd">
<mapper namespace="com.learn.ssm.chapter4.mapper.UserMapper">
    <resultMap id="userMapper" type="user">
        <result property="id" column="id" />
        <result property="userName" column="user_name" />
        <result property="password" column="password" />
        <result property="sex" column="sex"
         typeHandler="org.apache.ibatis.type.EnumTypeHandler"/>
        <result property="mobile" column="mobile" />
        <result property="tel" column="tel" />
        <result property="email" column="email" />
        <result property="note" column="note" />
    </resultMap>
    <select id="getUser" resultMap="userMapper" parameterType="long">
      select id, user_name, password, sex, mobile, tel, email, note from
t_user
     where id = #{id}
    </select>
</mapper>
```

执行代码清单 4-22，就可以可以看到正确运行的日志。

4.5.3.3 自定义枚举 typeHandler

我们已经讨论了 MyBatis 内部提供的两种转换的 typeHandler，但是它们有很大的局限性，更多的时候我们希望使用自定义的 typeHandler。执行下面的 SQL，把数据库的 sex 字

段修改为整数型。

```
update t_user set sex='0' where sex = 'FEMALE';
update t_user set sex='1' where sex = 'MALE';
alter table t_user modify sex int(10);
```

此时，按 SexEnum 的定义，sex=1 为男性，sex=0 为女性。为了满足这个规则，让我们自定义一个 SexEnumTypeHandler，如代码清单 4-23 所示。

代码清单 4-23：SexEnumTypeHandler

```
package com.learn.ssm.chapter4.typehandler;
......
@MappedTypes(SexEnum.class)
@MappedjdbcTypes(JdbcType.INTEGER)
public class SexEnumTypeHandler implements TypeHandler<SexEnum> {

    @Override
    public void setParameter(PreparedStatement ps, int i, SexEnum parameter,
            jdbcType jdbcType) throws SQLException {
        ps.setInt(i, parameter.getId());
    }

    @Override
    public SexEnum getResult(ResultSet rs, String columnName)
            throws SQLException {
        int id = rs.getInt(columnName);
        return SexEnum.getSexById(id);
    }

    @Override
  public   SexEnum   getResult(ResultSet   rs,   int   columnIndex)   throws
SQLException {
        int id = rs.getInt(columnIndex);
        return SexEnum.getSexById(id);
    }

    @Override
    public SexEnum getResult(CallableStatement cs, int columnIndex)
            throws SQLException {
        int id = cs.getInt(columnIndex);
        return SexEnum.getSexById(id);
    }
}
```

将代码清单 4-22 的 typeHandler 换成自定义的 SexEnumTypeHandler，运行程序就可以得到我们想要的结果。

4.5.4 文件操作

MyBatis 对数据库的 Blob 字段也进行了支持，它提供了一个 BlobTypeHandler，为了应付更多的场景，它还提供了 ByteArrayTypeHandler，只是它不太常用，这里为读者展示 BlobTypeHandler 的使用方法。首先建一个表。

```
create table t_file(
id int(12) not null auto_increment,
content blob not null,
primary key(id)
);
```

加粗的代码，使用了 Blob 字段，用于存入文件。然后创建一个 POJO，用于处理这个表，如代码清单 4-24 所示。

代码清单 4-24：创建文件 POJO

```
package com.ssm.chapter5.pojo;
public class TestFile {
    long id;
    byte[] content;
/********setter and getter********/
}
```

这里需要把 content 属性和数据库的 Blob 字段转换，这个时候可以使用系统注册的 typeHandler——BlobTypeHandler 来转换，如代码清单 4-25 所示。

代码清单 4-25：使用 BlobTypeHandler 转换

```
<?xml version="1.0" encoding="UTF-8" ?>
<!DOCTYPE mapper
  PUBLIC "-//mybatis.org//DTD Mapper 3.0//EN"
  "http://mybatis.org/dtd/mybatis-3-mapper.dtd">
  <mapper namespace="com.ssm.chapter5.mapper.FileMapper">
     <resultMap type="com.ssm.chapter5.pojo.TestFile" id="file">
        <id column="id" property="id"/>
        <id column="content" property="content"
           typeHandler="org.apache.ibatis.type.BlobTypeHandler"/>
     </resultMap>

     <select id="getFile" parameterType="long" resultMap="file">
        select id, content from t_file where id = #{id}
     </select>

     <insert id="insertFile" parameterType="com.ssm.chapter5.pojo.TestFile">
        insert into t_file(content) values(#{content})
     </insert>
```

```
    </mapper>
```

实际上，不加入加粗代码的 typeHandler 属性，MyBatis 也能检测得到，并使用合适的 typeHandler 进行转换。

在现实中，一次性地将大量数据加载到 JVM 中，会给服务器带来很大压力，所以在更多的时候，应该考虑使用文件流的形式。这个时候只要把 POJO 的属性 content 修改为 InputStream 即可。如果没有 typeHandler 声明，那么系统就会探测并使用 BlobInputStream TypeHandler 为你转换结果，这个时候需要把加粗代码的 typeHandler 修改为 org.apache.ibatis.type.BlobInputStreamTypeHandler。

因为性能不佳，文件的操作在大型互联网的网站上并不常用。更多的时候，大型互联网的网站会采用文件服务器的形式，通过更为高速的文件系统操作。这是搭建高效服务器需要注意的地方。

4.6　ObjectFactory（对象工厂）

当创建结果集时，MyBatis 会使用一个对象工厂来完成创建这个结果集实例。在默认的情况下，MyBatis 会使用其定义的对象工厂——DefaultObjectFactory（org.apache.ibatis.reflection.factory.DefaultObjectFactory）来完成对应的工作。

MyBatis 允许注册自定义的 ObjectFactory。如果自定义，则需要实现接口 org.apache.ibatis.reflection.factory.ObjectFactory，并给予配置。在大部分的情况下，我们都不需要自定义返回规则，因为这些比较复杂而且容易出错，在更多的情况下，都会考虑继承系统已经实现好的 DefaultObjectFactory，通过一定的改写来完成我们所需要的工作，如代码清单 4-26 所示。

代码清单 4-26：自定义 ObjectFactory

```
public class MyObjectFactory  extends DefaultObjectFactory {

    private static final long serialVersionUID = -8855122346740914948L;

    Logger log = Logger.getLogger(MyObjectFactory.class);

    private Object temp = null;
    @Override
    public void setProperties(Properties properties) {
        super.setProperties(properties);
        log.info("初始化参数：【" + properties.toString()+"】");
    }

   //方法 2
    @Override
```

```
    public <T> T create(Class<T> type) {
        T result = super.create(type);
        log.info("创建对象: " + result.toString());
        log.info("是否和上次创建的是同一个对象:【" + (temp == result) + "】");
        return result;
    }

    //方法 1
    @Override
    public <T> T create(Class<T> type, List<Class<?>> constructorArgTypes,
List<Object> constructorArgs) {
        T result =  super.create(type, constructorArgTypes, constructorArgs);
        log.info("创建对象: " + result.toString());
        temp = result;
        return result;
    }

    @Override
    public <T> boolean isCollection(Class<T> type) {
        return super.isCollection(type);
    }

}
```

然后对它进行配置，如代码清单 4-27 所示。

代码清单 4-27：配置 MyObjectFactory

```
<objectFactory type="com.learn.chapter4.objectfactory.MyObjectFactory">
    <property name="prop1" value="value1"/>
</objectFactory>
```

这样 MyBatis 就会采用配置的 MyObjectFactory 来生成结果集对象，采用下面的代码进行测试。

```
sqlSession = MyBatisUtil.getSqlSession();
RoleMapper roleMapper = sqlSession.getMapper(RoleMapper.class);
Role role = roleMapper.getRole(1);
System.err.println(role.getRoleName());
```

当配置了 log4j.properties 文件的时候，就能看到这样的一个输出日志。

```
INFO    2016-08-21    01:14:30,994    com.learn.chapter4.objectfactory.
MyObjectFactory: 初始化参数:【{prop1=value1}】
INFO    2016-08-21    01:14:31,488    com.learn.chapter4.objectfactory.
MyObjectFactory: 创建对象: []
INFO    2016-08-21    01:14:31,491    com.learn.chapter4.objectfactory.
```

```
MyObjectFactory: 创建对象: []
INFO    2016-08-21    01:14:31,491    com.learn.chapter4.objectfactory.
MyObjectFactory: 是否和上次创建的是同一个对象:【true】
INFO    2016-08-21    01:14:31,492    com.learn.chapter4.objectfactory.
MyObjectFactory: 创建对象: com.learn.chapter1.pojo.Role@12cdcf4
INFO    2016-08-21    01:14:31,492    com.learn.chapter4.objectfactory.
MyObjectFactory: 创建对象: com.learn.chapter1.pojo.Role@12cdcf4
INFO    2016-08-21    01:14:31,492    com.learn.chapter4.objectfactory.
MyObjectFactory: 是否和上次创建的是同一个对象:【true】
update_role_name
```

如果打断点调试一步步跟进，那么你会发现 MyBatis 创建了一个 List 对象和一个 Role 对象。它会先调用方法 1，然后调用方法 2，只是最后生成了同一个对象，所以在写入的判断中，始终返回的是 true。因为返回的是一个 Role 对象，所以它会最后适配为一个 Role 对象，这就是它的工作过程。

4.7　插件

插件是 MyBatis 中最强大和灵活的组件，同时也是最复杂、最难以使用的组件，而且它十分危险，因为它将覆盖 MyBatis 底层对象的核心方法和属性。如果操作不当将产生严重后果，甚至是摧毁 MyBatis 框架。所以在研究插件之前，要清楚掌握 MyBatis 底层的构成和运行原理，否则将难以安全高效地使用它，在后面的章节我们会去探索它的奥妙。

4.8　environments（运行环境）

在 MyBatis 中，运行环境主要的作用是配置数据库信息，它可以配置多个数据库，一般而言只需要配置其中的一个就可以了。它下面又分为两个可配置的元素：事务管理器（transactionManager）、数据源（dataSource）。在实际的工作中，大部分情况下会采用 Spring 对数据源和数据库的事务进行管理，这些我们都会在后面的章节进行讲解。本节我们会探讨 MyBatis 自身实现的类。

运行环境配置，如代码清单 4-28 所示。

代码清单 4-28：运行环境配置

```
<environment default="development">
    <environment id="development">
      <transactionManager type="JDBC"/>
      <dataSource type="POOLED">
        <property name="driver" value="${database.driver}"/>
        <property name="url" value="${database.url}"/>
```

```
        <property name="username" value="${database.username}"/>
        <property name="password" value="${database.password}"/>
      </dataSource>
    </environment>
  </environment>
```

这里用到两个元素：transactionManager 和 environment。

4.8.1 transactionManager（事务管理器）

在 MyBatis 中，transactionManager 提供了两个实现类，它需要实现接口 Transaction（org.apache.ibatis.transaction.Transaction），它的定义如代码清单 4-29 所示。

代码清单 4-29：Transaction 定义

```
public interface Transaction {
  Connection getConnection() throws SQLException;

  void commit() throws SQLException;

  void rollback() throws SQLException;

  void close() throws SQLException;

  Integer getTimeout() throws SQLException;

}
```

从方法可知，它主要的工作就是提交（commit）、回滚（rollback）和关闭（close）数据库的事务。MyBatis 为 Transaction 提供了两个实现类：JdbcTransaction 和 ManagedTransaction，如图 4-2 所示。

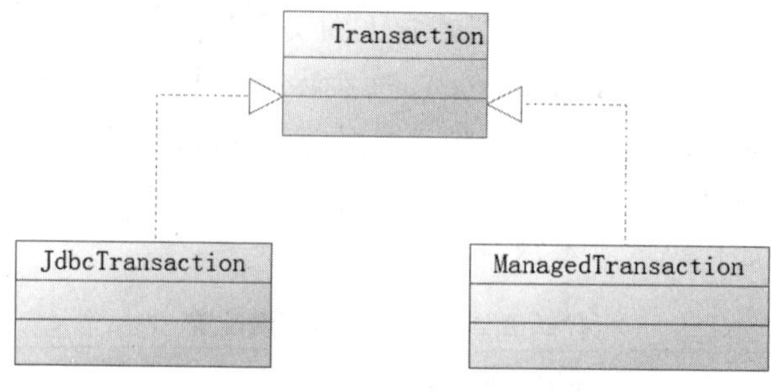

图 4-2 Transaction 的实现类

于是它对应着两种工厂：JdbcTransactionFactory 和 ManagedTransactionFactory，这个工厂需要实现 TransactionFactory 接口，通过它们会生成对应的 Transaction 对象。于是可以把事务管理器配置成为以下两种方式：

```
<transactionManager type="JDBC"/>
<transactionManager type="MANAGED"/>
```

这里做简要的说明。

- JDBC 使用 JdbcTransactionFactory 生成的 JdbcTransaction 对象实现。它是以 JDBC 的方式对数据库的提交和回滚进行操作。
- MANAGED 使用 ManagedTransactionFactory 生成的 ManagedTransaction 对象实现。它的提交和回滚方法不用任何操作，而是把事务交给容器处理。在默认情况下，它会关闭连接，然而一些容器并不希望这样，因此需要将 closeConnection 属性设置为 false 来阻止它默认的关闭行为。

不想采用 MyBatis 的规则时，我们可以这样配置：

```
<transactionManager
type="com.learn.ssm.chapter4.transaction.MyTransactionFactory"/>
```

实现一个自定义事务工厂，如代码清单 4-30 所示。

代码清单 4-30：自定义事务工厂

```
public class MyTransactionFactory implements TransactionFactory {
    @Override
    public void setProperties(Properties props) {
    }

    @Override
    public Transaction newTransaction(Connection conn) {
        return new MyTransaction(conn);
    }

    @Override
    public Transaction newTransaction(DataSource dataSource,
            TransactionIsolationLevel level, boolean autoCommit) {
        return new MyTransaction(dataSource, level, autoCommit);
    }
}
```

这里就实现了 TransactionFactory 所定义的工厂方法，这个时候还需要事务实现类 MyTransaction，它用于实现 Transaction 接口，如代码清单 4-31 所示。

代码清单 4-31：自定义事务类

```
public class MyTransaction extends JdbcTransaction implements Transaction
{

    public    MyTransaction(DataSource    ds,    TransactionIsolationLevel
desiredLevel, boolean desiredAutoCommit) {
```

```
        super(ds, desiredLevel, desiredAutoCommit);
    }

    public MyTransaction(Connection connection) {
        super(connection);
    }

    @Override
    public Connection getConnection() throws SQLException {
        return super.getConnection();
    }

    @Override
    public void commit() throws SQLException {
        super.commit();
    }

    @Override
    public void rollback() throws SQLException {
        super.rollback();
    }

    @Override
    public void close() throws SQLException {
        super.close();
    }

    @Override
    public Integer getTimeout() throws SQLException {
        return super.getTimeout();
    }

}
```

这样就能够通过自定义事务规则，满足特殊的需要了。

4.8.2 environment 数据源环境

environment 的主要作用是配置数据库，在 MyBatis 中，数据库通过 PooledDataSource Factory、UnpooledDataSourceFactory 和 JndiDataSourceFactory 三个工厂类来提供，前两者对应产生 PooledDataSource、UnpooledDataSource 类对象，而 JndiDataSourceFactory 则会根据 JNDI 的信息拿到外部容器实现的数据库连接对象。无论如何这三个工厂类，最后生成的产品都会是一个实现了 DataSource 接口的数据库连接对象。

由于存在三种数据源，所以可以按照下面的形式配置它们。

```
<dataSource type="UNPOOLED">
<dataSource type="POOLED">
<dataSource type="JNDI">
```

论述一下这三种数据源及其属性。

1. UNPOOLED

UNPOOLED 采用非数据库池的管理方式，每次请求都会打开一个新的数据库连接，所以创建会比较慢。在一些对性能没有很高要求的场合可以使用它。对有些数据库而言，使用连接池并不重要，那么它也是一个比较理想的选择。UNPOOLED 类型的数据源可以配置以下几种属性：

- driver 数据库驱动名，比如 MySQL 的 com.mysql.jdbc.Driver。
- url 连接数据库的 URL。
- username 用户名。
- password 密码。
- defaultTransactionIsolationLevel 默认的连接事务隔离级别，关于隔离级别，我们会在后面的章节讨论。

传递属性给数据库驱动也是一个可选项，注意属性的前缀为“driver.”，例如 driver.encoding=UTF8。它会通过 DriverManager.getConnection(url,driverProperties)方法传递值为 UTF8 的 encoding 属性给数据库驱动。

2. POOLED

数据源 POOLED 利用“池”的概念将 JDBC 的 Connection 对象组织起来，它开始会有一些空置，并且已经连接好的数据库连接，所以请求时，无须再建立和验证，省去了创建新的连接实例时所必需的初始化和认证时间。它还控制最大连接数，避免过多的连接导致系统瓶颈。

除了 UNPOOLED 下的属性外，会有更多属性用来配置 POOLED 的数据源：

- poolMaximumActiveConnections 是在任意时间都存在的活动（也就是正在使用）连接数量，默认值为 10。
- poolMaximumIdleConnections 是任意时间可能存在的空闲连接数。
- poolMaximumCheckoutTime 在被强制返回之前，池中连接被检出（checked out）的时间，默认值为 20 000 毫秒（即 20 秒）。
- poolTimeToWait 是一个底层设置，如果获取连接花费相当长的时间，它会给连接池打印状态日志，并重新尝试获取一个连接（避免在误配置的情况下一直失败），默认值为 20 000 毫秒（即 20 秒）。
- poolPingQuery 为发送到数据库的侦测查询，用来检验连接是否处在正常工作秩序中，并准备接受请求。默认是“NO PING QUERY SET”，这会导致多数数据库驱动失败时带有一个恰当的错误消息。

- poolPingEnabled 为是否启用侦测查询。若开启，也必须使用一个可执行的 SQL 语句设置 poolPingQuery 属性（最好是一个非常快的 SQL），默认值为 false。
- poolPingConnectionsNotUsedFor 为配置 poolPingQuery 的使用频度。这可以被设置成匹配具体的数据库连接超时时间，来避免不必要的侦测，默认值为 0（即所有连接每一时刻都被侦测——仅当 poolPingEnabled 为 true 时适用）。

3. JNDI

数据源 JNDI 的实现是为了能在如 EJB 或应用服务器这类容器中使用，容器可以集中或在外部配置数据源，然后放置一个 JNDI 上下文的引用。这种数据源配置只需要两个属性：

- initial_context 用来在 InitialContext 中寻找上下文（即，initialContext.lookup(initial_context)）。initial_context 是个可选属性，如果忽略，那么 data_source 属性将会直接从 InitialContext 中寻找。
- data_source 是引用数据源实例位置上下文的路径。当提供 initial_context 配置时，data_source 会在其返回的上下文中进行查找；当没有提供 initial_context 时，data_source 直接在 InitialContext 中查找。

与其他数据源配置类似，它可以通过添加前缀“env.”直接把属性传递给初始上下文（InitialContext）。比如 env.encoding=UTF8，就会在初始上下文实例化时往它的构造方法传递值为 UTF8 的 encoding 属性。

MyBatis 也支持第三方数据源，例如使用 DBCP 数据源，那么需要提供一个自定义的 DataSourceFactory，如代码清单 4-32 所示。

代码清单 4-32：自定义数据源工厂

```
......
import org.apache.commons.dbcp2.BasicDataSourceFactory;
import org.apache.ibatis.datasource.DataSourceFactory;
public class DbcpDataSourceFactory implements DataSourceFactory {
    private Properties  props = null;
    @Override
    public void setProperties(Properties props) {
        this.props = props;
    }
    @Override
    public DataSource getDataSource() {
        DataSource dataSource = null;
       try {
          dataSource = BasicDataSourceFactory.createDataSource(props);
       } catch (Exception ex) {
          ex.printStackTrace();
       }
       return dataSource;
    }
}
```

然后进行如下配置：

```
<dataSource
type="com.learn.ssm.chapter4.datasource.DbcpDataSourceFactory">
    <property name="driver" value="${database.driver}"/>
    <property name="url" value="${database.url}"/>
    <property name="username" value="${database.username}"/>
    <property name="password" value="${database.password}"/>
</dataSource>
```

这样 MyBatis 就会采用配置的数据源工厂来生成数据源了。

4.9 databaseIdProvider 数据库厂商标识

databaseIdProvider 元素主要是支持多种不同厂商的数据库，虽然这个元素并不常用，但是在一些公司却十分有用，因为有些软件公司需要给不同的客户提供系统，使用何种数据库往往是由客户决定的。举个例子，软件公司默认的是 MySQL 数据库，而客户只打算使用 Oracle，那就麻烦了。虽然在移植性方面，MyBatis 不如 Hibernate，但是它也提供元素 databaseIdProvider 进行支持，下面学习如何使用它。

4.9.1 使用系统默认的 databaseIdProvider

下面以 Oracle 和 MySQL 两种数据库作为基础介绍它们。使用 databaseIdProvider 要配置一些属性，如代码清单 4-33 所示。

代码清单 4-33：配置 databaseIdProvider 属性

```
<databaseIdProvider type="DB_VENDOR">
    <property name="Oracle" value="oracle" />
    <property name="MySQL" value="mysql"/>
    <property name="DB2" value="db2"/>
</databaseIdProvider>
```

property 元素的属性 name 是数据库的名称，如果不确定如何填写，那么可以使用 JDBC 创建其数据库连接对象 Connection，然后通过代码 connection.getMetaData().getDatabase ProductName()获取。而属性 value 是它的一个别名，在 MyBatis 里可以通过这个别名标识一条 SQL 适用于哪种数据库运行。然后，改造映射器的 SQL，如代码清单 4-34 所示。

代码清单 4-34：标识 SQL 适用何种数据库

```
<select id="getRole" parameterType="long"
    resultType="role" databaseId="oracle">
        select id, role_name as roleName, note from t_role where id = #{id}
</select>
```

```
<select id="getRole" parameterType="long"
   resultType="role" databaseId="mysql">
    select id, role_name as roleName, note from t_role where 1=1 and  id =
#{id}
</select>
```

这里两条 SQL 的属性 databaseId 分别是 Oracle 和 MySQL。当属性为 MySQL 时，我们加入了 1=1 的条件。这时先把数据库切换为 MySQL，于是得到打印日志：

```
DEBUG    2016-08-23    11:42:15,973    org.apache.ibatis.logging.jdbc.
BaseJdbcLogger: ==>  Preparing: select id, role_name as roleName, note from
t_role where 1=1 and id = ?
DEBUG    2016-08-23    11:42:16,012    org.apache.ibatis.logging.jdbc.
BaseJdbcLogger: ==> Parameters: 1(Long)
DEBUG    2016-08-23    11:42:16,033    org.apache.ibatis.logging.jdbc.
BaseJdbcLogger: <==     Total: 1
```

显然这里就会使用标识为 MySQL 的 SQL 进行查询。当切换为 Oracle 时，它的打印日志就变为：

```
DEBUG    2016-08-23    11:46:42,191    org.apache.ibatis.logging.jdbc.
BaseJdbcLogger: ==>  Preparing: select id, role_name as roleName, note from
t_role where id = ?
DEBUG    2016-08-23    11:46:42,262    org.apache.ibatis.logging.jdbc.
BaseJdbcLogger: ==> Parameters: 1(Long)
DEBUG    2016-08-23    11:46:42,299    org.apache.ibatis.logging.jdbc.
BaseJdbcLogger: <==     Total: 1
```

显然这条 SQL 就变为了标识为 Oracle 的 SQL。这样 MyBatis 就可以支持多个数据库厂商的开发了。

如果同时存在一条有 databaseId 和没有 databaseId 的标识会怎么样呢？下面我们使用 MySQL 数据库，修改映射器里的 SQL，如代码清单 4-35 所示。

代码清单 4-35：标识 SQL 适用何种数据库

```
<select id="getRole" parameterType="long"
   resultType="role" databaseId="oracle">
        select id, role_name as roleName, note from t_role where id = #{id}
</select>
<select id="getRole" parameterType="long"
   resultType="role">
    select id, role_name as roleName, note from t_role where 1=1 and  id =
#{id}
</select>
```

运行后会得到日志：

```
DEBUG    2016-08-23    12:16:35,936    org.apache.ibatis.logging.jdbc.
BaseJdbcLogger: ==>  Preparing: select id, role_name as roleName, note from
t_role where 1=1 and id = ?
DEBUG    2016-08-23    12:16:35,965    org.apache.ibatis.logging.jdbc.
BaseJdbcLogger: ==> Parameters: 1(Long)
DEBUG    2016-08-23    12:16:35,999    org.apache.ibatis.logging.jdbc.
BaseJdbcLogger: <==     Total: 1
```

把对应的 SQL 的 databaseId 配置为 db2：

```
<select    id="getRole"    parameterType="long"    resultType="role"
databaseId="oracle">
        select id, role_name as roleName, note from t_role where id = #{id}
</select>

<select    id="getRole"    parameterType="long"    resultType="role"
databaseId="db2">
        select id, role_name as roleName, note from t_role where 1=1 and  id
= #{id}
</select>
```

运行代码后，得到异常日志：

```
org.apache.ibatis.binding.BindingException: Invalid bound statement (not
found): com.learn.ssm.chapter4.mapper.RoleMapper.getRole
    at         org.apache.ibatis.binding.MapperMethod$SqlCommand.<init>
(MapperMethod.java:223)
    at       org.apache.ibatis.binding.MapperMethod.<init>(MapperMethod.
java:48)
    at         org.apache.ibatis.binding.MapperProxy.cachedMapperMethod
(MapperProxy.java:59)
    at org.apache.ibatis.binding.MapperProxy.invoke(MapperProxy.java:52)
    at com.sun.proxy.$Proxy3.getRole(Unknown Source)
    at       com.learn.ssm.chapter4.main.Chapter4Main.main(Chapter4Main.
java:20)
```

显然 MyBatis 无法找到对应的 SQL 和你的方法匹配。

通过上面的实践，我们知道使用多数据库 SQL 时需要配置 databaseIdProvidertype 的属性。当 databaseIdProvidertype 属性被配置时，系统会优先取到和数据库配置一致的 SQL。如果没有，则取没有 databaseId 的 SQL，可以把它当作默认值。如果还是取不到，则会抛出异常，说明无法匹配到对应的 SQL。

4.9.2 不使用系统规则

4.9.1 节使用了 MyBatis 的默认规则，MyBatis 也可以使用自定义的规则，只是它必须实现 MyBatis 提供的接口 DatabaseIdProvider，自定义 DatabaseIdProvider 如代码清单 4-36 所示。

代码清单 4-36：自定义 DatabaseIdProvider

```
public class MyDatabaseIdProvider implements DatabaseIdProvider {

    private static final String DATEBASE_TYPE_DB2 = "DB2";
    private static final String DATEBASE_TYPE_MYSQL = "MySQL";
    private static final String DATEBASE_TYPE_ORACLE = "Oralce";

    private Logger log = Logger.getLogger(MyDatabaseIdProvider.class);

    @Override
    public void setProperties(Properties props) {
        log.info(props);
    }

    @Override
    public String getDatabaseId(DataSource dataSource) throws SQLException
{
        Connection connection = dataSource.getConnection();
        String dbProductName = connection.getMetaData().getDatabaseProduct
Name();
        if (MyDatabaseIdProvider.DATEBASE_TYPE_DB2.equals(dbProductName))
{
            return "db2";
        } else if (MyDatabaseIdProvider.DATEBASE_TYPE_MYSQL
                .equals(dbProductName)) {
            return "mysql";
        } else if (MyDatabaseIdProvider.DATEBASE_TYPE_ORACLE
                .equals(dbProductName)) {
            return "oracle";
        } else {
            return null;
        }
    }

}
```

简单论述一下，setProperties 方法可以读取配置的参数；而 getDatabaseId 方法则是需要完成的逻辑，比如判断是 MySQL 数据库，则返回 MySQL，那么系统就会拿这个返回值去匹配配置了 databaseId 的 SQL 语句，然后对它进行配置。

```
<databaseIdProvider
type="com.learn.ssm.chapter4.databaseidprovider.MyDatabaseIdProvider">
        <property name="msg" value="自定义 DatabaseIdProvider"/>
</databaseIdProvider >
```

使用代码清单 4-36 配置的 SQL，然后运行可以得到如下日志。

```
 INFO 2016-08-23 12:49:38,611 com.learn.ssm.chapter4.databaseidprovider.
MyDatabaseIdProvider: {msg=自定义 DatabaseIdProvider}
DEBUG    2016-08-23    12:49:38,911    org.apache.ibatis.transaction.jdbc.
JdbcTransaction: Opening JDBC Connection
DEBUG    2016-08-23    12:49:38,929    org.apache.ibatis.transaction.jdbc.
JdbcTransaction: Setting autocommit to false on JDBC Connection [1971851377,
URL=jdbc:mysql://localhost:3306/ssm,  UserName=root@localhost,  MySQL-AB
JDBC Driver]
DEBUG     2016-08-23     12:49:38,935     org.apache.ibatis.logging.jdbc.
BaseJdbcLogger: ==>  Preparing: select id, role_name as roleName, note from
t_role where 1=1 and id = ?
DEBUG     2016-08-23     12:49:38,963     org.apache.ibatis.logging.jdbc.
BaseJdbcLogger: ==> Parameters: 1(Long)
DEBUG     2016-08-23     12:49:38,993     org.apache.ibatis.logging.jdbc.
BaseJdbcLogger: <==      Total: 1
DEBUG    2016-08-23    12:49:38,996    org.apache.ibatis.transaction.jdbc.
JdbcTransaction: Resetting autoc
```

显然 setProperties 读取了我们的配置，然后依据规则找到对应 MySQL 的 SQL 语句。

4.10　引入映射器的方法

映射器是 MyBatis 最复杂、最核心的组件，本节着重讨论如何引入映射器。而它的参数类型、动态 SQL、定义 SQL、缓存信息等功能留到后面再讨论。

映射器定义命名空间（namespace）的方法，命名空间对应的是一个接口的全路径，而不是实现类。

首先，定义接口，如代码清单 4-37 所示。

代码清单 4-37：定义 Mapper 接口

```
package com.learn.ssm.chapter4.mapper;
......
public interface RoleMapper {
    public Role getRole(Long id);
}
```

其次，给出 XML 文件，如代码清单 4-38 所示。

代码清单 4-38：定义 Mapper 映射规则和 SQL 语句

```
<?xml version="1.0" encoding="UTF-8" ?>
<!DOCTYPE mapper
  PUBLIC "-//mybatis.org//DTD Mapper 3.0//EN"
  "http://mybatis.org/dtd/mybatis-3-mapper.dtd">
<mapper namespace="com.learn.ssm.chapter4.mapper.RoleMapper">
   <select id="getRole" parameterType="long"
    resultType="com.learn.ssm.chapter4.pojo.Role">
       select id, role_name as roleName, note from t_role
      where id = #{id}
    </select>
</mapper>
```

引入映射器的方法很多，一般分为以下几种。

1．用文件路径引入映射器

代码清单 4-39：用文件路径引入

```
<mappers>
   <mapper resource="com/learn/ssm/chapter4/mapper/roleMapper.xml"/>
</mappers>
```

2．用包名引入映射器

代码清单 4-40：使用包名引入

```
<mappers>
    <package name="com.learn.ssm.chapter4.mapper"/>
</mappers>
```

3．用类注册引入映射器

代码清单 4-41：使用类注册引入

```
<mappers>
    <mapper class="com.learn.ssm.chapter4.mapper.UserMapper"/>
    <mapper class="com.learn.ssm.chapter4.mapper.RoleMapper"/>
</mapper>
```

4．用 userMapper.xml 引入映射器

代码清单 4-42：使用 userMapper.xml 引入

```
<mappers>
<mapper
 url="file:///var/mappers/com/learn/ssm/chapter4/mapper/roleMapper.xml"
```

```
/>
<mapper
 url="file:///var/mappers/com/learn/ssm/chapter4/mapper/RoleMapper.xml"
/>
</mappers>
```

我们可以根据实际情况使用合适的方式引入它们。

第 5 章

映射器

本章目标

1．掌握 select、insert、delete 和 update 元素的使用方法
2．掌握如何传递参数的各种方法和指定返回参数类型
3．掌握 resultMap 的使用方法
4．掌握一对一、一对多、N+1 问题等级联技术
5．掌握一级和二级缓存的使用方法
6．掌握如何调用存储过程

映射器是 MyBatis 最复杂且最重要的组件。它由一个接口加上 XML 文件（或者注解）组成。在映射器中可以配置参数、各类的 SQL 语句、存储过程、缓存、级联等复杂的内容，并且通过简易的映射规则映射到指定的 POJO 或者其他对象上，映射器能有效消除 JDBC 底层的代码。

在 MyBatis 应用程序开发中，映射器的开发工作量占全部工作量的 80%。在 MyBatis 中映射器的配置顶级元素不多，但是里面的一些细节，比如缓存、级联、#和$字符的替换、参数、存储过程、映射规则等需要我们进一步学习。由于存储过程特殊，级联复杂（实际上级联是 resultMap 的一部分），所以笔者会用一节的篇幅去论述。

MyBatis 的映射器也可以使用注解完成，但是它在企业应用不广，原因主要来自 3 个方面：其一，面对复杂性，SQL 会显得无力，尤其是长 SQL。其二，注解的可读性较差；其三，在功能上，注解丢失了 XML 上下文相互引用的功能。基于实际情况情况，所以本书不讨论用注解的方式实现映射器，而是主要讨论 XML 的实现方式。

5.1 概述

映射器的配置元素，如表 5-1 所示。

表 5-1 映射器的配置元素

元素名称	描 述	备 注
select	查询语句，最常用、最复杂的元素之一	可以自定义参数，返回结果集等
insert	插入语句	执行后返回一个整数，代表插入的条数
update	更新语句	执行后返回一个整数，代表更新的条数
delete	删除语句	执行后返回一个整数，代表删除的条数
~~parameterMap~~	定义参数映射关系	即将被删除的元素，不建议大家使用
sql	允许定义一部分 SQL，然后在各个地方引用它	例如，一张表列名，一次定义，可以在多个 SQL 语句中使用
resultMap	用来描述从数据库结果集中来加载对象，它是最复杂、最强大的元素	它将提供映射规则
cache	给定命名空间的缓存配置	—
cache-ref	其他命名空间缓存配置的引用	—

由于 parameterMap 是 MyBatis 官方不推荐使用的元素，可能即将被删除，所以本书也不讨论这个元素的使用，这样就剩下 8 个元素需要进一步探讨，接下来我们一起学习它们。

5.2 select 元素——查询语句

在映射器中 select 元素代表 SQL 的 select 语句，用于查询。在 SQL 中，select 语句是用得最多的语句，在 MyBatis 中 select 元素也是用得最多的元素，使用的多就意味着强大和复杂。先来看看 select 元素的配置，如表 5-2 所示。

表 5-2 select 元素的配置

元 素	说 明	备 注
id	它和 Mapper 的命名空间组合起来是唯一的，供 MyBatis 调用	如果命名空间和 id 结合起来不唯一，MyBatis 将抛出异常
parameterType	可以给出类的全命名，也可以给出别名，但是别名必须是 MyBatis 内部定义或者自定义的	可以选择 Java Bean、Map 等简单的参数类型传递给 SQL
~~parameterMap~~	即将废弃的元素，我们不再讨论它	—
resultType	定义类的全路径，在允许自动匹配的情况下，结果集将通过 Java Bean 的规范映射； 或定义为 int、double、float、map 等参数； 也可以使用别名，但是要符合别名规范，且不能和 resultMap 同时使用	常用的参数之一，比如统计总条数时可以把它的值设置为 int
resultMap	它是映射集的引用，将执行强大的映射功能。我们可以使用 resultType 和 resultMap 其中的一个，resultMap 能提供自定义映射规则的机会	MyBatis 最复杂的元素，可以配置映射规则、级联、typeHandler 等
flushCache	它的作用是在调用 SQL 后，是否要求 MyBatis 清空之前查询本地缓存和二级缓存	取值为布尔值，true/false。默认值为 false

续表

元　素	说　明	备　注
useCache	启动二级缓存的开关，是否要求 MyBatis 将此次结果缓存	取值为布尔值，true/false。默认值为 true
timeout	设置超时参数，超时时将抛出异常，单位为秒	默认值是数据库厂商提供的 JDBC 驱动所设置的秒数
fetchSize	获取记录的总条数设定	默认值是数据库厂商提供的 JDBC 驱动所设置的条数
statementType	告诉 MyBatis 使用哪个 JDBC 的 Statement 工作，取值为 STATEMENT(Statement)、PREPARED(PreparedStatement)、CALLABLE(CallableStatement)	默认值为 PREPARED
resultSetType	这是对 JDBC 的 resultSet 接口而言，它的值包括 FORWARD_ONLY（游标允许向前访问）、SCROLL_SENSITIVE（双向滚动，但不及时更新，就是如果数据库里的数据修改过，并不在 resultSet 中反映出来）、SCROLL_INSENSITIVE（双向滚动，并及时跟踪数据库的更新，以便更改 resultSet 中的数据）	默认值是数据库厂商提供的 JDBC 驱动所设置的
databaseId	它的使用请参考第 4 章的 databaseIdProvider 数据库厂商标识这部分内容	提供多种数据库的支持
resultOrdered	这个设置仅适用于嵌套结果 select 语句。如果为 true，就是假设包含了嵌套结果集或是分组了，当返回一个主结果行时，就不能引用前面结果集了。这就确保了在获取嵌套的结果集时不至于导致内存不够用	取值为布尔值，true/false。默认值为 false
resultSets	适合于多个结果集的情况，它将列出执行 SQL 后每个结果集的名称，每个名称之间用逗号分隔	很少使用

在实际工作中用得最多的是 id、parameterType、resultType、resultMap，如果要设置缓存，还会使用到 flushCache、useCache，其他的都是不常用的功能。所以这里主要讨论 id、parameterType、resultType、resultMap 及它们的映射规则，而 flushCache、useCache 会放到缓存上讨论。

5.2.1　简单的 select 元素的应用

掌握 select 元素的使用，先学习一个最简单的例子：统计用户表中同一个姓氏的用户数量，如代码清单 5-1 所示。

代码清单 5-1：最简单的 select 元素应用

```
<select  id="countUserByFirstName"  parameterType="string"   resultType=
"int">
    select count(*) total from t_user
    where user_name like concat(#{firstName}, '%')
</select>
```

虽然很简单，但是我们还是论述一下它的元素含义：

- id 配合 Mapper 的全限定名，联合成为一个唯一的标识（在不考虑数据库厂商标识的前提下），用于标识这条 SQL。
- parameterType 表示这条 SQL 接受的参数类型，可以是 MyBatis 系统定义或者自定义的别名，比如 int、string、float 等，也可以是类的全限定名，比如 com.learn.ssm.chapter5.pojo.User。
- resultType 表示这条 SQL 返回的结果类型，与 parameterType 一样，可以是系统定义或者自定义的别名，也可以是类的全限定名。
- #{firstName}是被传递进去的参数。

只有这条 SQL 还不够，我们还需要给一个接口方法程序才能运行起来，比如 SQL 可以这样定义接口方法：

```
public Integer countUserByFirstName(String firstName);
```

这个例子只是让我们认识 select 元素的基础属性及用法，未来我们所遇到的问题要比这条 SQL 复杂得多。

5.2.2 自动映射和驼峰映射

MyBatis 提供了自动映射功能，在默认的情况下自动映射功能是开启的，使用它的好处在于能有效减少大量的映射配置，从而减少工作量。我们将以附录 A 里面的角色表（t_role）为例讨论。

在 settting 元素中有两个可以配置的选项 autoMappingBehavior 和 mapUnderscoreToCamelCase，它们是控制自动映射和驼峰映射的开关。一般而言，自动映射会使用得多一些，因为可以通过 SQL 别名机制处理一些细节，比较灵活，而驼峰映射则要求比较严苛，所以在实际中应用不算太广。

配置自动映射的 autoMappingBehavior 选项的取值范围是：

- NONE，不进行自动映射。
- PARTIAL，默认值，只对没有嵌套结果集进行自动映射。
- FULL，对所有的结果集进行自动映射，包括嵌套结果集。

在默认情况下，使用默认的 PARTIAL 级别就可以了。为了实现自动映射，首先要给出 POJO——Role，如代码清单 5-2 所示。

代码清单 5-2：Role POJO 定义

```
public class Role {
    private Long id;
    private String roleName;
    private String note;
   /**setter and getter**/
}
```

这是一个十分简单的 POJO，它定义了 3 个属性及其 setter 和 getter 方法。如果编写的 SQL 列名和属性名保持一致，那么它就会形成自动映射，比如通过角色编号（id）获取角色的信息，如代码清单 5-3 所示。

代码清单 5-3：自动映射——通过角色编号获取角色的信息

```
<select id="getRole" parameterType="long"
      resultType="com.learn.ssm.chapter5.pojo.Role">
   select id, role_name as roleName, note from t_role where id = #{id}
</select>
```

原来的列名 role_name 被别名 roleName 代替了，这样就和 POJO 上的属性名称保持一致了。此时 MyBatis 就会将这个结果集映射到 POJO 的属性 roleName 上，自动完成映射，而无须再进行任何配置，明显减少了工作量。

如果系统都严格按照驼峰命名法（比如，数据库字段为 role_name，则 POJO 属性名为 roleName；又如数据库字段名为 user_name，则 POJO 属性名为 userName），那么只要在配置项把 mapUnderscoreToCamelCase 设置为 true 即可。如果这样做，代码清单 5-3 的 SQL 就可以改写成：

```
select id, role_name, note from t_role where id = #{id}
```

MyBatis 会严格按照驼峰命名的方式做自动映射，只是这样会要求数据字段和 POJO 的属性名严格对应，降低了灵活性，这也是在实际工作中需要考虑的问题。

自动映射和驼峰映射都建立在 SQL 列名和 POJO 属性名的映射关系上，而现实中会更加复杂，比如可能有些字段有主表和从表关联的级联，又如 typeHandler 的复杂转换规则，此时 resultType 元素是无法满足这些需求的。如果需要更为强大的映射规则，则需要考虑使用 resultMap，它是 MyBatis 中最复杂的元素，后面会详细讨论它的用法。

5.2.3 传递多个参数

在 5.2.2 节的例子中，大多只有一个参数传递，而现实的需求中可以有多个参数，比如订单可以通过订单编号查询，也可以根据订单名称、日期或者价格等参数进行查询，为此要研究一下传递多个参数的场景。假设要通过角色名称（role_name）和备注（note）对角色进行模糊查询，这样就有两个参数了，下面开始探讨它们。

5.2.3.1 使用 map 接口传递参数

在 MyBatis 中允许 map 接口通过键值对传递多个参数，把接口方法定义为：

```
public List<Role> findRolesByMap(Map<String, Object> parameterMap);
```

此时，传递给映射器的是一个 map 对象，使用它在 SQL 中设置对应的参数，如代码清单 5-4 所示。

代码清单 5-4：使用 map 传递多个参数

```
<select id="findRolesByMap" parameterType="map" resultType="role">
    select id, role_name as roleName, note from t_role
    where role_name like concat('%', #{roleName}, '%')
    and note like concat('%', #{note}, '%')
</select>
```

注意，参数 roleName 和 note，要求的是 map 的键，也就是需要按代码清单 5-5 的方法传递参数。

代码清单 5-5：设置 map 参数

```
RoleMapperroleMapper = sqlSession.getMapper(RoleMapper.class);
Map<String, Object> parameterMap = new HashMap<String, Object>();
parameterMap.put("roleName", "1");
parameterMap.put("note", "1");
List<Role> roles = roleMapper.findRolesByMap(parameterMap);
```

在 SQL 中的参数标识将会被这里设置的参数所取代，这样就能够运行了。严格来说，map 适用几乎所有场景，但是我们用得不多。原因有两个：首先，map 是一个键值对应的集合，使用者要通过阅读它的键，才能明了其作用；其次，使用 map 不能限定其传递的数据类型，因此业务性质不强，可读性差，使用者要读懂代码才能知道需要传递什么参数给它，所以不推荐用这种方式传递多个参数。

5.2.3.2　使用注解传递多个参数

5.2.3.1 节谈到了使用 map 传递多个参数的弊病——可读性差。为此 MyBatis 为开发者提供了一个注解@Param（org.apache.ibatis.annotations.Param），可以通过它去定义映射器的参数名称，使用它可以得到更好的可读性，把接口方法定义为：

```
public List<Role> findRolesByAnnotation(@Param("roleName") String rolename,
@Param("note") String note);
```

此时代码的可读性大大提高了，使用者能明确参数 roleName 是角色名称，而 note 是备注，一目了然，这个时候需要修改映射文件的代码，如代码清单 5-6 所示。

代码清单 5-6：使用@Param 传递多个参数

```
<select id="findRolesByAnnotation" resultType="role">
    select id, role_name as roleName, note from t_role
    where role_name like concat('%', #{roleName}, '%')
    and note like concat('%', #{note}, '%')
</select>
```

注意，此时并不需要给出 parameterType 属性，让 MyBatis 自动探索便可以了，关于参数底层的规则会在第 7 章谈及，这里先掌握用法即可。

通过改写使可读性大大提高，使用者也方便了，但是这会带来一个麻烦。如果 SQL 很复杂，拥有大于 10 个参数，那么接口方法的参数个数就多了，使用起来就很不容易，不过不必担心，MyBatis 还提供传递 Java Bean 的形式。

5.2.3.3 通过 Java Bean 传递多个参数

先定义一个参数的 POJO——RoleParams，如代码清单 5-7 所示。

代码清单 5-7：RoleParams

```
public class RoleParams {
    private String roleName;
    private String note;
   /**setter and getter**/
}
```

此时把接口方法定义为：

```
public List<Role> findRolesByBean(RoleParams roleParam);
```

Java Bean 的属性 roleName 代表角色名称，而 note 代表备注，按代码清单 5-8 所示修改映射文件。

代码清单 5-8：使用 Java Bean 传递多个参数

```
<select id="findRolesByBean"
  parameterType="com.learn.ssm.chapter5.param.RoleParams"
resultType="role">
        select id, role_name as roleName, note from t_role
        where role_name like concat('%', #{roleName}, '%')
        and note like concat('%', #{note}, '%')
</select>
```

引入 Java Bean 定义的属性作为参数，然后查询。

```
RoleMapper roleMapper = sqlSession.getMapper(RoleMapper.class);
RoleParams roleParams = new RoleParams();
roleParams.setRoleName("1");
roleParams.setNote("1");
List<Role> roles = roleMapper.findRolesByBean(roleParams);
```

5.2.3.4 混合使用

在某些情况下可能需要混合使用几种方法来传递参数。举个例子，查询一个角色，可以通过角色名称和备注进行查询，与此同时还需要支持分页，而分页的 POJO 实现如代码清单 5-9 所示。

代码清单 5-9：分页 POJO

```
public class PageParams {
private int start ;
private int limit;
/*******setter and getter*********/
}
```

这个时候接口设计如下：

```
public  List<Role>  findByMix(@Param("params")  RoleParams  roleParams,
@Param("page") PageParam PageParam);
```

这样不仅是可行的，也是合理的，当然 MyBatis 也为此做了支持，把映射文件修改为如代码清单 5-10 所示。

代码清单 5-10：混合参数的使用

```
<select id="findByMix" resultType="role">
    select id, role_name as roleName, note from t_role
    where role_name like
    concat('%', #{params.roleName}, '%')
    and note like concat('%', #{params.note}, '%')
    limit #{page.start}, #{page.limit}
</select>
```

这样就能使用混合参数了，其中 MyBatis 对 params 和 page 这类 Java Bean 参数提供 EL（中间语言）支持，为编程带来了很多的便利。

5.2.3.5　总结

从 5.2.3.1 节到 5.2.3.4 节描述了 4 种传递多个参数的方法，对各种方法加以点评和总结，以利于我们在实际操作中的应用。

- 使用 map 传递参数导致了业务可读性的丧失，导致后续扩展和维护的困难，在实际的应用中要果断废弃这种方式。
- 使用@Param 注解传递多个参数，受到参数个数（n）的影响。当 $n \leqslant 5$ 时，这是最佳的传参方式，它比用 Java Bean 更好，因为它更加直观；当 $n>5$ 时，多个参数将给调用带来困难，此时不推荐使用它。
- 当参数个数多于 5 个时，建议使用 Java Bean 方式。
- 对于使用混合参数的，要明确参数的合理性。

5.2.4　使用 resultMap 映射结果集

自动映射和驼峰映射规则比较简单，无法定义多的属性，比如 typeHandler、级联等。为了支持复杂的映射，select 元素提供了 resultMap 属性。先定义 resultMap 属性，如代码清单 5-11 所示。

代码清单 5-11：使用 resultMap 作为映射结果集

```
<mapper namespace="com.learn.ssm.chapter5.mapper.RoleMapper">
   <resultMap id="roleMap" type="role" >
      <id property="id" column="id"/>
      <result property="roleName" column="role_name"/>
      <result property="note" column="note"/>
   </resultMap>
   <select id="getRoleUseResultMap"
      parameterType="long" resultMap="roleMap">
      select id, role_name, note from t_role where id = #{id}
   </select>
</mapper>
```

阐述一下这段代码含义：

- resultMap 元素定义了一个 roleMap，它的属性 id 代表它的标识，type 代表使用哪个类作为其映射的类，可以是别名或者全限定名，role 是 com.learn.ssm.chapter5.pojo.Role 的别名。
- 它的子元素 id 代表 resultMap 的主键，而 result 代表其属性，id 和 result 元素的属性 property 代表 POJO 的属性名称，而 column 代表 SQL 的列名。把 POJO 的属性和 SQL 的列名做对应，例如 POJO 的属性 roleName，就用 SQL 的列名 role_name 建立映射关系。
- 在 select 元素中的属性 resultMap 制定了采用哪个 resultMap 作为其映射规则。

5.2.5 分页参数 RowBounds

MyBatis 不仅支持分页，它还内置了一个专门处理分页的类——RowBounds。RowBounds 源码，如代码清单 5-12 所示。

代码清单 5-12：RowBounds 源码

```
package org.apache.ibatis.session;

public class RowBounds {

  public static final int NO_ROW_OFFSET = 0;
  public static final int NO_ROW_LIMIT = Integer.MAX_VALUE;
  public static final RowBounds DEFAULT = new RowBounds();

  private int offset;
  private int limit;

  public RowBounds() {
    this.offset = NO_ROW_OFFSET;
```

```
    this.limit = NO_ROW_LIMIT;
  }

  public RowBounds(int offset, int limit) {
    this.offset = offset;
    this.limit = limit;
  }
/******** setter and getter ********/
}
```

offset 属性是偏移量，即从第几行开始读取记录。limit 是限制条数，从源码可知，默认值为 0 和 Java 的最大整数（2 147 483 647），使用它十分的简单，只要给接口增加一个 RowBounds 参数即可。

```
public List<Role> findByRowBounds(@Param("roleName") String rolename,
            @Param("note") String note, RowBounds rowBounds);
```

对于 SQL 而言，采用代码清单 5-13 的映射内容测试接口。

代码清单 5-13：映射文件不需要 RowBounds 的内容

```
<select id="findByRowBounds" resultType="role">
        select id, role_name as roleName, note from t_role
        where role_name like
        concat('%', #{roleName}, '%')
        and note like concat('%', #{note}, '%')
</select>
```

注意，代码清单 5-13 中没有任何关于 RowBounds 参数的信息，它是 MyBatis 的一个附加参数，MyBatis 会自动识别它，据此进行分页。使用代码清单 5-14 测试 RowBounds 参数。

代码清单 5-14：测试 RowBounds

```
SqlSession sqlSession = null;
    try {
        sqlSession = SqlSessionFactoryUtils.openSqlSession();
        RoleMapper roleMapper = sqlSession.getMapper(RoleMapper.class);
        RowBounds rowBounds = new RowBounds(0, 20);
        List<Role>  roleList  =  roleMapper.findByRowBounds("role_name",
"note", rowBounds);
        System.err.println(roleList.size());
    } catch(Exception e) {
        e.printStackTrace();
    } finally {
        if (sqlSession != null) {
            sqlSession.close();
        }
}
```

运行代码就可以限定查询返回至多 20 条记录的结果，而这里要注意 RowBounds 分页运用的场景，它只能运用于一些小数据量的查询。RowBounds 分页的原理是执行 SQL 的查询后，按照偏移量和限制条数返回查询结果，所以对于大量的数据查询，它的性能并不佳，此时可以通过分页插件去处理，详情可参考本书第 8 章的内容。

5.3 insert 元素——插入语句

5.3.1 概述

执行 select 的基础是先插入数据，而插入数据依赖于 insert 语句。相对于 select 而言，insert 语句就简单多了，在 MyBatis 中 insert 语句可以配置以下属性，如表 5-3 所示。

表 5-3 insert 语句的配置

属 性	描 述	备 注
id	SQL 编号，用于标识这条 SQL	命名空间+id+databaseId 唯一，否则 MyBatis 会抛出异常
parameterType	参数类型，同 select 元素	和 select 一样，可以是单个参数或者多个参数
~~parameterMap~~	参数的 map，即将废弃	本书不讨论它
flushCache	是否刷新缓存，可以配置 true/false，为 true 时，插入时会刷新一级和二级缓存，否则不刷新	默认值为 true
timeout	超时时间，单位为秒	
statementType	STATEMENT、PREPARED 或 CALLABLE 中的一个。这会让 MyBatis 分别使用 Statement、PreparedStatement（预编译）或 CallableStatement（存储过程）	默认值为 PREPARED
useGeneratedKeys	是否启 JDBC 的 getGeneratedKeys 方法来取出由数据库内部生成的主键。（比如 MySQL 和 SQL Server 这样的数据库表的自增主键）	默认值为 false
keyProperty	（仅对 insert 和 update 有用）唯一标记一个属性，MyBatis 会通过 getGeneratedKeys 的返回值，或者通过 insert 语句的 selectKey 子元素设置它的键值。如果是复合主键，要把每一个名称用逗号（,）隔开	默认值为 unset。不能和 keyColumn 连用
keyColumn	（仅对 insert 和 update 有用）通过生成的键值设置表中的列名，这个设置仅在某些数据库（像 PostgreSQL）中是必须的，当主键列不是表中的第一列时需要设置。如果是复合主键，需要把每一个名称用逗号（,）隔开	不能和 keyProperty 连用
databaseId	参见本书的 4.9 节	—

MyBatis 在执行完一条 insert 语句后，会返回一个整数表示其影响记录数。

5.3.2 简单的 insert 语句的应用

写一条 SQL 插入角色，这是一条最简单的插入语句，如代码清单 5-15 所示。

代码清单 5-15：插入角色

```
<insert id="insertRole" parameterType="role" >
   insert into t_role(role_name, note) values(#{roleName}, #{note})
</insert>
```

分析一下这段代码：

- id 标识出这条 SQL，结合命名空间让 MyBatis 能够找到它。
- parameterType 代表传入参数类型。

没有配置的属性将采用默认值，这样就完成了一个角色的插入。

5.3.3 主键回填

代码清单 5-15 展示了最简单的插入语句，但是它并没有插入 id 列，因为 MySQL 中的表格采用了自增主键，MySQL 数据库会为该记录生成对应的主键。有时候还可能需要继续使用这个主键，用以关联其他业务，因此有时候把它取到是十分必要的，比如新增用户时，首先会插入用户表的记录，然后插入用户和角色关系表，插入用户时如果没有办法取到用户的主键，那么就没有办法插入用户和角色关系表了，因此在这个时候要拿到对应的主键，以便后面的操作，MyBatis 提供了这样的支持。

JDBC 中的 Statement 对象在执行插入的 SQL 后，可以通过 getGeneratedKeys 方法获得数据库生成的主键（需要数据库驱动支持），这样便能达到获取主键的功能。在 insert 语句中有一个开关属性 useGeneratedKeys，用来控制是否打开这个功能，它的默认值为 false。当打开了这个开关，还要配置其属性 keyProperty 或 keyColumn，告诉系统把生成的主键放入哪个属性中，如果存在多个主键，就要用逗号（,）将它们隔开。

在代码清单 5-15 的基础上进行修改，让程序返回主键，如代码清单 5-16 所示。

代码清单 5-16：返回主键

```
<insert id="insertRole" parameterType="role"
   useGeneratedKeys="true" keyProperty="id">
   insert into t_role(role_name, note) values(#{roleName}, #{note})
</insert>
```

useGeneratedKeys 代表采用 JDBC 的 Statement 对象的 getGeneratedKeys 方法返回主键，而 keyProperty 则代表将用哪个 POJO 的属性去匹配这个主键，这里是 id，说明它会用数据库生成的主键去赋值给这个 POJO，测试主键回填的结果，如图 5-1 所示。

从图 5-1 中可以看出，代码中设置了断点，在断点前并没有给 role 对象的 id 属性赋值，而在执行 insertRole 方法后，通过监控 role 对象，就可以发现 MyBatis 给这个对象的 id 赋了值，拿到这个值，就可以在业务代码中执行下一步的关联和操作了。

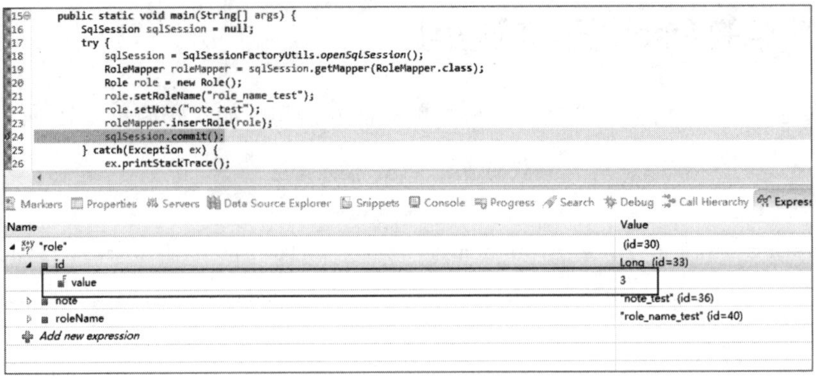

图 5-1　测试主键回填的结果

5.3.4　自定义主键

有时候主键可能依赖于某些规则，比如取消角色表（t_role）的 id 的递增规则，而将其规则修改为：

- 当角色表记录为空时，id 设置为 1。
- 当角色表记录不为空时，id 设置为当前 id 加 3。

MyBatis 对这样的场景也提供了支持，它主要依赖于 selectKey 元素进行支持，它允许自定义键值的生成规则。下面将用代码清单 5-17 完成自定义主键的规则要求。

代码清单 5-17：自定义主键

```
<insert id="insertRole" parameterType="role" >
    <selectKey keyProperty="id" resultType="long" order="BEFORE">
            select if (max(id) = null, 1, max(id) + 3)  from t_role
    </selectKey>
    insert into t_role(id, role_name, note) values(#{id}, #{roleName},
    #{note})
</insert>
```

代码清单 5-17 定义了 selectKey 元素，它的 keyProperty 指定了采用哪个属性作为 POJO 的主键。resultType 告诉 MyBatis 将返回一个 long 型的结果集，而 order 设置为 BEFORE，说明它将于当前定义的 SQL 前执行。通过这样就可以自定义主键的规则，可见 MyBatis 十分灵活。这里的 order 配置为 BEFORE，说明它会在插入之前会先执行生成主键的 SQL，然后插入数据。如果有一些特殊需要，可以把它设置为 AFTER，比如一些插入语句内部可能有嵌入索引调用，这样它就会在插入语句之后执行了。

5.4　update 元素和 delete 元素

因为 update 元素和 delete 元素比较简单，所以把它们放在一起论述。它们和 insert 的属性差不多，执行完也会返回一个整数，用以标识该 SQL 语句影响了数据库的记录行数。先来看看更新和删除角色表记录，如代码清单 5-18 所示。

代码清单 5-18：更新和删除角色表记录

```
<update id="updateRole" parameterType="role">
   update t_role set role_name = #{roleName}, note = #{note}
    where id = #{id}
</update>
<delete id="deleteRole" parameterType="long">
   delete from t_role where id = #{id}
</delete>
```

我们遇到的场景大部分是类似这样的，比较简单，最后 MyBatis 会返回一个整数，标识对应的 SQL 执行后会影响了多少条数据库表里的记录。至于参数可以参考 select 元素的参数规则，在 MyBatis 中它们的规则是通用的。

5.5 sql 元素

sql 元素的作用在于可以定义一条 SQL 的一部分，方便后面的 SQL 引用它，比如最典型的列名。通常情况下要在 select、insert 等语句中反复编写它们，特别是那些字段较多的表更是如此，而在 MyBatis 中，只需要使用 sql 元素编写一次便能在其他元素中引用它了。

sql 元素的使用，如代码清单 5-19 所示。

代码清单 5-19：sql 元素的使用

```
<mapper namespace="com.learn.ssm.chapter5.mapper.RoleMapper">
    <resultMap id="roleMap" type="role">
        <id property="id" column="id" />
        <result property="roleName" column="role_name" />
        <result property="note" column="note" />
    </resultMap>

   <sql id="roleCols">
      id, role_name, note
</sql>

    <select id="getRole" parameterType="long" resultMap="roleMap">
        select <include refid="roleCols"/> from t_role where id = #{id}
    </select>

    <insert id="insertRole" parameterType="role" >
        <selectKey keyProperty="id" resultType="long"
          order="BEFORE" statementType="PREPARED">
            select if (max(id) = null, 1, max(id) + 3)  from t_role
```

```
        </selectKey>
        insert into t_role(<include refid="roleCols"/>)
       values(#{id}, #{roleName},#{note})
    </insert>
</mapper>
```

注意加粗的代码。通过 sql 元素进行了定义，就可以通过 include 元素引入到各条 SQL 中了。这样的代码，在字段多的数据库表中可以重复使用，从而减少对其列名的重复编写。

sql 元素还支持变量传递，如代码清单 5-20 所示。

代码清单 5-20：传递变量给 sql 元素

```
<sql id="roleCols">
    ${alias}.id, ${alias}.role_name, ${alias}.note
</sql>

<select id="getRole" parameterType="long" resultMap="roleMap">
    select
<include refid="roleCols">
        <property name="alias" value="r"/>
</include>
   from t_role r where id = #{id}
</select>
```

在 include 元素中定义了一个命名为 alias 的变量，其值是 SQL 中表 t_role 的别名 r，然后 sql 元素就能够使用这个变量名了。

5.6 参数

5.6.1 概述

在 5.2.3 节中讨论了传递多个参数，而在 4.5 节中讨论了 typeHandler 的用法，这些都是参数的内容，如果读者忘记了它们的用法请复习对应的章节。一些数据库字段返回为 null，而 MyBatis 系统又检测不到使用何种 jdbcType 进行处理时，会发生异常的情况，这个时候执行对应的 typeHandler 进行处理，MyBatis 就知道采取哪个 typeHandler 进行处理了，例如：

```
insert into t_role(id, role_name, note) values(#{id}, #{roleName,
typeHandler=org.apache.ibatis.type.StringTypeHandler},#{note})
```

而事实是，大部分情况下都不需要这样编写，因为 MyBatis 会根据 javaType 和 jdbcType 去检测使用哪个 typeHandler。如果 roleName 是一个没有注册的类型，那么就会发生异常。因为 MyBatis 无法找到对应的 typeHandler 来转换数据类型。此时可以自定义 typeHandler，通过类似的办法指定，就不会抛出异常了。在一些因为数据库返回为 null，存在可能抛出异常的情况下，也可以指定对应的 jdbcType，从而让 MyBatis 能够探测到使用哪个 typeHandler 进行转换，以避免空指针异常，比如代码：

```
#{age,javaType=int,jdbcType=NUMERIC,typeHandler=MyTypeHandler}
```

MyBatis 也提供了一些对控制数值的精度支持，类似于以下代码：

```
#{width,javaType=double,jdbcType=NUMERIC,numericScale=2}
```

这样 MyBatis 就会控制这个精度，只保留数字的两位有效位。

5.6.2　存储过程参数支持

MyBatis 对存储过程也进行了支持，在存储过程中存在：输入（IN）参数、输出（OUT）参数和输入输出（INOUT）参数 3 种类型。输入参数是外界需要传递给存储过程的；输出参数是存储过程经过处理后返回的；输入输出参数一方面外界需要可以传递给它，另一方面在最后存储过程也会将它返回给调用者。

在 MyBatis 中提供对存储过程的良好支持，对于简单的输出参数（比如 INT、VARCHAR、DECIMAL）可以使用 POJO 通过映射来完成。有时候存储过程会返回一些游标，而 MyBatis 也提供了 jdbcType 为 CURSOR 对此进行了支持，不过先关注参数的定义。存储过程的参数类型有 3 种。

```
#{id, mode=IN}
#{roleName, mode=OUT}
#{note, mode=INOUT}
```

其中，mode 属性的 3 个配置选项对应 3 种存储过程的参数类型。

- IN：输入参数。
- OUT：输出参数。
- INOUT：输入输出参数。

5.6.3　特殊字符串的替换和处理（#和$）

在现实中，由于一些因素会造成构成 SQL 查询的列名发生变化，比如产品类型为大米，查询的列名是重量，而产品类型为灯具，查询的列名是数量，这时候需要构建动态列名。而对于表格也是这样的，比如为了减缓数据库表的压力，有些企业会将一张很大的数据库表按年份拆分，比如购买记录表（t_purchase_records）。现实中由于记录比较多，可能为了方便按年份拆分为 t_purchase_records_2016、t_purchase_records_2017、t_purchase_records_2018 等，这时往往需要构建动态表名。在 MyBatis 中，构建动态列名常常要传递类似于字符串的 columns= " col1, col2, col3... " 给 SQL，让其组装成为 SQL 语句。如果不想被 MyBatis

像处理普通参数一样把它设为 " col1, col2, col3... "，那么可以写成 select ${columns} from t_tablename，这样 MyBatis 就不会转译 columns，而不是作为 SQL 的参数进行设置了，而变为直出，这句 SQL 就会变为 select col1, col2, col3... from t_tablename。

只是这样是对 SQL 而言是不安全的，MyBatis 提供灵活性的同时，也需要自己去控制参数，以保证 SQL 运转的正确性和安全性。

5.7 resultMap 元素

resultMap 的作用是定义映射规则、级联的更新、定制类型转化器等。resultMap 定义的主要是一个结果集的映射关系，也就是 SQL 到 Java Bean 的映射关系定义，它也支持级联等特性。只是 MyBatis 现有的版本只支持 resultMap 查询，不支持更新或者保存，更不必说级联的更新、删除和修改了。

5.7.1 resultMap 元素的构成

resultMap 元素的子元素，如代码清单 5-21 所示。

代码清单 5-21：resultMap 元素的子元素

```
<resultMap>
   <constructor >
      <idArg/>
      <arg/>
   </constructor>
   <id/>
   <result/>
   <association/>
   <collection/>
   <discriminator>
      <case/>
   </discriminator>
</resultMap>
```

其中 constructor 元素用于配置构造方法。一个 POJO 可能不存在没有参数的构造方法，可以使用 constructor 进行配置。假设角色类 RoleBean 不存在没有参数的构造方法，它的构造方法声明为 public RoleBean(Integer id, String roleName)，那么需要配置结果集，如代码清单 5-22 所示。

代码清单 5-22：resultMap 使用构造方法 constructor

```
<resultMap ......>
   <constructor >
      <idArg column="id" javaType="int"/>
```

```
        <arg column="role_name" javaType="string"/>
    </constructor>
......
</resultMap>
```

这样 MyBatis 就会使用对应的构造方法来构造 POJO 了。

id 元素表示哪个列是主键，允许多个主键，多个主键则称为联合主键。result 是配置 POJO 到 SQL 列名的映射关系。result 元素和 idArg 元素的属性，如表 5-4 所示的属性。

表 5-4　result 元素和 idArg 元素的属性

元素名称	说　明	备　注
property	映射到列结果的字段或属性。如果 POJO 的属性匹配的是存在的且与给定 SQL 列名（column 元素）相同的，那么 MyBatis 就会映射到 POJO 上	可以使用导航式的字段，比如访问一个学生对象（Student）需要访问学生证（selfcard）的发证日期（issueDate），那么可以写成 selfcard.issueDate
column	对应的是 SQL 的列	—
javaType	配置 Java 的类型	可以是特定的类完全限定名或者 MyBatis 上下文的别名
jdbcType	配置数据库类型	这是一个 JDBC 的类型，MyBatis 已经做了限定，支持大部分常用的数据库类型
typeHandler	类型处理器	允许用特定的处理器来覆盖 MyBatis 默认的处理器。这就要制定 jdbcType 和 javaType 相互转化的规则

此外还有 association、collection 和 discriminator 这些元素，关于级联的问题比较复杂，我们会在级联那里详细探讨。一条查询 SQL 执行后，就会返回结果，而结果可以使用 map 存储，也可以使用 POJO 存储，下面详细讨论它们。

5.7.2　使用 map 存储结果集

一般而言，任何 select 语句都可以使用 map 存储，如代码清单 5-23 所示。

代码清单 5-23：使用 map 作为存储结果

```
<select id="findColorByNote" parameterType="string" resultType="map">
        select id, color, note from t_color where note like concat('%', #{note},
'%')
</select>
```

使用 map 原则上是可以匹配所有结果集的，但是使用 map 接口就意味着可读性的下降，因为使用 map 时需要进一步了解 map 键值的构成和数据类型，所以这不是一种推荐的方式，更多时候会推荐使用 POJO 方式。

5.7.3　使用 POJO 存储结果集

使用 map 方式就意味着可读性的丢失，POJO 是最常用的方式。一方面可以使用自动映射，正如使用 resultType 属性一样，但是有时候需要更为复杂的映射或者级联，这个时候还可以使用 select 语句的 resultMap 属性配置映射集合，只是使用前要配置类似的 resultMap，如代码清单 5-24 所示。

代码清单 5-24：配置 resultMap

```
<resultMap id="roleResultMap" type="com.learn.chapter4.pojo.Role">
    <id property="id" column="id" />
    <result property="roleName" column="role_name"/>
    <result property="note" column="note"/>
</resultMap>
```

resultMap 元素的属性 id 代表这个 resultMap 的标识，type 代表着需要映射的 POJO，这里可以使用 MyBatis 定义好的类的别名，也可以使用自定义的类的全限定名。

在映射关系中，id 元素表示这个对象的主键，property 代表着 POJO 的属性名称，column 表示数据库 SQL 的列名，于是 POJO 就和数据库 SQL 的结果一一对应起来了。然后在映射文件中的 select 元素里做如代码清单 5-25 所示的配置，便可以使用 resultMap 了。

代码清单 5-25：使用定义好的 resultMap

```
<select parameterType= "long "id="getRole" resultMap = "roleResultMap" >
       select id, role_name, note from t_role where id =#{id }
</select>
```

由此可见，SQL 语句的列名和 roleResultMap 的 column 是一一对应的，使用 XML 配置的结果集，还可以配置 typeHandler、javaType、jdbcType 等更多内容，但是这条语句配置了 resultMap 就不能再配置 resultType 了。

5.8 级联

级联是 resultMap 中的配置，它比较复杂，需要讨论的内容比较多，因此用一节的篇幅来讨论它。

级联是一个数据库实体的概念。比如角色就需要存在用户与之对应，这样就有角色用户表，一个角色可能有多个用户，这就是一对多的级联；除此之外，还有一对一的级联，比如身份证和公民是一对一的关系。在 MyBatis 中还有一种被称为鉴别器的级联，它是一种可以选择具体实现类的级联，比如要查找雇员及其体检表的信息，但是雇员有性别之分，而根据性别的不同，其体检表的项目也会不一样，比如男性体检表可能有前列腺的项目，而女性体检表可能有子宫的项目，那么体检表就应该分为男性和女性两种，从而根据雇员性别区分关联。

级联不是必须的，级联的好处是获取关联数据十分便捷，但是级联过多会增加系统的复杂度，同时降低系统的性能，此增彼减，所以当级联的层级超过 3 层时，就不要考虑使用级联了，因为这样会造成多个对象的关联，导致系统的耦合、复杂和难以维护。在现实的使用过程中，要根据实际情况判断是否需要使用级联。

5.8.1　MyBatis 中的级联

MyBatis 的级联分为 3 种。

- 鉴别器（discriminator）：它是一个根据某些条件决定采用具体实现类级联的方案，比如体检表要根据性别去区分。
- 一对一（association）：比如学生证和学生就是一种一对一的级联，雇员和工牌表也是一种一对一的级联。
- 一对多（collection）：比如班主任和学生就是一种一对多的级联。

值得注意的是，MyBatis 没有多对多级联，因为多对多级联比较复杂，使用困难，而且可以通过两个一对多级联进行替换，所以 MyBatis 不支持多对多级联了。

为了更好地阐述级联，先给出一个雇员级联模型，如图 5-2 所示。

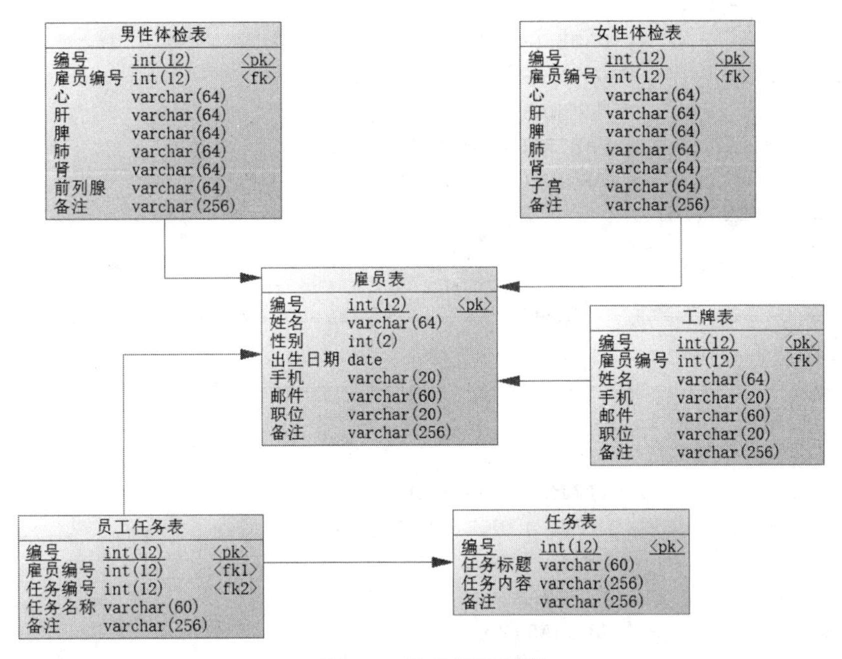

图 5-2　雇员级联模型

分析雇员级联模型：

- 该模型是以雇员表为中心的。
- 雇员表和工牌表是一对一的级联关系。
- 雇员表和员工任务表是一对多的级联关系。
- 员工任务表和任务表是一对一的级联关系。
- 每个雇员都会有一个体检表，随着雇员表字段性别取值的不同，会有不同的关联表。

据此给出级联模型建表 SQL，如代码清单 5-26 所示。

代码清单 5-26：级联模型建表 SQL

```
DROP TABLE IF EXISTS t_female_health_form;
DROP TABLE IF EXISTS t_male_health_form;
```

```
DROP TABLE IF EXISTS t_task;
DROP TABLE IF EXISTS t_work_card;
DROP TABLE IF EXISTS t_employee_task;
DROP TABLE IF EXISTS t_employee;

/*==============================================================*/
/* Table: t_employee                                            */
/*==============================================================*/
CREATE TABLE t_employee
(
   id                   INT(12) NOT NULL AUTO_INCREMENT,
   real_name             VARCHAR(60) NOT NULL,
   sex                  INT(2) NOT NULL COMMENT '1 - 男
          0 -女',
   birthday              DATE NOT NULL,
   mobile               VARCHAR(20) NOT NULL,
   email                VARCHAR(60) NOT NULL,
   POSITION              VARCHAR(20) NOT NULL,
   note                 VARCHAR(256),
   PRIMARY KEY (id)
);

/*==============================================================*/
/* Table: t_employee_task                                       */
/*==============================================================*/
CREATE TABLE t_employee_task
(
   id                   INT(12) NOT NULL,
   emp_id                INT(12) NOT NULL,
   task_id               INT(12) NOT NULL,
   task_name              VARCHAR(60) NOT NULL,
   note                 VARCHAR(256),
   PRIMARY KEY (id)
);

/*==============================================================*/
/* Table: t_female_health_form                                  */
/*==============================================================*/
CREATE TABLE t_female_health_form
(
   id                   INT(12) NOT NULL AUTO_INCREMENT,
   emp_id                INT(12) NOT NULL,
   heart                VARCHAR(64) NOT NULL,
   liver                VARCHAR(64) NOT NULL,
   spleen                VARCHAR(64) NOT NULL,
   lung                 VARCHAR(64) NOT NULL,
```

```
  kidney              VARCHAR(64) NOT NULL,
  uterus              VARCHAR(64) NOT NULL,
  note                VARCHAR(256),
  PRIMARY KEY (id)
);

/*==============================================================*/
/* Table: t_male_health_form                                    */
/*==============================================================*/
CREATE TABLE t_male_health_form
(
  id                  INT(12) NOT NULL AUTO_INCREMENT,
  emp_id              INT(12) NOT NULL,
  heart               VARCHAR(64) NOT NULL,
  liver               VARCHAR(64) NOT NULL,
  spleen              VARCHAR(64) NOT NULL,
  lung                VARCHAR(64) NOT NULL,
  kidney              VARCHAR(64) NOT NULL,
  prostate            VARCHAR(64) NOT NULL,
  note                VARCHAR(256),
  PRIMARY KEY (id)
);

/*==============================================================*/
/* Table: t_task                                                */
/*==============================================================*/
CREATE TABLE t_task
(
  id                  INT(12) NOT NULL,
  title               VARCHAR(60) NOT NULL,
  context             VARCHAR(256) NOT NULL,
  note                VARCHAR(256),
  PRIMARY KEY (id)
);

/*==============================================================*/
/* Table: t_work_card                                           */
/*==============================================================*/
CREATE TABLE t_work_card
(
  id                  INT(12) NOT NULL AUTO_INCREMENT,
  emp_id              INT(12) NOT NULL,
  real_name           VARCHAR(60) NOT NULL,
  department          VARCHAR(20) NOT NULL,
  mobile              VARCHAR(20) NOT NULL,
  POSITION            VARCHAR(30) NOT NULL,
```

```
  note                VARCHAR(256),
  PRIMARY KEY (id)
);

ALTER TABLE t_employee_task ADD CONSTRAINT FK_Reference_4 FOREIGN KEY (emp_id)
      REFERENCES t_employee (id) ON DELETE RESTRICT ON UPDATE RESTRICT;
ALTER TABLE t_employee_task ADD CONSTRAINT FK_Reference_8 FOREIGN KEY (task_id)
      REFERENCES t_task (id) ON DELETE RESTRICT ON UPDATE RESTRICT;
ALTER TABLE t_female_health_form ADD CONSTRAINT FK_Reference_5 FOREIGN KEY (emp_id)
      REFERENCES t_employee (id) ON DELETE RESTRICT ON UPDATE RESTRICT;
ALTER TABLE t_male_health_form ADD CONSTRAINT FK_Reference_6 FOREIGN KEY (emp_id)
      REFERENCES t_employee (id) ON DELETE RESTRICT ON UPDATE RESTRICT;
ALTER TABLE t_work_card ADD CONSTRAINT FK_Reference_7 FOREIGN KEY (emp_id)
      REFERENCES t_employee (id) ON DELETE RESTRICT ON UPDATE RESTRICT;
```

5.8.2 建立 POJO

根据设计模型建立对应的 POJO。首先看体检表，由于男性和女性的体检表有多个字段重复，于是可以先设计一个父类，然后通过继承的方式来完成 POJO，体检表设计类图如图 5-3 所示。

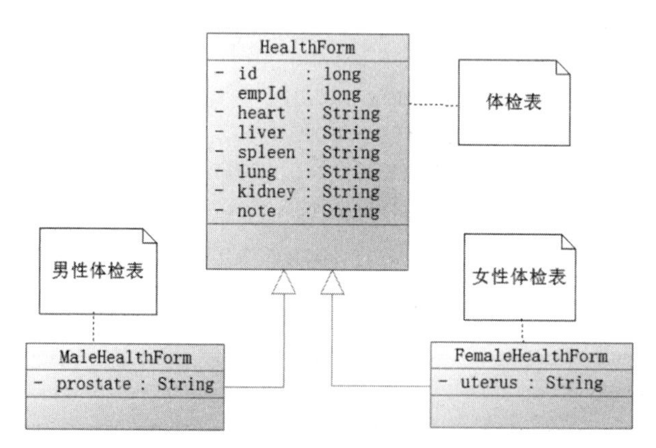

图 5-3　体检表设计类图

如图 5-3 所示，其中 MaleHealthForm 和 FemaleHealthForm 是 HealthForm 的子类，由此可得 3 个关于体检表的 POJO，如代码清单 5-27 所示。

代码清单 5-27：体检表的 POJO

```
/****************体检表父类****************/
package com.ssm.chapter5.pojo;
public abstract class HealthForm {
```

```
    private Long id;
    private Long empId;
    private String heart;
    private String liver;
    private String spleen;
    private String lung;
    private String kidney;
    private String note;
/********setter and getter********/
}

/****************女性体检表****************/
package com.ssm.chapter5.pojo;

public class FemaleHealthForm extends HealthForm {

    private String uterus;
/********setter and getter********/
}

/****************男性体检表****************/
package com.ssm.chapter5.pojo;

public class MaleHealthForm extends HealthForm {
    private String prostate;
/********setter and getter********/
}
```

显然这个关联关系是通过 MyBatis 的鉴别器去完成的。

接下来设计员工表、工牌表和任务表的 POJO，它们是以员工表作为核心的，先完成工牌表和任务表的 POJO，如代码清单 5-28 所示。

代码清单 5-28：工牌表和任务表的 POJO

```
/************工牌***************/
package com.ssm.chapter5.pojo;
public class WorkCard {
    private Long id;
    private Long empId;
    private String realName;
    private String department;
    private String mobile;
    private String position;
    private String note;
    /******** setter and getter ********/
}
```

```
/***********任务************/
package com.ssm.chapter5.pojo;
public class Task {
    private Long id;
    private String title;
    private String context;
    private String note;
    /******** setter and getter ********/
}
```

还剩雇员表和雇员任务表，它们有一定的关联。先从雇员任务表入手，雇员任务表是通过任务编号（task_id）和任务进行一对一关联的，这里只考虑其自身和任务编号的关联，而雇员对它的关联则由雇员去维护，这样就可以得到雇员任务 POJO，如代码清单 5-29 所示。

代码清单 5-29：雇员任务 POJO

```
package com.ssm.chapter5.pojo;
public class EmployeeTask {
    private Long id;
    private Long empId;
    private Task task = null;
    private String taskName;
    private String note;
/******** setter and getter ********/
}
```

属性 task 是一个 Task 类对象，由它进行关联任务信息。设置雇员表是关键。雇员根据性别分为男雇员和女雇员，他们会有不同的体检表记录，但是无论男、女都是雇员，所以先建立一个雇员类（Employee）。它有两个子类：男雇员（MaleEmployee）和女雇员（FemaleEmployee）。在 MyBatis 中，这就是一个鉴别器，通过雇员类的字段性别（sex）来决定使用哪个具体的子类（MaleEmployee 或者 FemaleEmployee）初始化对象（Employee）。它与工牌表是一对一的关联关系，对于雇员任务表是一对多的关联关系，这样就可以得到 3 个类，如代码清单 5-30 所示。

代码清单 5-30：雇员类实现

```
/**********雇员父类**********/
package com.ssm.chapter5.pojo;

public class Employee {
    private Long id;
    private String realName;
    private SexEnum sex = null;
    private Date birthday;
    private String mobile;
```

```
    private String email;
    private String position;
    private String note;
    //工牌按一对一级联
    private WorkCard workCard;
    //雇员任务，一对多级联
    private List<EmployeeTask> emplyeeTaskList = null;
    /********setter and getter********/
}

/**********男雇员类**********/
package com.ssm.chapter5.pojo;

public class MaleEmployee extends Employee {

    private MaleHealthForm maleHealthForm = null;

    /********setter and getter********/
}

/**********女雇员类**********/
package com.ssm.chapter5.pojo;

public class FemaleEmployee extends Employee {

    private FemaleHealthForm femaleHealthForm = null;
    /********setter and getter********/
}
```

MaleEmployee 和 FemaleEmployee 都继承了 Employee 类，有着不同的体检表。Employee 类是通过 employeeTaskList 属性和多个雇员任务进行一对多关联的，而工牌表是通过 WorkCard 进行一对一关联的，这样就完成了所有 POJO 的设计。

5.8.3 配置映射文件

配置映射文件是级联的核心内容，而对于 Mapper 的接口就不在书里给出了，因为根据映射文件编写接口十分简单。从最简单的内容入手，最简单的内容无非是那些关联最少的 POJO，根据图 5-2 所示，4 个 POJO 中 Task 和 WorkCard 是相对独立的，所以它们的映射文件相对简单，它们和普通的 Mapper 并没有什么不同，如代码清单 5-31 所示。

代码清单 5-31：TaskMapper.xml 和 WorkCardMappers.xml

```
<!--*************TaskMapper.xml*************-->
<?xml version="1.0" encoding="UTF-8" ?>
<!DOCTYPE mapper
  PUBLIC "-//mybatis.org//DTD Mapper 3.0//EN"
```

```
  "http://mybatis.org/dtd/mybatis-3-mapper.dtd">
<mapper namespace="com.ssm.chapter5.mapper.TaskMapper">
    <select id="getTask" parameterType="long" resultType="com.ssm.chapter5.
pojo.Task">
        select id, title, context, note from t_task where id = #{id}
    </select>
</mapper>

<!--**************WorkCardMapper.xml**************-->
<?xml version="1.0" encoding="UTF-8" ?>
<!DOCTYPE mapper
  PUBLIC "-//mybatis.org//DTD Mapper 3.0//EN"
  "http://mybatis.org/dtd/mybatis-3-mapper.dtd">
<mapper namespace="com.ssm.chapter5.mapper.WorkCardMapper">
    <select id="getWorkCardByEmpId" parameterType="long" resultType="com.
ssm.chapter5.pojo.WorkCard">
        SELECT  id, emp_id as empId, real_name as realName, department, mobile,
position, note FROM t_work_card
        where emp_id = #{empId}
    </select>
</mapper>
```

这样就完成了两张表的映射文件。雇员任务表通过任务编号（task_id）和任务表示关联，这是一个一对一的级联关系，使用 association 元素，雇员任务表一对一级联如代码清单 5-32 所示。

代码清单 5-32：雇员任务表一对一级联

```
<?xml version="1.0" encoding="UTF-8" ?>
<!DOCTYPE mapper
  PUBLIC "-//mybatis.org//DTD Mapper 3.0//EN"
  "http://mybatis.org/dtd/mybatis-3-mapper.dtd">
<mapper namespace="com.ssm.chapter5.mapper.EmployeeTaskMapper">

    <resultMap                  type="com.ssm.chapter5.pojo.EmployeeTask"
id="EmployeeTaskMap">
        <id column="id" property="id"/>
        <result column="emp_id" property="empId"/>
        <result column="task_name" property="taskName"/>
        <result column="note" property="note"/>
        <association property="task" column="task_id"
           select="com.ssm.chapter5.mapper.TaskMapper.getTask"/>
    </resultMap>

    <select id="getEmployeeTaskByEmpId" resultMap="EmployeeTaskMap">
        select id, emp_id, task_name, task_id, note from t_employee_task
        where emp_id = #{empId}
```

```
    </select>
</mapper>
```

注意加粗的代码，association 元素代表着一对一级联的开始。property 属性代表映射到 POJO 属性上。select 配置是命名空间+SQL id 的形式，这样便可以指向对应 Mapper 的 SQL，MyBatis 就会通过对应的 SQL 将数据查询回来。column 代表 SQL 的列，用作参数传递给 select 属性制定的 SQL，如果是多个参数，则需要用逗号隔开。

再研究一下体检表，它能拆分为男性雇员和女性雇员，所以就有两个简单的映射器，如代码清单 5-33 所示。

代码清单 5-33：MaleHealthFormMapper.xml 和 FemaleHealthFormMapper.xml

```
<!--#######MaleHealthFormMapper.xml##########-->
<?xml version="1.0" encoding="UTF-8" ?>
<!DOCTYPE mapper
  PUBLIC "-//mybatis.org//DTD Mapper 3.0//EN"
  "http://mybatis.org/dtd/mybatis-3-mapper.dtd">
  <mapper namespace="com.ssm.chapter5.mapper.MaleHealthFormMapper">
      <select id="getMaleHealthForm" parameterType="long" resultType="com.
ssm.chapter5.pojo.MaleHealthForm">
          select id, heart, liver, spleen, lung, kidney, prostate, note from
t_male_health_form where emp_id = #{id}
      </select>
  </mapper>

<!--#######FemaleHealthFormMapper.xml##########-->
<?xml version="1.0" encoding="UTF-8" ?>
<!DOCTYPE mapper
  PUBLIC "-//mybatis.org//DTD Mapper 3.0//EN"
  "http://mybatis.org/dtd/mybatis-3-mapper.dtd">
  <mapper namespace="com.ssm.chapter5.mapper.FemaleHealthFormMapper">
      <select  id="getFemaleHealthForm"  parameterType="long"  resultType=
"com.ssm.chapter5.pojo.FemaleHealthForm">
          select id, heart, liver, spleen, lung, kidney, uterus, note from
t_female_health_form where emp_id = #{id}
      </select>
  </mapper>
```

这两个映射器都主要是通过雇员编号找到对应体检表的记录，为雇员查询时提供查询体检表的 SQL。

以代码清单 5-31 到代码清单 5-33 为基础创建雇员的映射关系，如代码清单 5-34 所示。

代码清单 5-34：雇员的映射关系

```
<?xml version="1.0" encoding="UTF-8" ?>
<!DOCTYPE mapper
```

```
  PUBLIC "-//mybatis.org//DTD Mapper 3.0//EN"
  "http://mybatis.org/dtd/mybatis-3-mapper.dtd">
  <mapper namespace="com.ssm.chapter5.mapper.EmployeeMapper">
     <resultMap type="com.ssm.chapter5.pojo.Employee" id="employee">
        <id column="id" property="id"/>
        <result column="real_name" property="realName"/>
        <result column="sex" property="sex" typeHandler="com.ssm.chapter5.
typeHandler.SexTypeHandler"/>
        <result column="birthday" property="birthday"/>
        <result column="mobile" property="mobile"/>
        <result column="email" property="email"/>
        <result column="position" property="position"/>
        <result column="note" property="note"/>
        <association property="workCard" column="id" select="com.ssm.
chapter5.mapper.WorkCardMapper.getWorkCardByEmpId"/>
        <collection property="employeeTaskList" column="id" select=
"com.ssm.chapter5.mapper.EmployeeTaskMapper.getEmployeeTaskByEmpId"/>
        <discriminator javaType="long" column="sex">
           <case value="1" resultMap="maleHealthFormMapper"/>
           <case value="2" resultMap="femaleHealthFormMapper" />
        </discriminator>
     </resultMap>

     <resultMap type="com.ssm.chapter5.pojo.FemaleEmployee"
        id="femaleHealthFormMapper" extends="employee">
        <association property="femaleHealthForm"
          column="id"                select="com.ssm.chapter5.mapper.
FemaleHealthFormMapper.getFemaleHealthForm"/>
     </resultMap>

     <resultMap type="com.ssm.chapter5.pojo.MaleEmployee"
        id="maleHealthFormMapper" extends="employee">
        <association property="maleHealthForm"
          column="id"                select="com.ssm.chapter5.mapper.
MaleHealthFormMapper.getMaleHealthForm"/>
     </resultMap>

     <select id="getEmployee" parameterType="long" resultMap="employee">
        select id, real_name as realName, sex, birthday, mobile, email,
position, note from t_employee where id = #{id}
     </select>
  </mapper>
```

注意加粗的代码，下面分析 association 元素、collection 元素、discriminator 元素。

- association 元素，对工牌进行一对一级联，这个在雇员任务表中已经分析过了。
- collection 元素，一对多级联，其 select 元素指向 SQL，将通过 column 制定的 SQL

字段作为参数进行传递，然后将结果返回给雇员 POJO 的属性 employeeTaskList。

- discriminator 元素，鉴别器，它的属性 column 代表使用哪个字段进行鉴别，这里的是 sex，而它的子元素 case，则用于进行区分，类似于 Java 的 switch...case...语句。而 resultMap 属性表示采用哪个 ResultMap 去映射，比如 sex=1，则使用 maleHealthFormMapper 进行映射。

而对于雇员体检表而言，id 为 employee 的 resultMap，被 maleHealthFormMapper 和 femaleHealthFormMapper 通过 extends 元素继承。从类的关系而言，它们也是这样的继承关系，而 maleHealthFormMapper 和 femaleHealthFormMapper 都会通过 association 元素去执行对应关联的字段和 SQL。这样所有的 POJO 都有了关联，可以测试级联，如代码清单 5-35 所示。

代码清单 5-35：测试级联

```
SqlSession sqlSession = null;
try {
    Logger logger = Logger.getLogger(Chapter5Main.class);
    sqlSession = SqlSessionFactoryUtils.openSqlSession();
    EmployeeMapper       employeeMapper       =       sqlSession.getMapper
(EmployeeMapper.class);
    Employee employee = employeeMapper.getEmployee(1L);
    logger.info(employee.getBirthday());
} catch(Exception e) {
    e.printStackTrace();
} finally {
    if (sqlSession != null) {
        sqlSession.close();
    }
}
```

运行这段测试代码可以得到以下日志：

```
......
DEBUG   2017-01-20   23:54:55,970   org.apache.ibatis.datasource.pooled.
PooledDataSource: Created connection 503195940.
DEBUG   2017-01-20   23:54:55,970   org.apache.ibatis.transaction.jdbc.
JdbcTransaction:  Setting  autocommit  to  false  on  JDBC  Connection
[com.mysql.jdbc.JDBC4Connection@1dfe2924]
DEBUG    2017-01-20    23:54:55,972    org.apache.ibatis.logging.jdbc.
BaseJdbcLogger: ==>  Preparing: select id, real_name, sex, birthday, mobile,
email, position, note from t_employee where id = ?
DEBUG    2017-01-20    23:54:55,991    org.apache.ibatis.logging.jdbc.
BaseJdbcLogger: ==> Parameters: 1(Long)
DEBUG    2017-01-20    23:54:56,006    org.apache.ibatis.logging.jdbc.
BaseJdbcLogger: ====>  Preparing: select id, heart, liver, spleen, lung,
kidney, prostate, note from t_male_health_form where emp_id = ?
```

```
DEBUG    2017-01-20    23:54:56,007    org.apache.ibatis.logging.jdbc.
BaseJdbcLogger: ====> Parameters: 1(Long)
DEBUG    2017-01-20    23:54:56,010    org.apache.ibatis.logging.jdbc.
BaseJdbcLogger: <====     Total: 1
DEBUG    2017-01-20    23:54:56,014    org.apache.ibatis.logging.jdbc.
BaseJdbcLogger: ====>  Preparing: SELECT id, emp_id as empId, real_name as
realName, department, mobile, position, note FROM t_work_card where emp_id
= ?
DEBUG    2017-01-20    23:54:56,015    org.apache.ibatis.logging.jdbc.
BaseJdbcLogger: ====> Parameters: 1(Long)
DEBUG    2017-01-20    23:54:56,018    org.apache.ibatis.logging.jdbc.
BaseJdbcLogger: <====     Total: 1
DEBUG    2017-01-20    23:54:56,019    org.apache.ibatis.logging.jdbc.
BaseJdbcLogger: ====>  Preparing: select id, emp_id, task_name, task_id,
note from t_employee_task where emp_id = ?
DEBUG    2017-01-20    23:54:56,021    org.apache.ibatis.logging.jdbc.
BaseJdbcLogger: ====> Parameters: 1(Integer)
DEBUG    2017-01-20    23:54:56,024    org.apache.ibatis.logging.jdbc.
BaseJdbcLogger: ======>  Preparing: select id, title, context, note from
t_task where id = ?
DEBUG    2017-01-20    23:54:56,024    org.apache.ibatis.logging.jdbc.
BaseJdbcLogger: ======> Parameters: 1(Long)
DEBUG    2017-01-20    23:54:56,026    org.apache.ibatis.logging.jdbc.
BaseJdbcLogger: <======     Total: 1
DEBUG    2017-01-20    23:54:56,026    org.apache.ibatis.logging.jdbc.
BaseJdbcLogger: ======>  Preparing: select id, title, context, note from
t_task where id = ?
DEBUG    2017-01-20    23:54:56,027    org.apache.ibatis.logging.jdbc.
BaseJdbcLogger: ======> Parameters: 2(Long)
DEBUG    2017-01-20    23:54:56,028    org.apache.ibatis.logging.jdbc.
BaseJdbcLogger: <======     Total: 1
DEBUG    2017-01-20    23:54:56,029    org.apache.ibatis.logging.jdbc.
BaseJdbcLogger: <====     Total: 2
DEBUG    2017-01-20    23:54:56,029    org.apache.ibatis.logging.jdbc.
BaseJdbcLogger: <==     Total: 1
 INFO 2017-01-20 23:54:56,029 com.ssm.chapter5.main.Chapter5Main: Wed Dec
14 00:00:00 CST 1983
DEBUG   2017-01-20   23:54:56,031   org.apache.ibatis.transaction.jdbc.
JdbcTransaction:  Resetting  autocommit  to  true  on  JDBC  Connection
[com.mysql.jdbc.JDBC4Connection@1dfe2924]
......
```

从日志中，可以看到所有的级联都成功了，但是这也引发了性能问题，这就是下节将论述的 N+1 问题。

5.8.4　N+1 问题

从上面的级联日志可以看到所有的级联都已经成功了，但是这样会引发性能问题，比如作为一个雇员的管理者，他只想看到员工信息和员工任务信息，那么体检表和工牌的信息就是多余的。如果像上面那样取出所有属性，就会使数据库多执行几条毫无意义的 SQL。如果需要在雇员信息系统里加入一个关联信息，那么它在默认情况下会执行SQL 取出数据，而真实的需求往往只要完成雇员和雇员任务表的级联就可以了，不需要把所有信息都加载进来，因为有些信息并不常用，加载它们会多执行几条毫无用处的 SQL，导致数据库资源的损耗和系统性能的下降。

假设现在有 N 个关联关系完成了级联，那么只要再加入一个关联关系，就变成了 N+1 个级联，所有的级联 SQL 都会被执行，显然会有很多并不是我们关心的数据被取出，这样会造成很大的资源浪费，这就是 N+1 问题，尤其是在那些需要高性能的互联网系统中，这往往是不被允许的。

为了应对 N+1 问题，MyBatis 提供了延迟加载功能，即在一开始取雇员信息时，并不需要将工牌表、体检表、任务表的记录取出，而是只将雇员信息和雇员任务表的信息取出。当我们通过雇员 POJO 访问工牌表时，体检表和任务表的记录时才通过对应的 SQL 取出，下面讨论 MyBatis 关于延迟加载的技术内容。

5.8.5　延迟加载

MyBatis 支持延迟加载，我们希望一次性把常用的级联数据通过 SQL 直接查询出来，而对于那些不常用的级联数据不要取出，而是等待要用时才取出，这些不常用的级联数据可以采用了延迟加载的功能。

在 MyBatis 的 settings 配置中存在两个元素可以配置级联，如表 5-5 所示。

表 5-5　延迟加载的配置项

配　置　项	作　　用	配置选项说明	默　认　值
lazyLoadingEnabled	延迟加载的全局开关。当开启时，所有关联对象都会延迟加载。在特定关联关系中，可通过设置 fetchType 属性来覆盖该项的开关状态	true|false	false
aggressiveLazyLoading	当启用时，对任意延迟属性的调用会使带有延迟加载属性的对象完整加载；反之，则每种属性按需加载	true|false	版本 3.4.1（包含）之前为 true，之后为 false

lazyLoadingEnabled 是一个开关，决定开不开启延迟加载，默认值为 false，则不开启延迟加载。所以正如上面的例子，我们什么都没有配置时它就会把全部信息加载进来，所以当获取员工信息时，所有的信息都被加载进来。

lazyLoadingEnabled 是相对好理解的，而 aggressiveLazyLoading 是不好理解的。注意，aggressiveLazyLoading 的默认值，从 3.4.2 的版本后默认值变为 false，之前一直为 true。

修改这两个配置项：

```
<settings>
   <setting name="lazyLoadingEnabled" value="true"/>
   <setting name="aggressiveLazyLoading" value="true"/>
</settings>
```

本书的 MyBatis 版本是 3.4.1，在不修改级联代码的情况下，在代码清单 5-35 上加入断点进行调试，结果如图 5-4 所示。

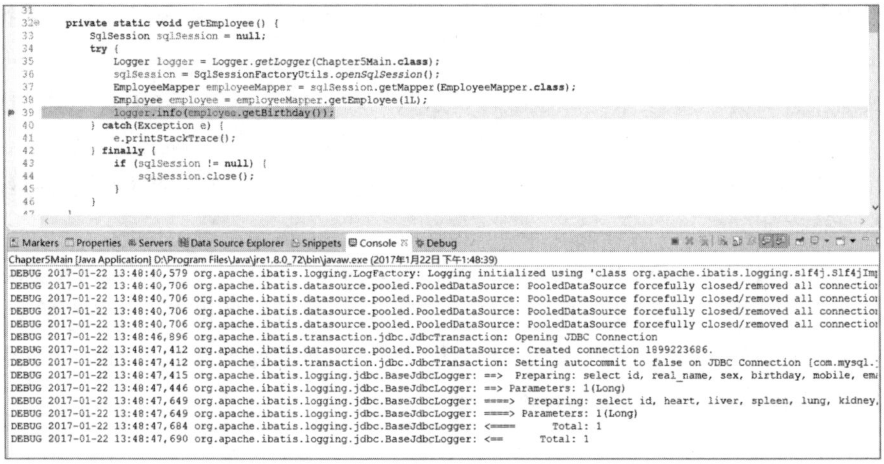

```
31
32    private static void getEmployee() {
33        SqlSession sqlSession = null;
34        try {
35            Logger logger = Logger.getLogger(Chapter5Main.class);
36            sqlSession = SqlSessionFactoryUtils.openSqlSession();
37            EmployeeMapper employeeMapper = sqlSession.getMapper(EmployeeMapper.class);
38            Employee employee = employeeMapper.getEmployee(1L);
39            logger.info(employee.getBirthday());
40        } catch(Exception e) {
41            e.printStackTrace();
42        } finally {
43            if (sqlSession != null) {
44                sqlSession.close();
45            }
46        }
```

```
Markers  Properties  Servers  Data Source Explorer  Snippets  Console  Debug
Chapter5Main [Java Application] D:\Program Files\Java\jre1.8.0_72\bin\javaw.exe (2017年1月22日 下午1:48:39)
DEBUG 2017-01-22 13:48:40,579 org.apache.ibatis.logging.LogFactory: Logging initialized using 'class org.apache.ibatis.logging.slf4j.Slf4jIm
DEBUG 2017-01-22 13:48:40,706 org.apache.ibatis.datasource.pooled.PooledDataSource: PooledDataSource forcefully closed/removed all connectio
DEBUG 2017-01-22 13:48:40,706 org.apache.ibatis.datasource.pooled.PooledDataSource: PooledDataSource forcefully closed/removed all connectio
DEBUG 2017-01-22 13:48:40,706 org.apache.ibatis.datasource.pooled.PooledDataSource: PooledDataSource forcefully closed/removed all connectio
DEBUG 2017-01-22 13:48:40,706 org.apache.ibatis.datasource.pooled.PooledDataSource: PooledDataSource forcefully closed/removed all connectio
DEBUG 2017-01-22 13:48:46,896 org.apache.ibatis.transaction.jdbc.JdbcTransaction: Opening JDBC Connection
DEBUG 2017-01-22 13:48:47,412 org.apache.ibatis.datasource.pooled.PooledDataSource: Created connection 1899223686.
DEBUG 2017-01-22 13:48:47,412 org.apache.ibatis.transaction.jdbc.JdbcTransaction: Setting autocommit to false on JDBC Connection [com.mysql.
DEBUG 2017-01-22 13:48:47,415 org.apache.ibatis.logging.jdbc.BaseJdbcLogger: ==>  Preparing: select id, real_name, sex, birthday, mobile, em
DEBUG 2017-01-22 13:48:47,446 org.apache.ibatis.logging.jdbc.BaseJdbcLogger: ==> Parameters: 1(Long)
DEBUG 2017-01-22 13:48:47,649 org.apache.ibatis.logging.jdbc.BaseJdbcLogger: ====>  Preparing: select id, heart, liver, spleen, lung, kidney,
DEBUG 2017-01-22 13:48:47,649 org.apache.ibatis.logging.jdbc.BaseJdbcLogger: ====> Parameters: 1(Long)
DEBUG 2017-01-22 13:48:47,684 org.apache.ibatis.logging.jdbc.BaseJdbcLogger: <====      Total: 1
DEBUG 2017-01-22 13:48:47,690 org.apache.ibatis.logging.jdbc.BaseJdbcLogger: <==      Total: 1
```

图 5-4　调试结果

运行到断点代码时，日志会打出：

```
DEBUG    2017-01-22    11:55:12,348    org.apache.ibatis.logging.jdbc.
BaseJdbcLogger: ==> Preparing: select id, real_name, sex, birthday, mobile,
email, position, note from t_employee where id = ?
DEBUG    2017-01-22    11:55:12,381    org.apache.ibatis.logging.jdbc.
BaseJdbcLogger: ==> Parameters: 1(Long)
DEBUG    2017-01-22    11:55:12,494    org.apache.ibatis.logging.jdbc.
BaseJdbcLogger: ====> Preparing: select id, heart, liver, spleen, lung,
kidney, prostate, note from t_male_health_form where emp_id = ?
DEBUG    2017-01-22    11:55:12,494    org.apache.ibatis.logging.jdbc.
BaseJdbcLogger: ====> Parameters: 1(Long)
DEBUG    2017-01-22    11:55:12,496    org.apache.ibatis.logging.jdbc.
BaseJdbcLogger: <====     Total: 1
DEBUG    2017-01-22    11:55:12,502    org.apache.ibatis.logging.jdbc.
BaseJdbcLogger: <==     Total: 1
```

从日志可以看出，雇员基础信息和鉴别器的数据已经被 SQL 取出，这是第一批被取出的数据，然后跳过断点，日志打出：

```
DEBUG    2017-01-22    11:57:17,217    org.apache.ibatis.logging.jdbc.
BaseJdbcLogger: ==> Preparing: SELECT id, emp_id, real_name, department,
```

```
mobile, position, note FROM t_work_card where emp_id = ?
DEBUG    2017-01-22    11:57:17,217    org.apache.ibatis.logging.jdbc.
BaseJdbcLogger: ==> Parameters: 1(Long)
DEBUG    2017-01-22    11:57:17,237    org.apache.ibatis.logging.jdbc.
BaseJdbcLogger: <==      Total: 1
DEBUG    2017-01-22    11:57:17,238    org.apache.ibatis.logging.jdbc.
BaseJdbcLogger: ==>  Preparing: select id, emp_id, task_name, task_id, note
from t_employee_task where emp_id = ?
DEBUG    2017-01-22    11:57:17,238    org.apache.ibatis.logging.jdbc.
BaseJdbcLogger: ==> Parameters: 1(Integer)
DEBUG    2017-01-22    11:57:17,243    org.apache.ibatis.logging.jdbc.
BaseJdbcLogger: <==      Total: 2
 INFO 2017-01-22 11:57:17,243 com.ssm.chapter5.main.Chapter5Main: Mon Jan
01 00:00:00 CST 1990
```

这里雇员任务表和工牌表都被查询出来了，为什么这两个一并被查询出来了呢？这点也许比较难以理解，为此先从雇员级联层级表分析其层级，如图 5-5 所示。

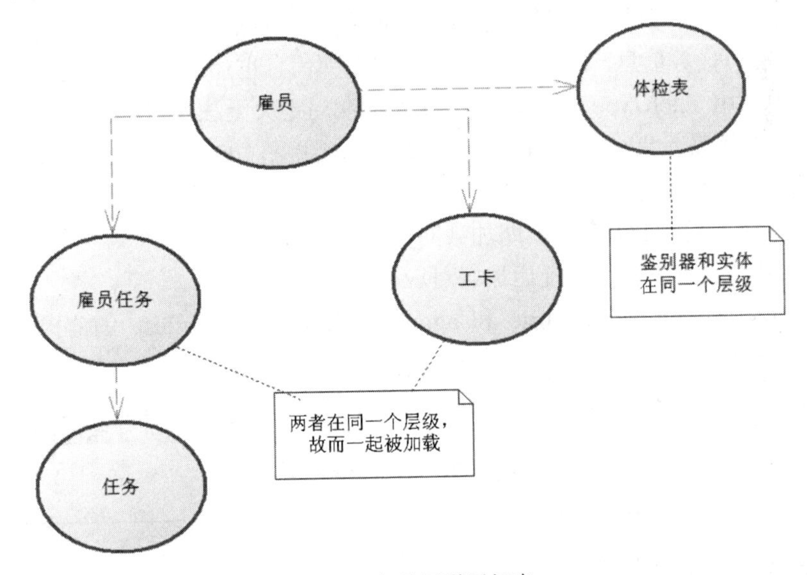

图 5-5　雇员级联层级表

从图 5-5 可以知道，aggressiveLazyLoading 配置项是一个层级开关，当设置为 true 时，它是一个开启了层级开关的延迟加载，所以在实践中看到了层级的加载。下面修改它为 false：

```
<settings>
    <setting name="lazyLoadingEnabled" value="true"/>
    <setting name="aggressiveLazyLoading" value="false"/>
</settings>
```

再调试同样的代码，打印日志：

```
DEBUG  2017-01-22  14:16:23,765  org.apache.ibatis.transaction.jdbc.
JdbcTransaction: Setting autocommit to false on JDBC Connection
[com.mysql.jdbc.JDBC4Connection@42f93a98]
DEBUG  2017-01-22  14:16:23,768  org.apache.ibatis.logging.jdbc.
BaseJdbcLogger: ==> Preparing: select id, real_name, sex, birthday, mobile,
email, position, note from t_employee where id = ?
DEBUG  2017-01-22  14:16:23,799  org.apache.ibatis.logging.jdbc.
BaseJdbcLogger: ==> Parameters: 1(Long)
DEBUG  2017-01-22  14:16:23,902  org.apache.ibatis.logging.jdbc.
BaseJdbcLogger: <==     Total: 1
 INFO 2017-01-22 14:16:23,902 com.ssm.chapter5.main.Chapter5Main: Mon Jan
01 00:00:00 CST 1990
```

从日志中可以看到，从头到尾只有雇员基础记录被查询出来，其他内容都采取了延迟加载，而层级加载已经失效。

选项 lazyLoadingEnabled 决定是否开启延迟加载，而选项 aggressiveLazyLoading 则控制是否采用层级加载，但是它们都是全局性的配置，并不能解决我们的需求。加载雇员信息时，只加载雇员任务信息，因为层级加载会把工牌信息也加载进来。为了处理这个问题，在 MyBatis 中使用 fetchType 属性，它可以处理全局定义无法处理的问题，进行自定义。fetchType 出现在级联元素（association、collection，注意，discriminator 没有这个属性可配置）中，它存在着两个值：

- eager，获得当前 POJO 后立即加载对应的数据。
- lazy，获得当前 POJO 后延迟加载对应的数据。

在保证 lazyLoadingEnabled=true 和 aggressiveLazyLoading=false 的前提下，对雇员的 Mapper 配置文件中关于雇员属性、雇员任务进行如下修改：

```
<collection property="employeeTaskList" column="id" fetchType="eager"
select="com.ssm.chapter5.mapper.EmployeeTaskMapper.getEmployeeTaskByEmpI
d"/>
```

然后进行调试，打印日志：

```
DEBUG  2017-01-22  14:29:38,913  org.apache.ibatis.datasource.pooled.
PooledDataSource: Created connection 1123629720.
DEBUG  2017-01-22  14:29:38,914  org.apache.ibatis.transaction.jdbc.
JdbcTransaction: Setting autocommit to false on JDBC Connection
[com.mysql.jdbc.JDBC4Connection@42f93a98]
DEBUG  2017-01-22  14:29:38,916  org.apache.ibatis.logging.jdbc.
BaseJdbcLogger: ==> Preparing: select id, real_name, sex, birthday, mobile,
email, position, note from t_employee where id = ?
DEBUG  2017-01-22  14:29:38,946  org.apache.ibatis.logging.jdbc.
BaseJdbcLogger: ==> Parameters: 1(Long)
DEBUG  2017-01-22  14:29:39,043  org.apache.ibatis.logging.jdbc.
```

```
BaseJdbcLogger: ====>  Preparing: select id, emp_id, task_name, task_id,
note from t_employee_task where emp_id = ?
DEBUG     2017-01-22     14:29:39,043     org.apache.ibatis.logging.jdbc.
BaseJdbcLogger: ====> Parameters: 1(Integer)
DEBUG     2017-01-22     14:29:39,048     org.apache.ibatis.logging.jdbc.
BaseJdbcLogger: <====      Total: 2
DEBUG     2017-01-22     14:29:39,049     org.apache.ibatis.logging.jdbc.
BaseJdbcLogger: <==     Total: 1
 INFO 2017-01-22 14:29:39,049 com.ssm.chapter5.main.Chapter5Main: Mon Jan
01 00:00:00 CST 1990
```

这个时候已经按照我们的要求加载了数据，先加载雇员信息，然后加载雇员任务信息。fetchType 属性会忽略全局配置项 lazyLoadingEnabled 和 aggressiveLazyLoading。

5.8.6 另一种级联

MyBatis 还提供了另一种级联方式，它是基于 SQL 表连接的基础上，进行再次设计的，先定义一条 SQL 查询，如代码清单 5-36 所示。

代码清单 5-36：使用另一种级联

```
<select id="getEmployee2" parameterType="long" resultMap="employee2">
   select emp.id, emp.real_name, emp.sex, emp.birthday,
   emp.mobile, emp.email, emp.position, emp.note,
   et.id as et_id, et.task_id as et_task_id, et.task_name as et_task_name,
et.note as et_note,
   if (emp.sex = 1, mhf.id, fhf.id) as h_id,
   if (emp.sex = 1, mhf.heart, fhf.heart) as h_heart,
   if (emp.sex = 1, mhf.liver, fhf.liver) as h_liver,
   if (emp.sex = 1, mhf.spleen, fhf.spleen) as h_spleen,
   if (emp.sex = 1, mhf.lung, fhf.lung) as h_lung,
   if (emp.sex = 1, mhf.kidney, fhf.kidney) as h_kidney,
   if (emp.sex = 1, mhf.note, fhf.note) as h_note,
   mhf.prostate as h_prostate, fhf.uterus as h_uterus,
   wc.id wc_id, wc.real_name wc_real_name, wc.department wc_department,
   wc.mobile wc_mobile, wc.position wc_position, wc.note as wc_note,
   t.id as t_id, t.title as t_title, t.context as t_context, t.note as t_note
   from t_employee emp
   left join t_employee_task et on emp.id = et.emp_id
   left join t_female_health_form fhf on emp.id = fhf.emp_id
   left join t_male_health_form mhf on emp.id = mhf.emp_id
   left join t_work_card wc on emp.id = wc.emp_id
   left join t_task t on et.task_id = t.id
   where emp.id = #{id}
</select>
```

这里的 SQL 我们通过 left join 语句，将一个雇员模型信息所有的信息关联出来，这样便可以通过一条 SQL 将所有信息都查询出来。对于列名，笔者做了别名的处理，而在 MyBatis 中允许对这样的 SQL 进行配置，来完成级联，也就是要配置代码清单 5-36 中的 resultMap——employee2，如代码清单 5-37 所示。

代码清单 5-37：对复杂 SQL 的级联配置

```
<resultMap id="employee2" type="com.ssm.chapter5.pojo.Employee">
    <id column="id" property="id"/>
    <result column="real_name" property="realName"/>
    <result column="sex" property="sex" typeHandler="com.ssm.chapter5.
typeHandler.SexTypeHandler"/>
    <result column="birthday" property="birthday"/>
    <result column="mobile" property="mobile"/>
    <result column="email" property="email"/>
    <result column="position" property="position"/>
    <association property="workCard" javaType="com.ssm.chapter5.pojo.
WorkCard" column="id">
        <id column="wc_id" property="id"/>
        <result column="id" property="empId"/>
        <result column="wc_real_name" property="realName"/>
        <result column="wc_department" property="department"/>
        <result column="wc_mobile" property="mobile"/>
        <result column="wc_position" property="position"/>
        <result column="wc_note" property="note"/>
    </association>
    <collection property="employeeTaskList" ofType="com.ssm.chapter5.pojo.
EmployeeTask" column="id">
        <id column="et_id" property="id"/>
        <result column="id" property="empId"/>
        <result column="task_name" property="taskName"/>
        <result column="note" property="note"/>
        <association property="task" javaType="com.ssm.chapter5.pojo.
Task" column="et_task_id">
            <id column="t_id" property="id"/>
            <result column="t_title" property="title"/>
            <result column="t_context" property="context"/>
            <result column="t_note" property="note"/>
        </association>
    </collection>
    <discriminator javaType="int" column="sex">
        <case value="1" resultMap="maleHealthFormMapper2" />
<case value="2" resultMap="femaleHealthFormMapper2" />
    </discriminator>
</resultMap>
```

```
<resultMap type="com.ssm.chapter5.pojo.MaleEmployee"
    id="maleHealthFormMapper2" extends="employee2">
    <association property="maleHealthForm" column="id" javaType="com.ssm.
chapter5.pojo.MaleHealthForm">
        <id column="h_id" property="id"/>
        <result column="h_heart" property="heart"/>
        <result column="h_liver" property="liver"/>
        <result column="h_spleen" property="spleen"/>
        <result column="h_lung" property="lung"/>
        <result column="h_kidney" property="kidney"/>
        <result column="h_prostate" property="prostate"/>
        <result column="h_note" property="note"/>
    </association>
</resultMap>

<resultMap type="com.ssm.chapter5.pojo.FemaleEmployee"
    id="femaleHealthFormMapper2" extends="employee">
    <association property="femaleHealthForm"
        column="id" javaType="com.ssm.chapter5.pojo.FemaleHealthForm">
        <id column="h_id" property="id"/>
        <result column="h_heart" property="heart"/>
        <result column="h_liver" property="liver"/>
        <result column="h_spleen" property="spleen"/>
        <result column="h_lung" property="lung"/>
        <result column="h_kidney" property="kidney"/>
        <result column="h_uterus" property="uterus"/>
        <result column="h_note" property="note"/>
    </association>
</resultMap>
```

注意加粗的代码，它是进行级联的关键代码，也是在前面章节的基础演变而来的，这里再论述一下这个过程。

- 每一个级联元素（association、discriminator、collection）中属性 id 的配置和 POJO 实体配置的 id 一一对应，形成级联，比如上述的 SQL 的列 et_task_id 和 Task 实体的 id 是对应的，这是级联的关键所在。
- 在级联元素中，association 是通过 javaType 的定义去声明实体映射的，而 collection 则是使用 ofType 进行声明的。
- discriminator 元素定义使用何种具体的 resultMap 进行级联，这里通过 sex 列进行判定。

这样完全可以消除 N+1 问题，但是也会引发其他问题：首先，SQL 会比较复杂；其次，所需要的配置比之前复杂得多；再次，一次性将所有的数据取出会造成内存的浪费。这样的复杂 SQL，同时也会给日后的维护工作带来一定的困难，所以使用代码清单 5-36 和 5-37 进行级联的方式是值得商榷的。这样的级联，一般用于那些比较简单且关联不多的场景下，读者要根据需要结合实际情况来使用。

5.8.7 多对多级联

在现实中，有一种多对多的级联，而在程序中多对多的级联往往会被拆分为两个一对多级联来处理。

现实中有许多用户，用户又归属于一些角色，这样一个用户可以对应多个角色，而一个角色又可以由多个用户担当，这个时候用户和角色是以一张用户角色表建立关联关系，这样用户和角色就是多对多的关系，其关系如图 5-6 所示。

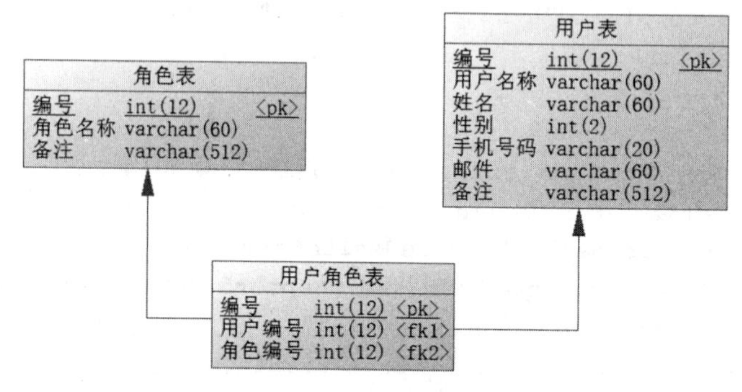

图 5-6 用户和角色的关系

而现实中多对多的级联是相当复杂的，更多的都是拆分为两个一对多的关系，也就是一个角色对应多个用户和一个用户对应多个角色，这样就可以设计用户和角色的 POJO，如代码清单 5-38 所示。

代码清单 5-38：用户和角色 POJO

```
/**
*   角色 POJO
**/
package com.ssm.chapter5.pojo2;
import java.util.List;
public class Role2 {
    private Long id;
    private String roleName;
    private String note;
    //关联用户信息，一对多关联
    private List<User2> userList;
/********setter and getter********/
}
/***
*   用户 POJO
**/
package com.ssm.chapter5.pojo2;
import java.util.List;
```

```
import com.ssm.chapter5.pojo.SexEnum;
public class User2 {
    private Long id;
    private String userName;
    private String realName;
    private SexEnum sex;
    private String moble;
    private String email;
    private String note;
    //对角色一对多关联
    private List<Role2> roleList;
    /********setter and getter********/
}
```

两个 List 类型的属性是专门做一对多级联用的，使用 collection 元素去完成，得到两个 Mapper，如代码清单 5-39 所示。

代码清单 5-39：多对多级联

```
<!-------------角色--------------->
<?xml version="1.0" encoding="UTF-8" ?>
<!DOCTYPE mapper
  PUBLIC "-//mybatis.org//DTD Mapper 3.0//EN"
  "http://mybatis.org/dtd/mybatis-3-mapper.dtd">
  <mapper namespace="com.ssm.chapter5.mapper2.RoleMapper2">
      <resultMap type="com.ssm.chapter5.pojo2.Role2" id="roleMapper">
          <id column="id" property="id"/>
          <result column="role_name" property="roleName"/>
          <result column="note" property="note"/>
          <collection property="userList"  column="id"
             fetchType="lazy" select="com.ssm.chapter5.mapper2.UserMapper2.
findUserByRoleId"/>
      </resultMap>

      <select id="getRole" parameterType="long" resultMap="roleMapper">
          select id, role_name, note from t_role where id = #{id}
      </select>

      <select   id="findRoleByUserId"   parameterType="long"   resultMap=
"roleMapper">
          select r.id, r.role_name, r.note from t_role r, t_user_role ur
          where r.id = ur.role_id and r.user_id = #{userId}
      </select>
  </mapper>
<!-------------用户--------------->
<?xml version="1.0" encoding="UTF-8" ?>
<!DOCTYPE mapper
```

```
PUBLIC "-//mybatis.org//DTD Mapper 3.0//EN"
"http://mybatis.org/dtd/mybatis-3-mapper.dtd">
<mapper namespace="com.ssm.chapter5.mapper2.UserMapper2">
    <resultMap type="com.ssm.chapter5.pojo2.User2" id="userMapper">
        <id column="id" property="id"/>
        <result column="user_name" property="userName"/>
        <result column="real_name" property="realName"/>
         <result   column="sex"   property="sex"   typeHandler="com.ssm.
chapter5.typeHandler.SexTypeHandler"/>
        <result column="mobile" property="moble"/>
        <result column="email" property="email"/>
        <result column="position" property="position"/>
        <result column="note" property="note"/>
        <collection property="roleList" column="id"
            fetchType="lazy" select="com.ssm.chapter5.mapper2.RoleMapper2.
findRoleByUserId"/>
    </resultMap>
    <select id="getUser" parameterType="long" resultMap="userMapper">
        select id, user_name, real_name, sex, moble, email, note from t_user
where id =#{id}
    </select>
    <select   id="findUserByRoleId"   parameterType="long"   resultMap=
"userMapper">
        select u.id, u.user_name, u.real_name, u.sex, u.moble, u.email,
u.note from
        t_user u , t_user_role ur  where u.id = ur.user_id and ur.role_id
=#{roleId}
    </select>
</mapper>
```

这里使用 collection 去关联，但是把 fetchType 都设置为了 lazy，这样就能够进行延迟加载，对此可以使用代码清单 5-40 进行测试。

代码清单 5-40：测试多对多级联

```
SqlSession sqlSession = null;
try {
    Logger logger = Logger.getLogger(Chapter5Main.class);
    sqlSession = SqlSessionFactoryUtils.openSqlSession();
    RoleMapper2 roleMapper = sqlSession.getMapper(RoleMapper2.class);
    Role2 role = roleMapper.getRole(1L);
    role.getUserList();
    UserMapper2 userMapper = sqlSession.getMapper(UserMapper2.class);
    userMapper.getUser(1L);
} catch(Exception ex) {
    ex.printStackTrace();
} finally {
```

```
        if (sqlSession != null) {
            sqlSession.close();
        }
    }
```

运行这段程序，就可以得到日志：

```
......
DEBUG 2017-01-28 11:03:01,906 org.apache.ibatis.transaction.jdbc.
JdbcTransaction: Setting autocommit to false on JDBC Connection
[com.mysql.jdbc.JDBC4Connection@37374a5e]
DEBUG 2017-01-28 11:03:01,908 org.apache.ibatis.logging.jdbc.
BaseJdbcLogger: ==> Preparing: select id, role_name, note from t_role where
id = ?
DEBUG 2017-01-28 11:03:01,926 org.apache.ibatis.logging.jdbc.
BaseJdbcLogger: ==> Parameters: 1(Long)
DEBUG 2017-01-28 11:03:02,052 org.apache.ibatis.logging.jdbc.
BaseJdbcLogger: <== Total: 1
DEBUG 2017-01-28 11:03:02,052 org.apache.ibatis.logging.jdbc.
BaseJdbcLogger: ==> Preparing: select u.id, u.user_name, u.real_name, u.sex,
u.moble, u.email, u.note from t_user u , t_user_role ur where u.id = ur.user_id
and ur.role_id =?
DEBUG 2017-01-28 11:03:02,053 org.apache.ibatis.logging.jdbc.
BaseJdbcLogger: ==> Parameters: 1(Long)
DEBUG 2017-01-28 11:03:02,062 org.apache.ibatis.logging.jdbc.
BaseJdbcLogger: <== Total: 2
DEBUG 2017-01-28 11:03:02,063 org.apache.ibatis.logging.jdbc.
BaseJdbcLogger: ==> Preparing: select id, user_name, real_name, sex, moble,
email, note from t_user where id =?
DEBUG 2017-01-28 11:03:02,063 org.apache.ibatis.logging.jdbc.
BaseJdbcLogger: ==> Parameters: 1(Long)
DEBUG 2017-01-28 11:03:02,065 org.apache.ibatis.logging.jdbc.
BaseJdbcLogger: <== Total: 1
......
```

一共有 3 条 SQL 被执行，因为调用了 getUserList 来获取用户信息，所以才有第二条 SQL。在映射器中设置 fetchType 为 lazy，这样就不会立即加载数据进来，避免一些用不到的 SQL 被执行，只有调用了对应的方法它才会加载数据进来。

5.9　缓存

在 MyBatis 中允许使用缓存，缓存一般都放置在可高速读/写的存储器上，比如服务器的内存，它能够有效提高系统的性能。因为数据库在大部分场景下是把存储在磁盘上的数据索引出来。从硬件的角度分析，索引磁盘是一个较为缓慢的过程，读取内存或者高速缓存处理器的速度要比读取磁盘快得多，其速度是读取硬盘的几十倍到上百倍，但是内存和高速缓存处理器的空间有限，所以一般只会把那些常用且命中率高的数据缓存起来，以便将来使用，而不缓存那些不常用且命中率低的数据缓存。因为命中率低，最后还是要在磁盘内查找，并不能有效提高性能。

MyBatis 分为一级缓存和二级缓存，同时也可以配置关于缓存的设置。

5.9.1 一级缓存和二级缓存

一级缓存是在 SqlSession 上的缓存，二级缓存是在 SqlSessionFactory 上的缓存。默认情况下，也就是没有任何配置的情况下，MyBatis 系统会开启一级缓存，也就是对于 SqlSession 层面的缓存，这个缓存不需要 POJO 对象可序列化（实现 java.io.Serializable 接口）。

首先在没有任何配置的环境下，测试一级缓存，如代码清单 5-41 所示。

代码清单 5-41：测试一级缓存

```
SqlSession sqlSession = null;
Logger logger = Logger.getLogger(Chapter5Main.class);
try {
    sqlSession = SqlSessionFactoryUtils.openSqlSession();
    RoleMapper roleMapper = sqlSession.getMapper(RoleMapper.class);
    Role role = roleMapper.getRole(1L);
    logger.info("再获取一次 POJO......");
    Role role2 = roleMapper.getRole(1L);
} catch(Exception e) {
    logger.info(e.getMessage(), e);
} finally {
    if (sqlSession != null) {
        sqlSession.close();
    }
}
```

代码中获取了两次 id 为 1 的角色，运行这段代码就可以看到对应的日志：

```
......
DEBUG 2017-01-24 11:00:09,132 org.apache.ibatis.transaction.jdbc.
JdbcTransaction: Opening JDBC Connection
DEBUG 2017-01-24 11:00:09,349 org.apache.ibatis.datasource.pooled.
PooledDataSource: Created connection 1123629720.
DEBUG 2017-01-24 11:00:09,350 org.apache.ibatis.transaction.jdbc.
JdbcTransaction: Setting autocommit to false on JDBC Connection
[com.mysql.jdbc.JDBC4Connection@42f93a98]
DEBUG 2017-01-24 11:00:09,352 org.apache.ibatis.logging.jdbc.
BaseJdbcLogger: ==> Preparing: select id, role_name as roleName, note from
t_role where id = ?
```

```
DEBUG    2017-01-24    11:00:09,385    org.apache.ibatis.logging.jdbc.
BaseJdbcLogger: ==> Parameters: 1(Long)
DEBUG    2017-01-24    11:00:09,412    org.apache.ibatis.logging.jdbc.
BaseJdbcLogger: <==      Total: 1
 INFO 2017-01-24 11:00:09,413 com.ssm.chapter5.main.Chapter5Main: 再获取一
次 POJO......
DEBUG    2017-01-24    11:00:09,413    org.apache.ibatis.transaction.jdbc.
JdbcTransaction: Resetting autocommit to true on JDBC Connection
[com.mysql.jdbc.JDBC4Connection@42f93a98]
......
```

虽然代码对同一对象进行了两次获取，但是实际只有一条 SQL 被执行，其原因是代码使用了同一个 SqlSession 对象获取数据。当一个 SqlSession 第一次通过 SQL 和参数获取对象后，它就会将其缓存起来，如果下次的 SQL 和参数都没有发生变化，并且缓存没有超时或者声明需要刷新时，那么它就会从缓存中获取数据，而不是通过 SQL 获取了。把这段代码修改为代码清单 5-42 的样子。

代码清单 5-42：通过不同 SqlSession 获取对象

```
SqlSession sqlSession = null;
SqlSession sqlSession2 = null;
Logger logger = Logger.getLogger(Chapter5Main.class);
try {
    sqlSession = SqlSessionFactoryUtils.openSqlSession();
    sqlSession2 = SqlSessionFactoryUtils.openSqlSession();
    RoleMapper roleMapper = sqlSession.getMapper(RoleMapper.class);
    Role role = roleMapper.getRole(1L);
    //需要提交，如果是一级缓存，MyBatis 才会缓存对象到 SqlSessionFactory 层面
    sqlSession.commit();
    logger.info("不同 sqlSession 再获取一次 POJO......");
    RoleMapper roleMapper2 = sqlSession2.getMapper(RoleMapper.class);
    Role role2 = roleMapper2.getRole(1L);
    //需要提交，MyBatis 才缓存对象到 SqlSessionFactory
    sqlSession2.commit();
} catch(Exception e) {
    logger.info(e.getMessage(), e);
} finally {
    if (sqlSession != null) {
        sqlSession.close();
    }
    if (sqlSession2 != null) {
        sqlSession.close();
    }
}
```

注意 commit()方法的使用，如果不进行 commit，是不会有一级缓存存在的。运行这段代码，可以看到日志：

```
DEBUG  2017-01-24  11:35:52,789  org.apache.ibatis.datasource.pooled.
PooledDataSource: Created connection 1123629720.
DEBUG  2017-01-24  11:35:52,789  org.apache.ibatis.transaction.jdbc.
JdbcTransaction:  Setting  autocommit  to  false  on  JDBC  Connection
[com.mysql.jdbc.JDBC4Connection@42f93a98]
DEBUG  2017-01-24  11:35:52,792  org.apache.ibatis.logging.jdbc.
BaseJdbcLogger: ==>  Preparing: select id, role_name as roleName, note from
t_role where id = ?
DEBUG  2017-01-24  11:35:52,822  org.apache.ibatis.logging.jdbc.
BaseJdbcLogger: ==> Parameters: 1(Long)
DEBUG  2017-01-24  11:35:52,842  org.apache.ibatis.logging.jdbc.
BaseJdbcLogger: <==     Total: 1
 INFO 2017-01-24 11:35:52,843 com.ssm.chapter5.main.Chapter5Main: 不同
sqlSession 再获取一次 POJO......
DEBUG  2017-01-24  11:35:52,844  org.apache.ibatis.transaction.
jdbc.JdbcTransaction: Opening JDBC Connection
DEBUG  2017-01-24  11:35:52,860  org.apache.ibatis.datasource.pooled.
PooledDataSource: Created connection 439904756.
DEBUG  2017-01-24  11:35:52,860  org.apache.ibatis.transaction.jdbc.
JdbcTransaction:  Setting  autocommit  to  false  on  JDBC  Connection
[com.mysql.jdbc.JDBC4Connection@1a3869f4]
DEBUG  2017-01-24  11:35:52,860  org.apache.ibatis.logging.jdbc.
BaseJdbcLogger: ==>  Preparing: select id, role_name as roleName, note from
t_role where id = ?
DEBUG  2017-01-24  11:35:52,862  org.apache.ibatis.logging.jdbc.
BaseJdbcLogger: ==> Parameters: 1(Long)
DEBUG  2017-01-24  11:35:52,864  org.apache.ibatis.logging.jdbc.
BaseJdbcLogger: <==     Total: 1
```

SQL 被执行了两次，这说明了一级缓存是在 SqlSession 层面的，对于不同的 SqlSession 对象是不能共享的。为了使 SqlSession 对象之间共享相同的缓存，有时候需要开启二级缓存，开启二级缓存很简单，只要在映射文件（RoleMapper.xml）上加入代码：

```
<cache/>
```

这个时候 MyBatis 会序列化和反序列化对应的 POJO，也就要求 POJO 是一个可序列化的对象，那么它就必须实现 java.io.Serializable 接口。对角色类（Role）对象进行缓存，那么就需要它实现 Serializable 接口：

```
import java.io.Serializable;
public class Role implements Serializable {
public static final long serialVersionUID = 598736524547906734L;
```

```
    ......
}
```

如果 Role 类没有实现 java.io.Serializable 接口，那么 MyBatis 将会抛出异常，导致程序运行错误。在映射文件中配置了<cache/>后，测试一下代码清单 5-37 中的代码，可以得到日志：

```
DEBUG 2017-01-24 11:45:48,382 org.apache.ibatis.transaction.jdbc.JdbcTransaction: Opening JDBC Connection
DEBUG 2017-01-24 11:45:49,969 org.apache.ibatis.datasource.pooled.PooledDataSource: Created connection 1538399081.
DEBUG 2017-01-24 11:45:49,969 org.apache.ibatis.transaction.jdbc.JdbcTransaction: Setting autocommit to false on JDBC Connection [com.mysql.jdbc.JDBC4Connection@5bb21b69]
DEBUG 2017-01-24 11:45:49,971 org.apache.ibatis.logging.jdbc.BaseJdbcLogger: ==>  Preparing: select id, role_name as roleName, note from t_role where id = ?
DEBUG 2017-01-24 11:45:50,000 org.apache.ibatis.logging.jdbc.BaseJdbcLogger: ==> Parameters: 1(Long)
DEBUG 2017-01-24 11:45:50,058 org.apache.ibatis.logging.jdbc.BaseJdbcLogger: <==      Total: 1
 INFO 2017-01-24 11:45:50,100 com.ssm.chapter5.main.Chapter5Main: 不同sqlSession 再获取一次 POJO......
DEBUG 2017-01-24 11:45:50,102 org.apache.ibatis.cache.decorators.LoggingCache: Cache Hit Ratio [com.ssm.chapter5.mapper.RoleMapper]: 0.5
DEBUG 2017-01-24 11:45:50,103 org.apache.ibatis.transaction.jdbc.JdbcTransaction: Resetting autocommit to true on JDBC Connection [com.mysql.jdbc.JDBC4Connection@5bb21b69]
```

从日志中可以看到，不同的 SqlSession 在获取同一条记录，都只是发送过一次 SQL 获取数据。因为这个时候 MyBatis 将其保存在 SqlSessionFactory 层面，可以提供给各个 SqlSession 使用，只是它需要一个序列化和反序列化的过程而已，因此它需要实现 Serializable 接口。

5.9.2　缓存配置项、自定义和引用

为了测试一级缓存，5.10.1 节只配置了 cache 元素，加入了这个元素后，MyBatis 就会将对应的命名空间内所有 select 元素 SQL 查询结果进行缓存，而其中的 insert、delete 和 update 语句在操作时会刷新缓存。

缓存要明确 cache 元素的配置项，如表 5-6 所示。

从表 5-4 中可以知道，可以使用自定义的缓存，只是实现类需要实现 MyBatis 的接口 org.apache.ibatis.cache.Cache，让我们看看 Cache 接口，如代码清单 5-43 所示。

表 5-6　cache 元素的配置项

属　　性	说　　明	取　　值	备　　注
blocking	是否使用阻塞性缓存，在读/写时它会加入 JNI 的锁进行操作	true|false，默认值 false	可保证读/写安全性，但加锁后性能不佳
readOnly	缓存内容是否只读	true|false，默认值 false	如果为只读，则不会因为多个线程读/写造成不一致性
eviction	缓存策略，分为： LRU 最近最少使用的：移除最长时间不被使用的对象 FIFO 先进先出：按对象进入缓存的顺序来移除它们 SOFT 软引用：移除基于垃圾回收器状态和软引用规则的对象 WEAK 弱引用：更积极移除基于垃圾收集器状态和弱引用规则的对象	默认值是 LRU	—
flushInterval	这是一个整数，它以毫秒为单位，比如 1 分钟刷新一次，则配置 60 000。默认为 null，也就是没有刷新时间，只有当执行 update 时，insert 和 delete 语句才会刷新	正整数	超过整数后缓存失效，不再读取缓存，而是执行 SQL 取回数据
type	自定义缓存类。要求实现接口 org.apache.ibatis.cache.Cache	用于自定义缓存类	—
size	缓存对象个数	正整数，默认值是 1 024	—

代码清单 5-43：Cache 接口

```
package org.apache.ibatis.cache;
public interface Cache {
  //获取缓存 ID
  String getId();
  //保存对象，key 为键，value 为值
  void putObject(Object key, Object value);
  //获取缓存数据，key 为键
  Object getObject(Object key);
  //删除缓存 key 为键
  Object removeObject(Object key);
  //清除缓存
  void clear();
  //获得缓存大小
  int getSize();
  //获取读/写锁，需要考虑多线程的场景
  ReadWriteLock getReadWriteLock();
}
```

在现实中，我们可以使用 Redis，MongoDB 或者其他常用的缓存，假设存在一个 Redis 的缓存实现类 com.ssm.chapter5.cache.RedisCache，那么可以这样配置它：

```
<cache type="com.ssm.chapter5.cache.RedisCache">
```

```
    <property name="host" value="localhost"/>
</cache>
```

这样配置后，MyBatis 会启用缓存，同时调用 setHost(String host)方法，去设置配置的内容。

上面的配置是通用的，对于一些语句也需要自定义。比如对于一些查询并不想要它进行任何缓存，这个时候可以通过配置改变它们：

```
<select ... flushCache="false" useCache="true"/>
<insert ... flushCache="true"/>
<update ... flushCache="true"/>
<delete ... flushCache="true"/>
```

以上是默认的配置，我们可以根据需要去修改它们。flushCache 代表是否刷新缓存，flushCache 属性对于 select、insert、update 和 delete 都是有效的，而 useCache 属性则是 select 特有的，代表是否需要使用缓存。

这里都是在一个映射器内配置，比如 RoleMapper.xml，那么其他的映射器是不能使用的，如果其他的映射器需要使用同样的配置，则可以引用缓存的配置：

```
<cache-ref namespace="com.ssm.chapter5.mapper.RoleMapper"/>
```

通过这样就可以引用对应映射器的 cache 元素的配置了。

5.10 存储过程

MyBatis 还能对存储过程进行完全支持，这节开始学习存储过程。

在讲解之前，我们需要对存储过程有一个基本的认识，首先存储过程是数据库的一个概念，它是数据库预先编译好，放在数据库内存中的一个程序片段，所以具备性能高，可重复使用的特性。它定义了 3 种类型的参数：输入参数、输出参数、输入输出参数。

- 输入参数，是外界给的存储过程参数，在 Java 互联网中，也就是互联网系统给它的参数。
- 输出参数，是存储过程经过计算返回给程序的结果参数。
- 输入输出参数，是一开始作为参数传递给存储过程，而存储过程修改后将其返回的参数，比如那些商品的库存就是这样的。

对于返回结果而言，一些常用的简易类型，比如整形、字符型 OUT 或者 INOUT 参数是 Java 程序比较好处理的，而存储过程还可能返回游标类型的参数，这需要我们处理，不过在 MyBatis 中，这些都可以轻松完成。

5.10.1 IN 和 OUT 参数存储过程

先讨论 IN 和 OUT 参数的基本用法，这里使用的是 Oracle 数据库，它对存储过程有着较好的支持，下面先定义一个场景。

根据角色名称进行模糊查询其总数，然后把总数和查询日期返回给调用者。为此先建一个简单的存储过程，在 MySQL 的命令行输入存储过程，如代码清单 5-44 的代码。

代码清单 5-44：IN 和 OUT 参数存储过程

```
create or replace
PROCEDURE count_role(
p_role_name in varchar,
count_total out int,
exec_date out date )
IS
BEGIN
select count(*) into count_total from t_role where role_name like '%'
||p_role_name || '%' ;
select sysdate into exec_date from dual;
End;
```

这样在 Oracle 中就创建了这个存储过程。为了使用它，要设计一个 POJO——PdCountRoleParams，如代码清单 5-45 所示。

代码清单 5-45：PdCountRoleParams

```
package com.ssm.chapter5.param;
import java.util.Date;
public class PdCountRoleParams {
    private String roleName;
    private int total;
    private Date execDate;
/********setter and getter ********/
}
```

roleName 对应的是输入参数，而 total、execDate 对应的是输出参数，这样存储过程的输入参数和输出参数就和对象一一对应了，如代码清单 5-46 所示。

代码清单 5-46：简单的存储过程

```
<select      id="countRole"      parameterType="com.ssm.chapter5.param.
PdCountRoleParams"
    statementType="CALLABLE">
    {call count_role(
    #{roleName, mode=IN, jdbcType=VARCHAR},
    #{total, mode=OUT, jdbcType=INTEGER},
    #{execDate, mode=OUT, jdbcType=DATE}
```

```
    )}
</select>
```

这段代码的含义如下：

- 指定 statemetType 为 CALLABLE，说明它是在使用存储过程，如果不这样声明那么这段代码将会抛出异常。
- 定义了 parameterType 为 PdCountRoleParams 参数。
- 在调度存储过程中放入参数对应的属性，并且在属性上通过 mode 设置了其输入或者输出参数，指定对应的 jdbcType，这样 MyBatis 就会使用对应的 typeHandler 去处理对应的类型转换。

测试一下接口的调用，如代码清单 5-47 所示。

代码清单 5-47：测试接口的调用

```
PdCountRoleParams params = new PdCountRoleParams();
SqlSession sqlSession = null;
try {
    Logger logger = Logger.getLogger(Chapter5Main.class);
    sqlSession = SqlSessionFactoryUtils.openSqlSession();
    RoleMapper roleMapper = sqlSession.getMapper(RoleMapper.class);
    params.setRoleName("role_name_109");
    roleMapper.countRole(params);
    logger.info(params.getTotal());
    logger.info(params.getExecDate());
} catch(Exception e) {
    e.printStackTrace();
} finally {
    if (sqlSession != null) {
        sqlSession.close();
    }
}
```

通过模糊查询“role_name_109”这个字符串来测试存储过程，于是得到这样的日志：

```
......
DEBUG 2017-01-26 21:59:00,664 org.apache.ibatis.datasource.pooled.
PooledDataSource: Created connection 439904756.
DEBUG 2017-01-26 21:59:00,664 org.apache.ibatis.transaction.jdbc.
JdbcTransaction: Setting autocommit to false on JDBC Connection
[oracle.jdbc.driver.T4CConnection@1a3869f4]
DEBUG 2017-01-26 21:59:00,666 org.apache.ibatis.logging.jdbc.
BaseJdbcLogger: ==> Preparing: {call count_role( ?, ?, ? )}
DEBUG 2017-01-26 21:59:00,792 org.apache.ibatis.logging.jdbc.
BaseJdbcLogger: ==> Parameters: role_name_109(String)
 INFO 2017-01-26 21:59:00,800 com.ssm.chapter5.main.Chapter5Main: 11
 INFO 2017-01-26 21:59:00,800 com.ssm.chapter5.main.Chapter5Main: Thu Jan
```

```
26 21:59:00 CST 2017
......
```

从日志中可以看到，MyBatis 回填了存储过程返回的数据，这样就可以使用 MyBatis 调用存储过程了。

5.10.2 游标的使用

在实际应用中，除了使用简易的输入输出参数，有时候也可能使用游标，MyBatis 也对存储过程的游标提供了支持。如果把 jdbcType 声明为 CURSOR，那么它就会使用 ResultSet 对象处理对应的结果，只要设置映射关系，MyBatis 就会把结果集映射出来。这里依旧使用 Oracle 数据库，先来假设这样的需求：

根据角色名称（role_name）模糊查询角色表的数据，但要求支持分页查询，于是存在 start 和 end 两个分页参数。为了知道是否存在下一页，还会要求查询出总数（total），于是便存在这样的一个存储过程，如代码清单 5-48 所示。

代码清单 5-48：在存储过程使用游标

```
create or replace
procedure find_role(
p_role_name in varchar,
p_start in int,
p_end in int,
r_count out int,
ref_cur out sys_refcursor) AS
BEGIN
 select count(*) into r_count from t_role where role_name like '%' 
||p_role_name|| '%' ;
 open ref_cur for
 select id, role_name, note from
 (SELECT id, role_name, note, rownum as row1 FROM t_role a
  where a.role_name like '%' ||p_role_name|| '%' and rownum <=p_end)
 where row1> p_start;
end find_role;
```

p_role_name 是输入参数角色名称，而 p_start 和 p_end 是两个分页输入参数，r_count 是计算总数的输出参数，ref_cur 是一个游标，它将记录当前页的详细数据。为了使用这个过程，先定制一个 POJO——PdFindRoleParams，如代码清单 5-49 所示。

代码清单 5-49：定义存储游标的 POJO

```
package com.ssm.chapter5.param;
import java.util.List;
import com.ssm.chapter5.pojo.Role;
public class PdFindRoleParams {
    private String roleName;
```

```
    private int start;
    private int end;
    private int total;
    private List<Role> roleList;
    /********setter and getter********/
}
```

显然参数是和存储过程一一对应的，而游标是由 roleList 去存储的，只是这里需要为其提供映射关系，游标映射器，如代码清单 5-50 所示。

代码清单 5-50：游标映射器

```
<resultMap type="role" id="roleMap">
    <id property="id" column="id"/>
    <result property="roleName" column="role_name"/>
    <result property="note" column="note"/>
</resultMap>
<select                                                          id="findRole"
parameterType="com.ssm.chapter5.param.PdFindRoleParams"
    statementType="CALLABLE">
    {call find_role(
        #{roleName, mode=IN, jdbcType=VARCHAR},
        #{start, mode=IN, jdbcType=INTEGER},
        #{end, mode=IN, jdbcType=INTEGER},
        #{total, mode=OUT, jdbcType=INTEGER},
        #{roleList,mode=OUT,jdbcType=CURSOR,
javaType=ResultSet,resultMap=roleMap}
    )}
</select>
```

先定义了 resultMap 元素，它定义了映射规则。而在存储过程的调用中，对于 roleList，定义了 jdbcType 为 CURSOR，这样就会把结果使用 ResultSet 对象处理。为了使得 ResultSet 对应能够映射为 POJO，设置 resultMap 为 roleMap，这样 MyBatis 就会采用配置的映射规则将其映射为 POJO 了，测试代码如代码清单 5-51 所示。

代码清单 5-51：测试带游标的存储过程

```
PdFindRoleParams params = new PdFindRoleParams();
SqlSession sqlSession = null;
try {
    Logger logger = Logger.getLogger(Chapter5Main.class);
    sqlSession = SqlSessionFactoryUtils.openSqlSession();
    RoleMapper roleMapper = sqlSession.getMapper(RoleMapper.class);
    params.setRoleName("role_name_20");
    params.setStart(0);
    params.setEnd(100);
    roleMapper.findRole(params);
    logger.info(params.getRoleList().size());
```

```
        logger.info(params.getTotal());
    }catch(Exception ex) {
        ex.printStackTrace();
    }finally {
        if (sqlSession != null) {
            sqlSession.close();
        }
    }
```

运行它可以看到这样的日志：

```
......
DEBUG    2017-01-26    22:31:27,915    org.apache.ibatis.transaction.jdbc.
JdbcTransaction: Opening JDBC Connection
DEBUG    2017-01-26    22:31:28,335    org.apache.ibatis.datasource.pooled.
PooledDataSource: Created connection 439904756.
DEBUG    2017-01-26    22:31:28,335    org.apache.ibatis.transaction.jdbc.
JdbcTransaction:   Setting   autocommit   to   false   on   JDBC   Connection
[oracle.jdbc.driver.T4CConnection@1a3869f4]
DEBUG      2017-01-26      22:31:28,336      org.apache.ibatis.logging.jdbc.
BaseJdbcLogger: ==>  Preparing: {call find_role( ?, ?, ?, ?, ? )}
DEBUG      2017-01-26      22:31:28,450      org.apache.ibatis.logging.jdbc.
BaseJdbcLogger:    ==>    Parameters:    role_name_20(String),    0(Integer),
100(Integer)
 INFO 2017-01-26 22:31:28,506 com.ssm.chapter5.main.Chapter5Main: 100
 INFO 2017-01-26 22:31:28,506 com.ssm.chapter5.main.Chapter5Main: 111
DEBUG      2017-01-26      22:31:28,506      org.apache.ibatis.transaction.
jdbc.JdbcTransaction: Resetting autocommit to true on JDBC Connection
[oracle.jdbc.driver.T4CConnection@1a3869f4]
DEBUG      2017-01-26      22:31:28,506      org.apache.ibatis.transaction.
jdbc.JdbcTransaction:   Closing   JDBC   Connection   [oracle.jdbc.driver.
T4CConnection@1a3869f4]
......
```

显然过程的调用成功了，这样就可以在 MyBatis 中使用游标了。

第 6 章

动态 SQL

本章目标

1．掌握 MyBatis 动态 SQL 的基本使用
2．掌握 MyBatis 动态 SQL 的基本元素：if、set、where、bind、foreach 等的用法
3．掌握 MyBatis 的动态 SQL 的条件判断方法

如果使用 JDBC 或者类似于 Hibernate 的其他框架，很多时候要根据需要去拼装 SQL，这是一个麻烦的事情。因为某些查询需要许多条件，比如查询角色，可以根据角色名称或者备注等信息查询，当不输入名称时使用名称作条件就不合适了。通常使用其他框架需要大量的 Java 代码进行判断，可读性比较差，而 MyBatis 提供对 SQL 语句动态的组装能力，使用 XML 的几个简单的元素，便能完成动态 SQL 的功能。大量的判断都可以在 MyBatis 的映射 XML 里面配置，以达到许多需要大量代码才能实现的功能，大大减少了代码量，这体现了 MyBatis 的灵活、高度可配置性和可维护性。MyBatis 也可以在注解中配置 SQL，但是由于注解配置功能受限，而且对于复杂的 SQL 而言可读性很差，所以较少使用，因此本书不对它们进行介绍。

6.1 概述

MyBatis 的动态 SQL 包括以下几种元素，如表 6-1 所示。

表 6-1　动态 SQL 的元素

元　素	作　用	备　注
if	判断语句	单条件分支判断
choose (when, otherwise)	相当于 Java 中的 switch 和 case 语句	多条件分支判断
trim (where, set)	辅助元素，用于处理特定的 SQL 拼装问题，比如去掉多余的 and、or 等	用于处理 SQL 拼装的问题
foreach	循环语句	在 in 语句等列举条件常用

动态 SQL 实际使用的元素并不多，但是它们带来了灵活性，减少许多工作量的同时，

也在很大程度上提高了程序的可读性和可维护性。下面讨论这些动态 SQL 元素的用法。

6.2 if 元素

if 元素是最常用的判断语句，相当于 Java 中的 if 语句，它常常与 test 属性联合使用。

if 元素十分简单，举例说明如何使用它。先进行简单的场景描述：根据角色名称（roleName）去查找角色，但是角色名称是一个选填条件，不填写时，就不要用它作为条件查询。这是查询中常见的场景之一，if 元素提供了很简单的实现方法，如代码清单 6-1 所示。

代码清单 6-1：使用 if 构建动态 SQL

```
<select id="findRoles" parameterType="string" resultMap="roleResultMap">
    select role_no, role_name, note from t_role where 1=1
    <if test="roleName != null and roleName !=''">
        and role_name like concat('%', #{roleName}, '%')
    </if>
</select>
```

当参数 roleName 传递进映射器时，如果参数不为空，则采取构造对 roleName 的模糊查询，否则就不要去构造这个条件。显然这样的场景在实际工作中十分常见，通过 MyBatis 的 if 元素节省了许多拼接 SQL 的工作，集中在 XML 里面维护。

6.3 choose、when、otherwise 元素

代码清单 6-1 的例子相当于 Java 语言中的 if 语句，不是这个就是那个。有时候还需要第 3 种选择，甚至更多的选择，也就是需要类似 switch...case...default...功能的语句。在映射器的动态语句中 choose、when、otherwise 这 3 个元素承担了这个功能。假设有这样一个场景：

- 如果角色编号（roleNo）不为空，则只用角色编号作为条件查询。
- 当角色编号为空，而角色名称不为空，则用角色名称作为条件进行模糊查询。
- 当角色编号和角色名称都为空，则要求角色备注不为空。

这个场景也许有点不切实际，但是没关系，这里主要集中于如何使用动态元素来实现它，在代码清单 6-2 中使用了 choose...when...otherwise...元素，这样 MyBatis 就会根据参数的设置进行判断来动态组装 SQL，以满足不同业务的要求。远比 Hibernate 和 JDBC 等需要大量判断 Java 代码，要清晰和明确得多，进而提高程序的可读性和可维护性。

代码清单 6-2：使用 choose、when、otherwise

```
<select id="findRoles" parameterType="role" resultMap="roleResultMap">
        select role_no, role_name, note from t_role
        where 1=1
        <choose>
```

```
            <when test="roleNo != null and roleNo !=''">
              AND role_no = #{roleNo}
            </when>
            <when test="roleName != null and roleName !=''">
AND role_name like concat('%', #{roleName}, '%')
            </when>
            <otherwise>
              AND note is not null
            </otherwise>
        </choose>
</select>
```

6.4 trim、where、set 元素

细心的读者会发现 6.3 节的 SQL 语句上的动态元素的 SQL 中都加入了一个条件“1=1”，如果没有加入这个条件，那么可能就变为了这样一条错误的语句：

```
select role_no, role_name, note from t_role where and role_name like
concat('%', #{roleName}, '%')
```

显然就会报出关于 SQL 的语法异常。而加入了条件“1=1”又显得相当奇怪，我们可以用 where 元素去处理 SQL 以达到预期效果，如代码清单 6-3 所示。例如去掉了条件“1=1”。

代码清单 6-3：使用 where 元素

```
<select id="findRoles" parameterType="role" resultMap="roleResultMap">
    select role_no, role_name, note from t_role
    <where>
        <if test="roleName != null and roleName !=''">
            and role_name like concat('%', #{roleName}, '%')
        </if>
        <if test="note != null and note !=''">
            and note like concat('%', #{note}, '%')
        </if>
    </where>
</select>
```

当 where 元素里面的条件成立时，才会加入 where 这个 SQL 关键字到组装的 SQL 里面，否则就不加入。

有时候要去掉的是一些特殊的 SQL 语法，比如常见的 and、or。而使用 trim 元素也可以达到预期效果，如代码清单 6-4 所示。

代码清单 6-4：使用 trim 元素

```
<select id="findRoles" parameterType="string" resultMap="roleResultMap">
        select role_no, role_name, note from t_role
       <trim prefix="where" prefixOverrides="and">
        <if test="roleName != null and roleName !=''">
            and role_name like concat('%', #{roleName}, '%')
        </if>
        </trim>
</select>
```

稍微解释一下，trim 元素意味着要去掉一些特殊的字符串，当时 prefix 代表的是语句的前缀，而 prefixOverrides 代表的是需要去掉哪种字符串。上面的写法基本与 where 是等效的。

在 Hibernate 中常常因为要更新某一对象，而发送所有的字段给持久对象，而现实中的场景是，只想更新某一个字段。如果发送所有的属性去更新，对网络带宽消耗较大。性能最佳的办法是把主键和更新字段的值传递给 SQL 去更新。

例如角色表有一个主键两个字段，如果一个个字段去更新，那么需要写两条 SQL 语句，如果有多个字段呢？显然不算很方便。在 Hibernate 中做更新都是全部字段发送给 SQL，来避免发多条 SQL 的问题，这也会使不需要更新的字段也发送给 SQL，显然这样比较冗余。

在 MyBatis 中，常常可以使用 set 元素来避免这样的问题，比如要更新一个角色的数据，如代码清单 6-5 所示。

代码清单 6-5：使用 set 元素

```
<update id="updateRole" parameterType="role">
        update t_role
        <set>
            <if test="roleName != null and roleName !=''">
                role_name = #{roleName},
            </if>
            <if test="note != null and note != ''">
                note = #{note}
            </if>
        </set>
        where role_no = #{roleNo}
</update>
```

set 元素遇到了逗号，它会把对应的逗号去掉，如果我们自己编写那将是多少次的判断呢？这样当我们只想更新备注时，我们只需要传递备注信息和角色编号即可，而不需要再传递角色名称。MyBatis 就会根据参数的规则进行动态 SQL 组装，这样便能满足要求，从而避免全部字段更新的问题。

也可以把它转变为对应的 trim 元素，请读者参考上面的例子进行改造：

```
<trim prefix="SET" suffixOverrides=",">...</trim>
```

6.5 foreach 元素

foreach 元素是一个循环语句，它的作用是遍历集合，它能够很好地支持数组和 List、Set 接口的集合，对此提供遍历功能。它往往用于 SQL 中的 in 关键字。

在数据库中，经常需要根据编号找到对应的数据，比如角色。有一个 List<String>的角色编号的集合 roleNoList，可以使用 foreach 元素找到在这个集合中的角色的详细信息，如代码清单 6-6 所示。

代码清单 6-6：使用 foreach 元素

```
<select id="findUserBySex" resultType="user">
select * from t_role where role_no in
   <foreach item="roleNo" index="index" collection="roleNoList"
      open="(" separator="," close=")">
      #{roleNo}
   </foreach>
</select>
```

这里需要稍微解释一下上面的代码：

- collection 配置的 roleNoList 是传递进来的参数名称，它可以是一个数组、List、Set 等集合。
- item 配置的是循环中当前的元素。
- index 配置的是当前元素在集合的位置下标。
- open 和 close 配置的是以什么符号将这些集合元素包装起来。
- separator 是各个元素的间隔符。

在 SQL 中常常用到 in 语句，但是对于大量数据的 in 语句要特别注意，因为它会消耗大量的性能。此外，还有一些数据库的 SQL 对执行的 SQL 长度有限制，所以使用它时要预估一下 collection 对象的长度，以避免出现类似问题。

6.6 用 test 的属性判断字符串

test 用于条件判断语句，它在 MyBatis 中使用广泛。test 的作用相当于判断真假，在大部分场景中，它都是用以判断空和非空的。有时候需要判断字符串、数字和枚举等。所以十分有必要讨论一下它的用法。通过 if 元素的介绍，可以知道如何判断非空。但是如果用 if 语句判断字符串呢？对代码清单 6-7 进行测试：

代码清单 6-7：测试 test 属性判断

```
<select    id="getRoleTest"    parameterType="string"    resultMap    =
"roleResultMap">
select role_no, role_name, note from t_role
<if test=" type == 'Y'.toString()">
   where 1=1
</if>
</select>
```

如果把 type ='Y' 传递给 SQL，就可以发现 MyBatis 加入了条件 where 1=1。换句话说，这条语句判定成功了，所以对于字符串的判断，可以通过加入 toString()的方法进行比较。它可以判断数值型的参数。对于枚举而言，取决于使用何种 typeHandler。如果你忘记了 typeHandler 相关的知识点，请回头看看第 3 章关于枚举 typeHander 的介绍。

6.7 bind 元素

bind 元素的作用是通过 OGNL 表达式去自定义一个上下文变量，这样更方便使用。在进行模糊查询时，如果是 MySQL 数据库，常常用到的是一个 concat，它用“%”和参数相连。然而在 Oracle 数据库则没有，Oracle 数据库用连接符号“||”，这样 SQL 就需要提供两种形式去实现。但是有了 bind 元素，就不必使用数据库的语言，而是使用 MyBatis 的动态 SQL 即可完成。

比如，要按角色名称进行模糊查询，可以使用 bind 元素把映射文件写成代码清单 6-8 的形式：

代码清单 6-8：使用 bind 元素

```
<select id="findRole" parameterType="string"
   resultType="com.learn.chapter5.mybatis.bean.RoleBean">
   <bind name="pattern" value="'%' + _parameter + '%'" />
   SELECT id, role_name as roleName, create_date as createDate, end_date
as endFlag,
end_flag as endFlag, note FROM t_role
where role_name like #{pattern}
</select>
```

这里的“_parameter”代表的是传递进来的参数，它和通配符（%）连接后赋给了 pattern，然后就可以在 select 语句中使用这个变量进行模糊查询了。无论是 MySQL 还是 Oracle 都可以使用这样的语句，提高了代码的可移植性。

因为 MyBatis 支持多个参数使用 bind 元素的用法，所以传递多个参数也没有问题。首先定义接口方法，如代码清单 6-9 所示。

代码清单 6-9：使用 bind 元素传递多个参数

```
/**
    * 查询角色.
    * @param roleName 角色名称
    * @param note  备注
    * @return  符合条件的角色
    */
public   List<RoleBean>   findRole(@Param("roleName")String   roleName,
@Param("note")String note);
```

定义映射文件和两个新的变量，然后执行模糊查询，如代码清单 6-10 所示。

代码清单 6-10：使用 bind 元素绑定多个参数

```
<select                                                  id="findRole"
resultType="com.123456.chapter5.mybatis.bean.RoleBean">
  <bind name="pattern_roleName" value="'%' + roleName + '%'" />
  <bind name="pattern_note" value="'%' + note + '%'" />
  SELECT id, role_name as roleName, create_date as createDate,
  end_date as  endFlag,  end_flag as endFlag, note FROM t_role
  where role_name like #{pattern_roleName}
  and note like #{pattern_note}
</select>
```

这里绑定了两个新的变量 pattern_roleName 和 pattern_note，这样就可以在 SQL 的其他地方使用了。

第 7 章

MyBatis 的解析和运行原理

本章目标

1．了解 MyBatis 解析配置文件的大致过程

2．掌握 MyBatis 底层映射保存的数据结构（MappedStatement、SqlSource 和 BoundSql）及其内容

3．了解 MyBatis Mapper 的运行原理

4．掌握 SqlSession 运行原理

5．掌握 SqlSession 下四大对象的设计原理和具体方法的作用

我们已经详细分析了 MyBatis 的各种使用方法，在第 4 章简要提及了 MyBatis 的插件，它是最强大的组件，它允许修改 MyBatis 底层配置，但是强大的功能也意味着危险，操作不当，就有可能引发其他的错误。为了避免这些错误，我们有必要理解 MyBatis 的解析和运行原理。

本章有一定难度，因为它讲述的是 MyBatis 底层的设计和实现原理，原理就意味着晦涩难懂，对 Java 初学者而言，甚至是难以理解的。本章更加适合对 Java 有一定经验，且参与过设计的人员阅读，初学者通过仔细阅读和反复推敲也一定会有很大的收获。当然如果你只要简单使用 MyBatis，并不打算使用插件增强框架的功能，那么请跳过本章和下一章。因为 MyBatis 主要的运用在前面各章都已经论述过了，熟悉它们，你就可以应对大部分的 MyBatis 使用场景。

对设计和架构人员而言还需要理解 MyBatis 内部的解析和运行原理，只是本书所谈的原理只涉及基本的框架和核心代码，不会面面俱到，本书会集中在 MyBatis 框架的设计和核心代码的实现上，一些无关的细节将会被适当忽略，需要研究相关内容的读者请阅读相关的资料。

MyBatis 的运行过程分为两大步：第 1 步，读取配置文件缓存到 Configuration 对象，用以创建 SqlSessionFactory；第 2 步，SqlSession 的执行过程。相对而言，SqlSessionFactory 的创建还算比较容易理解，而 SqlSession 的执行过程就不是那么简单了，它包括许多复杂的技术，要先掌握反射技术和动态代理技术，这是揭示 MyBatis 底层构架的基础，不熟悉这两种技术的读者，需要翻阅第 2 章关于反射和动态代理（尤其是 JDK 动态代理）的内容。本章的每一节是层层递进的，读者要按顺序学习实践，否则很容易迷失在过程中。

当掌握了 MyBatis 的运行原理，就可以知道 MyBatis 是怎么运行的，这将为第 8 章学习 MyBatis 插件技术奠定坚实的基础。本文也会带领大家对一些关键源码进行阅读与分析，掌握源码中的技巧、设计和开发模式对读者而言大有裨益。

7.1　构建 SqlSessionFactory 过程

SqlSessionFactory 是 MyBatis 的核心类之一，其最重要的功能就是提供创建 MyBatis 的核心接口 SqlSession，所以要先创建 SqlSessionFactory，为此要提供配置文件和相关的参数。MyBatis 是一个复杂的系统，它采用了 Builder 模式去创建 SqlSessionFactory，在实际中可以通过 SqlSessionFactoryBuilder 去构建，其构建分为两步。

第 1 步：通过 org.apache.ibatis.builder.xml.XMLConfigBuilder 解析配置的 XML 文件，读出所配置的参数，并将读取的内容存入 org.apache.ibatis.session.Configuration 类对象中。而 Configuration 采用的是单例模式，几乎所有的 MyBatis 配置内容都会存放在这个单例对象中，以便后续将这些内容读出。

第 2 步：使用 Confinguration 对象去创建 SqlSessionFactory。MyBatis 中的 SqlSessionFactory 是一个接口，而不是一个实现类，为此 MyBatis 提供了一个默认的实现类 org.apache.ibatis.session.defaults.DefaultSqlSessionFactory。在大部分情况下都没有必要自己去创建新的 SqlSessionFactory 实现类。

这种创建的方式就是一种 Builder 模式，对于复杂的对象而言，使用构造参数很难实现。这时使用一个类（比如 Configuration）作为统领，一步步地构建所需的内容，然后通过它去创建最终的对象（比如 SqlSessionFacotry），这样每一步都会很清晰，这种方式值得读者学习，并且在工作中使用。

为了加强对这一步的认识，笔者节选了 XMLConfigBuilder 中的一段源码，如代码清单 7-1 所示。

代码清单 7-1：用 XMLConfigBuilder 解析 XML 的源码

```
package org.apache.ibatis.builder.xml;
/**imports**/
public class XMLConfigBuilder extends BaseBuilder {
......
      private void parseConfiguration(XNode root) {
      try {
         Properties   settings   =   settingsAsPropertiess(root.evalNode
("settings"));
         //issue #117 read properties first
         propertiesElement(root.evalNode("properties"));
         loadCustomVfs(settings);
         typeAliasesElement(root.evalNode("typeAliases"));
         pluginElement(root.evalNode("plugins"));
         objectFactoryElement(root.evalNode("objectFactory"));
```

```
            objectWrapperFactoryElement(root.evalNode
    ("objectWrapperFactory"));
            reflectorFactoryElement(root.evalNode("reflectorFactory"));
            settingsElement(settings);
            // read it after objectFactory and objectWrapperFactory issue #631
            environmentsElement(root.evalNode("environments"));
            databaseIdProviderElement(root.evalNode
    ("databaseIdProvider"));
            typeHandlerElement(root.evalNode("typeHandlers"));
            mapperElement(root.evalNode("mappers"));
        } catch (Exception e) {
            throw    new    BuilderException("Error    parsing    SQL    Mapper
    Configuration. Cause: " + e, e);
        }
    }
    ......
    }
```

从源码中可以看到，它是通过一步步解析 XML 的内容得到对应的信息的，而这些信息正是我们在配置文件中配置的内容。对于实际工作而言，也许并不需要全部元素都讨论源码，所以 typeHandlers 解析的方法笔者将其加粗，并且将对其进行更深一步的讨论，以揭示 MyBatis 的解析过程。

配置的 typeHandler 都会被注册到 typeHandlerRegistry 对象中去，如果读者继续追踪源码，可以知道它的定义是放在 XMLConfigBuilder 的父类 BaseBuilder 中的，为此研究一下 BaseBuilder 类的源码，如代码清单 7-2 所示。

代码清单 7-2：BaseBuilder 类的源码

```
package org.apache.ibatis.builder;
/**imports**/

public abstract class BaseBuilder {
   protected final Configuration configuration;
   ......
   protected final TypeHandlerRegistry typeHandlerRegistry;

   public BaseBuilder(Configuration configuration) {
      this.configuration = configuration;
      this.typeAliasRegistry = this.configuration.getTypeAliasRegistry();
      this.typeHandlerRegistry          =          this.configuration.
getTypeHandlerRegistry();
}
......
}
```

从源码可以知道，typeHandlerRegistry 对象实际就是 Configuration 单例的一个属性，所以可以通过 Configuration 单例拿到 typeHandlerRegistry 对象，进而拿到我们所注册的 typeHandler。

至此我们了解了 MyBatis 是如何注册 typeHandler 的，它也是用类似的方法注册其他配置内容的。

7.1.1　构建 Configuration

在 SqlSessionFactory 构建中，Configuration 是最重要的，它的作用是：

- 读入配置文件，包括基础配置的 XML 和映射器 XML（或注解）。
- 初始化一些基础配置，比如 MyBatis 的别名等，一些重要的类对象（比如插件、映射器、Object 工厂、typeHandlers 对象等）。
- 提供单例，为后续创建 SessionFactory 服务，提供配置的参数。
- 执行一些重要对象的初始化方法。

显然 Confinguration 不会是一个很简单的类，MyBatis 的配置信息都来自于此。有兴趣的读者可以像分析 typeHandler 那样分析源码。这样你就会发现，几乎所有的配置都可以在这里找到踪影。Confinguration 是通过 XMLConfigBuilder 去构建的，首先它会读出所有 XML 配置的信息，然后把它们解析并保存在 Configuration 单例中。它会做如下初始化：

- properties 全局参数。
- typeAliases 别名。
- Plugins 插件。
- objectFactory 对象工厂。
- objectWrapperFactory 对象包装工厂。
- reflectionFactory 反射工厂。
- settings 环境设置。
- environments 数据库环境。
- databaseIdProvider 数据库标识。
- typeHandlers 类型转换器。
- Mappers 映射器。

它们都会以类似 typeHandler 注册那样的方法被存放到 Configuration 单例中，以便未来将其取出。这里的解析最重要的内容是映射器，由于在插件中需要频繁访问它，因此它是本章中最为重要的内容之一，同样它也是 MyBatis 底层的基础，理解它将有利于理解 MyBatis 底层运行原理，下一节会详细介绍它。

7.1.2　构建映射器的内部组成

由于插件需要频繁访问映射器的内部组成，因此很有必要单独研究一下映射器的内部组成，所以用插件前务必先掌握好本节内容，本节是本章的重点内容之一，也是 MyBatis 底层的基础内容之一。当 XMLConfigBuilder 解析 XML 时，会将每一个 SQL 和其配置的内容保存起来，那么它是怎么保存的呢？

一般而言，在 MyBatis 中一条 SQL 和它相关的配置信息是由 3 个部分组成的，它们分别是 MappedStatement、SqlSource 和 BoundSql。

- MappedStatement 的作用是保存一个映射器节点（select|insert|delete|update）的内容。它是一个类，包括许多我们配置的 SQL、SQL 的 id、缓存信息、resultMap、parameterType、resultType、resultMap、languageDriver 等重要配置内容。它还有一个重要的属性 sqlSource。MyBatis 通过读取它来获得某条 SQL 配置的所有信息。
- SqlSource 是提供 BoundSql 对象的地方，它是 MappedStatement 的一个属性。注意，它是一个接口，而不是一个实现类。对它而言有这么重要的几个实现类：DynamicSqlSource、ProviderSqlSource、RawSqlSource、StaticSqlSource。它的作用是根据上下文和参数解析生成需要的 SQL，比如第 6 章的动态 SQL 采取了 DynamicSqlSource 配合参数进行解析后得到的，这个接口只定义了一个接口方法——getBoundSql(parameterObject)，使用它就可以得到一个 BoundSql 对象。
- BoundSql 是一个结果对象，也就是 SqlSource 通过对 SQL 和参数的联合解析得到的 SQL 和参数，它是建立 SQL 和参数的地方，它有 3 个常用的属性：sql、parameterObject、parameterMappings，稍后我们会讨论它们。

在插件的应用中常常会使用它们。当然解析的过程还是比较复杂的，但是在大部分的情况下，并不需要去理会解析和组装 SQL 规则，因为大部分的插件只要做很小动作的变化就可以了，而无须对它们进行大幅度修改，因为大幅度修改会导致大量的底层被重写，所以本章主要关注的是 BoundSql 对象。通过它便可以拿到要执行的 SQL 和参数，通过 SQL 和参数就可以来增强 MyBatis 底层的功能。

有了上述分析，先来看看映射器的内部组成，如图 7-1 所示。

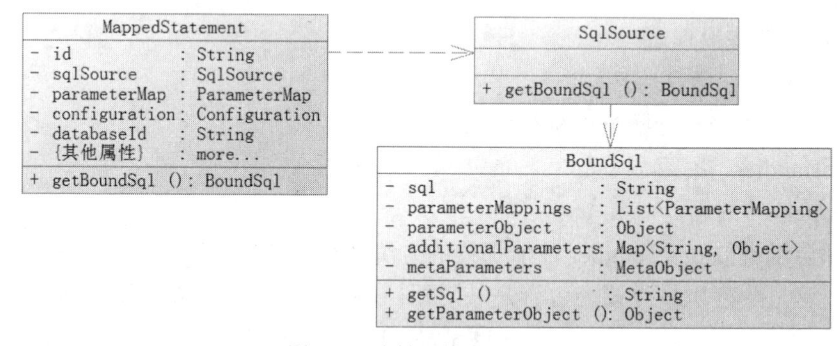

图 7-1 映射器的内部组成

注意，这里只列举了主要的属性和方法。MappedStatement 对象涉及的东西较多，一般不去修改它，因为容易产生不必要的错误。SqlSource 是一个接口，它的主要作用是根据参数和其他的规则组装 SQL（包括第 6 章的动态 SQL），这些都是很复杂的东西，好在 MyBatis 本身已经实现了它们，一般不需要去修改。对于最终的参数和 SQL 都反映在 BoundSql 类对象上，在插件中往往需要拿到它进而可以拿到当前运行的 SQL 和参数，从而对运行过程做出必要的修改，来满足特殊的需求，这便是 MyBatis 插件提供的功能，所以这里的论述对 MyBatis 插件的开发是至关重要的。

由图 7-1 可知 BoundSql 会提供 3 个主要的属性：parameterMappings、parameterObject 和 sql。

（1）parameterObject 为参数本身，可以传递简单对象、POJO 或者 Map、@Param 注解的参数，由于它在插件中相当常用，我们有必要讨论它的一些规则。

- 传递简单对象，包括 int、String、float、double 等。当传递 int 类型时，MyBatis 会把参数变为 Integer 对象传递，类似的 long、String、float、double 也是如此。
- 传递 POJO 或者 Map，parameterObject 就是传入的 POJO 或者 Map。
- 传递多个参数，如果没有@Param 注解，那么 MyBatis 会把 parameterObject 变为一个 Map<String, Object>对象，其键值的关系是按顺序来规划的，类似于{"1":p1, "2":p2,"3":p3……,"param1":p1,"param2":p2,"param3":p36……}这样的形式，所以在编写时可以使用#{param1}或者#{1}去引用第一个参数。
- 使用@Param 注解，MyBatis 就会把 parameterObject 也变为一个 Map<String, Object>对象，类似于没有@Param 注解，只是把其数字的键值置换成@Param 注解键值。比如注解@Param("key1") String p1、@Param("key2") int p2、@Param("key3") Role p3，那么 parameterObject 对象就是一个 Map<String, Object>，它的键值包含{"key1":p1,"key2":p2,"key3":p3,"param1":p1,"param2": p2,"param3":p3}。

（2）parameterMappings 是一个 List，它的每一个元素都是 ParameterMapping 对象。对象会描述参数，参数包括属性名称、表达式、javaType、jdbcType、typeHandler 等重要信息，一般不需要去改变它。通过它就可以实现参数和 SQL 的结合，以便 PreparedStatement 能够通过它找到 parameterObject 对象的属性设置参数，使得程序能准确运行。

（3）sql 属性就是书写在映射器里面的一条被 SqlSource 解析后的 SQL。在大部分时候无须修改它，只是在使用插件时可以根据需要进行改写，改写 SQL 将是一件危险的事情，需要考虑周全。

这些内容都很重要，如果不能掌握，那么会在插件开发中举步维艰，所以有需要的读者可以打开源码通过调试加深理解。

7.1.3　构建 SqlSessionFactory

有了 Configuration 对象，构建 SqlSessionFactory 是很简单的。

```
SqlSessionFactory = new SqlSessionFactoryBuilder().build(inputStream);
```

通过上分析我们知道 MyBatis 会根据文件流先生成 Configuration 对象，进而构建 SqlSessionFactory 对象。真正的难点在于构建 Configuration 对象，所以关注的重心实际应该是 Configuration 对象，而不是 SqlSessionFactory 对象。

7.2 SqlSession 运行过程

SqlSession 的运行过程是本章的重点和难点，也是整个 MyBatis 最难理解的部分，要掌握它，你需要理解第 2 章关于反射技术和动态代理的内容，尤其是 JDK 动态代理。有了 SqlSessionFactory 对象就可以轻易拿到 SqlSession。而 SqlSession 也是一个接口，使用它并不复杂。它给出了查询、插入、更新、删除的方法，在旧版的 MyBatis 或 iBatis 中还会常常使用这些接口方法，而在新版的 MyBatis 中建议使用 Mapper。无论如何它是理解 MyBatis 底层运行的核心。

7.2.1 映射器（Mapper）的动态代理

在前面章节的代码中，我们可以频繁地看到这样一句代码：

```
RoleMapper roleMapper = sqlSession.getMapper(RoleMapper.class);
```

先看看 MyBatis 的源码是如何实现 getMapper 方法的，如代码清单 7-3 所示。

代码清单 7-3：getMapper 方法

```
public class DefaultSqlSession implements SqlSession {
    .......
    @Override
    public <T> T getMapper(Class<T> type) {
        return configuration.<T>getMapper(type, this);
    }
    ......
}
```

显然它运用到了 Configuration 对象的 getMapper 方法，来获取对应的接口对象的，所以让我们追踪这个方法：

```
public <T> T getMapper(Class<T> type, SqlSession sqlSession) {
    return mapperRegistry.getMapper(type, sqlSession);
}
```

它又运用了映射器的注册器 Mapperregistry 来获取对应的接口对象，如代码清单 7-4 所示。

代码清单 7-4：MapperRegistry 源码

```
public class MapperRegistry {
......
      @SuppressWarnings("unchecked")
    public <T> T getMapper(Class<T> type, SqlSession sqlSession) {
        final      MapperProxyFactory<T>      mapperProxyFactory      =
```

```
(MapperProxyFactory<T>) knownMappers.get(type);
        if (mapperProxyFactory == null) {
            throw new BindingException("Type " + type + " is not known to the
MapperRegistry.");
        }
        try {
            return mapperProxyFactory.newInstance(sqlSession);
        } catch (Exception e) {
            throw new BindingException("Error getting mapper instance. Cause:
" + e, e);
        }
}
......
}
```

首先它判断是否注册一个 Mapper，如果没有则会抛出异常信息，如果有，就会启用 MapperProxyFactory 工厂来生成一个代理实例，为此再追踪加粗代码的实现，如代码清单 7-5 所示。

代码清单 7-5：通过 MapperProxyFactory 生成代理对象

```
public class MapperProxyFactory<T> {

    private final Class<T> mapperInterface;
    private final Map<Method, MapperMethod> methodCache = new
ConcurrentHashMap<Method, MapperMethod>();

    public MapperProxyFactory(Class<T> mapperInterface) {
        this.mapperInterface = mapperInterface;
    }

    public Class<T> getMapperInterface() {
        return mapperInterface;
    }

    public Map<Method, MapperMethod> getMethodCache() {
        return methodCache;
    }

    @SuppressWarnings("unchecked")
    protected T newInstance(MapperProxy<T> mapperProxy) {
        return (T) Proxy.newProxyInstance(mapperInterface.getClassLoader(),
new Class[]{mapperInterface}, mapperProxy);
    }

    public T newInstance(SqlSession sqlSession) {
        final MapperProxy<T> mapperProxy = new MapperProxy<T>(sqlSession,
```

```
mapperInterface, methodCache);
        return newInstance(mapperProxy);
    }

}
```

注意加粗的代码，Mapper 映射是通过动态代理来实现的。这里可以看到动态代理对接口的绑定，它的作用就是生成动态代理对象（占位），而代理的方法则被放到了 MapperProxy 类中。为此需要再探讨一下 MapperProxy 的源码，如代码清单 7-6 所示。

代码清单 7-6：MapperProxy.java 源码

```
public class MapperProxy<T> implements InvocationHandler, Serializable {
......
    @Override
  public Object invoke(Object proxy, Method method, Object[] args) throws
Throwable {
    if (Object.class.equals(method.getDeclaringClass())) {
      try {
        return method.invoke(this, args);
      } catch (Throwable t) {
        throw ExceptionUtil.unwrapThrowable(t);
      }
    }
    final MapperMethod mapperMethod = cachedMapperMethod(method);
    return mapperMethod.execute(sqlSession, args);
  }
......
}
```

可以看到这里的 invoke 方法逻辑。如果 Mapper 是一个 JDK 动态代理对象，那么它就会运行到 invoke 方法里面。invoke 首先判断是否是一个类，这里 Mapper 是一个接口不是类，所以判定失败。然后会生成 MapperMethod 对象，它是通过 cachedMapperMethod 方法对其初始化的。最后执行 execute 方法，把 SqlSession 和当前运行的参数传递进去。execute 方法的源码，如代码清单 7-7 所示。

代码清单 7-7：MapperProxy.java

```
  public class MapperMethod {
    private final SqlCommand command;
   private final MethodSignature method;
......
     public Object execute(SqlSession sqlSession, Object[] args) {
    Object result;
    switch (command.getType()) {
      case INSERT: {
     Object param = method.convertArgsToSqlCommandParam(args);
```

```
        result    =    rowCountResult(sqlSession.insert(command.getName(),
param));
        break;
      }
      case UPDATE: {
        Object param = method.convertArgsToSqlCommandParam(args);
        result    =    rowCountResult(sqlSession.update(command.getName(),
param));
        break;
      }
      case DELETE: {
        Object param = method.convertArgsToSqlCommandParam(args);
        result    =    rowCountResult(sqlSession.delete(command.getName(),
param));
        break;
      }
      case SELECT:
        if (method.returnsVoid() && method.hasResultHandler()) {
          executeWithResultHandler(sqlSession, args);
          result = null;
        } else if (method.returnsMany()) {
          //代码比较长，我们不需要完全理解，只要看到查询最常用的方法即可
          result = executeForMany(sqlSession, args);
        } else if (method.returnsMap()) {
          result = executeForMap(sqlSession, args);
        } else if (method.returnsCursor()) {
          result = executeForCursor(sqlSession, args);
        } else {
          Object param = method.convertArgsToSqlCommandParam(args);
          result = sqlSession.selectOne(command.getName(), param);
        }
        break;
      case FLUSH:
        result = sqlSession.flushStatements();
        break;
      default:
        throw new BindingException("Unknown execution method for: " +
command.getName());
    }
    if (result == null && method.getReturnType().isPrimitive()
&& !method.returnsVoid()) {
      throw new BindingException("Mapper method '" + command.getName()
          + " attempted to return null from a method with a primitive return
type (" + method.getReturnType() + ").");
    }
    return result;
```

```
    }
    ......

    private <E> Object executeForMany(SqlSession sqlSession, Object[] args) {
        List<E> result;
        Object param = method.convertArgsToSqlCommandParam(args);
        if (method.hasRowBounds()) {
          RowBounds rowBounds = method.extractRowBounds(args);
          result    =    sqlSession.<E>selectList(command.getName(),    param,
    rowBounds);
        } else {
          result = sqlSession.<E>selectList(command.getName(), param);
        }
        // issue #510 Collections & arrays support
        if (!method.getReturnType().isAssignableFrom(result.getClass())) {
          if (method.getReturnType().isArray()) {
            return convertToArray(result);
          } else {
            return  convertToDeclaredCollection(sqlSession.getConfiguration(),
    result);
          }
        }
        return result;
      }
        .......
    }
```

加粗的代码 MapperMethod 类采用命令模式运行，根据上下文跳转可能跳转到许多方法中，这里不需要全部明白所有方法的含义，只要讨论 executeForMany 方法的实现即可。通过源码我们清楚，实际上它最后就是通过 SqlSession 对象去运行对象的 SQL 而已，其他的增、删、查、改也是类似这样处理的。

至此，相信大家已经知道 MyBatis 为什么只用 Mapper 接口便能够运行了，因为 Mapper 的 XML 文件的命名空间对应的是这个接口的全限定名，而方法就是那条 SQL 的 id，这样 MyBatis 就可以根据全路径和方法名，将其和代理对象绑定起来。通过动态代理技术，让这个接口运行起来起来，而后采用命令模式。最后使用 SqlSession 接口的方法使得它能够执行对应的 SQL。只是有了这层封装，就可以采用接口编程，这样的编程更为简单明了。

7.2.2 SqlSession 下的四大对象

映射器就是一个动态代理对进入到了 MapperMethod 的 execute 方法，然后它经过简单地判断就进入了 SqlSession 的 delete、update、insert、select 等方法，那么这些方法是如何执行呢？这是正确编写插件的根本。

显然通过类名和方法名字就可以匹配到配置的 SQL，但是这并不是我们需要关心的细节，我们所要关注的是它底层的框架。而实际上 SqlSession 的执行过程是通过 Executor、StatementHandler、ParameterHandler 和 ResultSetHandler 来完成数据库操作和结果返回的，在本书中我们把它们简称为四大对象。

- Executor 代表执行器，由它调度 StatementHandler、ParameterHandler、ResultSetHandler 等来执行对应的 SQL。其中 StatementHandler 是最重要的。
- StatementHandler 的作用是使用数据库的 Statement（PreparedStatement）执行操作，它是四大对象的核心，起到承上启下的作用，许多重要的插件都是通过拦截它来实现的。
- ParameterHandler 是用来处理 SQL 参数的。
- ResultSetHandler 是进行数据集（ResultSet）的封装返回处理的，它相当复杂，好在我们不常用它。

下面依次分析这四大对象的生成和运作原理。

7.2.2.1　Executor——执行器

Executor 是一个执行器。SqlSession 其实是一个门面，真正干活的是执行器，它是一个真正执行 Java 和数据库交互的对象，所以它十分的重要。MyBatis 中有 3 种执行器。我们可以在 MyBatis 的配置文件中进行选择，具体请看第 4.3 节关于 settings 元素中 defaultExecutorType 属性的说明。

- SIMPLE——简易执行器，它没有什么特别的，不配置它就使用默认执行器。
- REUSE——它是一种能够执行重用预处理语句的执行器。
- BATCH——执行器重用语句和批量更新，批量专用的执行器。

执行器提供了查询（query）方法、更新（update）方法和相关的事务方法，这些和其他框架并无不同。先看看 MyBatis 是如何创建 Executor 的，这段代码在 Configuration 类当中，如代码清单 7-8 所示。

代码清单 7-8：执行器生成

```
public  Executor  newExecutor(Transaction  transaction,  ExecutorType
executorType) {
    executorType = executorType == null ? defaultExecutorType : executorType;
    executorType = executorType == null ? ExecutorType.SIMPLE : executorType;
    Executor executor;
    if (ExecutorType.BATCH == executorType) {
      executor = new BatchExecutor(this, transaction);
    } else if (ExecutorType.REUSE == executorType) {
      executor = new ReuseExecutor(this, transaction);
    } else {
      executor = new SimpleExecutor(this, transaction);
    }
    if (cacheEnabled) {
      executor = new CachingExecutor(executor);
```

```
    }
    executor = (Executor) interceptorChain.pluginAll(executor);
    return executor;
  }
```

MyBatis 将根据配置类型去确定需要创建哪一种 Executor，它的缓存则用 CachingExecutor 进行包装 Executor。在运用插件时，拦截 Executor 就有可能获取这样的一个对象了，在创建对象之后，会去执行这样的一行代码：

```
interceptorChain.pluginAll(executor);
```

这就是 MyBatis 的插件。它将构建一层层的动态代理对象，我们可以修改在调度真实的 Executor 方法之前执行配置插件的代码，这就是插件的原理。现在不妨先看看其方法内部，以 SIMPLE 执行器 SimpleExecutor 的 query 方法作为例子进行讲解，如代码清单 7-9 所示。

代码清单 7-9：SimpleExecutor.java 执行器的执行过程

```
public class SimpleExecutor extends BaseExecutor {
 ......
    @Override
  public <E> List<E> doQuery(MappedStatement ms, Object parameter, RowBounds
rowBounds, ResultHandler resultHandler, BoundSql boundSql) throws
SQLException {
    Statement stmt = null;
    try {
      Configuration configuration = ms.getConfiguration();
      StatementHandler handler = configuration.newStatementHandler(wrapper,
ms, parameter, rowBounds, resultHandler, boundSql);
      stmt = prepareStatement(handler, ms.getStatementLog());
      return handler.<E>query(stmt, resultHandler);
    } finally {
      closeStatement(stmt);
    }
  }
......

private Statement prepareStatement(StatementHandler handler, Log
statementLog) throws SQLException {
    Statement stmt;
    Connection connection = getConnection(statementLog);
    stmt = handler.prepare(connection, transaction.getTimeout());
    handler.parameterize(stmt);
    return stmt;
  }
......
```

```
}
```

显然 MyBatis 根据 Configuration 来构建 StatementHandler，然后使用 prepareStatement 方法，对 SQL 编译和参数进行初始化。实现过程：它调用了 StatementHandler 的 prepare() 进行了预编译和基础的设置，然后通过 StatementHandler 的 parameterize()来设置参数，最后使用 StatementHandler 的 query 方法，把 ResultHandler 传递进去，使用它组织结果返回给调用者来完成一次查询，这样焦点又转移到了 StatementHandler 对象上。

7.2.2.2　StatementHandler——数据库会话器

顾名思义，数据库会话器就是专门处理数据库会话的。MyBatis 生成 StatementHandler，如代码清单 7-10 所示。

代码清单 7-10：生成 StatementHander

```
 public StatementHandler newStatementHandler(Executor executor, MappedStatement mappedStatement, Object parameterObject, RowBounds rowBounds, ResultHandler resultHandler, BoundSql boundSql) {
    StatementHandler statementHandler = new RoutingStatementHandler(executor, mappedStatement, parameterObject, rowBounds, resultHandler, boundSql);
    statementHandler = (StatementHandler) interceptorChain.pluginAll(statementHandler);
    return statementHandler;
  }
```

很显然创建的真实对象是一个 RoutingStatementHandler 的对象，它实现了接口 StatementHandler。和 Executor 一样，用代理对象做一层层封装。

RoutingStatementHandler 不是真实的服务对象，它是通过适配模式来找到对应的 StatementHandler 来执行的。在 MyBatis 中，与 Executor 一样，RoutingStatementHandler 分为 3 种：SimpleStatementHandler、PreparedStatementHandler、CallableStatementHandler。它所对应的是 JDBC 的 Statement、PreparedStatement（预编译处理）和 CallableStatement（存储过程处理）。

在初始化 RoutingStatementHandler 对象时，它会根据上下文环境决定创建哪个具体的 StatementHandler 对象实例，如代码清单 7-11 所示。

代码清单 7-11：生成 StatementHandler

```
public class RoutingStatementHandler implements StatementHandler {

  private final StatementHandler delegate;

  public RoutingStatementHandler(Executor executor, MappedStatement ms, Object parameter, RowBounds rowBounds, ResultHandler resultHandler, BoundSql boundSql) {
```

```
    switch (ms.getStatementType()) {
      case STATEMENT:
        delegate = new SimpleStatementHandler(executor, ms, parameter, rowBounds, resultHandler, boundSql);
        break;
      case PREPARED:
        delegate = new PreparedStatementHandler(executor, ms, parameter, rowBounds, resultHandler, boundSql);
        break;
      case CALLABLE:
        delegate = new CallableStatementHandler(executor, ms, parameter, rowBounds, resultHandler, boundSql);
        break;
      default:
        throw new ExecutorException("Unknown statement type: " + ms.getStatementType());
    }
  }
......
}
```

它定义了一个对象的配适器——delegate ，它是一个 StatementHandler 接口对象，然后构造方法根据配置来配适对应的 StatementHandler 对象。它的作用是给 3 个接口对象的使用提供一个统一且简易的配适器。此为对象的配适，可以使用对象配适器来尽可能地使用已有的类对外提供服务，可以根据需要对外屏蔽或者提供服务，甚至是加入新的服务。

以最常用的 PreparedStatementHandler 为例，看看 MyBatis 是怎么执行查询的。Executor 执行查询时会执行 StatementHandler 的 prepare、parameterize 和 query 方法，其中 PreparedStatementHandler 的 prepare 方法如代码清单 7-12 所示。

代码清单 7-12：执行 prepare 方法

```
public abstract class BaseStatementHandler implements StatementHandler {
.......
        @Override
    public Statement prepare(Connection connection, Integer transactionTimeout) throws SQLException {
        ErrorContext.instance().sql(boundSql.getSql());
        Statement statement = null;
        try {
            statement = instantiateStatement(connection);
            setStatementTimeout(statement, transactionTimeout);
            setFetchSize(statement);
            return statement;
        } catch (SQLException e) {
            closeStatement(statement);
            throw e;
```

```
        } catch (Exception e) {
            closeStatement(statement);
            throw new ExecutorException("Error preparing statement.  Cause:
" + e, e);
        }
    }
......
}
```

instantiateStatement()方法是对 SQL 进行了预编译，然后做一些基础配置，比如超时、获取的最大行数等的设置。Executor 中会调用它的 parameterize()方法去设置参数，如代码清单 7-13 所示。

代码清单 7-13：设置参数

```
@Override
public void parameterize(Statement statement) throws SQLException {
  parameterHandler.setParameters((PreparedStatement) statement);
}
```

显然这个时候它是调用 ParameterHandler 去完成的，下节再来讨论它是如何实现的，这里先看查询的方法——执行 SQL 返回结果，如代码清单 7-14 所示。

代码清单 7-14：执行 SQL 返回结果

```
public class PreparedStatementHandler extends BaseStatementHandler {
  ......
  @Override
  public <E> List<E> query(Statement statement, ResultHandler
resultHandler) throws SQLException {
    PreparedStatement ps = (PreparedStatement) statement;
    ps.execute();
    return resultSetHandler.<E> handleResultSets(ps);
  }
  ......
}
```

在执行前参数和 SQL 都被 prepare()方法预编译，参数在 parameterize()方法中已经进行了设置，所以只要执行 SQL，然后返回结果就可以了。执行之后我们看到了 ResultSetHandler 对结果的封装和返回。

一条查询 SQL 的执行过程：Executor 先调用 StatementHandler 的 prepare()方法预编译 SQL，同时设置一些基本运行的参数。然后用 parameterize()方法启用 ParameterHandler 设置参数，完成预编译，执行查询，update()也是这样的。如果是查询，MyBatis 会使用 ResultSetHandler 封装结果返回给调用者。

至此，MyBatis 执行 SQL 的流程就比较清晰了，很多东西都已经豁然开朗。

7.2.2.3 ParameterHandler——参数处理器

MyBatis 是通过 ParameterHandler 对预编译语句进行参数设置的，它的作用是完成对预编译参数的设置，它的接口定义如代码清单 7-15 所示。

代码清单 7-15：ParameterHandler.java

```
public interface ParameterHandler {
  Object getParameterObject();
  void setParameters(PreparedStatement ps) throws SQLException;
}
```

代码清单 7-1 分析如下：

- getParameterObject()方法的作用是返回参数对象。
- setParameters()方法的作用是设置预编译 SQL 语句的参数。

MyBatis 为 ParameterHandler 提供了一个实现类 DefaultParameterHandler，setParameters 的实现，如代码清单 7-16 所示。

代码清单 7-16：setParameters 的实现

```
public void setParameters(PreparedStatement ps) {
    ErrorContext.instance().activity("setting
parameters").object(mappedStatement.getParameterMap().getId());
    List<ParameterMapping>                 parameterMappings                 =
boundSql.getParameterMappings();
    if (parameterMappings != null) {
      for (int i = 0; i < parameterMappings.size(); i++) {
        ParameterMapping parameterMapping = parameterMappings.get(i);
        if (parameterMapping.getMode() != ParameterMode.OUT) {
          Object value;
          String propertyName = parameterMapping.getProperty();
          if (boundSql.hasAdditionalParameter(propertyName)) { // issue #448
ask first for additional params
            value = boundSql.getAdditionalParameter(propertyName);
          } else if (parameterObject == null) {
            value = null;
          } else  if  (typeHandlerRegistry.hasTypeHandler(parameterObject.
getClass())) {
            value = parameterObject;
          } else {
            MetaObject    metaObject    =    configuration.newMetaObject
(parameterObject);
            value = metaObject.getValue(propertyName);
          }
          TypeHandler typeHandler = parameterMapping.getTypeHandler();
          jdbcType jdbcType = parameterMapping.getjdbcType();
          if (value == null && jdbcType == null) {
            jdbcType = configuration.getjdbcTypeForNull();
```

```
            }
            try {
              typeHandler.setParameter(ps, i + 1, value, jdbcType);
            } catch (TypeException e) {
              throw new TypeException("Could not set parameters for mapping: "
    + parameterMapping + ". Cause: " + e, e);
            } catch (SQLException e) {
              throw new TypeException("Could not set parameters for mapping: "
    + parameterMapping + ". Cause: " + e, e);
            }
          }
        }
      }
    }
```

它还是从 parameterObject 对象中取到参数，然后使用 typeHandler 转换参数，如果有设置，那么它会根据签名注册的 typeHandler 对参数进行处理。而 typeHandler 也是在 MyBatis 初始化时，注册在 Configuration 里面的，需要时就可以直接拿来用了，MyBatis 就是通过这样完成参数设置的。

7.2.2.4　ResultSetHandler——结果处理器

ResultSetHandler 是组装结果集返回的，ResultSetHandler 的接口定义，代码清单 7-17 所示。

代码清单 7-17：ResultSetHandler 的接口定义

```
public interface ResultSetHandler {
  <E> List<E> handleResultSets(Statement stmt) throws SQLException;
  void handleOutputParameters(CallableStatement cs) throws SQLException;
}
```

其中，handleOutputParameters()方法是处理存储过程输出参数的，暂时不必管它。重点看一下 handleResultSets() 方法，它是包装结果集的。MyBatis 提供了一个 DefaultResultSetHandler 的实现类，在默认情况下都是通过这个类进行处理的。实现有些复杂，因为它涉及使用 JAVASSIST（或者 CGLIB）作为延迟加载，然后通过 typeHandler 和 ObjectFactory 进行组装结果再返回。由于实际工作需要改变它的几率并不高加上它比较复杂，所以它的讨论价值不高，这里就不详细论述这个过程了。

现在大家清楚了一个 SqlSession 通过 Mapper 运行方式的运行原理，而通过 SqlSession 接口的查询、更新等接口也是类似的。至此，我们已经明确 MyBatis 底层的 SqlSession 的工作原理，为学习插件的运行奠定了坚实的基础。

7.2.3　SqlSession 运行总结

SqlSession 的运行原理十分重要，它是插件的基础，这里就一次查询或者更新进行总结，以加深对 MyBatis 内部运行的印象，SqlSession 内部运行如图 7-2 所示。

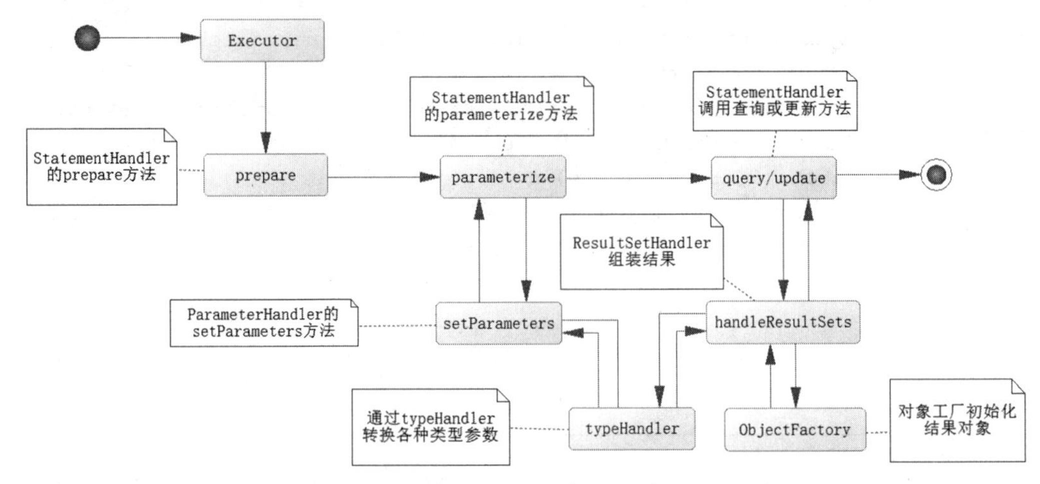

图 7-2　SqlSession 内部运行

SqlSession 是通过执行器 Executor 调度 StatementHandler 来运行的。而 StatementHandler 经过 3 步：

- prepared 预编译 SQL。
- parameterize 设置参数。
- query/update 执行 SQL。

其中，parameterize 是调用 parameterHandler 的方法设置的，而参数是根据类型处理器 typeHandler 处理的。query/update 方法通过 ResultSetHandler 进行处理结果的封装，如果是 update 语句，就返回整数，否则就通过 typeHandler 处理结果类型，然后用 ObjectFactory 提供的规则组装对象，返回给调用者。这便是 SqlSession 执行的过程，我们也清楚了四大对象是如何协作的，同时更好地理解了 typeHandler 和 ObjectFactory 在 MyBatis 中的应用。

第 8 章 插件

本章目标

1. 掌握插件接口的设计
2. 掌握插件初始化的时间
3. 重点掌握插件的代理和反射设计
4. 掌握插件工具类 MetaObject 的使用
5. 掌握插件的开发过程
6. 开发分页插件

第 7 章讨论了四大对象的运行过程，在 Configuration 对象的创建方法里 MyBatis 用责任链去封装它们。换句话说，有机会在四大对象调度时插入我们的代码去执行一些特殊的要求以满足特殊的场景需求，这便是 MyBatis 的插件技术。

使用插件就意味着在修改 MyBatis 的底层封装，它给予我们灵活性的同时，也给了我们毁灭 MyBatis 框架的可能性，操作不慎有可能摧毁 MyBatis 框架，只有掌握了 MyBatis 的四大对象的协作过程和插件的实现原理，才能构建出安全高效的插件，所以在完成第 7 章的基础上，在这里详细讨论插件的设计和应用。

万事开头难，我们从插件的基本概念开始。再次提醒大家，插件很危险，能不使用尽量不要使用，不得不使用时请慎重使用。

8.1 插件接口

在 MyBatis 中使用插件，就必须实现接口 Interceptor，它的定义和各个方法的含义，如代码清单 8-1 所示。

代码清单 8-1：Interceptor.java

```
public interface Interceptor {

  Object intercept(Invocation invocation) throws Throwable;
```

```
    Object plugin(Object target);

    void setProperties(Properties properties);

}
```

在接口中，定义了 3 个方法，下面先阐述一下各个方法的作用。

- intercept 方法：它将直接覆盖拦截对象原有的方法，因此它是插件的核心方法。intercept 里面有个参数 Invocation 对象，通过它可以反射调度原来对象的方法，我们稍后会讨论它的设计和使用。
- plugin 方法：target 是被拦截对象，它的作用是给被拦截对象生成一个代理对象，并返回它。在 MyBatis 中，它提供了 org.apache.ibatis.plugin.Plugin 中的 wrap 静态（static）方法生成代理对象，一般情况下都会使用它来生成代理对象。当然也可以自定义，自定义去实现时，需要特别小心。
- setProperties 方法：允许在 plugin 元素中配置所需参数，方法在插件初始化时就被调用了一次，然后把插件对象存入到配置中，以便后面再取出。

这是插件的骨架，这样的模式被称为模板（template）模式，就是提供一个骨架，并且告知骨架中的方法是干什么用的，由开发者来完成它。在实际中，我们常常用到模板模式。

8.2 插件的初始化

插件的初始化是在 MyBatis 初始化时完成的，通过 XMLConfigBuilder 中的代码便可知道，如代码清单 8-2 所示。

代码清单 8-2：插件初始化

```
private void pluginElement(XNode parent) throws Exception {
    if (parent != null) {
      for (XNode child : parent.getChildren()) {
        String interceptor = child.getStringAttribute("interceptor");
        Properties properties = child.getChildrenAsProperties();
        Interceptor interceptorInstance = (Interceptor) resolveClass
(interceptor).newInstance();
        interceptorInstance.setProperties(properties);
        configuration.addInterceptor(interceptorInstance);
      }
    }
  }
```

在解析配置文件时，在 MyBatis 的上下文初始化过程中，就开始读入插件节点和配置的参数，同时使用反射技术生成对应的插件实例，然后调用插件方法中的 setProperties 方法，设置我们配置的参数，将插件实例保存到配置对象中，以便读取和使用它。所以插件的实例对象是一开始就被初始化的，而不是用到时才初始化，我们使用它时，直接拿出来就可以了，这样有助于性能的提高。

再来看看插件在 Configuration 对象中的保存，如代码清单 8-3 所示。

代码清单 8-3：插件在 Configuration 对象中的保存

```
public void addInterceptor(Interceptor interceptor) {
    interceptorChain.addInterceptor(interceptor);
  }
```

interceptorChain 在 Configuration 里面是一个属性，它里面有个 addInterceptor 方法，如代码清单 8-4 所示。

代码清单 8-4：addInterceptor 方法

```
 private   final   List<Interceptor>   interceptors   =   new   ArrayList
<Interceptor>();
......
 public void addInterceptor(Interceptor interceptor) {
   interceptors.add(interceptor);
 }
```

显然，完成初始化的插件保存在这个 List 对象里面等待将其取出使用。

8.3　插件的代理和反射设计

插件用的是责任链模式，不熟悉责任链的读者可以参考本书 2.2.4 节关于责任链模式的讲解，而 MyBatis 的责任链是由 interceptorChain 去定义的，在第 7 章 MyBatis 创建执行器时用到过如下代码：

```
executor = (Executor) interceptorChain.pluginAll(executor);
```

这里不妨看看 pluginAll()方法是如何实现的，如代码清单 8-5 所示。

代码清单 8-5：interceptorChain 中的 pluginAll

```
public Object pluginAll(Object target) {
    for (Interceptor interceptor : interceptors) {
      target = interceptor.plugin(target);
    }
    return target;
  }
```

plugin 方法是生成代理对象的方法，它是从 Configuration 对象中取出插件的。从第一个对象（四大对象中的一个）开始，将对象传递给了 plugin 方法，然后返回一个代理。如果存在第二个插件，那么就拿到第一个代理对象，传递给 plugin 方法，再返回第一个代理对象的代理……依此类推，有多少个拦截器就生成多少个代理对象。每一个插件都可以拦截到真实的对象。这就好比每一个插件都可以一层层处理被拦截的对象。其实读者只要认真阅读 MyBatis 的源码，就可以发现 MyBatis 的四大对象也是这样处理的。

自己编写代理类工作量很大，为此 MyBatis 中提供了一个常用的工具类，用来生成代理对象，它便是 Plugin 类。Plugin 类实现了 InvocationHandler 接口，采用的是 JDK 的动态代理，这个类的两个十分重要的方法，如代码清单 8-6 所示。

代码清单 8-6：MyBatis 提供生成代理对象的 Plugin 类

```
public class Plugin implements InvocationHandler {
......
public static Object wrap(Object target, Interceptor interceptor) {
    Map<Class<?>, Set<Method>> signatureMap = getSignatureMap(interceptor);
    Class<?> type = target.getClass();
    Class<?>[] interfaces = getAllInterfaces(type, signatureMap);
    if (interfaces.length > 0) {
      return Proxy.newProxyInstance(
          type.getClassLoader(),
          interfaces,
          new Plugin(target, interceptor, signatureMap));
    }
    return target;
  }

  @Override
  public Object invoke(Object proxy, Method method, Object[] args) throws
Throwable {
    try {
      Set<Method> methods = signatureMap.get(method.getDeclaringClass());
      if (methods != null && methods.contains(method)) {
        return interceptor.intercept(new Invocation(target, method, args));
      }
      return method.invoke(target, args);
    } catch (Exception e) {
      throw ExceptionUtil.unwrapThrowable(e);
    }
  }
......
}
```

我们看到它使用 JDK 动态代理技术实现了 InvocationHandler 接口，其中 wrap 方法生成这个对象的动态代理对象。

再看 invoke 方法。如果使用这个类为插件生成代理对象，那么代理对象在调用方法时就会进入到 invoke 方法中。在 invoke 方法中，如果存在签名的拦截方法，插件的 intercept 方法就会在这里调用，然后返回结果。如果不存在签名方法，那么将直接反射调度要执行的方法。

这里 MyBatis 把被代理对象、反射方法及其参数，都传递给了 Invocation 类的构造方法，用以生成一个 Invocation 类对象，Invocation 类中有一个 proceed()方法，如代码清单 8-7 所示。

代码清单 8-7：Invocation 源码

```
public class Invocation {

private Object target;
private Method method;
private Object[] args;

public Invocation(Object target, Method method, Object[] args) {
    this.target = target;
    this.method = method;
    this.args = args;
}

/******getters******/

public Object proceed() throws InvocationTargetException,
     IllegalAccessException {
    return method.invoke(target, args);
}
}
```

从源码可以知道 proceed()方法就是通过反射的方式调度被代理对象的真实方法的。假设有 n 个插件，第一个传递的参数是四大对象本身，然后调用一次 wrap 方法产生第一个代理对象，而这里的反射就是反射四大对象本身的真实方法。如果有第二个插件，我们会将第一个代理对象传递给 wrap 方法，生成第二个代理对象，这里的反射就是指第一个代理对象的 invoke 方法，依此类推直至最后一个代理对象。如果每一个代理对象都调用 proceed 方法，那么最后四大对象本身的方法也会被调用，只是它会从最后一个代理对象的 invoke 方法运行到第一个代理对象的 invoke 方法，直至四大对象的真实方法。

注意使用多个插件的情况，它是按照一个什么样的顺序执行的呢？由于使用了责任链模式，所以它首先从最后一个插件开始，先执行其 proceed()方法之前的代码，然后进入下一个插件 proceed()方法之前的代码。依次类推直至到非代理对象（四大对象中的一个）真实方法的调用，然后依次开始第一个插件 proceed()方法后的代码、第二个插件 proceed()方法后的代码……直到最后一个插件 proceed()方法后的代码，其顺序原理可以参考 2.2.4 节的内容。

在大部分情况下，使用 MyBatis 的 Plugin 类生成代理对象足够我们用了，如果自己可以写规则，也可以不用这个类，使用这个方法必须慎之又慎，因为它将覆盖底层的方法。

8.4 常用的工具类——MetaObject

在编写插件之前要学习一个 MyBatis 的工具类——MetaObject，它可以有效读取或者修改一些重要对象的属性。在 MyBatis 中，四大对象提供的 public 设置参数的方法很少，难以通过其自身得到相关的属性信息，但是有了 MetaObject 这个工具类就可以通过其他的技术手段来读取或者修改这些重要对象的属性。在 MyBatis 插件中它是一个十分常用的工具类。

工具类 MetaObject 有 3 个方法。

- MetaObject forObject(Object object,ObjectFactory objectFactory,ObjectWrapper Factory objectWrapperFactory)方法用于包装对象。这个方法已经不再使用了，而是用 MyBatis 提供的 SystemMetaObject.forObject(Object obj)。
- Object getValue(String name)方法用于获取对象属性值，支持 OGNL。
- void setValue(String name,Object value)方法用于修改对象属性值，支持 OGNL。

MyBatis 对象，包括四大对象大量使用了这个类进行包装，因此可以通过它来给四大对象的某些属性赋值从而满足我们的需要。

例如，拦截 StatementHandler 对象可以通过 MetaObject 提供的 getValue 方法来获取当前执行的 SQL 及其参数，然后通过其 setValue 方法来修改它们，只是在此之前要通过 SystemMetaObject.forObject(statementHandler)将其绑定为一个 MetaObject 对象，如代码清单 8-8 所示。

代码清单 8-8：在插件下修改运行参数

```
 StatementHandler        statementHandler        =        (StatementHandler)
invocation.getTarget();
        MetaObject   metaStatementHandler   =   SystemMetaObject.forObject
(statementHandler);
        //进行绑定
        //分离代理对象链（由于目标类可能被多个插件拦截，从而形成多次代理，通过循环可以
分离出最原始的目标类）
        while (metaStatementHandler.hasGetter("h")) {
            Object object = metaStatementHandler.getValue("h");
            metaStatementHandler = SystemMetaObject.forObject(object);
        }

        //获取当前调用的 SQL
        String sql  =  (String)metaStatementHandler.getValue  ("delegate.
boundSql. sql");
        //判断 SQL 是否是 select 语句，如果不是 select 语句，则不需要处理
```

```
        //如果是，则修改它，最多返回 1 000 行，这里用的是 MySQL 数据库，其他数据库要改写成其他的
        if (sql != null && sql.toLowerCase().trim().indexOf("select") == 0) {
            //通过 SQL 重写来实现，这里我们起了一个奇怪的别名，避免与表名重复
            sql = "select * from (" + sql + ") $_$limit_$table_ limit 1000";
            metaStatementHandler.setValue("delegate.boundSql.sql", sql);
        }
```

从第 6 章可以知道拦截的 StatementHandler 实际是 RoutingStatementHandler 对象，它的 delegate 属性才是真实服务的 StatementHandler，真实的 StatementHandler 有一个属性 boundSql，它下面又有一个属性 sql。所以才有了路径 delegate.boundSql.sql。通过这个路径去获取或者修改对应运行时的 SQL，通过这样的改写，就可以限制所有查询的 SQL 都只能至多返回 1 000 行记录。

由此可见，我们必须掌握 7.1.2 节关于映射器的内部构成，才能准确地在插件中使用这个类，来获取或改变 MyBatis 内部对象的一些重要的属性值，这对编写插件是非常重要的。

8.5　插件开发过程和实例

有了对插件的理解，再学习插件的运用就简单多了。例如，开发一个互联网项目需要去限制每一条 SQL 返回数据的行数。限制的行数需要是个可配置的参数，业务可以根据自己的需要去配置。这样很有必要，因为大型互联网系统一旦同时传输大量数据很容易造成卡顿或者网络传输问题，在 MyBatis 中可以通过插件修改 SQL 来控制它。

8.5.1　确定需要拦截的签名

MyBatis 允许拦截四大对象中的任意一个对象，而通过 Plugin 源码，我们也看到了需要先注册签名才能使用插件，因此首先要确定需要拦截的对象，才能进一步确定需要配置什么样的签名，进而完成拦截的方法逻辑。

1．确定需要拦截的对象

首先要根据功能来确定需要拦截什么对象。

- Executor 是执行 SQL 的全过程，包括组装参数、组装结果集返回和执行 SQL 过程，都可以拦截，较为广泛，一般用的不算太多。根据是否启动缓存参数，决定它是否使用 CachingExecutor 进行封装，这是拦截执行器时需要我们注意的地方。
- StatementHandler 是执行 SQL 的过程，我们可以重写执行 SQL 的过程，它是最常用的拦截对象。
- ParameterHandler 主要拦截执行 SQL 的参数组装，我们可以重写组装参数规则。
- ResultSetHandler 用于拦截执行结果的组装，我们可以重写组装结果的规则。

要拦截的是 StatementHandler 对象，应该在预编译 SQL 之前修改 SQL，使得结果返回

数量被限制。

2. 拦截方法和参数

当确定了需要拦截什么对象，接下来就要确定需要拦截什么方法及方法的参数，这些都是在理解了 MyBatis 四大对象运作的基础上才能确定的。

查询的过程是通过 Executor 调度 StatementHandler 来完成的。调度 StatementHandler 的 prepare 方法预编译 SQL，于是要拦截的方法便是 prepare 方法，在此之前完成 SQL 的重新编写。先看看 StatementHandler 接口的定义，如代码清单 8-9 所示。

代码清单 8-9：StatementHandler 接口的定义

```
public interface StatementHandler {

  Statement prepare(Connection connection,Integer transactionTimeout)
     throws SQLException;

  void parameterize(Statement statement)
     throws SQLException;

  void batch(Statement statement)
     throws SQLException;

  int update(Statement statement)
     throws SQLException;

  <E> List<E> query(Statement statement, ResultHandler resultHandler)
     throws SQLException;

  BoundSql getBoundSql();

  ParameterHandler getParameterHandler();

}
```

以上的任何方法都可以拦截。从接口定义而言，prepare 方法有一个参数 Connection 对象，因此按代码清单 8-10 的方法来设计拦截器。

代码清单 8-10：定义插件的签名

```
@Intercepts({
   @Signature(type = StatementHandler.class,
         method = "prepare",
         args = {Connection.class,Integer })})
public class MyPlugin implements Interceptor {
......
}
```

其中，@Intercepts 说明它是一个拦截器。@Signature 是注册拦截器签名的地方，只有签名满足条件才能拦截，type 可以是四大对象中的一个，这里是 StatementHandler。method 代表要拦截四大对象的某一种接口方法，而 args 则表示该方法的参数，要根据拦截对象的方法参数进行设置。

8.5.2　实现拦截方法

有了上面的原理分析，我们来看一个最简单的插件实现方法，如代码清单 8-11 所示，详细的分析都已经在代码中注释，请认真阅读。

代码清单 8-11：实现插件拦截方法

```
package com.ssm.chapter8.plugin;

import java.sql.Connection;
import java.util.Properties;
import org.apache.ibatis.executor.statement.StatementHandler;
import org.apache.ibatis.plugin.Interceptor;
import org.apache.ibatis.plugin.Intercepts;
import org.apache.ibatis.plugin.Invocation;
import org.apache.ibatis.plugin.Plugin;
import org.apache.ibatis.plugin.Signature;
import org.apache.ibatis.reflection.MetaObject;
import org.apache.ibatis.reflection.SystemMetaObject;
import org.apache.log4j.Logger;
@Intercepts({
   @Signature(
         type = StatementHandler.class,
         method = "prepare",
         args = {Connection.class, Integer.class})})
public class MyPlugin implements Interceptor {
   private Logger log = Logger.getLogger(MyPlugin.class );
   private Properties props = null;
   /**
    * 插件方法，它将代替 StatementHandler 的 prepare 方法
    *
    * @param invocation 入参
    * @return 返回预编译后的 PreparedStatement.
    * @throws Throwable 异常
    */
   @Override
   public Object intercept(Invocation invocation) throws Throwable {
      StatementHandler statementHandler =
         (StatementHandler) invocation.getTarget();
      //进行绑定
      MetaObject metaStatementHandler
```

```
            = SystemMetaObject.forObject(statementHandler);
        Object object = null;
        /* 分离代理对象链(由于目标类可能被多个拦截器[插件]拦截，
        从而形成多次代理，通过循环可以分离出最原始的目标类) */
        while (metaStatementHandler.hasGetter("h")) {
            object = metaStatementHandler.getValue("h");
            metaStatementHandler = SystemMetaObject.forObject(object);
        }
        statementHandler = (StatementHandler) object;
        String sql =
         (String) metaStatementHandler.getValue("delegate.boundSql.sql");
        Long parameterObject =
(Long) metaStatementHandler.getValue("delegate.boundSql.parameterObject");
        log.info("执行的 SQL:【" + sql + "】" );
        log.info("参数:【" + parameterObject + "】");
        log.info("before ......");
        //如果当前代理的是一个非代理对象，那么它就回调用真实拦截对象的方法
        //如果不是，那么它会调度下个插件代理对象的 invoke 方法
        Object obj = invocation.proceed();
        log.info("after ......");
        return obj;
    }

    /**
     * 生成代理对象
     *
     * @param target  被拦截对象
     * @return 代理对象
     */
    @Override
    public Object plugin(Object target) {
        //采用系统默认的 Plugin.wrap 方法生成
        return Plugin.wrap(target, this);
    }

    /**
     * 设置参数，MyBatis 初始化时，就会生成插件实例，并且调用这个方法
     *
     * @param props 配置参数
     */
    @Override
    public void setProperties(Properties props) {
        this.props = props;
        log.info("dbType = " + this.props.get("dbType"));
    }
}
```

这个插件首先分离代理对象，然后通过 MetaObject 获取了执行的 SQL 和参数，并且在反射方法之前和之后分别打印 before 和 after，这就意味着使用可以在方法前或方法后执行特殊的代码，以满足特殊要求。

8.5.3 配置和运行

最后要在 MyBatis 配置文件里配置才能够使用插件，如代码清单 8-12 所示。请注意 plugins 元素的配置顺序，配错了顺序系统就会报错。

代码清单 8-12：配置插件

```
<plugins>
   <plugin interceptor="com.ssm.chapter8.plugin.MyPlugin">
      <property name="dbType" value="mysql"/>
   </plugin>
</plugins>
```

使用 MyBatis 执行一条 SQL：

```
<select id="getRole" parameterType="long" resultType="com.ssm.chapter8.
pojo.Role">
select id, role_name as roleName, note from t_role where id = #{id}
</select>
```

可以得到打印日志：

```
DEBUG 2017-01-14 16:20:09,027 org.apache.ibatis.logging.LogFactory:
Logging initialized using 'class org.apache.ibatis.logging.slf4j.
Slf4jImpl' adapter.
 INFO 2017-01-14 16:20:09,069 com.ssm.chapter8.plugin.MyPlugin: dbType =
mysql
DEBUG 2017-01-14 16:20:09,088 org.apache.ibatis.datasource.pooled.
PooledDataSource: PooledDataSource forcefully closed/removed all
connections.
DEBUG 2017-01-14 16:20:09,088 org.apache.ibatis.datasource.pooled.
PooledDataSource: PooledDataSource forcefully closed/removed all
connections.
DEBUG 2017-01-14 16:20:09,088 org.apache.ibatis.datasource.pooled.
PooledDataSource: PooledDataSource forcefully closed/removed all
connections.
DEBUG 2017-01-14 16:20:09,088 org.apache.ibatis.datasource.pooled.
PooledDataSource: PooledDataSource forcefully closed/removed all
connections.
DEBUG 2017-01-14 16:20:09,149 org.apache.ibatis.transaction.jdbc.
JdbcTransaction: Opening JDBC Connection
DEBUG 2017-01-14 16:20:09,327 org.apache.ibatis.datasource.pooled.
```

```
PooledDataSource: Created connection 733957003.
DEBUG 2017-01-14 16:20:09,327 org.apache.ibatis.transaction.jdbc.
JdbcTransaction: Setting autocommit to false on JDBC Connection
[com.mysql.jdbc.JDBC4Connection@2bbf4b8b]
 INFO 2017-01-14 16:20:09,330 com.ssm.chapter8.plugin.MyPlugin: 执行的 SQL:
【select id, role_name as roleName, note from t_role where id = ?】
 INFO 2017-01-14 16:20:09,330 com.ssm.chapter8.plugin.MyPlugin: 参数:【1】
 INFO 2017-01-14 16:20:09,330 com.ssm.chapter8.plugin.MyPlugin:
before ......
DEBUG 2017-01-14 16:20:09,331 org.apache.ibatis.logging.jdbc.
BaseJdbcLogger: ==> Preparing: select id, role_name as roleName, note from
t_role where id = ?
 INFO 2017-01-14 16:20:09,353 com.ssm.chapter8.plugin.MyPlugin:
after ......
DEBUG 2017-01-14 16:20:09,354 org.apache.ibatis.logging.jdbc.
BaseJdbcLogger: ==> Parameters: 1(Long)
DEBUG 2017-01-14 16:20:09,369 org.apache.ibatis.logging.jdbc.
BaseJdbcLogger: <==      Total: 1
 INFO 2017-01-14 16:20:09,371 com.ssm.chapter8.main.Chapter8Main: test1
DEBUG 2017-01-14 16:20:09,372 org.apache.ibatis.transaction.
jdbc.JdbcTransaction: Resetting autocommit to true on JDBC Connection
[com.mysql.jdbc.JDBC4Connection@2bbf4b8b]
DEBUG 2017-01-14 16:20:09,372 org.apache.ibatis.transaction.jdbc.
JdbcTransaction: Closing JDBC Connection [com.mysql.jdbc.
JDBC4Connection@2bbf4b8b]
DEBUG 2017-01-14 16:20:09,372 org.apache.ibatis.datasource.
pooled.PooledDataSource: Returned connection 733957003 to pool.
```

注意加粗的日志信息，setProperties 方法是在 MyBatis 系统初始化时就已经开始执行了，而 sql 元素和参数也可以从中获取，并且在编译 SQL 之前和之后打印出了 before 和 after。

8.5.4 插件实例——分页插件

对于互联网网站而言，用户可能是几十万到上百万，如果没有分页，在高并发的情况下，传输如此多的数据，会造成网络瓶颈，导致整个服务站的性能低下，因此查询数据库分页是必不可少的需求。为了更好地掌握插件的原理，本节将完成一个分页插件实例。

在 MyBatis 中存在一个 RowBounds 用于分页，但是它是基于第一次查询结果的再分页，也就是先让 SQL 查询出所有的记录，然后分页，显然性能不高。当然也可以通过两条 SQL，一条用于当前页查询，一条用于查询记录总数，但是如果每一个查询都需要那样，会增加工作量。而查询 SQL 往往存在一定规律，查询的 SQL 通过加入分页参数，可以查询当前页，查询的 SQL 也可以通过改造变为统计总数的 SQL。

MyBatis 分页插件的实现方式有很多种，下面笔者将讲述自己的实现方式。首先为了扩展性，先定义一个分页参数的 POJO，通过它可以设置分页的各种参数，如代码清单 8-13 所示。

代码清单 8-13：定义分页参数 POJO

```
public class PageParams  {
    //当前页码
    private Integer page;
    //每页限制条数
    private Integer pageSize;
    //是否启动插件，如果不启动，则不作分页
    private Boolean useFlag;
    //是否检测页码的有效性，如果为 true，而页码大于最大页数，则抛出异常
    private Boolean checkFlag;
    //是否清除最后 order by 后面的语句
    private Boolean cleanOrderBy;
    //总条数，插件会回填这个值
    private Integer total;
    //总页数，插件会回填这个值
private Integer totalPage;

/********setter and getter ********/
}
```

这里注释得比较清晰，而需要强调的是，total 和 totalPage 这两个属性是插件需要回填的内容，这样当使用者使用这个分页 POJO 传递分页信息时，最终也可以通过这个分页 POJO 得到记录总数和分页总数。

在 MyBatis 中传递参数可以是单个参数，也可以是多个，或者使用 map。有了这些规则，为了使用方便，定义只要满足下列条件之一，就可以启用分页参数（PageParams）。

- 传递单个 PageParams 或者其子对象。
- map 中存在一个值为 PageParams 或者其子对象的参数。
- 在 MyBatis 中传递多个参数，但其中之一为 PageParams 或者其子对象。
- 传递单个 POJO 参数，这个 POJO 有一个属性为 PageParams 或者其子对象，且提供了 setter 和 getter 方法。

显然在这些条件的定义下，使用插件的分页参数就十分简单了。但要在分页插件中获取参数，并分离出这个分页参数。在对 BoundSql 的描述中，有对参数规则的描述，通过这些规则就可以分离出参数。

为了在编译 SQL 之前修改 SQL，需增加分页参数并计算出查询总条数。依据 MyBatis 运行原理，我们选择拦截 StatementHandler 的 prepare 方法，拦截方法签名，如代码清单 8-14 所示。

代码清单 8-14：拦截方法签名

```
@Intercepts({
    @Signature(
          type = StatementHandler.class,
```

```
        method = "prepare",
        args = {Connection.class, Integer.class})})
```

在插件中有 3 个方法需要自己完成，其中 plugin 方法中，我们使用的是 Plugin 类的静态方法 wrap 生产代理对象。当 PageParams 的 useFlag 属性设置为 false 时，也就是禁用此分数参数时，就没有必要生成代理对象了，毕竟使用代理会造成性能下降。而对于 setProperties 方法而言，一方面它给予 PageParams 属性定义默认值，另一方面可以接受来自 MyBatis 配置文件的 plugins 标签的配置参数，以满足不同项目的需要。这两个方法都不太难，如代码清单 8-15 所示。

代码清单 8-15：plugin 和 setProperties 方法

```
package com.ssm.chapter8.plugin;
/****imports****/
@Intercepts({
   @Signature(
         type = StatementHandler.class,
         method = "prepare",
         args = {Connection.class, Integer.class})})
public class PagePlugin implements Interceptor {
   /**
    * 插件默认参数，可配置默认值.
    */
   private Integer defaultPage; //默认页码
   private Integer defaultPageSize;//默认每页条数
   private Boolean defaultUseFlag; //默认是否启用插件
   private Boolean defaultCheckFlag; //默认是否检测页码参数
   private Boolean defaultCleanOrderBy; //默认是否清除最后一个 order by 后的
语句

   @Override
   public Object intercept(Invocation invocation) throws Throwable {
      ......
   }

   @Override
   public Object plugin(Object target) {
      //生成代理对象
      return Plugin.wrap(target, this);
}

   /**
    * 设置插件配置参数。
    *
    * @param props 配置参数
    */
```

```
    @Override
    public void setProperties(Properties props) {
        //从配置中获取参数
        String strDefaultPage = props.getProperty("default.page", "1");
        String strDefaultPageSize = props.getProperty("default.pageSize",
"50");
        String strDefaultUseFlag = props.getProperty("default.useFlag",
"false");
        String strDefaultCheckFlag = props.getProperty("default.checkFlag",
"false");
        String StringDefaultCleanOrderBy = props.getProperty
("default.cleanOrderBy", "false");
        //设置默认参数.
        this.defaultPage = Integer.parseInt(strDefaultPage);
        this.defaultPageSize = Integer.parseInt(strDefaultPageSize);
        this.defaultUseFlag = Boolean.parseBoolean(strDefaultUseFlag);
        this.defaultCheckFlag = Boolean.parseBoolean(strDefaultCheckFlag);
        this.defaultCleanOrderBy =
Boolean.parseBoolean(StringDefaultCleanOrderBy);
    }
    ......
    }
```

plugin 方法使用了 MyBatis 提供生成代理对象的方法来生成，只要符合签名的规则，StatementHandler 在运行时就会进入到 intercept 方法里。关于 intercept 方法，后面会继续讨论它。setProperties 方法用于给插件设置默认值，这些默认值可以通过配置文件去改变它，这样就方便使用者自定义参数了。

intercept 方法的实现有点难，但是没有关系，先给出实现代码，如代码清单 8-16 所示。

代码清单 8-16：实现 intercept 方法

```
@Override
public Object intercept(Invocation invocation) throws Throwable {
    StatementHandler stmtHandler = (StatementHandler) getUnProxyObject
(invocation.getTarget());
    MetaObject metaStatementHandler = SystemMetaObject.forObject
(stmtHandler);
    String sql = (String) metaStatementHandler.getValue("delegate.
boundSql.sql");
    MappedStatement mappedStatement = (MappedStatement)
metaStatementHandler.getValue("delegate.mappedStatement");
    //不是 select 语句
    if (!checkSelect(sql)) {
        return invocation.proceed();
    }
    BoundSql boundSql = (BoundSql) metaStatementHandler.getValue("delegate.
boundSql");
```

```
    Object parameterObject = boundSql.getParameterObject();
    PageParams pageParams = getPageParamsForParamObj(parameterObject);
    if (pageParams == null) { //无法获取分页参数，不进行分页
        return invocation.proceed();
    }

    //获取配置中是否启用分页功能
    Boolean useFlag = pageParams.getUseFlag() == null ? this.defaultUseFlag :
pageParams.getUseFlag();
    if (!useFlag) {  //不使用分页插件
        return invocation.proceed();
    }
    //获取相关配置的参数
    Integer pageNum = pageParams.getPage() == null ? defaultPage :
pageParams.getPage();
    Integer pageSize = pageParams.getPageSize() == null ? defaultPageSize :
pageParams.getPageSize();
    Boolean checkFlag = pageParams.getCheckFlag() == null ? defaultCheckFlag :
pageParams.getCheckFlag();
    Boolean cleanOrderBy = pageParams.getCleanOrderBy() == null ?
defaultCleanOrderBy : pageParams.getCleanOrderBy();
    //计算总条数
    int total = getTotal(invocation, metaStatementHandler, boundSql,
cleanOrderBy);
    //回填总条数到分页参数
    pageParams.setTotal(total);
    //计算总页数
    int totalPage = total % pageSize == 0 ? total / pageSize : total / pageSize
+ 1;
    //回填总页数到分页参数
    pageParams.setTotalPage(totalPage);
    //检查当前页码的有效性
    checkPage(checkFlag, pageNum, totalPage);
    //修改 sql
    return preparedSQL(invocation, metaStatementHandler, boundSql, pageNum,
pageSize);
}
```

这里先给出了大概的逻辑，其中加粗的方法是后面需要详细讨论的。首先从责任链中分离出最原始的 StatementHandler 对象，使用的方法是 getUnProxyObject，如代码清单 8-17 所示。

代码清单 8-17：getUnProxyObject 方法

```
/**
    * 从代理对象中分离出真实对象
    * @param ivt --Invocation
```

```
     * @return 非代理 StatementHandler 对象
     */
    private Object getUnProxyObject(Object target) {
        MetaObject metaStatementHandler = SystemMetaObject.forObject
(target);
        //分离代理对象链（由于目标类可能被多个拦截器拦截，从而形成多次代理，通过循环可
以分离出最原始的目标类）
        Object object = null;
        while (metaStatementHandler.hasGetter("h")) {
            object = metaStatementHandler.getValue("h");
                metaStatementHandler = SystemMetaObject.forObject(object);
        }
        if (object == null) {
            return target;
        }
        return object;
    }
```

通过这个方法，就可以把 JDK 动态代理链上原始的 StatementHandler 分离出来，然后通过 MetaObject 对象进行绑定，这样就可以为后续通过它分离出当前执行的 SQL 和参数做准备，由于拦截了所有的 SQL，对于非查询（select）语句是不需要拦截的，所以需要一个判断是否是查询语句的方法 checkSelect，如代码清单 8-18 所示。

代码清单 8-18：判断是否查询语句

```
/**
 * 判断是否 sql 语句
 *
 * @param sql --当前执行 SQL
 * @return 是否查询语句
 */
private boolean checkSelect(String sql) {
    String trimSql = sql.trim();
    int idx = trimSql.toLowerCase().indexOf("select");
    return idx == 0;
}
```

一旦判定当前不是查询语句，那么就不拦截，这样就直接推动责任链的前进。如果是查询语句，则拦截这条 SQL，进入下一步——分离出分页参数 PageParams，如代码清单 8-19 所示。

代码清单 8-19：分离分页参数

```
/**
     * *
     * 分离出分页参数
     * @param parameterObject 执行参数
     * @return 分页参数
```

```
     * @throws Exception
     */
    public PageParams getPageParamsForParamObj(Object parameterObject)
throws Exception {
        PageParams pageParams = null;
        if (parameterObject == null) {
            return null;
        }
        //处理 map 参数，多个匿名参数和@Param 注解参数，都是 map
        if (parameterObject instanceof Map) {
            @SuppressWarnings("unchecked")
            Map<String, Object> paramMap = (Map<String, Object>)
parameterObject;
            Set<String> keySet = paramMap.keySet();
            Iterator<String> iterator = keySet.iterator();
            while (iterator.hasNext()) {
                String key = iterator.next();
                Object value = paramMap.get(key);
                if (value instanceof PageParams) {
                    return (PageParams) value;
                }
            }
        } else if (parameterObject instanceof PageParams) { //参数是或者继承
PageParams
            return (PageParams) parameterObject;
        } else { //从 POJO 属性尝试读取分页参数
            Field[] fields =
parameterObject.getClass().getDeclaredFields();
            //尝试从 POJO 中获得类型为 PageParams 的属性
            for (Field field : fields) {
                if (field.getType() == PageParams.class) {
                    PropertyDescriptor pd = new
PropertyDescriptor(field.getName(), parameterObject.getClass());
                    Method method = pd.getReadMethod();
                    return (PageParams) method.invoke(parameterObject);
                }
            }
        }
        return pageParams;
    }
```

这个分离分页参数的方法规则是依据 7.1.2 节的内容而来的。这样就可以分离出分页参数，一旦分离失败，则返回 null，直接推动责任链前进结束方法，如果不为 null，则会分析这个分页参数，一旦这个参数配置了不启用插件，则直接推动责任链前进结束方法，而分页参数可能填值，也可能不填值。如果不填值，则使用默认的配置，否则就使用填值的内容。

计算出这条 SQL 能返回多少条记录，这里是插件的难点之一。首先，修改为总数的 SQL。其次，要为总数 SQL 设置参数，如代码清单 8-20 所示。

代码清单 8-20：求 SQL 所能查询的总数

```
/**
    * 获取总条数
    * @param ivt Invocation 入参
    * @param metaStatementHandler statementHandler
    * @param boundSql sql
    * @param cleanOrderBy 是否清除 order by 语句
    * @return sql 查询总数
    * @throws Throwable 异常
    */
   private int getTotal(Invocation ivt, MetaObject metaStatementHandler,
BoundSql boundSql, Boolean cleanOrderBy) throws Throwable {
        //获取当前的 mappedStatement
        MappedStatement        mappedStatement        =        (MappedStatement)
metaStatementHandler.getValue("delegate.mappedStatement");
        //配置对象
        Configuration cfg = mappedStatement.getConfiguration();
        //当前需要执行的 SQL
        String                sql                =                (String)
metaStatementHandler.getValue("delegate.boundSql.sql");
        //去掉最后的 order by 语句
        if (cleanOrderBy) {
            sql = this.cleanOrderByForSql(sql);
        }
        //改写为统计总数的 SQL
        String countSql = "select count(*) as total from (" + sql + ") $_paging";
        //获取拦截方法参数，根据插件签名，知道是 Connection 对象
        Connection connection = (Connection) ivt.getArgs()[0];
        PreparedStatement ps = null;
        int total = 0;
        try {
            //预编译统计总数 SQL
            ps = connection.prepareStatement(countSql);
            //构建统计总数 BoundSql
            BoundSql    countBoundSql    =    new    BoundSql(cfg,    countSql,
boundSql.getParameterMappings(), boundSql.getParameterObject());
            //构建 MyBatis 的 ParameterHandler 用来设置总数 Sql 的参数
            ParameterHandler            handler            =            new
DefaultParameterHandler(mappedStatement,  boundSql.getParameterObject(),
countBoundSql);
            //设置总数 SQL 参数
            handler.setParameters(ps);
```

```
            //执行查询
            ResultSet rs = ps.executeQuery();
            while (rs.next()) {
                total = rs.getInt("total");
            }
        } finally {
            //这里不能关闭 Connection，否则后续的 SQL 就没法继续了
            if (ps != null) {
                ps.close();
            }
        }
        return total;
    }

    private String cleanOrderByForSql(String sql) {
        StringBuilder sb = new StringBuilder(sql);
        String newSql = sql.toLowerCase();
        //如果没有 order 语句，则直接返回
        if (newSql.indexOf("order") == -1) {
            return sql;
        }
        int idx = newSql.lastIndexOf("order");
        return sb.substring(0, idx).toString();
    }
```

首先，从 BoundSql 中分离出 SQL，通过分页参数判断是否需要去掉 order by 语句，如果要去掉，则删除，删除它是因为它会影响 SQL 的执行性能。然后，通过 StatementHandler 的参数（第一个是 Connection，第二个是超时整数）获取数据库连接资源，使用 JDBC 获取总数，但是这里的难点是如何给总数 SQL 预编译参数。笔者修改了总数 SQL，但是 where 条件的参数和原有 SQL 的参数规则并没有改变。通过第 7 章的运行原理我们知道，原本 SQL 设置参数是通过 ParameterHandler 进行处理的，因此可以利用这一特性来设置参数。在这里首先使用了总数的 SQL 创建了 BoundSql 和 ParameterHandler 对象，然后就可以通过总数的 ParameterHandler 对象设置总数 SQL 的参数，这样就能执行总数 SQL，求出这条 SQL 所能查询出的总数，然后将其返回。

求出了总数，就可以通过每页条数的限制求出总页数，并与总数一起回填到分页参数中。然后判断当前页码是否合法，这里需要判断一个分页参数的属性——checkFlag，当它为 true 时，才会去判断，如代码清单 8-21 所示。

代码清单 8-21：判断当前页码的合法性

```
/**
 * 检查当前页码的有效性
 *
 * @param checkFlag 检测标志
 * @param pageNum 当前页码
```

```
 * @param pageTotal 最大页码
 * @throws Throwable
 */
private void checkPage(Boolean checkFlag, Integer pageNum, Integer pageTotal)
throws Throwable {
    if (checkFlag) {
        //检查页码page是否合法
        if (pageNum > pageTotal) {
            throw new Exception("查询失败，查询页码【" + pageNum + "】大于总页数
【" + pageTotal + "】!! ");
        }
    }
}
```

代码相对比较简单。首先通过分页参数中的 checkFlag 判断是否需要检查页码的有效性。如果当前页大于总页数，则抛出异常，这样程序就不会继续了。如果没有，则继续查询当前页。

查询当前页就需要修改原有的SQL，并且加入SQL的分页参数，这样就很容易查询到分页数据，如代码清单8-22所示。

代码清单8-22：修改当前SQL为分页SQL，并预编译

```
/**
 * 预编译改写后的SQL，并设置分页参数
 *
 * @param invocation 入参
 * @param metaStatementHandler MetaObject绑定的StatementHandler
 * @param boundSql boundSql对象
 * @param pageNum 当前页
 * @param pageSize 最大页
 * @throws IllegalAccessException 异常
 * @throws InvocationTargetException 异常
 */
private Object preparedSQL(Invocation invocation, MetaObject
metaStatementHandler, BoundSql boundSql, int pageNum, int pageSize) throws
Exception {
    //获取当前需要执行的SQL
    String sql = boundSql.getSql();
    String newSql = "select * from (" + sql + ") $_paging_table limit ?, ?";
    //修改当前需要执行的SQL
    metaStatementHandler.setValue("delegate.boundSql.sql", newSql);
    //执行编译，相当于StatementHandler执行了prepared()方法，这个时候，就剩下两个
分页参数没有设置
    Object statementObj = invocation.proceed();
    //设置两个分页参数
    this.preparePageDataParams((PreparedStatement) statementObj, pageNum,
pageSize);
```

```
    return statementObj;
}
/**
 * 使用 PreparedStatement 预编译两个分页参数，如果数据库的规则不一样，需要改写设置的参数规则
 *
 * @throws SQLException
 * @throws NotSupportedException
 *
 */
private void preparePageDataParams(PreparedStatement ps, int pageNum, int pageSize) throws Exception {
    //prepared()方法编译 SQL，由于 MyBatis 上下文没有分页参数的信息，所以这里需要设置这两个参数
    //获取需要设置的参数个数，由于参数是最后的两个，所以很容易得到其位置
    int idx = ps.getParameterMetaData().getParameterCount();
    //最后两个是分页参数
    ps.setInt(idx - 1, (pageNum - 1) * pageSize);//开始行
    ps.setInt(idx, pageSize); //限制条数
}
```

取出原有的 SQL，改写为分页 SQL。分页 SQL 存在两个新的参数，第一个是偏移量，第二个是限制条数。注意，这两个参数是分页 SQL 的最后两个位置，它们推动了责任链的运行，实际就是调用了 StatementHandler 的 prepare 方法，这个方法的作用就是预编译 SQL 的参数。由于加入了两个新参数，所以调用了这个方法，并没有把它们预编译在内，因此这里的 preparePageDataParams 方法就是为了完成这个任务，在执行完 preparedSQL 后，就完成了查询总条数、总页数和分页 SQL 的编译，也就完成了整个过程。最后返回已经编译好的 PreparedStatement 对象，这样就完成了这个分页插件的逻辑。

为了使用这个分页插件，需要在 MyBatis 的配置文件中进行配置，如代码清单 8-23 所示。

代码清单 8-23：配置分页插件

```
<plugins>
    <plugin interceptor="com.ssm.chapter8.plugin.PagePlugin">
        <!-- 默认页码 -->
        <property name="default.page" value="1" />
        <!-- 默认每页条数-->
        <property name="default.pageSize" value="20" />
        <!-- 是否启动分页插件功能  -->
        <property name="default.useFlag" value="true" />
        <!-- 是否检查页码有效性，如果非有效，则抛出异常 -->
        <property name="default.checkFlag" value="false" />
        <!-- 针对哪些含有 order by 的 SQL，是否去掉最后一个 order by 以后的 SQL 语句，提高性能 -->
        <property name="default.cleanOrderBy" value="false" />
```

```
  </plugin>
</plugins>
```

这样就可以在 MyBatis 中使用这个插件了。下面对这样的一条在 MyBatis 中的 SQL：

```
<select id="findRole" parameterType="string"
resultType="com.ssm.chapter8.pojo.Role">
      select id, role_name as roleName, note from t_role
      <where>
         <if test = "roleName != null">
            role_name like concat('%', #{roleName}, '%')
         </if>
      </where>
</select>
```

进行测试，如代码清单 8-24 所示。

代码清单 8-24：测试分页插件

```
SqlSession sqlSession = null;
try {
   sqlSession = SqlSessionFactoryUtils.openSqlSession();
   RoleMapper roleMapper = sqlSession.getMapper(RoleMapper.class);
   PageParams pageParams = new PageParams();
   pageParams.setPageSize(10);
   List <Role> roleList = roleMapper.findRole(pageParams, "role_name_");
   log.info(roleList.size());
} catch (Exception ex) {
   ex.printStackTrace();
   sqlSession.rollback();
} finally {
   if (sqlSession != null) {
      sqlSession.close();
   }
}
```

运行这段测试代码，可以看到这样的日志：

```
DEBUG 2017-01-16 10:54:08,490 org.apache.ibatis.logging.LogFactory:
Logging initialized using 'class org.apache.ibatis.logging.slf4j.
Slf4jImpl' adapter.
DEBUG 2017-01-16 10:54:08,617 org.apache.ibatis.datasource.pooled.
PooledDataSource: PooledDataSource forcefully closed/removed all
connections.
DEBUG 2017-01-16 10:54:08,619 org.apache.ibatis.datasource.pooled.
PooledDataSource: PooledDataSource forcefully closed/removed all
connections.
```

```
DEBUG  2017-01-16  10:54:08,619  org.apache.ibatis.datasource.pooled.
PooledDataSource:  PooledDataSource  forcefully  closed/removed  all
connections.
DEBUG  2017-01-16  10:54:08,619  org.apache.ibatis.datasource.pooled.
PooledDataSource:  PooledDataSource  forcefully  closed/removed  all
connections.
DEBUG  2017-01-16  10:54:08,783  org.apache.ibatis.transaction.jdbc.
JdbcTransaction: Opening JDBC Connection
DEBUG  2017-01-16  10:54:09,036  org.apache.ibatis.datasource.pooled.
PooledDataSource: Created connection 1497018177.
DEBUG  2017-01-16  10:54:09,036  org.apache.ibatis.transaction.jdbc.
JdbcTransaction:  Setting  autocommit  to  false  on  JDBC  Connection
[com.mysql.jdbc.JDBC4Connection@593aaf41]
DEBUG  2017-01-16  10:54:09,040  org.apache.ibatis.logging.jdbc.
BaseJdbcLogger: ==>  Preparing: select count(*) as total from (select id,
role_name as roleName, note from t_role WHERE role_name like concat('%', ?,
'%')) $_paging
DEBUG  2017-01-16  10:54:09,070  org.apache.ibatis.logging.jdbc.
BaseJdbcLogger: ==> Parameters: role_name_(String)
DEBUG  2017-01-16  10:54:09,099  org.apache.ibatis.logging.jdbc.
BaseJdbcLogger: <==    Total: 1
DEBUG  2017-01-16  10:54:09,099  org.apache.ibatis.logging.jdbc.
BaseJdbcLogger: ==>  Preparing: select * from (select id, role_name as
roleName, note from t_role WHERE role_name like concat('%', ?, '%'))
$_paging_table limit ?, ?
DEBUG  2017-01-16  10:54:09,103  org.apache.ibatis.logging.jdbc.
BaseJdbcLogger:==> Parameters: 0(Integer), 10(Integer), role_name_(String)
DEBUG  2017-01-16  10:54:09,113  org.apache.ibatis.logging.jdbc.
BaseJdbcLogger: <==    Total: 10
 INFO 2017-01-16 10:56:12,918 com.ssm.chapter8.main.Chapter8Main: 10
DEBUG  2017-01-16  10:56:12,919  org.apache.ibatis.transaction.
jdbc.JdbcTransaction: Resetting autocommit to true on JDBC Connection
[com.mysql.jdbc.JDBC4Connection@593aaf41]
DEBUG  2017-01-16  10:56:12,924  org.apache.ibatis.transaction.
jdbc.JdbcTransaction:  Closing  JDBC  Connection
[com.mysql.jdbc.JDBC4Connection@593aaf41]
DEBUG  2017-01-16  10:56:12,924  org.apache.ibatis.datasource.
pooled.PooledDataSource: Returned connection 1497018177 to pool.
```

从日志中可以看到，改写过后的总数 SQL 和分页 SQL，以及设置进去的分页参数，这样分页参数就成功工作了，但是看不到总条数和总页数。为了更好地体现，笔者对此加入了断点调试。从图 8-2 中可以看到，总条数和总页数都已经存放在分页参数中，这样使用这个插件就能通过一条 SQL 完成分页功能，从而给程序带来了便利。

分页插件是 MyBatis 最常用的插件，也是最为经典的插件，通过上面的例子，读者可以看到这需要对 MyBatis 运行原理及其内部实现有深入地理解才能去完成。

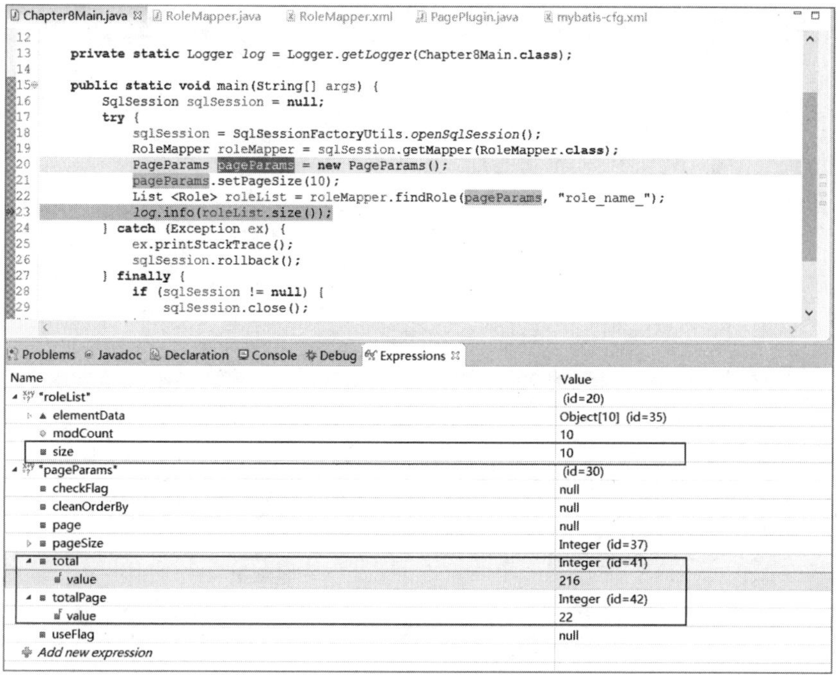

图 8-2　断点调试

8.6　总结

在结束本章前，请大家注意以下 6 点。

- 插件是 MyBatis 最强大的组件，也是最危险的组件，能不用尽量少用它，如果要使用它需要特别小心。
- 插件生成的是层层代理对象的责任链模式，通过反射方法运行，性能不高，所以减少插件就能减少代理，从而提高系统性能。
- 插件的基础是 SqlSession 下四大对象和它们的协作，需要对四大对象的方法有较深入的理解，才能明确拦截什么对象、拦截什么方法及其参数，从而确定插件的签名。
- 在插件中往往需要读取和修改 MyBatis 映射器中的对象属性，需要熟练掌握 7.1.2 节关于 MyBatis 映射器内部组成的内容。
- 插件的代码编写要考虑全面，特别是多个插件层层代理时，注意其执行顺序，还要保证前后逻辑的正确性。
- 大部分插件都应该尽量少改动 MyBatis 底层内容，以减少错误发生的可能性。

第 3 部分

Spring 基础

第 9 章

Spring IoC 的概念

本章目标

1. 了解 Spring 的历史和发展概况
2. 掌握 Spring IoC 容器的大致设计
3. 掌握 Spring IoC 的实现过程
4. 掌握 Spring Bean 的生命周期

从本章开始，我们学习 Spring 框架，Spring 框架可以说是 Java 世界最为成功的框架，在企业实际应用中，大部分的企业架构都基于 Spring 框架。它的成功来自于理念，而不是技术，它最为核心的理念是 IoC（控制反转）和 AOP（面向切面编程），其中 IoC 是 Spring 的基础，而 AOP 则是其重要的功能，最为典型的当属数据库事务的使用。应该说 Spring 框架已经融入到了 Java EE 开发的各个领域，目前没有任何书籍能完全描述 Spring 在 Java EE 应用的全部领域，所以在开讲前，本书会简单介绍一下 Spring 的历史和作用。

9.1 Spring 的概述

Spring 从 2004 年第一个版本至今已经十多年了。Spring 的出现是因为当时 SUN 公司 EJB 的失败，尤其是在 EJB2 的时代，EJB2 需要许多配置文件，还需要配合很多抽象概念才能运用。虽然 EJB3 克服了配置方面的冗余，但是对于 Java EE 开发而言，更为致命的是对 EJB 容器的依赖，也就是 EJB 只能运行在 EJB 容器中，EJB 容器的笨重，给一些企业应用带来了困难，企业更喜欢轻便、容易开发和测试的环境。而在 EJB 开发中，需要选择 EJB 容器（比如 WildFly、WebSphere、Glassfish、WebLogic 等），然后通过这些 EJB 容器发布 Bean，应用则可以通过 EJB 容器获得对应的 Bean。

这一方式存在两方面的问题。首先，它比较缓慢，从容器中得到 Bean 需要大量的远程调用、反射、代理、序列化和反序列化等复杂步骤，对开发者的理解是一大挑战。其次，对 EJB 容器依赖比较重，难以达到快速开发和测试的目的，对于测试人员而言需要部署和跟踪 EJB 容器，所以 EJB2 和 EJB3 都在短暂的繁荣后迅速走向了没落。

EJB 的没落造就了 Spring 的兴起。在 Spring 中，它会认为一切 Java 类都是资源，而资源都是 Bean，容纳这些 Bean 的是 Spring 所提供的 IoC 容器，所以 Spring 是一种基于 Bean 的编程。Spring 就在 EJB2 失败的缝隙中出现了，它是由一位澳大利亚的工程师——Rod Johnson（看学历应该说他是一位音乐专家，因为他是音乐博士学位）所提倡的，它深刻地改变了 Java 开发世界，迅速地使得 Spring 取代了 EJB 成为了实际的开发标准。那么 Spring 做到了什么呢？Rod Johnson 当初的描述如下（节选 Rod Johnson 于 2005 年出版的 *expert one-on-one J2EE Development without EJB*，当时的 Java EE 按 Sun 公司的标准命名称为 J2EE）：

We believe that:

- *J2EE should be easier to use.*
- *It is best to program to interfaces , rather than classes.Spring reduces the complexity cost of using interfaces to zero.*
- *JavaBean offers a great way of configuring applications.*
- *OO design is more important than any implemention technology ,such as J2EE.*
- *Checked exceptions are overused in java. A platform should not force you to catch exceptions you are unlikely to recover from.*
- *Testability is essential and a platform such as spring should help make your code easier to test.*

We aim that:

- *Spring should be a pleasure to use.*
- *Your application codes should not depend on spring apis.*
- *Spring should not compete with good exsiting solutions, but should foster integration.*

针对 Rod Johnson 的观点，笔者做一些简要的解释和分析。

- 这段话中谈及的 J2EE 更容易使用是针对 EJB 而言的，因为 EJB 容器十分复杂，难以使用，当时使用 EJB2 的时候需要很多配置文件。
- 基于接口的编程是一种理念，强调 OOD 的设计理念，比技术实现更为重要，因为实现可以多样化，但是如果没有一个好的设计理念，那么代码可读性就会变差，从而导致后期难以开发、维护和扩展。
- 与此同时，他也指出了当时 Java 开发的通病——大量使用 try...catch...finally...，因为大量的数据库操作都需要用 try...catch...finally...去控制业务逻辑，这往往被大部分程序员滥用，导致代码非常复杂，而 Spring 改造了它们。
- 由于使用 EJB 需要从 EJB 容器中获得服务，所以测试人员只能不断地部署和配置。对于测试而言，有时候一个对象比较复杂，它往往需要由其他对象作为属性组成，比如一套餐具，由碟子、碗、筷子、勺子和杯子组成，测试人员需要自己构建碟子、碗、筷子、勺子和杯子，才能测试这套餐具，这显然存在很大的弊病，因为如何构建对象是开发人员熟悉的，而不是测试人员熟悉的，让测试人员编写代码案例，显然工作量不小，其次测试人员没有必要了解 EJB 容器的理念。
- 在当时的 Java 技术中，很多框架都是侵入性的，也就是必须使用当前框架所提供的类库，才能实现功能，这样会造成应用对框架的依赖。

- Spring 技术不是为了取代现有技术（当时的 Struts1、Hibernate、EJB、JDO 等），而是提供更好的整合模板使它们能够整合到 Spring 技术上来。

同时 Rod Johnson 也指出了 Spring 的一些优势。首先，它是一个程序员乐于使用的框架。其次，它不依赖于 Spring 所提供的 API，也就是无侵入性或者低侵入性，即使 Java 应用离开了 Spring 依旧可以运用，这使得 Spring 更加灵活，拥有即插即拔的功能。再次，Spring 不是去取代当时存在的 EJB、Hibernate、JDO 等技术，而是将这些框架和技术整合到 Spring 中去，这就意味着 Spring 所提供的是一个支持它们开发的模板。

基于这些理念，Spring 提供了以下策略：

- 对于 POJO 的潜力开发，提供轻量级和低侵入的编程，可以通过配置（XML、注解等）来扩展 POJO 的功能，通过依赖注入的理念去扩展功能，建议通过接口编程，强调 OOD 的开发模式理念，降低系统耦合度，提高系统可读性和可扩展性。
- 提供切面编程，尤其是把企业的核心应用——数据库应用，通过切面消除了以前复杂的 try...catch...finally...代码结构，使得开发人员能够把精力更加集中于业务开发而不是技术本身，也避免了 try...catch...finally 语句的滥用。
- 为了整合各个框架和技术的应用，Spring 提供了模板类，通过模板可以整合各个框架和技术，比如支持 Hibernate 开发的 HibernateTemplate、支持 MyBatis 开发的 SqlSessionTemplate、支持 Redis 开发的 RedisTemplate 等，这样就把各种企业用到的技术框架整合到 Spring 中，提供了统一的模板，从而使得各种技术用起来更简单。

针对上面的策略，读者一开始可能理解上存在很多困难，不过可以暂不考虑，先了解 Spring 的作用，笔者将在后面阐述它们，到时你会理解它们。

9.2 Spring IoC 概述

控制反转是一个比较抽象的概念，对于初学者不好理解，我们举例说明。在实际生活中，人们要用到一样东西时，人们的基本想法是找到东西，比如想喝杯橙汁，在没有饮品店的日子里，最直观的做法是，要买果汁机、橙子，准备开水。请注意这是你自己“主动”创造的过程，也就是一杯橙汁需要主动创造。然而到了今时今日，由于饮品店的盛行，已经没有必要自己去榨橙汁了。想喝橙汁的想法一出现，第一个想法是找到饮品店的联系方式，通过电话、微信等渠道描述你的需要、地址、联系方式等，下订单等待，过会就会有人送上橙汁了。请注意你并没有“主动”创造橙汁，也就是橙汁是由饮品店创造的，而不是你，但是也完全达到了你的要求。

上面只是举了一个很简单的例子，但是这个例子却包含了控制反转的思想，现实中系统的开发者是一个团队，团队由许多开发者组成。现在假设你在一个电商网站负责开发工作，你熟悉商品交易流程，但是对财务却不怎么熟悉，而团队中有些成员对于财务处理十分熟悉，在交易的过程中，商品交易流程需要调度财务的相关接口，才能得以实现，那么你的期望应该是：

- 熟悉财务流程的成员开发对应的接口。
- 接口逻辑尽量简单，内部复杂的业务并不需要自己去了解，你只要通过简单的调用就能使用。
- 通过简单的描述就能获取这个接口实例，且描述应该尽量简单。

其实这完全可以和橙汁的例子进行类比，橙汁就等同于财务接口，而熟悉财务的同事就等同于饮品店，而你描述的橙汁要求、联系方式和地址，就等同于获取财务接口实例的描述。瞧，现实生活中的例子与程序开发那么相似。到这里有一个事实需要注意，财务接口对象的创建不是自己的行为，而是财务开发同事的行为，但是也完全达到了你的要求，而在潜意识里你会觉得对象应该由你主动创建，但是事实上这并不是你真实的需要，因为也许你对某一领域并不精通，这个时候可以把创建对象的主动权转交给别人，这就是控制反转的概念。对于财务开发者而言，他们也不了解交易系统的细则，他们同样希望由你开发交易接口。为了更好地阐述上面的抽象描述，我们用 Java 代码的形式模拟主动创建和被动创建的过程。

9.2.1　主动创建对象

如果需要橙汁，那么就等于需要橙子、开水、糖，这些是原料，而搅拌机是工具。如果需要主动创造果汁，那么要对此创建对应的对象——JuiceMaker 和 Blender，如代码清单 9-1 所示。

代码清单 9-1：搅拌机和果汁生成器

```
/****搅拌机***/
package com.ssm.chapter9.pojo;
public class Blender {
    /**
     * 搅拌
     * @param water 水描述
     * @param fruit 水果描述
     * @param sugar 糖描述
     * @return 果汁
     */
    public String mix(String water, String fruit, String sugar) {
        String juice = "这是一杯由液体：" + water + "\n 水果：" + fruit + "\n
糖量：" + sugar+ "\n 组成的果汁";
        return juice;
    }
}

/***果汁生成器***/
package com.ssm.chapter9.pojo;
```

```
public class JuiceMaker {
    private Blender blender = null;//搅拌机
    private String water;//水描述
    private String fruit;//水果
    private String sugar;//糖分描述
/**** setter and getter ****/

/**
* 果汁生成
*/
    public String makeJuice() {
        blender = new Blender();
        return blender.mix(water, fruit, sugar);
}
    }
```

主动创造橙汁，需要我们实现自己可能不太熟悉的工作——如何搅拌橙汁，比如这里的 mix 方法，显然这不是一个好的办法，而对象果汁（juice）是需要依赖于水（water）、水果（fruit）、糖（sugar）和搅拌机（blender）去实现的，这个关系也会要求我们自己去维护，如图 9-1 所示。

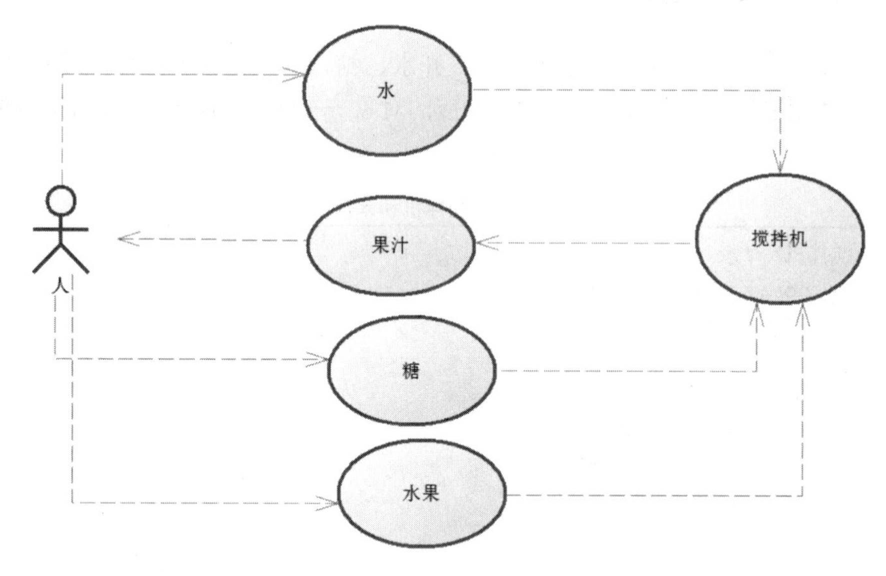

图 9-1　自制果汁的过程

在现实中，一个复杂的系统面对着成百上千种情况，如果都需要这样维护，那么会十分复杂，更多的时候，我们并不希望了解这类过程，因为有些东西我们并不需要知道过程，只需要获得最后的结果。正如果汁的例子那样，现实生活中我们更加希望的是通过对饮品店的描述得到果汁，只想对结果进行描述，得到我们所需要的东西，这就是被动创建对象了。

9.2.2　被动创建对象

假设已经提供了果汁制造器（JuiceMaker2），那么只需要对其进行描述就可以得到果汁了。假设饮品店还会给我们提供这样的一个描述（Source），它们的描述如代码清单 9-2 所示。

代码清单 9-2：果汁制造器和果汁描述清单

```
package com.ssm.chapter9.pojo;
public class JuiceMaker2 {

    private String beverageShop = null;
    private Source source = null;
   /**** setter and getter ****/

   public String makeJuice() {
        String juice = "这是一杯由" + beverageShop +"饮品店，提供的"
+source.getSize() + source.getSugar() + source.getFruit();
        return juice;
    }
}

package com.ssm.chapter9.pojo;
public class Source {
    private String fruit;//类型
    private String sugar;//糖分描述
    private String size;//大小杯
/**** setter and getter ****/
}
```

显然我们并不需要去关注果汁是如何制造出来的，系统采用 XML 对这个清单进行描述，如代码清单 9-3 所示。

代码清单 9-3：描述果汁

```
<bean id="source" class="com.ssm.chapter9.pojo.Source">
   <property name="fruit" value="橙汁" />
   <property name="sugar" value="少糖" />
   <property name="size" value="大杯" />
</bean>
```

这里对果汁进行了描述，接着需要选择饮品店，假设选择的是贡茶，那么会有代码清单 9-4 的描述。

代码清单 9-4：描述果汁制造属性——订单和饮品店

```
<bean id="juiceMaker2" class="com.ssm.chapter9.pojo.JuiceMaker2">
   <property name="beverageShop" value="贡茶"/>
```

```
    <property name="source" ref="source"/>
</bean>
```

这里将饮品店设置为贡茶，这样就指定了贡茶为我们提供服务，而订单则引用我们之前的定义，这样使用下面的代码就能得到一杯果汁了。

```
JuiceMaker2 juiceMaker2 = (JuiceMaker2) ctx.getBean("juiceMaker2");
String juice = juiceMaker2.makeJuice();
```

这个过程，果汁是由贡茶所制造的，我们并不关心制造的过程，我们所需要关心的是对果汁如何描述，选择哪个店去制造，这才是现今人们的习惯，这个理念也可以应用于程序代码，如图 9-2 所示。

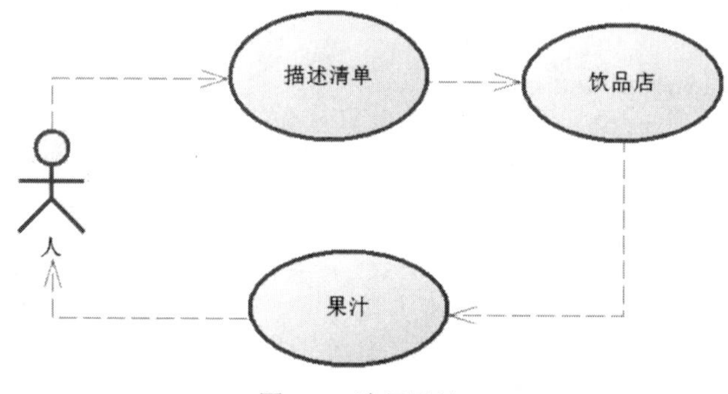

图 9-2　购买果汁

显然在这个过程中我们并不需要了解饮品店是如何工作的，我们只需要关注如何描述，就能得到想要的结果。

9.2.3 Spring IoC 阐述

有了上面的实例，下面我们阐述控制反转的概念：控制反转是一种通过描述（在 Java 中可以是 XML 或者注解）并通过第三方去产生或获取特定对象的方式。

正如被动创建的果汁，是通过代码清单 9-3 和 9-4 的描述所得到的。而在 Spring 中实现控制反转的是 IoC 容器，其实现方法是依赖注入（Dependency Injection，DI）。正如上述的例子，果汁制造器依赖于饮品店和订单去制造果汁的，而饮品店是别人去创造的，我们只需要知道它能生产果汁就可以了，并不需要去理解如何创建果汁。

Spring 会提供 IoC 容器来管理对应的资源，正如上面例子中的饮品店和订单资源，由它们形成依赖注入的关系，其中果汁制造器用到饮品店和订单两个资源。同样的，这个也可以用于编码实践，比如图 9-3 所示的例子。

当熟悉财务的同事完成对财务接口模块的开发，就可以将其服务发布到 Spring IoC 的容器里，这个时候你只需要过程描述得到对应的财务接口，就可以完成对应的财务操作了，而财务模块是如何工作的，它又需要依赖哪些对象，都是由熟悉财务模块的同事完成的，这些并不需要你去理解，你只需要知道它能完成对应的财务操作就可以了。同样的，对于熟悉交易的你，也把交易接口模块发布到 Spring IoC 容器中，这样财务开发人员就可以通过容器获取交易接口得到交易明细了，交易模块如何工作，又依赖于哪些对象，他也是不需要知道的，可见 Spring IoC 容器带来了许多使用的便利。

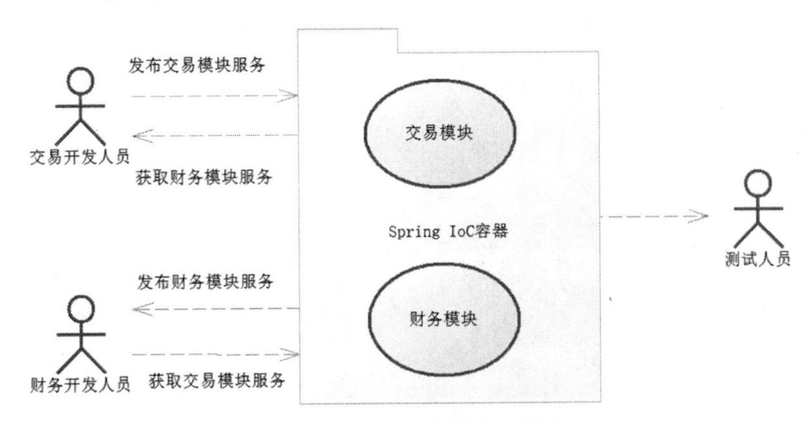

图 9-3　Spring IoC 容器的便利性

对于测试人员也一样，也许他早早把财务模块测试好了，需要测试交易模块，他并不希望非常细致地了解交易模块，他只需要从 Spring IoC 容器中获取就可以了。而他的测试代码也只需要从 Spring IoC 容器获取交易模块的内容，至于内部复杂的依赖并不是他所需要关注的内容，这样就有利于测试人员对模块的测试，降低测试人员测试的复杂度。

这就是一种控制反转的理念，虽然这个理念的一个坏处是理解上的困难，但是它最大的好处在于降低对象之间的耦合，在一个系统中有些类，具体如何实现并不需要去理解，只需要知道它有什么用就可以了。只是这里对象的产生依靠于 IoC 容器，而不是开发者主动的行为。主动创建的模式，责任归于开发者，而在被动的模式下，责任归于 IoC 容器。基于这样的被动形式，我们就说对象被控制反转了。

基于降低开发难度，对模块解耦，同时也更加有利于测试的原则，Spring IoC 理念在各种 Java EE 开发者中广泛应用，笔者会在下一节对 Spring IoC 容器进行进一步论述。

9.3　Spring IoC 容器

从上面的例子中，我们知道了 Spring IoC 容器的作用，它可以容纳我们所开发的各种 Bean，并且我们可以从中获取各种发布在 Spring IoC 容器里的 Bean，并且通过描述可以得到它。为此本节先来介绍关于 Spring IoC 容器的基础知识，由于本书不是源码分析书籍，加之 Spring 源码比较复杂，所以本书以介绍一些使用频率高的知识为主，并通过类比的形式介绍其原理。

9.3.1　Spring IoC 容器的设计

Spring IoC 容器的设计主要是基于 BeanFactory 和 ApplicationContext 两个接口，其中

ApplicationContext 是 BeanFactory 的子接口之一，换句话说 BeanFactory 是 Spring IoC 容器所定义的最底层接口，而 ApplicationContext 是其高级接口之一，并且对 BeanFactory 功能做了许多有用的扩展，所以在绝大部分的工作场景下，都会使用 ApplicationContext 作为 Spring IoC 容器，其设计如图 9-4 所示，图中展示的是 Spring 相关的 IoC 容器接口的主要设计。

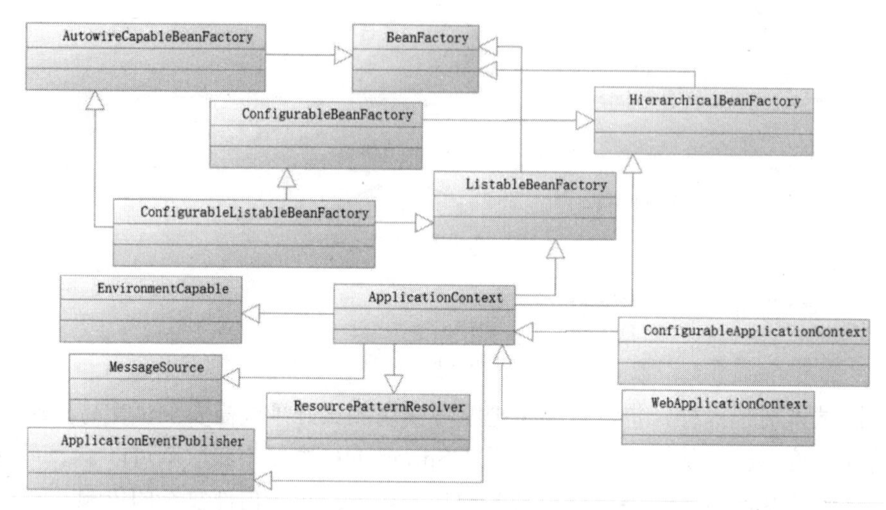

图 9-4　Spring IoC 容器接口的设计

这是张重要的设计图，从中我们可以看到 BeanFactory 位于设计的最底层，它提供了 Spring IoC 最底层的设计，为此，让我们先看看它的源码，如代码清单 9-5 所示。

代码清单 9-5：BeanFactory 源码

```
public interface BeanFactory {

    String FACTORY_BEAN_PREFIX = "&";

    Object getBean(String name) throws BeansException;

    <T> T getBean(Class<T> requiredType) throws BeansException;

    Object getBean(String name, Object... args) throws BeansException;

    <T>  T  getBean(Class<T>  requiredType,  Object...  args)  throws
BeansException;

    boolean containsBean(String name);

    boolean isSingleton(String name) throws NoSuchBeanDefinitionException;

    boolean isPrototype(String name) throws NoSuchBeanDefinitionException;

    boolean isTypeMatch(String name, ResolvableType typeToMatch) throws
```

```
NoSuchBeanDefinitionException;

    boolean isTypeMatch(String name, Class<?> typeToMatch) throws
NoSuchBeanDefinitionException;

    Class<?> getType(String name) throws NoSuchBeanDefinitionException;

    String[] getAliases(String name);
}
```

由于这个接口的重要性，笔者有必要进行一些基本阐述：

- getBean 的多个方法用于获取配置给 Spring IoC 容器的 Bean。从参数类型看可以是字符串，也可以是 Class 类型，由于 Class 类型可以扩展接口也可以继承父类，所以在一定程度上会存在使用父类类型无法准确获得实例的异常，比如获取学生类，但是学生子类有男学生和女学生两类，这个时候通过学生类就无法从容器中得到实例，因为容器无法判断具体的实现类。
- isSingleton 用于判断是否单例，如果判断为真，其意思是该 Bean 在容器中是作为一个唯一单例存在的。而 isPrototype 则相反，如果判断为真，意思是当你从容器中获取 Bean，容器就为你生成了一个新的实例。在默认情况下，Spring 会为 Bean 创建一个单例，也就是默认情况下 isSingleton 返回 true，而 isPrototype 返回 false。
- 关于 type 的匹配，这是一个按 Java 类型匹配的方式。
- getAliases 方法是获取别名的方法。

这就是 Spring IoC 最底层的设计，所有关于 Spring IoC 的容器将会遵守它所定义的方法。

从图 9-4 中可以看到，为了扩展更多的功能，ApplicationContext 接口扩展了许许多多的接口，因此它的功能十分强大，而 WebApplicationContext 也扩展了它，在实际应用中常常会使用的是 ApplicationContext 接口，因为 BeanFactory 的方法和功能较少，而 ApplicationContext 的方法和功能较多。而具体的 ApplicationContext 的实现类会使用在某一个领域，比如 Spring MVC 中的 GenericWebApplicationContext，就广泛使用于 Java Web 工程中。

通过 9.2 节中的果汁例子，我们来认识一个 ApplicationContext 的子类——ClassPathXmlApplicationContext。先创建一个.xml 文件，如代码清单 9-6 所示。

代码清单 9-6：spring-cfg.xml

```
<?xml version='1.0' encoding='UTF-8' ?>
<beans xmlns="http://www.springframework.org/schema/beans"
    xmlns:xsi="http://www.w3.org/2001/XMLSchema-instance"
    xsi:schemaLocation="http://www.springframework.org/schema/beans
    http://www.springframework.org/schema/beans/spring-beans-4.0.xsd">
    <bean id="source" class="com.ssm.chapter9.pojo.Source">
        <property name="fruit" value="橙汁" />
        <property name="sugar" value="少糖" />
        <property name="size" value="大杯" />
```

```
    </bean>
    <bean id="juiceMaker2" class="com.ssm.chapter9.pojo.JuiceMaker2">
        <property name="beverageShop" value="贡茶" />
        <property name="source" ref="source" />
    </bean>
</beans>
```

这里定义了两个 Bean，这样 Spring IoC 容器在初始化的时候就能找到它们，然后使用 ClassPathXmlApplicationContext 容器就可以将其初始化，如代码清单 9-7 所示。

代码清单 9-7：ClassPathXmlApplicationContext 初始化 Spring IoC 容器

```
ApplicationContext ctx =
        new ClassPathXmlApplicationContext("spring-cfg.xml");
JuiceMaker2 juiceMaker2 = (JuiceMaker2) ctx.getBean("juiceMaker2");
System.out.println(juiceMaker2.makeJuice());
```

这样就会使用 Application 的实现类 ClassPathXmlApplicationContext 去初始化 Spring IoC 容器，然后开发者就可以通过 IoC 容器来获得资源了。

9.3.2 Spring IoC 容器的初始化和依赖注入

本节主要介绍 Spring IoC 的初始化过程，虽然 Spring IoC 容器的生成十分复杂，但是读者大体了解 Spring IoC 初始化过程即可。这对于理解 Spring 的一系列行为是很有帮助的，这里需要注意的是 Bean 的定义和初始化在 Spring IoC 容器中是两大步骤，它是先定义，然后初始化和依赖注入的。

Bean 的定义分为 3 步：

（1）Resource 定位，这步是 Spring IoC 容器根据开发者的配置，进行资源定位，在 Spring 的开发中，通过 XML 或者注解都是十分常见的方式，定位的内容是由开发者所提供的。

（2）BeanDefinition 的载入，这个时候只是将 Resource 定位到的信息，保存到 Bean 定义中（BeanDefinition）中，此时并不会创建 Bean 的实例。

（3）BeanDefinition 的注册，这个过程就是将 BeanDefinition 的信息发布到 Spring IoC 容器中，注意，此时仍旧没有对应的 Bean 的实例创建。

做完了这 3 步，Bean 就在 Spring IoC 容器中被定义了，而没有被初始化，更没有完成依赖注入，也就是没有注入其配置的资源给 Bean，那么它还不能完全使用。对于初始化和依赖注入，Spring Bean 还有一个配置选项——lazy-init，其含义就是是否初始化 Spring Bean。在没有任何配置的情况下，它的默认值为 default，实际值为 false，也就是 Spring IoC 默认会自动初始化 Bean。如果将其设置为 true，那么只有当我们使用 Spring IoC 容器的 getBean 方法获取它时，它才会进行 Bean 的初始化，完成依赖注入。

9.3.3 Spring Bean 的生命周期

9.3.2 节讨论了 Spring IoC 容器初始化 Bean 的过程，Spring IoC 容器的本质目的就是为了管理 Bean。对于 Bean 而言，在容器中存在其生命周期，它的初始化和销毁也需要一个过程，在一些需要自定义的过程中，我们可以插入代码去改变它们的一些行为，以满足特定的需求，这就需要使用到 Spring Bean 生命周期的知识了。

生命周期主要是为了了解 Spring IoC 容器初始化和销毁 Bean 的过程，通过对它的学习就可以知道如何在初始化和销毁的时候加入自定义的方法，以满足特定的需求。图 9-5 展示了 Spring IoC 容器初始化和销毁 Bean 的过程。

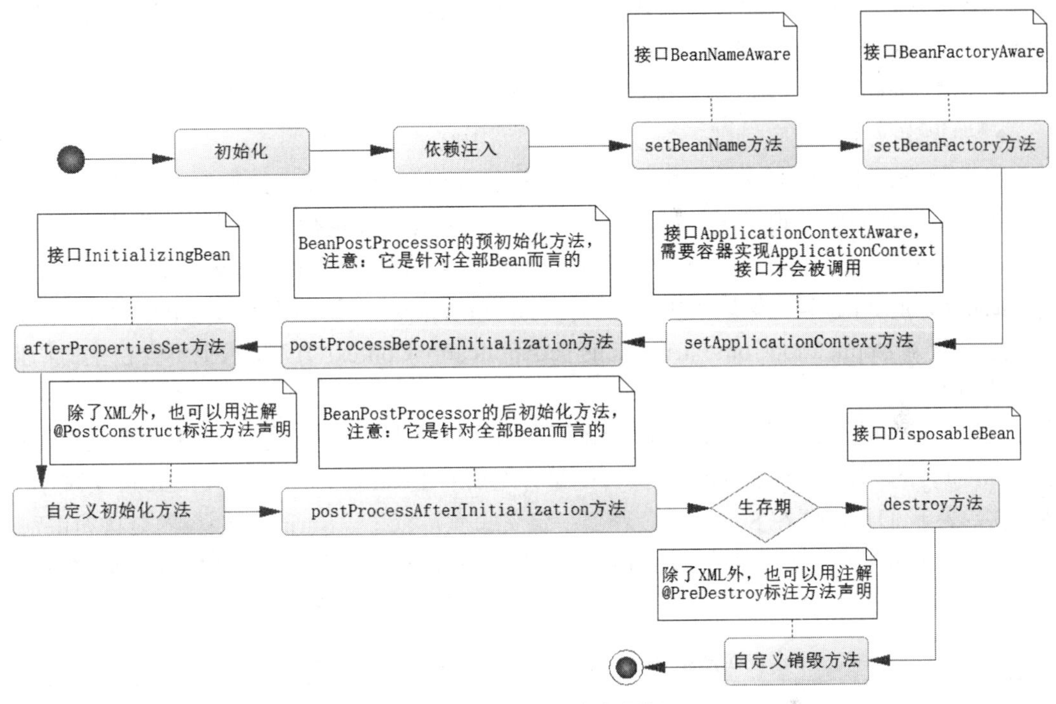

图 9-5　Bean 的生命周期

从图 9-5 中可以看到，Spring IoC 容器对 Bean 的管理还是比较复杂的，Spring IoC 容器在执行了初始化和依赖注入后，会执行一定的步骤来完成初始化，通过这些步骤我们就能自定义初始化，而在 Spring IoC 容器正常关闭的时候，它也会执行一定的步骤来关闭容器，释放资源。除需要了解整个生命周期的步骤外，还要知道这些生命周期的接口是针对什么而言的，首先介绍生命周期的步骤。

- 如果 Bean 实现了接口 BeanNameAware 的 setBeanName 方法，那么它就会调用这个方法。
- 如果 Bean 实现了接口 BeanFactoryAware 的 setBeanFactory 方法，那么它就会调用这个方法。
- 如果 Bean 实现了接口 ApplicationContextAware 的 setApplicationContext 方法，且 Spring IoC 容器也必须是一个 ApplicationContext 接口的实现类，那么才会调用这个方法，否则是不调用的。
- 如果 Bean 实现了接口 BeanPostProcessor 的 postProcessBeforeInitialization 方法，那么它就会调用这个方法。

- 如果 Bean 实现了接口 BeanFactoryPostProcessor 的 afterPropertiesSet 方法，那么它就会调用这个方法。
- 如果 Bean 自定义了初始化方法，它就会调用已定义的初始化方法。
- 如果 Bean 实现了接口 BeanPostProcessor 的 postProcessAfterInitialization 方法，完成了这些调用，这个时候 Bean 就完成了初始化，那么 Bean 就生存在 Spring IoC 的容器中了，使用者就可以从中获取 Bean 的服务。

当服务器正常关闭，或者遇到其他关闭 Spring IoC 容器的事件，它就会调用对应的方法完成 Bean 的销毁，其步骤如下：

- 如果 Bean 实现了接口 DisposableBean 的 destroy 方法，那么就会调用它。
- 如果定义了自定义销毁方法，那么就会调用它。

注意图 9-5 中的注释文字，因为有些步骤是在一些条件下才会执行的，如果不注意这些，往往就发现明明实现了一些接口，但是该方法并没有被执行。上面的步骤结合图 9-4 看，就会发现所有的 Spring IoC 容器最低的要求是实现 BeanFactory 接口而已，而非 ApplicationContext 接口，如果采用了非 ApplicationContext 子类创建 Spring IoC 容器，那么即使是实现了 ApplicationContextAware 的 setApplicationContext 方法，它也不会在生命周期之中被调用。

此外，还要注意这些接口是针对什么而言的，上述生命周期的接口，大部分是针对单个 Bean 而言的；BeanPostProcessor 接口则是针对所有 Bean 而言的。当一个 Bean 实现了上述的接口，我们只需要在 Spring IoC 容器中定义它就可以了，Spring IoC 容器会自动识别，并且按图 9-5 的顺序执行。为了测试 BeanPostProcessor 接口，笔者编写了它的一个实现类，如代码清单 9-8 所示。

代码清单 9-8：BeanPostProcessor 的实现类

```
package com.ssm.chapter9.bean;

import org.springframework.beans.BeansException;
import org.springframework.beans.factory.config.BeanPostProcessor;

public class BeanPostProcessorImpl implements BeanPostProcessor {

    @Override
    public Object postProcessBeforeInitialization(Object bean,
String beanName) throws BeansException {
        System.out.println("【" + bean.getClass().getSimpleName()
+ "】对象" + beanName + "开始实例化");
        return bean;
    }

    @Override
    public Object postProcessAfterInitialization(Object bean, String
beanName) throws BeansException {
        System.out.println("【" + bean.getClass().getSimpleName()
```

```
+ "】对象" + beanName + "实例化完成");
        return bean;
    }

}
```

这样一个 BeanPostProcessor 就被我们用代码实现了，它会处理 Spring IoC 容器所有的 Bean。

为了更好地展示生命周期的内容，将代码清单 9-2 中的 JuiceMaker2 进行修改，如代码清单 9-9 所示。

代码清单 9-9：测试生命周期

```
package com.ssm.chapter9.pojo;

/****imports****/
public class JuiceMaker2 implements BeanNameAware,
BeanFactoryAware, ApplicationContextAware, InitializingBean,
DisposableBean {

    private String beverageShop = null;
    private Source source = null;
    /**** setter and getter ****/

    public void init() {
        System.out.println("【" + this.getClass().getSimpleName()
+ "】执行自定义初始化方法");
    }

    public void myDestroy() {
        System.out.println("【" + this.getClass().getSimpleName()
+ "】执行自定义销毁方法");
    }

    public String makeJuice() {
        String juice = "这是一杯由" + beverageShop + "饮品店，提供的"
+ source.getSize() + source.getSugar() + source.getFruit();
        return juice;
    }

    @Override
    public void setBeanName(String arg0) {
        System.out.println("【" + this.getClass().getSimpleName()
+ "】调用 BeanNameAware 接口的 setBeanName 方法");

    }

    @Override
    public void setBeanFactory(BeanFactory arg0) throws BeansException {
        System.out.println("【" + this.getClass().getSimpleName()
```

```
+ "】调用 BeanFactoryAware 接口的 setBeanFactory 方法");
    }

    @Override
    public void setApplicationContext(ApplicationContext arg0) throws BeansException {
        System.out.println("【" + this.getClass().getSimpleName()
+ "】调用 ApplicationContextAware 接口的 setApplicationContext 方法");
    }

    @Override
    public void afterPropertiesSet() throws Exception {
        System.out.println("【" + this.getClass().getSimpleName()
+ "】调用 InitializingBean 接口的 afterPropertiesSet 方法");
    }
    @Override
    public void destroy() throws Exception {
        System.out.println("调用接口 DisposableBean 的 destroy 方法");
    }

}
```

这个类实现了所有生命周期所能够实现的方法，以便于观察其生命周期的过程，其中 init 方法是自定义的初始化方法，而 myDestroy 方法是自定义的销毁方法，为了进一步使用这两个自定义的方法，在描述 Bean 的时候，要按代码清单 9-10 那样去声明它。

代码清单 9-10：声明自定义初始化和销毁方法的 Bean

```
<!--BeanPostProcessor 定义-->
<bean id="beanPostProcessor"
    class="com.ssm.chapter9.bean.BeanPostProcessorImpl" />

<bean id="source" class="com.ssm.chapter9.pojo.Source">
    <property name="fruit" value="橙汁" />
    <property name="sugar" value="少糖" />
    <property name="size" value="大杯" />
</bean>

<bean id="juiceMaker2" class="com.ssm.chapter9.pojo.JuiceMaker2"
    init-method="init" destroy-method="myDestroy">
    <property name="beverageShop" value="贡茶" />
    <property name="source" ref="source" />
</bean>
```

这里定义的 id 为 JuiceMaker2 的 Bean，其属性 init-method 就是自定义初始化方法，而 destroy-method 为自定义销毁方法。有了这些定义后，使用代码清单 9-11 去测试它。

代码清单 9-11：测试 Spring Bean 的生命周期

```
ClassPathXmlApplicationContext ctx
    = new ClassPathXmlApplicationContext("spring-cfg.xml");
```

```
JuiceMaker2 juiceMaker2 = (JuiceMaker2) ctx.getBean("juiceMaker2");
System.out.println(juiceMaker2.makeJuice());
ctx.close();
```

运行它，可以得到如下日志：

```
【Source】对象 source 开始实例化
【Source】对象 source 实例化完成
【JuiceMaker2】调用 BeanNameAware 接口的 setBeanName 方法
【JuiceMaker2】调用 BeanFactoryAware 接口的 setBeanFactory 方法
【JuiceMaker2】调用 ApplicationContextAware 接口的 setApplicationContext 方法
【JuiceMaker2】对象 juiceMaker2 开始实例化
【JuiceMaker2】调用 InitializingBean 接口的 afterPropertiesSet 方法
【JuiceMaker2】执行自定义初始化方法
【JuiceMaker2】对象 juiceMaker2 实例化完成
这是一杯由贡茶饮品店，提供的大杯少糖橙汁
 INFO    2017-07-15    10:01:50,993    org.springframework.context.support.
AbstractApplicationContext: Closing org.springframework.context.support.
ClassPathXmlApplicationContext@1996cd68: startup date [Sat Jul 15 10:01:50
CST 2017]; root of context hierarchy
【JuiceMaker2】调用 DisposableBean 接口的 destroy 方法
【JuiceMaker2】执行自定义销毁方法
```

这里我们关注一下 JuiceMaker2 类执行的日志，就可以发现所有的生命周期的方法都已经被执行了，从打印出来的日志可以看到，BeanPostProcessor 针对全部 Bean。这样我们就可以利用生命周期来完成一些需要自定义的初始化和销毁 Bean 的行为了。

9.4　小结

本章的重点在于理解使用 Spring IoC 的好处和其容器的基本设计，懂得 Spring IoC 容器主要是为了管理 Bean 而服务的，需要注意掌握 BeanFactory 所定义的最为基础的方法，以及 Spring Bean 生命周期的用法，通过那些生命周期接口和方法的使用，允许我们自定义初始化和销毁方法。

第 10 章 装配 Spring Bean

本章目标

1. 掌握 3 种依赖注入的方式
2. 掌握如何使用 XML 装配 Bean
3. 掌握如何使用注解方式装配 Bean 及消除歧义性
4. 掌握如何使用 Profile 和条件装配 Bean
5. 掌握 Bean 的作用域
6. 了解 Spring EL 的简易使用

第 9 章讨论了 Spring IoC 的基础概念及其作用，本章将学习如何将 Bean 注入 Spring IoC 容器中，不过在此之前需要先了解依赖注入的相关内容。

10.1 依赖注入的 3 种方式

在实际环境中实现 IoC 容器的方式主要分为两大类，一类是依赖查找，依赖查找是通过资源定位，把对应的资源查找回来；另一类则是依赖注入，而 Spring 主要使用的是依赖注入。一般而言，依赖注入可以分为 3 种方式。

- 构造器注入。
- setter 注入。
- 接口注入。

构造器注入和 setter 注入是主要的方式，而接口注入是从别的地方注入的方式，比如在 Web 工程中，配置的数据源往往是通过服务器（比如 Tomcat）去配置的，这个时候可以用 JNDI 的形式通过接口将它注入 Spring IoC 容器中来。下面对它们进行详细讲解。

10.1.1 构造器注入

构造器注入依赖于构造方法实现，而构造方法可以是有参数的或者是无参数的。在大部分的情况下，我们都是通过类的构造方法来创建类对象，Spring 也可以采用反射的方式，通过使用构造方法来完成注入，这就是构造器注入的原理。

为了让 Spring 完成对应的构造注入，我们有必要去描述具体的类、构造方法并设置对应的参数，这样 Spring 就会通过对应的信息用反射的形式创建对象，比如之前我们多次谈到的角色类，现在修改为代码清单 10-1 的形式。

代码清单 10-1：构造器注入

```
package com.ssm.chapter9.pojo;
public class Role {
    private Long id;
    private String roleName;
    private String note;
    /******** setter and getter *******/

    public Role(String roleName, String note) {
        this.roleName = roleName;
        this.note = note;
    }
}
```

这个时候是没有办法利用无参数的构造方法去创建对象的，为了使 Spring 能够正确创建这个对象，可以像代码清单 10-2 那样去做。

代码清单 10-2：构造器配置

```
<bean id="role1" class="com.ssm.chapter9.pojo.Role">
    <constructor-arg index="0" value="总经理"/>
    <constructor-arg index="1" value="公司管理者"/>
</bean>
```

constructor-arg 元素用于定义类构造方法的参数，其中 index 用于定义参数的位置，而 value 则是设置值，通过这样的定义 Spring 便知道使用 Role(String,String)这样的构造方法去创建对象了。

这样注入还是比较简单的，但是缺点也很明显，由于这里的参数比较少，所以可读性还是不错的，但是如果参数很多，那么这种构造方法就比较复杂了，这个时候应该考虑 setter 注入。

10.1.2　使用 setter 注入

setter 注入是 Spring 中最主流的注入方式，它利用 Java Bean 规范所定义的 setter 方法来完成注入，灵活且可读性高。它消除了使用构造器注入时出现多个参数的可能性，首先可以把构造方法声明为无参数的，然后使用 setter 注入为其设置对应的值，其实也是通过 Java 反射技术得以现实的。这里假设先在代码清单 10-1 中为 Role 类加入一个没有参数的构造方法，然后做代码清单 10-3 的配置。

代码清单 10-3：配置 setter 注入

```
<bean id="role2" class="com.ssm.chapter9.pojo.Role">
    <property name="roleName" value="高级工程师"/>
    <property name="note" value="重要人员"/>
</bean>
```

这样 Spring 就会通过反射调用没有参数的构造方法生成对象，同时通过反射对应的 setter 注入配置的值了。这种方式是 Spring 最为主要的方式，在实际工作中使用广泛。

10.1.3 接口注入

有些时候资源并非来自于自身系统，而是来自于外界，比如数据库连接资源完全可以在 Tomcat 下配置，然后通过 JNDI 的形式去获取它，这样数据库连接资源是属于开发工程外的资源，这个时候我们可以采用接口注入的形式来获取它，比如在 Tomcat 中可以配置数据源，又如在 Eclipse 中配置了 Tomcat 后，可以打开服务器的 context.xml 文件，如图 10-1 所示。

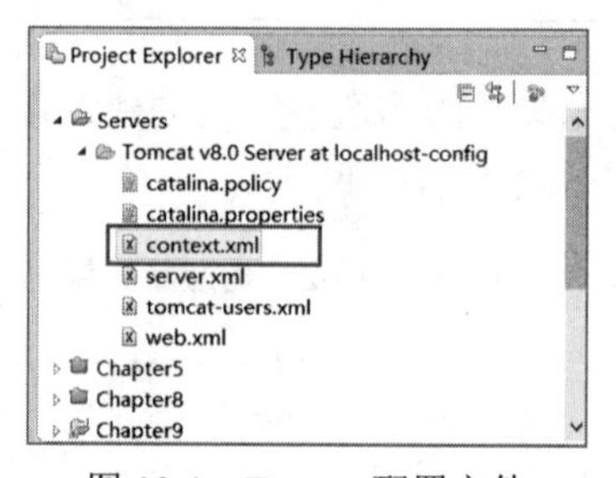

图 10-1　Tomcat 配置文件

在这个 XML 文件元素 context 中加入自己的一个资源，如代码清单 10-4 所示。

代码清单 10-4：配置 Tomcat 数据源

```
<?xml version="1.0" encoding="UTF-8"?>
<Context>
    <!--
    name 为 JNDI 名称
    url 是数据库的 jdbc 连接
    username 用户名
    password 数据库密码
    -->
    <Resource name="jdbc/ssm"
    auth="Container"
    type="javax.sql.DataSource"
    driverClassName="com.mysql.jdbc.Driver"

url="jdbc:mysql://localhost:3306/ssm?zeroDateTimeBehavior=convertToNull"
        username="root"
```

```
        password="123456"
    />
</Context>
```

如果已经配置了相应的数据库连接，那么 Eclipse 会把数据库的驱动包复制到对应的 Tomcat 的 lib 文件夹下，否则就需要自己手工将对应的驱动包复制到 Tomcat 的工作目录下，它位于{Tomcat_Home}\lib。然后启动 Tomcat，这个时候数据库资源也会在 Tomcat 启动的时候被其加载进来。

如果 Tomcat 的 Web 工程使用了 Spring，那么可以通过 Spring 的机制，用 JNDI 获取 Tomcat 启动的数据库连接池，如代码清单 10-5 所示。

代码清单 10-5：通过 JNDI 获取数据库连接资源

```
<!-- 通过 JNDI 获取的数据源，通过 Spring 的接口注入实现 -->
    <bean                                                    id="dataSource"
class="org.springframework.jndi.JndiObjectFactoryBean">
        <property name="jndiName">
            <value>java:comp/env/jdbc/ssm</value>
        </property>
</bean>
```

这样就可以在 Spring 的 IoC 容器中获得 Tomcat 所管理的数据库连接池了，这就是一种接口注入的形式。

10.2 装配 Bean 概述

通过前面的学习，相信大家已经对 Spring IoC 的理念和设计有了基本的认识，本节需要学习的是如何将自己开发的 Bean 装配到 Spring IoC 容器中。在大部分场景下，我们都会使用 ApplicationContext 的具体实现类，因为对应的 Spring IoC 容器功能相对强大。而在 Spring 中提供了 3 种方法进行配置：

- 在 XML 中显示配置。
- 在 Java 的接口和类中实现配置。
- 隐式 Bean 的发现机制和自动装配原则。

在现实的工作中，这 3 种方式都会被用到，并且在学习和工作中常常混合使用，所以本书会对这 3 种方式进行详细的讨论。只是读者需要明确 3 种方式的优先级，也就是我们应该怎么选择使用哪种方式去把 Bean 发布到 Spring IoC 容器中。以下是笔者的建议：

（1）基于约定优于配置的原则，最优先的应该是通过隐式 Bean 的发现机制和自动装配的原则。这样的好处是减少程序开发者的决定权，简单又不失灵活。

（2）在没有办法使用自动装配原则的情况下应该优先考虑 Java 接口和类中实现配置，这样的好处是避免 XML 配置的泛滥，也更为容易。这种场景典型的例子是一个父类有多个子类，比如学生类有两个子类：男学生类和女学生类，通过 IoC 容器初始化一个学生类，容器将无法知道使用哪个子类去初始化，这个时候可以使用 Java 的注解配置去指定。

（3）在上述方法都无法使用的情况下，那么只能选择 XML 去配置 Spring IoC 容器。由于现实工作中常常用到第三方的类库，有些类并不是我们开发的，我们无法修改里面的代码，这个时候就通过 XML 的方式配置使用了。

通俗来讲，当配置的类是你自身正在开发的工程，那么应该考虑 Java 配置为主，而 Java 配置又分为自动装配和 Bean 名称配置。在没有歧义的基础上，优先使用自动装配，这样就可以减少大量的 XML 配置。如果所需配置的类并不是你的工程开发的，那么建议使用 XML 的方式。

10.3 通过 XML 配置装配 Bean

上面的描述是以 XML 为主的，因为对于刚接触 Spring IoC 容器的读者来说这样会更为清晰明了，笔者也是从 XML 开始讨论 Bean 的装配的，所以这里还是以 XML 作为装配 Bean 的开始。

使用 XML 装配 Bean 需要定义对应的 XML，这里需要引入对应的 XML 模式（XSD）文件，这些文件会定义配置 Spring Bean 的一些元素，一个简单的配置如下：

```
<?xml version='1.0' encoding='UTF-8' ?>
<beans xmlns="http://www.springframework.org/schema/beans"
      xmlns:xsi="http://www.w3.org/2001/XMLSchema-instance"
      xsi:schemaLocation="http://www.springframework.org/schema/beans
    http://www.springframework.org/schema/beans/spring-beans-4.0.xsd">
    <!--Spring Bean 配置代码-->
</beans>
```

在上述代码中引入了一个 beans 的定义，它是一个根元素，而 XSD 文件也被引入了，这样它所定义的元素将可以定义对应的 Spring Bean。

10.3.1 装配简易值

这里先讨论那些简易的装配方法，先来一个最简单的装配，如代码清单 10-6 所示。

代码清单 10-6：简易 XML 装配 bean

```
<bean id="role2" class="com.ssm.chapter9.pojo.Role" >
    <property name="id" value="1"/>
    <property name="roleName" value="高级工程师"/>
    <property name="note" value="重要人员"/>
</bean>
```

这是一个简易的配置，简单解释一下：

- id 属性是 Spring 找到的这个 Bean 的编号，不过 id 不是一个必需的属性，如果没有声明它，那么 Spring 将会采用“全限定名#{number}”的格式生成编号。如果只声明一个这样的类，而没有声明 id="role2"，那么 Spring 为其生成的编号就是“com.ssm.chapter9.pojo.Role#0”。当它第二次声明没有 id 属性的 Bean 时，编号就是“com.ssm.chapter9.pojo.Role#1”，但是一般我们都会选择自己定义 id，因为自动生成的 id 会比较烦琐。
- class 显然是一个类全限定名。
- property 元素是定义类的属性，其中 name 属性定义的是属性名称，而 value 是其值。

这样的定义很简单，但是有时候需要注入一些自定义的类，比如之前的果汁制造器例子，它需要原料信息和饮品店共同完成，于是可能要先定义原料的信息，然后在制造器中引用原料，如代码清单 10-7 所示。

代码清单 10-7：果汁制造器的配置

```
<bean id="source" class="com.ssm.chapter9.pojo.Source">
    <property name="fruit" value="橙汁" />
    <property name="sugar" value="少糖" />
    <property name="size" value="大杯" />
</bean>

<bean id="juiceMaker2" class="com.ssm.chapter9.pojo.JuiceMaker2">
    <property name="beverageShop" value="贡茶"/>
    <property name="source" ref="source"/>
</bean>
```

这里先定义了一个 id 为 source 的 Bean，然后在制造器中通过 ref 属性去引用对应的 Bean，而 source 正是之前定义的 Bean 的 id，这样就可以相互引用了。

上面只是一些很简单的使用方法，有时候会将对应集合类注入，比如 Set、Map、List 和 Properties 等，下一节将讨论它们。

10.3.2　装配集合

有些时候要做一些复杂的装配工作，比如 Set、Map、List、Array 和 Properties 等。为了介绍它们，先定义个 Bean，如代码清单 10-8 所示。

代码清单 10-8：集合装配类

```
package com.ssm.chapter10.pojo;

import java.util.List;
import java.util.Map;
import java.util.Properties;
import java.util.Set;
```

```
public class ComplexAssembly {

    private Long id;
    private List<String> list;
    private Map<String, String> map;
    private Properties props;
    private Set<String> set;
    private String[] array;
    /****setter and getter ****/
}
```

这个 Bean 没有任何的业务含义，只是为了介绍如何装配这些常用的集合类，为此可以如同代码清单 10-9 这样装配这些属性。

代码清单 10-9：装配集合类

```
<bean id="complexAssembly" class="com.ssm.chapter10.pojo.ComplexAssembly">
    <property name="id" value="1"/>
    <property name="list">
        <list>
            <value>value-list-1</value>
            <value>value-list-2</value>
            <value>value-list-3</value>
        </list>
    </property>
    <property name="map">
        <map>
            <entry key="key1" value="value-key-1"/>
            <entry key="key2" value="value-key-2"/>
            <entry key="key3" value="value-key-3"/>
        </map>
    </property>
    <property name="props">
        <props>
            <prop key="prop1">value-prop-1</prop>
            <prop key="prop2">value-prop-2</prop>
            <prop key="prop3">value-prop-3</prop>
        </props>
    </property>
    <property name="set">
        <set>
            <value>value-set-1</value>
            <value>value-set-2</value>
            <value>value-set-3</value>
        </set>
</property>
```

```
    <property name="array">
        <array>
            <value>value-array-1</value>
            <value>value-array-2</value>
            <value>value-array-3</value>
        </array>
    </property>
</bean>
```

当然这里的装配主要集中在比较简单的 String 类型上，其主要的目的是告诉大家如何装配一些简易的数据到集合中。

- List 属性为对应的<list>元素进行装配，然后通过多个<value>元素设值。
- Map 属性为对应的<map>元素进行装配，然后通过多个<entry>元素设值，只是 entry 包含一个键（key)和一个值（value）的设置。
- Properties 属性，为对应的<properties>元素进行装配，通过多个<property>元素设置，只是 property 元素有一个必填属性 key，然后可以设置值。
- Set 属性为对应的<set>元素进行装配，然后通过多个<value>元素设值。
- 对于数组而言，可以使用<array>设置值，然后通过多个<value>元素设值。

从上面可以看到对字符串的各个集合的装载，但是有些时候可能需要更为复杂的装载，比如一个 List 可以是一个系列类的对象，又如一个 Map 集合类，键可以是一个类对象，而值也要是一个类对象，这些也是 Java 中常常可以看到的。为此先建两个 POJO，如代码清单 10-10 所示。

代码清单 10-10：用户和角色 POJO

```
package com.ssm.chapter10.pojo;

public class Role {
    private Long id;
    private String roleName;
    private String note;
    /****setter and getter****/
    public Role() {
    }

    public Role(Long id,  String roleName, String note) {
        this.id= id;
        this.roleName = roleName;
        this.note = note;
}

}

/**********User 类************/
package com.ssm.chapter10.pojo;
```

```
public class User {
   private Long id;
   private String userName;
private String note;
/****setter and getter ****/
}
```

为了测试上面的用户和角色，再来建一个稍微复杂的 POJO，装配用户和角色类，如代码清单 10-11 所示。

代码清单 10-11：装配用户和角色类

```
package com.ssm.chapter10.pojo;

import java.util.List;
import java.util.Map;
import java.util.Set;
public class UserRoleAssembly {
   private Long id;
   private List<Role> list;
   private Map<Role, User> map;
private Set<Role> set;
/****setter and getter****/

}
```

这里可以看到，对于 List、Map 和 Set 等集合类使用的是类对象，不过不必担心，Spring IoC 容器提供了对应的配置方法，如代码清单 10-12 所示。

代码清单 10-12：配置用户角色

```
<bean id="role1" class="com.ssm.chapter10.pojo.Role">
   <property name="id" value="1"/>
   <property name="roleName" value="role_name_1"/>
   <property name="note" value="role_note_1"/>
</bean>

<bean id="role2" class="com.ssm.chapter10.pojo.Role">
   <property name="id" value="2"/>
   <property name="roleName" value="role_name_2"/>
   <property name="note" value="role_note_2"/>
</bean>

<bean id="user1" class="com.ssm.chapter10.pojo.User">
   <property name="id" value="1"/>
   <property name="userName" value="user_name_1"/>
   <property name="note" value="role_note_1"/>
</bean>
```

```
<bean id="user2" class="com.ssm.chapter10.pojo.User">
    <property name="id" value="2"/>
    <property name="userName" value="user_name_2"/>
    <property name="note" value="role_note_1"/>
</bean>

<bean id="userRoleAssembly" class="com.ssm.chapter10.pojo.UserRoleAssembly">
    <property name="id" value="1"/>
    <property name="list">
        <list>
            <ref bean="role1"/>
            <ref bean="role2"/>
        </list>
    </property>
    <property name="map">
        <map>
            <entry key-ref="role1" value-ref="user1"/>
            <entry key-ref="role2" value-ref="user2"/>
        </map>
    </property>
    <property name="set">
        <set>
            <ref bean="role1"/>
            <ref bean="role2"/>
        </set>
    </property>
</bean>
```

这里先定义了两个角色 Bean（role1 和 role2）和两个用户 Bean（user1 和 user2），它们和之前的定义并没有什么不同，只是后面的定义略微不一样而已。其中：

- List 属性使用<list>元素定义注入，使用多个<ref>元素的 Bean 属性去引用之前定义好的 Bean。
- Map 属性使用<map>元素定义注入，使用多个<entry>元素的 key-ref 属性去引用之前定义好的 Bean 作为键，而用 value-ref 属性去引用之前定义好的 Bean 作为值。
- Set 属性使用<set>元素定义注入，使用多个<ref>元素的 Bean 去引用之前定义好的 Bean。

至此，我们学习了如何装配简单值和集合值，只是在 Spring 中还能通过命名空间去定义 Bean。

10.3.3 命名空间装配

除上述的配置之外，Spring 还提供了对应的命名空间的定义，只是在使用命名空间的时候要先引入对应的命名空间和 XML 模式（XSD）文件。比如，继续使用之前关于角色类的定义，我们可以通过如代码清单 10-13 所示的定义，使用命名空间的方法，将角色类实例注册在 Spring IoC 容器中。

代码清单 10-13：使用 XML 命名空间注册角色

```
<beans xmlns="http://www.springframework.org/schema/beans"
    xmlns:c="http://www.springframework.org/schema/c"
    xmlns:p="http://www.springframework.org/schema/p"
    xmlns:xsi="http://www.w3.org/2001/XMLSchema-instance"
    xsi:schemaLocation="http://www.springframework.org/schema/beans
      http://www.springframework.org/schema/beans/spring-beans.xsd">
<bean id="role1" class="com.ssm.chapter10.pojo.Role" c:_0="1"
    c:_1="role_name_1" c:_2 = "role_note_1"/>
<bean id="role2" class="com.ssm.chapter10.pojo.Role"
    p:id="2" p:roleName="role_name_2" p:note="role_note_2"/>
</beans>
```

这里讨论一下这段代码。

- 注意加粗的两行代码，它们定义了 XML 的命名空间，这样才能在内容里面使用 p 和 c 这样的前缀定义。
- id 为 role1 的角色定义，c:_0 代表构造方法的第 1 个参数，c:_1 代表的是第 2 个，c:_2 代表第 3 个，依此类推。
- id 为 role2 的角色定义，p 代表引用属性，其中 p:id="2"以 2 为值，使用 setId 方法设置，roleName、note 属性也是一样的道理。

以上就是简单的设值方式，而现实中也可能需要为属性设值，正如代码清单 10-11 的 UserRoleAssembly 类，可以借助引入 XML 文档（XSD）文件的方法，把 UserRoleAssembly 类实例注册给 Spring IoC 容器，如代码清单 10-14 所示。

代码清单 10-14：通过命名空间定义 UserRoleAssembly 类实例

```
<beans xmlns="http://www.springframework.org/schema/beans"
    xmlns:c="http://www.springframework.org/schema/c"
    xmlns:p="http://www.springframework.org/schema/p"
    xmlns:util="http://www.springframework.org/schema/util"
    xmlns:xsi="http://www.w3.org/2001/XMLSchema-instance"
    xsi:schemaLocation="http://www.springframework.org/schema/beans
http://www.springframework.org/schema/beans/spring-beans.xsd
      http://www.springframework.org/schema/util
http://www.springframework.org/schema/util/spring-util.xsd">
    <bean   id="role1"   class="com.ssm.chapter10.pojo.Role"   c:_0="1"
c:_1="role_name_1" c:_2 = "role_note_1"/>
    <bean   id="role2"   class="com.ssm.chapter10.pojo.Role"   p:id="2"
p:roleName="role_name_2" p:note="role_note_2"/>
    <bean   id="user1"   class="com.ssm.chapter10.pojo.User"   p:id="1"
p:userName="role_name_1" p:note="user_note_1"/>
```

```
    <bean    id="user2"    class="com.ssm.chapter10.pojo.User"    p:id="2"
p:userName="role_name_2" p:note="user_note_2"/>

    <util:list id="list">
        <ref bean="role1"/>
        <ref bean="role2"/>
    </util:list>

    <util:map id="map">
        <entry key-ref="role1" value-ref="user1"/>
        <entry key-ref="role2" value-ref="user2"/>
    </util:map>

    <util:set id="set">
       <ref bean="role1"/>
       <ref bean="role2"/>
    </util:set>

    <bean      id="userRoleAssembly"      class="com.ssm.chapter10.pojo.
UserRoleAssembly"
          p:id ="1" p:list-ref="list" p:map-ref="map" p:set-ref="set"/>
</beans>
```

这里加粗的代码是笔者引入的命名空间和 XSD 文件，然后定义了两个角色类对象（role1 和 role2）和两个用户类对象（user1 和 user2）。通过命名空间 util 去定义 Map、Set 和 List 对象，这些在装配集合的时候也论述过，跟着就是定义 id 为 userRoleAssembly 的 Bean，这里的 list-ref 代表采用 List 属性，但是其值引用上下文定义好的 Bean，这里显然就是 util 命名空间定义的 List，同理 Map 和 Set 也是如此。

从上面可知，在使用 XML 定义的时候，无论使用原始的配置，还是使用命名空间定义都是允许的。

10.4　通过注解装配 Bean

通过上面的学习，读者已经知道如何使用 XML 的方式去装配 Bean，但是更多的时候已经不再推荐使用 XML 的方式去装配 Bean，更多的时候会考虑使用注解（annotation）的方式去装配 Bean。使用注解的方式可以减少 XML 的配置，注解功能更为强大，它既能实现 XML 的功能，也提供了自动装配的功能，采用了自动装配后，程序员所需要做的决断就少了，更加有利于对程序的开发，这就是“约定优于配置”的开发原则。

在 Spring 中，它提供了两种方式来让 Spring IoC 容器发现 Bean。

- 组件扫描：通过定义资源的方式，让 Spring IoC 容器扫描对应的包，从而把 Bean 装配进来。

- 自动装配：通过注解定义，使得一些依赖关系可以通过注解完成。

通过扫描和自动装配，大部分的工程都可以用 Java 配置完成，而不是 XML，这样可以有效减少配置和引入大量 XML，它解决了在 Spring 3 之前的版本需要大量的 XML 配置的问题，这些问题曾被许多开发者诟病。由于目前注解已经成为 Spring 开发的主流，在之后的章节里，笔者也会以注解的方式为主介绍 Spring 的开发，但是请注意只是为主，而不是全部以注解的方式去实现。因为不使用 XML 也存在着一定的弊端，比如系统存在多个公共的配置文件（比如多个 properties 和 XML 文件），如果写在注解里，那么那些公共资源的配置就会比较分散了，这样不利于统一的管理，又或者一些类来自于第三方，而不是我们系统开发的配置文件，这时利用 XML 的方式来完成会更加明确一些，因此目前企业所流行的方式是，以注解为主，以 XML 为辅，本书的介绍也是如此。

10.4.1 使用@Component 装配 Bean

首先定义一下 POJO，如代码清单 10-15 所示。

代码清单 10-15：定义 POJO

```
package com.ssm.chapter10.annotation.pojo;
import org.springframework.beans.factory.annotation.Value;
import org.springframework.stereotype.Component;

@Component(value = "role")
public class Role {
    @Value("1")
    private Long id;
    @Value("role_name_1")
    private String roleName;
    @Value("role_note_1")
    private String note;

    /**** setter and getter ****/
}
```

注意代码中加粗的注解。

- 注解@Component 代表 Spring IoC 会把这个类扫描生成 Bean 实例，而其中的 value 属性代表这个类在 Spring 中的 id，这就相当于 XML 方式定义的 Bean 的 id，也可以简写成@Component("role")，甚至直接写成@Component，对于不写的，Spring IoC 容器就默认类名，但是以首字母小写的形式作为 id，为其生成对象，配置到容器中。
- 注解@Value 代表的是值的注入，这里只是简单注入一些值，其中 id 是一个 long 型，注入的时候 Spring 会为其转化类型。

现在有了这个类，但是还不能进行测试，因为 Spring IoC 并不知道需要去哪里扫描对象，这个时候可以使用一个 Java Config 来去告诉它，如代码清单 10-16 所示。

代码清单 10-16：Java Config 类

```
package com.ssm.chapter10.annotation.pojo;
import org.springframework.context.annotation.ComponentScan;
@ComponentScan
public class PojoConfig {
}
```

这个类十分简单，几乎没有逻辑，但是要注意两处加粗的代码。

- 包名和代码清单 10-15 的 POJO 保持一致。
- @ComponentScan 代表进行扫描，默认是扫描当前包的路径，POJO 的包名和它保持一致才能扫描，否则是没有的。

有了代码清单 10-15 和代码清单 10-16，就可以通过 Spring 定义好的 Spring IoC 容器的实现类——AnnotationConfigApplicationContext 去生成 IoC 容器了。它十分简单，如代码清单 10-17 所示。

代码清单 10-17：使用注解生成 Spring IoC 容器

```
package com.ssm.chapter10.main;

import org.springframework.context.ApplicationContext;
import
org.springframework.context.annotation.AnnotationConfigApplicationContex
t;
import com.ssm.chapter10.annotation.pojo.PojoConfig;
import com.ssm.chapter10.annotation.pojo.Role;

public class AnnotationMain {
    public static void main(String[] args) {
        ApplicationContext context =
           new AnnotationConfigApplicationContext(PojoConfig.class);
        Role role = context.getBean(Role.class);
        System.err.println(role.getId());
    }
}
```

这里可以看到使用了 AnnotationConfigApplicationContext 类去初始化 Spring IoC 容器，它的配置项是代码清单 10-16 的 PojoConfig 类。这样 Spring IoC 就会根据注解的配置去解析对应的资源，来生成 IoC 容器了。

由此可以看到两个明显的弊端：其一，对于@ComponentScan 注解，它只是扫描所在包的 Java 类，但是更多的时候真正需要的是可以扫描所指定的类；其二，上面只注入了一些简单的值，而没有注入对象，同样在现实的开发中可以注入对象是十分重要的，也是常见的场景。关于这两个问题，本节会解决第 1 个问题，第 2 个问题由后面的章节去讲解，因为它还涉及很多其他内容。

@ComponentScan 存在着两个配置项：第 1 个是 basePackages，它是由 base 和 package 两个单词组成的，而 package 还使用了复数，意味着它可以配置一个 Java 包的数组，Spring 会根据它的配置扫描对应的包和子包，将配置好的 Bean 装配进来；第 2 个是 basePackageClasses，它由 base、package 和 class 三个单词组成的，采用复数，意味着它可以配置多个类，Spring 会根据配置的类所在的包，为包和子包进行扫描装配对应配置的 Bean。

为了更好地验证@ComponentScan 的两个配置项，首先定义一个接口 RoleService，如代码清单 10-18 所示。

代码清单 10-18：RoleService 接口

```
package com.ssm.chapter10.annotation.service;
import com.ssm.chapter10.annotation.pojo.Role;
public interface RoleService {
    public void printRoleInfo(Role role);
}
```

使用接口来编写一些操作类是 Spring 所推荐的，它可以将定义和实现相分离，这样就更为灵活了。对于一个接口而言，这里开发了一个实现类，如代码清单 10-19 所示。

代码清单 10-19：RoleServiceImpl 类

```
package com.ssm.chapter10.annotation.service.impl;
import org.springframework.stereotype.Component;
import com.ssm.chapter10.annotation.pojo.Role;
import com.ssm.chapter10.annotation.service.RoleService;

@Component
public class RoleServiceImpl implements RoleService {
    @Override
    public void printRoleInfo(Role role) {
        System.out.println("id =" +role.getId());
        System.out.println("roleName =" +role.getRoleName());
        System.out.println("note =" +role.getNote());
    }
}
```

这里的@Component 表明它是一个 Spring 所需要的 Bean，而且也实现了对应的 RoleService 接口所定义的 printRoleInfo 方法。为了装配 RoleServiceImpl 和代码清单 10-15 所定义的 Role 的两个 Bean，需要给@ComponentScan 注解加上对应的配置，如代码清单 10-20 所示。

代码清单 10-20：配置@ComponentScan 制定包扫描

```
package com.ssm.chapter10.annotation.config;
import org.springframework.context.annotation.ComponentScan;
import com.ssm.chapter10.annotation.pojo.Role;
```

```
import com.ssm.chapter10.annotation.service.impl.RoleServiceImpl;
@ComponentScan(basePackageClasses = {Role.class, RoleServiceImpl.class})
//@ComponentScan(basePackages = {"com.ssm.chapter10.annotation.pojo",
"com.ssm.chapter10.annotation.service"})
//@ComponentScan(basePackages = {"com.ssm.chapter10.annotation.pojo",
"com.ssm.chapter10.annotation.service"},
//basePackageClasses = {Role.class, RoleServiceImpl.class})
public class ApplicationConfig {
}
```

注意加粗的代码，这里需要注意以下几点：

- 这是对扫描包的定义，可以采用任意一个@ComponentScan 去定义，也可以取消代码中的注释。
- 如果采用多个@ComponentScan 去定义对应的包，但是每定义一个@ComponentScan，Spring 就会为所定义的类生成一个新的对象，也就是所配置的 Bean 将会生成多个实例，这往往不是我们的需要。
- 对于已定义了 basePackages 和 basePackageClasses 的@ComponentScan，Spring 会进行专门的区分，也就是说在同一个@ComponentScan 中即使重复定义相同的包或者存在其子包定义，也不会造成因同一个 Bean 的多次扫描，而导致一次配置生成多个对象。

基于上述的几点，笔者建议不要采用多个@ComponentScan 注解进行配置，因为一旦有重复的包和子包就会产生重复的对象，这往往不是真实的需求。对于 basePackages 和 basePackageClasses 的选择问题，basePackages 的可读性会更好一些，因此在项目中会优先选择使用它，但是在需要大量重构的工程中，尽量不要使用 basePackages 定义，因为很多时候重构修改包名需要反复地配置，而 IDE 不会给你任何的提示。而采用 basePackageClasses，当你对包移动的时候，IDE 会报错提示，并且可以轻松处理这些错误。

采用代码清单 10-21 来测试上述两个配置。

代码清单 10-21：测试 basePackages 和 basePackageClasses 配置

```
AnnotationConfigApplicationContext context =
   new AnnotationConfigApplicationContext(ApplicationConfig.class);
Role role = context.getBean(Role.class);
RoleService roleService = context.getBean(RoleService.class);
roleService.printRoleInfo(role);
context.close();
```

这样便能够去验证这两个配置项了，这里请读者自行验证。

10.4.2 自动装配——@Autowired

10.4.1 节提到的两个问题之一就是注解没有注入对象，关于这个问题，在注解中略微有点复杂，在大部分的情况下建议使用自动装配，因为这样可以减小配置的复杂度，所以这里先介绍自动装配。

通过学习 Spring IoC 容器，我们知道 Spring 是先完成 Bean 的定义和生成，然后寻找需要注入的资源。也就是当 Spring 生成所有的 Bean 后，如果发现这个注解，它就会在 Bean 中查找，然后找到对应的类型，将其注入进来，这样就完成依赖注入了。所谓自动装配技术是一种由 Spring 自己发现对应的 Bean，自动完成装配工作的方式，它会应用到一个十分常用的注解@Autowired 上，这个时候 Spring 会根据类型去寻找定义的 Bean 然后将其注入，这里需要留意按类型（Role）的方式。

下面开始测试自动装配，修改代码清单 10-18 的代码，如代码清单 10-22 所示。

代码清单 10-22：修改 RoleService

```
package com.ssm.chapter10.annotation.service;

public interface RoleService2 {
    public void printRoleInfo();
}
```

这个接口采用了 Spring 推荐的接口方式，这样可以更为灵活，因为我们将定义和实现分离，接下来是其实现类，它是通过对代码清单 10-19 修改而成的，如代码清单 10-23 所示。

代码清单 10-23：RoleServiceImpl 改写

```
package com.ssm.chapter10.annotation.service.impl;
import org.springframework.beans.factory.annotation.Autowired;
import org.springframework.stereotype.Component;
import com.ssm.chapter10.annotation.pojo.Role;
import com.ssm.chapter10.annotation.service.RoleService2;
@Component("RoleService2")
public class RoleServiceImpl2 implements RoleService2 {

    @Autowired
    private Role role = null;

    /**** setter and getter ****/

    @Override
    public void printRoleInfo() {
        System.out.println("id =" +role.getId());
        System.out.println("roleName =" +role.getRoleName());
        System.out.println("note =" +role.getNote());
    }
}
```

这里的@Autowired 注解，表示在 Spring IoC 定位所有的 Bean 后，这个字段需要按类型注入，这样 IoC 容器就会寻找资源，然后将其注入。比如代码清单 10-15 定义的 Role 和代码清单 10-23 定义 RoleServiceImpl2 的两个 Bean，假设将其定义，那么 Spring IoC 容器会为它们先生成对应的实例，然后依据@Autowired 注解，按照类型找到定义的实例，将其注入。

IoC 容器有时候会寻找失败，在默认的情况下寻找失败它就会抛出异常，也就是说默认情况下，Spring IoC 容器会认为一定要找到对应的 Bean 来注入这个字段，有些时候这并不是一个真实的需要，比如日志，有时候我们会觉得这是可有可无的，这个时候可以通过@Autowired 的配置项 required 来改变它，比如@Autowired(required = false)。

正如之前所谈到的在默认情况下是必须注入成功的，所以这里的 required 的默认值为 true。当把配置修改为了 false 时，就告诉 Spring IoC 容器，假如在已经定义好的 Bean 中找不到对应的类型，允许不注入，这样也就没有了异常抛出，只是这样这个字段可能为空，读者要自行校验，以避免发生空指针异常。在大部分的情况下，都不需要这样修改。

@Autowired 除可以配置在属性之外，还允许方法配置，常见的 Bean 的 setter 方法也可以使用它来完成注入，比如类似代码清单 10-24 这样的代码。

代码清单 10-24：@Autowired 应用于注解方法

```
/**************package and imports **************/
public class RoleServiceImpl2 implements RoleService2 {
private Role role = null;
......
@Autowired
public void setRole(Role role) {
   This.role = role;
}
}
```

在大部分的配置中笔者都推荐使用@Autowired 注解，这是 Spring IoC 自动装配完成的，使得配置大幅度减少，满足约定优于配置的原则，增强程序的健壮性。但是在有些时候是不能进行自动装配的，关于这个问题，下节我们会进行讨论。

10.4.3　自动装配的歧义性（@Primary 和@Qualifier）

在 10.4.2 节中，我们谈到了@Autowired 注解，它可以完成一些自动装配的功能，并且使用方式十分简单，但是有时候这样的方式并不能使用。这一切的根源来自于按类型的方式，按照 Spring 的建议，在大部分情况下会使用接口编程，但是定义一个接口，并不一定只有与之对应的一个实现类。换句话说，一个接口可以有多个实现类，比如代码清单 10-18 定义的接口 RoleService，有了一个代码清单 10-19 定义的 RoleServiceImpl 接口，但是还可以为其定义一个新的接口 RoleServiceImpl3，如代码清单 10-25 所示。

代码清单 10-25：定义 RoleServiceImpl3

```
package com.ssm.chapter10.annotation.service.impl;
```

```
import org.springframework.context.annotation.Primary;
import org.springframework.stereotype.Component;
import com.ssm.chapter10.annotation.pojo.Role;
import com.ssm.chapter10.annotation.service.RoleService;
@Component("roleService3")
public class RoleServiceImpl3 implements RoleService {
    @Override
    public void printRoleInfo(Role role) {
        System.out.print("{id =" +role.getId());
        System.out.print(", roleName =" +role.getRoleName());
        System.out.println(", note =" +role.getNote()+"}");
    }
}
```

再新建一个 RoleController 类，它有一个字段是 RoleService 类型，如代码清单 10-26 所示。

代码清单 10-26：RoleControlller 的定义

```
package com.ssm.chapter10.annotation.controller;
import org.springframework.beans.factory.annotation.Autowired;
import org.springframework.stereotype.Component;
import com.ssm.chapter10.annotation.pojo.Role;
import com.ssm.chapter10.annotation.service.RoleService;
@Component
public class RoleController {

    @Autowired
    private RoleService roleService = null;

    public void printRole(Role role) {
        roleService.printRoleInfo(role);
    }
}
```

这里的字段 roleService 是一个 RoleService 接口类型。RoleService 有两个实现类，分别是代码清单 10-19 定义的 RoleServiceImpl 和代码清单 10-25 定义的 RoleServiceImpl3，这个时候 Spring IoC 容器就会犯糊涂了，它无法判断把哪个对象注入进来，于是就会抛出异常，这样@Autowired 注入就失败了。

通过上面的分析，可以知道产生这样的状况是因为它采用的是按类型来注入对象，而在 Java 中接口可以有多个实现类，同样的抽象类也可以有多个实例化的类，这样就会造成通过类型（by type）获取 Bean 的不唯一，从而导致 Spring IoC 类似于按类型的方法无法获得唯一的实例化类。我们可以回想到 Spring IoC 最底层容器接口——BeanFactory 的定义，它存在一个通过类型获取 Bean 的方法：

```
<T> T getBean(Class<T> requiredType) throws BeansException;
```

通过 RoleService.class 作为参数就无法判断使用哪个类实例进行返回，这便是自动装配的歧义性。

为了消除歧义性，Spring 提供了两个注解@Primary 和@Qualifier，这是两个不同的注解，其消除歧义性的理念不太一样，下面让我们学习它们。

1．注解@Primary

注解@Primary 代表首要的，当 Spring IoC 通过一个接口或者抽象类注入对象的时候，由于存在多个实现类或者具体类，就会犯糊涂，不知道采用哪个类注入为好。注解@Primary 则是告诉 Spring IoC 容器，请优先使用该类注入。例如可以在代码清单 10-24 加入注解@Primary，如下所示。

```
......
import org.springframework.context.annotation.Primary;
@Component("roleService3")
@Primary
public class RoleServiceImpl3 implements RoleService {
......
}
```

这里的@Primary 注解告诉 Spring IoC 容器，如果存在多个 RoleService 类型，无法判断注入哪个的时候，优先将 RoleServiceImpl3 的实例注入，这样就可以消除歧义性。同样的，或许你可以想到将@Primary 注解也加入到 RoleServiceImpl 中，这样就存在两个首选的 RoleService 接口的实例了，但是在 Spring IoC 容器中这样定义是允许的，只是在注入的时候将抛出异常。但是无论如何@Primary 只能解决首要性的问题，而不能解决选择性的问题，简而言之，它不能选择使用接口具体的实现类去注入。

2．注解@Qualifier

正如上面所谈及的歧义性，一个重要的原因是 Spring 在寻找依赖注入的时候采用按类型注入引起的。除了按类型查找 Bean，Spring IoC 容器最底层的接口 BeanFactory，也定义了按名称查找的方法，如果采用名称查找的方法，而不是采用按类型查找的方法，那么不就可以消除歧义性了吗？答案是肯定的，而注解@Qualifier 就是这样的一个注解。

回看代码清单 10-25，如果把 RoleServiceImpl3 定义了别名 roleService3，那么只需要把 RoleController 按照下面的方式修改就可以注入这个实现类了，如代码清单 10-27 所示。

代码清单 10-27：通过注解@Qualifier 注入对象

```
package com.ssm.chapter10.annotation.controller;
import org.springframework.beans.factory.annotation.Autowired;
import org.springframework.beans.factory.annotation.Qualifier;
import org.springframework.stereotype.Component;
import com.ssm.chapter10.annotation.pojo.Role;
import com.ssm.chapter10.annotation.service.RoleService;
@Component
```

```
public class RoleController {

    @Autowired
    @Qualifier("roleService3")
    private RoleService roleService = null;

/****setter and getter****/

    public void printRole(Role role) {
        roleService.printRoleInfo(role);
    }
}
```

这个时候 IoC 容器就不会再按照类型的方式注入，而是按照名称的方式注入，这样既能注入成功，也不存在歧义性。IoC 容器的底层接口——BeanFactory，它所定义的方法如下：

```
Object getBean(String name) throws BeansException;
```

使用@Qualifier 注解后就可以使用这个方法通过名称从 IoC 容器中获取对象进行注入。

10.4.4 装载带有参数的构造方法类

角色类的构造方法都是没带参数的，而事实上在某些时候构造方法是带参数的，对于一些带有参数的构造方法，也允许我们通过注解进行注入。比如有时候 RoleController 的构造方法如代码清单 10-28 所示。

代码清单 10-28：RoleController 构造方法带有参数的类

```
/*********package and imports*********/
@Component
public class RoleController2 {
private RoleService roleService = null;
public RoleController2(RoleService roleService) {
    this.roleService = roleService;
}
    ......
}
```

关于 XML 的构建的方式，在 10.1.1 节中谈过，使用注解的方式应该如何注入呢？我们可以使用@Autowired 或者@Qualifier 进行注入，换句话说，这两个注解还能支持到参数。比如将代码清单 10-28 中的构造方法修改为代码清单 10-29 的样子，就可以完成构造方法的注入了。

代码清单 10-29：在构造方法中使用@Autowired

```
public RoleController2(@Autowired RoleService roleService) {
    this.roleService = roleService;
}
```

10.4.5 使用@Bean 装配 Bean

以上都是通过@Component 装配 Bean，但是@Component 只能注解在类上，不能注解到方法上。对于 Java 而言，大部分的开发都需要引入第三方的包（jar 文件），而且往往并没有这些包的源码，这时候将无法为这些包的类加入@Component 注解，让它们变为开发环境的 Bean。你可以使用新类扩展（extends）其包内的类，然后在新类上使用@Component，但是这样又显得不伦不类。

这个时候 Spring 给予一个注解@Bean，它可以注解到方法之上，并且将方法返回的对象作为 Spring 的 Bean，存放在 IoC 容器中。比如我们需要使用 DBCP 数据源，这个时候要引入关于它的包，然后可以通过代码清单 10-30 来装配数据源的 Bean。

代码清单 10-30：通过注解@Bean 装配数据源 Bean

```
@Bean(name = "dataSource")
public DataSource getDataSource() {
    Properties props = new Properties();
    props.setProperty("driver", "com.mysql.jdbc.Driver");
    props.setProperty("url", "jdbc:mysql://localhost:3306/chapter12");
    props.setProperty("username", "root");
    props.setProperty("password", "123456");
    DataSource dataSource = null;
    try {
        dataSource = BasicDataSourceFactory.createDataSource(props);
    } catch (Exception e) {
        e.printStackTrace();
    }
    return dataSource;
}
```

这样就能够装配一个 Bean，当 Spring IoC 容器扫描它的时候，就会为其生成对应的 Bean。这里还配置了@Bean 的 name 选项为 dataSource，这就意味着 Spring 生成该 Bean 的时候就会使用 dataSource 作为其 BeanName。和其他 Bean 一样，它也可以通过@Autowired 或者@Qualifier 等注解注入别的 Bean 中。

10.4.6 注解自定义 Bean 的初始化和销毁方法

9.3.3 节介绍了 Spring Bean 的生命周期，参考图 9-5 可以知道对于 Bean 的初始化可以通过实现 Spring 所定义的一些关于生命周期的接口来实现，这样 BeanFactory 或者其他高级容器 ApplicationContext 就可以调用这些接口所定义的方法了，这点和使用 XML 是一样的。但是我们还没有讨论如何在注解中实现自定义的初始化方法和销毁方法。其实很简单，主要是运用注解@Bean 的配置项，注解@Bean 不能使用在类的标注上，它主要使用在方法上，@Bean 的配置项中包含 4 个配置项。

- name：是一个字符串数组，允许配置多个 BeanName。
- autowire：标志是否是一个引用的 Bean 对象，默认值是 Autowire.NO。
- initMethod：自定义初始化方法。
- destroyMethod：自定义销毁方法。

基于上述介绍，自定义的初始化方法是配置 initMethod，而销毁方法则是 destroyMethod，下面使用一个方法来创建代码清单 9-9 中定义的 POJO 实例，并指明它的初始化方法和销毁方法。

```
@Bean(name="juiceMaker2", initMethod="init", destroyMethod="myDestroy")
public JuiceMaker2 initJuiceMaker2() {
    JuiceMaker2 juiceMaker2 = new JuiceMaker2();
    juiceMaker2.setBeverageShop("贡茶");
    Source source = new Source();
    source.setFruit("橙子");
    source.setSize("大杯");
    source.setSugar("少糖");
    juiceMaker2.setSource(source);
    return juiceMaker2;
}
```

这样一个 Spring Bean 就可以注册到 Spring IoC 容器中了，也可以使用自动装配的方法将它装配到其他 Bean 中。

10.5 装配的混合使用

上面介绍了最基本的装配 Bean 的方法，在现实中，使用 XML 或者注解各有道理，笔者建议在自己的工程中所开发的类尽量使用注解方式，因为使用它并不困难，甚至可以说更为简单，而对于引入第三方包或者服务的类，尽量使用 XML 方式，这样的好处是可以尽量对三方包或者服务的细节减少理解，也更加清晰和明朗。

如代码清单 10-29 的注解注入有些弊端：开发者需要了解第三方包的使用规则，而对于 XML 进行改写就简单了许多。现在通过使用 XML 去实现代码清单 10-30 的功能，如代码清单 10-31 所示。

代码清单 10-31：使用 XML 配置数据源

```
<bean id="dataSource" class="org.apache.commons.dbcp.BasicDataSource">
```

```
    <property name="driverClassName" value="com.mysql.jdbc.Driver" />
    <property name="url" value="jdbc:mysql://localhost:3306/chapter13" />
    <property name="username" value="root" />
    <property name="password" value="123456" />
</bean>
```

显然我们并不需要去了解第三方包的更多细节，也不需要过多的 Java 代码，尤其是不用 try...catch...finally...语句去处理它们，相对于@Bean 的注入会更好一些，也更为简单，所以对于第三方的包或者其他外部的接口，笔者还是建议使用 XML 的方式进行装载。

Spring 同时支持这两种形式的装配，所以可以自由选择，只是无论采用 XML 还是注解方式的装配都是将 Bean 装配到 Spring IoC 容器中，这样就可以通过 Spring IoC 容器去管理各类资源了。

以数据库池的配置来举例，首先 DBCP 数据库连接池是通过第三方去定义的，我们没有办法给第三方加入注解，但是可以选择通过 XML 给出，这里可以继续使用代码清单 10-30 的配置，假设它配置 XML 文件——spring-data.xml，我们需要通过引入它达到注解的体系当中，而注解的体系则需要完成对角色编号（id）为 1 的查询功能。

首先，使用注解@ImportResource，引入 spring-data.xml 所定义的内容，如代码清单 10-32 所示。

代码清单 10-32：数据库配置

```
package com.ssm.chapter10.annotation.config;
import org.springframework.context.annotation.ComponentScan;
import org.springframework.context.annotation.ImportResource;
@ComponentScan(basePackages={"com.ssm.chapter10.annotation"})
@ImportResource({"classpath:spring-dataSource.xml"})
public class ApplicationConfig {
}
```

@ImportResource 中配置的内容是一个数组，也就是可以配置多个 XML 配置文件，这样就可以引入多个 XML 所定义的 Bean 了。

这个时候我们就可以通过@Autowired 注入去实现对数据库连接池的注入了，比如定义一个查询角色的接口——RoleDataSourceService，如代码清单 10-33 所示。

代码清单 10-33：查询角色接口——RoleDataSourceService

```
package com.ssm.chapter10.annotation.service;
import com.ssm.chapter10.annotation.pojo.Role;
public interface RoleDataSourceService {
    public Role getRole(Long id);
}
```

这是一个很简单的接口，我们需要一个实现类，这个实现类要用到数据库连接池（dataSource），这时就可以使用@Autowired 进行注入，如代码清单 10-34 所示。

代码清单 10-34：查询角色接口实现类

```
package com.ssm.chapter10.annotation.service.impl;
/********imports***********/
@Component
public class RoleDataSourceServiceImpl implements RoleDataSourceService {
    @Autowired
    DataSource dataSource = null;

    @Override
    public Role getRole(Long id) {
        Connection conn = null;
        ResultSet rs = null;
        PreparedStatement ps = null;
        Role role = null;
        try {
             conn = dataSource.getConnection();
             ps = conn.prepareStatement("select id, role_name, note from
t_role where id = ?");
             ps.setLong(1, id);
             rs = ps.executeQuery();
             while(rs.next()) {
                 role = new Role();
                 role.setId(rs.getLong("id"));
                 role.setRoleName(rs.getString("role_name"));
                 role.setNote(rs.getString("note"));
             }
        } catch (SQLException e) {
            e.printStackTrace();
        } finally {
            /**********close database resources************/
        }
        return role;
    }

}
```

通过这样的形式就能够把 XML 所配置的 dataSource 注入 RoleDataSourceServiceImpl 中了，同样也可以注入其他的资源。

有时候所有的配置都放在一个 ApplicationConfig 类里面会造成配置复杂，因此就希望有多个类似于 ApplicationConfig 配置类，比如 ApplicationConfig2、ApplicationConfig3 等。Spring 也提供了注解@Import 的方式注入这些配置类，如代码清单 10-35 所示。

代码清单 10-35：使用多个配置类

```
package com.ssm.chapter10.annotation.config;
import org.springframework.context.annotation.ComponentScan;
import org.springframework.context.annotation.ImportResource;
```

```
@ComponentScan(basePackages={"com.ssm.chapter10.annotation"})
@Import({ApplicationConfig2.class, ApplicationConfig3.class})
public class ApplicationConfig {
}
```

通过这样的形式加载了多个配置文件。

有多个 XML 文件，而你希望通过其中的一个 XML 文件去引入其他的 XML 文件，假设目前有了 spring-bean.xml，需要引入 spring-datasource.xml，那么可以在 spring-bean.xml 使用 import 元素来加载它，如下所示。

```
<import resourse="spring-datasource.xml"/>
```

也许你希望使用 XML 加载 Java 配置类，但是目前 Spring 是不能支持的，不过 Spring 可以支持通过 XML 的配置扫描注解的包，只需要通过<context:component-scan>定义扫描的包就可以了，比如下面的代码就可以取代代码清单 10-33 中的配置：

```
@ComponentScan(basePackages={"com.ssm.chapter10.annotation"})　的　功　能
<context:component- scan base-package="com.ssm.chapter10.annotation" />
```

无论是使用 XML 方式，还是使用注解方式，都各有利弊，笔者更喜欢把第三方包、系统外的接口服务和通用的配置使用 XML 配置，而对于系统内部的开发则以注解方式为主，本书后面的内容是混合使用它们的。

10.6　使用 Profile

在软件开发的过程中，敏捷开发模式很常见，也就是每次都提交一个小阶段的测试。那么可能是开发人员使用一套环境，而测试人员使用另一套环境，而这两套系统的数据库是不一样的，毕竟测试人员也需要花费很多的时间去构建测试数据，可不想老是被开发人员修改那些测试数据，这样就有了在不同的环境中进行切换的需求了。Spring 也会对这样的场景进行支持，在 Spring 中我们可以定义 Bean 的 Profile。

10.6.1　使用注解@Profile 配置

先来看看使用注解@Profile 是如何配置的，比如下面的例子，配置两个数据库连接池，一个用于开发（dev），一个用于测试（test），如代码清单 10-36 所示。

代码清单 10-36：带有@Profile 的数据源

```
package com.ssm.chapter10.profile;
/***************imports***************/
@Component
public class ProfileDataSource {
```

```
    @Bean(name = "devDataSource")
    @Profile("dev")
    public DataSource getDevDataSource() {
        Properties props = new Properties();
        props.setProperty("driver", "com.mysql.jdbc.Driver");
        props.setProperty("url",
"jdbc:mysql://localhost:3306/chapter12");
        props.setProperty("username", "root");
        props.setProperty("password", "123456");
        DataSource dataSource = null;
        try {
            dataSource = BasicDataSourceFactory.createDataSource(props);
        } catch (Exception e) {
            e.printStackTrace();
        }
        return dataSource;
    }

    @Bean(name = "testDataSource")
    @Profile("test")
   public DataSource getTestDataSource() {
    Properties props = new Properties();
        props.setProperty("driver", "com.mysql.jdbc.Driver");
        props.setProperty("url",
"jdbc:mysql://localhost:3306/chapter13");
        props.setProperty("username", "root");
        props.setProperty("password", "123456");
        DataSource dataSource = null;
        try {
            dataSource = BasicDataSourceFactory.createDataSource(props);
        } catch (Exception e) {
            e.printStackTrace();
        }
        return dataSource;
    }
}
```

这里定义了两个 Bean，分别定义了@Profile，一个是 dev，一个是 test，同样，使用 XML 也可以进行定义。

10.6.2 使用 XML 定义 Profile

正如前面所论述的那样，有时候我们希望使用 XML 去配置数据源，因为它可以减少一些 Java 代码的使用。这个时候使用 XML 配置数据源也是没有问题的，比如代码清单 10-37

就是配置一个 Profile 为 dev 的数据源。

代码清单 10-37：XML 配置 Profile

```
<?xml version='1.0' encoding='UTF-8' ?>
<beans xmlns="http://www.springframework.org/schema/beans"
    xmlns:xsi="http://www.w3.org/2001/XMLSchema-instance"
    xmlns:p="http://www.springframework.org/schema/p"
    xsi:schemaLocation="http://www.springframework.org/schema/beans
    http://www.springframework.org/schema/beans/spring-beans-4.0.xsd"
    profile="dev">
    <bean          id="dataSource"          class="org.apache.commons.dbcp.
BasicDataSource">
        <property name="driverClassName" value="com.mysql.jdbc.Driver" />
        <property     name="url"     value="jdbc:mysql://localhost:3306/
chapter13" />
        <property name="username" value="root" />
        <property name="password" value="123456" />
    </bean>
</beans>
```

由于加了 Profile 属性会导致一个配置文件所有的 Bean 都放在 dev 的 Profile 下，这不是我们想要的结果。有时候在一个 XML 文件里面也可以配置多个 Profile，这是允许的，如代码清单 13-38 所示。

代码清单 10-38：配置多个 Profile

```
<?xml version='1.0' encoding='UTF-8' ?>
<beans xmlns="http://www.springframework.org/schema/beans"
    xmlns:xsi="http://www.w3.org/2001/XMLSchema-instance"
    xmlns:p="http://www.springframework.org/schema/p"
    xsi:schemaLocation="http://www.springframework.org/schema/beans
    http://www.springframework.org/schema/beans/spring-beans-4.0.xsd">
    <beans profile="test">
        <bean       id="devDataSource"      class="org.apache.commons.dbcp.
BasicDataSource">
            <property    name="driverClassName"    value="com.mysql.jdbc.
Driver" />
            <property    name="url"    value="jdbc:mysql://localhost:3306/
chapter12" />
            <property name="username" value="root" />
            <property name="password" value="123456" />
        </bean>
    </beans>

    <beans profile="dev">
        <bean       id="devDataSource"      class="org.apache.commons.dbcp.
BasicDataSource">
```

```
            <property    name="driverClassName"    value="com.mysql.jdbc.
Driver" />
            <property   name="url"    value="jdbc:mysql://localhost:3306/
chapter13" />
            <property name="username" value="root" />
            <property name="password" value="123456" />
        </bean>
    </beans>
</beans>
```

这样也能够使用 Profile。

10.6.3 启动 Profile

当启动 Java 配置或者 XML 配置 Profile 时，可以发现这两个 Bean 并不会被加载到 Spring IoC 容器中，需要自行激活 Profile。激活 Profile 的方法有 5 种。

- 在使用 Spring MVC 的情况下可以配置 Web 上下文参数，或者 DispatchServlet 参数。
- 作为 JNDI 条目。
- 配置环境变量。
- 配置 JVM 启动参数。
- 在集成测试环境中使用@ActiveProfiles。

下面介绍常用的几种激活 Profile 的方法。

首先我们能够想到的便是在测试代码中激活 Profile，如果是开发人员进行测试，那么它就可以使用注解@ActiveProfiles 进行定义了，如代码清单 10-39 所示。

代码清单 10-39：加载带有@Profile("dev")的 Bean

```
package com.ssm.chapter10.test;

import javax.sql.DataSource;
/****************imports****************/
@RunWith(SpringJUnit4ClassRunner.class)
@ContextConfiguration(classes=ProfileConfig.class)
@ActiveProfiles("dev")
public class ProfileTest {
    @Autowired
     private DataSource dataSource;
    @Test
    public void test() {
        System.out.println(dataSource.getClass().getName());
    }
}
```

在测试代码中可以加入@ActiveProfiles 来指定加载哪个 Profile，这样程序就会自己去加载对应的 Profile 了。但是毕竟不是什么时候都在测试代码中运行，有些时候要在一些服务器上运行，那么这个时候可以配置 Java 虚拟机的启动项，比如在 Tomcat 服务器上或者在 main 方法上，那么这个时候可以启用 Java 虚拟机的参数来实现它，关于制定 Profile 的参数存在两个。

- spring.profiles.active：启动的 Profile，如果配置了它，那么 spring.profiles.default 配置项将失效。
- spring.profiles.default：默认启动的 Profile，如果系统没有配置关于 Profile 参数的时候，那么它将启动。

这个时候可以配置 JVM 的参数来启用对应的 Profile，比如这里需要启动 test，那么就可以配置为：

```
JAVA_OPTS="-Dspring.profiles.active=test"
```

这个时候 Spring 就知道你需要的是 Profile 为 test 的 Bean 了。有时在类似于 Eclipse 的 IDE 中开发，也可以给运行的类加入虚拟机参数，如图 10-2 所示。

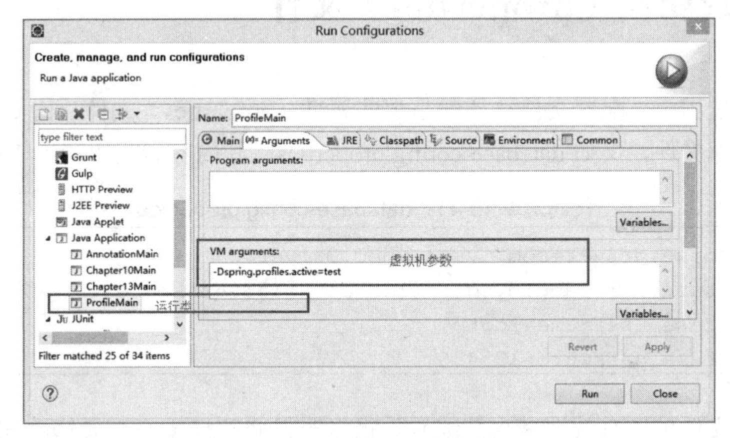

图 10-2　配置虚拟机参数

这样在 IDE 运行代码的时候，Spring 就知道采用哪个 Profile 进行操作了。

在大部分情况下需要启动 Web 服务器，如果使用的是 Spring MVC，那么也可以设置 Web 环境参数或者 DispatcherServlet 参数来选择对应的 Profile，比如可以在 web.xml 中进行配置，如代码清单 10-40 所示。

代码清单 10-40：使用 web.xml 配置 Profile

```
......
<!--使用 Web 环境参数-->
<context-param>
    <param-name>spring.profiles.active</param-name>
    <param-value>test</param-value>
</context-param>
......
```

```
<!--使用 SpringMVC 的 DispatcherServlet 环境参数-->
<servlet>
    <servlet-name>dispatcher</servlet-name>
    <servlet-class>org.springframework.web.servlet.DispatcherServlet
</servlet-class>
    <load-on-startup>2</load-on-startup>
    <init-param>
        <param-name>spring.profiles.active</param-name>
        <param-name>test</param-name>
    </init-param>
</servlet>
......
```

这样也可以在 Web 工程启动的时候来启用对应的 Profile。通过编码去实现也是可以的。

10.7 加载属性（properties）文件

在开发的过程中，配置文件往往就是那些属性（properties）文件，比如使用 properties 文件配置数据库文件，又如 database-config.properties，其内容如代码清单 10-41 所示。

代码清单 10-41：database-config.properties

```
jdbc.database.driver=com.mysql.jdbc.Driver
jdbc.database.url=jdbc:mysql://localhost:3306/chapter10
jdbc.database.username=root
jdbc.database.password=123456
```

使用属性文件可以有效地减少硬编码，很多时候修改环境只需要修改配置文件就可以了，这样能够有效提高运维人员的操作便利性，所以使用 properties 文件是十分常见的场景。在 Spring 中也可以通过注解或者 XML 的方式进行加载属性文件，下面的两个小节，将展示它们的使用方法。

10.7.1 使用注解方式加载属性文件

首先 Spring 提供了注解@PropertySource 来加载属性文件，它的使用比较简单，不过在此之前需要先来了解它的配置项。

- name：字符串，配置这次属性配置的名称。
- value：字符串数组，可以配置多个属性文件。
- ignoreResourceNotFound：boolean 值，默认为 false，其含义为如果找不到对应的属性文件是否进行忽略处理，由于默认值为 false，所以在默认的情况下找不到对应的配置文件会抛出异常。

- encoding：编码，默认为""。

注意，如果只有@PropertySource 的加载，Spring 只会把对应文件加载进来。因此可以在 Spring 环境中使用它们，比如先重新定义 Java 配置类，如代码清单 10-42 所示。

代码清单 10-42：在 Spring 环境中使用属性文件 Java 配置

```
package com.ssm.chapter10.annotation.config;
import org.springframework.context.annotation.Bean;
import org.springframework.context.annotation.ComponentScan;
import org.springframework.context.annotation.Configuration;
import org.springframework.context.annotation.PropertySource;
import
org.springframework.context.support.PropertySourcesPlaceholderConfigurer
;
@Configuration
@PropertySource(value={"classpath:database-config.properties"},
ignoreResourceNotFound=true)
public class ApplicationConfig {
}
```

@PropertySource 的配置，首先加载了 database-config.properties 文件，然后定义选项为 ignoreResourceNotFound=true，也就是找不到该文件就会忽略掉它。如果这个值为 false，且找不到对应的文件，那么 Spring 将会抛出异常，停止工作。用代码清单 10-43 对其进行测试。

代码清单 10-43：测试加载属性

```
ApplicationContext context =
    new AnnotationConfigApplicationContext(ApplicationConfig.class);
String url = context.getEnvironment().getProperty("jdbc.database.url");
System.out.println(url);
```

通过环境来获取对应的配置属性，但是如果仅仅这样，在 Spring 中是没有解析属性占位符的能力，Spring 推荐使用一个属性文件解析类进行处理，它就是 PropertySourcesPlaceholderConfigurer，使用它就意味着允许 Spring 解析对应的属性文件，并通过占位符去引用对应的配置。下面通过创建 DBCP 数据源来演示它。

首先修改代码清单 10-42 中的 Java 配置文件，如代码清单 10-44 所示。

代码清单 10-44：加载数据库属性文件 database-config.properties

```
package com.ssm.chapter10.annotation.config;
/***************imports***************/
@Configuration
@ComponentScan(basePackages = {"com.ssm.chapter10.annotation"})
@PropertySource(value={"classpath:database-config.properties"},
ignoreResourceNotFound=true)
public class ApplicationConfig {
    @Bean
```

```
    public                               PropertySourcesPlaceholderConfigurer
propertySourcesPlaceholderConfigurer() {
        return new PropertySourcesPlaceholderConfigurer();
    }
}
```

上面的代码中定义了一个 PropertySourcesPlaceholderConfigurer 类的 Bean，它的作用是为了让 Spring 能够解析属性占位符，比如这里既然属性文件已经定义了关于数据库连接所需要的配置，那么还需要知道如何去引用已经定义好的配置，这里可以使用注解@Value 和占位符，如代码清单 10-45 所示。

代码清单 10-45：使用引入属性文件的配置

```
package com.ssm.chapter10.annotation.config;
/***************import2***************/
@Component
public class DataSourceBean {

    @Value("${jdbc.database.driver}")
    private String driver = null;

    @Value("${jdbc.database.url}")
    private String url = null;

    @Value("${jdbc.database.username}")
    private String username = null;

    @Value("${jdbc.database.password}")
    private String password = null;

    @Bean(name = "dataSource")
    public DataSource getDataSource() {
        Properties props = new Properties();
        props.setProperty("driver", driver);
        props.setProperty("url", url);
        props.setProperty("username", username);
        props.setProperty("password", password);
        DataSource dataSource = null;
        try {
            dataSource = BasicDataSourceFactory.createDataSource(props);
        } catch (Exception e) {
            e.printStackTrace();
        }
        return dataSource;
    }
}
```

注意代码中加粗的@Value，我们使用了占位符${jdbc.database.driver}去引用加载进来的属性，这样就可以在 Bean 中通过注入形式获取文件的配置了。

10.7.2　使用 XML 方式加载属性文件

10.7.1 节讨论了如何通过注解方式来加载属性文件，有时候也可以使用 XML 方式进行加载属性文件，它只需要使用<context:property-placeholder>元素加载一些配置项即可。比如通过代码清单 10-46 来加载 database-config.properties，同样的也可以使用属性文件。

代码清单 10-46：通过 XML 加载属性文件

```
<?xml version='1.0' encoding='UTF-8' ?>
<beans xmlns="http://www.springframework.org/schema/beans"
    xmlns:xsi="http://www.w3.org/2001/XMLSchema-instance"
    xmlns:p="http://www.springframework.org/schema/p"
    xmlns:context="http://www.springframework.org/schema/context"
    xsi:schemaLocation="http://www.springframework.org/schema/beans
    http://www.springframework.org/schema/beans/spring-beans-4.0.xsd
    http://www.springframework.org/schema/context
   http://www.springframework.org/schema/context/spring-context-
4.0.xsd">
    <context:component-scan  base-package="com.ssm.chapter10.annotation"
/>
    <context:property-placeholder ignore-resource-not-found="true"
       location="classpath:database-config.properties"/>
</beans>
```

这里的 ignore-resource-not-found 属性代表着是否允许文件不存在，配置为 true，则是允许不存在。当默认值为 false 时，不允许文件不存在，如果不存在，Spring 会抛出异常。属性 location 是一个配置属性文件路径的选项，它可以配置单个文件或者多个文件，多个文件之间要使用逗号分隔。如果系统中存在很多文件，那么属性 location 就要配置长长的字符串了，不过还有其他 XML 的方式也可以进行配置，按照代码清单 10-47 进行配置，就可以配置多个属性文件，且可读性更高。

代码清单 10-47：配置多个属性文件

```
<bean                    class="org.springframework.beans.factory.config.
PropertyPlaceholderConfigurer">
    <!--字符串数组，可配置多个属性文件-->
    <property name="locations">
        <array>
            <value>classpath:database-config.properties</value>
            <value>classpath:log4j.properties</value>
        </array>
     </property>
     <property name="ignoreResourceNotFound" value="true"/>
```

```
</bean>
```

在需要多个文件的场景下，这样的配置会更加清晰一些，当需要大量属性文件的时候使用它更好。

10.8 条件化装配 Bean

在某些条件下不需要去装配 Bean。比如当没有关于代码清单 10-40 的属性文件中的 database-config.properties 属性配置时，就不要去创建数据源，这个时候，我们就需要通过条件化去判断。Spring 提供了注解@Conditional 去配置，通过它可以配置一个或者多个类，只是这些类都需要实现接口 Condition（org.springframework.context.annotation.Condition），为了演示它，先来修改关于 DBCP 数据源的 Bean，如代码清单 10-48 所示。

代码清单 10-48：修改生成数据源的方法

```
@Bean(name = "dataSource")
@Conditional({DataSourceCondition.class})
public DataSource getDataSource(
        @Value("${jdbc.database.driver}") String driver,
        @Value("${jdbc.database.url}") String url,
        @Value("${jdbc.database.username}") String username,
        @Value("${jdbc.database.password}") String password) {
    Properties props = new Properties();
    props.setProperty("driver", driver);
    props.setProperty("url", url);
    props.setProperty("username", username);
    props.setProperty("password", password);
    DataSource dataSource = null;
    try {
        dataSource = BasicDataSourceFactory.createDataSource(props);
    } catch (Exception e) {
        e.printStackTrace();
    }
    return dataSource;
}
```

这里代码通过@Value 往参数里注入了对应属性文件的配置，但是我们没有办法确定这些数据源连接池的属性是否在属性文件中已经配置完整，如果是不充足的属性配置，则会引起创建失败，为此要判断属性文件的配置是否充足才能继续创建 Bean。通过@Conditional 去引入了一个类——DataSourceCondition，由它来进行判断。先看看这个类，如代码清单 10-49 所示。

代码清单 10-49：DataSourceCondition 源码

```
package com.ssm.chapter10.annotation.condition;
import org.springframework.context.annotation.Condition;
import org.springframework.context.annotation.ConditionContext;
import org.springframework.core.env.Environment;
import org.springframework.core.type.AnnotatedTypeMetadata;
public class DataSourceCondition implements Condition {
    @Override
    public boolean matches(ConditionContext context, AnnotatedTypeMetadata
metadata) {
        //获取上下文环境
        Environment env = context.getEnvironment();
        //判断是否存在关于数据源的基础配置
        return env.containsProperty("jdbc.database.driver")
                && env.containsProperty("jdbc.database.url")
                && env.containsProperty("jdbc.database.username")
                && env.containsProperty("jdbc.database.password");
    }
}
```

这里要求 DataSourceCondition 实现接口 Condition 的 matches 方法，该方法有两个参数，一个是 ConditionContext，通过它可以获得 Spring 的运行环境，一个是 AnnotatedTypeMetadata，通过它可以获得关于该 Bean 的注解信息。代码中先获取了运行上下文环境，然后判断在环境中属性文件是否配置了数据库的相关参数，如果配置了，则返回为 true，那么 Spring 会去创建对应的 Bean，否则是不会创建的。

10.9　Bean 的作用域

在默认的情况下，Spring IoC 容器只会对一个 Bean 创建一个实例，比如下面的测试：

```
ApplicationContext ctx = new ClassPathXmlApplicationContext("spring-
props.xml");
RoleDataSourceService RoleService = ctx.getBean(RoleDataSourceService.
class);
RoleDataSourceService RoleService2 = ctx.getBean(RoleDataSourceService.
class);
System.out.println(RoleService == RoleService2);
```

这里我们通过类型两次从 Spring IoC 容器中取出 Bean，然后通过==比较，这是一个位比较。换句话说，就是比较 RoleService 和 RoleService2 是否为同一个对象，经过测试它的结果如图 10-3 所示。

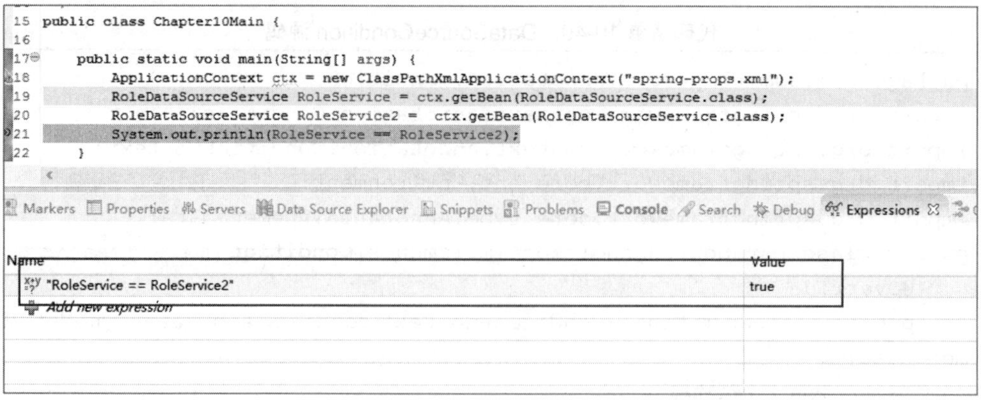

```
15 public class Chapter10Main {
16
17     public static void main(String[] args) {
18         ApplicationContext ctx = new ClassPathXmlApplicationContext("spring-props.xml");
19         RoleDataSourceService RoleService = ctx.getBean(RoleDataSourceService.class);
20         RoleDataSourceService RoleService2 =  ctx.getBean(RoleDataSourceService.class);
21         System.out.println(RoleService == RoleService2);
22     }
```

Markers Properties Servers Data Source Explorer Snippets Problems Console Search Debug Expressions

Name	Value
"RoleService == RoleService2"	true
Add new expression	

图 10-5　测试从 Spring IoC 容器中取出的对象

从图 10-5 中可以看到，它们是同一个对象，换句话说，在默认的情况下，Spring IoC 容器只会为配置的 Bean 生成一个实例，而不是多个。

有时候我们希望能够通过 Spring IoC 容器中获取多个实例，比如 Struts2（现在它的使用已经比较少了）中的 Action（Struts2 的控制层类），它往往绑定了从页面请求过来的订单。如果它也是一个实例，那么订单就从头到尾只有一个，而不是多个，这样就不能满足互联网的并发要求了。为了解决这个问题，有时候我们希望 Action 是多个实例，每当我们请求的时候就产生一个独立的对象，而不是默认的一个，这样多个实例就可以在不同的线程运行了，就没有并发问题了。关于这些是由 Spring 的作用域所决定的。

Spring 提供了 4 种作用域，它会根据情况来决定是否生成新的对象。

- 单例（singleton）：它是默认的选项，在整个应用中，Spring 只为其生成一个 Bean 的实例。
- 原型（prototype）：当每次注入，或者通过 Spring IoC 容器获取 Bean 时，Spring 都会为它创建一个新的实例。
- 会话（session）：在 Web 应用中使用，就是在会话过程中 Spring 只创建一个实例。
- 请求（request）：在 Web 应用中使用的，就是在一次请求中 Spring 会创建一个实例，但是不同的请求会创建不同的实例。

从 4 种作用域可以看出，对于 Struts2 的 Action 而言，使用请求会合理一些。在 4 种作用域中会话和请求只能在 Web 应用中使用，先来测试原型，修改 RoleDataSourceService 类，如代码清单 10-50 所示。

代码清单 10-50：给 RoleDataSourceServiceImpl 声明原型

```
package com.ssm.chapter10.annotation.service.impl;
/***************imports***************/
@Component
@Scope(ConfigurableBeanFactory.SCOPE_PROTOTYPE)
public class RoleDataSourceServiceImpl implements RoleDataSourceService {
......
}
```

这里使用了注解@Scope，并且声明为原型，修改完之后，再次测试代码，于是可以得到图 10-6 所示的情景。

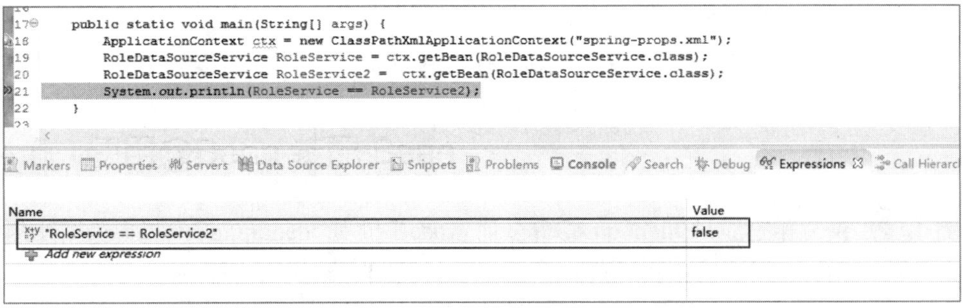

```
17    public static void main(String[] args) {
18        ApplicationContext ctx = new ClassPathXmlApplicationContext("spring-props.xml");
19        RoleDataSourceService RoleService = ctx.getBean(RoleDataSourceService.class);
20        RoleDataSourceService RoleService2 =  ctx.getBean(RoleDataSourceService.class);
21        System.out.println(RoleService == RoleService2);
22    }
```

Markers　Properties　Servers　Data Source Explorer　Snippets　Problems　Console　Search　Debug　Expressions　Call Hierarc

Name	Value
"RoleService == RoleService2"	false
Add new expression	

图 10-6　测试原型

从测试结果可以看到两个对象并非同一个对象，因为我们将其声明为了原型，每当我们从 Spring IoC 容器中获取对象，它就会生成一个新的实例，这样两次获取就获得了不同的对象，于是比较就返回为 false 了。

10.10　使用 Spring 表达式（Spring EL）

Spring 还提供了更灵活的注入方式，那就是 Spring 表达式，实际上 Spring EL 远比以上注入方式强大，我们需要学习它。

Spring EL 拥有很多功能。

- 使用 Bean 的 id 来引用 Bean。
- 调用指定对象的方法和访问对象的属性。
- 进行运算。
- 提供正则表达式进行匹配。
- 集合配置。

这些都是 Spring 表达式的内容，使用 Spring 表达式可以获得比使用 Properties 文件更为强大的装配功能，只是有时候为了方便测试可以使用 Spring EL 定义的解析类进行测试，为此我们先来认识它们。

10.10.1　Spring EL 相关的类

简要介绍 Spring EL 的相关类，以便我们进行测试和理解。首先是 ExpressionParser 接口，它是一个表达式的解析接口，既然是一个接口，那么它就不具备任何具体的功能，显然 Spring 会提供更多的实现类，如图 10-7 所示。

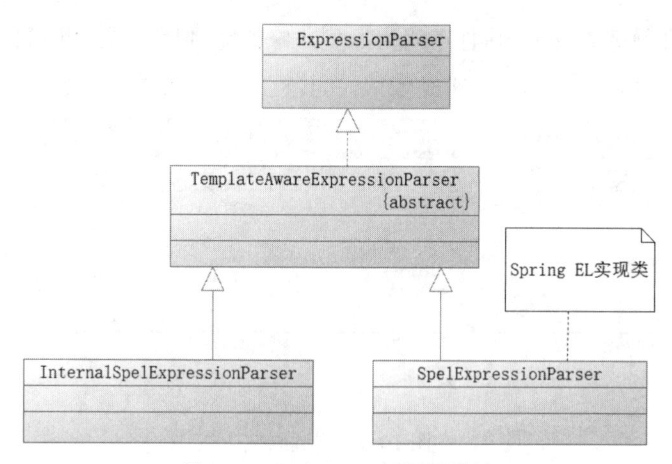

图 10-7　Spring EL 解析器设计

举例说明 Spring EL 的使用，如代码清单 10-51 所示。

代码清单 10-51：举例说明 Spring EL 的使用

```
//表达式解析器
ExpressionParser parser = new SpelExpressionParser();
//设置表达式
Expression exp = parser.parseExpression("'hello world'");
String str = (String) exp.getValue();
System.out.println(str);
//通过 EL 访问普通方法
exp = parser.parseExpression("'hello world'.charAt(0)");
char ch = (Character) exp.getValue();
System.out.println(ch);
//通过 EL 访问的 getter 方法
exp = parser.parseExpression("'hello world'.bytes");
byte[] bytes = (byte[]) exp.getValue();
System.out.println(bytes);
//通过 EL 访问属性，相当于"hello world".getBytes().length
exp = parser.parseExpression("'hello world'.bytes.length");
int length = (Integer)exp.getValue();
System.out.println(length);
exp = parser.parseExpression("new String('abc')");
String abc = (String)exp.getValue();
System.out.println(abc);
```

通过表达式可以创建对象，调用对象的方法获取属性。用变量去解析表达式，因为使用变量会使表达式更加灵活，比如针对 Spring IoC 容器进行解析，我们可以从中获得我们配置的属性。为了更好地满足用户的需要，Spring EL 还支持变量的解析，只是使用变量解析的时候常常用到一个接口——EvaluationContext，它可以有效解析表达式中的变量。它也有一个实现类——StandardEvaluationContext，下面针对角色类和 List 进行举例，如代码清单 10-52 所示。

代码清单 10-52：测试表达式的变量

```
//创建角色对象
Role role = new Role(1L, "role_name", "note");
exp = parser.parseExpression("note");
//相当于从 role 中获取备注信息
String note = (String) exp.getValue(role);
System.out.println(note);

//变量环境类，并且将角色对象 role 作为其根节点
EvaluationContext ctx = new StandardEvaluationContext(role);
//变量环境类操作根节点
parser.parseExpression("note").setValue(ctx, "new_note");
//获取备注，这里的 String.class 指明，我们希望返回的是一个字符串
note = parser.parseExpression("note").getValue(ctx, String.class);
System.out.println(note);
//调用 getRoleName 方法
String roleName = parser.parseExpression("getRoleName()").getValue(ctx,
String.class);
System.out.println(roleName);

//新增环境变量
List<String> list = new ArrayList<String>();
list.add("value1");
list.add("value2");
//给变量环境增加变量
ctx.setVariable("list", list);
//通过表达式去读/写环境变量的值
parser.parseExpression("#list[1]").setValue(ctx, "update_value2");
System.out.println(parser.parseExpression("#list[1]").getValue(ctx));
```

EvaluationContext 使用了它的实现类 StandardEvaluationContext，进行了实例化，在构造方法中将角色对象传递给它了，那么估值内容就会基于这个类进行解析。所以后面表达式的 setValue 和 getValue 方法都把这个估值内容传递进去，这样就能够读/写根节点的内容了，并且通过 getRole()的例子，还可以知道它甚至能够支持方法的调用。为了更加灵活，估值内容还支持了其他变量的新增和操作，正如代码中创建了一个 List，并且把 List 用估值内容的 setVariable 方法设置，其键为"list"，这样就允许我们在表达式里面通过#list 去引用它，而给出的下标 1，则是代表引用 List 的第二个元素（list 是以下标 0 标识第一个元素的）。

上面介绍了 Spring 具有对表达式的解析功能，Spring EL 最重要的功能就是对 Bean 属性进行注入，让我们以注解的方式为主去学习它们。

10.10.2 Bean 的属性和方法

使用注解的方式需要用到注解@Value，在属性文件的读取中使用的是“$”，而在 Spring EL 中则使用 “#”。下面以角色类为例进行讨论，我们可以这样初始化它的属性，如代码清单 10-53 所示。

代码清单 10-53：使用 Spring EL 初始化角色类

```
package com.ssm.chapter10.el.pojo;
/***************imports***************/
@Component("role")
public class Role {
     //赋值 long 型
    @Value("#{1}")
    private Long id;
     //字符串赋值
    @Value("#{'role_name_1'}")
    private String roleName;
     //字符串赋值
    @Value("#{'note_1'}")
    private String note;
/***************setters and getters***************/
}
```

这样就可以定义一个 BeanName 为 role 的角色类了，同时给予它所有的属性赋值，这个时候可以通过另外一个 Bean 去引用它的属性或者调用它的方法，比如新建一个类——ElBean 作为测试，如代码清单 10-54 所示。

代码清单 10-54：通过 Spring EL 引用 role 的属性，调用其方法

```
com.ssm.chapter10.el.pojo
@Component("elBean")
public class ElBean {

    //通过 beanName 获取 bean，然后注入
     @Value("#{role}")
     private Role role;

    //获取 bean 的属性 id
     @Value("#{role.id}")
     private Long id;

    //调用 bean 的 getNote 方法，获取角色名称
     @Value("#{role.getNote().toString()}")
     private String note;
/****** setters and getters ******/
}
```

我们可以通过 BeanName 进行注入，也可以通过 OGNL 获取其属性或者调用其方法来注入其他的 Bean 中。注意，表达式"#{role.getNote().toString()}"的注入，因为 getNote 可能返回为 null，这样 toString()方法就会抛出异常了。为了处理这个问题，可以这样写"#{role.getNote()?.toString()}"，这个表达式中问号的含义是先判断是否返回为非 null，如果不是则不再调用 toString 方法。

10.10.3　使用类的静态常量和方法

有时候我们可能希望使用一些静态方法和常量，比如圆周率 π，而在 Java 中就是 Math 类的 PI 常量了，需要注入它十分简单，在 ElBean 中如同下面一样操作就可以了：

```
@Value("#{T(Math).PI}")
private double pi;
```

这里的 Math 代表的是 java.lang.*包下的 Math 类。当在 Java 代码中使用该包是不需要先使用 import 关键字引入的，对于 Spring EL 也是如此。如果在 Spring 中使用一个非该包的内容，那么要给出该类的全限定名，需要写成类似这样：

```
@Value("#{T(java.lang.Math).PI}")
private double pi;
```

同样，有时候使用 Math 类的静态方法去生产随机数（0 到 1 之间的随机双精度数字），这个时候就需要使用它的 random 方法了，比如：

```
@Value("#{T(Math).random()}")
private double random;
```

这样就可以通过调用类的静态方法加载对应的数据了。

10.10.4　Spring EL 运算

上面讨论了如何获取值，除此之外 Spring EL 还可以进行运算，比如在 ElBean 上增加一个数字 num，其值默认为要求是角色编号（id）+1，那么我们就可以写成：

```
@Value("#{role.id+1}")
private int num;
```

有时候 “+” 运算符也可以运用在字符串的连接上，比如下面的这个字段，把角色对象中的属性 roleName 和 note 相连：

```
@Value("#{role.roleName + role.note}")
private String str;
```

这样就能够得到一个角色名称和备注相连接的字符串。

比较两个值是否相等，比如角色 id 是否为 1，角色名称是否为"role_name_001"。数字和字符串都可以使用“eq”或者“==”进行相等比较。除此之外，还有大于、小于等数学运算，比如：

```
@Value("#{role.id == 1}")
private boolean equalNum;

@Value("#{role.note eq 'note_1'}")
private boolean eqaulString;

@Value("#{role.id > 2}")
private boolean greater;

@Value("#{role.id < 2}")
private boolean less;
```

在 Java 中，也许你会怀念三目运算，比如，如果角色编号大于 1，那么取值 5，否则取值 1，那么在 Java 中可以写成：

```
int max = (role.getId()>1? 5:1);
```

如果角色的备注为空，我们给它一个默认的初始值“note”，使用 Java 则写成：

```
String defaultString = (role.getNote() == null? "hello" : role.getNote());
```

下面让我们通过 String EL 去实现上述的功能。

```
@Value("#{role.id > 1 ? 5 : 1}")
private int max;
@Value("#{role.note?: 'hello'}")
private String defaultString;
```

实际上 Spring EL 的功能远不止这些，上面只介绍了一些最基础、最常用的功能，熟练运用它还需要读者们多动手实践。

第 11 章

面向切面编程

本章目标

1. 进一步掌握动态代理
2. 掌握 AOP 的概念术语和约定流程
3. 掌握如何开发 AOP、@AspectJ 注解方式和 XML 方式
4. 掌握 AOP 中的各类通知
5. 掌握如何给 AOP 各类通知传递参数
6. 掌握多个切面的执行顺序

如果说 IoC 是 Spring 的核心，那么面向切面编程就是 Spring 最为重要的功能之一了，在数据库事务中切面编程被广泛使用。和其他 Spring 书籍不同的是，笔者并不急着介绍 Spring AOP 那些抽象的概念，一切从 Spring AOP 的底层技术——动态代理开始。理解了动态代理的例子，你就能对 Spring AOP 豁然开朗。为了更通俗易懂地阐述 AOP，先和读者玩一个简单的约定游戏。

11.1 一个简单的约定游戏

应该说 AOP 原理是 Spring 技术中最难理解的一个部分，而这个约定游戏也许会给你很多的帮助，通过这个约定游戏，就可以理解 Spring AOP 的含义和实现方法，也能帮助读者更好地运用 Spring AOP 到实际的编程当中，这对于正确理解 Spring AOP 是十分重要的，当然这个游戏也会有一定的困难，不过多动手就可以理解和掌握它了。

11.1.1 约定规则

首先提供一个 Interceptor 接口，其定义如代码清单 11-1 所示。

代码清单 11-1：定义 Interceptor 接口

```
package com.ssm.chapter11.game;
public interface Interceptor {
```

```
    public void before(Object obj);

    public void after(Object obj);

    public void afterReturning(Object obj);

    public void afterThrowing(Object obj);
}
```

这里是一个拦截接口，可以对它创建实现类。如果使用过 Spring AOP，你就会发现笔者的定义和 Spring AOP 定义的消息是如此相近。如果你没有使用过，那么也无关紧要，这只是一个很简单的接口定义，理解它很容易。

此时笔者要求读者生成对象的时候都用这样的一个类去生成对应的对象，如代码清单 11-2 所示。

代码清单 11-2：ProxyBeanFactory 的 getBean 方法

```
package com.ssm.chapter11.game;

public class ProxyBeanFactory {

    public static <T> T getBean(T  obj, Interceptor interceptor) {
        return (T) ProxyBeanUtil.getBean(obj, interceptor);
    }
}
```

具体类 ProxyBeanUtil 的 getBean 方法的逻辑不需要去理会，因为这是笔者需要去完成的内容。但是作为读者，你要知道当使用了这个方法后，存在如下约定（这里不讨论 obj 对象为空或者拦截器 interceptor 为空的情况，因为这些并不具备很大的讨论价值，只需要很简单的判断就可以了）。

当一个对象通过 ProxyBeanFactory 的 getBean 方法定义后，拥有这样的约定。

（1）Bean 必须是一个实现了某一个接口的对象。

（2）最先会执行拦截器的 before 方法。

（3）其次执行 Bean 的方法（通过反射的形式）。

（4）执行 Bean 方法时，无论是否产生异常，都会执行 after 方法。

（5）执行 Bean 方法时，如果不产生异常，则执行 afterReturning 方法；如果产生异常，则执行 afterThrowing 方法。

这个约定实际已经十分接近 Spring AOP 对我们的约定，所以这个约定十分重要，其流程如图 11-1 所示。

图 11-1 是笔者和读者的约定流程，这里有一个判断，即是否存在 Bean 方法的异常。如果存在异常，则会在结束前调用 afterThrowing 方法，否则就做正常返回，那么就调用 afterReturning 方法。

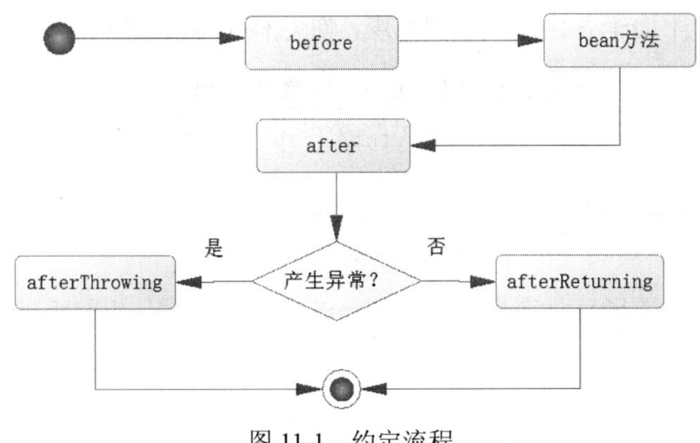

图 11-1　约定流程

11.1.2　读者的代码

上面笔者给出了接口和获取 Bean 的方式，同时也给出了具体的约定，这个时候读者可以根据约定编写代码，比如打印一个角色信息。由于约定服务对象必须实现接口，于是可以自己定义一个 RoleService 接口，如代码清单 11-3 所示。

代码清单 11-3：RoleService 接口

```
package com.ssm.chapter11.game.service;
import com.ssm.chapter11.game.pojo.Role;

public interface RoleService {
    public void printRole(Role role);
}
```

然后就可以编写它的实现类了，代码清单 11-4 就是笔者编写的 RoleService 的实现类，它提供了 printRole 方法的具体实现。

代码清单 11-4：RoleServiceImpl

```
package com.ssm.chapter11.game.service.impl;

import com.ssm.chapter11.game.pojo.Role;
import com.ssm.chapter11.game.service.RoleService;
public class RoleServiceImpl implements RoleService {
    @Override
    public void printRole(Role role) {
        System.out.println("{id =" + role.getId()
            + ", roleName=" + role.getRoleName()
            + ", note=" + role.getNote() + "}");
    }
}
```

显然这也没什么难度，只是还欠缺一个拦截器，它只需要实现代码清单 11-1 的接口而已，也十分简单，下面笔者给出自己的实现，如代码清单 11-5 所示。

代码清单 11-5：角色拦截器 RoleInterceptor

```
package com.ssm.chapter11.game.interceptor;

import com.ssm.chapter11.game.Interceptor;
import com.ssm.chapter11.game.pojo.Role;

public class RoleInterceptor implements Interceptor {

    @Override
    public void before(Object obj) {
        System.out.println(
         "准备打印角色信息");
    }

    @Override
    public void after(Object obj) {
        System.out.println(
         "已经完成角色信息的打印处理");
    }

    @Override
    public void afterReturning(Object obj) {
         System.out.println(
            "刚刚完成打印功能，一切正常。");
    }

    @Override
    public void afterThrowing(Object obj) {
        System.out.println(
           "打印功能执行异常了，查看一下角色对象为空了吗？");
    }
}
```

它编写了图 11-1 中描述流程的各个方法，这个时候你可以清楚地知道代码将按照流程图的流程执行。注意，你并不需要知道笔者如何实现，你只需要知道我们之间的约定即可，使用代码清单 11-6 测试约定流程。

代码清单 11-6：测试约定流程

```
package com.ssm.chapter11.game.main;

import com.ssm.chapter11.game.Interceptor;
import com.ssm.chapter11.game.ProxyBeanFactory;
import com.ssm.chapter11.game.interceptor.RoleInterceptor;
import com.ssm.chapter11.game.pojo.Role;
```

```
import com.ssm.chapter11.game.service.RoleService;
import com.ssm.chapter11.game.service.impl.RoleServiceImpl;

public class GameMain {
    public static void main(String[] args) {
        RoleService roleService = new RoleServiceImpl();
        Interceptor interceptor = new RoleInterceptor();
        RoleService    proxy    =    ProxyBeanFactory.getBean(roleService,
interceptor);
        Role role = new Role(1L, "role_name_1", "role_note_1");
        proxy.printRole(role);
        System.out.println("##############  测  试   afterthrowing   方  法
###############");
        role = null;
        proxy.printRole(role);
    }
}
```

加粗的代码是笔者和读者的约定获取 Bean 的方法，而到了后面为了测试 afterThrowing 方法，笔者将角色对象 role 设置为空，这样便能使得原有的打印方法发生异常。此时运行这段代码，就可以得到下面的日志：

```
准备打印角色信息
{id =1, roleName=role_name_1, note=role_note_1}
已经完成角色信息的打印处理
刚刚完成打印功能，一切正常
##############测试 afterthrowing 方法###############
准备打印角色信息
已经完成角色信息的打印处理
打印功能执行异常了，查看一下角色对象为空了吗
```

可见底层已经处理了这个流程，使用者只需要懂得流程图的约定，实现接口中的方法即可。这些都是笔者对你的约定，而你不需要知道笔者是如何实现的。也许你会好奇，笔者是如何做到这些的？下节笔者将展示如何做到这个约定游戏。

11.1.3　笔者的代码

11.1.1 节笔者只是和读者进行了约定，而没有展示代码，本节将展示代码。上面的代码都基于动态代理模式。不熟悉的读者需要重新翻阅本书的第 2 章，切实掌握它，它是理解 Spring AOP 的基础，由于这段代码的重要性，对于动态代理不熟悉的读者，可以通过打断点的形式一步步摸索流程，它对理解 Spring AOP 的本质有很大帮助。

下面展示通过 JDK 动态代理实现上述流程的代码，如代码清单 11-7 所示。

代码清单 11-7：使用动态代理实现流程

```
package com.ssm.chapter11.game;
import java.lang.reflect.InvocationHandler;
import java.lang.reflect.Method;
import java.lang.reflect.Proxy;
class ProxyBeanUtil implements InvocationHandler {
    //被代理对象
    private Object obj;
    //拦截器
    private Interceptor interceptor = null;

    /**
     * 获取动态代理对象.
     * @param obj 被代理对象
     * @param interceptor 拦截器
     * @param aroundFlag 是否启用 around 方法
     * @return  动态代理对象
     */
    public static Object getBean(Object obj, Interceptor interceptor) {
        //使用当前类，作为代理方法，此时被代理对象执行方法的时候，会进入当前类的 invoke
方法里
        ProxyBeanUtil _this = new ProxyBeanUtil();
        //保存被代理对象
        _this.obj = obj;
        //保存拦截器
        _this.interceptor = interceptor;
        //生成代理对象，并绑定代理方法
        return Proxy.newProxyInstance(obj.getClass().getClassLoader(),
               obj.getClass().getInterfaces(), _this);
    }

    /**
     *  代理方法
     * @param proxy 代理对象
     * @param method 当前调度方法
     * @param args 参数
     * @return 方法返回
     * @throws Throwable 异常
     */
    @Override
    public Object invoke(Object proxy, Method method, Object[] args) throws
Throwable {
        Object retObj = null;
        //是否产生异常
        boolean exceptionFlag = false;
        //before 方法
```

```
        interceptor.before(obj);
        try {
              //反射原有方法
              retObj = method.invoke(obj, args);
        } catch (Exception ex) {
         exceptionFlag = true;
        } finally {
           //after 方法
           interceptor.after(obj);
        }
        if (exceptionFlag) {
         //afterThrowing 方法
           interceptor.afterThrowing(obj);
        } else {
         //afterReturning 方法
           interceptor.afterReturning(obj);
        }
        return retObj;
    }

}
```

上面的代码使用了动态代理，由于这段代码的重要性，这里有必要讨论其实现过程。

首先，通过 getBean 方法保存了被代理对象、拦截器（interceptor）和参数（args），为之后的调用奠定了基础。然后，生成了 JDK 动态代理对象（proxy），同时绑定了 ProxyBeanUtil 返回的对象作为其代理类，这样当代理对象调用方法的时候，就会进入到 ProxyBeanUtil 的 invoke 方法中，于是焦点又到了 invoke 方法上。

在 invoke 方法中，笔者将拦截器的方法按照流程图实现了一遍，其中设置了异常标志（exceptionFlag），通过这个标志就能判断反射原有对象方法的时候是否发生了异常，这就是读者的代码能够按照流程打印的原因。但是，由于动态代理和反射的代码会比较抽象，更多的时候大部分的框架只会告诉你流程图和具体的流程方法的配置，就像笔者之前只是给出约定而已，相信有心的读者已经明白这句话的意思了，这就是说 Spring 框架也是这样做的。

动态代理不好理解，当你掌握不好的时候，可以自己调试代码清单 11-6，然后通过断点进入到代码清单 11-7 之中，一步步进行跟踪，图 11-2 就是笔者跟踪这段代码的印记，只有多动手跟踪代码才能真正掌握编程的奥妙。

通过图 11-2 的方法，我们就可以根据断点追踪整个流程的执行过程。这个例子告诉大家，笔者完全可以将所编写的代码按照一定的流程去织入到约定的流程中。同样，Spring 框架也是可以的，而且 Spring 框架提供的方式更多也更为强大，只要我们抓住了约定的内容，就不难理解 Spring 的应用了。

ProxyBeanUtil.java

```
33      * @param method 当前调度方法
34      * @param args 参数
35      * @return 方法返回
36      * @throws Throwable 异常
37      */
38     @Override
39     public Object invoke(Object proxy, Method method, Object[] args) throws Throwable {
40         Object retObj = null;
41         //是否产生异常？
42         boolean exceptionFlag = false;
43         //before方法
44         interceptor.before(obj);
45         try {
46             //反射原有方法
47             retObj = method.invoke(obj, args);
48         } catch (Exception ex) {
49             exceptionFlag = true;
50         } finally {
51             //after方法
52             interceptor.after(obj);
53         }
54         if (exceptionFlag) {
55             //afterThrowing方法
56             interceptor.afterThrowing(obj);
```

Problems Javadoc Declaration Console Data Source Explorer SQL Results Expressions

Name	Value
"proxy"	(id=19)
h	ProxyBeanUtil (id=18)
interceptor	RoleInterceptor (id=24)
obj	RoleServiceImpl (id=27)
Add new expression	

图 11-2 测试约定游戏

11.2 Spring AOP 的基本概念

11.1 节展示了动态代理使程序运行时，可以按照设计者约定的流程运行，那么这有什么意义呢？这是本节要讨论的问题。

11.2.1 AOP 的概念和使用原因

现实中有一些内容并不是面向对象（OOP）可以解决的，比如数据库事务，它对于企业级的 Java EE 应用而言是十分重要的，又如在电商网站购物需要经过交易系统、财务系统，对于交易系统存在一个交易记录的对象，而财务系统则存在账户的信息对象。从这个角度而言，我们需要对交易记录和账户操作形成一个统一的事务管理。交易和账户的事务，要么全部成功，要么全部失败。这样我们就可以得到如图 11-3 所示的流程。

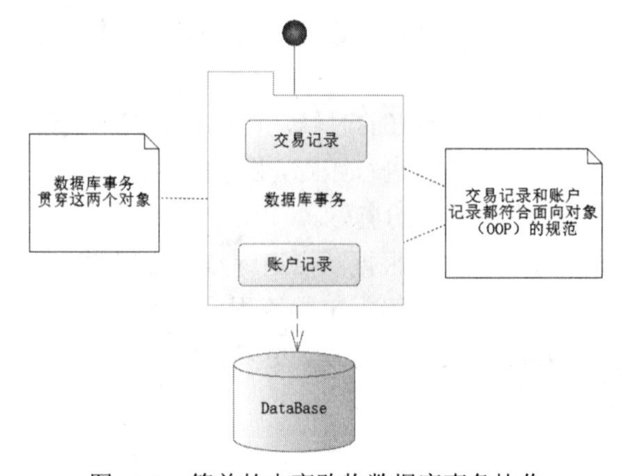

图 11-3 简单的电商购物数据库事务协作

在图 11-3 中，交易记录和账户记录都是对象，这两个对象需要在同一个事务中控制，这就不是面向对象可以解决的问题，而需要用到面向切面的编程，这里的切面环境就是数据库事务。

AOP 编程有着重要的意义，首先它可以拦截一些方法，然后把各个对象组织成一个整体，比如网站的交易记录需要记录日志，如果我们约定好了动态的流程，那么就可以在交易前后、交易正常完成后或者交易异常发生时，通过这些约定记录相关的日志了。

也许到现在你还没能理解 AOP 的重要性，不过不要紧。回到 JDBC 的代码中，令人最讨厌和最折腾的问题永远是无穷无尽的 try...catch...finally...语句和数据库资源的关闭问题，而且这些代码会存在大量重复，加上开发者水平参差不齐。Spring 出现前，在 Java EE 的开发中，try...catch...finally 语句常常被严重滥用，使得 Java EE 的开发存在着许多问题，虽然 MyBatis 对 JDBC 做了良好的封装，但是还是不足的。先看一个 MyBatis 的例子，它的作用是扣减一个产品的库存，然后新增一笔交易记录，如代码清单 11-8 所示。

代码清单 11-8：使用 MyBatis 实现购买记录事务流程

```
/**
* 记录购买记录
* @productId --产品编号
* @record -- 购买记录
**/
public void savePurchaseRecord (Long productId, PurchaseRecord record) {
SqlSession sqlSession = null;
try {
   sqlSession = SqlSessionFactoryUtils.openSqlSession();
   ProductMapper                         productMapper                          =
sqlSession.getMapper(ProductMapper.class);
Product product = productMapper .getRole(productId);
//判断库存是否大于购买数量
if (product.getStock() >= record.getQuantity()) {
   //减库存，并更新数据库记录
   product.setStock(product.getStock() - record.getQuantity());
   productMapper.update(product);
   //保存交易记录
   PurchaseRecordMapper purchaseRecordMapper =
         sqlSession.getMapper(PurchaseRecordMapper.class);
      purchaseRecordMapper.save(record);
   sqlSession.commit();
      }
} catch (Exception ex) {
   //异常回滚事务
   ex.printStackTrace();
   sqlSession.rollback();
} finally {
   //关闭资源
   if (sqlSession != null) {
```

```
            sqlSession.close();
        }
    }
}
```

这里购买交易的产品和购买记录都在 try...catch...finally...语句中，首先需要自己去获取对应的映射器，而业务流程中穿插着事务的提交和回滚，也就是如果交易可以成功，那么就会提交事务，交易如果发生异常，那么就回滚事务，最后在 finally 语句中会关闭 SqlSession 所持有的功能。

但是这并不是一个很好的设计，按照 Spring 的 AOP 设计思维，它希望写成如代码清单 11-9 所示的代码。

代码清单 11-9：用 Spring 代码实现修改角色备注

```
@Autowired
private ProductMapper productMapper = null;
@Autowired
private  PurchaseRecordMapper purchaseRecordMapper =null;
......
@Transactional
public void updateRoleNote(Long productId, PurchaseRecord record) {
    Product product = productMapper .getRole(productId);
    //判断库存是否大于购买数量
if (product.getStock() >= record.getQuantity()) {
    //减库存，并更新数据库记录
    product.setStock(product.getStock() - record.getQuantity());
productMapper.update(product);
    //保存交易记录
    purchaseRecordMapper.save(record);
}
}
```

这段代码除了一个注解@Transactional，没有任何关于打开或者关闭数据库资源的代码，更没有任何提交或者回滚数据库事务的代码，但是它却能够完成如代码清单 11-8 所示的全部功能。注意，这段代码更简洁，也更容易维护，主要都集中在业务处理上，而不是数据库事务和资源管控上，这就是 AOP 的魅力。到这步初学者可能会有一个疑问，AOP 是怎么做到这点的？

为了回答这个问题，首先来了解正常执行 SQL 的逻辑步骤，一个正常的 SQL 是：

（1）打开通过数据库连接池获得数据库连接资源，并做一定的设置工作。

（2）执行对应的 SQL 语句，对数据进行操作。

（3）如果 SQL 执行过程中发生异常，回滚事务。

（4）如果 SQL 执行过程中没有发生异常，最后提交事务。

（5）到最后的阶段，需要关闭一些连接资源。

于是我们得到这样的一个流程图，如图 11-4 所示。

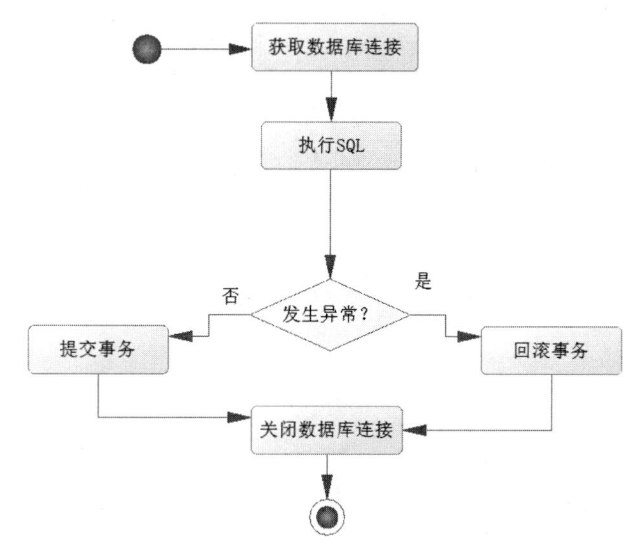

图 11-4　正常 SQL 的逻辑执行步骤

细心的读者会发现，这个图实际和约定游戏中的流程（如图 11-1 所示）十分接近，也就是说作为 AOP，完全可以根据这个流程做一定的封装，然后通过动态代理技术，将代码织入到对应的流程环节中。换句话说，类似于这样的流程，参考约定游戏中的例子，我们完全可以（请参照图 11-1 的流程）设计成这样：

（1）打开获取数据连接在 before 方法中完成。

（2）执行 SQL，按照读者的逻辑会采用反射的机制调用。

（3）如果发生异常，则回滚事务；如果没有发生异常，则提交事务，然后关闭数据库连接资源。

如果一个 AOP 框架不需要我们去实现流程中的方法，而是在流程中提供一些通用的方法，并可以通过一定的配置满足各种功能，比如 AOP 框架帮助你完成了获取数据库，你就不需要知道如何获取数据库连接功能了，此外再增加一些关于事务的重要约定：

- 当方法标注为@Transactional 时，则方法启用数据库事务功能。
- 在默认的情况下（注意是默认情况下，可以通过配置改变），如果原有方法出现异常，则回滚事务；如果没有发生异常，那么就提交事务，这样整个事务管理 AOP 就完成了整个流程，无须开发者编写任何代码去实现。
- 最后关闭数据库资源，这点也比较通用，这里 AOP 框架也帮你完成它。

有了上面的约定，我们可以根据图 11-2 得到 AOP 框架约定 SQL 流程图，如图 11-5 所示。

这是使用最广的执行流程，符合约定优于配置的开发原则。这些约定的方法加入默认实现后，你要做的只是执行 SQL 这步而已。于是你看到了代码清单 11-9 的代码，没有数据库资源的获取和关闭，也没有事务提交和回滚的相关代码。这些 AOP 框架依据约定的流程默认实现了，在大部分的情况下，只需要使用默认的约定即可，或者进行一些特定的配置，来完成你所需要的功能，这样对于开发者而言就更为关注业务开发，而不是资源控制、事务异常处理，这些 AOP 框架都可以完成。

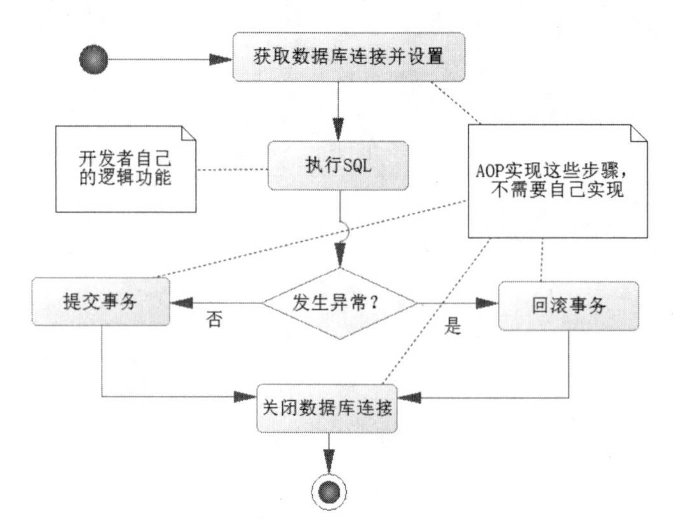

图 11-5　AOP 框架约定 SQL 流程

以上只讨论了事务同时成功或者同时失败的情况，比如信用卡还款存在一个批量任务，总的任务按照一定的顺序调度各张信用卡，进行还款处理，这个时候不能把所有的卡都视为同一个事务。如果这样，只要有一张卡出现异常，那么所有卡的事务都会失败，这样就会导致有些用户正常还款也出现了问题，这显然不符合真实场景的需要。这个时候必须要允许存在部分成功、部分失败的场景，这时候各个对象在事务的管控就更为复杂了，不过通过 AOP 的手段也可以比较容易地控制它们，这就是 Spring AOP 的魅力所在。

AOP 是通过动态代理模式，带来管控各个对象操作的切面环境，管理包括日志、数据库事务等操作，让我们拥有可以在反射原有对象方法之前正常返回、异常返回事后插入自己的逻辑代码的能力，有时候甚至取代原始方法。在一些常用的流程中，比如数据库事务，AOP 会提供默认的实现逻辑，也会提供一些简单的配置，程序员就能比较方便地修改默认的实现，达到符合真实应用的效果，这样就可以大大降低开发的工作量，提高代码的可读性和可维护性，将开发集中在业务逻辑上。

数据库事务是企业最为关注的问题之一，当然也是本书的核心内容之一，未来的章节我们会更详细地讨论它们。

11.2.2　面向切面编程的术语

上节涉及了 AOP 对数据库的设计，这里需要更进一步地明确 AOP 的抽象概念，有了对约定游戏的理解，虽然真正的 AOP 框架要比笔者的游戏更加复杂，但是二者的原理是一样的，有了这样的类比，解释 AOP 的原理就容易得多了。

1．切面（Aspect）

切面就是在一个怎么样的环境中工作。比如在代码清单 11-9 中，数据库的事务直接贯穿了整个代码层面，这就是一个切面，它可以定义后面需要介绍的各类通知、切点和引入等内容，然后 Spring AOP 会将其定义的内容织入到约定的流程中，在动态代理中可以把它理解成一个拦截器，比如代码清单 11-5 的类 RoleInterceptor 就是一个切面类。

2．通知（Advice）

通知是切面开启后，切面的方法。它根据在代理对象真实方法调用前、后的顺序和逻辑区分，它和约定游戏的例子里的拦截器的方法十分接近。

- 前置通知（before）：在动态代理反射原有对象方法或者执行环绕通知前执行的通知功能。
- 后置通知（after）：在动态代理反射原有对象方法或者执行环绕通知后执行的通知功能。无论是否抛出异常，它都会被执行。
- 返回通知（afterReturning）：在动态代理反射原有对象方法或者执行环绕通知后正常返回（无异常）执行的通知功能。
- 异常通知（afterThrowing）：在动态代理反射原有对象方法或者执行环绕通知产生异常后执行的通知功能。
- 环绕通知（around）：在动态代理中，它可以取代当前被拦截对象的方法，提供回调原有被拦截对象的方法。

如果你调试了代码，相信你已经十分熟悉它们了。

3．引入（Introduction）

引入允许我们在现有的类里添加自定义的类和方法。

4．切点（Pointcut）

这是一个告诉 Spring AOP 在什么时候启动拦截并织入对应的流程中，因为并不是所有的开发都需要启动 AOP 的，它往往通过正则表达式进行限定。

5．连接点（join point）

连接点对应的是具体需要拦截的东西，比如通过切点的正则表达式去判断哪些方法是连接点，从而织入对应的通知，比如约定例子中的 printRole 方法就是一个连接点。

6．织入（Weaving）

织入是一个生成代理对象并将切面内容放入到流程中的过程。实际代理的方法分为静态代理和动态代理。静态代理是在编译 class 文件时生成的代码逻辑，但是在 Spring 中并不使用这样的方式，所以我们就不展开讨论了。一种是通过 ClassLoader 也就是在类加载的时候生成的代码逻辑，但是它在应用程序代码运行前就生成对应的逻辑。还有一种是运行期，动态生成代码的方式，这是 Spring AOP 所采用的方式，Spring 是以 JDK 和 CGLIB 动态代理来生成代理对象的，正如在游戏例子中，笔者也是通过 JDK 动态代理来生成代理对象的，这些内容可以从第 2 章的“Java 设计模式”中学习到。

AOP 的概念比较生涩难懂，为了便于理解，笔者通过类比约定游戏中的代码，为读者画出流程图，如图 11-6 所示，相信 AOP 流程图对读者理解 AOP 术语会有很大的帮助。

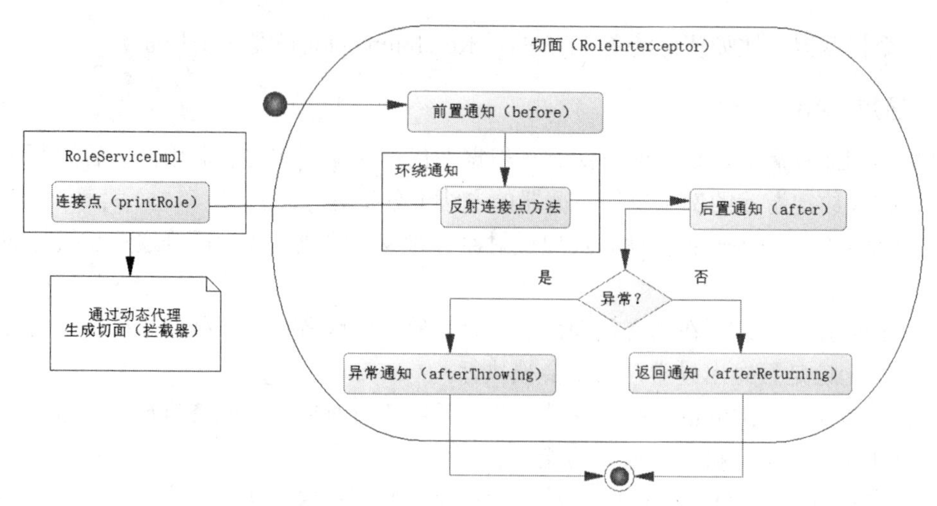

图 11-6　AOP 流程图

在图 11-6 中，圈内的部分代表约定游戏的类或者方法，读者可以参考约定游戏的例子，这样便能理解 AOP 术语。环绕通知是最强大的通知，后面会详细讨论。

11.2.3　Spring 对 AOP 的支持

AOP 并不是 Spring 框架特有的，Spring 只是支持 AOP 编程的框架之一。每一个框架对 AOP 的支持各有特点，有些 AOP 能够对方法的参数进行拦截，有些 AOP 对方法进行拦截。而 Spring AOP 是一种基于方法拦截的 AOP，换句话说 Spring 只能支持方法拦截的 AOP。在 Spring 中有 4 种方式去实现 AOP 的拦截功能。

- 使用 ProxyFactoryBean 和对应的接口实现 AOP。
- 使用 XML 配置 AOP。
- 使用@AspectJ 注解驱动切面。
- 使用 AspectJ 注入切面。

在 Spring AOP 的拦截方式中，真正常用的是用@AspectJ 注解的方式实现的切面，有时候 XML 配置也有一定的辅助作用，因此对这两种方式笔者会详细讨论。对于 ProxyFactoryBean 和 AspectJ 注入切面的方式笔者只会简单介绍，因为这两种方式已经很少用了。

11.3　使用@AspectJ 注解开发 Spring AOP

鉴于使用@AspectJ 注解的方式已经成为了主流，所以先以@AspectJ 注解的方式详细讨论 Spring AOP 的开发，有了对@AspectJ 注解实现的理解，其他的方式其实也是大同小异。不过在此之前要先讨论一些关键的步骤，否则将难以理解一些重要的内容。

11.3.1　选择连接点

Spring 是方法级别的 AOP 框架，而我们主要也是以某个类的某个方法作为连接点，用动态代理的理论来说，就是要拦截哪个方法织入对应 AOP 通知。为了更好地测试，先建一个接口，如代码清单 11-10 所示。

代码清单 11-10：打印角色接口

```
package com.ssm.chapter11.aop.service;
import com.ssm.chapter11.game.pojo.Role;
public interface RoleService  {
    public void printRole(Role role);
}
```

这个接口很简单，接下来提供一个实现类，如代码清单 11-11 所示。

代码清单 11-11：RoleService 实现类

```
package com.ssm.chapter11.aop.service.impl;
import org.springframework.stereotype.Component;
import com.ssm.chapter11.aop.service.RoleService;
import com.ssm.chapter11.game.pojo.Role;
@Component
public class RoleServiceImpl implements RoleService {
    @Override
    public void printRole(Role role) {
        System.out.println("{id: " + role.getId() + ", "
            + "role_name : " + role.getRoleName() + ", "
            + "note : " + role.getNote() + "}");
    }
}
```

这个类没什么特别的，只是这个时候如果把 printRole 作为 AOP 的连接点，那么用动态代理的语言就是要为类 RoleServiceImpl 生成代理对象，然后拦截 printRole 方法，于是可以产生各种 AOP 通知方法。

11.3.2　创建切面

选择好了连接点就可以创建切面了，对于动态代理的概念而言，它就如同一个拦截器，在 Spring 中只要使用@Aspect 注解一个类，那么 Spring IoC 容器就会认为这是一个切面了，如代码清单 11-12 所示。

代码清单 11-12：定义切面

```
package com.ssm.chapter11.aop.aspect;
import org.aspectj.lang.annotation.After;
import org.aspectj.lang.annotation.AfterReturning;
```

```
import org.aspectj.lang.annotation.AfterThrowing;
import org.aspectj.lang.annotation.Aspect;
import org.aspectj.lang.annotation.Before;
@Aspect
public class RoleAspect {

    @Before("execution(*
com.ssm.chapter11.aop.service.impl.RoleServiceImpl.printRole(..))")
    public void before() {
        System.out.println("before ....");
    }

    @After("execution(*
com.ssm.chapter11.aop.service.impl.RoleServiceImpl.printRole(..))")
    public void after() {
        System.out.println("after ....");
    }

    @AfterReturning("execution(*
com.ssm.chapter11.aop.service.impl.RoleServiceImpl.printRole(..))")
    public void afterReturning() {
        System.out.println("afterReturning ....");
    }

    @AfterThrowing("execution(*
com.ssm.chapter11.aop.service.impl.RoleServiceImpl.printRole(..))")
    public void afterThrowing() {
        System.out.println("afterThrowing ....");
    }
}
```

代码中加粗的部分是 AspectJ 的注解，从注解中大家也能猜测出其含义，但是并没有环绕通知，这里的注解如表 11-1 所示。

表 11-1　Spring 中 AspectJ 注解

注　解	通　知	备　注
@Before	在被代理对象的方法前先调用	前置通知
@Around	将被代理对象的方法封装起来，并用环绕通知取代它	环绕通知，它将覆盖原有方法，但是允许你通过反射调用原有方法，后续会讨论
@After	在被代理对象的方法后调用	后置通知
@AfterReturning	在被代理对象的方法正常返回后调用	返回通知，要求被代理对象的方法执行过程中没有发生异常
@AfterThrowing	在被代理对象的方法抛出异常后调用	异常通知，要求被代理对象的方法执行过程中产生异常

有了这个表，再参考图 11-6，就知道各个方法执行的顺序了。这段代码中的注解使用了对应的正则式，这些正则式是切点的问题，也就是要告诉 Spring AOP，需要拦截什么对

象的什么方法，为此我们要学习切点的知识。

11.3.3　定义切点

11.3.2 节讨论了切面的组成，但是并没有详细讨论 Spring 是如何判断是否需要拦截方法的，毕竟并不是所有的方法都需要使用 AOP 编程，这就是一个确定连接点的问题。代码清单 11-11 在注解中定义了 execution 的正则表达式，Spring 是通过这个正则表达式判断是否需要拦截你的方法的，这个表达式是：

```
execution(*
com.ssm.chapter11.aop.service.impl.RoleServiceImpl.printRole(..))
```

依次对这个表达式做出分析。

- execution：代表执行方法的时候会触发。
- *：代表任意返回类型的方法。
- com.ssm.chapter11.aop.service.impl.RoleServiceImpl：代表类的全限定名。
- printRole：被拦截方法名称。
- (..)：任意的参数。

显然通过上面的描述，全限定名为 com.ssm.chapter11.aop.service.impl.RoleServiceImpl 的类的 printRole 方法被拦截了，这样它就按照 AOP 通知的规则把方法织入流程中。只是上述的表达式还有些简单，我们需要进一步论述它们，它可以配置如下内容，如表 11-2 所示。

表 11-2　AspectJ 的指示器

AspectJ 指示器	描　述
arg()	限制连接点匹配参数为指定类型的方法
@args()	限制而连接点匹配参数为指定注解标注的执行方法
execution	用于匹配连接点的执行方法，这是最常用的匹配，可以通过类似上面的正则式进行匹配
this()	限制连接点匹配 AOP 代理的 Bean，引用为指定类型的类
target	限制连接点匹配被代理对象为指定的类型
@target()	限制连接点匹配特定的执行对象，这些对象要符合指定的注解类型
within()	限制连接点匹配指定的包
@within()	限制连接点匹配指定的类型
@annotation	限定匹配带有指定注解的连接点

注意，Spring 只能支持表 11-2 所列出的 AspectJ 的指示器。如果使用了非表格中所列举的指示器，那么它将会抛出 IllegalArgumentException 异常。

此外，Spring 还根据自己的需求扩展了一个 Bean()的指示器，使得我们可以根据 bean id 或者名称去定义对应的 Bean，但是本书并不会谈及所有的指示器，因为有些指示器并不常用。我们只会对那些常用的指示器进行探讨，如果需要全部掌握，那么可以翻阅关于 AspectJ

框架的相关资料。

比如下面的例子，我们只需要对 com.ssm.chapter11.aop.impl 包及其下面的包的类进行匹配。因此要修改前置通知，这样指示器就可以编写成代码清单 11-13 的样子。

代码清单 11-13：使用 within 指示器

```
@Before("execution(* com.ssm.chapter11.*.*.*.*.printRole(..))
        && within(com.ssm.chapter11.aop.service.impl.*)")
public void before() {
    System.out.println("before ....");
}
```

这里笔者使用了 within 去限定了 execution 定义的正则式下的包的匹配，从而达到了限制效果，这样 Spring 就只会拿到 com.ssm.chapter11.aop.service.impl 包下面的类的 printRole 方法作为连接点了。&&表示并且的含义，如果使用 XML 方式引入，&在 XML 中具有特殊含义，因此可以用 and 代替它。运算符||可以用 or 代替，非运算符!可以用 not 代替。

代码清单 11-13 中的正则表达式需要重复书写多次，比较麻烦，只要引入另一个注解@Pointcut 定义一个切点就可以避免这个麻烦，如代码清单 11-14 所示。

代码清单 11-14：使用注解@Pointcut

```
package com.ssm.chapter11.aop.aspect;
import org.aspectj.lang.annotation.After;
import org.aspectj.lang.annotation.AfterReturning;
import org.aspectj.lang.annotation.AfterThrowing;
import org.aspectj.lang.annotation.Aspect;
import org.aspectj.lang.annotation.Before;
import org.aspectj.lang.annotation.Pointcut;
@Aspect
public class RoleAspect {

    @Pointcut("execution(*
com.ssm.chapter11.aop.service.impl.RoleServiceImpl.printRole(..))")
    public void print() {
    }

    @Before("print()")
    public void before() {
        System.out.println("before ....");
    }

    @After("print()")
    public void after() {
        System.out.println("after ....");
    }
```

```
    @AfterReturning("print()")
    public void afterReturning() {
        System.out.println("afterReturning ....");
    }

    @AfterThrowing("print()")
    public void afterThrowing() {
        System.out.println("afterThrowing ....");
    }
}
```

这样我们就可以重复使用一个简易表达式去取代需要多次书写的复杂表达式了。

11.3.4　测试 AOP

代码清单 11-11 给出了连接点的内容，而代码清单 11-14 给出了切面的各个通知和切点的规则，这个时候可以通过编写测试代码来测试 AOP 的内容。首先要对 Spring 的 Bean 进行配置，采用注解 Java 配置，如代码清单 11-15 所示。

代码清单 11-15：配置 Spring bean

```
package com.ssm.chapter11.aop.config;

import org.springframework.context.annotation.Bean;
import org.springframework.context.annotation.ComponentScan;
import org.springframework.context.annotation.Configuration;
import org.springframework.context.annotation.EnableAspectJAutoProxy;

import com.ssm.chapter11.aop.aspect.RoleAspect;

@Configuration
@EnableAspectJAutoProxy
@ComponentScan("com.ssm.chapter11.aop")
public class AopConfig {

    @Bean
   public RoleAspect getRoleAspect() {
      return new RoleAspect();
   }
}
```

这里加粗的注解，代表着启用 AspectJ 框架的自动代理，这个时候 Spring 才会生成动态代理对象，进而可以使用 AOP，而 getRoleAspect 方法，则生成一个切面实例。

也许你不喜欢使用注解的方式，Spring 还提供了 XML 的方式，这里就需要使用 AOP 的命名空间了，如代码清单 11-16 所示。

代码清单 11-16：使用 XML 定义切面

```
<?xml version='1.0' encoding='UTF-8' ?>
<beans xmlns="http://www.springframework.org/schema/beans"
    xmlns:xsi="http://www.w3.org/2001/XMLSchema-instance"
xmlns:context="http://www.springframework.org/schema/context"
    xmlns:aop="http://www.springframework.org/schema/aop"
    xsi:schemaLocation="http://www.springframework.org/schema/beans
http://www.springframework.org/schema/beans/spring-beans-4.0.xsd
http://www.springframework.org/schema/context
http://www.springframework.org/schema/context/spring-context-4.0.xsd
http://www.springframework.org/schema/aop
http://www.springframework.org/schema/aop/spring-aop-4.0.xsd">
    <aop:aspectj-autoproxy />
    <bean id="roleAspect" class="com.ssm.chapter11.aop.aspect.RoleAspect"
/>
    <bean                                           id="roleService"
class="com.ssm.chapter11.aop.service.impl.RoleServiceImpl"/>
</beans>
```

其中加粗的代码如同注解@EnableAspectJAutoProxy，采用的也是自动代理的功能。

无论用 XML 还是用 Java 的配置，都能使 Spring 产生动态代理对象，从而组织切面，把各类通知织入到流程当中，代码清单 11-17 是笔者测试的代码。

代码清单 11-17：测试 AOP 流程

```
package com.ssm.chapter11.main;
import org.springframework.context.ApplicationContext;
import
org.springframework.context.support.ClassPathXmlApplicationContext;
import
org.springframework.context.annotation.AnnotationConfigApplicationContex
t;
import com.ssm.chapter11.aop.config.AopConfig;
import com.ssm.chapter11.aop.service.RoleService;
import com.ssm.chapter11.game.pojo.Role;
public class Main {
    public static void main(String[] args) {
        ApplicationContext ctx
          = new AnnotationConfigApplicationContext(AopConfig.class);
        //使用 XML 使用 ClassPathXmlApplicationContext 作为 IoC 容器
//      ApplicationContext ctx
//          = new ClassPathXmlApplicationContext("spring-cfg3.xml");
        RoleService                     roleService                     =
(RoleService)ctx.getBean(RoleService.class);
        Role role = new Role();
        role.setId(1L);
        role.setRoleName("role_name_1");
```

```
        role.setNote("note_1");
        roleService.printRole(role);
        System.out.println("####################");
        //测试异常通知
        role = null;
        roleService.printRole(role);
    }
}
```

在第二次打印之前，笔者将 role 设置为 null，这样是为了测试异常返回通知，通过运行这段代码，便可以得到这样的日志：

```
before ....
{id: 1, role_name : role_name_1, note : note_1}
after ....
afterReturning ....
####################
before ....
after ....
afterThrowing ....
Exception in thread "main" java.lang.NullPointerException
......
```

显然切面的通知已经通过 AOP 织入约定的流程当中了，这时可以使用 AOP 来处理一些需要切面的场景了。

11.3.5　环绕通知

环绕通知是 Spring AOP 中最强大的通知，它可以同时实现前置通知和后置通知。它保留了调度被代理对象原有方法的功能，所以它既强大，又灵活。但是由于强大，它的可控制性不那么强，如果不需要大量改变业务逻辑，一般而言并不需要使用它。让我们在代码清单 11-14 中加入下面这个环绕通知的方法，如代码清单 11-18 所示。

代码清单 11-18：加入环绕通知

```
@Around("print()")
public void around(ProceedingJoinPoint jp) {
    System.out.println("around before ....");
    try {
        jp.proceed();
    } catch (Throwable e) {
        e.printStackTrace();
    }
    System.out.println("around after ....");
}
```

这样在一个切面里通过@Around 注解加入了切面的环绕通知，这个通知里有一个 ProceedingJoinPoint 参数。这个参数是 Spring 提供的，使用它可以反射连接点方法，在加入反射连接点方法后，对代码清单 11-17 再次进行测试，可以得到下面的日志：

```
around before ....
before ....
{id: 1, role_name : role_name_1, note : note_1}
around after ....
after ....
afterReturning ....
####################
around before ....
before ....
java.lang.NullPointerException
......................
around after ....
after ....
afterReturning ....
```

从日志可以知道环绕通知使用 jp.proceed();后会先调度前置通知，（这是笔者质疑该 Spring 版本的地方，当笔者使用 XML 方式时，前置通知放在 jp.proceed()之前调用，估计是版本问题），然后才会反射切点方法，最后才是后置通知和返回（或者异常）通知。ProceedingJoinPoint 参数值得我们探讨一下，为此先打入一个断点，监控这个参数，如图 11-7 所示。

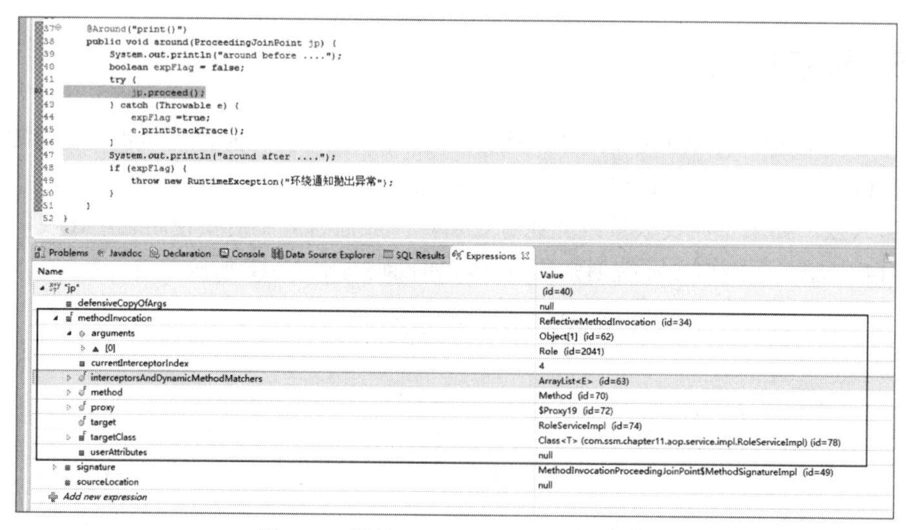

图 11-7　监控 ProceedingJoinPoint 参数

从图 11-7 中可以看到动态代理对象，请注意这里使用的是 JDK 动态代理对象，原有对象、方法和参数都包含在内，这样 Spring 就可以组织对应的流程了。

11.3.6　织入

织入是生成代理对象并将切面内容放入约定流程的过程，在上述的代码中，连接点所在的类都是拥有接口的类，而事实上即使没有接口，Spring 也能提供 AOP 的功能，所以是否拥有接口不是使用 Spring AOP 的一个强制要求。在第 2 章的动态代理模式中介绍过，使用 JDK 动态代理时，必须拥有接口，而使用 CGLib 则不需要，于是 Spring 就提供了一个规则：当类的实现存在接口的时候，Spring 将提供 JDK 动态代理，从而织入各个通知，就如同图 11-7 所示的那样，可以看到明显的 JDK 动态代理的痕迹；而当类不存在接口的时候没有办法使用 JDK 动态代理，Spring 会采用 CGLIB 来生成代理对象，这时可以删掉代码清单 11-11 的接口实现，然后其他代码修正错误后就可以通过断点进行调试，这样就可以监控到具体的对象了。图 11-8 是断点调试监控，可以看到 CGLIB 的动态代理技术。

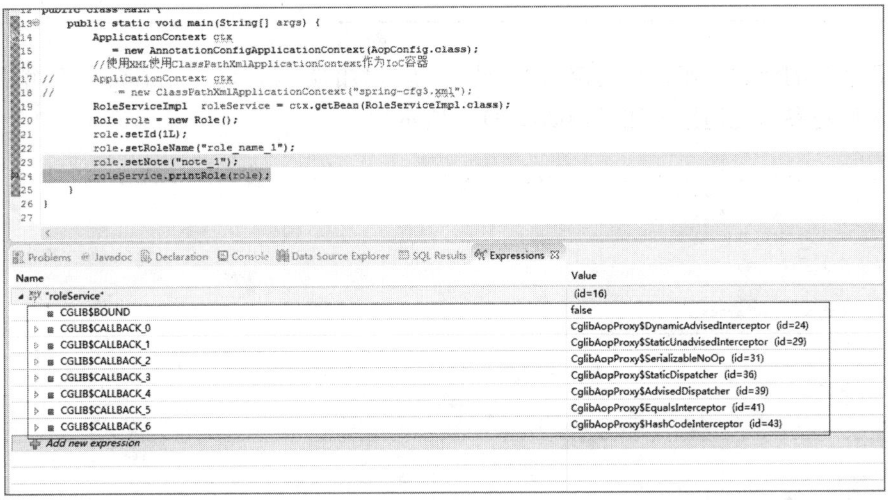

图 11-8　断点调试监控

动态代理对象是由 Spring IoC 容器根据描述生成的，一般不需要修改它，对于使用者而言，只要知道 AOP 术语中的约定便可以使用 AOP 了，只是在 Spring 中建议使用接口编程。因此，在大部分情况下，本书按照接口+实现类的方式来介绍，这样的好处是使定义和实现相分离，有利于实现变化和替换，更为灵活一些。

11.3.7　给通知传递参数

在 Spring AOP 各类通知中，除了环绕通知外，并没有讨论参数的传递，有时候我们还是希望能够传递参数的，为此本节介绍如何传递参数给 AOP 的各类通知。这里先修改连接点为一个多参数的方法，如下所示。

```
public void printRole(Role role, int sort) {
    System.out.println("{id: " + role.getId() + ", "
        + "role_name : " + role.getRoleName() + ", "
        + "note : " + role.getNote() + "}");
```

```
    System.out.println(sort);
}
```

这里存在两个参数，一个是角色，一个是整形排序参数，那么要把这个方法作为连接点，也就是使用切面拦截这个方法。这里以前置通知为例，按代码清单 11-19 那样定义切点，就可以获取参数了。

代码清单 11-19：给通知传递参数

```
@Before("execution(*
com.ssm.chapter11.aop.service.impl.RoleServiceImpl.printRole(..)) "
            + "&& args(role, sort)")
public void before(Role role, int sort) {
    System.out.println("before ....");
}
```

注意加粗的代码，在切点的定义中，加入了参数的定义，这样 Spring 就会解析这个正则式，然后将参数传递给方法了，如图 11-9 所示。

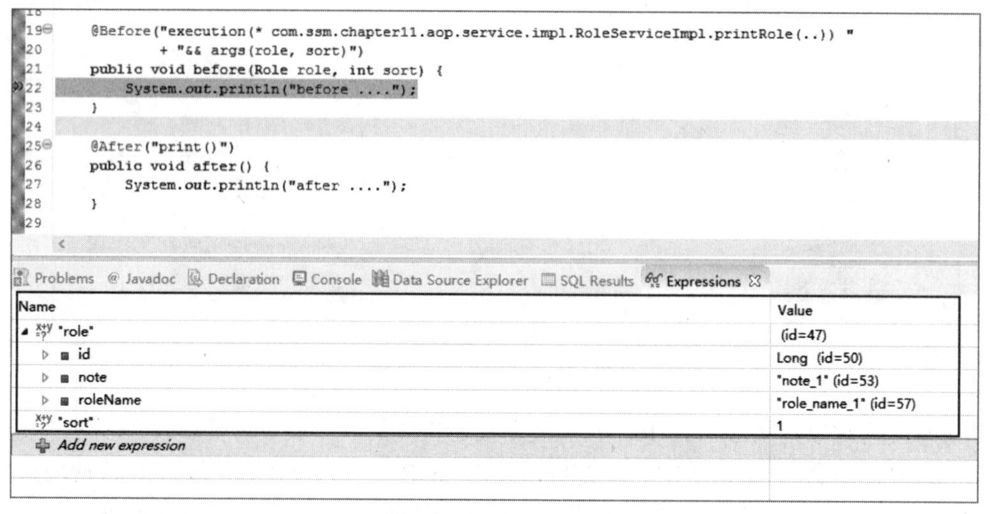

图 11-9　测试给通知传递参数

从断点监控来看，传递给前置通知的参数是成功的，对于其他的通知，也是相同的，这样就可以把参数传递给通知了。

11.3.8 引入

Spring AOP 只是通过动态代理技术，把各类通知织入到它所约定的流程当中，而事实上，有时候我们希望通过引入其他类的方法来得到更好的实现，这时就可以引入其他的方法了。

比如 printRole 方法要求，如果要求当角色为空时不再打印，那么要引入一个新的检测器对其进行检测。先定义一个 RoleVerifier 接口，如代码清单 11-20 所示。

代码清单 11-20：定义 RoleVerifier

```
package com.ssm.chapter11.aop.verifier;
import com.ssm.chapter11.game.pojo.Role;
public interface RoleVerifier {
    public boolean verify(Role role);
}
```

verify 方法检测对象 role 是否为空，如果它不为空才返回 true，否则返回 false。此时需要一个实现类——RoleVerifierImpl，如代码清单 11-21 所示。

代码清单 11-21：RoleVerifierImpl 实现 RoleVerifier

```
package com.ssm.chapter11.aop.verifier.impl;
import com.ssm.chapter11.aop.verifier.RoleVerifier;
import com.ssm.chapter11.game.pojo.Role;
public class RoleVerifierImpl implements RoleVerifier {
    @Override
    public boolean verify(Role role) {
        return role != null;
    }
}
```

同样的，它也是十分简单，仅仅是检测 role 对象是否为空，那么要引入它就需要改写代码清单 11-12 所示的切面。我们在其 RoleAspect 类中加入一个新的属性，如代码清单 11-22 所示。

代码清单 11-22：加入 RoleVerifier 到切面中

```
@DeclareParents(value=
"com.ssm.chapter11.aop.service.impl.RoleServiceImpl+",
defaultImpl=RoleVerifierImpl.class)
public RoleVerifier roleVerifier;
```

注解@DeclareParents 的使用如代码清单 11-22 所示，这里讨论它的配置。

- value="com.ssm.chapter11.aop.service.impl.RoleServiceImpl+"：表示对 RoleServiceImpl 类进行增强，也就是在 RoleServiceImpl 中引入一个新的接口。
- defaultImpl：代表其默认的实现类，这里是 RoleVerifierImpl。

然后就可以使用这个方法了，现在要在打印角色（printRole）方法之前先检测角色是否为空，于是便可以得到代码清单 11-23 的方法。

代码清单 11-23：使用引入增强检测角色是否为空

```
ApplicationContext ctx = new AnnotationConfigApplicationContext
(AopConfig.class);
RoleService roleService = ctx.getBean(RoleService.class);
RoleVerifier roleVerifier = (RoleVerifier) roleService;
Role role = new Role();
```

```
    role.setId(1L);
    role.setRoleName("role_name_1");
    role.setNote("note_1");
    if (roleVerifier.verify(role)) {
        roleService.printRole(role);
    }
```

使用强制转换之后就可以把 roleService 转化为 RoleVerifier 接口对象，然后就可以使用 verify 方法了。而 RoleVerifer 调用的方法 verify，显然它就是通过 RoleVerifierImpl 来实现的。

分析一下它的原理，我们知道 Spring AOP 依赖于动态代理来实现，生成动态代理对象是通过类似于下面这行代码来实现的。

```
//生成代理对象，并绑定代理方法
return Proxy.newProxyInstance(obj.getClass().getClassLoader(),
    obj.getClass().getInterfaces(), this);
```

obj.getClass().getInterfaces()意味着代理对象挂在多个接口之下，换句话说，只要 Spring AOP 让代理对象挂到 RoleService 和 RoleVerifier 两个接口之下，那么就可以把对应的 Bean 通过强制转换，让其在 RoleService 和 RoleVerifier 之间相互转换了。关于这点，我们可以对断点进行验证，如图 11-10 所示。

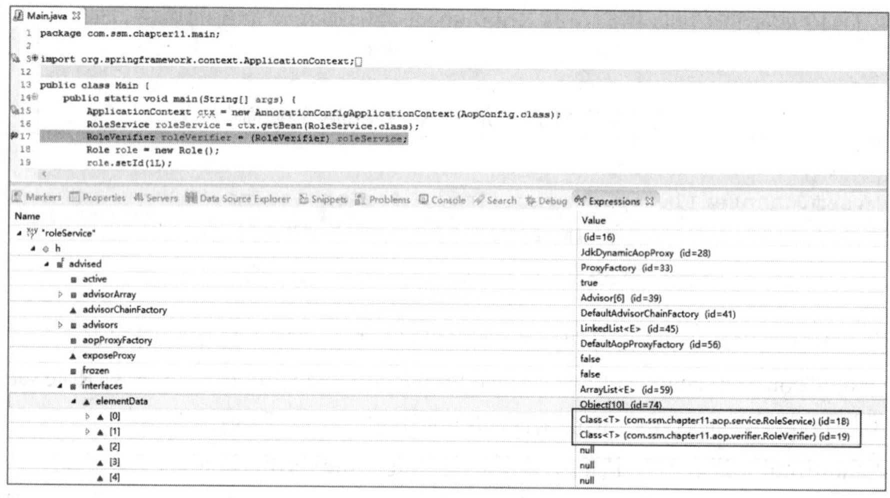

图 11-10　动态代理下挂多个接口

图 11-10 中动态代理下挂了两个接口，所以能够相互转换，进而可以调用引入的方法，这样就能够通过引入功能，在原有的基础上再次增强 Bean 的功能了。

同样的如果 RoleServiceImpl 没有接口，那么它也会使用 CGLIB 动态代理，使用增强者类（Enhancer）也会有一个 interfaces 的属性，允许代理对象挂到对应的多个接口下，于是也可以按 JDK 动态代理那样使得对象可以在多个接口之间相互转换。

11.4　使用 XML 配置开发 Spring AOP

11.3 节基于注解详细讨论了 AOP 的开发，本节介绍使用 XML 方式开发 AOP，其实它们的原理是相同的，所以这里主要介绍一些用法即可。这里需要在 XML 中引入 AOP 的命名空间，所以先来了解一下 AOP 可配置的元素，如表 11-3 所示。

表 11-3　XML 配置 AOP 的元素

AOP 配置元素	用　　途	备　　注
aop:advisor	定义 AOP 的通知器	一种较老的方式，目前很少使用，所以本书不再论述
aop:aspect	定义一个切面	—
aop:before	定义前置通知	—
aop:after	定义后置通知	—
aop:around	定义环绕方式	—
aop:after-returning	定义返回通知	—
aop:after-throwing	定义异常通知	—
aop:config	顶层的 AOP 配置元素	AOP 的配置是以它为开始的
aop:declare-parents	给通知引入新的额外接口，增强功能	—
aop:pointcut	定义切点	—

有了@AspectJ 注解驱动的切面开发，只要记住它是依据图 11-6 的织入流程的，对于大部分元素相信读者都不会理解困难了。下面先定义要拦截的类和方法，尽管 Spring 并不强迫定义接口使用 AOP（有接口使用 JDK 动态代理，没有接口则使用 CGLIB 动态代理）。笔者建议使用接口，这样有利于实现和定义相分离，使得系统更为灵活，所以这里笔者先给出一个新的接口，如代码清单 11-24 所示。

代码清单 11-24：定义 XML 配置 AOP 拦截的接口

```
package com.ssm.chapter11.xml.service;

import com.ssm.chapter11.game.pojo.Role;

public interface RoleService {

    public void printRole(Role role);
}
```

然后就可以给出实现类，如代码清单 11-25 所示。

代码清单 11-25：实现类

```
package com.ssm.chapter11.xml.service.impl;

import com.ssm.chapter11.game.pojo.Role;
import com.ssm.chapter11.xml.service.RoleService;
```

```
public class RoleServiceImpl implements RoleService {

    @Override
    public void printRole(Role role) {
        System.out.print("id = " + role.getId()+",");
        System.out.print("role_name = " + role.getRoleName()+",");
        System.out.println("note = " + role.getNote());
    }
}
```

这里和普通编程的实现并没有太多不同。通过 AOP 来增强它的功能，为此需要一个切面类，如代码清单 11-26 所示。

代码清单 11-26：切面类

```
package com.ssm.chapter11.xml.aspect;

public class XmlAspect {

    public void before() {
        System.out.println("before ......");
    }

    public void after() {
        System.out.println("after ......");
    }

    public void afterThrowing() {
        System.out.println("after-throwing ......");
    }

    public void afterReturning() {
        System.out.println("after-returning ......");
    }
}
```

同样的也没有任何的注解，这就意味着需要我们使用 XML 去向 Spring IoC 容器描述它们。

11.4.1 前置通知、后置通知、返回通知和异常通知

由于前置通知、后置通知、返回通知和异常通知这 4 个通知都遵循图 11-6 中约定的流程，而且十分接近，所以放在一起讨论。下面进行配置，如代码清单 11-27 所示。

代码清单 11-27：通过 XML 配置多个通知

```
<?xml version='1.0' encoding='UTF-8' ?>
<beans xmlns="http://www.springframework.org/schema/beans"
```

```
    xmlns:xsi="http://www.w3.org/2001/XMLSchema-instance"
xmlns:context="http://www.springframework.org/schema/context"
    xmlns:aop="http://www.springframework.org/schema/aop"
    xsi:schemaLocation="http://www.springframework.org/schema/beans
http://www.springframework.org/schema/beans/spring-beans-4.0.xsd
      http://www.springframework.org/schema/context
http://www.springframework.org/schema/context/spring-context-4.0.xsd
       http://www.springframework.org/schema/aop
http://www.springframework.org/schema/aop/spring-aop-4.0.xsd">

    <bean id="xmlAspect" class="com.ssm.chapter11.xml.aspect.XmlAspect" />
    <bean  id="roleService"  class="com.ssm.chapter11.xml.service.impl.
RoleServiceImpl"/>
    <aop:config>
        <!-- 引用 xmlAspect 作为切面 -->
        <aop:aspect ref="xmlAspect">
            <!-- 定义通知 -->
            <aop:before method="before"
pointcut="execution(* com.ssm.chapter11.xml.service.impl.RoleServiceImpl.
printRole(..))"/>
            <aop:after method="after"
pointcut="execution(* com.ssm.chapter11.xml.service.impl.RoleServiceImpl.
printRole(..))"/>
            <aop:after-throwing method="afterThrowing"
pointcut="execution(* com.ssm.chapter11.xml.service.impl.RoleServiceImpl.
printRole(..))"/>
            <aop:after-returning method="afterReturning"
pointcut="execution(* com.ssm.chapter11.xml.service.impl.RoleServiceImpl.
printRole(..))"/>
        </aop:aspect>
    </aop:config>
</beans>
```

这里首先通过引入的 XML 定义了 AOP 的命名空间，然后定义了一个 roleService 类和切面 xmlAspect 类，最后通过<aop:config>取定义 AOP 的内容信息。

- <aop:aspect>：用于定义切面类，这里是 xmlAspect;。
- <aop:before>：定义前置通知。
- <aop:after>：定义后置通知。
- <aop:after-throwing>：定义异常通知。
- <aop:after-returning>：定义返回通知。

这些方法都会根据约定织入到流程中，但是这些通知拦截的方法都采用了同一个正则式去匹配，重写那么多的正则式显然有些冗余。和使用注解的一样，也可以通过定义切点，然后引用到别的通知上，比如将代码清单 11-26 通过代码清单 11-28 去定义 AOP 的通知。

代码清单 11-28：定义切点并引入——spring-cfg4.xml

```
<aop:config>
    <!-- 引用 xmlAspect 作为切面 -->
    <aop:aspect ref="xmlAspect">
        <!-- 定义切点 -->
        <aop:pointcut id="printRole"
expression="execution(*                    com.ssm.chapter11.xml.service.impl.
RoleServiceImpl.printRole(..))" />
        <!-- 定义通知，引入切点 -->
        <aop:before method="before" pointcut-ref="printRole"/>
        <aop:after method="after" pointcut-ref="printRole"/>
        <aop:after-throwing      method="afterThrowing"      pointcut-ref=
"printRole"/>
        <aop:after-returning     method="afterReturning"     pointcut-ref=
"printRole"/>
    </aop:aspect>
</aop:config>
```

通过这段代码就可以定义切点并进行引入，这样就可以避免多次书写同一正则式的麻烦，我们同样可以通过 XML 定义前置通知、后置通知、返回通知和异常通知。

11.4.2 环绕通知

和其他通知一样， 环绕通知也可以织入到约定的流程当中，比如在代码清单 11-25 中加入一个新的方法，如代码清单 11-29 所示。

代码清单 11-29：加入环绕通知

```
public void around(ProceedingJoinPoint jp) {
    System.out.println("around before ......");
    try {
        jp.proceed();
    } catch (Throwable e) {
        new RuntimeException("回调原有流程，产生异常......");
    }
    System.out.println("around after ......");
}
```

ProceedingJoinPoint 连接点在注解方式中讨论过，通过调度它的 proceed 方法就能够调用原有的方法了。这里沿用代码清单 11-27 的配置，加入下面的配置即可使用这个环绕通知：

```
<aop:around method="around" pointcut-ref="printRole"/>
```

这样，所有的通知都已经定义了，下面使用代码清单 11-30，对 XML 定义的切面进行测试。

代码清单 11-30：测试 XML 定义的 AOP 编程

```
public static void main(String []args) {
    ApplicationContext ctx
      = new ClassPathXmlApplicationContext("spring-cfg4.xml");
    RoleService roleService = ctx.getBean(RoleService.class);
    Role role = new Role();
    role.setId(1L);
    role.setRoleName("role_name_1");
    role.setNote("note_1");
    roleService.printRole(role);
}
```

这里读入了 XML 文件，然后通过容器获取了 Bean，创建了角色类，然后打印角色，就能得到日志：

```
before ......
around before ......
id = 1,role_name = role_name_1,note = note_1
around after ......
after-returning ......
after ......
```

显然所有的通知都被织入了 AOP 所约定的流程，但是请注意，环绕通知的 before 是在前置通知之后打印出来的，这说明了它符合图 11-6 关于 AOP 的约定。而使用@AspectJ 注解方式要注意其执行的顺序，这点可能是版本更替留下的 bug。

11.4.3　给通知传递参数

通过 XML 的配置，也可以引入参数到通知当中，下面以前置通知为例，去探讨它。首先，改写代码清单 11-26 中的 before 方法。

```
public void before(Role role) {
    System.out.println("role_id= " + role.getId() +" before ......");
}
```

此时带上了参数 role，将代码清单 11-27 关于前置通知的配置修改为下面的代码：

```
<aop:before method="before"
pointcut="execution(*
com.ssm.chapter11.xml.service.impl.RoleServiceImpl.printRole(..))    and
args(role)"/>
```

注意，和注解的方式有所不同的是，笔者使用 and 代替了&&，因为在 XML 中&有特殊的含义。再次运行代码清单 11-26，就可以通过断点监控参数了，如图 11-11 所示。

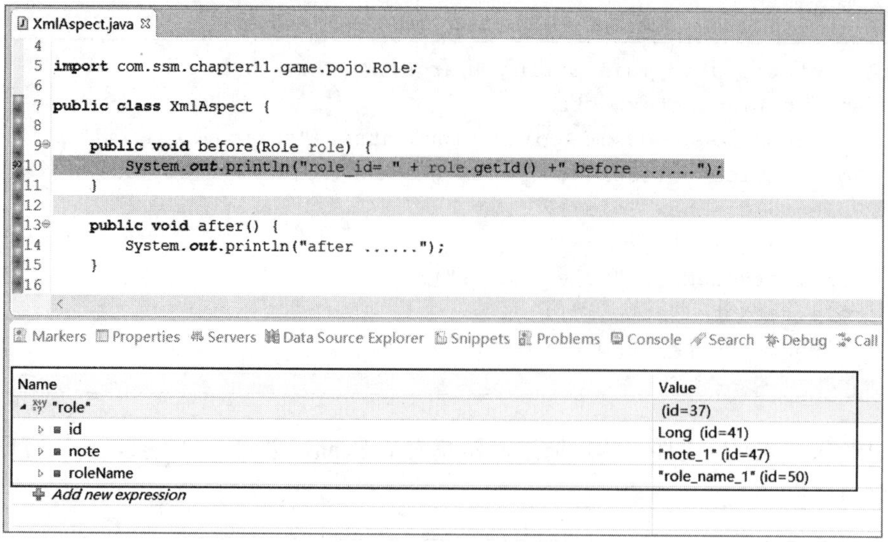

```
XmlAspect.java
4
5  import com.ssm.chapter11.game.pojo.Role;
6
7  public class XmlAspect {
8
9      public void before(Role role) {
10         System.out.println("role_id= " + role.getId() +" before ......");
11     }
12
13     public void after() {
14         System.out.println("after ......");
15     }
16
```

Markers Properties Servers Data Source Explorer Snippets Problems Console Search Debug Call

Name	Value
"role"	(id=37)
id	Long (id=41)
note	"note_1" (id=47)
roleName	"role_name_1" (id=50)
Add new expression	

图 11-11　通知中的参数

对其他通知也是通用的，笔者就不再赘述了。

11.4.4 引入

在注解当中，我们谈论到了引入新的功能，也探讨了其实现原理，无论是使用 JDK 动态代理，还是使用 CGLIB 动态代理都可以将代理对象下挂到多个接口之下，这样就能够引入新的方法了，注解能做到的事情通过 XML 也可以。

代码清单 11-20 和代码清单 11-21 依旧可以在这里使用，也可以在代码清单 11-25 中加入一个新的属性 RoleVerifier 类对象：

```
public RoleVerifiier roleVerifiier = null;
```

此时可以使用 XML 配置它，配置的内容和注解引入的方法相当，它是使用<aop:declare-parents>去引入的，代码清单 11-31 就是通过使用它引入新方法的配置。

代码清单 11-31：通过 XML 引入新的功能

```
<aop:declare-parents
types-matching="com.ssm.chapter11.xml.service.impl.RoleServiceImpl+"
    implement-interface="com.ssm.chapter11.aop.verifier.RoleVerifier"

default-impl="com.ssm.chapter11.aop.verifier.impl.RoleVerifierImpl"/>
```

显然它的配置和通过注解的方式十分接近，然后就可以参考改造代码清单 11-23 进行测试了。

11.5 经典 Spring AOP 应用程序

这是 Spring 早期所提供的 AOP 实现，在现实中几乎被废弃了，不过具有一定的讨论价值。它需要通过 XML 的方式去配置，例如要完成一个代码清单 11-4 中 RoleServiceImpl 类中 printRole 方法的切面前置通知的功能，这时可以把 printRole 称为 AOP 的连接点。先定义一个类来实现前置通知，它要求类实现 MethodBeforeAdvice 接口的 before 方法，如代码清单 11-32 所示。

代码清单 11-32：定义 ProxyFactoryBeanAspect 类

```
package com.ssm.chapter11.aspect;

import java.lang.reflect.Method;
import org.springframework.aop.MethodBeforeAdvice;

public class ProxyFactoryBeanAspect implements MethodBeforeAdvice {

    @Override
    /***
     * 前置通知
     * @param method 被拦截方法（连接点）
     * @param params 参数 数组[role]
     * @param roleService 被拦截对象
     */
    public void before(Method method, Object[] params, Object roleService)
throws Throwable {
        System.out.println("前置通知!! ");
    }
}
```

有了它还需要对 Spring IoC 容器描述对应的信息，这个时候需要一个 XML 文件去描述它，如代码清单 11-33 所示。

代码清单 11-33：使用 XML 描述 ProxyFactoryBean 生成代理对象

```
<?xml version='1.0' encoding='UTF-8' ?>
<beans xmlns="http://www.springframework.org/schema/beans"
    xmlns:xsi="http://www.w3.org/2001/XMLSchema-instance"
xmlns:p="http://www.springframework.org/schema/p"
    xsi:schemaLocation="http://www.springframework.org/schema/beans
    http://www.springframework.org/schema/beans/spring-beans-4.0.xsd">

    <bean id="proxyFactoryBeanAspect" class="com.ssm.chapter11.aspect.
ProxyFactoryBeanAspect" />

    <!--设定代理类 -->
```

```
    <bean    id="roleService"    class="org.springframework.aop.framework.
ProxyFactoryBean">
        <!--这里代理的是接口 -->
        <property name="proxyInterfaces">
            <value>com.ssm.chapter11.game.service.RoleService</value>
        </property>

        <!--是 ProxyFactoryBean 要代理的目标类 -->
        <property name="target">
            <bean              class="com.ssm.chapter11.game.service.impl.
RoleServiceImpl" />
        </property>

        <!--定义通知 -->
        <property name="interceptorNames">
            <list>
                <!-- 引入定义好的 spring bean -->
                <value>proxyFactoryBeanAspect</value>
            </list>
        </property>
    </bean>
</beans>
```

这里的代码笔者加了注释，请读者查看，这样就能理解配置的含义了，此时可以使用代码清单 11-34 测试这个前置通知。

代码清单 11-34：测试 ProxyFactoryBean 定义的前置通知

```
public static void main(String[] args) {
    ApplicationContext ctx =
            new ClassPathXmlApplicationContext("spring-cfg.xml");
    Role role = new Role();
    role.setId(1L);
    role.setRoleName("role_name");
    role.setNote("note");
    RoleService roleService = (RoleService) ctx.getBean("roleService");
    roleService.printRole(role);
}
```

通过运行这段代码，可以得到日志：

```
前置通知!!
{id =1, roleName=role_name, note=note}
```

这样 Spring AOP 就被用起来了，它虽然很经典，但是已经不是主流方式了，所以不再进行更详细地讨论了。

11.6　多个切面

上面的例子讨论了一个方法只有一个切面的问题，而事实是 Spring 也能支持多个切面。当有多个切面时，在测试过程中发现它不会存在任何顺序，这些顺序代码会随机生成，但是有时候我们希望它按照指定的顺序运行。在此之前要先定义一个连接点，为此新建一个接口——MultiBean，它十分简单，如代码清单 11-35 所示。

代码清单 11-35：定义多个切面的切点方法

```
package com.ssm.chapter11.multi.bean;

public interface MultiBean {
    public void testMulti();
}
```

它的简单实现，如代码清单 11-36 所示。

代码清单 11-36：实现 MultiBean 接口

```
package com.ssm.chapter11.multi.bean.impl;

/****************imports****************/
@Component
public class MultiBeanImpl implements  MultiBean {

    @Override
    public void testMulti() {
        System.out.println("test multi aspects!!");
    }

}
```

这样就定义好了连接点，那么现在需要切面：Aspect1、Aspect2 和 Aspect3 进行 AOP 编程，这 3 个切面的定义，如代码清单 11-37 所示。

代码清单 11-37：3 个切面

```
package com.ssm.chapter11.multi.aspect;
/*************** imports ***************/
@Aspect
public class Aspect1 {

    @Pointcut("execution(*
com.ssm.chapter11.multi.bean.impl.MultiBeanImpl.testMulti(..))")
    public void print() {
    }
```

```
    @Before("print()")
    public void before() {
        System.out.println("before 1 ......");
    }

    @After("print()")
    public void after() {
        System.out.println("after 1 ......");
    }

    @AfterThrowing("print()")
    public void afterThrowing() {
        System.out.println("afterThrowing 1 ......");
    }

    @AfterReturning("print()")
    public void afterReturning() {
        System.out.println("afterReturning 1 ......");
    }
}

package com.ssm.chapter11.multi.aspect;
/**************** imports ****************/
@Aspect
public class Aspect2 {

    @Pointcut("execution(*
com.ssm.chapter11.multi.bean.impl.MultiBeanImpl.testMulti(..))")
    public void print() {
    }

    @Before("print()")
    public void before() {
        System.out.println("before 2 ......");
    }

    @After("print()")
    public void after() {
        System.out.println("after 2 ......");
    }

    @AfterThrowing("print()")
    public void afterThrowing() {
        System.out.println("afterThrowing 2 ......");
    }
```

```
    @AfterReturning("print()")
    public void afterReturning() {
        System.out.println("afterReturning 2 ......");
    }
}
package com.ssm.chapter11.multi.aspect;
/**************** imports ****************/
@Aspect
public class Aspect3 {

    @Pointcut("execution(*
com.ssm.chapter11.multi.bean.impl.MultiBeanImpl.testMulti(..))")
    public void print() {
    }

    @Before("print()")
    public void before() {
        System.out.println("before 3 ......");
    }

    @After("print()")
    public void after() {
        System.out.println("after 3 ......");
    }

    @AfterThrowing("print()")
    public void afterThrowing() {
        System.out.println("afterThrowing 3 ......");
    }

    @AfterReturning("print()")
    public void afterReturning() {
        System.out.println("afterReturning 3 ......");
    }
}
```

这样 3 个切面就拦截了这个连接点，那么它的执行顺序是怎样的呢？为此我们来搭建运行的 Java 环境配置对此进行测试，如代码清单 11-38 所示。

代码清单 11-38：多切面测试 Java 配置

```
package com.ssm.chapter11.multi.config;

/****************imports****************/
@Configuration
@EnableAspectJAutoProxy
@ComponentScan("com.ssm.chapter11.multi")
```

```
public class MultiConfig {

    @Bean
    public Aspect1 getAspect1() {
        return new Aspect1();
    }

    @Bean
    public Aspect2 getAspect2() {
        return new Aspect2();
    }
    @Bean
    public Aspect3 getAspect3() {
        return new Aspect3();
    }
}
```

通过 AnnotationConfigApplicationContext 加载配置文件。在多次测试后，我们发现其顺序并不一定，有时候可以得到如下日志：

```
before 1 ......
before 3 ......
before 2 ......
test multi aspects!!
after 2 ......
afterReturning 2 ......
after 3 ......
afterReturning 3 ......
after 1 ......
afterReturning 1 ......
```

显然多个切面是无序的，其执行顺序值得我们探讨。先来讨论如何让它有序执行，在 Spring 中有多种方法，如果使用注解的切面，那么可以给切面加入注解@Ordered，比如在 Aspect1 类中加入@Order(1)：

```
package com.ssm.chapter11.multi.aspect;
/*************** imports ***************/
@Aspect
@Order(1)
public class Aspect1 {
......
}
```

给 Aspect2 类加入@Order(2)，给 Aspect3 加入@Order(3)，再次对其进行测试，得到日志：

```
before 1 ......
before 2 ......
before 3 ......
test multi aspects!!
after 3 ......
afterReturning 3 ......
after 2 ......
afterReturning 2 ......
after 1 ......
afterReturning 1 ......
```

得到了预期结果，到了这个时候有必要对执行顺序进行更深层次的讨论。众所周知，Spring AOP 的实现方法是动态代理，在多个代理的情况下，能否让你想起了第 2 章所讨论的责任链模式？如果你已经忘记请回头看看，它打出的日志是多么像责任链模式下的打印输出，为了让读者更好地理解，再次画出该执行顺序，如图 11-12 所示。

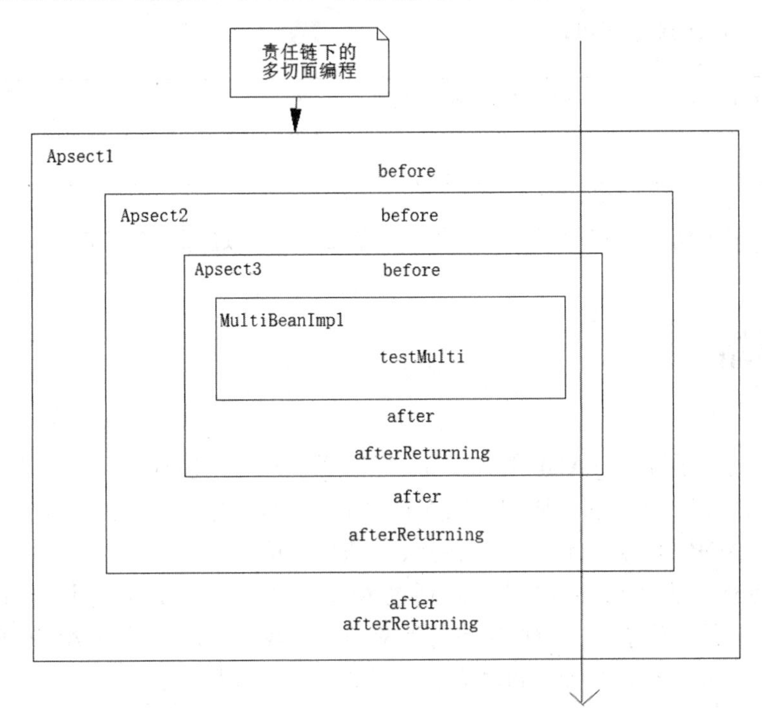

图 11-12　多个切面的执行顺序

图 11-12 展示了一条责任链，换句话说，Spring 底层也是通过责任链模式来处理多个切面的，只要理解了这点，那么其执行的顺序也就很容易理解了。

上面只是一种实现多切面排序的方法之一，而事实是还有其他的方法，比如也可以让切面实现 Ordered（org.springframework.core.Ordered）接口，它定义了一个 getOrder 方法。如果需要取代 Apsect1 中的@Order(1)的功能，那么将 Aspect1 改写为代码清单 11-39 的样子。

代码清单 11-39：通过 Ordered 接口实现排序

```
package com.ssm.chapter11.multi.aspect;

/***************imports***************/
@Aspect
public class Aspect1 implements Ordered {

    @Override
    public int getOrder() {
        return 1;
}
......
}
```

也可以对 Aspect2、Aspect3 进行类似的改写，这样也可以指定切面的顺序。显然没有使用@Order 注解方便，有时候也许你会想念 XML，这也没有问题，你只需要在<aop:aspect>增加一个属性 order 排序即可：

```
<aop:aspect ref="aspect1" order="1">
......
</aop:aspect>
```

到此关于多个切面的知识就讲解完了，读者还需要通过练习来掌握它。

11.7 小结

本章主要讨论了 Spring AOP 的开发和原理，首先通过动态代理的小游戏，让读者知道通过 Spring 可以把一些方法（通知）织入到约定的流程当中。通过注解和 XML 配置的方式讲解了关于 AOP 的切点、切面、连接点、通知等功能。

AOP 是 Spring 两大核心内容之一，通过 AOP 可以将一些比较公用的代码抽取出来，进而减少开发者的工作量。在数据库事务的应用中，我们会再次看到 AOP 的威力，理解 AOP 有一定的困难，但是只要通过动态代理模式一步步进行测试和调试，就能掌握它。

第 12 章

Spring 和数据库编程

本章目标

1. 掌握传统 JDBC 的弊端
2. 掌握如何使用 Spring 配置各类数据源
3. 掌握 JdbcTemplate 的基础用法
4. 掌握 MyBatis-Spring 项目的整合

Spring 最重要的功能毫无疑问就是操作数据。在 Java 互联网项目中，数据大部分存储在数据库和 NoSQL 工具中，本章将接触到数据库的编程。数据库的编程是互联网编程的基础，Spring 为开发者提供了 JDBC 模板模式，那就是它自身的 JdbcTemplate，它可以简化许多代码的编程，但是在实际的工作中 JdbcTemplate 并不常用。

Spring 还提供了 TransactionTemplate 支持事务的模板，只是这些都不是常用技术，对于持久层，工作中更多的时候用的是 Hibernate 框架和 MyBatis 框架。Spring 并不去代替已有框架的功能，而是以提供模板的形式给予支持。对于 Hibernate 框架 Spring 提供了 HibernateTemplate 给予支持，它能有效简化对于 Hibernate 的编程。对于 MyBatis 框架，由于版本的原因，Spring 并没有支持 MyBatis，好在 MyBatis 社区开发了接入 Spring 的开发包，该包也提供了 SqlSessionTemplate 给开发者使用，更让人欣喜的是该包还可以屏蔽 SqlSessionTemplate 这样的功能性代码，可以在编程中擦除 SqlSessionTemplate 让开发者直接使用接口编程，大大提高了编码的可读性。

本书以 Java 互联网为主题，对于互联网项目而言，使用 Hibernate 框架的少之又少，所以本书不讨论关于 Spring 和 Hibernate 结合使用的内容，而着重讨论互联网最常用的持久层 MyBatis 框架。对于数据库而言，在 Java 互联网中，数据库事务是最受关注的内容之一，由于它的重要性和专业性，笔者会用一章的篇幅专门讨论它的内容。关于数据库的编程，让我们从传统的 JDBC 开始讲解 Spring 的数据库编程。

12.1 传统的 JDBC 代码的弊端

首先来看一段传统 JDBC 的代码，如代码清单 12-1 所示。

代码清单 12-1：传统 JDBC 的代码

```
public Role getRole(Long id) {
    Role role = null;
    //声明 JDBC 变量
    Connection con = null;
    PreparedStatement ps = null;
    ResultSet rs = null;
    try {
        //注册驱动程序
        Class.forName("com.mysql.jdbc.Driver");
        //获取连接
        con    =    DriverManager.getConnection("jdbc:mysql://localhost:
3306/chapter12",
                "root", "123456");
        //预编译 SQL
        ps = con.prepareStatement("select id, role_name, note from t_role
where id = ?");
        //设置参数
        ps.setLong(1, id);
        //执行 SQL
        rs = ps.executeQuery();
        //组装结果集返回 POJO
        while(rs.next()) {
            role = new Role();
            role.setId(rs.getLong(1));
            role.setRoleName(rs.getString(2));
            role.setNote(rs.getString(3));
        }
    } catch (ClassNotFoundException | SQLException e) {
        //异常处理
        e.printStackTrace();
    } finally {
        //关闭数据库连接资源
        try {
            if (rs != null && !rs.isClosed()) {
                rs.close();
            }
        } catch (SQLException e) {
            e.printStackTrace();
        }
        try {
            if (ps != null && !ps.isClosed()) {
                ps.close();
            }
```

```
            } catch (SQLException e) {
                e.printStackTrace();
            }
            try {
                if (con != null && !con.isClosed()) {
                    con.close();
                }
            } catch (SQLException e) {
                e.printStackTrace();
            }
        }
        return role;
    }
```

从代码可以看出使用传统的 JDBC 即使是执行一条简单的 SQL，其过程也不简单，先打开数据库连接执行 SQL，然后组装结果，最后关闭数据库资源，但是太多的 try...catch..finally...语句，造成了代码泛滥。执行如此简单的 SQL 就需要这么多的代码，显然让开发者很头疼。

如果你用得好 JDBC，其性能是最好的，但是太多的 try...catch...finally...语句需要处理，数据库资源的打开、关闭都是定性的，甚至在大部分情况下，只要发生异常数据库的事务就会回滚，否则就提交，二者都是比较固定的模式。在 Spring 没有出现前，许多开发者在 JDBC 中滥用着 try...catch...finally...语句，导致代码可读性和可维护性急剧下降，从而引发信任问题。为了解决这些问题，Spring 提供了自己的方案，那就是 JdbcTemplate 模板。不过在介绍 JdbcTemplate 之前，首先要了解在 Spring 中是如何配置数据库资源的。

12.2 配置数据库资源

在 Spring 中配置数据库资源很简单，在实际工作中，大部分会配置成为数据库连接池，我们既可以使用 Spring 内部提供的类，也可以使用第三方数据库连接池或者从 Web 服务器中通过 JNDI 获取数据源。由于使用了第三方的类，一般而言在工程中会偏向于采用 XML 的方式进行配置，当然也可以采用注解的方式进行配置。只是对于项目的公共资源，笔者建议采用统一的 XML 进行配置，这样方便查找公共资源，所以这节笔者会以 XML 配置为主。

12.2.1 使用简单数据库配置

首先讨论一个简单的数据库配置，它是 Spring 提供的一个类 org.springframework.jdbc.datasource.SimpleDriverDataSource，它很简单，不支持数据库连接池。这里我们可以通过 XML 的形式去配置它，如代码清单 12-2 所示。

代码清单 12-2：配置 SimpleDriverDataSource

```
<bean    id="dataSource"    class="org.springframework.jdbc.datasource.
SimpleDriverDataSource">
    <property name="username" value="root" />
    <property name="password" value="123456" />
    <property name="driverClass" value="com.mysql.jdbc.Driver" />
    <property name="url" value="jdbc:mysql://localhost:3306/chapter12" />
</bean>
```

这样就能够配置一个最简单的数据源。这个配置一般用于测试，因为它不是一个数据库连接池，只是一个很简单的数据库连接的应用。在更多的时候，也可以使用第三方的数据库连接。

12.2.2 使用第三方数据库连接池

12.2.1 节配置了一个简单的数据库连接，但是没有应用到第三方的数据库连接池。当使用第三方的数据库连接池时，比如 DBCP 数据库连接池，我们下载了对应的 DBCP 数据库连接池相关的包后，就可以使用它了。同样的在 Spring 中简单配置后，就能使用它了，如代码清单 12-3 所示。

代码清单 12-3：配置 DBCP 数据库连接池

```
<!-- 数据库连接池 -->
<bean id="dataSource" class="org.apache.commons.dbcp.BasicDataSource">
    <property name="driverClassName" value="com.mysql.jdbc.Driver" />
    <property name="url" value="jdbc:mysql://localhost:3306/chapter12" />
    <property name="username" value="root" />
    <property name="password" value="123456" />
    <!--连接池的最大数据库连接数-->
    <property name="maxActive" value="255" />
    <!--最大等待连接中的数量-->
    <property name="maxIdle" value="5" />
    <!--最大等待毫秒数-->
    <property name="maxWait" value="10000" />
</bean>
```

这样就能够配置一个 DBCP 的数据库连接池了。Spring 为配置 JNDI 数据库连接池提供了对应的支持。

12.2.3 使用 JNDI 数据库连接池

在 Tomcat、WebLogic 等 Java EE 服务器上配置数据源，这时它存在一个 JNDI 的名称。也可以通过 Spring 所提供的 JNDI 机制获取对应的数据源，这也是常用的方法。假设已经在 Tomcat 上配置了 JNDI 为 jdbc/chapter12 的数据源，这样就可以在 Web 工程中获取这个

JNDI 数据源，如代码清单 12-4 所示。

代码清单 12-4：配置 JNDI 数据源

```
<bean id="dataSource" class="org.springframework.jndi.JndiObjectFactoryB
ean">
   <property name="jndiName" value="java:comp/env/jdbc/chapter12"/>
</bean>
```

这样就能够在 Spring 中定义 JNDI 数据源了，有了数据源，那么我们就可以继续讲解其他 Spring 关于数据库的知识了。

12.3　JDBC 代码失控的解决方案——JdbcTemplate

JdbcTemplate 是 Spring 针对 JDBC 代码失控提供的解决方案，严格来说，它本身也不算成功。但是无论如何 JdbcTemplate 的方案也体现了 Spring 框架的主导思想之一：给予常用技术提供模板化的编程，减少了开发者的工作量。

假设这里采用代码清单 12-4 进行数据源配置，首先对 JdbcTemplate 进行配置，如代码清单 12-5 所示。

代码清单 12-5：配置 JdbcTemplate

```
<bean      id="jdbcTemplate"      class="org.springframework.jdbc.core.
JdbcTemplate">
   <property name="dataSource" ref="dataSource"/>
</bean>
```

配置好了 dataSource 和 JdbcTemplate 就可以操作 JdbcTemplate 了。假设 Spring 配置文件为 spring-cfg.xml，用代码清单 12-6 去完成代码清单 12-1 的功能。

代码清单 12-6：通过 JdbcTemplate 操作数据库

```
ApplicationContext    ctx    =    new    ClassPathXmlApplicationContext
("spring-cfg.xml");
JdbcTemplate jdbcTemplate = ctx.getBean(JdbcTemplate.class);
Long id = 1L;
String sql ="select id, role_name, note from t_role where id = " + id;
Role role = jdbcTemplate.queryForObject(sql, new RowMapper<Role>() {
    @Override
    public Role mapRow(ResultSet rs, int rownum) throws SQLException {
        Role result = new Role();
        result.setId(rs.getLong("id"));
        result.setRoleName(rs.getString("role_name"));
        result.setNote(rs.getString("note"));
        return result;
```

```
    }
});
System.out.println(role.getRoleName());
```

这里笔者使用了 JdbcTemplate 的 queryForObject 方法。它包含两个参数，一个是 SQL，另一个是 RowMapper 接口，这里笔者使用了匿名类，所以采用了 new 关键字去创建一个 RowMapper 接口对象。如果开发环境是 Java 8 的，也可以使用 Lambda 表达式的写法，如代码清单 12-7 所示。

代码清单 12-7：使用 Lambda 表达式

```
ApplicationContext    ctx    =    new    ClassPathXmlApplicationContext
("spring-cfg.xml");
JdbcTemplate jdbcTemplate = ctx.getBean(JdbcTemplate.class);
Long id = 1L;
String sql ="select id, role_name, note from t_role where id = " + id;
Role role = jdbcTemplate.queryForObject(sql, (ResultSet rs, int rownum) ->
{
    Role result = new Role();
    result.setId(rs.getLong("id"));
    result.setRoleName(rs.getString("role_name"));
    result.setNote(rs.getString("note"));
    return result;
});
System.out.println(role.getRoleName());
```

这样就更为清晰一些，不过它们都是大同小异的写法，在 mapRow 方法中，从 ResultSet 对象中取出查询得到的数据，组装成一个 Role 对象，而无须再写任何关闭数据库资源的代码。因为 JdbcTemplate 内部实现了它们，这便是 Spring 所提供的模板规则。为了掌握 JdbcTemplate 的应用，下面学习一下 JdbcTemplate 的增、删、查、改。

12.3.1 JdbcTemplate 的增、删、查、改

举例说明 JdbcTemplate 增、删、查、改的用法，如代码清单 12-8 所示。

代码清单 12-8：JdbcTemplate 的增、删、查、改

```
public static void main(String[] args) {
   ApplicationContext    ctx    =    new    ClassPathXmlApplicationContext
("spring-cfg.xml");
   JdbcTemplate jdbcTemplate = ctx.getBean(JdbcTemplate.class);
   JdbcTemplateTest test = new JdbcTemplateTest();
   test.insertRole(jdbcTemplate);
   List roleList = test.findRole(jdbcTemplate, "role");
   System.out.println(roleList.size());
   Role role = new Role();
```

```
        role.setId(1L);
        role.setRoleName("update_role_name_1");
        role.setNote("update_note_1");
        test.updateRole(jdbcTemplate, role);
        test.deleteRole(jdbcTemplate, 1L);
    }


    /***
     * 插入角色
     * @param jdbcTemplate --模板
     * @return 影响条数
     */
    public int insertRole(JdbcTemplate jdbcTemplate) {
        String roleName = "role_name_1";
        String note = "note_1";
        String sql = "insert into t_role(role_name, note) values(?, ?)";
        return jdbcTemplate.update(sql, roleName, note);
    }

    /**
     * 删除角色
     * @param jdbcTemplate  模板
     * @param id  角色编号，主键
     * @return 影响条数
     */
    public int deleteRole(JdbcTemplate jdbcTemplate, Long id) {
        String sql = "delete from t_role where id=?";
        return jdbcTemplate.update(sql, id);
    }

    public int updateRole(JdbcTemplate jdbcTemplate, Role role) {
        String sql = "update t_role set role_name=?, note = ? where id = ?";
        return  jdbcTemplate.update(sql,  role.getRoleName(),  role.getNote(),
role.getId());
    }

    /**
     * 查询角色列表
     * @param jdbcTemplate  模板
     * @param roleName  角色名称
     * @return 角色列表
     */
    public List<Role> findRole(JdbcTemplate jdbcTemplate, String roleName) {
        String sql = "select id, role_name, note from t_role where role_name like
concat('%',?, '%')";
```

```
    Object[] params = {roleName};//组织参数
    //使用 RowMapper 接口组织返回（使用 lambda 表达式）
    List<Role> list = jdbcTemplate.query(sql, params, (ResultSet rs, int
rowNum) -> {
        Role result = new Role();
        result.setId(rs.getLong("id"));
        result.setRoleName(rs.getString("role_name"));
        result.setNote(rs.getString("note"));
        return result;
    });
    return list;
}
```

此例展示了 JdbcTemplate 的一些用法，如果使用的不是 Java 8 的版本，那么要使用匿名类去代替代码中的 Lambda 表达式。实际上，JdbcTemplate 的增、删、查、改方法远不止这些，但是由于它并不是常用的持久层技术，这里就不再深入讨论多个增、删、查、改方法的使用了。

12.3.2 执行多条 SQL

在 12.3.2 中，一个 JdbcTemplate 只执行了一条 SQL，当要多次执行 SQL 时，可以使用 execute 方法。它将允许传递 ConnectionCallback 或者 StatementCallback 等接口进行回调，从而完成对应的功能。代码清单 12-9 就是回调接口的使用方法。

代码清单 12-9：回调 ConnectionCallback 和 StatementCallback 接口

```
/**
 * 使用 ConnectionCallback 接口进行回调
 * @param jdbcTemplate 模板
 * @param id 角色编号
 * @return 返回角色
 */
public Role getRoleByConnectionCallback(JdbcTemplate jdbcTemplate, Long id)
{
    Role role = null;
    //这里写成 Java 8 的 Lambda 表达式，如果你使用低版本的 Java，需要使用
ConnectionCallback 匿名类
    role = jdbcTemplate.execute((Connection con) -> {
        Role result = null;
        String sql = "select id, role_name, note from t_role where id = ?";
        PreparedStatement ps = con.prepareStatement(sql);
        ps.setLong(1, id);
        ResultSet rs = ps.executeQuery();
        while (rs.next()) {
            result = new Role();
            result.setId(rs.getLong("id"));
```

```
                result.setNote(rs.getString("note"));
                result.setRoleName(rs.getString("role_name"));
            }
            return result;
        });
        return role;
    }

    /**
     * 使用 StatementCallback 接口进行回调
     * @param jdbcTemplate 模板
     * @param id 角色编号
     * @return 返回角色
     */
    public Role getRoleByStatementCallback(JdbcTemplate jdbcTemplate, Long id)
    {
        Role role = null;
        //这里写成 Java 8 的 lambda 表达式，如果你使用低版本的 Java，需要使用
    StatementCallback 的匿名类
        role = jdbcTemplate.execute((Statement stmt) -> {
            Role result = null;
            String sql = "select id, role_name, note from t_role where id = "
    + id;
            ResultSet rs = stmt.executeQuery(sql);
            while (rs.next()) {
                result = new Role();
                result.setId(rs.getLong("id"));
                result.setNote(rs.getString("note"));
                result.setRoleName(rs.getString("role_name"));
            }
            return result;
        });
        return role;
    }
```

通过实现 ConnectionCallback 或者 StatementCallback 接口的方法获取 Connection 对象或者 Statement 对象，这样便能够执行多条 SQL 了。

12.3.3 JdbcTemplate 的源码分析

12.3.2 节使用了 JdbcTemplate 进行操作，但是没有书写任何关闭对应数据资源的代码，实际上这些 Spring 都为你完成了。为此本节探讨一下源码是怎么实现的，这里选择了 StatementCallback 接口回调，如代码清单 12-10 所示。

代码清单 12-10：JdbcTemplate 源码分析

```
@Override
public    <T>    T    execute(StatementCallback<T>    action)    throws
DataAccessException {
    Assert.notNull(action, "Callback object must not be null");

    Connection con = DataSourceUtils.getConnection(getDataSource());
    Statement stmt = null;
    try {
        Connection conToUse = con;
        if (this.nativeJdbcExtractor != null &&

    this.nativeJdbcExtractor.isNativeConnectionNecessaryForNativeStateme
nts()) {
            conToUse = this.nativeJdbcExtractor.getNativeConnection(con);
        }
        stmt = conToUse.createStatement();
        applyStatementSettings(stmt);
        Statement stmtToUse = stmt;
        if (this.nativeJdbcExtractor != null) {
            stmtToUse = this.nativeJdbcExtractor.getNativeStatement(stmt);
        }
        T result = action.doInStatement(stmtToUse);
        handleWarnings(stmt);
        return result;
    }
    catch (SQLException ex) {
        //Release Connection early, to avoid potential connection pool
deadlock
        //in the case when the exception translator hasn't been initialized
yet
        JdbcUtils.closeStatement(stmt);
        stmt = null;
        DataSourceUtils.releaseConnection(con, getDataSource());
        con = null;
        throw    getExceptionTranslator().translate("StatementCallback",
getSql(action), ex);
    }
    finally {
        JdbcUtils.closeStatement(stmt);
        DataSourceUtils.releaseConnection(con, getDataSource());
    }
}
```

从源码中我们可以看到它首先从数据源中获取一条连接，然后对接口进行了回调，而在 catch 语句中会关闭对应的资源。从加粗的英文注释来看，它是为了防止在 translator 未初始化的情况下死锁的问题，而到了 finally 语句也对数据库连接资源进行了释放（注意，是释放而非关闭，因为其中还有内涵）。从源码中可以看到，Spring 要实现数据库连接资源获取和释放的逻辑，只要完成回调接口的方法逻辑即可，这便是它所提供的模板功能。但是我们并没有看到任何的事务管理，因为 JdbcTemplate 是不能支持事务的，还需要引入对应的事务管理器才能够支持事务。

只是这里的数据库资源获取和释放的功能还没有那么简单，比如源码中的这两行代码：

```
Connection con = DataSourceUtils.getConnection(getDataSource());
......
DataSourceUtils.releaseConnection(con, getDataSource());
```

在 Spring 中，它会在内部再次判断事务是否交由事务管理器处理，如果是，则数据库连接将会从数据库事务管理器中获取，并且 JdbcTemplate 的资源链接请求的关闭也将由事务管理器决定，而不是由 JdbcTemplate 自身决定。由于这里只是简单应用，数据库事务并没有交由事务管理器管理，所以数据库资源是由 JdbcTemplate 自身管理的。

12.4　MyBatis-Spring 项目

目前大部分的 Java 互联网项目，都是用 Spring MVC+Spring+MyBatis 搭建平台的。使用 Spring IoC 可以有效管理各类 Java 资源，达到即插即拔功能；通过 AOP 框架，数据库事务可以委托给 Spring 处理，消除很大一部分的事务代码，配合 MyBatis 的高灵活、可配置、可优化 SQL 等特性，完全可以构建高性能的大型网站。

毫无疑问，MyBatis 和 Spring 两大框架已经成了 Java 互联网技术主流框架组合，它们经受住了大数据量和大批量请求的考验，在互联网系统中得到了广泛的应用。使用 MyBatis-Spring 使得业务层和模型层得到了更好的分离，与此同时，在 Spring 环境中使用 MyBatis 也更加简单，节省了不少代码，甚至可以不用 SqlSessionFactory、SqlSession 等对象。因为 MyBatis-Spring 为我们封装了它们。

只是 MyBatis-Spring 项目不是 Spring 框架的子项目，因为当 Spring 3 发版时，MyBatis 3 并没有完成，所以 Spring 的 orm 包中只有对 MyBatis 旧版 iBatis 的支持。MyBatis 社区开发了 MyBatis-Spring 项目，我们可以到网上（http://mvnrepository.com/artifact/org.mybatis/mybatis-spring）下载它，如图 12-1 所示，这里使用的是 1.3.1 版。

配置 MyBatis-Spring 项目需要这么几步：

- 配置数据源，参考本章的 12.2 节。
- 配置 SqlSessionFactory。
- 可以选择的配置有 SqlSessionTemplate，在同时配置 SqlSessionTemplate 和 SqlSessionFactory 的情况下，优先采用 SqlSessionTemplate。

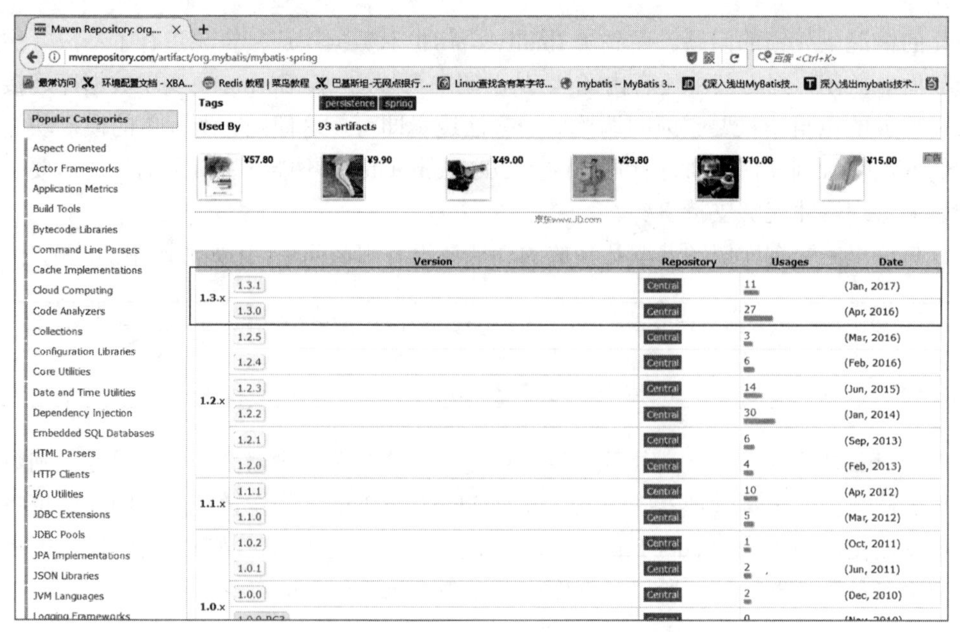

图 12-1　下载 mybatis-spring-xxx.jar

- 配置 Mapper，可以配置单个 Mapper，也可以通过扫描的方法生成 Mapper，比较灵活。此时 Spring IoC 会生成对应接口的实例，这样就可以通过注入的方式来获取资源了。
- 事务管理，它涉及的问题比较多，我们放在下章详细讨论并给出实例。

下面先来讨论 SqlSessionFactoryBean 的配置。

12.4.1　配置 SqlSessionFactoryBean

从 MyBatis 的介绍中，可以知道 SqlSessionFactory 是产生 SqlSession 的基础，因此配置 SqlSessionFactory 十分关键。在 MyBatis-Spring 项目中提供了 SqlSessionFactoryBean 去支持 SqlSessionFactory 的配置，先看它的源码，如代码清单 12-11 所示。

代码清单 12-11：SqlSessionFactoryBean 的源码

```
public class SqlSessionFactoryBean implements FactoryBean
<SqlSessionFactory>, InitializingBean,
ApplicationListener<ApplicationEvent> {
  //日志
  private static final Log LOGGER =
     LogFactory.getLog(SqlSessionFactoryBean.class);
  //MyBatis 配置文件
  private Resource configLocation;
  //Configuration 对象
  private Configuration configuration;
  //Mapper 配置路径
  private Resource[] mapperLocations;
```

```
  //数据库
  private DataSource dataSource;
  //事务管理器
  private TransactionFactory transactionFactory;
  //配置属性
  private Properties configurationProperties;
  //SqlSessionFactoryBuilder
  private SqlSessionFactoryBuilder SqlSessionFactoryBuilder = new
SqlSessionFactoryBuilder();
  //SqlSessionFactory
  private SqlSessionFactory SqlSessionFactory;
  //environment
  //EnvironmentAware requires spring 3.1
  private String environment = SqlSessionFactoryBean.class.
getSimpleName();
  //当加载后，是否检测所有 MyBatis 的映射语句加载完全，默认为 false
  private boolean failFast;
  //插件
  private Interceptor[] plugins;
  //类型转换器，typeHandlers
  private TypeHandler<?>[] typeHandlers;
  //类型转换器包，用于扫描装载
  private String typeHandlersPackage;
  //别名
  private Class<?>[] typeAliases;
  //别名包，用于扫描加载
  private String typeAliasesPackage;
  //当扩展了上面 Clas 类后，就生成别名，但是如果你没有配置 typeAliasesPackage 则不会
生效
  private Class<?> typeAliasesSuperType;
 //数据库厂商标识
  //issue #19. No default provider.
  private DatabaseIdProvider databaseIdProvider;
  //unix 的文件操作
  private Class<? extends VFS> vfs;
  //缓存
  private Cache cache;
  //ObjectFactory
  private ObjectFactory objectFactory;
  //对象包装器
  private ObjectWrapperFactory objectWrapperFactory;
  /************ setter and other methods ************/
}
```

从源码中可以看出，几乎可以配置所有关于 MyBatis 的组件，并且它也提供了对应的 setter 方法让 Spring 设置它们，所以完全可以通过 Spring IoC 容器的规则去配置它们。由于

使用了第三方的包，一般而言，我们更倾向于 XML 的配置。先来看一个简单的配置，如代码清单 12-12 所示。

代码清单 12-12：配置 SqlSessionFactoryBean

```
<bean    id="SqlSessionFactory"    class="org.mybatis.spring.SqlSession
FactoryBean">
 <property name="dataSource" ref="dataSource" />
 <property name="configLocation" value="classpath:sqlMapConfig.xml"/>
</bean>
```

这里配置了 SqlSesionFactoryBean，但是只是配置了数据源，然后引入一个 MyBatis 配置文件，当然如果你所配置的内容很简单，是可以完全不引入 MyBatis 配置文件的，只需要通过 Spring IoC 容器注入即可，但是一般而言，较为复杂的配置，笔者还是推荐你使用 MyBatis 的配置文件，这样的好处在于不至于使得 SqlSessionFactoryBean 的配置全部依赖于 Spring 提供的规则，导致配置的复杂性。下面来看 sqlMapConfig.xml 的代码，如代码清单 12-13 所示。

代码清单 12-13：MyBatis 配置文件——sqlMapConfig.xml

```
<?xml version="1.0" encoding="UTF-8"?>
<!DOCTYPE  configuration  PUBLIC  "-//mybatis.org//DTD  Config  3.0//EN"
"http://mybatis.org/dtd/mybatis-3-config.dtd">
<configuration>
   <settings>
      <!-- 这个配置使全局的映射器启用或禁用缓存 -->
      <setting name="cacheEnabled" value="true" />
      <!-- 允许 JDBC 支持生成的键。需要适当的驱动。如果设置为 true，则这个设置强制
生成的键被使用，尽管一些驱动拒绝兼容但仍然有效（比如 Derby） -->
      <setting name="useGeneratedKeys" value="true" />
      <!-- 配置默认的执行器。SIMPLE 执行器没有什么特别之处。REUSE 执行器重用预处理
语句。BATCH 执行器重用语句和批量更新  -->
      <setting name="defaultExecutorType" value="REUSE" />
      <!-- 全局启用或禁用延迟加载。当禁用时，所有关联对象都会即时加载 -->
      <setting name="lazyLoadingEnabled" value="true"/>
      <!-- 设置超时时间，它决定驱动等待一个数据库响应的时间  -->
      <setting name="defaultStatementTimeout" value="25000"/>
   </settings>
   <!-- 别名配置 -->
   <typeAliases>
      <typeAlias alias="role" type="com.ssm.chapter12.pojo.Role" />
   </typeAliases>

   <!-- 指定映射器路径 -->
   <mappers>
      <mapper resource="com/ssm/chapter12/sql/mapper/RoleMapper.xml" />
   </mappers>
```

```
</configuration>
```

这里配置了 MyBatis 的一些配置项，然后定义了一个角色的别名 role，跟着引入了映射器 RoleMapper.xml，如代码清单 12-14 所示。

代码清单 12-14：RoleMapper.xml

```xml
<?xml version="1.0" encoding="UTF-8" ?>
<!DOCTYPE mapper
  PUBLIC "-//mybatis.org//DTD Mapper 3.0//EN"
  "http://mybatis.org/dtd/mybatis-3-mapper.dtd">
<mapper namespace="com.ssm.chapter12.mapper.RoleMapper">

    <insert id="insertRole" useGeneratedKeys="true" keyProperty="id">
        insert into t_role(role_name, note) values (#{roleName}, #{note})
    </insert>

    <delete id="deleteRole" parameterType="long">
        delete from t_role where id=#{id}
    </delete>

    <select id="getRole" parameterType="long" resultType="role">
        select id, role_name as roleName, note from t_role where id = #{id}
    </select>

    <update id="updateRole" parameterType="role">
        update t_role
        set role_name = #{roleName},
        note = #{note}
        where id = #{id}
    </update>
</mapper>
```

定义了一个命名空间（namespace）——com.ssm.chapter12.mapper.RoleMapper，并且提供了对角色的增、删、查、改方法。按照 MyBatis 的规则需要定义一个接口 RoleMapper.java，才能够调用它，如代码清单 12-15 所示。

代码清单 12-15：RoleMapper.java

```java
package com.ssm.chapter12.mapper;
import org.apache.ibatis.annotations.Param;
import com.ssm.chapter12.pojo.Role;
public interface RoleMapper {
    public int insertRole(Role role);
    public Role getRole(@Param("id") Long id);
    public int updateRole(Role role);
    public int deleteRole(@Param("id") Long id);
}
```

到这里就完成了关于 MyBatis 框架的主要代码，由于 RoleMapper 是一个接口，而不是一个类，它没有办法产生实例，那么应该如何配置它呢？这就是接下来要阐述的问题，不过在此之前，先来讨论一下 SqlSessionTemplate。

12.4.2 SqlSessionTemplate 组件

严格来说，SqlSessionTemplate 并不是一个必须配置的组件，但是它也存在一定的价值。首先，它是线程安全的类，也就是确保每个线程使用的 SqlSession 唯一且不互相冲突。其次，它提供了一系列的功能，比如增、删、查、改等常用功能，不过在此之前需要先配置它，而配置它也是比较简单的，如代码清单 12-16 所示。

代码清单 12-16：配置 SqlSessionTemplate

```
<bean                                                   id="sqlSessionTemplate"
class="org.mybatis.spring.SqlSessionTemplate">
<constructor-arg ref="SqlSessionFactory"/>
<!--
<constructor-arg value="BATCH"/>
-->
</bean>
```

SqlSessionTemplate 要通过带有参数的构造方法去创建对象，常用的参数是 SqlSessionFactory 和 MyBatis 执行器（Executor）类型，取值范围是 SIMPLE、REUSE、BATCH，这是我们之前论述过的执行器的 3 种类型。

配置好了 SqlSessionTemplate 就可以使用它了，比如增、删、查、改的应用，如代码清单 12-17 所示。

代码清单 12-17：SqlSessionTemplate 的应用

```
//ctx 为 Spring IoC 容器
SqlSessionTemplate sqlSessionTemplate = ctx.getBean(SqlSessionTemplate.
class);
Role role = new Role();
role.setRoleName("role_name_sqlSessionTemplate");
role.setNote("note_sqlSessionTemplate");
sqlSessionTemplate.insert("com.ssm.chapter12.mapper.RoleMapper.insertRol
e", role);
Long id = role.getId();
sqlSessionTemplate.selectOne("com.ssm.chapter12.mapper.RoleMapper.getRol
e", id);
role.setNote("update_sqlSessionTemplate");
sqlSessionTemplate.update("com.ssm.chapter12.mapper.RoleMapper.updateRol
e", role);
sqlSessionTemplate.delete("com.ssm.chapter12.mapper.RoleMapper.deleteRol
e", id);
```

运行这段代码会得到以下的的日志：

```
DEBUG 2017-03-18 14:22:06,352 org.mybatis.spring.SqlSessionUtils: Creating a new SqlSession
DEBUG 2017-03-18 14:22:06,355 org.mybatis.spring.SqlSessionUtils: SqlSession [org.apache.ibatis.session.defaults.DefaultSqlSession@6ed3ccb2] was not registered for synchronization because synchronization is not active
......
DEBUG 2017-03-18 14:22:06,579 org.mybatis.spring.SqlSessionUtils: Closing non transactional SqlSession [org.apache.ibatis.session.defaults.DefaultSqlSession@6ed3ccb2]
DEBUG 2017-03-18 14:22:06,580 org.mybatis.spring.SqlSessionUtils: Creating a new SqlSession
......
DEBUG 2017-03-18 14:22:06,607 org.mybatis.spring.SqlSessionUtils: Closing non transactional SqlSession [org.apache.ibatis.session.defaults.DefaultSqlSession@3541cb24]
DEBUG 2017-03-18 14:22:06,607 org.mybatis.spring.SqlSessionUtils: Creating a new SqlSession
DEBUG 2017-03-18 14:22:06,608 org.mybatis.spring.SqlSessionUtils: SqlSession [org.apache.ibatis.session.defaults.DefaultSqlSession@68c72235] was not registered for synchronization because synchronization is not active
......
DEBUG 2017-03-18 14:22:06,624 org.mybatis.spring.SqlSessionUtils: Closing non transactional SqlSession [org.apache.ibatis.session.defaults.DefaultSqlSession@68c72235]
DEBUG 2017-03-18 14:22:06,624 org.mybatis.spring.SqlSessionUtils: Creating a new SqlSession
DEBUG 2017-03-18 14:22:06,624 org.mybatis.spring.SqlSessionUtils: SqlSession [org.apache.ibatis.session.defaults.DefaultSqlSession@e7edb54] was not registered for synchronization because synchronization is not active
......
DEBUG 2017-03-18 14:22:06,639 org.mybatis.spring.SqlSessionUtils: Closing non transactional SqlSession [org.apache.ibatis.session.defaults.DefaultSqlSession@e7edb54]
```

从日志中我们看到，当运行一个 SqlSessionTemplate 时，它就会重新获取一个新的 SqlSession，也就是说每一个 SqlSessionTemplate 运行的时候会产生新的 SqlSession，所以每一个方法都是独立的 SqlSession，这意味着它是安全的线程。

关于 SqlSessionTemplate，目前运用已经不多，正如代码清单 12-17 一样所示，它需要使用字符串表明运行哪个 SQL，字符串不包含业务含义，只是功能性代码，并不符合面向对象的规范。与此同时，使用字符串时，IDE 无法检查代码逻辑的正确性，所以这样的用法渐渐被人们抛弃了。注意，SqlSessionTemplate 允许配置执行器的类型，当同时配置 SqlSessionFactory 和 SqlSessionTemplate 的时候，SqlSessionTemplate 的优先级大于 SqlSessionFactory。

12.4.3 配置 MapperFactoryBean

12.4.2 节谈到了使用 SqlSessionTemplate 的一些不便之处，而 MyBatis 的运行只需要提供类似于 RoleMapper.java 的接口，而无须提供一个实现类。通过学习 MyBatis 运行原理，可以知道它是由 MyBatis 体系创建的动态代理对象运行的，所以 Spring 也没有办法为其生成实现类。为了解决这个问题，MyBatis-Spring 团队提供了一个 MapperFactoryBean 类作为中介，我们可以通过配置它来实现我们想要的 Mapper。使用了 Mapper 接口编程方式可以有效地在你的逻辑代码中擦除 SqlSessionTemplate，这样代码就按照面向对象的规范进行编写了，这是人们乐于采用的形式。

现在让我们配置关于代码清单 12-15 中 RoleMapper 的映射器对象，如代码清单 12-18 所示。

代码清单 12-18：配置 RoleMapper 对象

```
<bean id="roleMapper" class="org.mybatis.spring.mapper.MapperFactoryBean">
    <!--RoleMapper 接口将被扫描为 Mapper -->
    <property                                      name="mapperInterface"
value="com.ssm.chapter12.mapper.RoleMapper" />
    <property name="SqlSessionFactory" ref="SqlSessionFactory" />
    <!--如果同时注入 sqlSessionTemplate 和 SqlSessionFactory，则只会启用
sqlSessionTemplate -->
    <!-- <property name="sqlSessionTemplate" ref="sqlSessionTemplate"/>
-->
</bean>
```

这里可以看到 MapperFactoryBean 存在 3 个属性可以配置，分别是 mapperInterface、sqlSessionTemplate 和 SqlSessionFactory，其中：

- mapperInterface 是映射器的接口。
- 如果同时配置 sqlSessionTemplate 和 SqlSessionFactory，那么它就会启用 sqlSessionTemplate，而 SqlSessionFactory 作废。

当我们配置这样的一个 Bean，那么我们就可以使用下面的代码去获取映射器了。

```
RoleMapper roleMapper = ctx.getBean(RoleMapper.class);
```

有时候项目会比较大，如果一个个配置 Mapper 会造成配置量大的问题，这显然并不利于开发，为此 MyBatis 也有了应对方案，那就是下面谈到的另一个类——MapperScanner Configurer，通过它可以用扫描的形式去生产对应的 Mapper。

12.4.4 配置 MapperScannerConfigurer

这是一个通过扫描的形式进行配置 Mapper 的类，如果一个个去配置 Mapper，显然工作量大，并且导致配置泛滥，有了它只需要给予一些简单的配置，它就能够生成大量的

Mapper，从而减少工作量。

首先我们需要知道它能够配置哪些属性，对于 MapperScannerConfigurer 它的主要配置项有以下几个：

- basePackage，指定让 Spring 自动扫描什么包，它会逐层深入扫描，如果遇到多个包可以使用半角逗号分隔。
- annotationClass，表示如果类被这个注解标识的时候，才进行扫描。对于开发而言，笔者建议使用这个方式进行注册对应的 Mapper。在 Spring 中往往使用注解@Repository 表示数据访问层（DAO，Data Access Object），所以本书的例子也是以此方式为主进行介绍的。
- SqlSessionFactoryBeanName，指定在 Spring 中定义 SqlSessionFactory 的 Bean 名称。如果 sqlSessionTemplateBeanName 被定义，那么它将失去作用。
- markerInterface，指定实现了什么接口就认为它是 Mapper。我们需要提供一个公共的接口去标记。

其实它还有很多的配置项，比如 SqlSessionFactory 和 sqlSessionTemplate，但是不再推荐（注入@Deprecated）的方法，所以这里就不再介绍它们了。

在 Spring 配置前需要给 Mapper 一个注解，在 Spring 中往往是使用注解@Repository 表示 DAO 层的，这里对代码清单 12-15 中的 RoleMapper 进行改造，如代码清单 12-19 所示。

代码清单 12-19：改造 RoleMapper

```
package com.ssm.chapter12.mapper;
import org.apache.ibatis.annotations.Param;
import org.springframework.stereotype.Repository;
import com.ssm.chapter12.pojo.Role;
@Repository
public interface RoleMapper {
    public int insertRole(Role role);
    public Role getRole(@Param("id") Long id);
    public int updateRole(Role role);
    public int deleteRole(@Param("id") Long id);
}
```

从代码中我们看到了注解@Repository 的引入，它标志了这是一个 DAO 层，我们还要告诉 Spring 扫描哪个包，这样就可能扫出对应的 Mapper 到 Spring IoC 容器中了，如代码清单 12-20 所示。

代码清单 12-20：通过扫描的方式配置 RoleMapper

```
<bean class="org.mybatis.spring.mapper.MapperScannerConfigurer">
    <property name="basePackage" value="com.ssm.chapter12.mapper"/>
    <property name="SqlSessionFactoryBeanName" value="SqlSessionFactory"/>
    <!--
        使用 sqlSessionTemplateBeanName 将覆盖 SqlSessionFactoryBeanName 的配置
    -->
```

```
    <!--
    <property name="sqlSessionTemplateBeanName" value="SqlSessionFactory"/>
     -->
    <!-- 指定标注才扫描成为 Mapper -->
    <property name="annotationClass" value="org.springframework.stereotype.
Repository"/>
</bean>
```

通过这样的配置 Spring IoC 容器就知道将包命名为 com.ssm.chapter12.mapper，把注解为@Repository 的接口扫描为 Mapper 对象，存放在容器中，对于多个包的扫描可以用半角逗号分隔开来。

使用@Repository 注解是笔者所推荐的方式，它将允许你把接口放到各个包当中，然后通过简单的定义类 MapperScannerConfigurer 的 basePackage 属性扫描出来，有利于对包的规划。

也可以使用扩展接口名的方式进行定义，比如这里先定义一个接口——BaseMapper，如代码清单 12-21 所示。

代码清单 12-21：定义接口 BaseMapper

```
package com.ssm.chapter12.base;
public interface BaseMapper {
}
```

它没有任何逻辑只是为了标记用。再次改写代码清单 12-15 中的 RoleMapper，如代码清单 12-22 所示。

代码清单 12-22：使用 RoleMapper 扩展 BaseMapper

```
package com.ssm.chapter12.mapper;
import org.apache.ibatis.annotations.Param;
import com.ssm.chapter12.base.BaseMapper;
import com.ssm.chapter12.pojo.Role;
public interface RoleMapper extends BaseMapper {
    public int insertRole(Role role);
    public Role getRole(@Param("id") Long id);
    public int updateRole(Role role);
    public int deleteRole(@Param("id") Long id);
}
```

这里 RoleMapper 扩展了 BaseMapper，然后修改代码清单 12-20，使得 Spring 能够扫描到这个接口，如代码清单 12-23 所示。

代码清单 12-23：使用标记接口注册 Mapper

```
<bean         id="roleMapper"          class="org.mybatis.spring.mapper.
MapperScannerConfigurer">
    <property name="basePackage" value="com.ssm.chapter12.mapper" />
```

```
    <property name="SqlSessionFactoryBeanName" value="SqlSessionFactory"
/>
    <property name="markerInterface" value="com.ssm.chapter12.base.
BaseMapper"/>
</bean>
```

和注解的方式一样，它也能让 Spring 扫描标记扩展 BaseMapper 的接口，并生成对应的 Mapper。但是这不是推荐的方式，因为总是要扩展一个接口会显得相当奇怪，更多时候我们将使用 Spring 提供的注解@Repository 来标注对应的 Mapper，本书后面的例子也是如此。

12.4.5　测试 Spring+MyBatis

完成前面的配置就可以把 Spring 和 MyBatis 组合在一起了。由于 Mapper 的接口、XML 和 MyBatis 的配置文件笔者已经介绍了，就不再一一给出了。这里只给出一个关键性的 XML 配置，它采用的是扫描 Mapper 的方式，并且注解@Repository 作为 Mapper 的标记，如代码清单 12-24 所示。

代码清单 12-24：配置 MyBatis-Spring 项目

```
<bean id="dataSource"
    class="org.springframework.jdbc.datasource.SimpleDriverDataSource">
    <property name="username" value="root" />
    <property name="password" value="123456" />
    <property name="driverClass" value="com.mysql.jdbc.Driver" />
    <property name="url" value="jdbc:mysql://localhost:3306/chapter12" />
</bean>

<bean    id="SqlSessionFactory"    class="org.mybatis.spring.SqlSession
FactoryBean">
    <property name="dataSource" ref="dataSource" />
    <property name="configLocation" value="classpath:sqlMapConfig.xml" />
</bean>

<bean class="org.mybatis.spring.mapper.MapperScannerConfigurer">
    <property name="basePackage" value="com.ssm.chapter12.mapper" />
    <property name="SqlSessionFactoryBeanName" value="SqlSessionFactory"
/>
    <!-- 使用sqlSessionTemplateBeanName将覆盖SqlSessionFactoryBeanName的配
置 -->
    <!--          <property          name="sqlSessionTemplateBeanName"
value="SqlSessionFactory"/> -->
    <!-- 指定标注才扫描成为 Mapper -->
    <property                                      name="annotationClass"
value="org.springframework.stereotype.Repository" />
```

```
    <!--            <property                    name="markerInterface"
value="com.ssm.chapter12.base.BaseMapper"/>-->
</bean>
```

这样就能够把 Spring 和 MyBatis 两个框架组合起来，采用代码清单 12-25 进行验证。

代码清单 12-25：测试 Spring+MyBatis

```
ApplicationContext ctx = new
ClassPathXmlApplicationContext("spring-cfg.xml");
RoleMapper roleMapper = ctx.getBean(RoleMapper.class);
Role role = new Role();
role.setRoleName("role_name_mapper");
role.setNote("note_mapper");
roleMapper.insertRole(role);
Long id = role.getId();
roleMapper.getRole(id);
role.setNote("note_mapper_update");
roleMapper.updateRole(role);
roleMapper.deleteRole(id);
```

从代码中可以看到已经没有复杂的 SqlSessionTemplate 的操作，这些已经被擦除，正因为擦除让大家几乎看不到 MyBatis 框架的 API，使得代码具有更高的可读性，运行这段代码，于是可以得到以下日志：

```
DEBUG 2017-03-20 10:38:51,123 org.mybatis.spring.SqlSessionUtils: Creating
a new SqlSession
 ......
 DEBUG  2017-03-20  10:38:51,320  org.apache.ibatis.logging.jdbc.
BaseJdbcLogger: ==>  Preparing: insert into t_role(role_name, note) values
(?, ?)
 DEBUG  2017-03-20  10:38:51,343  org.apache.ibatis.logging.jdbc.
BaseJdbcLogger:   ==>   Parameters:   role_name_mapper(String),
note_mapper(String)
 DEBUG  2017-03-20  10:38:51,347  org.apache.ibatis.logging.jdbc.
BaseJdbcLogger: <==  Updates: 1
 DEBUG 2017-03-20 10:38:51,349 org.mybatis.spring.SqlSessionUtils: Closing
non  transactional  SqlSession  [org.apache.ibatis.session.defaults.
DefaultSqlSession@48974e45]
 DEBUG  2017-03-20  10:38:51,349  org.springframework.jdbc.datasource.
DataSourceUtils: Returning JDBC Connection to DataSource
 DEBUG  2017-03-20  10:38:51,352  org.mybatis.spring.SqlSessionUtils:
Creating a new SqlSession
......
 DEBUG  2017-03-20  10:38:51,367  org.apache.ibatis.logging.jdbc.
BaseJdbcLogger: ==>  Preparing: select id, role_name as roleName, note from
t_role where id = ?
```

```
DEBUG 2017-03-20 10:38:51,367 org.apache.ibatis.logging.jdbc.
BaseJdbcLogger: ==> Parameters: 5(Long)
DEBUG 2017-03-20 10:38:51,376 org.apache.ibatis.logging.jdbc.
BaseJdbcLogger: <== Total: 1
DEBUG 2017-03-20 10:38:51,376 org.mybatis.spring.SqlSessionUtils: Closing
non transactional SqlSession [org.apache.ibatis.session.defaults.
DefaultSqlSession@45099dd3]
DEBUG 2017-03-20 10:38:51,376 org.springframework.jdbc.datasource.
DataSourceUtils: Returning JDBC Connection to DataSource
DEBUG 2017-03-20 10:38:51,377 org.mybatis.spring.SqlSessionUtils:
Creating a new SqlSession
......
DEBUG 2017-03-20 10:38:51,388 org.apache.ibatis.logging.jdbc.
BaseJdbcLogger: ==> Preparing: update t_role set role_name = ?, note = ?
where id = ?
DEBUG 2017-03-20 10:38:51,388 org.apache.ibatis.logging.jdbc.
BaseJdbcLogger: ==> Parameters: role_name_mapper(String),
note_mapper_update(String), 5(Long)
DEBUG 2017-03-20 10:38:51,391 org.apache.ibatis.logging.jdbc.
BaseJdbcLogger: <== Updates: 1
DEBUG 2017-03-20 10:38:51,391 org.mybatis.spring.SqlSessionUtils: Closing
non transactional SqlSession [org.apache.ibatis.session.defaults.
DefaultSqlSession@54c5a2ff]
DEBUG 2017-03-20 10:38:51,391 org.springframework.jdbc.datasource.
DataSourceUtils: Returning JDBC Connection to DataSource
DEBUG 2017-03-20 10:38:51,392 org.mybatis.spring.SqlSessionUtils:
Creating a new SqlSession
......
DEBUG 2017-03-20 10:38:51,402 org.apache.ibatis.logging.jdbc.
BaseJdbcLogger: ==> Preparing: delete from t_role where id=?
DEBUG 2017-03-20 10:38:51,402 org.apache.ibatis.logging.jdbc.
BaseJdbcLogger: ==> Parameters: 5(Long)
DEBUG 2017-03-20 10:38:51,404 org.apache.ibatis.logging.jdbc.
BaseJdbcLogger: <== Updates: 1
......
```

从日志中可以看到每当使用一个 RoleMapper 接口的方法，它就会产生一个新的 SqlSession，运行完成后就会自动关闭了。从关闭的日志中可以看到“non transactional”的字样，说明它是在一个非事务的场景下运行，所以这里并不完整，因为笔者只是简单地使用数据库，而没有启动数据库事务，在第 13 章中会进行更详细的讨论。

第 13 章

深入 Spring 数据库事务管理

本章目标

1．掌握 Spring 数据库事务管理器的基础知识
2．掌握 Spring 数据库事务管理器提交和回滚事务的规则
3．掌握数据库 ACID 特性，尤其是数据库隔离级别的含义
4．掌握 Spring 提供的传播行为的含义
5．正确使用注解@Transactional
6．掌握如何把数据库事务应用在 Spring+MyBatis 的框架组合中

也许全书当中，这是你最感兴趣的一章。因为数据库事务是企业应用最为重要的内容之一，所以本章十分重要。本章先讨论 Spring 数据库的事务应用，然后讨论 Spring 中最著名的注解之一——@Transactional。搞清楚注解@Transactional 概念不是那么容易的事情，因为这会涉及数据库中的各种概念，为此有必要先从数据库谈起，这样有利于理解它的配置内容。它的隔离级别和传播行为等抽象概念，对于 Java EE 的初学者而言，存在很大的理解难度。

互联网系统时时面对着高并发，在互联网系统中同时跑着成百上千条线程都是十分常见的，尤其是当一些热门网站将刚上市的廉价商品放在线上销售时，狂热的用户几乎在同一时刻打开手机、电脑、平板电脑等设备进行疯狂抢购。这样就会出现多线程的访问网站，进而导致数据库在一个多事务访问的环境中，从而引发数据库丢失更新（Lost Update）和数据一致性的问题，同时也会给服务器带来很大压力，甚至发生数据库系统死锁和瘫痪进而导致系统宕机。为了解决这些问题，互联网开发者需要先了解数据库的一些特性，进而规避一些存在的问题，避免数据的不一致，提高系统性能。

在大部分情况下，我们会认为数据库事务要么同时成功，要么同时失败，但是也存在着不同的要求。比如银行的信用卡还款，有个跑批量的事务，而这个批量事务又包含了对各个信用卡的还款业务的处理，我们不能因为其中一张卡的事务失败了，而把其他卡的事务也回滚，这样就会导致因为一个客户的异常，造成多个客户还款失败，即正常还款的用户，也被认为是不正常还款的，这样会引发严重的金融信誉问题，Spring 事务的传播行为

带来了比较方便的解决方案。

13.1 Spring 数据库事务管理器的设计

在 Spring 中数据库事务是通过 PlatformTransactionManager 进行管理的，第 12 章讨论了 JdbcTemplate 的源码，并且知道单凭它自身是不能支持事务的，而能够支持事务的是 org.springframework.transaction.support.TransactionTemplate 模板，它是 Spring 所提供的事务管理器的模板，先来阅读一段重要的源码，如代码清单 13-1 所示。

代码清单 13-1：TransactionTemplate 源码

```
//事务管理器
private PlatformTransactionManager transactionManager;
......

@Override
public <T> T execute(TransactionCallback<T> action) throws
TransactionException {
    //使用自定义的事务管理器
   if (this.transactionManager instanceof CallbackPreferringPlatform
TransactionManager) {
        return ((CallbackPreferringPlatformTransactionManager)
            this.transactionManager).execute(this, action);
    }
    else {//系统默认管理器
        //获取事务状态
        TransactionStatus status = this.transactionManager.
getTransaction(this);
        T result;
        try {
            //回调接口方法
            result = action.doInTransaction(status);
        }
        catch (RuntimeException ex) {
            // Transactional code threw application exception -> rollback
            //回滚异常方法
            rollbackOnException(status, ex);
            //抛出异常
            throw ex;
        }
        catch (Error err) {
            // Transactional code threw error -> rollback
            //回滚异常方法
            rollbackOnException(status, err);
```

```
            //抛出错误
            throw err;
        }
        catch (Throwable ex) {
            // Transactional code threw unexpected exception -> rollback
            //回滚异常方法
            rollbackOnException(status, ex);
            //抛出无法捕获异常
            throw new UndeclaredThrowableException(ex,
               "TransactionCallback threw undeclared checked exception");
        }
        //提交事务
        this.transactionManager.commit(status);
        //返回结果
        return result;
    }
}
```

源码中的中文注释是笔者加入的，可以清楚地看到：

- 事务的创建、提交和回滚是通过 PlatformTransactionManager 接口来完成的。
- 当事务产生异常时会回滚事务，在默认的实现中所有的异常都会回滚。我们可以通过配置去修改在某些异常发生时回滚或者不回滚事务。
- 当无异常时，会提交事务。

这样我们的关注点就转入了事务管理器的实现上。在 Spring 中，有多种事务管理器，它们的设计如图 13-1 所示。

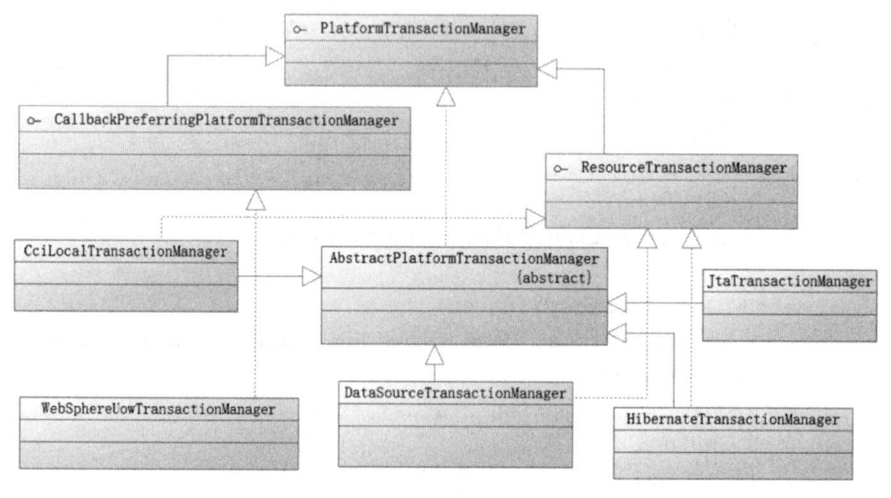

图 13-1 Spring 事务管理器的设计

从图 13-1 中可以看到多个数据库事务管理器，并且支持 JTA 事务，常用的是 DataSourceTransactionManager，它继承抽象事务管理器 AbstractPlatformTransactionManager，而 AbstractPlatformTransactionManager 又实现了 PlatformTransactionManager。这样 Spring

就可以如同源码中看到的那样使用 PlatformTransactionManager 接口的方法，创建、提交或者回滚事务了。

PlatformTransactionManager 接口的源码很简单，如代码清单 13-2 所示。

代码清单 13-2：PlatformTransactionManager 接口的源码分析

```
public interface PlatformTransactionManager {
    //获取事务状态
    TransactionStatus getTransaction(TransactionDefinition definition)
       throws TransactionException;
    //提交事务
    void commit(TransactionStatus status) throws TransactionException;
    //回滚事务
    void rollback(TransactionStatus status) throws TransactionException;

}
```

这样我们就掌握了其基本的用法。

13.1.1　配置事务管理器

本书使用的是 MyBatis 框架，用得最多的事务管理器是 DataSourceTransactionManager（org.springframework.jdbc.datasource.DataSourceTransactionManager），因此下面将以此例进行讲解。如果使用的持久框架是 Hibernate，那么你就要用到 spring-orm 包 org.springframework.orm.hibernate4.HibernateTransactionManager 了。它们大同小异，一般而言我们在使用时，还会加入 XML 的事务命名空间。下面配置一个事务管理器，如代码清单 13-3 所示。

代码清单 13-3：配置事务管理器

```
<?xml version='1.0' encoding='UTF-8' ?>
<beans xmlns="http://www.springframework.org/schema/beans"
    xmlns:xsi="http://www.w3.org/2001/XMLSchema-instance"
xmlns:p="http://www.springframework.org/schema/p"
    xmlns:aop="http://www.springframework.org/schema/aop"
xmlns:tx="http://www.springframework.org/schema/tx"
    xmlns:context="http://www.springframework.org/schema/context"
    xsi:schemaLocation="http://www.springframework.org/schema/beans
      http://www.springframework.org/schema/beans/spring-beans-4.0.xsd
      http://www.springframework.org/schema/aop
      http://www.springframework.org/schema/aop/spring-aop-4.0.xsd
      http://www.springframework.org/schema/tx
      http://www.springframework.org/schema/tx/spring-tx-4.0.xsd
      http://www.springframework.org/schema/context
http://www.springframework.org/schema/context/spring-context-4.0.xsd">
    <!-- 数据库连接池 -->
```

```
    <bean       id="dataSource"       class="org.apache.commons.dbcp.
BasicDataSource">
        <property name="driverClassName" value="com.mysql.jdbc.Driver" />
        <property                                           name="url"
value="jdbc:mysql://localhost:3306/chapter12" />
        <property name="username" value="root" />
        <property name="password" value="123456" />
        <property name="maxActive" value="255" />
        <property name="maxIdle" value="5" />
        <property name="maxWait" value="10000" />
    </bean>
    <bean                                              id="jdbcTemplate"
class="org.springframework.jdbc.core.JdbcTemplate">
        <property name="dataSource" ref="dataSource"/>
    </bean>
    <!-- 配置数据源事务管理器 -->
    <bean id="transactionManager"

    class="org.springframework.jdbc.datasource.DataSourceTransactionMana
ger">
        <property name="dataSource" ref="dataSource" />
    </bean>

</beans>
```

这里先引入了 XML 的命名空间，然后定义了数据库连接池，于是使用了 DataSourceTransactionManager 去定义数据库事务管理器，并且注入了数据库连接池。这样 Spring 就知道你已经将数据库事务委托给事务管理器 transactionManager 管理了。在 JdbcTemplate 源码分析时，笔者就已经指出，数据库资源的产生和释放如果没有委托给数据库管理器，那么就由 JdbcTemplate 管理，但是此时已经委托给了事务管理器，所以 JdbcTemplate 的数据库资源和事务已经由事务管理器处理了。

在 Spring 中可以使用声明式事务或者编程式事务，如今编程式事务几乎不用了，因为它会产生冗余，代码可读性较差，所以这里只简单交代其用法，而主要阐述的是声明式事务。声明式事务又可以分为 XML 配置和注解事务，但 XML 方式也已经不常用了，所以这里只简单交代它的用法，目前主流方法是注解@Transactional，因此本章的内容主要就讲解它了。

13.1.2 用 Java 配置方式实现 Spring 数据库事务

用 Java 配置的方式来实现 Spring 数据库事务，需要在配置类中实现接口 TransactionManagementConfigurer 的 annotationDrivenTransactionManager 方法。Spring 会把 annotationDrivenTransactionManager 方法返回的事务管理器作为程序中的事务管理器，比如下面的例子，就是使用 Java 配置方式实现 Spring 的数据库事务配置，如代码清单 13-4

所示。

代码清单 13-4：使用 Java 配置方式实现 Spring 数据库事物

```
package com.ssm.chapter13.config;
/**************** imports ****************/
@Configuration
@ComponentScan("com.ssm.chapter13.*")
//使用事务驱动管理器
@EnableTransactionManagement
public class JavaConfig implements  TransactionManagementConfigurer {
   //数据源
    private DataSource dataSource = null;

    /**
     * 配置数据源.
     * @return 数据源.
     */
    @Bean(name = "dataSource")
    public DataSource initDataSource() {
        if (dataSource != null) {
            return dataSource;
        }
        Properties props = new Properties();
        props.setProperty("driverClassName", "com.mysql.jdbc.Driver");
        props.setProperty("url",
"jdbc:mysql://localhost:3306/chapter15");
        props.setProperty("username", "root");
        props.setProperty("password", "123456");
        props.setProperty("maxActive", "200");
        props.setProperty("maxIdle", "20");
        props.setProperty("maxWait", "30000");
        try {
            dataSource = BasicDataSourceFactory.createDataSource(props);
        } catch (Exception e) {
            e.printStackTrace();
        }
        return dataSource;
    }

    /**
     * 配置 jdbcTemplate
     * @return jdbcTemplate
     */
    @Bean(name = "jdbcTemplate")
    public JdbcTemplate initjdbcTemplate() {
        JdbcTemplate jdbcTemplate = new JdbcTemplate();
```

```
        jdbcTemplate.setDataSource(initDataSource());
        return jdbcTemplate;
    }

    /**
     * 实现接口方法，使得返回数据库事务管理器
     */
    @Override
    @Bean(name = "transactionManager")
    public PlatformTransactionManager annotationDrivenTransactionManager()
{
        DataSourceTransactionManager transactionManager
           = new DataSourceTransactionManager();
        //设置事务管理器管理的数据源
        transactionManager.setDataSource(initDataSource() );
        return transactionManager;
    }

}
```

加粗的代码实现了 TransactionManagementConfigurer 接口所定义的方法 annotation DrivenTransactionManager，并且我们使用 DataSourceTransactionManager 去定义数据库事务管理器的实例，然后把数据源设置给它。注意，使用注解@EnableTransactionManagement 后，在 Spring 上下文中使用事务注解@Transactional，Spring 就会知道使用这个数据库事务管理器管理事务了。

13.2 编程式事务

编程式事务以代码的方式管理事务，换句话说，事务将由开发者通过自己的代码来实现，这里需要使用一个事务定义类接口——TransactionDefinition，暂时不进行深入的介绍，我们只要使用默认的实现类——DefaultTransactionDefinition 就可以了。关于它的详细介绍在后面章节详谈，这里使用代码清单 13-3 的配置，在创建 Spring IoC 容器的基础上，先给出其编程式事务的代码，如代码清单 13-5 所示。

代码清单 13-5：编程式事务

```
ApplicationContext ctx = new ClassPathXmlApplicationContext("spring-cfg.
xml");
JdbcTemplate jdbcTemplate = ctx.getBean(JdbcTemplate.class);
//事务定义类
TransactionDefinition def = new DefaultTransactionDefinition();
PlatformTransactionManager transactionManager =
    ctx.getBean(PlatformTransactionManager.class);
```

```
TransactionStatus status = transactionManager.getTransaction(def);
try {
    //执行 SQL 语句
    jdbcTemplate.update("insert into t_role(role_name, note) "
        +                    "values('role_name_transactionManager',
'note_transactionManager')");
    //提交事务
    transactionManager.commit(status);
} catch(Exception ex) {
    //回滚事务
    transactionManager.rollback(status);
}
```

注意加粗的代码，从代码中可以看到所有的事务都是由开发者自己进行控制的，由于事务已交由事务管理器管理，所以 JdbcTemplate 本身的数据库资源已经由事务管理器管理，因此当它执行完 insert 语句时不会自动提交事务，这个时候需要使用事务管理器的 commit 方法，回滚事务需要使用 rollback 方法。

当然这是最简单的使用方式，因为这个方式已经不是主流方式，甚至几乎是不被推荐使用的方式，之所以介绍是因为它的代码流程更为清晰，有助于未来对声明式事务的理解。

13.3　声明式事务

声明式事务是一种约定型的事务，在大部分情况下，当使用数据库事务时，大部分的场景是在代码中发生了异常时，需要回滚事务，而不发生异常时则是提交事务，从而保证数据库数据的一致性。从这点出发，Spring 给了一个约定（AOP 开发也给了我们一个约定），如果使用的是声明式事务，那么当你的业务方法不发生异常（或者发生异常，但该异常也被配置信息允许提交事务）时，Spring 就会让事务管理器提交事务，而发生异常（并且该异常不被你的配置信息所允许提交事务）时，则让事务管理器回滚事务。

首先声明式事务允许自定义事务接口——TransactionDefinition，它可以由 XML 或者注解@Transactional 进行配置，到了这里我们先谈谈@Transactional 的配置项。

13.3.1　Transactional 的配置项

如果你认为@Transactional 的配置项很复杂，那么就大错特错了，这里探索一下它的源码，如代码清单 13-6 所示。

代码清单 13-6：Transactional 源码

```
package org.springframework.transaction.annotation;
```

```
import java.lang.annotation.Documented;
@Target({ElementType.METHOD, ElementType.TYPE})
@Retention(RetentionPolicy.RUNTIME)
@Inherited
@Documented
public @interface Transactional {

    @AliasFor("transactionManager")
    String value() default "";

    @AliasFor("value")
    String transactionManager() default "";

    Propagation propagation() default Propagation.REQUIRED;

    Isolation isolation() default Isolation.DEFAULT;

    int timeout() default TransactionDefinition.TIMEOUT_DEFAULT;

    boolean readOnly() default false;

    Class<? extends Throwable>[] rollbackFor() default {};

    String[] rollbackForClassName() default {};

    Class<? extends Throwable>[] noRollbackFor() default {};

    String[] noRollbackForClassName() default {};

}
```

显然 Transactional 可配置的内容不算太多，不过由于它的重要性，这里给出它的配置项的含义，如表 13-1 所示。

表 13-1　Transactional 配置项

配 置 项	含　义	备　注
value	定义事务管理器	它是 Spring IoC 容器里的一个 Bean id，这个 Bean 需要实现接口 PlatformTransactionManager
transactionManager	同上	同上
isolation	隔离级别，后面会详细谈到它的含义	这是一个数据库在多个事务同时存在时的概念，也是本章重点讨论的内容之一。默认值取数据库默认隔离级别
propagation	传播行为	传播行为是方法之间调用的问题，也是本章重点讨论的内容之一。默认值为 Propagation.REQUIRED
timeout	超时时间	单位为秒，当超时时，会引发异常，默认会导致事务回滚
readOnly	是否开启只读事务	默认值为 false

续表

配置项	含义	备注
rollbackFor	回滚事务的异常类定义	也就是只有当方法产生所定义异常时，才回滚事务，否则就提交事务
rollbackForClassName	回滚事务的异常类名定义	同 rollbackFor，只是使用类名称定义
noRollbackFor	当产生哪些异常不回滚事务	当产生所定义异常时，Spring 将继续提交事务
noRollbackForClassName	同 noRollbackFor	同 noRollbackFor，只是使用类的名称定义

value、transactionManager、timeout、readOnly、rollbackFor、rollbackForClassName、noRollbackFor 和 noRollbackForClassName 都是十分容易理解的，isolation 和 propagation 则不那么容易理解了，然而这两个配置项的内容却是最为重要的内容。这些属性将会被 Spring 放到事务定义类 TransactionDefinition 中，事务声明器的配置内容也是以这些为主了。

注意，使用声明式事务需要配置注解驱动，只需要在代码清单 13-3 中加入如下配置就可以使用@Transactional 配置事务了。

```
<tx:annotation-driven transaction-manager="transactionManager"/>
```

13.3.2　使用 XML 进行配置事务管理器

使用 XML 配置事务管理器的方法很多，但是也不常用，更多时我们会采用注解式的事务。为此笔者只介绍一种通用的 XML 声明式事务配置，不过它却在一定流程上揭露了事务管理器的内部实现。它需要一个事务拦截器——TransactionInterceptor，可以把拦截器想象成 AOP 编程。让我们首先配置它，如代码清单 13-7 所示。

代码清单 13-7：配置事务拦截器

```
<bean id="transactionInterceptor"

    class="org.springframework.transaction.interceptor.TransactionInterc
eptor">
        <property name="transactionManager" ref="transactionManager" />
        <!-- 配置事务属性 -->
        <property name="transactionAttributes">
            <props>
                <!-- key 代表的是业务方法的正则式匹配 ，而其内容可以配置各类事务定义
参数-->
                <prop  key="insert*">PROPAGATION_REQUIRED,ISOLATION_READ_
UNCOMMITTED</prop>
                <prop    key="save*">PROPAGATION_REQUIRED,ISOLATION_READ_
UNCOMMITTED</prop>
                <prop     key="add*">PROPAGATION_REQUIRED,ISOLATION_READ_
UNCOMMITTED</prop>
                <prop key="select*">PROPAGATION_REQUIRED,readOnly</prop>
                <prop key="get*">PROPAGATION_REQUIRED,readOnly</prop>
```

```
                <prop key="find*">PROPAGATION_REQUIRED,readOnly</prop>
                <prop    key="del*">PROPAGATION_REQUIRED,ISOLATION_READ_
UNCOMMITTED</prop>
                <prop  key="remove*">PROPAGATION_REQUIRED,ISOLATION_READ_
UNCOMMITTED</prop>
                <prop  key="update*">PROPAGATION_REQUIRED,ISOLATION_READ_
UNCOMMITTED</prop>
            </props>
        </property>
    </bean>
```

配置 transactionAttributes 的内容是需要关注的重点，Spring IoC 启动时会解析这些内容，放到事务定义类 TransactionDefinition 中，再运行时会根据正则式的匹配度决定方法采取哪种策略。显然这使用了拦截器和 Spring AOP 的编程技术，这也揭示了声明式事务的底层原理——Spring AOP 技术。

代码清单 13-7 只展示了 Spring 方法采取的事务策略，并没有告知 Spring 拦截哪些类，因此我们还需要告诉 Spring 哪些类要使用事务拦截器进行拦截，为此我们再配置一个类 BeanNameAutoProxyCreator，如代码清单 13-8 所示。

代码清单 13-8：指明事务拦截器拦截哪些类

```
<bean                class="org.springframework.aop.framework.autoproxy.
BeanNameAutoProxyCreator">
    <property name="beanNames">
        <list>
            <value>*ServiceImpl</value>
        </list>
    </property>
    <property name="interceptorNames">
        <list>
            <value>transactionInterceptor</value>
        </list>
     </property>
</bean>
```

BeanName 属性告诉 Spring 如何拦截类。由于声明为*ServiceImpl，所有关于 Service 是现实类都会被其拦截，然后 interceptorNames 则是定义事务拦截器，这样对应的类和方法就会被事务管理器所拦截了。

13.3.3 事务定义器

从注解@Transactional 或者 XML 中我们看到了事务定义器的身影，因此我们有必要讨论一下事务定义器 TransactionDefinition 的内容，如代码清单 13-9 所示。

代码清单 13-9：事务定义器源码

```
package org.springframework.transaction;
import java.sql.Connection;
public interface TransactionDefinition {
    //传播行为常量定义（7 个）
    int PROPAGATION_REQUIRED = 0;//默认传播行为
    int PROPAGATION_SUPPORTS = 1;
    int PROPAGATION_MANDATORY = 2;
    int PROPAGATION_REQUIRES_NEW = 3;
    int PROPAGATION_NOT_SUPPORTED = 4;
    int PROPAGATION_NEVER = 5;
    int PROPAGATION_NESTED = 6;
    //隔离级别定义（5 个）
    int ISOLATION_DEFAULT = -1;//默认隔离级别
    //隔离级别定义（5 个）
    int                    ISOLATION_READ_UNCOMMITTED                    =
Connection.TRANSACTION_READ_UNCOMMITTED;
    int ISOLATION_READ_COMMITTED = Connection.TRANSACTION_READ_COMMITTED;
    int ISOLATION_REPEATABLE_READ = Connection.TRANSACTION_REPEATABLE_READ;
    int ISOLATION_SERIALIZABLE = Connection.TRANSACTION_SERIALIZABLE;
    int TIMEOUT_DEFAULT = -1;// -1 代表永不超时
    //获取传播行为
    int getPropagationBehavior();
    //获取隔离级别
    int getIsolationLevel();
    //事务超时时间
    int getTimeout();
    //是否只读事务
    boolean isReadOnly();
    //获取事务定义器的名称
    String getName();
}
```

以上就是关于事务定义器的内容，除了异常的定义，其他关于事务的定义都可以在这里完成，而对于事务的回滚内容，它会以 RollbackRuleAttribute 和 NoRollbackRuleAttribute 两个类进行保存，这样在事务拦截器中就可以根据我们所配置的内容来处理事务方面的内容了。

13.3.4　声明式事务的约定流程

这里的约定十分重要，我们首先要理解@Transaction 注解或者 XML 配置。@Transaction 注解可以使用在方法或者类上面，在 Spring IoC 容器初始化时，Spring 会读入这个注解或者 XML 配置的事务信息，并且保存到一个事务定义类里面（TransactionDefinition 接口的子类），以备将来使用。当运行时会让 Spring 拦截注解标注的某一个方法或者类的所有方法。谈到了拦截，可能会想到 AOP，Spring 也是如此。有了 AOP 的概念，那么它就会把你编写的代码织入到 AOP 的流程中，然后给出它的约定。

首先 Spring 通过事务管理器（PlatformTransactionManager 的子类）创建事务，与此同时会把事务定义中的隔离级别、超时时间等属性根据配置内容往事务上设置。而根据传播行为配置采取一种特定的策略，后面会谈到传播行为的使用问题，这是 Spring 根据配置完成的内容，你只需要配置，无须编码。然后，启动开发者提供的业务代码，我们知道 Spring 会通过反射的方式调度开发者的业务代码，但是反射的结果可能是正常返回或者产生异常返回，那么它给的约定是只要发生异常，并且符合事务定义类回滚条件的，Spring 就会将数据库事务回滚，否则将数据库事务提交，这也是 Spring 自己完成的。你会惊奇地发现，在整个开发过程中，只需要编写业务代码和对事务属性进行配置就可以了，并不需要使用代码干预，工作量比较少，代码逻辑也更为清晰，更有利于维护。声明式事务的流程如图 13-2 所示。

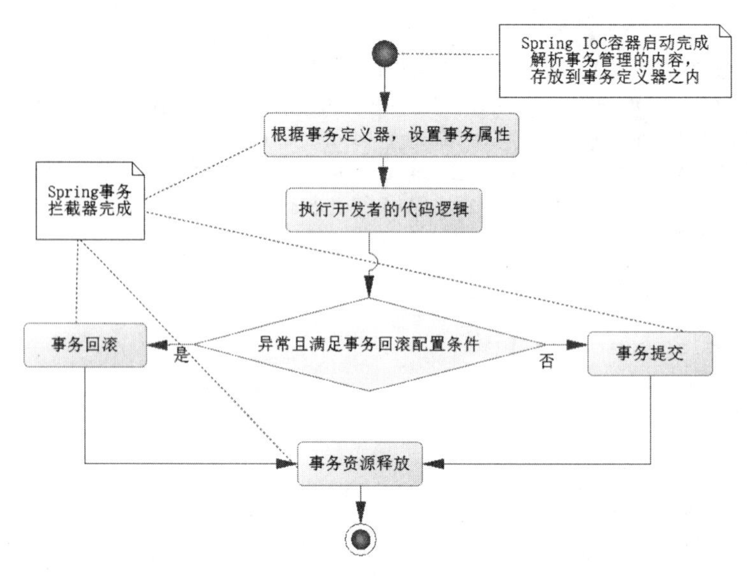

图 13-2　声明式事务的流程

比如插入角色代码，如代码清单 13-10 所示。

代码清单 13-10：插入角色

```
@Autowired
private RoleDao roleDao = null;

@Transactional(propagation=Propagation.REQUIRED,
isolation=Isolation.DEFAULT, timeout=3)
public int insertRole(Role role) {
    return roleDao.insert(role);
}
```

这里没有数据库的资源打开和释放代码，也没看到数据库提交的代码，只看到了注解

@Transactional。它配置了 Propagation.REQUIRED 的传播行为，这意味着当别的方法调度时，如果存在事务就沿用下来，如果不存在事务就开启新的事务，而隔离级别采用默认的隔离级别，并且设置超时时间为 3 秒。其他的开发人员只要知道当 roleDao 的 insert 方法抛出异常时，Spring 就会回滚事务，如果成功，就提交事务。这样 Spring 就让开发人员主要的精力放在业务的开发上，而不是控制数据库的资源和事务上。但是我们必须清楚的是，这里的神奇原理是 Spring AOP 技术，而其底层的实现原理是动态代理，也就是只有代理对象相互调用才能像 AOP 那么神奇，本章中我们也会看到这类陷阱。

下面需要讨论的是两个最难理解，也是最为重要的事务配置项，那就是隔离级别和传播行为。在此之前，我们要进一步深入讨论关于数据库的一些重要知识，否则读者可能很难理解后面的内容。

13.4　数据库的相关知识

为了更好地理解@Transactional 的内容，本节先讨论一些数据库的特性。

13.4.1　数据库事务 ACID 特性

数据库事务正确执行的 4 个基础要素是原子性（Atomicity）、一致性（Consistency）、隔离性（Isolation）和持久性（Durability）。

- **原子性**：整个事务中的所有操作，要么全部完成，要么全部不完成，不可能停滞在中间某个环节。事务在执行过程中发生错误，会被回滚到事务开始前的状态，就像这个事务从来没被执行过一样。
- **一致性**：指一个事务可以改变封装状态（除非它是一个只读的）。事务必须始终保持系统处于一致的状态，不管在任何给定的时间并发事务有多少。
- **隔离性**：它是指两个事务之间的隔离程度。
- **持久性**：在事务完成以后，该事务对数据库所做的更改便持久保存在数据库之中，并不会被回滚。

这里的原子性、一致性和持久性都比较好理解，而隔离性就不一样了，它涉及了多个事务并发的状态。首先多个事务并发会产生数据库丢失更新的问题，其次隔离性又分为多个层级。

13.4.2　丢失更新

在互联网中存在着抢购、秒杀等高并发场景，使得数据库在一个多事务的环境中运行，多个事务的并发会产生一系列的问题，主要的问题之一就是丢失更新，一般而言存在两类丢失更新。

假设一个场景，一个账户存在互联网消费和刷卡消费两种形式，而一对夫妻共用这个账户。老公喜欢刷卡消费，老婆喜欢互联网消费，那么可能产生如表 13-2 所示的场景。

表 13-2　第一类丢失更新

时　　刻	事务一（老公）	事务二（老婆）
T1	查询余额 10 000 元	—
T2	—	查询余额 10 000 元
T3	—	网购 1 000 元
T4	**请客吃饭消费 1 000 元**	—
T5	提交事务成功，余额 9 000 元	—
T6	—	**不想买了，取消购买，回滚事务到 T2 时刻，余额 10 000 元**

请注意加粗的内容，整个过程中只有老公消费了 1 000 元，而在最后的 T6 时刻，老婆回滚事务，却恢复了原来的初始值余额 10 000 元，这显然不符合事实。这样的两个事务并发，一个回滚、一个提交成功导致不一致，我们称为第一类丢失更新。所幸的是大部分数据库（包括 MySQL 和 Oracle）基本都已经消灭了这类丢失更新，所以笔者就不对这类丢失更新展开讨论了。

第二类丢失更新则是我们真正需要关注的内容，还是以上面的例子来说明，如表 13-3 所示。

表 13-3　第二类丢失更新

时　　刻	事务一（老公）	事务二（老婆）
T1	查询余额 10 000 元	—
T2	—	查询余额 10 000 元
T3	—	**网购 1 000 元**
T4	**请客吃饭消费 1 000 元**	—
T5	提交事务成功，查询为 10 000 元，消费 1 000 元后，余额 9 000 元	—
T6	—	**提交事务，根据之前余额 10 000 元，扣减 1 000 元后，余额为 9 000 元**

请注意加粗的内容，整个过程中存在两笔交易，一笔是老公的请客吃饭，一笔是老婆的网购，但是两者都提交了事务，由在不同的事务中，无法探知其他事务的操作，导致两者提交后，余额都为 9 000 元，而实际正确的应为 8 000 元，这就是第二类丢失更新。为了克服事务之间协助的一致性，数据库标准规范中定义了事务之间的隔离级别，来在不同程度上减少出现丢失更新的可能性，这便是 13.4.3 节讨论的数据库隔离级别。

13.4.3　隔离级别

隔离级别可以在不同程度上减少丢失更新，那么对于隔离级别数据库标准是怎么定义的呢？按照 SQL 的标准规范（还有些人认为这是 Spring 或者 Java 的规范，而事实是 SQL 的规范，Spring 或者 Java 只是按照 SQL 的规范定义的而已），把隔离级别定义为 4 层，分别是：脏读（dirty read）、读/写提交（read commit）、可重复读（repeatable read）和序列化（Serializable）。

初看这 4 个隔离级别不是那么好理解，不过不要紧，下面将举例说明它们的区别。

脏读是最低的隔离级别，其含义是允许一个事务去读取另一个事务中未提交的数据。还是以丢失更新的夫妻消费为例进行说明，如表 13-4 所示。

表 13-4　脏读

时刻	事务一（老公）	事务二（老婆）	备　注
T1	查询余额 10 000 元	—	—
T2	—	查询余额 10 000 元	—
T3	—	网购 1 000 元，余额 9 000 元	—
T4	请客吃饭 1 000 元，余额 8 000 元	—	读取到事务二，未提交余额为 9 000 元，所以余额为 8 000 元
T5	提交事务	—	余额为 8 000 元
T6	—	回滚事务	由于第一类丢失更新数据库已经克服，所以余额为错误的 8 000 元。

由于在 T3 时刻老婆启动了消费，导致余额为 9 000 元，老公在 T4 时刻消费，因为用了脏读，所以能够读取老婆消费的余额（注意，这个余额是事务二未提交的）为 9 000 元，这样余额就为 8 000 元了，于是 T5 时刻老公提交事务，余额变为了 8 000 元，老婆在 T6 时刻回滚事务，由于数据库克服了第一类丢失更新，所以余额依旧为 8 000 元，显然这是一个错误的余额，产生这个错误的根源来自于 T4 时刻，也就是事务一可以读取事务二未提交的事务，这样的场景被称为脏读。

为了克服脏读，SQL 标注提出了第二个隔离级别——读/写提交。所谓读/写提交，就是说一个事务只能读取另一个事务已经提交的数据。依旧以丢失更新的夫妻消费为例，如表 13-5 所示。

表 13-5　读/写提交

时刻	事务一（老公）	事务二（老婆）	备　注
T1	查询余额 10 000 元	—	—
T2	—	查询余额 10 000 元	—
T3	—	网购 1 000 元，余额 9 000 元	—
T4	请客吃饭 1 000 元，余额 9 000 元	—	由于事务二的余额未提交，采取读/写提交时不能读出，所以余额为 9 000 元
T5	提交事务	—	余额为 9 000 元
T6	—	回滚事务	由于第一类丢失更新数据库已经克服，所以余额依旧为正确的 9 000 元

在 T3 时刻，由于事务采取读/写提交的隔离级别，所以老公无法读取老婆未提交的 9 000 元余额，他只能读到余额为 10 000 元，所以在消费后余额依旧为 9 000 元。在 T5 时刻提交事务，而 T6 时刻老婆回滚事务，所以结果为正确的 9 000 元，这样就消除了脏读带来的问题，但是也会引发其他的问题，如表 13-6 所示。

表 13-6　不可重读

时刻	事务一（老公）	事务二（老婆）	备　　注
T1	查询余额 10 000 元	—	—
T2	—	查询余额 10 000 元	—
T3	—	网购 1 000 元，余额 9 000 元	—
T4	请客吃饭 2 000 元，余额 8 000 元	—	由于采取读/写提交，不能读取事务二中未提交的余额 9 000 元
T5	—	继续购物 8 000 元，余额 1 000 元	由于采取读/写提交，不能读取事务一中的未提交余额 8 000 元
T6	—	提交事务，余额为 1 000 元	老婆提交事务，余额更新为 1 000 元
T7	提交事务发现余额为 1 000 元，不足以买单	—	由于采用读/写提交，因此此时事务一可以知道余额不足

由于 T7 时刻事务一知道事务二提交的结果——余额为 1 000 元，导致老公无钱买单的尴尬。对于老公而言，他并不知道老婆做了什么事情，但是账户余额却莫名其妙地从 10 000 元变为了 1 000 元，对他来说账户余额是不能重复读取的，而是一个会变化的值，这样的场景我们称为**不可重复读（unrepeatable read）**，这是读/写提交存在的问题。

为了克服不可重复读带来的错误，SQL 标准又提出了一个**可重复读**的隔离级别来解决问题。注意，可重复读这个概念是针对数据库同一条记录而言的，换句话说，可重复读会使得同一条数据库记录的读/写按照一个序列化进行操作，不会产生交叉情况，这样就能保证同一条数据的一致性，进而保证上述场景的正确性。但是由于数据库并不是只能针对一条数据进行读/写操作，在很多场景，数据库需要同时对多条记录进行读/写，这个时候就会产生下面的情况，如表 13-7 所示。

表 13-7　幻读

时刻	事务一（老公）	事务二（老婆）	备　　注
T1	—	查询消费记录为 10 条，准备打印	初始状态
T2	启用消费 1 笔	—	—
T3	提交事务	—	—
T4	—	打印消费记录得到 11 条	老婆发现打印了 11 条消费记录，比查询的 10 条多了一条。她会认为这条是多余不存在的，这样的场景称为幻读

老婆在 T1 查询到 10 条记录，到 T4 打印记录时，并不知道老公在 T2 和 T3 时刻进行了消费，导致多一条（可重复读是针对同一条记录而言的，而这里不是同一条记录）消费记录的产生，她会质疑这条多出来的记录是不是幻读出来的，这样的场景我们称为**幻读（phantom read）**。

为了克服幻读，SQL 标准又提出了**序列化**的隔离级别。它是一种让 SQL 按照顺序读/写的方式，能够消除数据库事务之间并发产生数据不一致的问题。关于各类的隔离级别和产生的现象如表 13-8 所示。

表 13-8　各类隔离级别和产生的现象

隔离级别	脏　读	不可重读	幻　读
脏读	√	√	√
读/写提交	×	√	√
可重复读	×	×	√
序列化	×	×	×

至此关于数据库的知识就介绍完了，下面讨论如何选择的问题。

13.5　选择隔离级别和传播行为

选择隔离级别的出发点在于两点：性能和数据一致性，下面展开论述。

13.5.1　选择隔离级别

在互联网应用中，不但要考虑数据库数据的一致性，而且要考虑系统的性能。一般而言，从脏读到序列化，系统性能直线下降。因此设置高的级别，比如序列化，会严重压制并发，从而引发大量的线程挂起，直到获得锁才能进一步操作，而恢复时又需要大量的等待时间。因此在购物类的应用中，通过隔离级别控制数据一致性的方式被排除了，而对于脏读风险又过大。在大部分场景下，企业会选择读/写提交的方式设置事务。这样既有助于提高并发，又压制了脏读，但是对于数据一致性问题并没有解决，后面会详细讨论如何去克服这类问题。对于一般的应用都可以使用@Transactional 方法进行配置，如代码清单 13-11 所示。

代码清单 13-11：使用读/写提交隔离级别

```
@Autowired
private RoleDao roleDao = null;

//设置方法为读/写提交的隔离级别
@Transaction(propagation=Propagation.REQUIRED,
isolation=Isolation.READ_COMMITTED)
public int insertRole(Role role) {
   return roleDao.insert(role);
}
```

当然也会有例外，并不是说所有的业务都在高并发下完成，当业务并发量不是很大或者根本不需要考虑的情况下，使用序列化隔离级别用以保证数据的一致性，也是一个不错的选择。总之，隔离级别需要根据并发的大小和性能来做出决定，对于并发不大又要保证数据安全性的可以使用序列化的隔离级别，这样就能够保证数据库在多事务环境中的一致性，例子参见代码清单 13-12。

代码清单 13-12：使用序列化隔离级别

```
@Autowired
private RoleDao roleDao = null;

//设置方法为序列化的隔离级别
@Transaction(propagation=Propagation.REQUIRED,
isolation=Isolation.SERIALIZABLE)
public int insertRole(Role role) {
   return roleDao.insert(role);
}
```

只是这样的代码会使得数据库的并发能力低下，在抢购商品的场景下出现卡顿的情况，所以在高并发的场景下这段代码并不适用，本书会专门讨论在非序列化隔离级别下，保证数据一致性的方法。

在实际工作中，注解@Transactional 隔离级别的默认值为 Isolation.DEFAULT，其含义是默认的，随数据库默认值的变化而变化。因为对于不同的数据库而言，隔离级别的支持是不一样的。比如 MySQL 可以支持 4 种隔离级别，而默认的是可重复读的隔离级别。而 Oracle 只能支持读/写提交和序列化两种隔离级别，默认为读/写提交，这些是在工作中需要注意的问题。

13.5.2 传播行为

传播行为是指方法之间的调用事务策略的问题。在大部分的情况下，我们都希望事务能够同时成功或者同时失败。但是也会有例外，假设现在需要实现信用卡的还款功能，有一个总的调用代码逻辑———RepaymentBatchService 的 batch 方法，那么它要实现的是记录还款成功的总卡数和对应完成的信息，而每一张卡的还款则是通过 RepaymentService 的 repay 方法完成的。

首先来分析业务。如果只有一条事务，那么当调用 RepaymentService 的 repay 方法对某一张信用卡进行还款时，不幸的事情发生了，它发生了异常。如果将这条事务回滚，就会造成所有的数据操作都会被回滚，那些已经正常还款的用户也会还款失败，这将是一个糟糕的结果。当 batch 方法调用 repay 方法时，它为 repay 方法创建一条新的事务。当这个方法产生异常时，只会回滚它自身的事务，而不会影响主事务和其他事务，这样就能避免上面遇到的问题了，如图 13-3 所示。

图 13-3 展示了当我们希望通过 batch 方法去调度 repay 方法时能产生一条新事务，去处理一个信用卡还款。如果这张卡还款异常，那么只会回滚这条新事务，而不是回滚主事务。类似这样一个方法调度另外一个方法时，可以对事务的特性进行传播配置，我们称为传播行为。

在 Spring 中传播行为的类型，是通过一个枚举类型去定义的，这个枚举类是 org.springframework.transaction.annotation.Propagation，它定义了如表 13-9 所列举的 7 种传播行为。

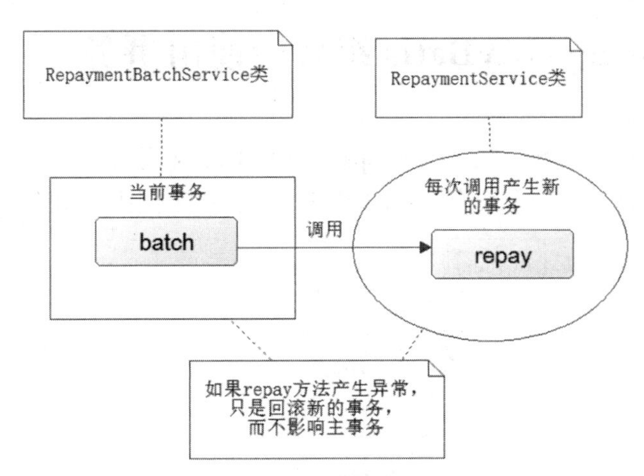

图 13-3　信用卡还款事务调用设计

表 13-9　Spring 的 7 种传播行为

传播行为	含　义	备　注
REQUIRED	当方法调用时，如果不存在当前事务，那么就创建事务；如果之前的方法已经存在事务了，那么就沿用之前的事务	这是 Spring 默认的传播行为
SUPPORTS	当方法调用时，如果不存在当前事务，那么不启用事务；如果存在当前事务，那么就沿用当前事务	—
MANDATORY	方法必须在事务内运行	如果不存在当前事务，那么就抛出异常
REQUIRES_NEW	无论是否存在当前事务，方法都会在新的事务中运行	也就是事务管理器会打开新的事务运行该方法
NOT_SUPPORTED	不支持事务，如果不存在当前事务也不会创建事务；如果存在当前事务，则挂起它，直至该方法结束后才恢复当前事务	适用于那些不需要事务的 SQL
NEVER	不支持事务，只有在没有事务的环境中才能运行它	如果方法存在当前事务，则抛出异常
NESTED	嵌套事务，也就是调用方法如果抛出异常只回滚自己内部执行的 SQL，而不回滚主方法的 SQL	它的实现存在两种情况，如果当前数据库支持保存点（savepoint），那么它就会在当前事务上使用保存点技术；如果发生异常则将方法内执行的 SQL 回滚到保存点上，而不是全部回滚，否则就等同于 REQUIRES_NEW 创建新的事务运行方法代码

在表 13-9 的 7 种传播行为中，最常用的是 REQUIRED，也是默认的传播行为。它比较简单，即当前如果不存在事务，就启用事务；如果存在，就沿用下来，所以并不需要深入研究。对于那些不支持事务的方法我们使用得不多，一般而言，企业比较关注的是 REQUIRES_NEW 和 NESTED，所以对这两种传播行为的使用会在接下来的实例中展开讨论。

13.6 在 Spring+MyBatis 组合中使用事务

由于上述内容的重要性，加之当前 Spring+MyBatis 应用的流行，所以笔者通过 Spring 和 MyBatis 的组合，给出一个较为详细的实例，先给出目录图，如图 13-4 所示。

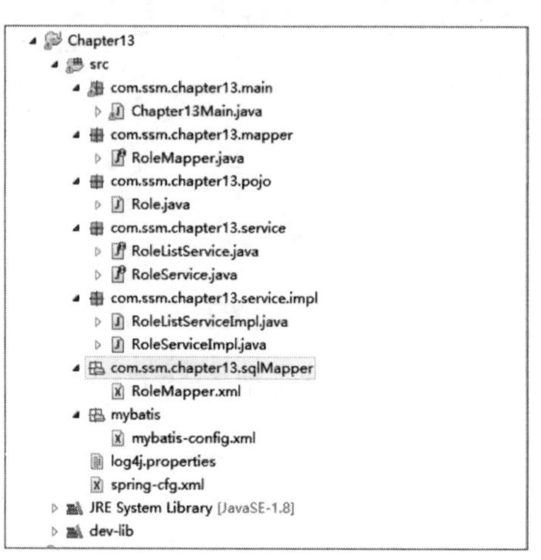

图 13-4　实例目录图

这里的文件作用如表 13-10 所示。

表 13-10　文件作用

文　件	作　用	备　注
Chapter13Main.java	程序入口	从这里开始运行测试程序
RoleMapper.java	MyBatis 接口文件	
Role.java	POJO 类文件	POJO 实体
RoleListService.java	角色列表操作接口	列表插入操作
RoleListServiceImpl.java	角色列表操作实现类	
RoleService.java	角色服务接口	
RoleServiceImpl.java	角色服务实现类	
RoleMapper.xml	MyBatis 映射文件	
mybatis-config.xml	MyBatis 配置文件	
log4j.properties	Log4j 配置文件	
spring-cfg.xml	Spring 配置文件	

首先，搭建环境。为了符合实际工作和学习的需要，笔者使用了 Spring+MyBatis 的组合来搭建环境，如代码清单 13-13 所示。

代码清单 13-13：配置 Spring+MyBatis 测试环境

```
<?xml version='1.0' encoding='UTF-8' ?>
<!-- was: <?xml version="1.0" encoding="UTF-8"?> -->
<beans xmlns="http://www.springframework.org/schema/beans"
    xmlns:xsi="http://www.w3.org/2001/XMLSchema-instance"
```

```
xmlns:p="http://www.springframework.org/schema/p"
    xmlns:aop="http://www.springframework.org/schema/aop"
xmlns:tx="http://www.springframework.org/schema/tx"
    xmlns:context="http://www.springframework.org/schema/context"
    xsi:schemaLocation="http://www.springframework.org/schema/beans
       http://www.springframework.org/schema/beans/spring-beans-4.0.xsd
      http://www.springframework.org/schema/aop
      http://www.springframework.org/schema/aop/spring-aop-4.0.xsd
      http://www.springframework.org/schema/tx
      http://www.springframework.org/schema/tx/spring-tx-4.0.xsd
      http://www.springframework.org/schema/context
      http://www.springframework.org/schema/context/spring-
context-4.0.xsd">
    <!--启用扫描机制，并指定扫描对应的包-->
    <context:annotation-config />
    <context:component-scan base-package="com.ssm.chapter13.*" />
    <!-- 数据库连接池 -->
    <bean id="dataSource" class="org.apache.commons.dbcp.BasicDataSource">
        <property name="driverClassName" value="com.mysql.jdbc.Driver" />
        <property name="url" value="jdbc:mysql://localhost:3306/chapter13"/>
        <property name="username" value="root" />
        <property name="password" value="123456" />
        <property name="maxActive" value="255" />
        <property name="maxIdle" value="5" />
        <property name="maxWait" value="10000" />
    </bean>

    <!-- 集成 MyBatis -->
    <bean  id="SqlSessionFactory"  class="org.mybatis.spring.SqlSession
FactoryBean">
        <property name="dataSource" ref="dataSource" />
        <!--指定 MyBatis 配置文件-->
        <property    name="configLocation"    value="classpath:/mybatis/
mybatis-config.xml" />
    </bean>

    <!-- 事务管理器配置数据源事务 -->
    <bean id="transactionManager"

    class="org.springframework.jdbc.datasource.DataSourceTransactionMana
ger">
        <property name="dataSource" ref="dataSource" />
    </bean>

    <!-- 使用注解定义事务 -->
    <tx:annotation-driven transaction-manager="transactionManager" />
```

```
    <!-- 采用自动扫描方式创建 mapper bean -->
    <bean class="org.mybatis.spring.mapper.MapperScannerConfigurer">
      <property name="basePackage" value="com.ssm.chapter13" />
      <property name="SqlSessionFactoryBeanName" value="SqlSessionFactory" />
      <property    name="annotationClass"    value="org.springframework.
stereotype.Repository" />
    </bean>
</beans>
```

这里采用了 MyBatis 作为持久层，来搭建了测试环境。先给出数据库表映射的 POJO 类，如代码清单 13-14 所示。

代码清单 13-14：POJO 类——Role.java

```
package com.ssm.chapter13.pojo;

public class Role {
    private Long id;
    private String roleName;
    private String note;
/********setter and getter********/
}
```

搭建 MyBatis 的映射文件，建立 SQL 和 POJO 的关系，如代码清单 13-15 所示。

代码清单 13-15：搭建 MyBatis 的 RoleMapper.xml

```
<?xml version="1.0" encoding="UTF-8" ?>
<!DOCTYPE mapper
  PUBLIC "-//mybatis.org//DTD Mapper 3.0//EN"
  "http://mybatis.org/dtd/mybatis-3-mapper.dtd">
<mapper namespace="com.ssm.chapter13.mapper.RoleMapper">
   <insert id="insertRole" parameterType="com.ssm.chapter13.pojo.Role">
      insert into t_role (role_name, note) values(#{roleName}, #{note})
   </insert>
</mapper>
```

这里只是一个简单的插入角色映射器，配置一个接口就能够使用它，如代码清单 13-16 所示。

代码清单 13-16：RoleMapper 接口

```
package com.ssm.chapter13.mapper;

import com.ssm.chapter13.pojo.Role;
import org.springframework.stereotype.Repository;

@Repository
```

```
public interface RoleMapper {
    public int insertRole(Role role);
}
```

为了引入这个映射器，要配置一个 MyBatis 的配置文件，如代码清单 13-17 所示。

代码清单 13-17：mybatis-config.xml

```
<?xml version="1.0" encoding="UTF-8" ?>
<!DOCTYPE configuration
  PUBLIC "-//mybatis.org//DTD Config 3.0//EN"
  "http://mybatis.org/dtd/mybatis-3-config.dtd">
<configuration>
   <mappers>
      <mapper resource="com/ssm/chapter13/sqlMapper/RoleMapper.xml"/>
   </mappers>
</configuration>
```

这样 MyBatis 部分的内容就配置完成了，接着配置一些服务（Service）类。对于服务类而言，在开发的过程中一般都是坚持“接口+实现类”的规则，这有利于实现类的变化。为此先定义两个接口，如代码清单 13-18 所示。

代码清单 13-18：操作角色的两个接口

```
/****单个角色操作****/
package com.ssm.chapter13.service;

import com.ssm.chapter13.pojo.Role;

public interface RoleService {

    public int insertRole(Role role);
}

/********角色列表********/
package com.ssm.chapter13.service;

import java.util.List;

import com.ssm.chapter13.pojo.Role;

public interface RoleListService {
    public int insertRoleList(List<Role> roleList);
}
```

RoleService 接口的 insertRole 方法可以对单个角色进行插入，而 RoleListService 的 insertRoleList 方法可以对角色列表进行插入。注意，insertRoleList 方法会调用 insertRole，

这样我们就可以测试各类的传播行为了，给出这两个接口的实现类，如代码清单 13-19 所示。

代码清单 13-19：两个接口的实现类

```
/************RoleListServiceImpl ************/
package com.ssm.chapter13.service.impl;
import java.util.List;
import org.apache.log4j.Logger;
import org.springframework.beans.factory.annotation.Autowired;
import org.springframework.stereotype.Service;
import org.springframework.transaction.annotation.Isolation;
import org.springframework.transaction.annotation.Propagation;
import org.springframework.transaction.annotation.Transactional;
import com.ssm.chapter13.pojo.Role;
import com.ssm.chapter13.service.RoleListService;
import com.ssm.chapter13.service.RoleService;
@Service
public class RoleListServiceImpl implements RoleListService {
    @Autowired
    private RoleService roleService = null;
    Logger log = Logger.getLogger(RoleListServiceImpl.class);
    @Override
    @Transactional(propagation = Propagation.REQUIRED, isolation = 
Isolation.READ_COMMITTED)
    public int insertRoleList(List<Role> roleList) {
        int count = 0;
        for (Role role : roleList) {
            try {
                count += roleService.insertRole(role);
            } catch (Exception ex) {
                log.info(ex);
            }
        }
        return count;
    }
}

/***************RoleServiceImpl ***************/
package com.ssm.chapter13.service.impl;
import org.springframework.beans.factory.annotation.Autowired;
import org.springframework.stereotype.Service;
import org.springframework.transaction.annotation.Isolation;
import org.springframework.transaction.annotation.Propagation;
import org.springframework.transaction.annotation.Transactional;
import com.ssm.chapter13.mapper.RoleMapper;
import com.ssm.chapter13.pojo.Role;
```

```
import com.ssm.chapter13.service.RoleService;
@Service
public class RoleServiceImpl implements RoleService {
    @Autowired
    private RoleMapper roleMapper = null;

    @Override
@Transactional(propagation = Propagation.REQUIRES_NEW,
isolation=Isolation.READ_COMMITTED)
    public int insertRole(Role role) {
        return roleMapper.insertRole(role);
    }
}
```

在代码中笔者给两个服务实现类方法标注了@Transactional 注解，这样它们都会在对应的隔离级和传播行为中运行。由于 insertRole 方法标注了：

```
@Transactional(propagation = Propagation.REQUIRES_NEW,
isolation=Isolation.READ_COMMITTED)
```

所以每当 insertRoleList 方法调度了 insertRole 方法时，就会产生一个新的事务，这里也可以换成其他的隔离级别进行测试。

为了更好地测试从而输出对应的日志，这里修改 log4j 的配置文件，如代码清单 13-20 所示。

代码清单 13-20：log4j.properties

```
log4j.rootLogger=DEBUG , stdout
log4j.logger.org.springframework=DEBUG
log4j.appender.stdout=org.apache.log4j.ConsoleAppender
log4j.appender.stdout.layout=org.apache.log4j.PatternLayout
log4j.appender.stdout.layout.ConversionPattern=%5p %d %C: %m%n
```

这里的配置 log4j.logger.org.springframework=DEBUG，使得 Spring 在运行中会输出对应的日志，此时利用代码清单 13-21 便可以给各类传播行为和隔离级别进行测试了。

代码清单 13-21：测试隔离级别和传播行为——Chapter13Main.java

```
package com.ssm.chapter13.main;
import java.util.ArrayList;
import java.util.List;
import org.springframework.context.ApplicationContext;
import
org.springframework.context.support.ClassPathXmlApplicationContext;
import com.ssm.chapter13.pojo.Role;
import com.ssm.chapter13.service.RoleListService;
public class Chapter13Main {
```

```
    public static void main(String [] args) {
        ApplicationContext ctx = new ClassPathXmlApplicationContext
("spring-cfg.xml");
        RoleListService roleListService = ctx.getBean(RoleListService.
class);
        List<Role> roleList = new ArrayList<Role>();
        for (int i=1; i<=2; i++) {
            Role role = new Role();
            role.setRoleName("role_name_" + i);
            role.setNote("note_" + i);
            roleList.add(role);
        }
        int count = roleListService.insertRoleList(roleList);
        System.out.println(count);
    }
}
```

这里插入了两个角色，由于 insertRoleList 会调用 insertRole，而 insertRole 标注了 REQUIRES_NEW，所以每次调用会产生新的事务。为了更好地理解传播行为，这里分析一下关于 REQUIRES_NEW 和 NESTED 的日志，它们是除了 REQUIRED 之外，最受关注的两个传播行为了。

此时运行代码就可以得到下面的日志。

```
.....
DEBUG 2017-03-12 11:01:30,981 org.springframework.transaction.support.
AbstractPlatformTransactionManager: Suspending current transaction,
creating new transaction with name [com.ssm.chapter13.service.impl.
RoleServiceImpl.insertRole]
 DEBUG 2017-03-12 11:01:30,993 org.springframework.jdbc.datasource.
DataSourceTransactionManager: Acquired Connection [jdbc:mysql://
localhost:3306/chapter12, UserName=root@localhost, MySQL-AB JDBC Driver]
for JDBC transaction
 DEBUG 2017-03-12 11:01:30,993 org.springframework.jdbc.datasource.
DataSourceUtils: Changing isolation level of JDBC Connection
[jdbc:mysql://localhost:3306/chapter12, UserName=root@localhost, MySQL-AB
JDBC Driver] to 2
 DEBUG 2017-03-12 11:01:30,994 org.springframework.jdbc.datasource.
DataSourceTransactionManager: Switching JDBC Connection
[jdbc:mysql://localhost:3306/chapter12, UserName=root@localhost, MySQL-AB
JDBC Driver] to manual commit
 DEBUG 2017-03-12 11:01:30,997 org.mybatis.spring.SqlSessionUtils:
Creating a new SqlSession
 DEBUG 2017-03-12 11:01:31,001 org.mybatis.spring.SqlSessionUtils:
Registering transaction synchronization for SqlSession
......
```

```
org.springframework.transaction.support.AbstractPlatformTransactionManag
er: Initiating transaction commit
 DEBUG  2017-03-12  11:01:31,030  org.springframework.jdbc.datasource.
DataSourceTransactionManager: Committing JDBC transaction on Connection
[jdbc:mysql://localhost:3306/chapter12, UserName=root@localhost, MySQL-AB
JDBC Driver]
 DEBUG  2017-03-12  11:01:31,033  org.springframework.jdbc.datasource.
DataSourceUtils: Resetting isolation level of JDBC Connection
[jdbc:mysql://localhost:3306/chapter12, UserName=root@localhost, MySQL-AB
JDBC Driver] to 4
 DEBUG  2017-03-12  11:01:31,034  org.springframework.jdbc.datasource.
DataSourceTransactionManager: Releasing JDBC Connection
[jdbc:mysql://localhost:3306/chapter12, UserName=root@localhost, MySQL-AB
JDBC Driver] after transaction
......
DEBUG  2017-03-12  11:01:31,035  org.springframework.jdbc.datasource.
DataSourceTransactionManager: Acquired Connection [jdbc:mysql://
localhost:3306/chapter12, UserName=root@localhost, MySQL-AB JDBC Driver]
for JDBC transaction
 DEBUG  2017-03-12  11:01:31,036  org.springframework.jdbc.datasource.
DataSourceUtils: Changing isolation level of JDBC Connection
[jdbc:mysql://localhost:3306/chapter12, UserName=root@localhost, MySQL-AB
JDBC Driver] to 2
 DEBUG  2017-03-12  11:01:31,037  org.springframework.jdbc.datasource.
DataSourceTransactionManager: Switching JDBC Connection
[jdbc:mysql://localhost:3306/chapter12, UserName=root@localhost, MySQL-AB
JDBC Driver] to manual commit
 DEBUG  2017-03-12  11:01:31,037  org.mybatis.spring.SqlSessionUtils:
Creating a new SqlSession
 DEBUG  2017-03-12  11:01:31,037  org.mybatis.spring.SqlSessionUtils:
Registering transaction synchronization for SqlSession [org.apache.ibatis.
session.defaults.DefaultSqlSession@6d1310f6]
......
 DEBUG  2017-03-12  11:01:31,040  org.springframework.jdbc.datasource.
DataSourceTransactionManager: Committing JDBC transaction on Connection
[jdbc:mysql://localhost:3306/chapter12, UserName=root@localhost, MySQL-AB
JDBC Driver]
 DEBUG  2017-03-12  11:01:31,042  org.springframework.jdbc.datasource.
DataSourceUtils: Resetting isolation level of JDBC Connection
[jdbc:mysql://localhost:3306/chapter12, UserName=root@localhost, MySQL-AB
JDBC Driver] to 4
 DEBUG 2017-03-12 11:01:31,042
......
```

从加粗的日志中可以看出，Spring 在运行中会设置隔离级别为读/写提交，并且每次调用 insertRole 方法都会产生新的事务去运行。如果把 insertRole 方法的传播行为设置为

NESTED，然后进行测试，可以看到如下日志。

```
DEBUG  2017-03-12  11:09:12,981  org.springframework.jdbc.datasource.
DataSourceTransactionManager:  Acquired  Connection  [jdbc:mysql://
localhost:3306/chapter12, UserName=root@localhost, MySQL-AB JDBC Driver]
for JDBC transaction
DEBUG  2017-03-12  11:09:12,985  org.springframework.jdbc.datasource.
DataSourceUtils:  Changing  isolation  level  of  JDBC  Connection
[jdbc:mysql://localhost:3306/chapter12, UserName=root@localhost, MySQL-AB
JDBC Driver] to 2
DEBUG  2017-03-12  11:09:12,986  org.springframework.jdbc.datasource.
DataSourceTransactionManager:  Switching  JDBC  Connection
[jdbc:mysql://localhost:3306/chapter12, UserName=root@localhost, MySQL-AB
JDBC Driver] to manual commit
......
DEBUG  2017-03-12  11:09:13,024  org.mybatis.spring.SqlSessionUtils:
Releasing transactional SqlSession [org.apache.ibatis.session.defaults.
DefaultSqlSession@443dbe42]
DEBUG 2017-03-12 11:09:13,025 org.springframework.transaction.support.
AbstractPlatformTransactionManager: Releasing transaction savepoint
DEBUG 2017-03-12 11:09:13,025 org.springframework.transaction.support.
AbstractPlatformTransactionManager: Creating nested transaction with name
[com.ssm.chapter13.service.impl.RoleServiceImpl.insertRole]
......
DEBUG  2017-03-12  11:09:13,027  org.mybatis.spring.SqlSessionUtils:
Releasing transactional SqlSession [org.apache.ibatis.session.defaults.
DefaultSqlSession@443dbe42]
DEBUG 2017-03-12 11:09:13,027 org.springframework.transaction.support.
AbstractPlatformTransactionManager: Releasing transaction savepoint
DEBUG  2017-03-12  11:09:13,027  org.mybatis.spring.
SqlSessionUtils$ SqlSessionSynchronization: Transaction synchronization
committing  SqlSession  [org.apache.ibatis.session.defaults.
DefaultSqlSession@443dbe42]
......
```

从日志中可以看出它启用了保存点技术，但是由于保存点技术并不是每一个数据库都能支持的，所以当你把传播行为设置为 NESTED 时，Spring 会先去探测当前数据库是否能够支持保存点技术。如果数据库不予支持，它就会和 REQUIRES_NEW 一样创建新事务去运行代码，以达到内部方法发生异常时并不回滚当前事务的目的。

13.7 @Transactional 的自调用失效问题

有时候配置了注解@Transactional，但是它会失效，这里要注意一些细节问题，以避免落入陷阱。

注解@Transaction 的底层实现是 Spring AOP 技术，而 Spring AOP 技术使用的是动态代理。这就意味着对于静态（static）方法和非 public 方法，注解@Transactional 是失效的。还有一个更为隐秘的，而且在使用过程中极其容易犯错误的——自调用。先解释一下什么是自调用的问题。

所谓自调用，就是一个类的一个方法去调用自身另外一个方法的过程。先来改写代码清单 13-13 中的 RoleServiceImpl，如代码清单 13-22 所示。

代码清单 13-22：自调用

```
package com.ssm.chapter13.service.impl;

import java.util.List;

import org.springframework.beans.factory.annotation.Autowired;
import org.springframework.context.ApplicationContext;
import org.springframework.stereotype.Service;
import org.springframework.transaction.annotation.Isolation;
import org.springframework.transaction.annotation.Propagation;
import org.springframework.transaction.annotation.Transactional;
import com.ssm.chapter13.mapper.RoleMapper;
import com.ssm.chapter13.pojo.Role;
import com.ssm.chapter13.service.RoleService;
@Service
public class RoleServiceImpl implements RoleService {

    @Autowired
    private RoleMapper roleMapper = null;

    @Override
@Transactional(propagation = Propagation.REQUIRES_NEW,
   isolation=Isolation.READ_COMMITTED)
   public int insertRole(Role role) {
      return roleMapper.insertRole(role);
   }

    @Override
    @Transactional(propagation = Propagation.REQUIRED,
       isolation=Isolation.READ_COMMITTED)
    public int insertRoleList(List<Role> roleList) {
        int count = 0;
        for (Role role : roleList) {
            try {
                //调用自身类的方法，产生自调用问题
                insertRole(role);
                count++;
            } catch (Exception ex) {
```

```
                ex.printStackTrace();
            }
        }
        return count;
    }

}
```

通过这个实现类去修改其接口 RoleService 的工作是很简单的，所以这里就不再讨论关于 RoleService 接口的改造问题。在 insertRoleList 方法的实现中，它调用了自身类实现 insertRole 的方法，而 insertRole 声明是 REQUIRES_NEW 的传播行为，也就是每次调用就会产生新的事务运行，那么它会成功吗？笔者对此进行了测试，测试日志如下：

```
DEBUG 2017-03-12 11:45:26,618 org.springframework.jdbc.datasource.DataSourceTransactionManager: Switching JDBC Connection [jdbc:mysql://localhost:3306/chapter12, UserName=root@localhost, MySQL-AB JDBC Driver] to manual commit
DEBUG 2017-03-12 11:45:26,621 org.mybatis.spring.SqlSessionUtils: Creating a new SqlSession
DEBUG 2017-03-12 11:45:26,624 org.mybatis.spring.SqlSessionUtils: Registering transaction synchronization for SqlSession [org.apache.ibatis.session.defaults.DefaultSqlSession@565f390]
DEBUG 2017-03-12 11:45:26,629 org.mybatis.spring.transaction.SpringManagedTransaction: JDBC Connection [jdbc:mysql://localhost:3306/chapter12, UserName=root@localhost, MySQL-AB JDBC Driver] will be managed by Spring
DEBUG 2017-03-12 11:45:26,633 org.apache.ibatis.logging.jdbc.BaseJdbcLogger: ==>  Preparing: insert into t_role (role_name, note) values(?, ?)
DEBUG 2017-03-12 11:45:26,651 org.apache.ibatis.logging.jdbc.BaseJdbcLogger: ==> Parameters: role_name_1(String), note_1(String)
DEBUG 2017-03-12 11:45:26,653 org.apache.ibatis.logging.jdbc.BaseJdbcLogger: <==    Updates: 1
DEBUG 2017-03-12 11:45:26,653 org.mybatis.spring.SqlSessionUtils: Releasing transactional SqlSession [org.apache.ibatis.session.defaults.DefaultSqlSession@565f390]
DEBUG 2017-03-12 11:45:26,653 org.mybatis.spring.SqlSessionUtils: Fetched SqlSession [org.apache.ibatis.session.defaults.DefaultSqlSession@565f390] from current transaction
DEBUG 2017-03-12 11:45:26,654 org.apache.ibatis.logging.jdbc.BaseJdbcLogger: ==>  Preparing: insert into t_role (role_name, note) values(?, ?)
DEBUG 2017-03-12 11:45:26,654 org.apache.ibatis.logging.jdbc.BaseJdbcLogger: ==> Parameters: role_name_2(String), note_2(String)
DEBUG 2017-03-12 11:45:26,655 org.apache.ibatis.logging.jdbc.BaseJdbcLogger: <==    Updates: 1
```

```
 DEBUG    2017-03-12    11:45:26,655    org.mybatis.spring.SqlSessionUtils:
Releasing transactional SqlSession [org.apache.ibatis.session.defaults.
DefaultSqlSession@565f390]
 DEBUG        2017-03-12         11:45:26,655         org.mybatis.spring.
SqlSessionUtils$SqlSessionSynchronization: Transaction synchronization
committing        SqlSession        [org.apache.ibatis.session.defaults.
DefaultSqlSession@565f390]
 DEBUG        2017-03-12         11:45:26,655         org.mybatis.spring.
SqlSessionUtils$SqlSessionSynchronization: Transaction synchronization
deregistering       SqlSession       [org.apache.ibatis.session.defaults.
DefaultSqlSession@565f390]
 DEBUG        2017-03-12         11:45:26,655         org.mybatis.spring.
SqlSessionUtils$SqlSessionSynchronization: Transaction synchronization
closing        SqlSession           [org.apache.ibatis.session.defaults.
DefaultSqlSession@565f390]
 DEBUG 2017-03-12 11:45:26,655 org.springframework.transaction.support.
AbstractPlatformTransactionManager: Initiating transaction commit
```

从日志中可以看到角色插入两次都使用了同一事务，也就是说，在 insertRole 上标注的@Transactional 失效了，这是一个很容易掉进去的陷阱。

出现这个的问题根本原因在于 AOP 的实现原理。由于@Transactional 的实现原理是 AOP，而 AOP 的实现原理是动态代理，而在代码清单 13-22 中使用的是自己调用自己的过程。换句话说，并不存在代理对象的调用，这样就不会产生 AOP 去为我们设置@Transactional 配置的参数，这样就出现了自调用注解失效的问题。

为了克服这个问题，一方面可以像 13.5 节的例子一样使用两个服务类，Spring IoC 容器中为你生成了 RoleService 的代理对象，这样就可以使用 AOP，且不会出现代码清单 13-22 的自调用的问题。另外一方面，你也可以直接从容器中获取 RoleService 的代理对象，如代码清单 13-23 所示，它改写了代码清单 13-22 的 insertRoleList 方法，从 IoC 容器中获取 RoleService 代理对象。

代码清单 13-23：获取 RoleService 代理对象，克服自调用问题

```
@Override
@Transactional(propagation = Propagation.REQUIRED, isolation=
Isolation.READ_COMMITTED)
public int insertRoleList(List<Role> roleList) {
    int count = 0;
    //从容器中获取 RoleService 对象，实际是一个代理对象
    RoleService service = ctx.getBean(RoleService.class);
    for (Role role : roleList) {
        try {
            service.insertRole(role);
            count++;
        } catch (Exception ex) {
            ex.printStackTrace();
```

```
            }
        }
        return count;
    }
```

注意加粗的代码，首先从 IoC 容器中获取了 RoleService 的 Bean，这是获取一个代理对象，如图 13-5 所示。

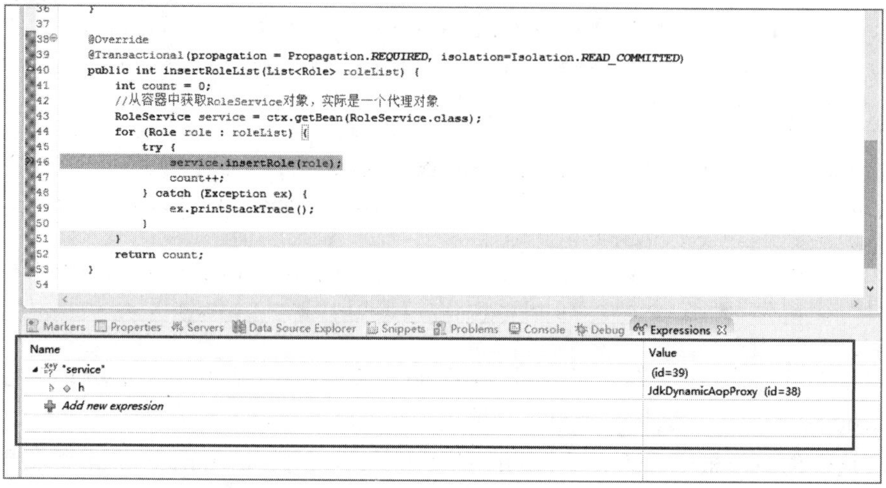

```
37
38     @Override
39     @Transactional(propagation = Propagation.REQUIRED, isolation=Isolation.READ_COMMITTED)
40     public int insertRoleList(List<Role> roleList) {
41         int count = 0;
42         //从容器中获取RoleService对象，实际是一个代理对象
43         RoleService service = ctx.getBean(RoleService.class);
44         for (Role role : roleList) {
45             try {
46                 service.insertRole(role);
47                 count++;
48             } catch (Exception ex) {
49                 ex.printStackTrace();
50             }
51         }
52         return count;
53     }
54
```

Markers Properties Servers Data Source Explorer Snippets Problems Console Debug Expressions

Name	Value
"service"	(id=39)
h	JdkDynamicAopProxy (id=38)
Add new expression	

图 13-5　从 IoC 容器中获取的 RoleService 实际为代理对象

这样 Spring 才能启用 AOP 技术，为你设置@Transactional 配置的参数，此时再次测试，打出的日志如下：

```
DEBUG 2017-03-12 11:58:57,425 org.springframework.jdbc.datasource.
DataSourceUtils: Changing isolation level of JDBC Connection
[jdbc:mysql://localhost:3306/chapter12, UserName=root@localhost, MySQL-AB
JDBC Driver] to 2
DEBUG 2017-03-12 11:58:57,427 org.springframework.jdbc.datasource.
DataSourceTransactionManager: Switching JDBC Connection
[jdbc:mysql://localhost:3306/chapter12, UserName=root@localhost, MySQL-AB
JDBC Driver] to manual commit
DEBUG 2017-03-12 11:58:57,435 org.mybatis.spring.SqlSessionUtils:
Creating a new SqlSession
DEBUG 2017-03-12 11:58:57,441 org.mybatis.spring.SqlSessionUtils:
Registering transaction synchronization for SqlSession
[org.apache.ibatis.session.defaults.DefaultSqlSession@65f87a2c]
......
DEBUG 2017-03-12 11:58:58,928 org.springframework.jdbc.datasource.
DataSourceTransactionManager: Switching JDBC Connection
[jdbc:mysql://localhost:3306/chapter12, UserName=root@localhost, MySQL-AB
JDBC Driver] to manual commit
DEBUG 2017-03-12 11:58:58,929 org.mybatis.spring.SqlSessionUtils:
Creating a new SqlSession
```

```
DEBUG   2017-03-12   11:58:58,929   org.mybatis.spring.SqlSessionUtils:
Registering transaction synchronization for SqlSession [org.apache.ibatis.
session.defaults.DefaultSqlSession@255990cc]
......
DEBUG                    2017-03-12                    11:58:58,935
org.springframework.transaction.support.AbstractPlatformTransactionManag
er: Initiating transaction commit
```

从日志可以看出，从容器获取代理对象的方法克服了自调用的过程，但是有一个弊端，就是从容器获取代理对象的方法有侵入之嫌，你的类需要依赖于 Spring IoC 容器，而这个问题可以像 13.5 节的实例那样使用另一个服务类去调用。

13.8　典型错误用法的剖析

数据事务是企业应用关注的核心内容，也是开发者最容易犯错的问题，因此笔者在这里讲解一些使用不良习惯，注意它们可以避免一些错误和性能的丢失。

13.8.1　错误使用 Service

互联网往往采用模型—视图—控制器（Model View Controller，MVC）来搭建开发环境，因此在 Controller 中使用 Service 是十分常见的。为了方便测试，我们使用代码清单 13-14 的两个 Service 进行测试，假设我们想在一个 Controller 中插入两个角色，并且两个角色需要在同一个事务中处理，下面先给出错误使用 Service 的 Controller，如代码清单 13-24 所示。

代码清单 13-24：错误使用 Service 的 Controller

```
package com.ssm.chapter13.controller;
/****************** imports ******************/
@Controller
public class RoleController {
    @Autowired
    private RoleService roleService = null;

    @Autowired
    private RoleListService roleListService = null;

    public void errerUseServices() {
        Role role1 = new Role();
        role1.setRoleName("role_name_1");
        role1.setNote("role_note_1");
        roleService.insertRole(role1);
        Role role2 = new Role();
```

```
            role2.setRoleName("role_name_2");
            role2.setNote("role_note_2");
            roleService.insertRole(role2);
        }
    }
```

类似的代码在工作中常常出现，甚至拥有多年开发经验的开发人员也会犯这类错误。这里存在的问题是两个 insertRole 方法根本不在同一个事务里的问题。

当一个 Controller 使用 Service 方法时，如果这个 Service 标注有@Transactional，那么它就会启用一个事务，而一个 Service 方法完成后，它就会释放该事务，所以前后两个 insertRole 的方法是在两个不同的事务中完成的。下面是笔者测试这段代码的日志，可以清晰地看出它们并不存在于同一个事务中。

```
DEBUG 2017-03-20 11:11:11,983 org.mybatis.spring.SqlSessionUtils: Creating a new SqlSession
 ......
 DEBUG 2017-03-20 11:11:12,014 org.mybatis.spring.SqlSessionUtils: Releasing transactional SqlSession [org.apache.ibatis.session.defaults.DefaultSqlSession@642a7222]
 ......
 DEBUG 2017-03-20 11:11:12,021 org.mybatis.spring.SqlSessionUtils: Creating a new SqlSession
 .....
DEBUG 2017-03-20 11:11:12,024 org.mybatis.spring.SqlSessionUtils: Releasing transactional SqlSession [org.apache.ibatis.session.defaults.DefaultSqlSession@38af9828]
```

这样如果第一个插入成功了，而第二个插入失败了，就会使数据库数据不完全同时成功或者失败，可能产生严重的数据不一致的问题，给生产带来严重的损失。

这个例子明确地告诉大家使用带有事务的 Service，当调用时，如果不是调用 Service 方法，Spring 会为你创建对应的数据库事务。如果多次调用，则不在同一个事务中，这会造成不同时提交和回滚不一致的问题。每一个 Java EE 开发者都要注意这类问题，以避免一些不必要的错误。

13.8.2 过长时间占用事务

在企业的生产系统中，数据库事务资源是最宝贵的资源之一，使用了数据库事务之后，要及时释放数据库事务。换言之，我们应该尽可能地使用数据库事务资源去完成所需工作，但是在一些工作中需要使用到文件、对外连接等操作，而这些操作往往会占用较长时间，针对这些，如果开发者不注意细节，就很容易出现系统宕机的问题。

假设在插入角色后还需要操作一个文件，于是我们要改造 insertRole 方法，如代码清单 13-25 所示。

代码清单 13-25：insertRole 方法的改造

```
@Override
@Transactional(propagation  =  Propagation.REQUIRES_NEW,  isolation=
Isolation.READ_COMMITTED)
public int insertRole(Role role) {
int result = roleMapper.insertRole(role);
//操作一些与数据库无关的操作
    doSomethingForFile()
    return result;
}
```

假设 doSomethingForFile 方法是一个与数据库事务无关的操作，比如处理图片的上传之类的操作，但是笔者必须告诉你这是一段糟糕的代码。

当 insertRole 方法结束后 Spring 才会释放数据库事务资源，也就是说在运行 doSomethingForFile 方法时，Spring 并没有释放数据库事务资源，而等到 doSomethingForFile 方法运行完成后，返回 result 后才会关闭数据库资源。

在大型互联网系统中，一个数据库的链接可能也就是 50 条左右，然而同时并发的请求则可能是成百上千。对于这些请求，大部分的并发请求都在等待 50 条占有数据库连接资源的文件操作了，假如平均一个 doSomethingForFile 的操作需要 1 秒，对于同时出现 1 000 条并发请求的网站，就会出现请求卡顿的状态。因为大部分的请求都在等待数据库事务资源的分配，这是一个糟糕的结果，如图 13-6 所示。

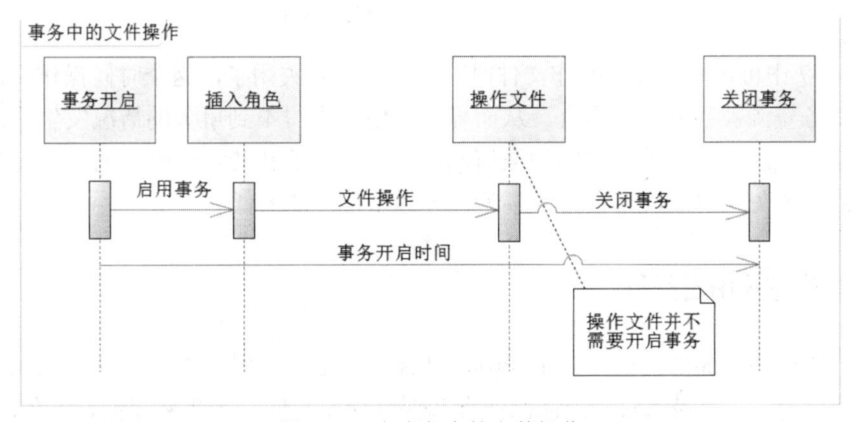

图 13-6　在事务中的文件操作

从图 13-6 中可以看到，当操作文件这步占用较长时间时，数据库事务将长期得不到释放，这个时候如果发生高并发的需求，会造成大量的并发请求得不到数据库的事务资源而导致的系统宕机。对此应该在 Controller 中操作文件，如代码清单 13-26 所示。

代码清单 13-26：Controller 中操作文件

```
@Controller
public class RoleController {
    @Autowired
    private RoleService roleService = null;
```

```
    @RequestMapping("/addRole")
    @ResponseBody
    public Role addRole(Role role) {
        roleService.insertRole(role);
        doSomethingForFile();
        return role;
    }
}
```

注意，当程序运行完 insertRole 方法后，Spring 会释放数据库事务资源，而不再占用。对于 doSomethingForFile 方法而言，已经在一个没有事务的环境中运行了，这样当前的请求就不会长期占用数据库事务资源，使得其他并发的请求被迫等待其释放了，这个改写如图 13-7 所示。

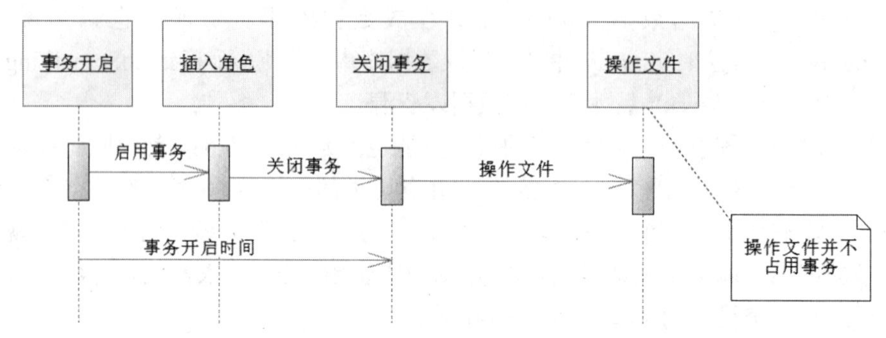

图 13-7　不在事务中的文件操作

从图 13-7 中可以看出，在操作文件时，事务早已被关闭了，这个时候操作文件就避免了数据库事务资源被当前请求占有，从而导致其他请求得不到事务的情况发生了。其实不仅是文件操作，还有一些系统之间的通信及一些可能需要花费较长时间的操作，都要注意这个问题，以避免长时间占用数据库事务，导致系统性能的低下。

13.8.3　错误捕捉异常

模拟一段购买商品的代码，其中 ProductService 是产品服务类，而 TransactionService 是记录交易信息，需求显然就是产品减库存和保存交易在同一个事务里面，要么同时成功，要么同时失败，并且假设减库存和保存交易的传播行为都为 REQUIRED，现在让我们来看代码清单 13-27。

代码清单 13-27：错误捕捉异常

```
@Autowired
private ProductService productService;

@Autowired
Private TransactionService transactionService;
```

```
@Override
@Transactional(propagation    =    Propagation.REQUIRED,    isolation    =
Isolation.READ_COMMITTED)
public int doTransaction(TransactionBean trans) {
    int resutl = 0;
try {
    //减少库存
    int result =  productService.decreaseStock(
        trans.getProductId, trans.getQuantity());
    //如果减少库存成功则保存记录
    if (result >0) {
        transactionService.save(trans);
    }
} catch(Exception ex) {
    //自行处理异常代码
    //记录异常日志
    log.info(ex);
}
return result;
}
```

这里的问题是方法已经存在异常了，由于开发者不了解 Spring 的事务约定，在两个操作的方法里面加入了自己的 try...catch...语句，就可能发生这样的结果。当减少库存成功了，但是保存交易信息时失败而发生了异常，此时由于开发者加入了 try...catch...语句，所以 Spring 在数据库事务所约定的流程中再也得不到任何异常信息了，此时 Spring 就会提交事务，这样就出现了库存减少，而交易记录却没有的糟糕情况。在那些需要大量异常处理的代码中，我们要小心这样的问题，下面对代码清单 13-27 进行改造，如代码清单 13-28 所示。

代码清单 13-28：自行抛出异常

```
@Autowired
private ProductService productService;

@Autowired
Private TransactionService transactionService;

@Override
@Transactional(propagation    =    Propagation.REQUIRED,    isolation    =
Isolation.READ_COMMITTED)
public int doTransaction(TransactionBean trans) {
    int resutl = 0;
try {
    //减少库存
    int result =  productService.decreaseStock(
        trans.getProductId, trans.getQuantity());
```

```
        //如果减少库存成功则保存记录
        if (result >0) {
            transactionService.save(trans);
        }
    } catch(Exception ex) {
        //自行处理异常代码
        //记录异常日志
        log.info(ex);
      //自行抛出异常，让 Spring 事务管理流程获取异常，进行事务管理
            throw new RuntimeException(ex);
    }
    return result;
    }
```

注意加粗的代码，它抛出了一个运行异常，这样在 Spring 的事务流程中，就会捕捉到抛出的这个异常，进行事务回滚，从而保证了产品减库存和交易记录保存的一致性，这才是正确的用法，使用事务时要时刻记住 Spring 和我们的约定流程。

第 4 部分

Spring MVC 框架

第 14 章 Spring MVC 的初始化和流程

本章目标

1. 掌握 MVC 框架的特点
2. 掌握 Spring MVC 框架的架构设计
3. 掌握 Spring MVC 的组件和流程
4. 了解 Spring MVC 的各个组件
5. 掌握入门实例的内容
6. 掌握 Spring MVC 的开发流程

Spring Web MVC（下文简称为 Spring MVC）是 Spring 提供给 Web 应用的框架设计，本章开始讨论 Spring MVC 框架。首先讨论为什么需要 MVC 框架，实际上 MVC 框架是一个设计理念，它不仅存在于 Java 世界中，而且广泛存在于各类语言和开发中，包括 Web 的前端应用。对于 Spring MVC 而言，它的流程和各个组件的应用和改造 Spring MVC 的根本，所以讨论 Spring MVC 的流程和各个组件的应用是本章的核心内容。

14.1 MVC 设计概述

MVC 设计不仅限于 Java Web 应用，还包括许多应用，比如前端、PHP、.NET 等语言。之所以那么做的根本原因在于解耦各个模块，在早期的 Java Web 开发中，主要是 JSP+Java Bean 模式，我们称之为 Model1，如图 14-1 所示。

但是很快你会发现 JSP 和 Java Bean 之间出现了严重的耦合，Java 和 HTML 也耦合在了一起。这样开发者不仅需要掌握 Java，还需要有高超的前端水平，对开发者而言要求颇高。更为严重的是，出现了页面前端和后端相互依赖的糟糕情况，前端需要等待后端完成，而后端也依赖于前端完成，才能进行有效测试，而且每一个场景操作几乎都难以复用，因为业务逻辑基本都是由 JSP 完成的，还混着许多页面逻辑功能。

正因为种种弊端，所以很快这种方式就被 Servlet+JSP+Java Bean 所代替了，早期的 MVC 模型如图 14-2 所示。

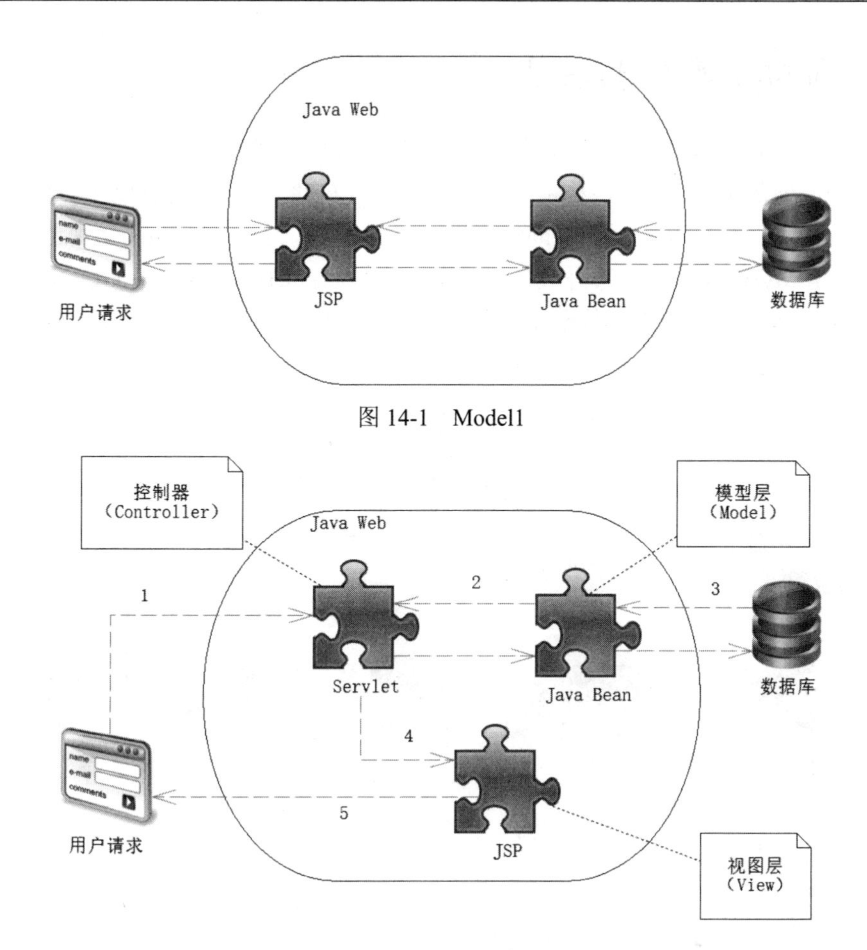

图 14-1　Model1

图 14-2　Model2——早期的 MVC 模型

早期的 MVC 模型多了一个 Servlet 组件，首先是用户的请求到达 Servlet，Servlet 组件主要作为控制器，这样 Servlet 就接受了这个请求，可以通过它调度 Java Bean，来读/写数据库的数据，然后将结果放到 JSP 中，这样就可以获取数据并展现给用户了。

这样的模式我们称为 MVC 模式，而 Servlet 扮演控制器（Controller）的功能，Java Bean 则是一个专门操作数据库组件的模型层（Model）。JSP 主要是展示给用户看的，所以它是一个视图（View）的功能。使用 MVC 后的一个根本的好处在于前台和后台得到了一定的分离，但是仍旧存在一定的耦合，对于后端而言，由于控制器和模型层的分离使得大量的 Java 代码可以得到重用，而这个时候作为 MVC 框架的经典——Struts1/2 和作为模型层的——Hibernate 纷纷崛起了。

它们都存在一些问题。在当今互联网的开发中，随着手机端的兴起，Web 页面大部分采用 Ajax 请求，它们之间的交互只需要 JSON 数据而已，这样对于 JSP 的耦合度的依赖就大大降低了。但是无论是 Struts1 还是 Struts2 和前端 JSP 都有着比较紧密的关联，尤其是在 Struts1 中，更是有大量的关于 JSP 的 jar 包，但是大部分的请求都来自于移动互联的手机端或者平板电脑，对于 JSP 的依赖已经大大减少，这注定了依赖于页面编程的 Struts 已经不适合时代的发展了。

14.1.1 Spring MVC 的架构

对于持久层而言，随着软件发展，迁移数据库的可能性很小，所以在大部分情况下都用不到 Hibernate 的 HQL 来满足移植数据库的要求。与此同时，性能对互联网更为重要，不可优化 SQL、不够灵活成了 Hibernate 难以治愈的伤痛，这样 MyBatis 就崛起了。无论是 Hibernate 还是 MyBatis 都没处理好数据库事务的编程，同时随着各种 NoSQL 的强势崛起，使得 Java Web 应用不仅能够在数据库获取数据，也可以从 NoSQL 中获取数据，这些已经不是持久层框架能够处理的了，而 Spring MVC 给出了方案，如图 14-3 所示。

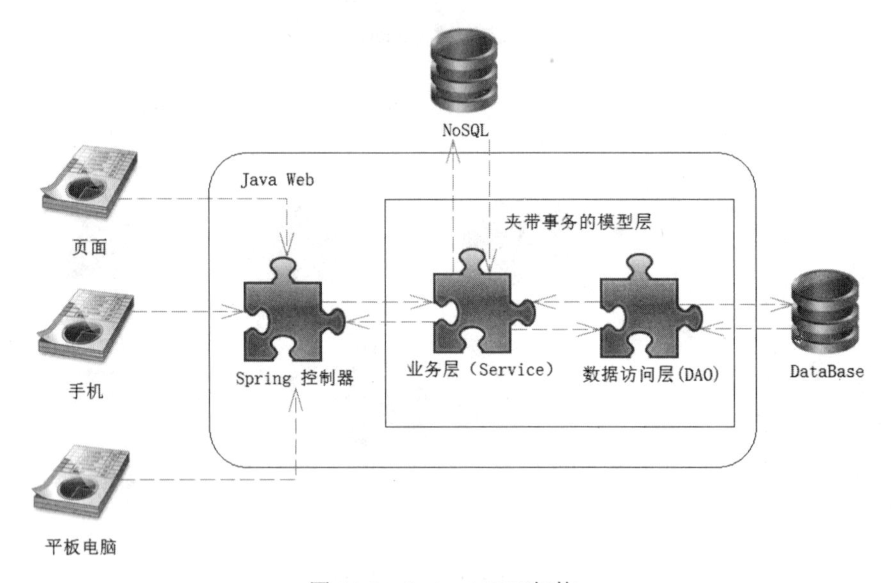

图 14-3　Spring MVC 架构

图 14-3 展示了传统的模型层被拆分为业务层（Service）和数据访问层（DAO，Data Access Object）。在 Service 下可以通过 Spring 的声明式事务操作数据访问层，而在业务层上还允许我们访问 NoSQL，这样就能够满足现今异军崛起的 NoSQL 的使用了，它的使用将大大提高互联网系统的性能。对于 Spring MVC 而言，其最大的特色是结构松散，比如几乎可以在 Spring MVC 中使用各类视图，包括 JSON、JSP、XML、PDF 等，所以它能够满足手机端、页面端和平板电脑端的各类请求，这就是现在它如此流行的原因，下面本书将对 Spring MVC 展开更为详细的论述。

14.1.2 Spring MVC 组件与流程

Spring MVC 的核心在于其流程，这是使用 Spring MVC 框架的基础，Spring MVC 是一种基于 Servlet 的技术，它提供了核心控制器 DispatcherServlet 和相关的组件，并制定了松散的结构，以适合各种灵活的需要。为了让大家对 Spring MVC 有一个最简单的认识，首先给出其组件和流程图，如图 14-4 所示。

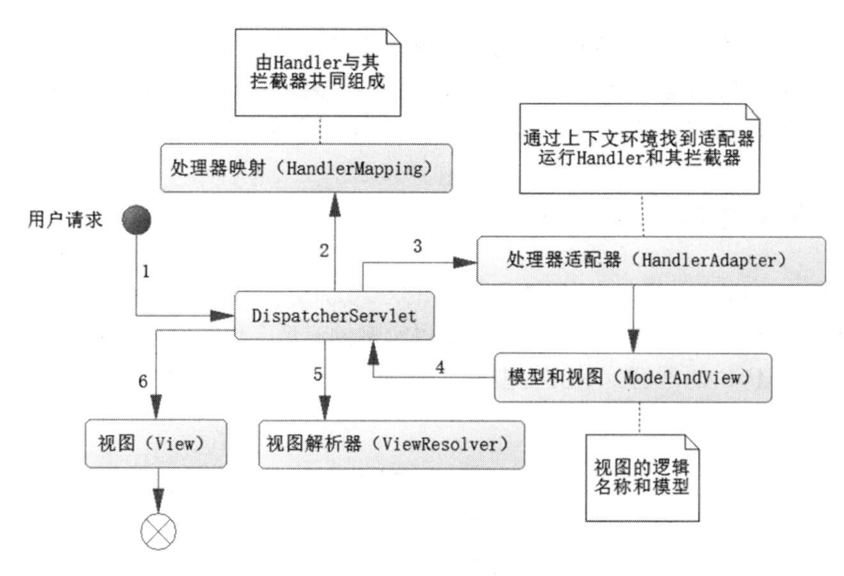

图 14-4　Spring MVC 的组件和流程图

图 14-4 中的阿拉伯数字给出了 Spring MVC 的服务流程及其各个组件运行的顺序，这是 Spring MVC 的核心。

首先，Spring MVC 框架是围绕着 DispatcherServlet 而工作的，所以这个类是其最为重要的类。从它的名字来看，它是一个 Servlet，那么根据 Java EE 基础的学习，我们知道它可以拦截 HTTP 发送过来的请求，在 Servlet 初始化（调用 init 方法）时，Spring MVC 会根据配置，获取配置信息，从而得到统一资源标识符（URI，Uniform Resource Identifier）和处理器（Handler）之间的映射关系（HandlerMapping），为了更加灵活和增强功能，Spring MVC 还会给处理器加入拦截器，所以还可以在处理器执行前后加入自己的代码，这样就构成了一个处理器的执行链（HandlerExecutionChain），并且根据上下文初始化视图解析器等内容，当处理器返回的时候就可以通过视图解析器定位视图，然后将数据模型渲染到视图中，用来响应用户的请求了。

当一个请求到来时，DispatcherServlet 首先通过请求和事先解析好的 HandlerMapping 配置，找到对应的处理器（Handler），这样就准备开始运行处理器和拦截器组成的执行链，而运行处理器需要有一个对应的环境，这样它就有了一个处理器的适配器（HandlerAdapter），通过这个适配器就能运行对应的处理器及其拦截器，这里的处理器包含了控制器的内容和其他增强的功能，在处理器返回模型和视图给 DispacherServlet 后，DispacherServlet 就会把对应的视图信息传递给视图解析器（ViewResolver）。注意，这一步取决于是否使用逻辑视图，如果是逻辑视图，那么视图解析器就会解析它，然后把模型渲染到视图中去，最后响应用户的请求；如果不是逻辑视图，则不会进行处理，而是直接通过视图渲染数据模型。这就是一个 Spring MVC 完整的流程，它是一个松散的结构，所以可以满足各类请求的需要，为此它也实现了大部分的请求所需的类库，拥有较为丰富的类库供我们使用，所以流程中的大部分组件并不需要我们去实现，只是我们应该知道整个流程，熟悉它们的使用就可以构建出强大的互联网系统了。

为了更好地论述 Spring MVC 的流程，在附录 B 中给出了 DispatcherServlet 的关于执行流程的关键源码分析，这部分适合那些需要更深层次掌握 Spring MVC 的读者阅读。Spring MVC 的组件需要更详细的讨论，所以下面我们详细讨论各个组件的开发方法。

14.1.3 Spring MVC 入门的实例

作为 Spring MVC 入门，先以 XML 配置的方式为例，后面会给出全注解的开发方式。因为 Spring MVC 组件和流程的重要性，所以实例的最后会讨论它的组件和流程，以加强读者对 Spring MVC 的理解。首先需要配置 Web 工程的 web.xml 文件，如代码清单 14-1 所示。

如代码清单 14-1：web.xml 配置 Spring MVC

```
<?xml version="1.0" encoding="UTF-8"?>
<web-app    version="3.1"    xmlns="http://xmlns.jcp.org/xml/ns/javaee"
xmlns:xsi="http://www.w3.org/2001/XMLSchema-instance"
xsi:schemaLocation="http://xmlns.jcp.org/xml/ns/javaee
http://xmlns.jcp.org/xml/ns/javaee/web-app_3_1.xsd">
<!-- 配置 Spring IoC 配置文件路径 -->
<context-param>
<param-name>contextConfigLocation</param-name>
<param-value>/WEB-INF/applicationContext.xml</param-value>
</context-param>
<!-- 配置 ContextLoaderListener 用以初始化 Spring IoC 容器 -->
<listener>
<listener-class>org.springframework.web.context.ContextLoaderListener</l
istener-class>
</listener>
<!-- 配置 DispatcherServlet -->
<servlet>
<!-- 注意：Spring MVC 框架会根据 servlet-name 配置，找到/WEB-INF/dispatcher-
servlet.xml 作为配置文件载入 Web 工程中 -->
<servlet-name>dispatcher</servlet-name>
<servlet-class>org.springframework.web.servlet.DispatcherServlet</servle
t-class>
<!-- 使得 Dispatcher 在服务器启动的时候就初始化 -->
<load-on-startup>2</load-on-startup>
</servlet>
<!-- Servlet 拦截配置 -->
<servlet-mapping>
<servlet-name>dispatcher</servlet-name>
<url-pattern>*.do</url-pattern>
</servlet-mapping>
</web-app>
```

论述一下这个文件的配置内容：

- 系统变量 contextConfigLocation 的配置，它会告诉 Spring MVC 其 Spring IoC 的配置文件在哪里，这样 Spring 就会找到这些配置文件去加载它们。如果是多个配置文件，可以使用逗号将它们分隔开来，并且它还能支持正则式匹配，进行模糊匹配，这样就更加灵活了，其默认值为/WEB-INF/applicationContext.xml。
- ContextLoaderListener 实现了接口 ServletContextListener，通过 Java Web 容器的学习，我们知道 ServletContextListener 的作用是可以在整个 Web 工程前后加入自定义代码，所以可以在 Web 工程初始化之前，它先完成对 Spring IoC 容器的初始化，也可以在 Web 工程关闭之时完成 Spring IoC 容器的资源进行释放。
- 配置 DispatcherServlet，首先是配置了 servlet-name 为 dispatcher，这就意味着需要一个/WEB-INF/dispatcher-servlet.xml 文件（注意，servlet-name 和文件名的对应关系）与之对应，并且我们配置了在服务器启动期间就初始化它。
- 配置 DispatcherServlet 拦截以后缀“do”结束的请求，这样所有以后缀“do”结尾的请求都会被它拦截。

在最简单的入门例子中暂时不配置 applicationContext.xml 的任何内容，所以其代码也是空的，如代码清单 14-2 所示。

代码清单 14-2：applicationContext.xml

```
<?xml version='1.0' encoding='UTF-8' ?>
<beans xmlns="http://www.springframework.org/schema/beans"
xmlns:xsi="http://www.w3.org/2001/XMLSchema-instance"
xsi:schemaLocation="http://www.springframework.org/schema/beans

http://www.springframework.org/schema/beans/spring-beans-4.0.xsd">
</beans>
```

这样 Spring IoC 容器就没有装载自己的类，根据之前的论述，它还会加载一个/WEB-INF/dispatcher-servlet.xml 文件，它是与 Spring MVC 配置相关的内容，所以它会有一定的内容，如代码清单 14-3 所示。

代码清单 14-3：Spring MVC 配置文件 dispatcher-servlet.xml

```
<?xml version='1.0' encoding='UTF-8' ?>
<beans xmlns="http://www.springframework.org/schema/beans"
    xmlns:xsi="http://www.w3.org/2001/XMLSchema-instance"
xmlns:p="http://www.springframework.org/schema/p"
xmlns:tx="http://www.springframework.org/schema/tx"
xmlns:context="http://www.springframework.org/schema/context"
    xmlns:mvc="http://www.springframework.org/schema/mvc"
    xsi:schemaLocation="http://www.springframework.org/schema/beans
http://www.springframework.org/schema/beans/spring-beans-4.0.xsd
      http://www.springframework.org/schema/tx
```

```
http://www.springframework.org/schema/tx/spring-tx-4.0.xsd
      http://www.springframework.org/schema/context
http://www.springframework.org/schema/context/spring-context-4.0.xsd
      http://www.springframework.org/schema/mvc
http://www.springframework.org/schema/mvc/spring-mvc-4.0.xsd">
    <!-- 使用注解驱动 -->
    <mvc:annotation-driven />
<!-- 定义扫描装载的包 -->
    <context:component-scan base-package="com.*" />
    <!-- 定义视图解析器 -->
    <!-- 找到 Web 工程/WEB-INF/JSP 文件夹，且文件结尾为 jsp 的文件作为映射 -->
    <bean id="viewResolver"

    class="org.springframework.web.servlet.view.InternalResourceViewReso
lver"
        p:prefix="/WEB-INF/jsp/" p:suffix=".jsp" />
<!-- 如果有配置数据库事务,需要开启注解事务的，需要开启这段代码 -->
<!--
    <tx:annotation-driven transaction-manager="transactionManager" />
    -->
</beans>
```

这里的配置也比较简单：

- <mvc:annotation-driven />表示使用注解驱动 Spring MVC。
- 定义一个扫描的包，用它来扫描对应的包，用以加载对应的控制器和其他的一些组件。
- 定义视图解析器，解析器中定义了前缀和后缀，这样视图就知道去 Web 工程的/WEB-INF/JSP 文件夹中找到对应的 JSP 文件作为视图响应用户请求。

控制器配置了注解驱动，并且定义了扫描的包，让我们开发一个简单的 Controller，如代码清单 14-4 所示。

代码清单 14-4：简单的 Controller

```
package com.ssm.chapter14.controller;
import org.springframework.stereotype.Controller;
import org.springframework.web.bind.annotation.RequestMapping;
import org.springframework.web.servlet.ModelAndView;
//注解@Controller 表示它是一个控制器
@Controller("myController")
//表明当请求的 URI 在/my 下的时候才有该控制器响应
@RequestMapping("/my")
public class MyController {
    //表明 URI 是/index 的时候该方法才请求
    @RequestMapping("/index")
    public ModelAndView  index() {
```

```
        //模型和视图
         ModelAndView mv = new ModelAndView();
         //视图逻辑名称为 index
        mv.setViewName("index");
        //返回模型和视图
         return mv;
    }
}
```

首先注解@Controller 是一个控制器。Spring MVC 扫描的时候就会把它作为控制器加载进来。然后，注解@RequestMapping 指定了对应的请求的 URI，Spring MVC 在初始化的时候就会将这些信息解析，存放起来，于是便有了 HandlerMapping。当发生请求时，Spring MVC 就会去使用这些信息去找到对应的控制器提供服务。

方法定义返回 ModelAndView，在方法中把视图名称定义为 index，大家要记住在配置文件中所配置的视图解析器，由于配置前缀/WEB-INF/jsp/，后缀.jsp，加上返回的视图逻辑名称为 index，所以它会选择使用/WEB-INF/jsp/index.jsp 作为最后的响应，于是要开发/WEB-INF/jsp/index.jsp 文件，如代码清单 14-5 所示。

代码清单 14-5：/WEB-INF/jsp/index.jsp 文件

```
<%@page contentType="text/html" pageEncoding="UTF-8"%>
<!DOCTYPE HTML PUBLIC "-//W3C//DTD HTML 4.01 Transitional//EN"
   "http://www.w3.org/TR/html4/loose.dtd">
<html>
<head>
<meta http-equiv="Content-Type" content="text/html; charset=UTF-8">
<title>Welcome to Spring Web MVC project</title>
</head>
<body>
<h1>Hello, Spring MVC</h1>
</body>
</html>
```

启动服务器比如 Tomcat，输入对应的 URL，假如是本地 Tomcat 服务器，输入 URL 地址 http://localhost:8080/Chapter14/my/index.do，就能看到对应的响应了，如图 14-5 所示。

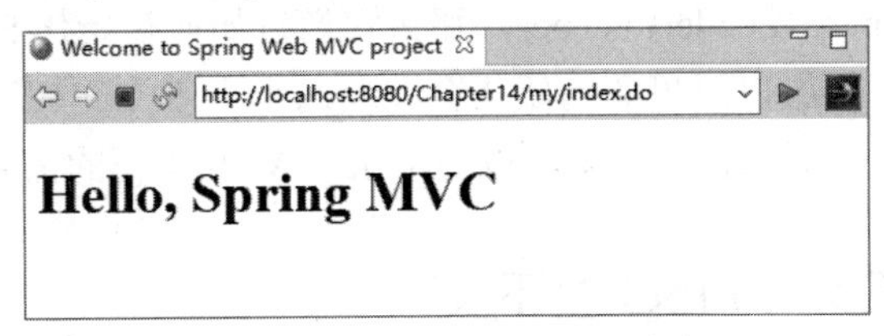

图 14-5 测试 Spring MVC 请求

由于 Spring MVC 组件和流程的重要性，这里以图展现这个例子的运行流程，如图 14-6 所示。

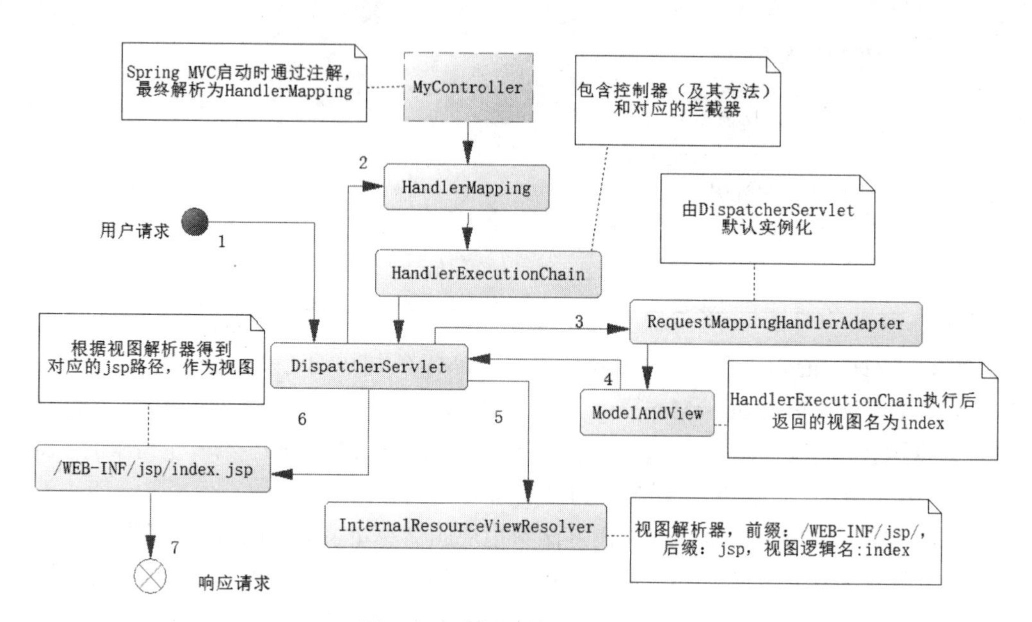

图 14-6　实例组件和运行流程

图 14-6 中展示了实例的组件和流程，其中阿拉伯数字是其执行顺序。当 Spring MVC 启动的时候就会去解析 MyController 的注解，然后生成对应 URI 和请求的映射关系，并注册对应的方法。当请求来到的时候，首先根据 URI 找到对应的 HandlerMapping，然后组织为一个执行链，通过请求类型找到 RequestMappingHandlerAdapter，它的实例是在 DispatcherServlet 初始化的时候进行创建的。然后通过它去执行 HandlerExecutionChain 的内容，最终在 MyController 的方法中将 index 视图返回 DispatcherServlet。由于配置的视图解析器（InternalResourceViewResolver）前缀为/WEB-INF/jsp/，后缀为.jsp，视图名为 index，所以最后它会找到/WEB-INF/jsp/index.jsp 文件作为视图，响应最终的请求，这样整个 Spring MVC 的流程就走通了。当然这是最简单的例子，接下来我们需要更细致地讨论一些问题。

14.2　Spring MVC 初始化

通过学习上述最简单实例，我们看到了整个 Spring MVC 的初始化，配置了 DispatcherServlet 和 ContextLoaderListener，那么它们是如何初始化 Spring IoC 容器上下文和映射请求上下文的呢？所以这里的初始化会涉及两个上下文的初始化，只是映射请求上下文是基于 Spring IoC 上下文扩展出来，以适应 Java Web 工程的需要。

14.2.1　初始化 Spring IoC 上下文

Java Web 容器为其生命周期中提供 ServletContextListener 接口，这个接口可以在 Web 容器初始化和结束期中执行一定的逻辑，换句话说，通过实现它可以使得在 DispatcherServlet 初始化前就可以完成 Spring IoC 容器的初始化，也可以在结束期完成对

Spring IoC 容器的销毁，只要实现 ServletContextListener 接口的方法就可以了。Spring MVC 交给了类 ContextLoaderListener，为此粗略地阅读一下关于它的一些源码，如代码清单 14-6 所示。

代码清单 14-6：ContextLoaderListener 部分关键源码

```
package org.springframework.web.context;
/***************imports***************/
public  class  ContextLoaderListener  extends  ContextLoader  implements
ServletContextListener {

......

/**
     * Initialize the root web application context.
     */
    @Override
    public void contextInitialized(ServletContextEvent event) {
        //初始化 Spring IoC 容器，使用的是满足 ApplicationContext 接口的 Spring
Web IoC 容器
        initWebApplicationContext(event.getServletContext());
    }


    /**
     * Close the root web application context.
     */
    @Override
    public void contextDestroyed(ServletContextEvent event) {
        //关闭 Web IoC 容器
        closeWebApplicationContext(event.getServletContext());
        //清除相关参数
ContextCleanupListener.cleanupAttributes(event.getServletContext());
    }
}
```

注意，源码当中的中文注释是笔者加进去的，为的是让读者更容易理解这个过程，从而理解如何在 Java Web 应用中初始化 Spring IoC 容器，并将其销毁。这样就可以让 Spring IoC 容器去管理整个 Web 工程的资源了。

14.2.2　初始化映射请求上下文

映射请求上下文是通过 DispatcherServlet 初始化的，它和普通的 Servlet 也是一样的，可以根据自己的需要配置它在启动时初始化，或者等待用户第一次请求的时候进行初始化。

注意，也许你在 Web 工程中并没有注册 ContextLoaderListener，这个时候 DispatcherServlet 就会在其初始化的时候进行对 Spring IoC 容器的初始化。这样你也许会有一个疑问：选择在什么时候初始化 DispatcherServlet?

首先，初始化一个 Spring IoC 容器是一个耗时的操作，所以这个工作不应该放到用户请求上，没有必要让一个用户陷入长期等待中，因此大部分场景下，都应该让 DispatcherServlet 在服务器启动期间就完成 Spring IoC 容器的初始化，我们可以在 Web 容器刚启动的时候，也可以在 Web 容器载入 DispatcherServlet 的时候进行初始化。笔者的建议是在 Web 容器刚开始的时候对其初始化，因为在整个 Web 的初始化中，不只是 DispatcherServlet 需要使用到 Spring IoC 的资源，其他的组件可能也需要。在最开始就初始化可以让 Web 中的各个组件共享资源。当然你可以指定 Web 容器中组件初始化的顺序，让 DispatcherServlet 第一个初始化，来解决这个问题，但是这就加大了配置的复杂度，因此大部分的情况下都建议使用 ContextLoaderListener 进行初始化。

DispatcherServlet 的设计，如图 14-7 所示。

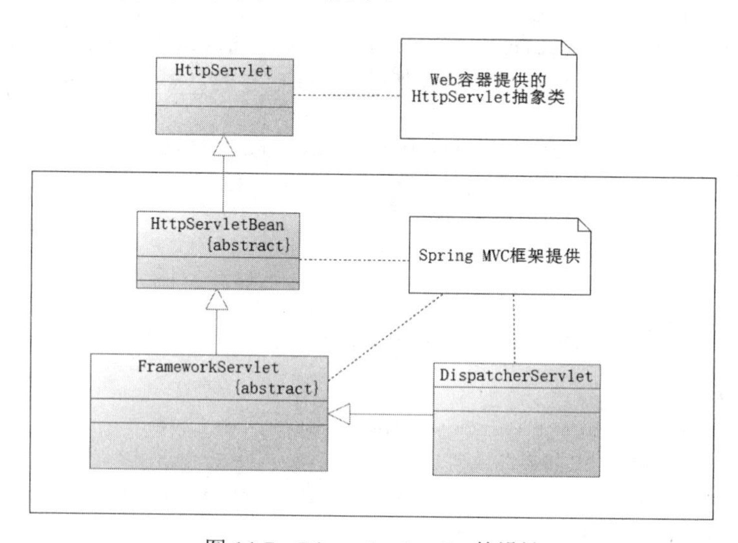

图 14-7　DispatcherServlet 的设计

从图 14-7 中可以看出，DispactherServlet 的父类是 FrameworkServlet，而 FrameworkServlet 的父类则是 HttpServletBean。HttpServletBean 继承了 Web 容器所提供的 HttpServlet，所以它是一个可以载入 Web 容器中的 Servlet。

Web 容器对于 Servlet 的初始化，首先是调用其 init 方法，对于 DispactherServlet 也是如此，这个方法位于它的父类 HttpServletBean 里，如代码清单 14-7 所示。

代码清单 14-7：DispactherServlet 的初始化

```
@Override
public final void init() throws ServletException {
    if (logger.isDebugEnabled()) {
        logger.debug("Initializing servlet'" + getServletName() + "'");
    }
```

```
    //Set bean properties from init parameters
    //根据参数初始化 bean 的属性
    try {
        PropertyValues    pvs    =    new    ServletConfigPropertyValues
(getServletConfig(), this.requiredProperties);
        BeanWrapper bw = PropertyAccessorFactory.forBeanPropertyAccess(this);
        ResourceLoaderresourceLoader = new ServletContextResourceLoader
(getServletContext());
        bw.registerCustomEditor(Resource.class,    new    ResourceEditor
(resourceLoader, getEnvironment()));
        initBeanWrapper(bw);
        bw.setPropertyValues(pvs, true);
    }
    catch (BeansException ex) {
        logger.error("Failed  to  set  bean  properties  on  servlet'"  +
getServletName() + "'", ex);
        throw ex;
    }
    //Let subclasses do whatever initialization they like.
    //这个方法将交由子类去实现
    initServletBean();

    if (logger.isDebugEnabled()) {
        logger.debug("Servlet  '"  +  getServletName()  +  "'  configured
successfully");
    }
}
```

这里的代码有点复杂，笔者保留了源码中的英文注释。在类 HttpServletBean 中可以看到 initServletBean 方法，在 FrameworkServlet 中也可以看到它，我们知道子类的方法会覆盖掉父类的方法，所以着重看 FrameworkServlet 中的 initServletBean 方法，如代码清单 14-8 所示。

代码清单 14-8：FrameworkServlet 中的 initServletBean 的方法

```
@Override
protected final void initServletBean() throws ServletException {
    getServletContext().log("Initializing  Spring  FrameworkServlet  '"  +
getServletName() + "'");
    if (this.logger.isInfoEnabled()) {
        this.logger.info("FrameworkServlet  '"  +  getServletName()  +  "':
initialization started");
    }
    long startTime = System.currentTimeMillis();

    try {
        //初始化 Spring IoC 容器
```

```
            this.webApplicationContext = initWebApplicationContext();
            initFrameworkServlet();
        }
        catch (ServletException ex) {
            this.logger.error("Context initialization failed", ex);
            throw ex;
        }
        catch (RuntimeException ex) {
            this.logger.error("Context initialization failed", ex);
            throw ex;
        }

        if (this.logger.isInfoEnabled()) {
            long elapsedTime = System.currentTimeMillis() - startTime;
            this.logger.info("FrameworkServlet'" + getServletName() +
"': initialization completed in " +elapsedTime + " ms");
        }
    }
......
protected WebApplicationContext initWebApplicationContext() {
    WebApplicationContext rootContext =

    WebApplicationContextUtils.getWebApplicationContext(getServletContex
t());
    WebApplicationContext wac = null;
    //判断是否已经被初始化
    if (this.webApplicationContext != null) {
//A context instance was injected at construction time -> use it
    //如果 Web IoC 容器已经在启动的时候创建，那么就沿用它
        wac = this.webApplicationContext;
        if (wacinstanceof ConfigurableWebApplicationContext) {
            ConfigurableWebApplicationContext          cwac          =
(ConfigurableWebApplicationContext) wac;
            if (!cwac.isActive()) {
                //The context has not yet been refreshed -> provide services
such as
                //如果 Spring IoC 容器还没有刷新，那么就进行刷新父容器上下文，设置
id 等操作
               //setting the parent context, setting the application context
id, etc
               //处理父容器为空的情况
if (cwac.getParent() == null) {
                    //The context instance was injected without an explicit
parent -> set
                    //the root application context (if any; may be null) as
the parent
```

```
                    cwac.setParent(rootContext);
                }
                configureAndRefreshWebApplicationContext(cwac);
            }
        }
    }
    //没有被初始化，则查找是否有存在的 Spring Web IoC 容器
    if (wac == null) {
        wac = findWebApplicationContext();
    }
    //没有初始化，也没有找到存在的 Spring IoC 容器，则 DispatcherServlet 自己创建
它
    if (wac == null) {
        //No context instance is defined for this servlet -> create a local
one
        wac = createWebApplicationContext(rootContext);
    }
    //当 onRefresh 方法没有被调用过，执行 onRefresh 方法
    if (!this.refreshEventReceived) {
        onRefresh(wac);
    }

    if (this.publishContext) {
        //Publish the context as a servlet context attribute.
//作为 Servlet 的上下文属性发布 IoC 容器
        String attrName = getServletContextAttributeName();
        getServletContext().setAttribute(attrName, wac);
        if (this.logger.isDebugEnabled()) {
            this.logger.debug("Published WebApplicationContext of
servlet'" + getServletName() +
                    "' as ServletContext attribute with name [" + attrName
+ "]");
        }
    }

    return wac;
}
```

上面的代码展示了对 Spring IoC 容器的初始化，其中英文注释是源码本身的，笔者还加入了中文注释，以便大家能够快速理解它。当 IoC 容器没有对应的初始化的时候，DispatcherServlet 会尝试去初始化它，最后调度 onRefresh 方法，那么它就是 DispatcherServlet 一个十分值得关注的方法。因为它将初始化 Spring MVC 的各个组件，而 onRefresh 这个方法就在 DispatcherServlet 中，让我们从代码清单 14-9 中看到它。

代码清单 14-9：初始化 Spring MVC 的组件

```
@Override
protected void onRefresh(ApplicationContext context) {
    initStrategies(context);
}

protected void initStrategies(ApplicationContext context) {
     //初始化文件的解析
    initMultipartResolver(context);
   //本地解析化
    initLocaleResolver(context);
   //主题解析
    initThemeResolver(context);
   //处理器映射
    initHandlerMappings(context);
     //处理器的适配器
    initHandlerAdapters(context);
     //Handler 的异常处理解析器
    initHandlerExceptionResolvers(context);
//当处理器没有返回逻辑视图名等相关信息时，自动将请求 URL 映射为逻辑视图名
    initRequestToViewNameTranslator(context);
     //视图逻辑名称转化器，即允许返回逻辑视图名称，然后它会找到真实的视图
    initViewResolvers(context);
     //这是一个关注 Flash 开发的 Map 管理器，我们不再介绍
    initFlashMapManager(context);
}
```

上述组件比较复杂，它们是 Spring MVC 的核心组件，先来掌握它们的基本内容。

- MultipartResolver：文件解析器，用于支持服务器的文件上传。
- LocaleResolver：国际化解析器，可以提供国际化的功能。
- ThemeResolver：主题解析器，类似于软件皮肤的转换功能。
- HandlerMapping：Spring MVC 中十分重要的内容，它会包装用户提供一个控制器的方法和对它的一些拦截器，后面会着重谈它，通过调用它就能够运行控制器。
- handlerAdapter：处理器适配器，因为处理器会在不同的上下文中运行，所以 Spring MVC 会先找到合适的适配器，然后运行处理器服务方法，比如对于控制器的 SimpleControllerHandlerAdapter、对于普通请求的 HttpRequestHandlerAdapter 等。
- HandlerExceptionResolver：处理器异常解析器，处理器有可能产生异常，如果产生异常，则可以通过异常解析器来处理它。比如出现异常后，可以转到指定的异常页面，这样使得用户的 UI 体验得到了改善。
- RequestToViewNameTranslator：视图逻辑名称转换器，有时候在控制器中返回一个视图的名称，通过它可以找到实际的视图。当处理器没有返回逻辑视图名等相关信息时，自动将请求 URL 映射为逻辑视图名。

- ViewResolver：视图解析器，当控制器返回后，通过视图解析器会把逻辑视图名称进行解析，然后定位实际视图。

以上就是 Spring MVC 主要组件的初始化，事实上，对这些组件 DispatcherServlet 会根据其配置文件 DispatcherServlet.properties 进行初始化，文件的内容如下：

```
# Default implementation classes for DispatcherServlet's strategy interfaces.
# Used as fallback when no matching beans are found in the DispatcherServlet context.
# Not meant to be customized by application developers.

org.springframework.web.servlet.LocaleResolver=org.springframework.web.servlet.i18n.AcceptHeaderLocaleResolver

org.springframework.web.servlet.ThemeResolver=org.springframework.web.servlet.theme.FixedThemeResolver

org.springframework.web.servlet.HandlerMapping=org.springframework.web.servlet.handler.BeanNameUrlHandlerMapping,\
    org.springframework.web.servlet.mvc.annotation.DefaultAnnotationHandlerMapping

org.springframework.web.servlet.HandlerAdapter=org.springframework.web.servlet.mvc.HttpRequestHandlerAdapter,\
    org.springframework.web.servlet.mvc.SimpleControllerHandlerAdapter,\
    org.springframework.web.servlet.mvc.annotation.AnnotationMethodHandlerAdapter

org.springframework.web.servlet.HandlerExceptionResolver=org.springframework.web.servlet.mvc.annotation.AnnotationMethodHandlerExceptionResolver,\
    org.springframework.web.servlet.mvc.annotation.ResponseStatusExceptionResolver,\
    org.springframework.web.servlet.mvc.support.DefaultHandlerExceptionResolver

org.springframework.web.servlet.RequestToViewNameTranslator=org.springframework.web.servlet.view.DefaultRequestToViewNameTranslator

org.springframework.web.servlet.ViewResolver=org.springframework.web.servlet.view.InternalResourceViewResolver

org.springframework.web.servlet.FlashMapManager=org.springframework.web.servlet.support.SessionFlashMapManager
```

由此可见，在启动期间 DispatcherServlet 会加载这些配置的组件进行初始化，这就是为什么我们并不需要很多配置就能够使用 Spring MVC 的原因。

DispatcherServlet 的初始化只谈到这里了，但是除了可以像实例一样使用 XML 配置，Spring MVC 还支持使用 Java 配置的方式加载。

14.2.3 使用注解配置方式初始化

由于在 Servlet3.0 之后的规范允许取消 web.xml 配置，只使用注解方式便可以了，所以在 Spring3.1 之后的版本也提供了注解方式的配置。使用注解方式很简单，首先继承一个名字比较长的类 AbstractAnnotationConfigDispatcherServletInitializer，然后实现它所定义的方法。它所定义的内容就不是太复杂，甚至是比较简单的，让我们通过一个类去继承它，如代码清单 14-10 所示，它实现的是入门实例的功能。

代码清单 14-10：通过注解方式初始化 Spring MVC

```
package com.ssm.chapter14.config;
import
org.springframework.web.servlet.support.AbstractAnnotationConfigDispatch
erServletInitializer;
public   class   MyWebAppInitializer   extends   AbstractAnnotationConfig
DispatcherServletInitializer {
    //Spring IoC 容器配置
    @Override
    protected Class<?>[] getRootConfigClasses() {
        //可以返回 Spring 的 Java 配置文件数组
        return new Class<?>[] {};
    }

    //DispatcherServlet 的 URI 映射关系配置
    @Override
    protected Class<?>[] getServletConfigClasses() {
        //可以返回 Spring 的 Java 配置文件数组
        return new Class<?>[] { WebConfig.class };
    }

    //DispatcherServlet 拦截内容
    @Override
    protected String[] getServletMappings() {
        return new String[] { "*.do" };
    }

}
```

这里使用它去代替 XML 的配置，那么你肯定会惊讶为什么只需要继承类 AbstractAnnotationConfigDispatcherServletInitializer，Spring MVC 就会去加载这个 Java 文

件？ Servlet3.0 之后的版本允许动态加载 Servlet，只是按照规范需要实现 ServletContainerInitializer 接口而已。于是 Spring MVC 框架在自己的包内实现了一个类，它就是 SpringServletContainerInitializer，它实现了 ServletContainerInitializer 接口，这样就能够通过它去加载开发者提供的 MyWebAppInitializer 了，看一下它的源码，如代码清单 14-11 所示。

代码清单 14-11：SpringServletContainerInitializer 的源码

```
//定义初始化器的类型，只要实现 WebApplicationInitializer 接口则为初始化器
@HandlesTypes(WebApplicationInitializer.class)
public class SpringServletContainerInitializer implements
ServletContainerInitializer {

    @Override
    public void onStartup(Set<Class<?>> webAppInitializerClasses,
         ServletContextservletContext) throws ServletException {
        //初始化器，允许多个
        List<WebApplicationInitializer> initializers
           = new LinkedList<WebApplicationInitializer>();
         //从各个包中加载对应的初始化器
        if (webAppInitializerClasses != null) {
            for (Class<?>waiClass : webAppInitializerClasses) {
                //Be defensive: Some servlet containers provide us with
invalid classes,
                //no matter what @HandlesTypes says...
                if (!waiClass.isInterface()
&& !Modifier.isAbstract(waiClass.getModifiers())
&& WebApplicationInitializer.class.isAssignableFrom(waiClass)) {
                    try {
                        initializers.add((WebApplicationInitializer)
waiClass.newInstance());
                    }
                    catch (Throwable ex) {
                        throw new ServletException(
                         "Failed to instantiate WebApplicationInitializer
class", ex);
                    }
                }
            }
        }
        //找不到初始化器
        if (initializers.isEmpty()) {
            servletContext.log
              ("No Spring WebApplicationInitializer types detected on
classpath");
            return;
```

```
        }

        servletContext.log(initializers.size()
           + " Spring WebApplicationInitializers detected on classpath");
        AnnotationAwareOrderComparator.sort(initializers);
        //调用各个初始化器
        for (WebApplicationInitializer initializer : initializers) {
            initializer.onStartup(servletContext);
        }
    }

}
```

从这段源码中可以看到只要实现了 WebApplicationInitializer 接口的 onStartup 方法，Spring MVC 就会把类当作一个初始化器加载进来，而代码清单 14-10 开发的类继承的是 AbstractAnnotationConfigDispatcherServletInitializer，两者之间的关系如图 14-8 所示。

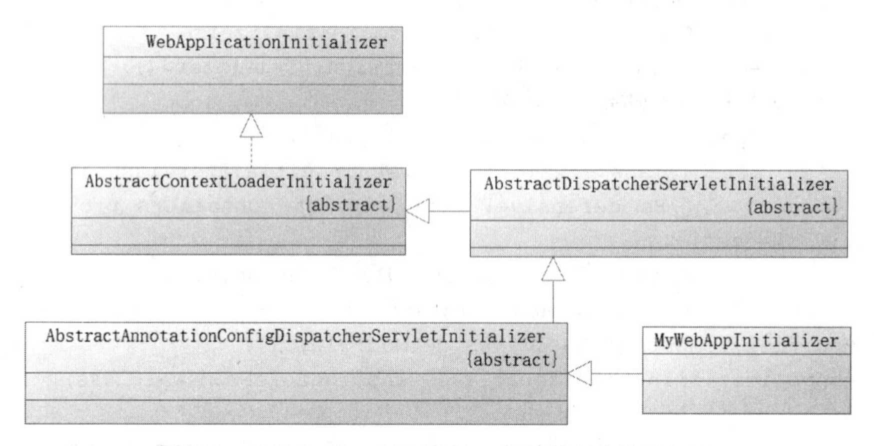

图 14-8　WebApplicationInitializer 初始化器的继承关系

MyWebAppInitializer 也实现了 WebApplicationInitializer 接口。ContextLoader 和 DispatcherServlet 的初始化器都是抽象类，通过它们就能初始化 Spring IoC 上下文和映射关系上下文，这就是只要继承 AbstractAnnotationConfigDispatcherServletInitializer 类就完成了 DispatcherServlet 映射关系和 Spring IoC 容器的初始化工作的原因。

这样关注焦点就再次回到了 MyWebAppInitializer 配置类上，它有 3 种方法：

- getRootConfigClasses 获取 Spring IoC 容器的 Java 配置类，用以装载各类 Spring Bean。
- getServletConfigClasses 获取各类 Spring MVC 的 URI 和控制器的配置关系类，用以生成 Web 请求的上下文。
- getServletMappings 定义 DispatcherServlet 拦截的请求。

如果 getRootConfigClasses 方法返回为空，就不加载自定义的 Bean 到 Spring IoC 容器中，而 getServletConfigClasses 加载了 WebConfig，则它就是一个 URI 和控制器的映射关系类。由此产生 Web 请求的上下文。WebConfig 的内容如代码清单 14-12 所示。

代码清单 14-12：WebConfig.java

```
package com.ssm.chapter14.config;

import org.springframework.context.annotation.Bean;
import org.springframework.context.annotation.ComponentScan;
import org.springframework.context.annotation.Configuration;
import org.springframework.web.servlet.ViewResolver;
import org.springframework.web.servlet.config.annotation.EnableWebMvc;
import
org.springframework.web.servlet.view.InternalResourceViewResolver;

@Configuration
//定义扫描的包，加载控制器
@ComponentScan("com.*")
//启用 Spring Web MVC
@EnableWebMvc
public class WebConfig {
    /***
     * 创建视图解析器
     * @return 视图解析器
     */
    @Bean(name="viewResolver")
    public ViewResolverinitViewResolver() {
        InternalResourceViewResolver           viewResolver            =new
InternalResourceViewResolver();
        viewResolver.setPrefix("/WEB-INF/jsp/");
        viewResolver.setSuffix(".jsp");
        return viewResolver;
    }
}
```

这段代码和 Spring IoC 使用 Java 的配置也是一样的，只是多了一个注解@EnableWebMvc，它代表启动 Spring MVC 框架的配置。和入门实例同样也定义了视图解析器，并且设置了它的前缀和后缀，这样就能获取由控制器返回的视图逻辑名，进而找到对应的 JSP 文件。

如果还是使用入门实例进行测试，此时可以把 web.xml 和所有关于 Spring IoC 容器所需的 XML 文件都删掉，只使用上面两个 Java 文件作为配置便可以了，然后重启服务器，也可以得到和图 14-5 一样的结果。

14.3　Spring MVC 开发流程详解

有了上述的初始化配置，开发 Spring MVC 流程并不困难。开发 Spring MVC 程序，需要掌握 Spring MVC 的组件和流程，所以开发过程中也会贯穿着 Spring MVC 的运行流程，这是需要大家注意的。

在目前的开发过程中，大部分都会采用注解的开发方式，所以本书也采用注解为主的开发方式，使用注解在 Spring MVC 中十分简单，主要是以一个注解@Controller 标注，一般只需要通过扫描配置，就能够将其扫描出来，只是往往还要结合注解@RequestMapping 去配置它。@RequestMapping 可以配置在类或者方法之上，它的作用是指定 URI 和哪个类（或者方法）作为一个处理请求的处理器，为了更加灵活，Spring MVC 还定义了处理器的拦截器，当启动 Spring MVC 的时候，Spring MVC 就会去解析@Controller 中的@RequestMapping 的配置，再结合所配置的拦截器，这样它就会组成多个拦截器和一个控制器的形式，存放到一个 HandlerMapping 中去。当请求来到服务器，首先是通过请求信息找到对应的 HandlerMapping，进而可以找到对应的拦截器和处理器，这样就能够运行对应的控制器和拦截器。

我们先来谈谈@RequestMapping 的配置，再来谈控制器的开发过程。

14.3.1 配置@RequestMapping

@RequestMapping 的源码，如代码清单 14-13 所示。

代码清单 14-13：RequestMapping 的源码

```
@Target({ElementType.METHOD, ElementType.TYPE})
@Retention(RetentionPolicy.RUNTIME)
@Documented
@Mapping
public @interface RequestMapping {
    //请求路径
    String name() default "";

    //请求路径，可以是数组
    @AliasFor("path")
    String[] value() default {};

    //请求路径，数组
    @AliasFor("value")
    String[] path() default {};

    //请求类型，比如是 HTTP 的 GET 请求还是 POST 请求等，HTTP 请求枚举取值范围为：GET、
HEAD、POST、PUT、PATCH、DELETE、OPTIONS、TRACE，常用的是 GET 和 POST 请求
    RequestMethod[] method() default {};

    //请求参数，当请求带有配置的参数时，才匹配处理器
    String[] params() default {};

    //请求头，当 HTTP 请求头为配置项时，才匹配处理器
    String[] headers() default {};
```

```
    //请求类型为配置类型才匹配处理器
    String[] consumes() default {};

//处理器之后的响应用户的结果类型，比如{"application/json; charset=UTF-8",
"text/plain", "application/*"}
    String[] produces() default {};

}
```

这里最常用到的是请求路径和请求类型，其他的大部分作为限定项，根据需要进行配置。比如在入门实例 MyController 中加入一个 index2 方法，如代码清单 14-14 所示。

代码清单 14-14：MyController 的 index2 方法

```
@RequestMapping(value = "/index2", method=RequestMethod.GET)
public ModelAndView index2() {
    ModelAndView mv = new ModelAndView();
    mv.setViewName("index");
    return mv;
}
```

这样对于/my/index2.do 的 HTTP GET 请求（注意，只响应 GET 请求，如果没有配置 method，那么所有的请求都会响应）提供响应了。

14.3.2　控制器的开发

控制器开发是 Spring MVC 的核心内容，其步骤一般会分为 3 步。

- 获取请求参数。
- 处理业务逻辑。
- 绑定模型和视图。

14.3.2.1　获取请求参数

在 Spring MVC 中接收参数的方法很多，建议不要使用 Servlet 容器所给予的 API，因为这样控制器将会依赖于 Servlet 容器。比如下面这段代码：

```
@RequestMapping(value = "/index2", method=RequestMethod.GET)
public ModelAndView index2(HttpSession session, HttpServletRequest request)
{
    ModelAndView mv = new ModelAndView();
    mv.setViewName("index");
    return mv;
}
```

Spring MVC 会自动解析代码中的方法参数 session、request，然后传递关于 Servlet 容器的 API 参数，所以是可以获取到的。通过 request 或者 session 都可以很容易地得到 HTTP 请求过来的参数，这固然是一个方法，但并非一个好的方法。因为如果这样做了，那么对于 index2 方法而言，它就和 Servlet 容器紧密关联了，不利于扩展和测试。为了给予更好的灵活性，Spring MVC 给予了更多的方法和注解以获取参数。

如果要获取一个 HTTP 请求的参数——id，它是一个长整型，那么可以使用注解@RequestParam 来获取它，index 方法可以写成如代码清单 14-15 所示。

代码清单 14-15：使用@RequestParam 获取参数

```
@RequestMapping(value = "/index2", method=RequestMethod.GET)
public ModelAndView index2(@RequestParam("id") Long id) {
    System.out.println("params[id] = " + id);
    ModelAndView mv = new ModelAndView();
mv.setViewName("index");
    return mv;
}
```

通过@RequestParam 注解，Spring MVC 就知道从 Http 请求中获取参数，即使用类似于如下的逻辑进行转换：

```
String idStr = request.getParameter("id");
Long id = Long.parseLong(idStr);
```

然后才会进入 index2 方法，显然它会进行对类型的转换，而事实上请求会有很多的参数传递方法，比如 JSON、URI 路径传递参数或者文件流等，测试一下传递的 id，如图 14-9 所示。

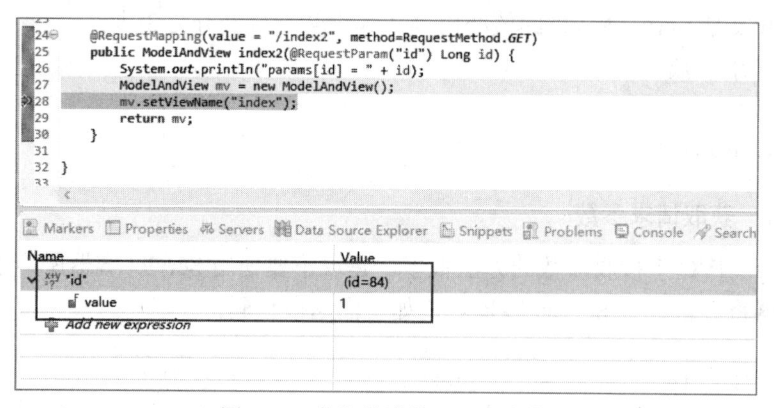

图 14-9　获取传递的 HTTP 参数

在默认的情况下对于注解了@RequestParam 的参数而言，它要求参数不能为空，也就是当获取不到 HTTP 请求参数的时候，Spring MVC 将会抛出异常。有时候我们也许还希望给参数一个默认值，为了克服诸如此类的问题，@RequestParam 还给了两个有用的配置项。

- required 是一个布尔值（boolean），默认为 true，也就是不允许参数为空，如果要允许为空，则配置它为 false。

- defaultValue 的默认值为 "\n\t\t\n\t\t\n\uE000\uE001\uE002\n\t\t\t\n"，可以通过配置修改它为你想要的内容。

通过注解和一些约定，可以发现 index2 方法对 Servlet API 的依赖没有了，它就很容易进行测试和扩展。

获取 session 当中的内容，假设在登录系统已经在 Session 中设置了 userName，那么应该如何获取它呢？Spring MVC 还提供了注解@SessionAtrribute 去从 Session 中获取对应的数据，如代码清单 14-16 所示。

代码清单 14-16：使用@SessionAttribute 获取 Session 参数

```
@RequestMapping(value = "/index3", method=RequestMethod.GET)
public ModelAndView index2(@SessionAttribute("userName") String userName)
{
    System.out.println("session[userName] = " + userName);
    ModelAndView mv = new ModelAndView();
    mv.setViewName("index");
    return mv;
}
```

这里只是简要地介绍 Controller 参数的获取，这是还远远不够的，因为传递参数的方法很多，后面会更详细地介绍它们。

14.3.2.2　实现逻辑和绑定视图

一般而言，实现的逻辑和数据库有关联，如果入门实例使用 XML 方式，那么只需要在 applicationContext.xml 中配置关于数据库的部分就可以了；如果使用 Java 配置的方式，那么需要在代码清单 14-10 的配置类 WebConfig 中的 getRootConfigClasses 加入对应的配置类也是可以的，方法并不局限。

有时候在使用第三方包开发的时候，使用 XML 方式会比注解方式方便一些，因为不需要涉及太多关于第三方包内容的 Java 代码，当然选择权在你，甚至可以是混合使用，答案不是唯一的，根据需要决定。改写代码清单 14-2 的 applicationContext.xml，如代码清单 14-17 所示。

代码清单 14-17：配置 applicationContext.xml

```
<?xml version='1.0' encoding='UTF-8' ?>
<beans xmlns="http://www.springframework.org/schema/beans"
    xmlns:xsi="http://www.w3.org/2001/XMLSchema-instance"
xmlns:p="http://www.springframework.org/schema/p"
    xmlns:tx="http://www.springframework.org/schema/tx"
xmlns:context="http://www.springframework.org/schema/context"
    xmlns:mvc="http://www.springframework.org/schema/mvc"
    xsi:schemaLocation="http://www.springframework.org/schema/beans
http://www.springframework.org/schema/beans/spring-beans-4.0.xsd
      http://www.springframework.org/schema/tx
http://www.springframework.org/schema/tx/spring-tx-4.0.xsd
```

```
    http://www.springframework.org/schema/context
http://www.springframework.org/schema/context/spring-context-4.0.xsd
    http://www.springframework.org/schema/mvc
http://www.springframework.org/schema/mvc/spring-mvc-4.0.xsd">
    <!-- 使用注解驱动 -->
    <context:annotation-config />
    <!-- 数据库连接池 -->
    <bean                                              id="dataSource"
class="org.apache.commons.dbcp.BasicDataSource">
        <property name="driverClassName" value="com.mysql.jdbc.Driver" />
        <property                                            name="url"
value="jdbc:mysql://localhost:3306/chapter14" />
        <property name="username" value="root" />
        <property name="password" value="123456" />
        <property name="maxActive" value="255" />
        <property name="maxIdle" value="5" />
        <property name="maxWait" value="10000" />
    </bean>

    <!-- 集成mybatis -->
    <bean                                       id="SqlSessionFactory"
class="org.mybatis.spring.SqlSessionFactoryBean">
        <property name="dataSource" ref="dataSource" />
        <property                               name="configLocation"
value="classpath:/mybatis/mybatis-config.xml" />
    </bean>

    <!-- 配置数据源事务管理器 -->
    <bean id="transactionManager"

    class="org.springframework.jdbc.datasource.DataSourceTransactionMana
ger">
        <property name="dataSource" ref="dataSource" />
    </bean>

    <!-- 采用自动扫描方式创建mapper bean -->
    <bean class="org.mybatis.spring.mapper.MapperScannerConfigurer">
    <property name="basePackage" value="com.ssm.chapter14" />
    <property name="SqlSessionFactory" ref="SqlSessionFactory" />
    <property                                 name="annotationClass"
value="org.springframework.stereotype.Repository" />
    </bean>
</beans>
```

关于这些配置所需要的接口和类，已经在 Spring 和 MyBatis 的结合章节有了详尽的介绍。注意，如果你需要使用注解事务，那么要把代码清单 14-3 中关于注解事务的配置开启，关于事务的内容就不再详细介绍了。假设上述的 XML 配置文件，已经通过扫描的方式初始化了一个 Spring IoC 容器中的 Bean——RoleService，而且它提供了一个参数为 long 型的方法 getRole 来获取角色，那么可以通过自动装配的方式在控制器中注入它，角色控制器如代码清单 14-18。

代码清单 14-18：角色控制器——RoleController

```
package com.ssm.chapter14.controller;
/****************    imports    ****************/
@Controller
@RequestMapping("/role")
public class RoleController {
    //注入角色服务类
    @Autowired
    private RoleServiceroleService = null;

@RequestMapping(value="/getRole", method=RequestMethod.GET)
    public ModelAndView getRole(@RequestParam("id") Long id) {
        Role role = roleService.getRole(id);
        ModelAndView mv = new ModelAndView();
        mv.setViewName("roleDetails");
        //给数据模型添加一个角色对象
        mv.addObject("role", role);
        return mv;
    }
}
```

从代码中注入了 RoleService，这样就可以通过这个服务类使用传递的参数 id 来获取角色，最后把查询出来的角色添加给模型和视图以便将来使用，测试获取角色是否查询成功，如图 14-10 所示。

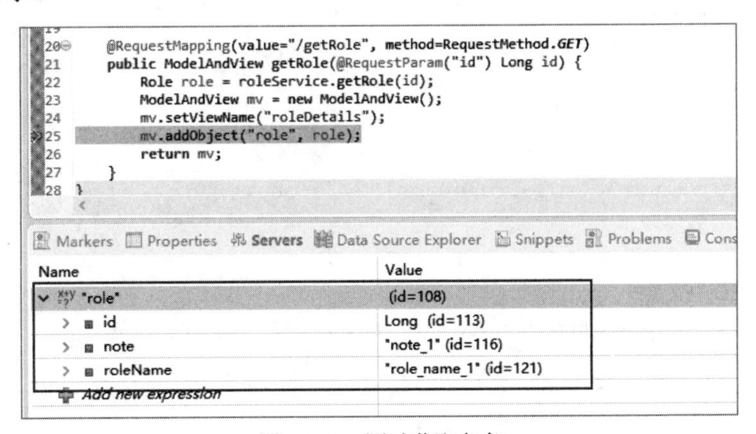

图 14-10　测试获取角色

到这里只是完成了业务逻辑，但是并没有实现视图渲染，也就是还需要把从数据库查询出来的数据，通过某种方式渲染到视图中，展示给用户，这就是一个将数据模型渲染到视图的问题。

14.3.3 视图渲染

一般而言，像入门实例那样配置，Spring MVC 会默认使用 JstlView 进行渲染，也就是它将查询出来的模型绑定到 JSTL（JSP 标准标签库）模型中，这样通过 JSTL 就可以把数据模型在 JSP 中读出展示数据了。在 Spring MVC 中，还存在着大量的视图可供使用，这样就很方便地将数据渲染到视图中，用以响应用户的请求。

在代码清单 14-18 中，使用了 roleDetails 的视图名，根据配置，它会使用文件 /WEB-INF/jsp/roleDetails.jsp 去响应，也就是要在这个文件中编写 JSTL 标签将模型数据读出即可，给出一个简单的例子，如代码清单 14-19 所示。

代码清单 14-19：使用 JSTL 读出数据模型

```
<%@ page pageEncoding="gbk"%>
<%@ taglib prefix="c" uri="http://java.sun.com/jsp/jstl/core"%>
<html>
<head>
<title>out 标签的使用</title>
</head>
<body>
</body>
<center>
<table border="1">
<tr>
<td>标签</td>
<td>值</td>
</tr>
<tr>
<td>角色编号</td>
<td><c:out value="${role.id}"></c:out></td>
</tr>
<tr>
<td>角色名称</td>
<td><c:out value="${role.roleName}"></c:out></td>
</tr>
<tr>
<td>角色备注</td>
<td><c:out value="${role.note}"></c:out></td>
</tr>
</table>
</center>
</html>
```

这段代码的任务是显示一个角色的详细信息，十分简单，这里由于在控制器的

ModelAndView 加入了一个名称为 role 的模型，它的值是一个角色对象，所以可以通过 EL（表达式语言）读出，比如读出角色名称${role.roleName}，所以就有了代码中的表达式，将其保存为/WEB-INF/jsp/roleDetails.jsp。这样启动服务后就可以进行测试了，笔者的测试结果如图 14-11 所示。

图 14-11　测试视图渲染

测试成功了，但是目前在前端技术中，普遍使用 Ajax 技术，在这样的情况下往往后台需要返回 JSON 数据给前端使用，这也是没有问题的，Spring MVC 在模型和视图也给予了良好的支持。修改代码清单 14-18 的 getRole 方法，如代码清单 14-20 所示。

代码清单 14-20：显示 JSON 数据

```
//获取角色
@RequestMapping(value="/getRole", method=RequestMethod.GET)
public ModelAndView getRole(@RequestParam("id") Long id) {
    Role role = roleService.getRole(id);
    ModelAndView mv = new ModelAndView();
    mv.addObject("role", role);
    //指定视图类型
    mv.setView(new MappingJackson2JsonView());
    return mv;
}
```

代码中视图类型为 MappingJackson2JsonView，这就要下载关于 Jackson2 的包。由于这是一个 JSON 视图，这样 Spring MVC 就会通过这个视图去渲染所需的结果，于是会在我们请求后得到需要的 JSON 数据，如图 14-12 所示。

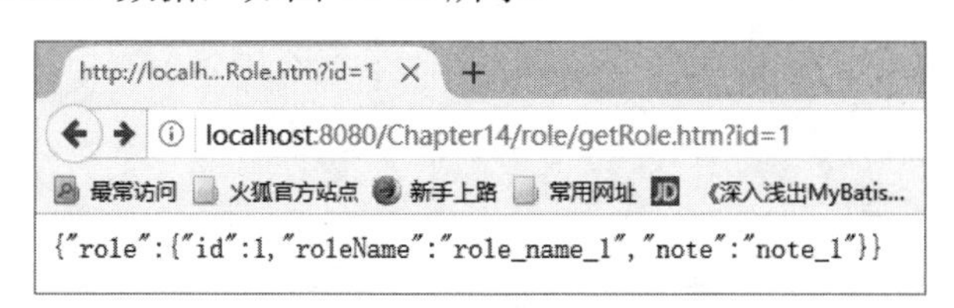

图 14-12　展示 JSON 数据

这样就可以返回 JSON 数据，提供给 Ajax 异步请求使用了，再次讨论它的执行流程，如图 14-13 所示。

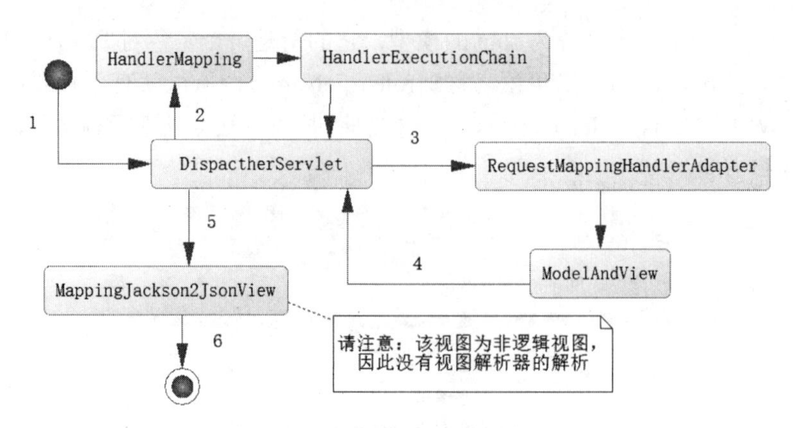

图 14-13　展现 JSON 数据流程

注意，由于 MappingJackson2JsonView 是一个非逻辑视图，因此对于它而言并不需要视图解析器进行解析，所以你可以看到在流程中并没有视图解析器这步，它会直接把模型和视图中的数据模型直接通过 JSON 视图转换出来，这样就可以得到 JSON 数据了。

只是这不是将结果变为 JSON 的唯一方法，使用注解@ResponeBody 是更为简单和广泛使用的方法，后面会再讨论它的原理。

14.4　小结

本章开始讲解 Spring MVC 框架，其核心内容是流程和组件，开发者必须先掌握 Spring MVC 的流程和组件，才能正确使用 Spring MVC。Spring MVC 需要初始化 IoC 容器和 DispatcherServlet 请求两个上下文，其中 DispatcherServlet 请求上下文是 Spring IoC 上下文的扩展，这样就能使得 Spring 各个 Bean 能够形成依赖注入。

对于 Spring MVC 而言，控制器是开发的核心内容，要知道如何获取请求参数，处理逻辑业务，然后将得到的数据通过视图解析器和视图渲染出来展现给客户。这些内容在后面还会详细讨论。

第 15 章

深入 Spring MVC 组件开发

本章目标

1．掌握多种给控制器传递参数的方法
2．掌握如何重定向
3．掌握拦截器的使用
4．掌握属性标签的使用
5．掌握校验表单
6．掌握数据模型的使用
7．掌握视图的使用

第 14 章主要讨论了 Spring MVC 的组件和流程，这是 Spring MVC 的基础，本章将对那些在工作和学习中常用到的组件做更为详细的讨论。

15.1 控制器接收各类请求参数

使用控制器接收参数往往是 Spring MVC 开发业务逻辑的第一步，第 14 章只讨论了最简单的参数传递，而现实的情况要比实例复杂得多。比如现在流行的 RESTful 风格，它往往会将参数写入到请求路径中，而不是以 HTTP 请求参数传递，也有些应用需要传递的是 JSON，比如查询用户的时候，需要分页，可能用户信息比较多，那么查询参数可能多达 10 多个，为了易于控制，往往将客户查询参数组装成另一个 JSON 数据集，而把分页参数作为普通参数传递，进而把数据传递给后台。传递多个对象，比如新增多个角色对象等，为了应付多种传递参数的方式，先探索 Spring MVC 的传参方法。

为此先建一个接收各类参数的控制器——ParamsController，它很简单，整个关于参数接收的例子都可以通过它来完成，如代码清单 15-1 所示。

代码清单 15-1：接收参数的控制器（ParamsController）

```
package com.ssm.chapter15.controller;
/**************** imports ****************/
```

```
@Controller
@RequestMapping("/params")
public class ParamsController {
//待开发代码
}
```

下面的例子，将在接收参数控制器的基础上增加方法来演示如何接收各类参数，以角色表单为主进行论述，表单内容如代码清单 15-2 所示，如果有变动后面会谈及。

代码清单 15-2：角色表单

```
<%@page contentType="text/html" pageEncoding="UTF-8"%>
<!DOCTYPE HTML PUBLIC "-//W3C//DTD HTML 4.01 Transitional//EN"
   "http://www.w3.org/TR/html4/loose.dtd">
<html>
<head>
<meta http-equiv="Content-Type" content="text/html; charset=UTF-8">
<title>参数</title>
<!-- 加载 Query 文件-->
<script src="https://code.jquery.com/jquery-3.2.0.js"></script>
<!--
       此处插入 JavaScript 脚本
       -->
</head>
<body>
<form id="form" action="./params/commonParams.do">
<table>
<tr>
<td>角色名称</td>
<td><input id="roleName" name="roleName" value="" /></td>
</tr>
<tr>
<td>备注</td>
<td><input id="note" name="note" /></td>
</tr>
<tr>
<td></td>
<td align="right"><input type="submit" value="提交" /></td>
</tr>
</table>
</form>
</body>
</html>
```

关于接收参数的例子主要通过角色表单或者 JavaScript 进行模拟表单，这些都是在实际工作和学习中常常见到的场景，很有实操价值。

Spring MVC 提供了诸多的注解来解析参数，其目的在于把控制器从复杂的 Servlet API 中剥离，这样就可以在非 Web 容器环境中重用控制器，也方便测试人员对其进行有效测试。

15.1.1　接收普通请求参数

Spring MVC 目前也比较智能化，如果传递过来的参数名称和 HTTP 的保存一致，那么无须任何注解也可以获取参数。代码清单 15-2 是一个最普通的表单，它传递了两个 HTTP 参数角色名称和备注，响应请求的是"./params/commonParams.do"，也就是提交表单后，它就会请求到对应的 URL 上，那么对于 Spring MVC 而言应该如何获取参数呢？

首先，在 ParamsController 增加对应的方法并获取参数，那么代码清单 15-3 就是一个无注解获取 HTTP 请求参数的代码。

代码清单 15-3：无注解获取 HTTP 请求参数

```
@RequestMapping("/commonParams")
public ModelAndViewcommonParams(String roleName, String note) {
    System.out.println("roleName =>" + roleName);
    System.out.println("note =>" + note);
ModelAndView mv = new ModelAndView();
    mv.setViewName("index");
    return mv;
}
```

通过参数名称和 HTTP 请求参数的名称保持一致来获取参数，如果不一致是没法获取到的，这样的方式允许参数为空。

当然这还是比较简单，但是能够满足大部分简单的表单需求。在参数很多的情况下，比如新增一个用户可能需要多达十几个字段，再用这样的方式，显然方法的参数会非常多，这个时候应该考虑使用一个 POJO 来管理这些参数。在没有任何注解的情况下，Spring MVC 也有映射 POJO 的能力。新建一个角色参数类，如代码清单 15-4 所示。

代码清单 15-4：角色参数类

```
package com.ssm.chapter15.pojo;
public class RoleParams {
    private String roleName;
private String note;

/*************** setter and getter ***************/
}
```

显然这个 POJO 的属性和 HTTP 参数一一对应了，在 ParamsController 中增加一个方法来通过这个 POJO 获取 HTTP 请求参数，如代码清单 15-5 所示。

代码清单 15-5：通过 RoleParams 类获取 HTTP 参数

```
@RequestMapping("/commonParamPojo")
```

```
public ModelAndViewcommonParamPojo(RoleParams roleParams) {
    System.out.println("roleName =>" + roleParams.getRoleName());
    System.out.println("note =>" + roleParams.getNote());
ModelAndView mv = new ModelAndView();
    mv.setViewName("index");
    return mv;
}
```

由于请求路径修改为/params/commonParamPojo.do，所以需要把代码清单 15-2 中的 form 请求的 action 也修改过来才能进行测试。通过这样的方式就可以把多个参数组织为一个 POJO，这样在参数较多时便于管理，对 commonParamPojo 方法的测试，如图 15-1 所示。

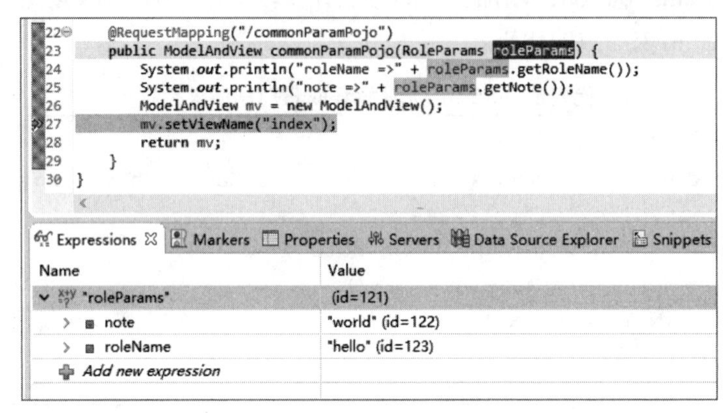

图 15-1　测试 POJO 接收请求参数

显然通过 POJO 也会获取到对应的参数，注意，POJO 的属性也要和 HTTP 请求参数名称保持一致。即使没有任何注解，它们也能够有效传递参数，但是有时候前端的参数命名规则和后台的不一样，比如前端把角色名称的参数命名为 role_name，这个时候就要进行转换，不过 Spring MVC 也提供了诸多注解来实现各类的转换规则，下面一一探讨它们。

15.1.2　使用@RequestParam 注解获取参数

把代码清单 15-2 中的角色名称参数名 roleName 修改为 role_name，那么在没有任何注解的情况下，获取参数就会失败，好在 SpringMVC 提供@RequestParam 注解来解决这个问题。

由于把 HTTP 的参数名称从 roleName 改为了 role_name，那么需要重新绑定规则，这个时候使用注解@RequestParam，就可以轻松处理这类问题，如代码清单 15-6 所示。

代码清单 15-6：使用@RequestParam 获取参数

```
@RequestMapping("/requestParam")
//使用@RequestParam("role_name")指定映射 HTTP 参数名称
public    ModelAndViewrequestParam(@RequestParam("role_name")    String
roleName, String note) {
    System.out.println("roleName =>" + roleName);
```

```
    System.out.println("note =>" + note);
    ModelAndView mv = new ModelAndView();
    mv.setViewName("index");
    return mv;
}
```

注意，如果参数被@RequestParam 注解，那么默认的情况下该参数不能为空，如果为空则系统会抛出异常。如果希望允许它为空，那么要修改它的配置项 required 为 false，比如下面的代码：

```
@RequestParam(value="role_name", required=false) String roleName
```

设置 required 为 false 后，将允许参数为空。

15.1.3　使用 URL 传递参数

一些网站使用 URL 的形式传递参数，这符合 RESTful 风格，对于一些业务比较简单的应用是十分常见的，比如代码清单 14-18 中获取一个角色的信息，这个时候也许我们希望的是把 URL 写作/params/getRole/1，其中 1 就是一个参数，它代表的是角色编号，只是它在 URL 中传递，对此 Spring MVC 也提供了良好的支持。现在写一个方法，它将只支持 HTTP 的 GET 请求，通过 URL：/params/getRole/1 来获取角色信息并且打印出 JSON 数据，它需要@RequestMapping 和@PathVariable 两个注解共同协作完成，如代码清单 15-7 所示。

代码清单 15-7：通过 URL 传递参数获取角色信息

```
//注入角色服务对象
@Autowired
RoleServiceroleService;

//{id}代表接收一个参数
@RequestMapping("/getRole/{id}")
//注解@PathVariable 表示从 URL 的请求地址中获取参数
public ModelAndViewpathVariable(@PathVariable("id") Long id)  {
    Role role = roleService.getRole(id);
    ModelAndView mv = new ModelAndView();
    //绑定数据模型
    mv.addObject(role);
    //设置为 JSON 视图
    mv.setView(new MappingJackson2JsonView());
    return mv;
}
```

{id}代表处理器需要接受一个由 URL 组成的参数，且参数名称为 id，那么在方法中的@PathVariable("id")表示将获取这个在@RequestMapping 中定义名称为 id 的参数，这样就可以在方法内获取这个参数了。然后通过角色服务类获取角色对象，并将其绑定到视图中，将视图设置为 JSON 视图，那么 Spring MVC 将打印出 JSON 数据，下面是笔者的测试结果，如图 15-2 所示。

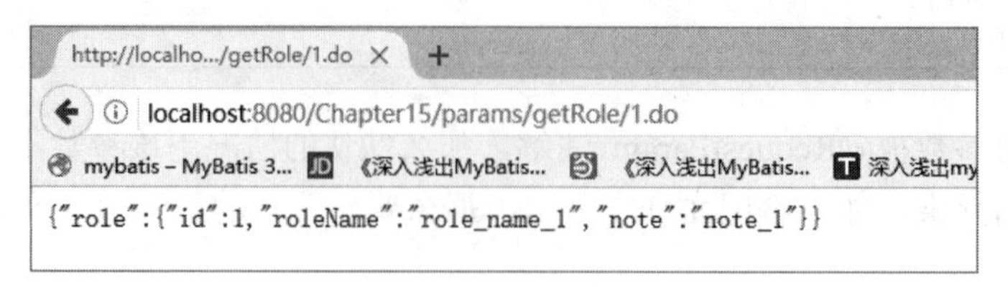

图 15-2　通过 URL 获取参数

这样就可以通过@PathVariable 注解获取各类参数了。注意，注解@PathVariable 允许对应的参数为空。

15.1.4　传递 JSON 参数

有时候参数的传递还需要更多的参数，比较代码清单 15-2 中的角色名称和备注，查询可能需要分页参数，这也是十分常见的场景。对于查询参数，假设还有开始行 start 和限制返回大小的 limit，那么它就涉及 4 个参数，而 start 和 limit 则是关于分页的参数，由 PageParams 类传递，它的代码如代码清单 15-8 所示。

代码清单 15-8：PageParams 分页参数

```
package com.ssm.chapter15.pojo;

public class PageParams {
    private int start;
    private int limit;
/***************setters and getters***************/
}
```

在代码清单 15-5 中，通过类 RoleParams 传递查询角色所需要的两个参数，这个时候只需要在它的基础上加入一个 PageParams 属性就可以使用分页参数了，如代码清单 15-9 所示。

代码清单 15-9：带有分页参数的角色参数查询

```
package com.ssm.chapter15.pojo;
public class RoleParams {
   private String roleName;
   private String note;
private PageParam pageParams = null;//分页参数
/***************setters and getters***************/
}
```

这样查询参数和分页参数都可以被传递了，那么客户端需要如何传递呢？首先写一段

JavaScript 代码来模拟这个过程，往表单插入一段 JavaScript 代码，如代码清单 15-10 所示。

代码清单 15-10：jQuery 传递 JSON 数据

```
$(document).ready(function () {
    //JSON 参数和类 RoleParams 一一对应
    var data = {
        //角色查询参数
        roleName: 'role',
        note: 'note',
        //分页参数
pageParams: {
            start: 1,
            limit: 20
        }
    }
    //Jquery 的 post 请求
    $.post({
        url: "./params/findRoles.do",
//此处需要告知传递参数类型为 JSON，不能缺少
contentType: "application/json",
        //将 JSON 转化为字符串传递
        data: JSON.stringify(data),
        //成功后的方法
        success: function (result) {
        }
    });
});
```

注意，首先传递的 JSON 数据需要和对应参数的 POJO 保持一致。其次，在请求的时候需要告知请求的参数类型为 JSON，这是不能缺少的。最后，传递的参数是一个字符串，而不是一个 JSON，所以这里用了 JSON.stringify()方法将 JSON 数据转换为字符串。

这个时候就可以使用 Spring MVC 提供的注解@RequestBody 接收参数，如代码清单 15-11 所示。

代码清单 15-11：使用@RequestBody 接收参数

```
@RequestMapping("/findRoles")
public ModelAndViewfindRoles(@RequestBody RoleParams roleParams) {
    List<Role>roleList = roleService.findRoles(roleParams);
    ModelAndView mv = new ModelAndView();
    //绑定模型
    mv.addObject(roleList);
    //设置为 JSON 视图
    mv.setView(new MappingJackson2JsonView());
    return mv;
}
```

这样 Spring MVC 把传递过来的参数转化为 POJO，就可以接收对应 JSON 的参数了，下面是笔者测试的接收 JSON 参数的截图，如图 15-3 所示。

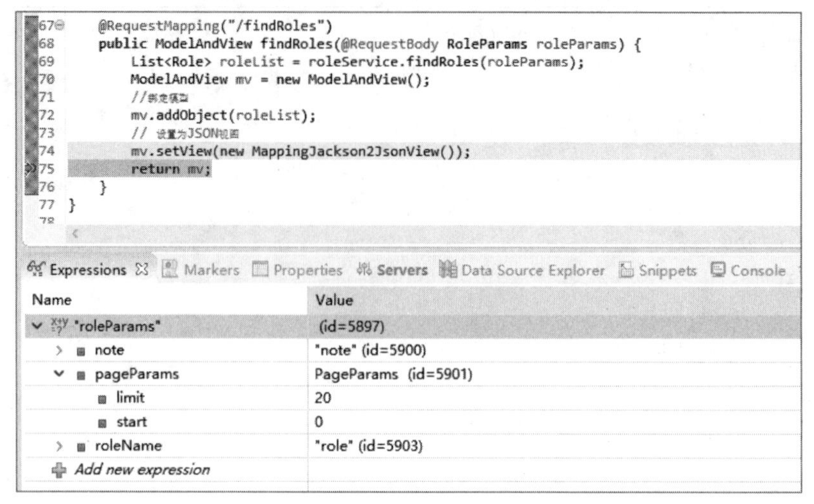

图 15-3　接收 JSON 参数

15.1.5　接收列表数据和表单序列化

在一些场景下，如果要一次性删除多个角色，那么肯定是想将一个角色编号的数组传递给后台，或需要新增角色，甚至同时新增多个角色。无论如何，这都需要用到 Java 的集合或者数组去保存对应的参数。

Spring MVC 也对这样的场景做了支持，假设要删除多个角色，显然你希望传递一个角色编号的数组给后台处理。通过 JavaScript 模仿传递角色数组给后台控制器，如代码清单 15-12 所示。

代码清单 15-12：传递数组给控制器

```
$(document).ready(function () {
    //删除角色数组
    var idList = [1, 2, 3];
    //jQuery的post请求
    $.post({
        url: "./params/deleteRoles.do",
        //将JSON转化为字符串传递
        data: JSON.stringify(idList),
        //指定传递数据类型，不可缺少
contentType: "application/json",
        //成功后的方法
        success: function (result) {
        }
    });
});
```

通过 JSON 的字符串化将参数传递到后台，这个时候就可以按照代码清单 15-13 那样接收参数了。

代码清单 15-13：接收数组参数

```
@RequestMapping("/deleteRoles")
public ModelAndView deleteRoles(@RequestBody List<Long>idList) {
    ModelAndView mv = new ModelAndView();
    //删除角色
    int total = roleService.deleteRoles(idList);
    //绑定视图
    mv.addObject("total", total);
    //JSON 视图
    mv.setView(new MappingJackson2JsonView());
    return mv;
}
```

类似这样就能让控制器接收到前端传递过来的数组了，这里注解@RequestBody 表示要求 Spring MVC 将传递过来的 JSON 数组数据，转换为对应的 Java 集合类型。把 List 转化为数组（Long[]）也是可行的，但是这里的参数只是一个非常简单的长整型，而在实际工作中也许要传递多个角色用于保存，这也是没有问题的，修改 JavaScript 进一步测试，如代码清单 15-14 所示。

代码清单 15-14：新增多个角色对象

```
$(document).ready(function () {
    //新增角色数组
    var roleList = [
        {roleName: 'role_name_1', note: 'note_1'},
        {roleName: 'role_name_2', note: 'note_2'},
        {roleName: 'role_name_3', note: 'note_3'}
    ];
    //jQuery 的 post 请求
    $.post({
        url: "./params/addRoles.do",
        //将 JSON 转化为字符串传递
        data: JSON.stringify(roleList),
contentType: "application/json",
        //成功后的方法
        success: function (result) {
        }
    });
});
```

然后使用注解@RequestBody 来获取对应的角色列表参数，如代码清单 15-15 所示。

代码清单 15-15：获取角色列表参数

```
@RequestMapping("/addRoles")
public ModelAndViewaddRoles(@RequestBody List<Role>roleList) {
    ModelAndView mv = new ModelAndView();
    //删除角色
    int total = roleService.insertRoles(roleList);
    //绑定视图
    mv.addObject("total", total);
    //JSON 视图
    mv.setView(new MappingJackson2JsonView());
    return mv;
}
```

这样就可以在控制器中通过@ResponseBody 将对应的 JSON 数据转换出来，要将对应的 JavaScript 中的 JSON 数据通过字符串化才能传到后台。

通过表单序列化也可以将表单数据转换为字符串传递给后台，因为一些隐藏表单需要一定的计算，所以我们也需要在用户点击提交按钮后，通过序列化去提交表单。下面的表单就是通过表单序列化提交数据的，如代码清单 15-16 所示。

代码清单 15-16：提交序列化表单

```
<html>
<head>
<meta http-equiv="Content-Type" content="text/html; charset=UTF-8">
<title>参数</title>
<!-- 加载 Query 文件-->
<script                                          type="text/javascript"
src="https://code.jquery.com/jquery-3.2.0.js">
</script>
<script type="text/javascript">
        $(document).ready(function () {
            $("#commit").click(function() {
    var str = $("form").serialize();
    //提交表单
    $.post({
                url: "./params/commonParamPojo2.do",
//将 form 数据序列化，传递给后台，则将数据以 roleName=xxx&&note=xxx 传递
                data: $("form").serialize(),
                //成功后的方法
                success: function (result) {
                }
            });
        });
    });
</script>
</head>
```

```
<body>
<form id="form">
<table>
<tr>
<td>角色名称</td>
<td><input id="roleName" name="roleName" value="" /></td>
</tr>
<tr>
<td>备注</td>
<td><input id="note" name="note" /></td>
</tr>
<tr>
<td></td>
<td align="right"><input id="commit" type="button" value="提交" /></td>
</tr>
</table>
</form>
</body>
</html>
```

由于序列化参数的传递规则变为了 roleName=xxx&¬e=xxx，所以获取参数也是十分容易的，如代码清单 15-17 所示。

代码清单 15-17：接收序列化表单

```
@RequestMapping("/commonParamPojo2")
public ModelAndViewcommonParamPojo2(String roleName, String note) {
    System.out.println("roleName =>" + roleName);
    System.out.println("note =>" + note);
    ModelAndView mv = new ModelAndView();
    mv.setViewName("index");
    return mv;
}
```

这样就能够获取序列化表单后的参数了。

15.2　重定向

要一个将角色信息转化为 JSON 视图的功能，只要传递角色信息给它，它就能将信息转化为视图，如代码清单 15-18 所示。

代码清单 15-18：将角色信息转化为视图

```
@RequestMapping("/showRoleJsonInfo")
public ModelAndViewshowRoleJsonInfo(Long id, String roleName, String note)
{
```

```
        ModelAndView mv = new ModelAndView();
        mv.setView(new MappingJackson2JsonView());
        mv.addObject("id", id);
        mv.addObject("roleName", roleName);
        mv.addObject("note", note);
        return mv;
    }
```

现在的需求是，每当新增一个角色信息时，需要其将其数据（因为角色编号会回填）以 JSON 视图的形式展示给请求者。在数据保存到数据库后，由数据库返回角色编号，再将角色信息传递给 showRoleJsonInfo 方法，就可以展示 JSON 视图给请求者了，用代码清单 15-19 来实现这样的功能。

代码清单 15-19：实现重定向功能

```
@RequestMapping("/addRole")
//Model 为重定向数据模型，Spring MVC 会自动初始化它
public String addRole(Model model, String roleName, String note) {
    Role role = new Role();
    role.setRoleName(roleName);
    role.setNote(note);
    //插入角色后，会回填角色编号
    roleService.insertRole(role);
    //绑定重定向数据模型
    model.addAttribute("roleName", roleName);
    model.addAttribute("note", note);
    model.addAttribute("id", role.getId());
    return "redirect:./showRoleJsonInfo.do";
}
```

这里的 Model 代表的是一个数据模型，你可以给它附上对应的数据模型，然后通过返回字符串来实现重定向的功能。Spring MVC 有一个约定，当返回的字符串带有 redirect 的时候，它就会认为需要的是一个重定向，而事实上，不仅可以通过返回字符串来实现重定向，也可以通过返回视图来实现重定向。代码清单 15-20 是通过返回视图和模型来实现重定向的。

代码清单 15-20：通过 ModelAndView 实现重定向

```
@RequestMapping("/addRole2")
//ModelAndView 对象 Spring MVC 会自定初始化它
public ModelAndViewaddRole2(ModelAndView mv, String roleName, String note)
{
    Role role = new Role();
    role.setRoleName(roleName);
    role.setNote(note);
    //插入角色后，会回填角色编号
    roleService.insertRole(role);
```

```
        //绑定重定向数据模型
        mv.addObject("roleName", roleName);
        mv.addObject("note", note);
        mv.addObject("id", role.getId());
        mv.setViewName("redirect:./showRoleJsonInfo.do");
        return mv;
    }
```

这样也可以将参数顺利传递给重定向的地址，但是这些都是传递一些简单的参数。有些时候要传递角色 POJO 来完成任务，而不是一个个字段的传递，因为那会比较麻烦，有些对象的字段可不是一个、两个，比如把获取角色信息 JSON 视图的代码改写为如代码清单 15-21 所示。

代码清单 15-21：通过 POJO 转化为 JSON 视图

```
    @RequestMapping("/showRoleJsonInfo2")
    public ModelAndViewshowRoleJsonInfo(Role role) {
        ModelAndView mv = new ModelAndView();
        mv.setView(new MappingJackson2JsonView());
        mv.addObject("role", role);
        return mv;
    }
```

显然这样会比原有的转化方式要清爽得多，那么麻烦就来了，在 URL 重定向的过程中，并不能有效传递对象，因为 HTTP 的重定向参数是以字符串传递的。这个时候 Spring MVC 提供了一个方法——flash 属性，你需要提供的数据模型就是一个 RedirectAttribute，让我们先来看看它是怎么实现的，如代码清单 15-22 所示。

代码清单 15-22：重定向传递 POJO

```
    @RequestMapping("/addRole3")
    //RedirectAttribute 对象 Spring MVC 会自动初始化它
    public String addRole3(RedirectAttributes ra, Role role) {
        //插入角色后，会回填角色编号
        roleService.insertRole(role);
        //绑定重定向数据模型
        ra.addFlashAttribute("role", role);
        return "redirect:./showRoleJsonInfo2.do";
    }
```

这样就能传递 POJO 对象给下一个地址了，那么它是如何做到传递 POJO 的呢？使用 addFlashAttribute 方法后，Spring MVC 会将数据保存到 Session 中（Session 在一个会话期有效），重定向后就会将其清除，这样就能够传递数据给下一个地址了，其过程如图 15-4 所示。

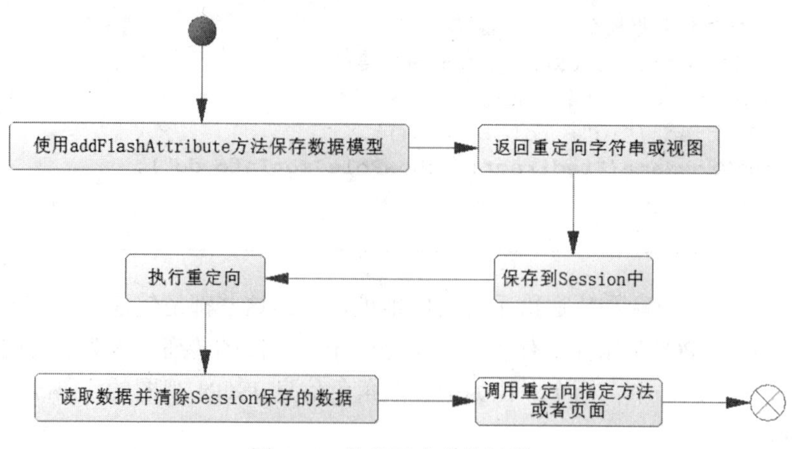

图 15-4　执行重定向的过程

15.3　保存并获取属性参数

在 Java EE 的基础学习中，有时候我们会暂存数据到 HTTP 的 request 对象或者 Session 对象中，在开发控制器的时候，有时也需要保存对应的数据到这些对象中去，或者从中获取数据。而 Spring MVC 给予了支持，它的主要注解有 3 个：@RequestAttribute、@SessionAttribute 和@SessionAttributes，它们的作用如下。

- @RequestAttribute 获取 HTTP 的请求（request）对象属性值，用来传递给控制器的参数。
- @SessionAttribute 在 HTTP 的会话（Session）对象属性值中，用来传递给控制器的参数。
- @SessionAttributes，可以给它配置一个字符串数组，这个数组对应的是数据模型对应的键值对，然后将这些键值对保存到 Session 中。

也许你会留意到并没有@RequestAttributes 这个注解，那是因为在请求的范围中，Spring MVC 更希望你使用它所提供的数据模型。它的数据模型本身就是在请求的生命周期中存在的，下面对它们进行讨论。

15.3.1　注解@RequestAttribute

@RequestAttribute 主要的作用是从 HTTP 的 request 对象中取出请求属性，只是它的范围周期是在一次请求中存在，首先建一个 JSP 文件，如代码清单 15-23 所示。

代码清单 15-23：请求属性

```
<%@    page    language="java"    contentType="text/html;    charset=UTF-8"
pageEncoding="UTF-8"%>
<!DOCTYPE html PUBLIC "-//W3C//DTD HTML 4.01 Transitional//EN"
    "http://www.w3.org/TR/html4/loose.dtd">
```

```
<html>
<head>
<meta http-equiv="Content-Type" content="text/html; charset=UTF-8">
<title>Insert title here</title>
</head>
<body>
<%
//设置请求属性
      request.setAttribute("id", 1L);
      //转发给控制器
      request.getRequestDispatcher("./attribute/requestAttribute.do")
         .forward(request, response);
      %>
</body>
</html>
```

上述代码首先设置了 id 为 1L 的请求属性，然后进行了转发控制器，这样将由对应的控制器去处理业务逻辑，下面用控制器 AttributeController 去处理它，并且使用 @RequestAttribute 获取对应的属性，如代码清单 15-24 所示。

代码清单 15-24：控制器获取请求属性

```
package com.ssm.chapter15.controller;

/********imports********/
@Controller
@RequestMapping("/attribute")
public class AttributeController {

    @Autowired
    private RoleService roleService = null;

    @RequestMapping("/requestAttribute")
    public ModelAndView reqAttr(@RequestAttribute("id") Long id) {
        ModelAndView mv = new ModelAndView();
        Role role = roleService.getRole(id);
        mv.addObject("role", role);
        mv.setView(new MappingJackson2JsonView());
        return mv;
    }
}
```

显然通过 JSP 的跳转就会转发到这个控制器的 reqAttr 方法，在参数中还给予了 @RequestAttribute 注解，这样就能够获取请求的 id 属性了，下面是获取请求属性的测试，如图 15-5 所示。

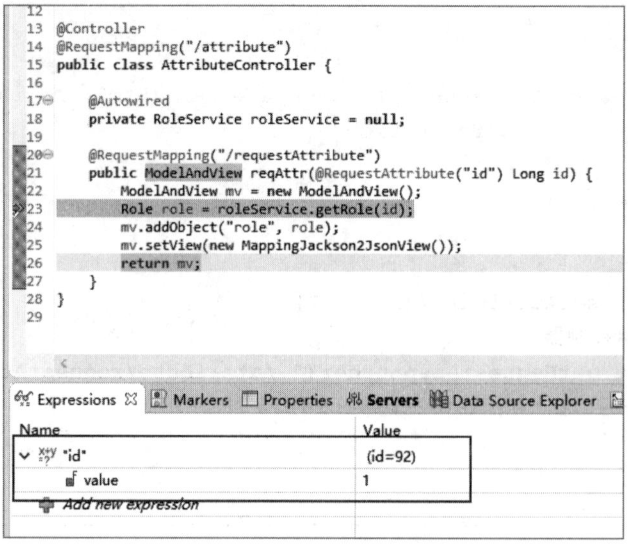

```
12
13 @Controller
14 @RequestMapping("/attribute")
15 public class AttributeController {
16
17     @Autowired
18     private RoleService roleService = null;
19
20     @RequestMapping("/requestAttribute")
21     public ModelAndView reqAttr(@RequestAttribute("id") Long id) {
22         ModelAndView mv = new ModelAndView();
23         Role role = roleService.getRole(id);
24         mv.addObject("role", role);
25         mv.setView(new MappingJackson2JsonView());
26         return mv;
27     }
28 }
29
```

Expressions | Markers | Properties | Servers | Data Source Explorer

Name	Value
"id"	(id=92)
value	1
Add new expression	

图 15-5　获取请求属性的测试

对于被@RequestAttribute 注解的参数，默认是不能为空的，否则系统会抛出异常。和@RequestParam 一样，它也有一个 required 配置项，它是一个 boolean 值，你只需要设置它为 false，那么参数就可以为空了，比如下面的配置：

```
public ModelAndView reqAttr(@RequestAttribute(name ="id", required=false)
Long id)
```

15.3.2　注解@SessionAttribute 和注解@SessionAttributes

这两个注解和 HTTP 的会话对象有关，在浏览器和服务器保持联系的时候 HTTP 会创建一个会话对象，这样可以让我们在和服务器会话期间（请注意这个时间范围）通过它读/写会话对象的属性，缓存一定数据信息。

先来讨论一下设置会话属性，在控制器中可以使用注解@SessionAttributes 来设置对应的键值对，不过这个注解只能对类进行标注，不能对方法或者参数注解。它可以配置属性名称或者属性类型。它的作用是当这个类被注解后，Spring MVC 执行完控制器的逻辑后，将数据模型中对应的属性名称或者属性类型保存到 HTTP 的 Session 对象中。

下面对类 AttributeController 进行改造，如代码清单 15-25 所示。

代码清单 15-25：使用注解@SessionAttributes

```
package com.ssm.chapter15.controller;

/********imports********/
@Controller
@RequestMapping("/attribute")
//可以配置数据模型的名称和类型，两者取或关系
@SessionAttributes(names ={"id"}, types = { Role.class })
```

```
public class AttributeController {

    @Autowired
    private RoleService roleService = null;
......

    @RequestMapping("/sessionAttributes")
    public ModelAndView sessionAttrs(Long id) {
        ModelAndView mv = new ModelAndView();
        Role role = roleService.getRole(id);
       //根据类型，Session 将会保存角色信息
        mv.addObject("role", role);
       //根据名称，Session 将会保存 id
        mv.addObject("id", id);
       //视图名称，定义跳转到一个 JSP 文件上
        mv.setViewName("sessionAttribute");
        return mv;
    }
}
```

这个时候请求/attribute/sessionAttributes.do?id=1，那么它就会进入到 sessionAttrs 方法中，然后数据模型保存了一个 id 和角色，由于它们都满足了@SessionAttributes 的配置，所以最后它会保存到 Session 对象中，而设置视图名称为 sessionAttribute，这说明要进一步跳转到/WEB-INF/jsp/sessionAttribute.jsp 中，这样就可以通过 JSP 文件去验证@SessionAttributes 配置是否有效了，如代码清单 15-26 所示。

代码清单 15-26：sessionAttribute.jsp 验证注解有效性

```
<%@ page language="java"  import="com.ssm.chapter15.pojo.Role"
contentType="text/html; charset=UTF-8" pageEncoding="UTF-8"%>
<!DOCTYPE html PUBLIC "-//W3C//DTD HTML 4.01 Transitional//EN"
   "http://www.w3.org/TR/html4/loose.dtd">
<html>
<head>
<meta http-equiv="Content-Type" content="text/html; charset=UTF-8">
<title>Insert title here</title>
</head>
<body>
<%
          Role role = (Role) session.getAttribute("role");
          out.println("id = " + role.getId() + "<p/>");
          out.println("roleName = " + role.getRoleName() + "<p/>");
          out.println("note = " + role.getNote() + "<p/>");

          Long id = (Long) session.getAttribute("id");
          out.println("id = " + id + "<p/>");
      %>
```

```
</body>
</html>
```

尝试从 Session 对象中获取属性，测试注解@SessionAttributes 的结果成功了，如图 15-6 所示。

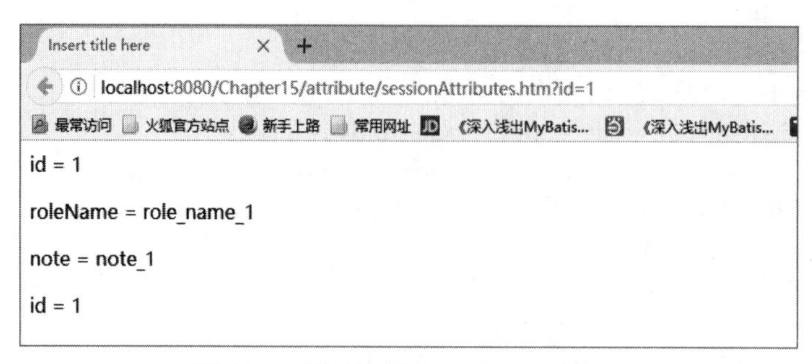

图 15-6　测试注解@SessionAttributes

这样就可以在控制器内不使用给 Servlet 的 API 造成侵入的 HttpSession 对象来设置 Session 的属性了，这就更加有利于对测试环境的构建进行测试。既然有了设置 Session 的属性，那么自然就有读取 Session 的属性的要求，Spring MVC 通过@SessionAttribute 实现。

为了测试这个内容，先开发一个 JSP 文件，让它保存 Session 的属性，如代码清单 15-27 所示

代码清单 15-27：JSP 设置 Session 属性

```
<%@ page language="java" contentType="text/html; charset=UTF-8"
pageEncoding="UTF-8"%>
<!DOCTYPE html PUBLIC "-//W3C//DTD HTML 4.01 Transitional//EN"
   "http://www.w3.org/TR/html4/loose.dtd">
<html>
<head>
<meta http-equiv="Content-Type" content="text/html; charset=UTF-8">
<title>session</title>
</head>
<body>
<%
//设置 Session 属性
          session.setAttribute("id", 1L);
//执行跳转
response.sendRedirect("./attribute/sessionAttribute.do");
%>
</body>
</html>
```

这样当请求 JSP 的时候，它就会往 Session 中设置一个属性 id，然后跳转到对应的控制器上，那么就可以在控制器 AttributeController 上加入对应的方法，实现通过注解@SessionAttribute 获取 Session 属性，如代码清单 15-28 所示。

代码清单 15-28：获取 Session 属性

```
@RequestMapping("/sessionAttribute")
public ModelAndView sessionAttr(@SessionAttribute("id") Long id) {
    ModelAndView mv = new ModelAndView();
    Role role = roleService.getRole(id);
    mv.addObject("role", role);
    mv.setView(new MappingJackson2JsonView());
    return mv;
}
```

和@RequestParam 一样，@SessionAttribute 注解的参数默认不可以为空，如果要改变这个规则，修改其配置项 required 为 false 即可，这样就可以在控制器上获取对应的属性参数了。

15.3.3　注解@CookieValue 和注解@RequestHeader

从名称而言，这两个注解都很明确，就是从 Cookie 和 HTTP 请求头获取对应的请求信息，它们的用法比较简单，且大同小异，所以放到一起讲解。只是对于 Cookie 而言，用户是可以禁用的，所以在使用的时候需要考虑这个问题。下面给出它们的一个实例，如代码清单 15-29 所示。

代码清单 15-29：使用@CookieValue 和@RequestHeader

```
@RequestMapping("/getHeaderAndCookie")
public String testHeaderAndCookie(
    @RequestHeader(value="User-Agent", required = false, defaultValue =
"attribute")
String userAgent,
    @CookieValue(value = "JSESSIONID", required = true, defaultValue =
"MyJsessionId")
String jsessionId) {
    System.out.println("User-Agent: " + userAgent);
    System.out.println("JSESSIONID: " + jsessionId);
    return "index";
}
```

这里演示了从 HTTP 请求头和 Cookie 中读取信息和它的两个属性 required，它的默认值为 true，即参数不能为空，而我们还设置了默认值，当应用允许为空时，只要把 required 属性设置为 false 即可。

15.4　拦截器

拦截器是 Spring MVC 中强大的控件，它可以在进入处理器之前做一些操作，或者在处理器完成后进行操作，甚至是在渲染视图后进行操作。正如流程中谈论到的，Spring MVC 会在启动期间就通过@RequestMapping 的注解解析 URI 和处理器的对应关系，在运行的时候通过请求找到对应的 HandlerMapping，然后构建 HandlerExecutionChain 对象，它是一个执行的责任链对象，关于这些更为详细的内容可以参看附录 B 关于源码解析的内容。

首先分析 HandlerExecutionChain 对象的组成，如图 15-7 所示。

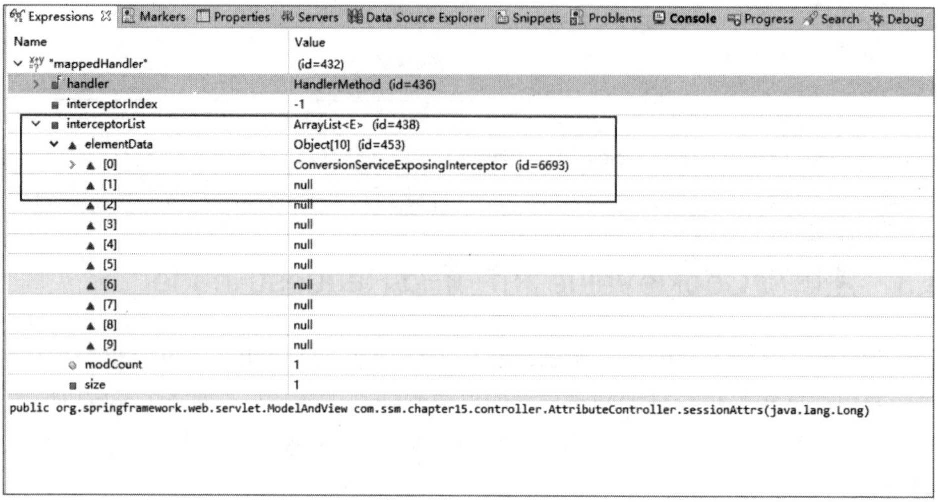

图 15-7　HandlerExecutionChain 对象

从图 15-7 可以看出，handler 对象指向了控制器所对应的方法和拦截器。对于拦截器所需要关注的有两点，一个是它有哪些方法，方法的含义是什么；第二个是它各个方法在流程中执行的顺序是如何。拦截器的定义从 Spring3 到 Spring4 有了比较大的变化，本书只讨论 Spring4 的拦截器功能和流程。

15.4.1　拦截器的定义

Spring 要求处理器的拦截器都要实现接口 org.springframework.web.servlet.HandlerInterceptor，这个接口定义了 3 个方法，如代码清单 15-30 所示。

代码清单 15-30：拦截器的 3 个方法

```
package org.springframework.web.servlet;
/***************imports***************/
public interface HandlerInterceptor {
    boolean preHandle(HttpServletRequest request, HttpServletResponse
response,
Object handler)throws Exception;

    void postHandle(HttpServletRequest request, HttpServletResponse
response,
Object handler, ModelAndView modelAndView)throws Exception;
```

```
void afterCompletion(HttpServletRequest request, HttpServletResponse response,
Object handler, Exception ex)throws Exception;
}
```

这 3 个方法的意义。

- preHandle 方法：在处理器之前执行的前置方法，这样 Spring MVC 可以在进入处理器前处理一些方法了。注意，它将返回一个 boolean 值，会影响到后面 Spring MVC 的流程。
- postHandle 方法：在处理器之后执行的后置方法，处理器的逻辑完成后运行它。
- afterCompletion 方法：无论是否产生异常都会在渲染视图后执行的方法。

有了拦截器的定义，我们并不能马上开发拦截器，还要知道拦截器的执行流程。

15.4.2 拦截器的执行流程

15.4.1 节谈到了拦截器的 3 个方法，我们还需要知道拦截器的执行流程，拦截器可能不止一个，后面会谈多个拦截器的流程，这里先来看一个拦截器的流程，如图 15-8 所示。

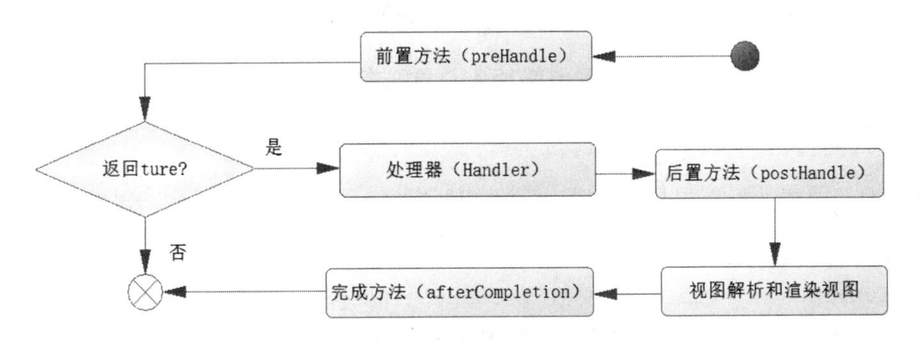

图 15-8　拦截器的执行流程

在进入处理器之前或者之后处理一些逻辑，或者在渲染视图之后处理一些逻辑，都是允许的。有时候要自己实现一些拦截器，以加强请求的功能。注意，当前置方法返回 false 时，就不会再执行后面的逻辑了。在拦截器中可以完成前置方法、后置方法和完成方法的相关逻辑。至此我们明确了拦截器的执行流程，下面举例说明拦截器的使用。

15.4.3 开发拦截器

在开发拦截器之前，要先了解拦截器的设计，拦截器必须实现 HandlerInterceptor 接口，而 Spring 也为增强功能而开发了多个拦截器。SpringMVC 拦截器设计，如图 15-9 所示。

注意，当 XML 配置文件加入了元素<mvc:annotation-driven>或者使用 Java 配置使用注解@EnableWebMvc 时，系统就会初始化拦截器 ConversionServiceExposingInterceptor，它是个一开始就被 Spring MVC 系统默认加载的拦截器，它的主要作用是根据配置在控制器上的注解来完成对应的功能。Spring MVC 提供的公共拦截器 HandlerInterceptorAdapter，这两个注解，Spring 之所以那么做，是为了提供适配器，就是当只想实现 3 个拦截器方法中的一到两个时，那么只要继承它，根据需要覆盖掉原有的方法就可以了。下面来完成一个角色拦截器，它只是一个简单的测试，如代码清单 15-31 所示。

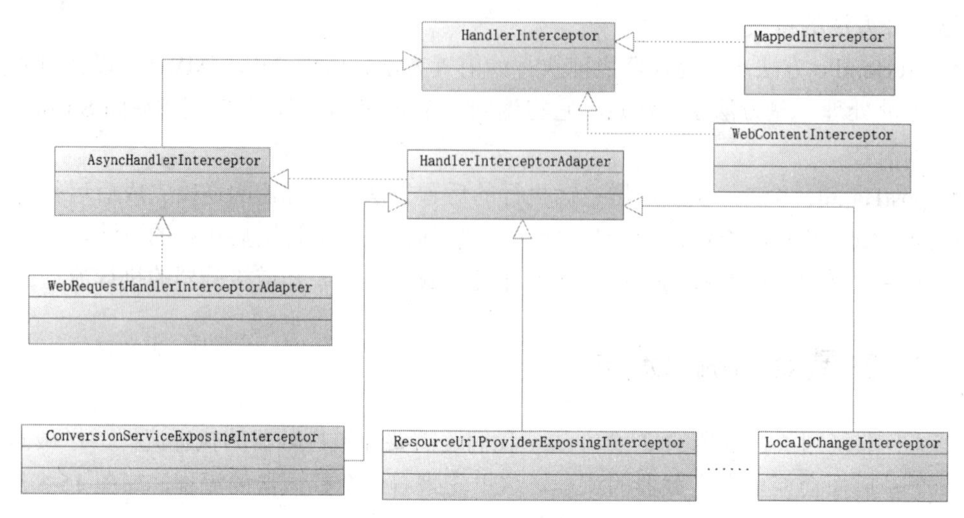

图 15-9　Spring MVC 拦截器设计

代码清单 15-31：角色拦截器

```
package com.ssm.chapter15.interceptor;
/***************imports***************/
public class RoleInterceptor extends HandlerInterceptorAdapter {

    @Override
    public      boolean      preHandle(HttpServletRequest      request,
HttpServletResponse response, Object handler)
            throws Exception {
        System.err.println("preHandle");
        return true;
    }

    @Override
    public void postHandle(HttpServletRequest request, HttpServletResponse
response, Object handler,
            ModelAndView modelAndView) throws Exception {
        System.err.println("postHandle");
    }

    @Override
    public      void      afterCompletion(HttpServletRequest      request,
HttpServletResponse response,
Object handler, Exception ex)throws Exception {
        System.err.println("afterCompletion");
```

```
    }

}
```

显然逻辑比较简单，它只是打印一些很简单的信息，还需要进一步配置它才能为我们所用，这样在 Spring MVC 的配置文件（比如 dispatcher-servlet.xml）中加入代码清单 15-32 的片段。

代码清单 15-32：配置拦截器

```
<mvc:interceptors>
<mvc:interceptor>
<mvc:mapping path="/role/*.do"/>
<bean class="com.ssm.chapter15.interceptor.RoleInterceptor"/>
</mvc:interceptor>
</mvc:interceptors>
```

用元素<mvc:interceptors>配置拦截器，在它里面可以配置多个拦截器。代码清单 15-29 配置了一个角色拦截器，把 class 配置指定为开发的拦截器，而元素<mvc:mapping>的属性 path 则是告诉 Spring MVC 该拦截器拦截什么请求，它使用了一个正则式的匹配。这样就完成了一个简单的拦截器的开发，读者可以自行测试流程。

15.4.4　多个拦截器执行的顺序

多个拦截器会以一个怎么样的顺序执行呢？首先讨论 preHandle 方法返回 true 的情况，先建 3 个角色拦截器，如代码清单 15-33 所示。

代码清单 15-33：多个拦截器

```
/*----------------------------------------RoleInterceptor1-----------
------------------*/
package com.ssm.chapter15.interceptor;
/**************imports**************/
public class RoleInterceptor1 extends HandlerInterceptorAdapter {

    @Override
    public      boolean      preHandle(HttpServletRequest      request,
HttpServletResponse response, Object handler)
            throws Exception {
        System.err.println("preHandle1");
        return true;
    }

    @Override
    public void postHandle(HttpServletRequest request, HttpServletResponse
response, Object handler,
```

```
            ModelAndView modelAndView) throws Exception {
        System.err.println("postHandle1");
    }

    @Override
    public     void     afterCompletion(HttpServletRequest     request,
HttpServletResponse response, Object handler, Exception ex)
            throws Exception {
        System.err.println("afterCompletion1");
    }

}

/*---------------------------------------RoleInterceptor2-----------
------------------*/

package com.ssm.chapter15.interceptor;
/**************imports**************/
public class RoleInterceptor2 extends HandlerInterceptorAdapter {

    @Override
    public      boolean      preHandle(HttpServletRequest      request,
HttpServletResponse response, Object handler)
            throws Exception {
        System.err.println("preHandle2");
        return true;
    }

    @Override
    public void postHandle(HttpServletRequest request, HttpServletResponse
response, Object handler,
            ModelAndView modelAndView) throws Exception {
        System.err.println("postHandle2");
    }

    @Override
    public     void     afterCompletion(HttpServletRequest     request,
HttpServletResponse response, Object handler, Exception ex)
            throws Exception {
        System.err.println("afterCompletion2");
    }

}

/*---------------------------------------RoleInterceptor3---------------
--------------*/
```

```
package com.ssm.chapter15.interceptor;
/**************imports**************/
public class RoleInterceptor3 extends HandlerInterceptorAdapter {

    @Override
    public      boolean      preHandle(HttpServletRequest      request,
HttpServletResponse response, Object handler)
            throws Exception {
        System.err.println("preHandle3");
        return true;
    }

    @Override
    public void postHandle(HttpServletRequest request, HttpServletResponse
response, Object handler,
            ModelAndView modelAndView) throws Exception {
        System.err.println("postHandle3");
    }

    @Override
    public      void      afterCompletion(HttpServletRequest      request,
HttpServletResponse response, Object handler, Exception ex)
            throws Exception {
        System.err.println("afterCompletion3");
    }

}
```

通过继承 HandlerInterceptorAdapter 来覆盖掉拦截器的 3 个方法，并打印出数字以区别它们，为顺序测试奠定了基础，这个时候使用 Spring MVC 配置文件将这些拦截器按顺序配置到系统中，如代码清单 15-34 所示。

代码清单 15-34：配置多个拦截器

```
<mvc:interceptors>
<mvc:interceptor>
<mvc:mapping path="/role/*.do"/>
<bean class="com.ssm.chapter15.interceptor.RoleInterceptor1"/>
</mvc:interceptor>
<mvc:interceptor>
<mvc:mapping path="/role/*.do"/>
<bean class="com.ssm.chapter15.interceptor.RoleInterceptor2"/>
</mvc:interceptor>
<mvc:interceptor>
<mvc:mapping path="/role/*.do"/>
<bean class="com.ssm.chapter15.interceptor.RoleInterceptor3"/>
```

```
</mvc:interceptor>
</mvc:interceptors>
```

对其进行测试就可以看到运行的日志轨迹是这样的：

```
......
preHandle1
preHandle2
preHandle3
......控制器逻辑日志......
postHandle3
postHandle2
postHandle1
......
afterCompletion3
afterCompletion2
afterCompletion1
......
```

在正常的情况下，Spring 会先从第一个拦截器开始进入前置方法，这样前置方法是按配置顺序运行的，然后运行处理器的代码，最后运行后置方法。注意，后置方法和完成方法则是按照配置逆序运行的，这和责任链模式的运行顺序是一致的，掌握了责任链模式这个顺序就好理解了。

我们谈到了正常的情况，有些时候前置方法可能返回 false，那么返回 false 会怎么样呢？将 RoleInterceptor2 中的前置方法 preHandle 修改为返回 false，然后进行测试，其日志结果如下：

```
preHandle1
preHandle2
afterCompletion1
```

注意，当其中的一个 preHandle 方法返回为 false 后，按配置顺序，后面的 preHandle 方法都不会运行了，而控制器和所有的后置方法 postHandle 也不会再运行。执行过 preHandle 方法且该方法返回为 true 的拦截器的完成方法（afterCompletion）会按照配置的逆序运行。

15.5 验证表单

在实际工作中，得到数据后的第一步就是检验数据的正确性，如果存在录入上的问题，一般会通过注解校验，发现错误后返回给用户，但是对于一些逻辑上的错误，比如购买金额=购买数量×单价，这样的规则就很难使用注解方式进行验证了，这个时候可以使用 Spring 所提供的验证器（Validator）规则去验证。

所有的验证都是要先注册验证器，不过验证器也是 Spring MVC 自动加载的。这里笔者下载了关于验证器所需的 jar 包，包括 classmate-1.3.3.jar、jboss-logging-3.3.1.Final.jar、hibernate-validator-5.4.1.Final.jar 和 validation-api-1.1.0.Final.jar。其中，validation-api-1.1.0.Final.jar 提供关于验证注解的，它只有一些定义，而没有实现；hibernate-validator-5.4.1.Final.jar 是通过 Hibernate 检验规则的包，它的运行还依赖于 classmate-1.3.3.jar 和 jboss-logging-3.3.1.Final.jar 这两个包。我们使用 Hibernate 检验规则把这些包加载进来。

15.5.1　使用 JSR 303 注解验证输入内容

Spring 提供了对 Bean 的功能校验，通过注解@Valid 标明哪个 Bean 需要启用注解式的验证。在 javax.validation.constraints.*中定义了一系列的 JSR 303 规范给出的注解，在使用它们之前需要对这些注解有一定的了解，如表 15-1 所示。

表 15-1　验证注解定义

注　解	详细信息
@Null	被注释的元素必须为 null
@NotNull	被注释的元素必须不为 null
@AssertTrue	被注释的元素必须为 true
@AssertFalse	被注释的元素必须为 false
@Min(value)	被注释的元素必须是一个数字，其值必须大于等于指定的最小值
@Max(value)	被注释的元素必须是一个数字，其值必须小于等于指定的最大值
@DecimalMin(value)	被注释的元素必须是一个数字，其值必须大于等于指定的最小值
@DecimalMax(value)	被注释的元素必须是一个数字，其值必须小于等于指定的最大值
@Size(max, min)	被注释的元素的大小必须在指定的范围内
@Digits (integer, fraction)	被注释的元素必须是一个数字，其值必须在可接受的范围内
@Past	被注释的元素必须是一个过去的日期
@Future	被注释的元素必须是一个将来的日期
@Pattern(value)	被注释的元素必须符合指定的正则表达式

为了使用这些注解，假设要完成一个交易表单，这样我们可以给出一个简易的 HTML 文件，如代码清单 15-35 所示。

代码清单 15-35：交易表单

```
<%@ page language="java" contentType="text/html; charset=UTF-8"
pageEncoding="UTF-8"%>
<!DOCTYPE html PUBLIC "-//W3C//DTD HTML 4.01 Transitional//EN"
   "http://www.w3.org/TR/html4/loose.dtd">
<html>
<head>
<meta http-equiv="Content-Type" content="text/html; charset=UTF-8">
<title>validate</title>
</head>
<body>
```

```
<form action = "./validate/annotation.do">
<table>
<tr>
<td>产品编号：</td>
<td><input name="productId" id="productId"/></td>
</tr>
<tr>
<td>用户编号：</td>
<td><input name="userId" id="userId"/></td>
</tr>
<tr>
<td>交易日期：</td>
<td><input name="date" id="date"/></td>
</tr>
<tr>
<td>价格：</td>
<td><input name="price" id="price"/></td>
</tr>
<tr>
<td>数量：</td>
<td><input name="quantity" id="quantity"/></td>
</tr>
<tr>
<td>交易金额：</td>
<td><input name="amount" id="amount"/></td>
</tr>
<tr>
<td>用户邮件：</td>
<td><input name="email" id="email"/></td>
</tr>
<tr>
<td>备注：</td>
<td><textarea id="note"  name="note" cols="20" rows="5"></textarea></td>
</tr>
<tr><td colspan="2" align="right"><input type="submit" value="提交"/></tr>
</table>
<form>
</body>
</html>
```

这是一个简单的交易表单。当它提交的时候，我们需要对其进行一定的验证，它的内容包括，产品编号、用户编号、交易日期、价格、数量、交易金额、用户邮件和备注。它们需要满足以下规则：

- 产品编号、用户编号、交易日期、价格、数量、交易金额不能为空。
- 交易日期格式为 yyyy-MM-dd，且只能大于今日。

- 价格最小值为 0.1。
- 数量是一个整数，且最小值为 1，最大值为 100。
- 交易金额最小值为 1，最大值为 5 万。
- 用户邮件需要满足邮件正则式。
- 备注内容不得多于 256 个字符。

为了接收这个表单的信息，我们新建一个 POJO，如代码清单 15-36 所示。

代码清单 15-36：表单 POJO

```
package com.ssm.chapter15.pojo;
/***************imports****************/
public class Transaction {

    //产品编号
    @NotNull //不能为空
    private Long productId;

    //用户编号
    @NotNull //不能为空
    private Long userId;

    //交易日期
    @Future //只能是将来的日期
    @DateTimeFormat(pattern = "yyyy-MM-dd")//日期格式化转换
    @NotNull //不能为空
    private Date date;

    //价格
    @NotNull //不能为空
    @DecimalMin(value = "0.1") //最小值 0.1 元
    private Double price;

    //数量
    @Min(1) //最小值为 1
    @Max(100)//最大值
    @NotNull //不能为空
    private Integer quantity;

    //交易金额
    @NotNull //不能为空
    @DecimalMax("500000.00") //最大金额为 5 万元
    @DecimalMin("1.00") //最小交易金额 1 元
    private Double amount;

    //邮件
    @Pattern(//正则式
```

```
        regexp = "^([a-zA-Z0-9]*[-_]?[a-zA-Z0-9]+)*@"
           +   "([a-zA-Z0-9]*[-_]?[a-zA-Z0-9]+)+[\\.][A-Za-z]{2,3}([\\.]
[A-Za-z]{2})?$",
        //自定义消息提示
        message="不符合邮件格式")
    private String email;

    //备注
    @Size(min = 0, max = 256) //0 到 255 个字符
    private String note;

/****************setter and getters***************/
}
```

这样就定义了一个 POJO，用以接收表单的信息。加粗的注解反映了对每一个字段的验证要求，这样就可以给每一个字段加入对应校验，它会生成默认的错误消息。在邮件的检验中，还使用了配置项 message 来重新定义了当检验失败后的错误信息，这样就能够启动 Spring 的检验规则来检验表单了。

用控制器完成表单的验证，如代码清单 15-37 所示。

代码清单 15-37：用控制器验证表单

```
package com.ssm.chapter15.controller;
/**************** imports ****************/
@Controller
@RequestMapping("/validate")
public class ValidateController {

    @RequestMapping("/annotation")
    public ModelAndView annotationValidate(@Valid Transaction trans, Errors
errors) {
        //是否存在错误
        if (errors.hasErrors()) {
            //获取错误信息
            List<FieldError>errorList = errors.getFieldErrors();
            for (FieldError error : errorList) {
                //打印字段错误信息
                System.err.println("fied :" + error.getField() +"\t"
                    + "msg:" + error.getDefaultMessage());
            }
        }
ModelAndView mv = new ModelAndView();
        mv.setViewName("index");
        return mv;
    }
}
```

加粗的代码使用了注解@Valid 标明这个 Bean 将会被检验，而另外一个类型为 Errors 的参数则是用于保存是否存在错误信息的，也就是当采用 JSR 303 规范进行校验后，它会将错误信息保存到这个参数之中，进入方法后使用其 hasErrors 方法，便能够判断其验证是否出现错误。

在表单中输入如图 15-10 所示的数据，进行验证。

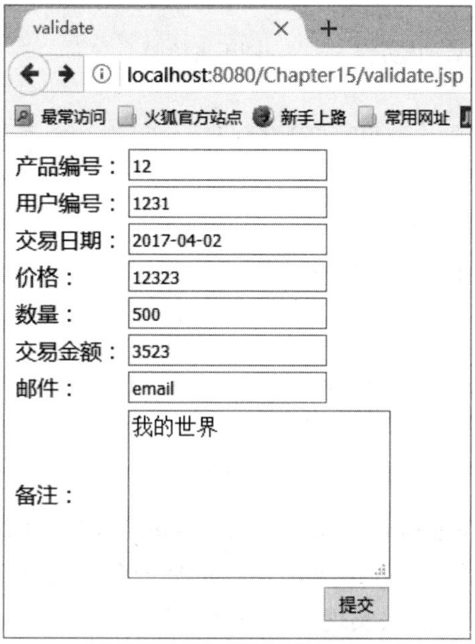

图 15-10　输入交易表单记录

单击提交按钮后，数据会提交到控制器中。监控日志，可以得到如下内容：

```
fied :quantity  msg:最大不能超过 100
fied :email msg:不符合邮件格式
fied :date  msg:需要一个将来的时间
```

显然对应数据规则已经得到了有效的校验，这样就可以使用后台对数据进行建议的校验了，但是如何将这些信息渲染到原有的表单中，这是后文需要谈到的渲染视图的内容了。

有时候检验并不简单，它可能还有其他一些复杂的规则。比如，交易日期往往就不是一个应该录入的数据，而是系统提取当前日期。又如规则：交易金额=数量×价格，这样又需要其他的一些验证规则了，为此 Spring 也提供了其验证框架给予支持。

15.5.2　使用验证器

有时候除了简单的输入格式、非空性等校验，也需要一定的业务校验，Spring 提供了 Validator 接口来实现检验，它将在进入控制器逻辑之前对参数的合法性进行检验。

Validator 接口是 Spring MVC 检验表单逻辑的核心接口，它的接口定义如代码清单 15-38 所示。

代码清单 15-38：验证器的接口定义

```
package org.springframework.validation;
/***************imports***************/
public interface Validator {
    /**
     * 判断当前验证器是否用于检验 clazz 类型的 POJO
     * @paramclazz --POJO 类型
     * @return true 启动检验，false 则不再检验
     */
    boolean supports(Class<?>clazz);

    /**
     * 检验 POJO 的合法性
     * @param target POJO 请求对象
     * @param errors 错误信息
     */
    void validate(Object target, Errors errors);

}
```

它只是一个验证器，在 Spring 中最终被注册到验证器的列表中，这样就可以提供给各个控制器去定义，然后通过 supports 方法，判定是否会启用验证器去验证数据。对于检验的过程，则是通过 validate 方法去实现的。下面对代码清单 15-38 中的表单进行一项验证，那就是要求：交易金额=价格×数量。

有了上述的讨论，实现 Validator 接口和它的两个方法也十分简单，如代码清单 15-39 所示。

代码清单 15-39：交易验证器

```
package com.ssm.chapter15.validator;
/***************imports***************/
public class TransactionValidator implements Validator {

    @Override
    public boolean supports(Class<?> clazz) {
        //判断验证是否为 Transaction，如果是则进行验证
        return Transaction.class.equals(clazz);
    }

    @Override
    public void validate(Object target, Errors errors) {
        Transaction trans = (Transaction) target;
        //求交易金额和价格×数量的差额
        double  dis  =  trans.getAmount()  -  (trans.getPrice()  *
trans.getQuantity());
        //如果差额大于 0.01，则认为业务错误
```

```
            if (Math.abs(dis) > 0.01) {
                //加入错误信息
                errors.rejectValue("amount", null, "交易金额和购买数量与价格不匹配
");
            }
        }
    }
```

这样这个验证器就判断了是否 Transaction 对象，如果是才去验证后面的逻辑，那么要将它捆绑到对应的控制器中，这个时候 Spring MVC 提供了注解@InitBinder，后文我们会再次详细讲解@InitBinder。通过它就可以将验证器和控制器捆绑到一起，这样就能够对请求表单进行验证了。对于@InitBinder 的使用还有其他的内容，这里只展示其捆绑验证器的方法。

在代码清单 15-39 的 ValidateController 中加入代码清单 15-40 的代码，就可以完成这项功能了。

代码清单 15-40：使用验证器验证

```
@InitBinder
public void initBinder(DataBinder binder) {
    //数据绑定器加入验证器
    binder.setValidator(new TransactionValidator());
}

@RequestMapping("/validator")
public ModelAndViewvalidator(@Valid Transaction trans, Errors errors) {
    //是否存在错误
    if (errors.hasErrors()) {
        //获取错误信息
        List<FieldError>errorList = errors.getFieldErrors();
        for (FieldError error : errorList) {
            //打印字段错误信息
            System.err.println("fied :" + error.getField() + "\t"
            + "msg:" + error.getDefaultMessage());
        }
    }
    ModelAndView mv = new ModelAndView();
    mv.setViewName("index");
    return mv;
}
```

这样就把表单的请求 URL 修改为./validate/validator.do，它就能够请求得到我们的方法了，注解@Valid 就是为了启动这个验证器的，而参数 Errors 则是记录验证器返回错误信息的，对此进行测试，如图 15-11 所示。

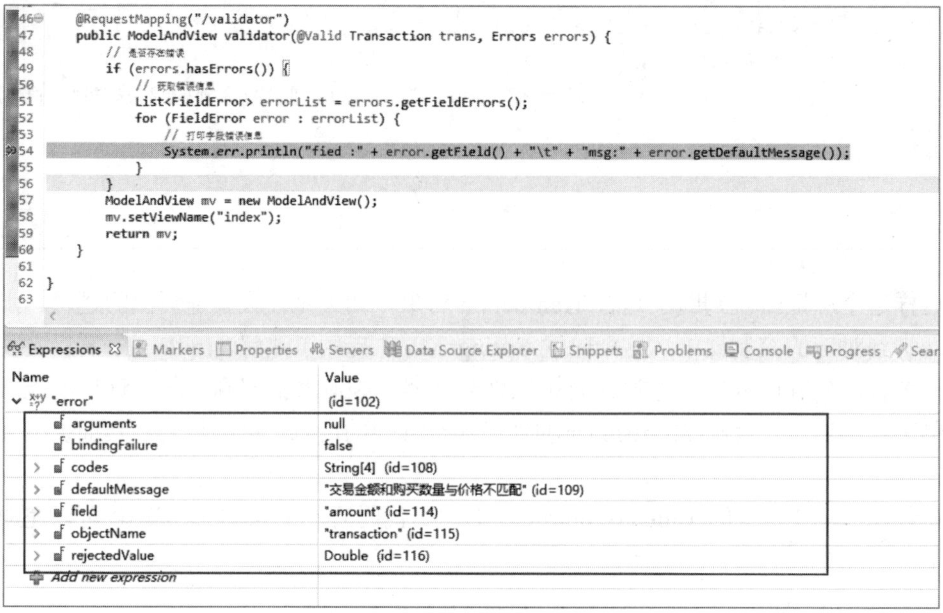

```
46     @RequestMapping("/validator")
47     public ModelAndView validator(@Valid Transaction trans, Errors errors) {
48         // 是否存在错误
49         if (errors.hasErrors()) {
50             // 获取错误信息
51             List<FieldError> errorList = errors.getFieldErrors();
52             for (FieldError error : errorList) {
53                 // 打印字段错误信息
54                 System.err.println("fied :" + error.getField() + "\t" + "msg:" + error.getDefaultMessage());
55             }
56         }
57         ModelAndView mv = new ModelAndView();
58         mv.setViewName("index");
59         return mv;
60     }
61 
62 }
63 
```

Name	Value
"error"	(id=102)
arguments	null
bindingFailure	false
codes	String[4] (id=108)
defaultMessage	"交易金额和购买数量与价格不匹配" (id=109)
field	"amount" (id=114)
objectName	"transaction" (id=115)
rejectedValue	Double (id=116)

图 15-11　错误信息测试

从图 15-11 中，可以看到验证器验证的信息已经被打印出来，这样就能够使用验证器来检验一些比较复杂的逻辑关系了。比较遗憾的是，JSR 303 注解方式和验证器方式不能同时使用，不过可以在使用 JSR 303 注解方式得到基本的检验信息后，再使用自己的方法进行验证。

15.6　数据模型

视图是业务处理后展现给用户的内容，不过一般伴随着业务处理返回的数据，用来给用户查看。在第 14 章讨论 Spring MVC 流程的时候，我们知道从控制器获取数据后，会装载数据到数据模型和视图中，然后将视图名称转发到视图解析器中，通过解析器解析后得到最终视图，最后将数据模型渲染到视图中，展示最终的结果给用户。本节先介绍数据模型，这是在控制器中经常使用的内容。

在此之前，我们一直用 ModelAndView 来定义视图类型，包括 JSON 视图，也用它来加载数据模型。ModelAndView 有一个类型为 ModelMap 的属性 model，而 ModelMap 继承了 LinkedHashMap<String, Object>，因此它可以存放各种键值对，为了进一步定义数据模型功能，Spring 还创建了类 ExtendedModelMap，这个类实现了数据模型定义的 Model 接口，并且还在此基础上派生了关于数据绑定的类——BindAwareModelMap，它们的关系如图 15-12 所示。

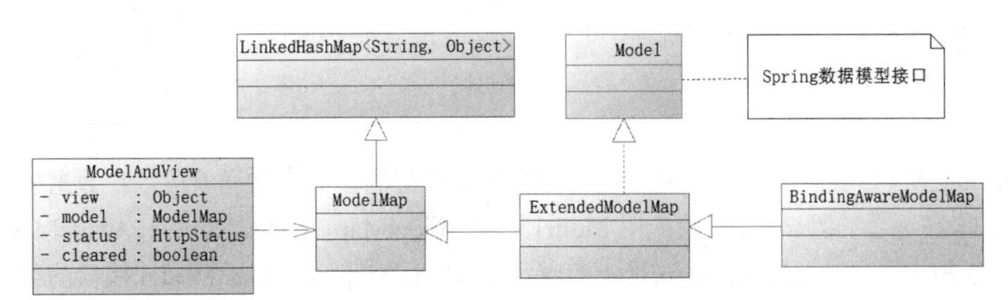

图 15-12　Spring MVC 数据模型关系

在控制器的方法中，可以把 ModelAndView、Model、ModelMap 作为参数。在 Spring MVC 运行的时候，会自动初始化它们，因此可以选择 ModelMap 或者 Model 作为数据模型。事实上 Spring MVC 创建的是一个 BindingAwareModelMap 实例，根据图 15-12 的关系，可以通过强制转换把 Model 变为 ModelMap，或者把 ModelMap 转换为 Model。ModelAndView 初始化后，Model 属性为空，当调用它增加数据模型的方法后，会自动创建一个 ModelMap 实例，用以保存数据模型，至此数据模型之间的关系介绍清楚了，让我们用于实践。

回到代码清单 14-18 中，它是一个 RoleControlller 的代码，在它的基础上，新增几个方法进行测试，如代码清单 15-41 所示。

代码清单 15-41：测试数据模型

```
@RequestMapping(value = "/getRoleByModelMap", method = RequestMethod.GET)
public ModelAndView getRoleByModelMap(@RequestParam("id") Long id, ModelMap
modelMap) {
    Role role = roleService.getRole(id);
ModelAndView mv = new ModelAndView();
    mv.setViewName("roleDetails");
modelMap.addAttribute("role", role);
    return mv;
}

@RequestMapping(value = "/getRoleByModel", method = RequestMethod.GET)
public ModelAndView getRoleByModel(@RequestParam("id") Long id, Model model)
{
    Role role = roleService.getRole(id);
ModelAndView mv = new ModelAndView();
    mv.setViewName("roleDetails");
    model.addAttribute("role", role);
    return mv;
}

@RequestMapping(value = "/getRoleByMv", method = RequestMethod.GET)
public ModelAndView getRoleByMv(@RequestParam("id") Long id, ModelAndView
mv) {
    Role role = roleService.getRole(id);
    mv.setViewName("roleDetails");
```

```
        mv.addObject("role", role);
        return mv;
    }
```

Spring MVC 会在默认的创建代码中加粗数据模型的参数，这样就可以在数据模型中加入数据了。在笔者的测试中，无论使用 Model 还是 ModelMap，它都是 BindingAwareModelMap 实例，而 BindingAwareModelMap 是一个继承了 ModelMap，实现了 Model 接口的类，所以就有了相互转换的功能。而 getRoleByModel 和 getRoleByModelMap 都没有把数据模型绑定给视图和模型，这一步是 Spring MVC 在完成控制器逻辑后，自动绑定的，并不需要我们绑定，也就没有绑定的代码了。

15.7 视图和视图解析器

视图是展示给用户的内容，而在此之前，要通过控制器得到对应的数据模型，如果是非逻辑视图，则不会经过视图解析器定位视图，而是直接将数据模型渲染便结束了；而逻辑视图则要对其进一步解析，以定位真实视图，这就是视图解析器的作用了。而视图则是把从控制器查询回来的数据模型进行渲染，以显示给请求者查看。

15.7.1 视图

在请求之后，Spring MVC 控制器获取了对应的数据，绑定到数据模型中，那么视图就可以展示数据模型的信息了。

不过为了满足各种需要，在 Spring MVC 中定义了多种视图，只是常用的并不是太多，无论如何它们都需要满足视图的定义，它就是接口——View，如代码清单 15-42 所示。

代码清单 15-42：视图接口定义

```
package org.springframework.web.servlet;
/***************imports***************/
public interface View {
    //响应状态属性
    String    RESPONSE_STATUS_ATTRIBUTE    =    View.class.getName()    +
".responseStatus";
    //定义数据模型下取出变量路径
    String PATH_VARIABLES = View.class.getName() + ".pathVariables";
    //选择响应内容类型
    String    SELECTED_CONTENT_TYPE    =    View.class.getName()    +
".selectedContentType";
    //响应客户端的类型
    String getContentType();
    //渲染方法，model 是数据模型
    void  render(Map<String, ?> model, HttpServletRequest request,
```

```
    HttpServletResponse response) throws Exception;
}
```

注意 getContentType 方法和 render 方法。getContentType 表示返回一个字符串，标明给用户什么类型的文件响应，可以是 HTML、JSON、PDF 等，而 render 方法则是一个渲染视图的方法，通过它就可以渲染视图了。其中，Model 是其数据模型，HTTP 请求对象和响应对象用于处理 HTTP 请求的各类问题。

当控制器返回 ModelAndView 的时候，视图解析器就会解析它，然后将数据模型传递给 render 方法，这样就能够渲染视图了。在 Spring MVC 中实现视图的类很多，比如 JSTL 视图 JstlView，JSON 视图 MappingJackson2JsonView，PDF 视图 AbstractPdfView 等，通过它们的 render 方法，Spring MVC 就可以将数据模型渲染成为各类视图，以满足各种需求。图 15-13 就是常用的视图类和它们之间的关系，通过这些 Spring MVC 就能够支持多种视图渲染了。

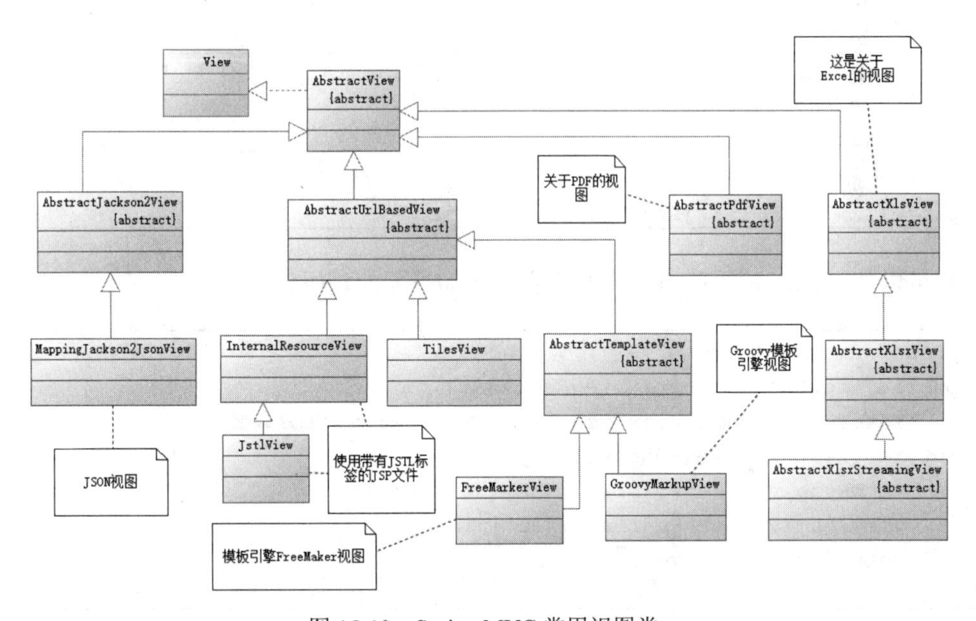

图 15-13 Spring MVC 常用视图类

图 15-13 只画了主要的视图类，Spring MVC 还有其他的视图类，比如报表使用的 AbstractJasperReportsSingleFormatView。由于视图的类众多，所以本书只讨论 JstlView、InternalResourceView 和 MappingJackson2JsonView 等几种最常用的视图。从图 15-13 中可以看到，因为 JstlView 和 InternalResourceView 是父子类关系，所以它们可以归为一类，它们主要是为了 JSP 的渲染而服务的，我们可以使用 JSTL 标签库，也可以使用 Spring MVC 所定义的标签库。MappingJackson2JsonView 则是一个 JSON 视图类，这是之前使用过的视图。

视图又分为逻辑视图和非逻辑视图，比如 MappingJackson2JsonView 是一个非逻辑视图，它的目的就是将数据模型转换为一个 JSON 视图，展现给用户，无须对视图名字再进行下一步的解析，比如下面的代码：

```
@RequestMapping(value = "/getRoleForJson", method = RequestMethod.GET)
public ModelAndView getRoleForJson(@RequestParam("id") Long id) {
    ModelAndView mv = new ModelAndView();
    Role role = roleService.getRole(id);
    mv.setView(new MappingJackson2JsonView());
    mv.addObject("role", role);
    return mv;
}
```

通过加粗的代码指定了具体视图的类型，由于 MappingJackson2JsonView 是非逻辑视图，所以在没有视图解析器的情况下可以进行渲染，最终将其绑定的数据模型转换为 JSON 数据。

InternalResourceView 是一个逻辑视图，对于逻辑视图而言它需要一个视图解析器，常见的配置如下：

```
<!-- 找到 Web 工程/WEB-INF/JSP 文件夹，且文件结尾为 jsp 的文件作为映射 -->
<bean id="viewResolver"
    class="org.springframework.web.servlet.view.InternalResourceViewReso
lver"
p:prefix="/WEB-INF/jsp/" p:suffix=".jsp" />
```

也可以使用 Java 配置的方式来取代它，比如下面的代码：

```
@Bean(name= "viewResolver")
public ViewResolver initViewResolver() {
    InternalResourceViewResolver        viewResolver        =        new
InternalResourceViewResolver();
    viewResolver.setPrefix("/WEB-INF/jsp/");
    viewResolver.setSuffix(".jsp");
    return viewResolver;
}
```

无论使用 XML 或者注解，其根本都是在创建一个视图解析器，通过前缀和后缀加上视图名称就能找到对应的 JSP 文件，然后把数据模型渲染到 JSP 文件中，这样便能展现视图给用户了。不过首先要对视图解析器做进一步的理解才行，否则将不能理解它是如何找到对应的。

在视图方面，使用 JSTL 所定义的标签还是有一定的市场占有率的，关于它的使用方法可以参看附录 C。

15.7.2 视图解析器

对于非逻辑视图而言是不需要用视图解析器进行解析的，比如 MappingJackson2Json

View，它的含义就是把当前数据模型转化为 JSON，并不需要对视图逻辑名称进行转换。但是这对于逻辑视图而言把视图名称转换为逻辑视图则是一个必备过程，比如 InternalResourceView 就是这样的一个视图，在之前我们一直都在配置它。当配置它之后，它就会加载到 Spring MVC 的视图解析器列表中去，当返回 ModeAndView 的时候，Spring MVC 就会在视图解析器列表中遍历，找到对应的视图解析器去解析视图。先看视图解析器定义，如代码清单 15-43 所示。

代码清单 15-43：视图解析器定义

```
package org.springframework.web.servlet;
import java.util.Locale;
public interface ViewResolver {
View resolveViewName(String viewName, Locale locale) throws Exception;
}
```

视图解析器比较简单，只有对视图解析的方法 resolveViewName，它有两个参数视图名称和 Locale 类型，Locale 类型参数是用于国际化的，这就说明了 Spring MVC 是支持国际化的。对于 Spring MVC 框架而言，它也配置了多种视图解析器，如图 15-14 所示。

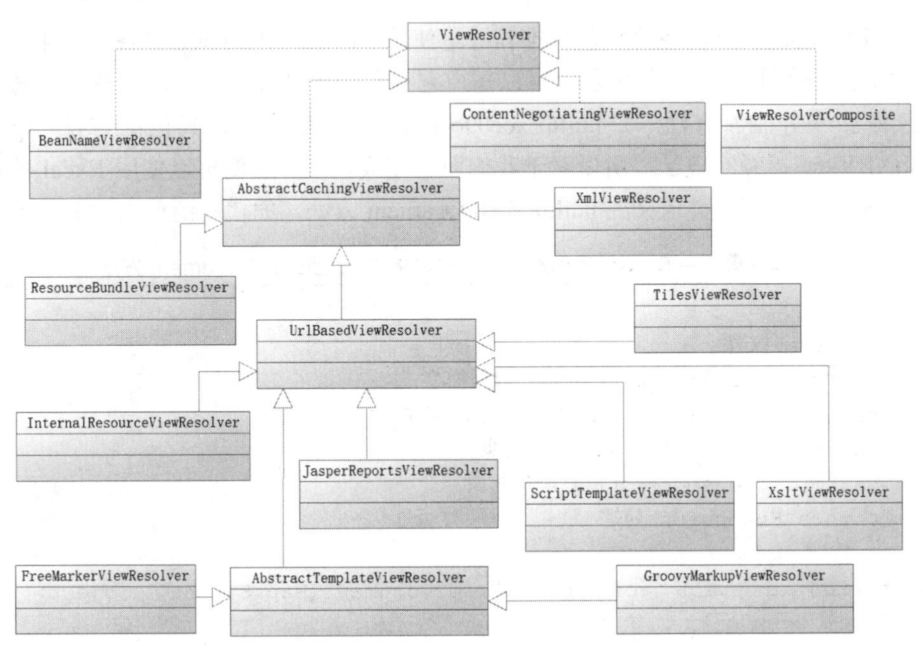

图 15-14　Spring MVC 定义的视图解析器

图 15-14 描述的是 Spring MVC 自带的所有视图解析器，所以它能够解析各种各样需要逻辑视图名称的控制器返回。之前我们配置了 InternalResourceViewResolver，有时候在控制器中并没有返回一个 ModelAndView，而只是返回了一个字符串，它也能够渲染视图，因为视图解析器生成了对应的视图，比如代码清单 15-44 的代码。

代码清单 15-44：不返回 ModelAndView 的视图

```
@RequestMapping(value = "/index", method = RequestMethod.GET)
```

```
    public String index(@RequestParam("id") Long id, ModelMap model) {
        Role role = roleService.getRole(id);
        model.addAttribute("role", role);
        return "roleDetails";
    }
```

对于这样的一个字符串，由于配置了 InternalResourceViewResolver，通过 Spring MVC 系统的作用，所以它能够生成 JstlView 视图。ModelMap 是数据模型，系统会绑定视图和数据模型到一个 ModelAndView 中，然后视图解析器会根据视图的名称，找到对应的视图资源，这就是视图解析器的作用，因此系统最后能够渲染为一个 JSP 文件展示给用户。

15.7.3 实例：Excel 视图的使用

视图和视图渲染器是 Spring MVC 中重要的一步，15.7.2 节主要谈到了 JSTL 视图和 JSON 视图，这是最常用的视图技术。有时候还需要导出 Excel 的功能，这也是一个常用的功能，所以这里将演示一个导出 Excel 视图的实例，主要的功能是导出数据库中所有角色的信息。

对于 Excel 而言，Spring MVC 所推荐的是使用 AbstractXlsView，从图 15-14 中可以看出，它实现了视图接口，从其命名也可以知道它只是一个抽象类，不能生成实例对象。它自己定义了一个抽象方法——buildExcelDocument 要去实现。其他的方法 Spring 的 AbstractXlsView 已经实现了，所以对于我们而言完成这个方法便可以使用 Excel 的视图功能了，AbstractXlsView 类定义的 buildExcelDocument 方法，如代码清单 15-45 所示。

代码清单 15-45：AbstractXlsView 类定义的 buildExcelDocument 方法

```
/**
 * 创建 Excel 文件
 * @param model —— Spring MVC 数据模型
 * @param workbook —— POI workbook 对象
 * @param request —— http 请求对象
 * @param response —— http 响应对象
 * @throws Exception 异常
 */
protected abstract void buildExcelDocument(Map<String, Object> model,
Workbook workbook,
HttpServletRequest request, HttpServletResponse response) throws Exception
```

这个方法的主要任务是创建一个 Workbook，它要用到 POI 的 API，这需要我们自行下载并导入项目中。这里的参数在代码中也给出了，在 Spring MVC 中已经对导出 Excel 进行了很多的封装，所以很多细节我们并不需要关心。

假设需要一个导出所有角色信息的功能，但是将来也许还有其他的导出功能。为了方便，先定义一个接口，这个接口主要是让开发者自定义生成 Excel 的规则，如代码清单 15-46 所示。

代码清单 15-46：自定义导出接口定义

```
package com.ssm.chapter15.view;

import java.util.Map;
import org.apache.poi.ss.usermodel.Workbook;
public interface ExcelExportService {

    /***
     *  生成 exel 文件规则
     * @param model 数据模型
     * @param workbook excel workbook
     */
    public void makeWorkBook(Map<String, Object> model, Workbook workbook);

}
```

有了这个接口还需要完成一个可实例化的 Excel 视图类——ExcelView，对于导出而言还需要一个下载文件名称，所以还会定义一个文件名（fileName）属性，由于该视图不是一个逻辑视图，所以无须视图解析器也可以运行它，其定义如代码清单 15-47 所示。

代码清单 15-47：定义 Excel 视图

```
package com.ssm.chapter15.view;
import java.util.Map;
import javax.servlet.http.HttpServletRequest;
import javax.servlet.http.HttpServletResponse;
import org.apache.poi.ss.usermodel.Workbook;
import org.springframework.util.StringUtils;
import org.springframework.web.servlet.view.document.AbstractXlsView;

public class ExcelView extends AbstractXlsView  {

    //文件名
    private String fileName = null;

    //导出视图自定义接口
    private ExcelExportService excelExpService = null;

    //构造方法 1
    public ExcelView(ExcelExportService excelExpService) {
        this.excelExpService = excelExpService;
    }

    //构造方法 2
    public ExcelView(String viewName, ExcelExportService excelExpService) {
        this.setBeanName(viewName);
    }
```

```
    /***************setters and getters***************/

    @Override
    protected void buildExcelDocument(Map<String, Object> model,
Workbook workbook, HttpServletRequest request, HttpServletResponse response)
throws Exception {
        //没有自定义接口
        if (excelExpService == null) {
            throw new RuntimeException("导出服务接口不能为 null!! ");
        }
        //文件名不为空，为空则使用请求路径中的字符串作为文件名
        if (!StringUtils.isEmpty(fileName)) {
            //进行字符转换
            String reqCharset = request.getCharacterEncoding();
            reqCharset = reqCharset == null ? "UTF-8" : reqCharset;
            fileName    =    new    String(fileName.getBytes(reqCharset),
"ISO8859-1");
            //设置下面文件名
           response.setHeader("Content-disposition",
"attachment;filename=" + fileName);
        }
        //回调接口方法，使用自定义生成 Excel 文档
        excelExpService.makeWorkBook(model, workbook);
    }

}
```

上面的代码实现了生成 Excel 的 buildExcelDocument 方法，这样就完成了一个视图类。加粗的代码表示回调了自定义的接口方法，换句话说，可以根据需要进行自定义生成 Excel 的规则，接着我们需要在角色控制器中加入新的方法，来满足导出所有角色的要求，如代码清单 15-48 所示。

代码清单 15-48：使用 ExcelView 导出 Excel

```
@RequestMapping(value = "/export", method = RequestMethod.GET)
public ModelAndView export() {
    //模型和视图
    ModelAndView mv = new ModelAndView();
    //Excel 视图，并设置自定义导出接口
    ExcelView ev = new ExcelView(exportService());
    //文件名
    ev.setFileName("所有角色.xlsx");
    //设置 SQL 后台参数
    RoleParams roleParams = new RoleParams();
    //限制 1 万条
    PageParams page = new PageParams();
    page.setStart(0);
```

```
        page.setLimit(10000);
        roleParams.setPageParams(page);
        //查询
        List<Role>roleList = roleService.findRoles(roleParams);
        //加入数据模型
        mv.addObject("roleList", roleList);
        mv.setView(ev);
        return mv;
    }

    @SuppressWarnings({ "unchecked"})
    private ExcelExportService exportService() {
        //使用 Lambda 表达式自定义导出 excel 规则
        return (Map<String, Object> model, Workbook workbook) -> {
            //获取用户列表
            List<Role>roleList = (List<Role>) model.get("roleList");
            //生成 Sheet
            Sheet sheet= workbook.createSheet("所有角色");
            //加载标题
            Row title = sheet.createRow(0);
            title.createCell(0).setCellValue("编号");
            title.createCell(1).setCellValue("名称");
            title.createCell(2).setCellValue("备注");
            //便利角色列表，生成一行行的数据
            for (int i=0; i<roleList.size(); i++) {
                Role role = roleList.get(i);
                int rowIdx = i + 1;
                Row row = sheet.createRow(rowIdx);
                row.createCell(0).setCellValue(role.getId());
                row.createCell(1).setCellValue(role.getRoleName());
                row.createCell(2).setCellValue(role.getNote());
            }
        };
    }
```

这样就能够导出 Excel 了，ExcelExportService 接口的实现使用了 Lambda 表达式，因此 Java 版本是 8 及以上，Java 8 以下的版本可以使用匿名类的方法去实现它。这里使用了 ExcelExportService 接口，就可以在自己的控制器上自定义导出规则，这样就可以根据需要开发了。

15.8　上传文件

在互联网应用中，上传头像、图片、证件、相关文件等是十分常见的，这涉及文件上传功能。Spring MVC 为上传文件提供了良好的支持。首先 Spring MVC 的文件上传是通过

MultipartResolver（Multipart 解析器）处理的，对于 MultipartResolver 而言它只是一个接口，它有两个实现类。

- CommonsMultipartResolver：依赖于 Apache 下的 jakarta Common FileUpload 项目解析 Multipart 请求，可以在 Spring 的各个版本中使用，只是它要依赖于第三方包才得以实现。
- StandardServletMultipartResolver：是 Spring 3.1 版本后的产物，它依赖于 Servlet 3.0 或者更高版本的实现，它不用依赖第三方包。

两个实现类的关系如图 15-15 所示。

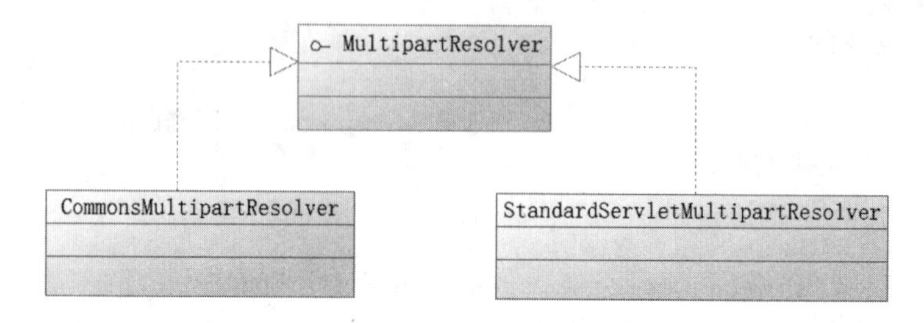

图 15-15　MultipartResolver 接口的两个实现类的关系

对于两者而言，笔者更倾向于 StandardServletMultipartResolver，因为它无须引入任何第三方包，只是当项目使用 Spring 3.1 以下的版本或者 Servlet 3.0 以下的版本时，只能选择 CommonsMultipartResolver 。本书会以 StandardServletMultipartResolver 为主，CommonsMultipartResolver 为辅介绍文件上传方面的内容。无论在你的项目中使用的是 CommonsMultipartResolver 还是 StandardServletMultipartResolver，都要配置一个 MultipartResolver。

15.8.1　MultipartResolver 概述

在 Spring 中，既可以通过 XML，也可以通过 Java 去配置 MultipartResolver。先介绍通过注解配置 MultipartResolver。对于 StandardServletMultipartResolver，它的构造方法没有参数，所以很容易对其进行初始化，这样通过@Bean 注解便可以了，如代码清单 15-49 所示。

代码清单 15-49：配置 StandardServletMultipartResolver

```
@Bean(name = "multipartResolver")
public MultipartResolver initMultipartResolver() {
    return new StandardServletMultipartResolver();
}
```

注意，"multipartResolver"是 Spring 约定好的 Bean name 不可以修改。有时候还要对上传文件进行配置，比如限制单个文件的大小，设置上传文件的路径等，这些都是常见的配置。

在讲解通过 Java 配置 Spring MVC 初始化的时候，只需要继承一个类便可以了，这个类就是 AbstractAnnotationConfigDispatcherServletInitializer。通过继承它就可以进行注解配置了，这个类提供了一个可以覆盖的方法——customizeRegistration。它是一个用于初始化

DispatcherServlet 设置的方法，它是在 Servlet3.0 及以上版本的基础上实现的，通过它就可以配置关于文件上传的一些属性了。

下面配置一个 Spring MVC 的初始化器，如代码清单 15-50 所示。

代码清单 15-50：配置 Spring MVC 初始化器

```
package com.ssm.chapter15.config;

import javax.servlet.MultipartConfigElement;
import javax.servlet.ServletRegistration.Dynamic;
import
org.springframework.web.servlet.support.AbstractAnnotationConfigDispatch
erServletInitializer;

public class MyWebAppInitializer
      extends AbstractAnnotationConfigDispatcherServletInitializer {
    //Spring IoC 容器配置
    @Override
    protected Class<?>[] getRootConfigClasses() {
        //可以返回 Spring 的 Java 配置文件数组
        return new Class<?>[] {};
    }

    //DispatcherServlet 的 URI 映射关系配置
    @Override
    protected Class<?>[] getServletConfigClasses() {
        //可以返回 Spring 的 Java 配置文件数组
        return new Class<?>[] { WebConfig.class };
    }

    //DispatcherServlet 拦截请求匹配
    @Override
    protected String[] getServletMappings() {
        return new String[] { "*.do" };
    }

    /**
     * @param dynamic Servlet 动态加载配置
     */
    @Override
    protected void customizeRegistration(Dynamic dynamic) {
        //文件上传路径
        String filepath = "e:/mvc/uploads";
        //5MB
        Long singleMax = (long) (5*Math.pow(2, 20));
        //10MB
        Long totalMax = (long) (10*Math.pow(2, 20));
        //配置 MultipartResolver，限制请求，单个文件 5MB，总文件 10MB
        dynamic.setMultipartConfig(new MultipartConfigElement(filepath,
```

```
                singleMax, totalMax, 0));
    }

}
```

配置它也很简单，代码中加粗的部分就是对文件的限制，它指定了文件上传的路径，单个文件最大为 5MB，总上传文件不得超过 10MB。如果使用 XML 配置，那么在配置 DispatcherServlet 的地方进行配置就可以了，如代码清单 15-51 所示。

代码清单 15-51：使用 XML 配置 MultipartResolver

```
<!-- 配置 DispatcherServlet -->
<servlet>
<!-- 注意：Spring MVC 框架会根据这个名词，
找到/WEB-INF/dispatcher-servlet.xml 作为配置文件载入 -->
<servlet-name>dispatcher</servlet-name>
<servlet-class>org.springframework.web.servlet.DispatcherServlet</servle
t-class>
<!-- 使得 Dispatcher 在服务器启动的时候就初始化 -->
<load-on-startup>2</load-on-startup>
<!--MultipartResolver 参数-->
<multipart-config>
<location>e:/mvc/uploads/</location>
<max-file-size>5242880</max-file-size>
<max-request-size>10485760</max-request-size>
<file-size-threshold>0</file-size-threshold>
</multipart-config>
</servlet>
```

通过这样的 XML 配置也可以实现对 MultipartResolver 的配置进行初始化，然后通过 XML 或者注解生成一个 StandardServletMultipartResolver 便可以了。

上述只是对 StandardServletMultipartResolver 的配置，也可以使用关于 Commons MultipartResolver 的配置，不过这不是一个最优方案，因为它依赖于第三方包的技术实现。在 Spring 或者 Servlet 版本过低的时候不得不使用这个方案。使用它首先可以配置一个 Bean，可以选择使用注解的方式进行配置，如代码清单 15-52 所示。

代码清单 15-52：使用 CommonsMultipartResolver

```
@Bean(name = "multipartResolver")
public MultipartResolver initCommonsMultipartResolver() {
    //文件上传路径
    String filepath = "e:/mvc/uploads";
    //5MB
    Long singleMax = (long) (5 * Math.pow(2, 20));
    //10MB
    Long totalMax = (long) (10 * Math.pow(2, 20));
    CommonsMultipartResolver        multipartResolver        =        new
CommonsMultipartResolver();
```

```
        multipartResolver.setMaxUploadSizePerFile(singleMax);
        multipartResolver.setMaxUploadSize(totalMax);
        try {
            multipartResolver.setUploadTempDir(new
    FileSystemResource(filepath));
        } catch (IOException e) {
            e.printStackTrace();
        }
        return multipartResolver;
    }
```

Bean name 为 multipartResolver 是不能变的，这是一个约定的名称。有了上面的代码修改为 XML 的方式也不困难，读者可以自行尝试，只是这需要第三方包才能实现，所以在使用 CommonsMultipartResolver 时，要导入对应的第三方包才能正确运行。但是 Spring MVC 是如何处理文件解析的呢？这是需要进一步探索的。

在 Spring MVC 中，对于 MultipartResolver 解析的调度是通过 DispatcherServlect 进行的。它首先判定请求是否是一种 enctype="multipart/*"请求，如果是并且存在一个名称为 multipartResolver 的 Bean 定义，那么它将会把 HttpServletRequest 请求转换为 MultipartHttpServletRequest 请求对象。MultipartHttpServletRequest 是一个 Spring MVC 自定义的接口，它扩展了 HttpServletRequest 和关于文件的操作接口 MultipartRequest。同样的，实现 MultipartHttpServletRequest 接口的是一个抽象的类，它就是 AbstractMultipartHttpServletRequest，它提供了一个公共的实现，在这个类的基础上，根据 MultipartResolver 的不同，派生出 DefaultMultipartHttpServletRequest 和 StandardMultipartHttpServletRequest，代表这可以根据实现方式的不同进行选择，它们的关系如图 15-16 所示。

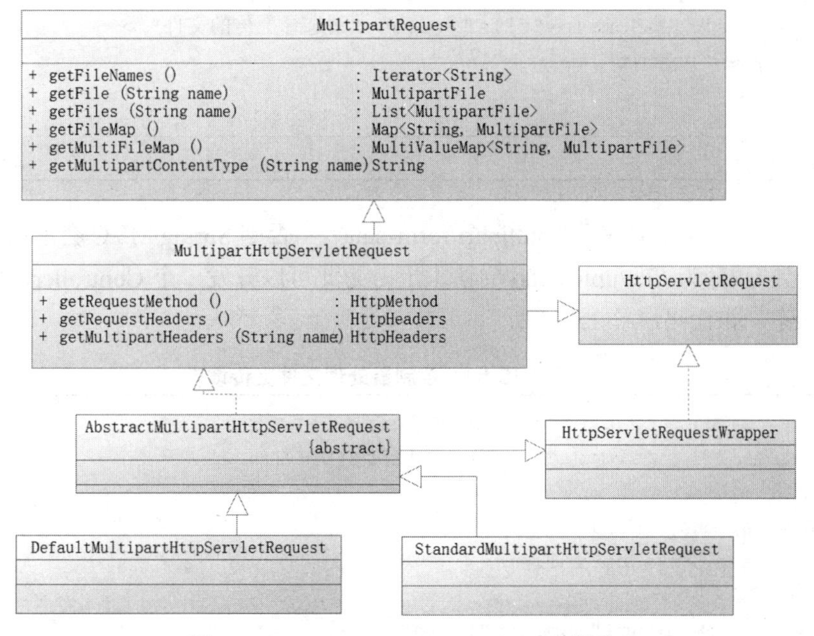

图 15-16 MultipartHttpServletRequest 设计

注意，图 15-16 只画出了 MultipartRequest 和 MultipartHttpServletRequest 两个接口的方法，并没有画出全部的方法，因为这两个接口定义的方法是本节关注的内容。从图 15-16 中可以看出，MultipartHttpServletRequest 具备原有 HttpServletRequest 对象的操作能力，也具备了文件操作的能力。对于文件的操作所持有的资源，到了最后 DispacterServlet 会释放掉对应的资源。它还会把文件请求转换为一个 MultipartFile 对象，通过这个对象就可以进一步操作文件了，这样对文件上传的开发就只需要关心其方法了。

15.8.2 提交上传文件表单

一般而言，文件提交会以 POST 请求为主，所以先来建一个表单，使用它可以上传文件，如代码清单 15-53 所示。

代码清单 15-53：定义文件上传表单

```
<%@ page language="java" contentType="text/html; charset=UTF-8"
pageEncoding="UTF-8"%>
<!DOCTYPE html PUBLIC "-//W3C//DTD HTML 4.01 Transitional//EN"
"http://www.w3.org/TR/html4/loose.dtd">
<html>
<head>
<meta http-equiv="Content-Type" content="text/html; charset=UTF-8">
<title>文件上传</title>
</head>
<body>
<form method="post" action="./file/upload.do"
enctype="multipart/form-data">
<input type="file" name="file" value="请选择上传的文件"/>
<input type="submit" value="提交"/>
</form>
</body>
</html>
```

注意，要把 enctype 定义为"multipart/form-data"，否则 Spring MVC 会解析失败。有了它就会提交到 URL 为./file/upload.do 的请求上，为此可以开发一个 Controller，用以处理各种文件的操作，如代码清单 15-54 所示。

代码清单 15-54：控制器处理文件上传请求

```
package com.ssm.chapter15.controller;
/**************** imports ****************/
@Controller
@RequestMapping("/file")
public class FileController {

    @RequestMapping("/upload")
    public ModelAndView upload(HttpServletRequest request) {
```

```
        //进行转换
        MultipartHttpServletRequest mhsr = (MultipartHttpServletRequest)
request;
        //获得请求上传的文件
        MultipartFile file = mhsr.getFile("file");
        //设置视图为 JSON 视图
        ModelAndView mv = new ModelAndView();
        mv.setView(new MappingJackson2JsonView());
        //获取原始文件名
        String fileName = file.getOriginalFilename();
        //目标文件
        File dest = new File(fileName);
        try {
            //保存文件
            file.transferTo(dest);
            //保存成功
            mv.addObject("success", true);
            mv.addObject("msg", "上传文件成功");
        } catch (IllegalStateException | IOException e) {
            //保存失败
            mv.addObject("success", false);
            mv.addObject("msg", "上传文件失败");
            e.printStackTrace();
        }
        return mv;
    }
}
```

通过上面的代码，就可以把文件保存到指定的路径中去了。这样会有一个问题，当使用 HttpServletRequest 作为方法参数的时候，会造成 API 侵入，因此也可以修改 MultipartFile 或者 Part 类对象。

MultipartFile 是一个 Spring MVC 提供的类，而 Part 则是 Servlet API 提供的类，下面学习如何使用它们，在 FileController 的基础上加入代码清单 15-55 的片段，对于表单而言，修改为对应的请求地址就可以进行测试了。

代码清单 15-55：使用 MultipartFile 和 Part

```
//使用 MultipartFile
@RequestMapping("/uploadMultipartFile")
public ModelAndView uploadMultipartFile(MultipartFile file) {
    //定义 JSON 视图
    ModelAndView mv = new ModelAndView();
    mv.setView(new MappingJackson2JsonView());
    //获取原始文件名
    String fileName = file.getOriginalFilename();
    file.getContentType();
```

```
        //目标文件
        File dest = new File(fileName);
        try {
            //保存文件
            file.transferTo(dest);
            mv.addObject("success", true);
            mv.addObject("msg", "上传文件成功");
        } catch (IllegalStateException | IOException e) {
            mv.addObject("success", false);
            mv.addObject("msg", "上传文件失败");
            e.printStackTrace();
        }
        return mv;
    }
    //使用 Part
    @RequestMapping("/uploadPart")
    public ModelAndView uploadPart(Part file) {
        ModelAndView mv = new ModelAndView();
        mv.setView(new MappingJackson2JsonView());
        //获取原始文件名
        String fileName = file.getSubmittedFileName();
        File dest = new File(fileName);
        try {
            //保存文件
            file.write("e:/mvc/uploads/" + fileName);
            mv.addObject("success", true);
            mv.addObject("msg", "上传文件成功");
        } catch (IllegalStateException | IOException e) {
            mv.addObject("success", false);
            mv.addObject("msg", "上传文件失败");
            e.printStackTrace();
        }
        return mv;
    }
```

上面使用了 MultipartFile 和 Part，它们的好处是把代码从 Servlet API 中解放出来，这体现了 Spring 的思维，高度的解耦性。此外，它也简化了许多关于文件的操作，这样对文件上传的开发就更为便利了。

第 16 章

Spring MVC 高级应用

本章目标

1．掌握 Spring MVC 消息转换流程和各类组件的使用方法
2．掌握如何给控制器添加通知
3．掌握如何处理控制器的异常
4．掌握国际化的应用要点

在第 14、15 章我们讨论了大部分 Spring MVC 的组件，并且给出了许多实例。有时候需要更深入地讨论关于消息的转换，比如如何从 HTTP 请求到组织成为一个 POJO 参数，因为有时候要对参数进行特殊规则绑定；又如从控制器返回后，如何将其返回的数据模型进行消息转换，使其变为各类不同的类型。从这个角度而言，Spring MVC 就是一个消息传递和处理框架；有些时候我们也会面对各类异常处理，或者国际化问题，所以这里需要深入研究 Spring MVC 以便适应更高层次的开发需要。

16.1 Spring MVC 的数据转换和格式化

之前讨论了 Spring MVC 的各个组件，你一定会诧异，为什么通过注解便可以让控制器得到丰富的参数类型，这就是 Spring MVC 的消息转换机制完成的内容。第 14 章只介绍了使用 HandlerAdapter 去执行处理器，这里有必要更加详细地讨论处理器的一些细节，毕竟这是 Spring MVC 的核心内容。

这里的处理器和我们自己开发的控制器不是同一个概念，处理器是在控制器功能的基础上加上了一层包装，有了这层包装，在 HTTP 请求达到控制器之前它就能够对 HTTP 的各类消息进行处理。首先当一个请求到达 DispatcherServlet 的时候，需要找到对应的 HandlerMapping，然后根据 HandlerMapping 去找到对应的 HandlerAdapter 执行处理器。处理器在要调用的控制器之前，需要先获取 HTTP 发送过来的信息，然后将其转变为控制器的各种不同类型参数，这就是各类注解能够得到丰富类型参数的原因。它首先用 HTTP 的消息转换器（HttpMessageConverter）对消息转换，但是这是一个比较原始的转换，它是 String

类型和文件类型比较简易的转换，它还需要进一步转换才能转换为 POJO 或者其他丰富的参数类型。为了拥有这样的能力，Spring 4 提供了转换器和格式化器，这样通过注解的信息和参数的类型，它就能够把 HTTP 发送过来的各种消息转换成为控制器所需要的各类参数了。

当处理器处理完了这些参数的转换，它就会进行验证，验证表单的方法在 15 章已经谈及。完成了这些内容，下一步就是调用开发者所提供的控制器了，将之前转换成功的参数传递进去，这样我们开发的控制器就能够得到丰富的 Java 类型的支持了，进而完成控制器的逻辑，控制器完成了对应的逻辑，返回结果后，处理器如果可以找到对应处理结果类型的 HttpMessageConverter 的实现类，它就会调用对应的 HttpMessageConverter 的实现类方法。对控制器返回的结果进行 HTTP 转换，这一步不是必须的，可以转换的前提是能够找到对应的转换器，在讨论注解@ResponseBody 时会再次看到这个过程，做完这些处理器的功能就完成了。

接下来就是关于视图解析和视图解析器的流程了，在前面的章节我们已经有了详细地阐述。整个过程是比较复杂的，有时候要自定义一些特殊的转换规则，比如我们和第三方合作，合作方可能提供的并不是一个良好的 JSON 格式，而是一些特殊的规则，这个时候就可能需要使用自定义的消息转换规则，把消息转换为对应的 Java 类型，从而简化开发，Spring MVC 消息转换流程，如图 16-1 所示。

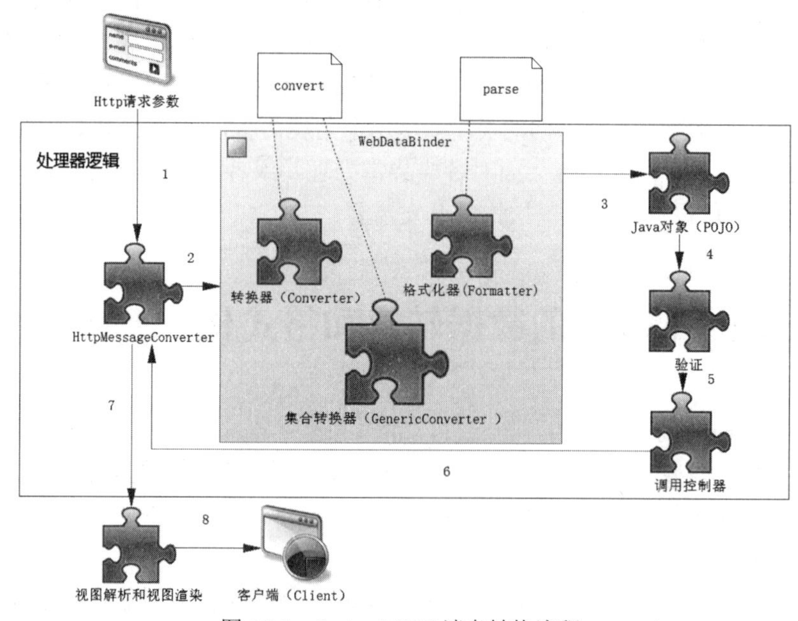

图 16-1　Spring MVC 消息转换流程

对于 Spring MVC，在 XML 配置了<mvc:annotation-driven>，或者 Java 配置的注解上加入@EnableWebMvc 的时候，Spring IoC 容器会自定义生成一个关于转换器和格式化器的类实例——FormattingConversionServiceFactoryBean，这样就可以从 Spring IoC 容器中获取这个对象了。从名字可以看出，它是一个工厂（Factory），那么对于工厂而言，就需要生成它的产品。它的产品主要就是 DefaultFormattingConversionService 类对象，类对象继承了一些类，并实现了许多接口，它的关系如图 16-2 所示。

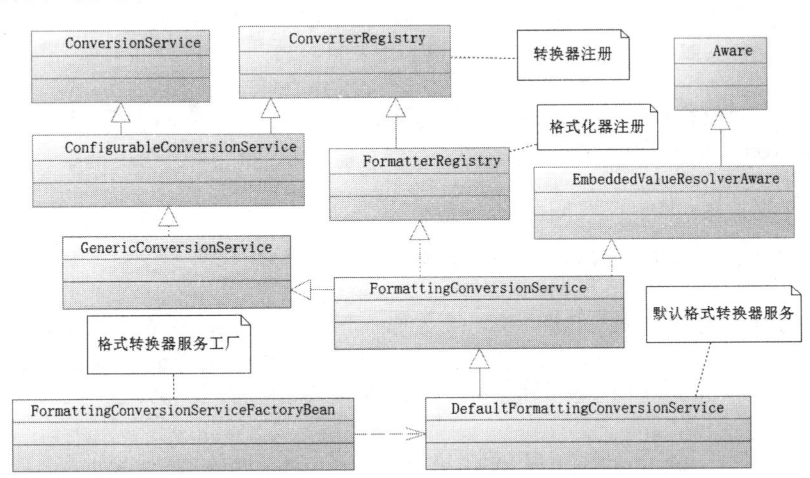

图 16-2 DefaultFormattingConversionService 的关系

图 16-2 展示了它的顶层接口——ConversionService 接口，它还实现了转换器的注册机（ConverterRegistry）和格式化器注册机（FormatterRegistry）两个接口，也就是说可以在它那注册转换器或者格式化器了。而事实上 Spring MVC 已经注册了一些常用的转换器和格式化器。在 Spring MVC 的流程中我们谈到处理器，就可以知道处理器并非控制器，但是它包含了控制器的逻辑，在运行控制器之前，它就会使用这些转换器把 HTTP 的数据转换为对应的类型，用以填充控制器的参数，这就是为什么可以在控制器保持一定的规则下就能够得到参数的原因。当控制器返回数据模型后，再通过 Spring MVC 后面对应的流程渲染数据，然后显示给客户端。

在 Java 类型转换之前，在 Spring MVC 中，为了应对 HTTP 请求，它还定义了 HttpMessageConverter，它是一个总体的接口，通过它可以读入 HTTP 的请求内容。也就是说，在读取 HTTP 请求的参数和内容的时候会先用 HttpMessageConverter 读出，做一次简单转换为 Java 类型，主要是字符串（String），然后就可以使用各类转换器进行转换了，在逻辑业务处理完成后，还可以通过它把数据转换为响应给用户的内容。

对于转换器而言，在 Spring 中分为两大类，一种是由 Converter 接口所定义的，另外一种是 GenericConverter，它们都可以使用注册机注册。注意，它们都是来自于 Spring Core 项目，而非 Spring MVC 项目，它的作用范围是 Java 内部各种类型之间的转换。

16.1.1 HttpMessageConverter 和 JSON 消息转换器

HttpMessageConverter 是定义从 HTTP 接受请求信息和应答给用户的，HttpMessageConverter 接口定义如代码清单 16-1 所示。

代码清单 16-1：HttpMessageConverter 接口定义

```
package org.springframework.http.converter;
/***************imports****************/
```

```
public interface HttpMessageConverter<T> {
    //判断类型是否可读，clazz 是类别，而对于 mediaType 是 HTTP 类型
    boolean canRead(Class<?> clazz, MediaType mediaType);

    //判断类型是否可写，clazz 是类别，而对于 mediaType 是 HTTP 类型
    boolean canWrite(Class<?> clazz, MediaType mediaType);

    //对于 mediaType 是 HTTP 的类型
    List<MediaType> getSupportedMediaTypes();

    //读取数据类型，进行转换，clazz 是类，而 inputMessage 是 HTTP 请求消息
    T read(Class<? extends T> clazz, HttpInputMessage inputMessage)
            throws IOException, HttpMessageNotReadableException;

    //消息写，contentType 是 HTTP 类型，outputMessage 是 HTTP 的应答消息
    void write(T t, MediaType contentType, HttpOutputMessage outputMessage)
            throws IOException, HttpMessageNotWritableException;

}
```

对于这几个方法，代码中已经加入了中文的注释，相信大家也不难理解。在大部分情况下，都不需要实现它们，因为 Spring MVC 中已经提供了许多实现类。HttpMessageConverter 是一个比较广的设计，虽然 Spring MVC 实现它的类有很多种，但是真正在工作和学习中使用得比较多的只有 MappingJackson2HttpMessageConverter，这是一个关于 JSON 消息的转换类，通过它能够把控制器返回的结果在处理器内转换为 JSON 数据，下面的实例主要就是针对它的应用。MappingJackson2HttpMessageConverter 的实现，如图 16-3 所示。

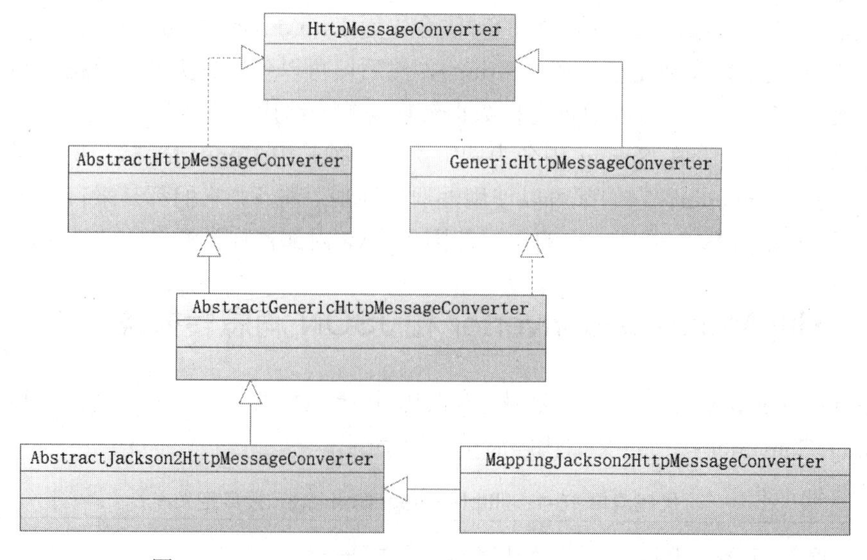

图 16-3　MappingJackson2HttpMessageConverter 的实现

使用之前需要配置，先来看如何注册 MappingJackson2HttpMessageConverter，如代码清单 16-2 所示。

代码清单 16-2：注册 MappingJackson2HttpMessageConverter

```
@Bean(name="requestMappingHandlerAdapter")
public HandlerAdapter initRequestMappingHandlerAdapter() {
    //创建 RequestMappingHandlerAdapter 适配器
    RequestMappingHandlerAdapter            rmhd            =            new
RequestMappingHandlerAdapter();
    //HTTP JSON 转换器
    MappingJackson2HttpMessageConverter  jsonConverter
       = new MappingJackson2HttpMessageConverter();
    //http 类型支持为 JSON 类型
    MediaType mediaType = MediaType.APPLICATION_JSON_UTF8;
    List<MediaType> mediaTypes = new ArrayList<MediaType>();
    mediaTypes.add(mediaType);
    //加入转换器的支持类型
    jsonConverter.setSupportedMediaTypes(mediaTypes);
    //往适配器加入 JSON 转换器
    rmhd.getMessageConverters().add(jsonConverter);
    return rmhd;
}
```

代码中加入了一个 HTTP 响应请求类型 mediaTypes 变量，它是一个 JSON 类型，通过对它的判断就知道该转换器可以支持 JSON 转换，当我们在控制器中加入了注解@ResponseBody 的时候，Spring MVC 便会将应答请求转变为关于 JSON 的类型。这样的一次转换，就意味着处理器会在控制器返回结果后，遍历其项目中定义的各类 HttpMessageConverter 实现类，由于 MappingJackson2HttpMessageConverter 定义为支持 JSON 数据的转换，它和@ResponseBody 所定义的响应类型一致，因此 Spring MVC 就知道采用 MappingJackson2HttpMessageConverter 将控制器返回的结果进行处理，这样就转换为了 JSON 数据集了。注意，此时在 Spring MVC 的流程中返回的 ModelAndView 为 null，所以也就没有后面的视图渲染的过程了。换句话说，Spring MVC 会处理这样的流程，它们都会在 Spring MVC 处理器执行时候完成。

也可以使用 XML 的形式去代替代码清单 16-2 的内容，如代码清单 16-3 所示。

代码清单 16-3：使用 XML 配置 MappingJackson2HttpMessageConverter

```
<bean

class="org.springframework.web.servlet.mvc.method.annotation.RequestMapp
ingHandlerAdapter">
    <property name="messageConverters">
        <list>
            <ref bean="jsonConverter" />
        </list>
```

```
        </property>
    </bean>

    <bean id="jsonConverter"

    class="org.springframework.http.converter.json.MappingJackson2HttpMessag
    eConverter">
        <property name="supportedMediaTypes">
            <list>
                <value>application/json;charset=UTF-8</value>
            </list>
        </property>
    </bean>
```

实际上和使用 Java 配置并无不同，所以在项目中选择其中的一种方法来配置它就可以了，然后要处理的是应用问题。

对于它的应用十分简单，只需要一个注解@ResponseBody 就可以了。当遇到这个注解的时候，Spring MVC 就会将应答类型转变为 JSON，然后就可以通过响应类型找到配置的 MappingJackson2HttpMessageConverter 进行转换了，如代码清单 16-4 所示。

代码清单 16-4：使用 MappingJackson2HttpMessageConverter 转换为 JSON

```
package com.ssm.chapter16.controller;
/**************** imports ****************/
@Controller
@RequestMapping(value = "/role")
public class RoleController {
    //注册角色服务类
    @Autowired
    private RoleService roleService = null;

    @RequestMapping(value = "/getRole")
    //注解，使得 Spring MVC 把结果转化为 JSON 类型响应，进而找到转换器
@ResponseBody
    public Role getRole(Long id) {
        Role role = roleService.getRole(id);
        return role;
    }
}
```

注解@ResponseBody 将标记 Spring MVC，将响应结果转变为 JSON，这样在控制器返回结果后，它会通过类型判断找到 MappingJackson2HttpMessageConverter 实例，进而在处理器内转变为 JSON，从而满足 JSON 的转换的要求。

HttpMessageConverter 是 Spring MVC 用处较广的设计，主要的作用在于 Java 和 HTTP 之间的消息转换。对于一些细节上的转换，是以 Spring Core 项目提供的 Converter 和

GenericConverter，以及 Spring Context 包的 Formatter 进行转换的，下面学习它们。

16.1.2　一对一转换器（Converter）

Converter 是一种一对一的转换器，先看 Converter 的源码，如代码清单 16-5 所示。

代码清单 16-5：接口 Converter

```
package org.springframework.core.convert.converter;
/***
 *
 * 转换器接口
 * @param <S> 源类型
 * @param <T> 目标类型
 */
public interface Converter<S, T> {
    T convert(S source);
}
```

这个接口十分简单，可以通过实现它实现数据的转换，而实际上 Spring MVC 实现了不少的转换器，部分转换器如表 16-1 所示。

表 16-1　Spring Core 项目的部分转换器

转　换　器	说　　明
CharacterToNumber	将字符转换为数字
IntegerToEnum	将整数转换为枚举类型
ObjectToStringConverter	将对象转换为字符串
SerializingConverter	序列化转换器
DeserializingConverter	反序列化转换器
StringToBooleanConverter	将字符串转换为布尔值
StringToEnum	将字符串转换为枚举
StringToCurrencyConverter	将字符串转换为金额
EnumToStringConverter	将枚举转化为字符串

通过 HttpMessageConverter 把 HTTP 的消息读出后，Spring MVC 就开始使用这些转换器来将 HTTP 的信息，转化为控制器的参数，这就是能在控制器上获得各类参数的原因。大部分情况下，Spring MVC 所提供的功能，能够满足一般的需求，但是有时候我们需要进行自定义转换规则，这当然也不会太困难，只要实现接口 Converter，然后注册给对应的转换服务类就可以了。实现它十分简单，比如现在有一个角色对象，它将会按照格式{id}-{role_name}-{note}进行传递。定义一个关于字符串和角色的转换类，如代码清单 16-6 所示。

代码清单 16-6：字符串角色转换器

```
package com.ssm.chapter16.converter;
```

```
/*************** imports ***************/
public class StringToRoleConverter implements Converter<String, Role> {

    @Override
    public Role convert(String str) {
        //空串
        if (StringUtils.isEmpty(str)) {
            return null;
        }
        //不包含指定字符
        if (str.indexOf("-") == -1) {
            return null;
        }
        String[] arr = str.split("-");
        //字符串长度不对
        if (arr.length != 3) {
            return null;
        }
        Role role = new Role();
        role.setId(Long.parseLong(arr[0]));
        role.setRoleName(arr[1]);
        role.setNote(arr[2]);
        return role;
    }

}
```

只是有这个类，Spring MVC 并不会将所传递的字符串转换为角色对象，因为还需要进行注册。注意，从这节开始，谈到了在配置 Spring MVC 时，如果使用注解@EnableWebMvc 或者在 XML 配置文件使用<mvc:annotation-driven/>，那么系统就会自动初始化 FormattingConversionServiceFactoryBean 实例。通过它可以生成一个 ConversionService 接口对象，实际为 DefaultFormattingConversionService 对象，只需要通过这层关系，就可以注册一个新的转换器了，使用代码清单 16-7 将它注册。

代码清单 16-7：注册自定义转换器

```
//自定义转换器列表
private List<Converter> myConverter = null;

//依赖注入 FormattingConversionServiceFactoryBean 对象，它是一个自动初始化的对象
@Autowired
private FormattingConversionServiceFactoryBean fcsfb = null;

@Bean(name = "myConverter")
public List<Converter> initMyConverter() {
    if (myConverter == null) {
```

```
        myConverter = new ArrayList<Converter>();
    }
    //自定义的字符串和角色转换器
    Converter roleConverter = new StringToRoleConverter();
    myConverter.add(roleConverter);
//往转换服务类注册转换器
    fcsfb.getObject().addConverter(roleConverter);
    return myConverter;
}
```

通过依赖注入来获取系统自动初始化的 FormattingConversionServiceFactoryBean 实例，这样就可以用它来注册自定义 StringToRoleConverter 转换器了。如果不使用注解方式的配置，那么也可以使用 XML 配置，如代码清单 16-8 所示。

代码清单 16-8：使用 XML 配置自定义转换器

```
<mvc:annotation-driven conversion-service="conversionService" />
<bean id="conversionService"
    class="org.springframework.format.support.FormattingConversionServic
eFactoryBean">
    <property name="converters">
        <list>
            <bean class="com.ssm.chapter16.converter.StringToRoleConverter"
/>
        </list>
    </property>
</bean>
```

首先在<mvc:annotation-driven/>元素上指定转换服务类，然后通过配置其属性加载对应的转换器，这就是 XML 的配置方法。

为了测试自定义转换器，这里在控制器内加入一个新的方法，比如实现更新角色的功能，如代码清单 16-9 所示。

代码清单 16-9：测试自定义转换器

```
@RequestMapping(value = "/updateRole")
@ResponseBody
public Map<String, Object> updateRole(Role role) {
    Map <String, Object> result = new HashMap<String, Object>();
    //更新角色
    boolean updateFlag = (roleService.updateRole(role) == 1);
    result.put("success", updateFlag);
    if (updateFlag) {
        result.put("msg", "更新成功");
    } else {
        result.put("msg", "更新失败");
    }
```

```
    return result;
}
```

在控制器中加入了这个方法，就可以对自定义的转换器进行测试了，如图 16-4 所示，传递了角色信息 role=1-update_role_name_1-update_note_1，这样就能使用我们的转换器进行转换了。

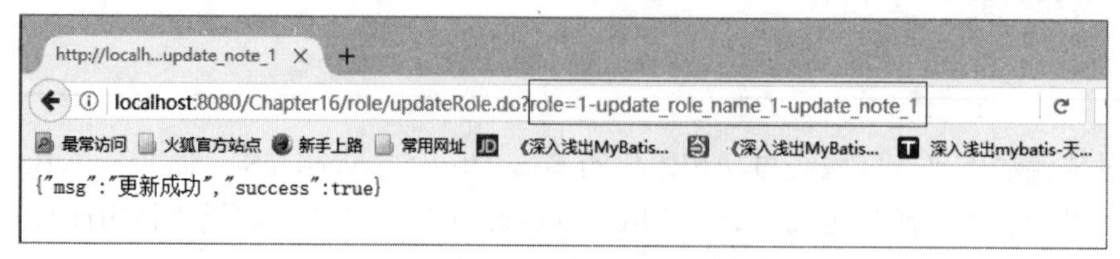

图 16-4　测试自定义转换器

这样就能把图中的参数，通过自定义的转换器转换成角色对象了。

16.1.3　数组和集合转换器 GenericConverter

上述的转换器是一种一对一的转换，它存在一个弊端：只能从一种类型转换成另一种类型，不能进行一对多转换，比如把 String 转换为 List<String>或者 String[]，甚至是 List<Role>，一对一转换器都无法满足。为了克服这个问题，Spring Core 项目还加入了另外一个转换器结构 GenericConverter，它能够满足数组和集合转换的要求。首先看它的接口定义，如代码清单 16-10 所示。

代码清单 16-10：GenericConverter 接口定义

```
package org.springframework.core.convert.converter;

/*************** imports ***************/
public interface GenericConverter {
    //返回可接受的转换类型
    Set<ConvertiblePair> getConvertibleTypes();
    //转换方法
    Object convert(Object source, TypeDescriptor sourceType, TypeDescriptor 
targetType);

    //可转换匹配类
    final class ConvertiblePair {
        //源类型
        private final Class<?> sourceType;
        //目标类型
        private final Class<?> targetType;

        public ConvertiblePair(Class<?> sourceType, Class<?> targetType) {
            Assert.notNull(sourceType, "Source type must not be null");
            Assert.notNull(targetType, "Target type must not be null");
```

```
            this.sourceType = sourceType;
            this.targetType = targetType;
        }

        public Class<?> getSourceType() {
            return this.sourceType;
        }

        public Class<?> getTargetType() {
            return this.targetType;
        }

        @Override
        public boolean equals(Object other) {
            if (this == other) {
                return true;
            }
            if (other == null || other.getClass() != ConvertiblePair.class)
{
                return false;
            }
            ConvertiblePair otherPair = (ConvertiblePair) other;
            return (this.sourceType == otherPair.sourceType
&& this.targetType == otherPair.targetType);
        }

        @Override
        public int hashCode() {
            return (this.sourceType.hashCode() * 31 + this.targetType.
hashCode());
        }

        @Override
        public String toString() {
            return (this.sourceType.getName() + " -> " + this.targetType.
getName());
        }
    }

}
```

在 Spring MVC 中，这是一个比较底层的接口，为了进行类型匹配判断，还定义了另外一个接口，这个接口就是 ConditionalConverter，源码如代码清单 16-11 所示。

代码清单 16-11：ConditionalConverter 源码

```
package org.springframework.core.convert.converter;
```

```
/*************** imports ***************/
public interface ConditionalConverter {
    //sourceType 源数据类型，targetType 目标数据类型，如果返回 true，才进行下一步转
换
    boolean matches(TypeDescriptor sourceType, TypeDescriptor targetType);
}
```

从类的名称可以猜出它是一个有条件的转换器，也就是只有当它所定义的方法 matches 返回为 true，才会进行转换。但是它仅仅是一个方法，为了整合原有的接口 GenericConverter，有了一个新的接口——ConditionalGenericConverter，它是最常用的集合转换器接口。首先 ConditionalGenericConverter 继承了两个接口的方法，既能判断，又能转换，它的源码如代码清单 16-12 所示。

代码清单 16-12：ConditionalGenericConverter 源码

```
package org.springframework.core.convert.converter;
import org.springframework.core.convert.TypeDescriptor;
public interface ConditionalGenericConverter extends GenericConverter,
ConditionalConverter {
}
```

基于这个接口的基础，Spring Core 开发了不少的实现类，这些实现类都会注册到 ConversionService 对象里，通过 ConditionalConverter 的 matches 进行匹配。如果可以匹配，则会调用 convert 方法进行转换，它能够提供各种对数组和集合的转换。

首先这些实现类都实现了 ConditionalGenericConverter 接口，它们之间的关系如图 16-5 所示。

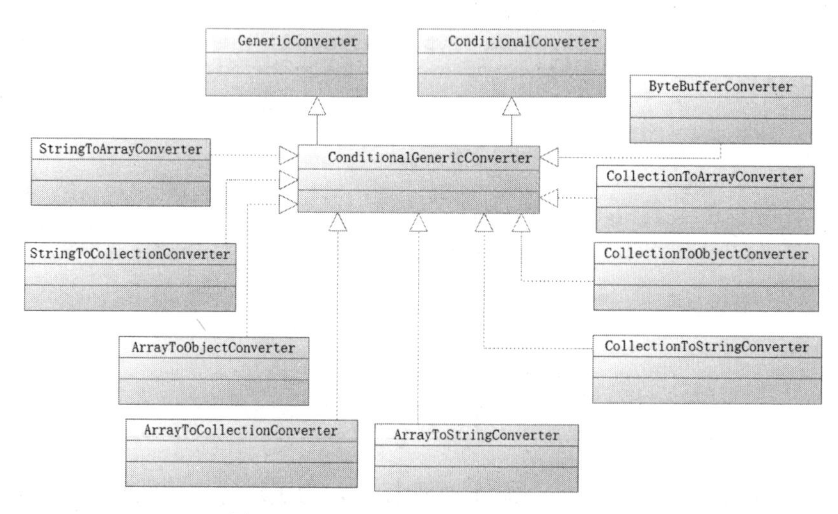

图 16-5　GenericConverter 转换实现类

从图 16-5 的各种类型的转换中抽出一个 Spring MVC 自身已经实现的类来查看源码，比如 StringToArrayConverter，如代码清单 16-13 所示。

代码清单 16-13：StringToArrayConverter 源码

```
package org.springframework.core.convert.support;
/**************** imports ****************/
final class StringToArrayConverter implements ConditionalGenericConverter
{

   //转换服务类
   private final ConversionService conversionService;

   //构造方法
   public StringToArrayConverter(ConversionService conversionService) {
      this.conversionService = conversionService;
   }

   //可接受的类型
   @Override
public Set<ConvertiblePair> getConvertibleTypes() {
   //确定转换类型
return       Collections.singleton(new       ConvertiblePair(String.class,
Object[].class));
   }

   //查找是否存在 Converter 支持转换，如果不使用系统的，那么需要自己注册
   @Override
   public  boolean  matches(TypeDescriptor  sourceType,  TypeDescriptor
targetType) {
      return this.conversionService.canConvert(sourceType,
         targetType.getElementTypeDescriptor());
   }

   //转换方法
   @Override
  public   Object   convert(Object   source,   TypeDescriptor   sourceType,
TypeDescriptor targetType) {
      if (source == null) {
         return null;
      }
      //源数据
      String string = (String) source;
      //逗号分隔字符串
      String[]   fields   =   StringUtils.commaDelimitedListToStringArray
(string);
      //转换目标
      Object     target     =     Array.newInstance(targetType.getElement
TypeDescriptor().getType(),
         fields.length);
```

```
        //遍历数组
        for (int i = 0; i < fields.length; i++) {
           String sourceElement = fields[i];
        //使用conversionService做类型转换,要求我们使用一个自定义或者Spring  Core
    的Converter
    Object        targetElement        =        this.conversionService.convert
    (sourceElement.trim(),
                 sourceType, targetType.getElementTypeDescriptor());
           Array.set(target, i, targetElement);
        }
        return target;
     }

  }
```

这里的源码加入了笔者的注释，这样更加便于理解。首先，创建 StringToArrayConverter 对象需要一个 ConversionService 对象。这显然让我们想起了 FormattingConversionServiceFactoryBean 对象，而 getConvertibleTypes 方法则是可以自定义的类型，matches 方法匹配类型，通过原类型和目标类型判定使用何种 Converter 能够转换，那么 convert 方法用于完成对字符串和数字的转换。在大部分情况下，我们都不需要自定义 ConditionalGenericConverter 实现类，只需要使用 Spring MVC 提供的便可以了。

由于需要使用一个定义好的 Converter，所以利用代码清单 16-6 所定义的转换器——StringToRoleConverter 转换出一个数组。按照 StringToArrayConverter 对象的逻辑，每一个数组的元素都需要用逗号分隔，所以在原有 StringToRoleConverter 的规则上，让每一个角色对象的传递加入一个逗号分隔便可以了。下面使用代码清单 16-14，接受一个角色 List 对象。

代码清单 16-14：接受角色 List 对象

```
@RequestMapping(value = "/updateRoleList")
@ResponseBody
public Map<String, Object> updateRoleList(List<Role> roleList) {
    Map <String, Object> result = new HashMap<String, Object>();
    //更新角色列表
    boolean updateFlag = (roleService.updateRoleArr(roleList) > 1);
    result.put("success", updateFlag);
    if (updateFlag) {
        result.put("msg", "更新成功");
    } else {
        result.put("msg", "更新失败");
    }
    return result;
}
```

通过请求就可以对其进行测试了，如图 16-6 所示。

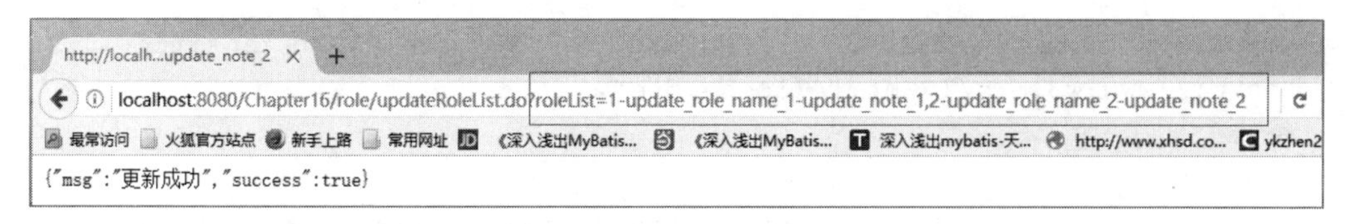

图 16-6　测试数组转换

从图 16-6 中，可以看到转换成功的信息。如果需要自己定义，可以参考 Converter 类的注册方法，加入自己定义的 ConditionalGenericConverter 实现类也是可行的，但是使用得比较少，这里就不再演示了。

16.1.4　使用格式化器（Formatter）

有些数据需要格式化，比如说金额、日期等。传递的日期格式为 yyyy-MM-dd 或者 yyyy-MM-dd hh:ss:mm，这些是需要格式化的，对于金额也是如此，比如 1 万元人民币，在正式场合往往要写作￥10 000.00，这些都要求把字符串按照一定的格式转换为日期或者金额。

为了对这些场景做出支持，Spring Context 提供了相关的 Formatter。它需要实现一个接口——Formatter，而 Formatter 又扩展了两个接口 Printer 和 Parser，它们的方法和关系如图 16-7 所示。

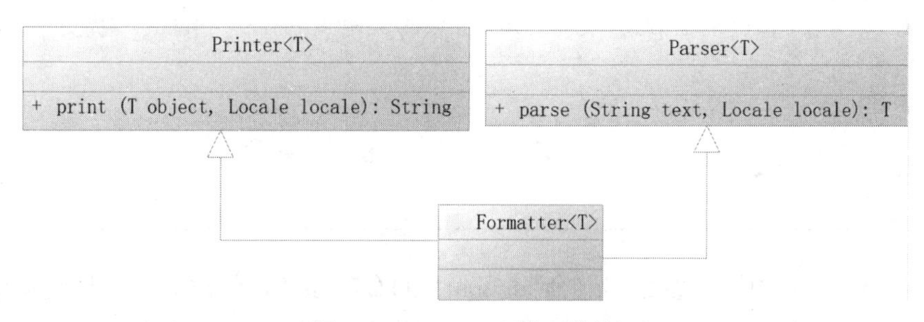

图 16-7　Formatter 接口设计

通过 print 方法能将结果按照一定的格式输出字符串。通过 parse 方法能够将满足一定格式的字符串转换为对象。这样就能够满足我们对格式化数据的需求了，它的内部实际是委托给 Converter 机制去实现的，我们需要自定义的场合并不多，所以这里以学习用法为主。

在 Spring 内部用得比较多的两个注解是@DateTimeFormat 和@NumberFormat，在客户端显示需要使用相关的标签（关于这些可以参考附录 C 中的内容）这里主要集中在输入转换的内容上。

日期格式化器在 Spring MVC 中是由系统在启动时完成初始化的，所以并不需要进行干预，同时还提供注解@DateTimeFormat 来进行日期格式的定义，而采用注解@NumberFormat 来进行数字的格式转换。假设有一个日期表单，如代码清单 16-15 所示。

代码清单 16-15：日期表单

```
<%@page    language="java"    contentType="text/html;    charset=UTF-8"
pageEncoding="UTF-8"%>
```

```
<!DOCTYPE html PUBLIC "-//W3C//DTD HTML 4.01 Transitional//EN"
"http://www.w3.org/TR/html4/loose.dtd">
<html>
<head>
<meta http-equiv="Content-Type" content="text/html; charset=UTF-8">
<title>date</title>
</head>
<body>
<form id="form" action="./convert/format.do">
<table>
<tr>
<td>日期</td>
<td><input id="date " name="date1" type="text"
                         value="2017-06-01" /></td>
</tr>
<tr>
<td>日期</td>
<td><input id="amount " name="amount1" type="text"
                         value="123,000.00" /></td>
</tr>
<tr>
<td></td>
<td align="right"><input id="commit" type="submit" value="提交" /></td>
</tr>
</table>
</form>
</body>
</html>
```

这样一个 date1 的日期参数和一个 amount1 的金额参数，经过表单的提交就到达了控制器，为了让控制器能够接收表单的这些参数，这里将采用@DateTimeFormat 标注日期参数，用@NumberFormat 标注数字参数便可以进行转换了。这样拦截器就能够找到对应的日期数字转换器转换参数了，如代码清单 16-16 所示。

代码清单 16-16：测试数据转换的控制器

```
package com.ssm.chapter15.controller;
/**************** imports ****************/
@Controller
@RequestMapping("/convert")
public class ConvertController {

    @RequestMapping("/format")
    public ModelAndView format(
        //日期格式化
        @RequestParam("date1") @DateTimeFormat(iso = ISO.DATE) Date date,
        //金额格式化
```

```
        @RequestParam("amount1")  @NumberFormat(pattern = "#,###.##")
    Double amount) {
        ModelAndView mv = new ModelAndView("index");
        mv.addObject("date", date);
        mv.addObject("amount", amount);
        return mv;
    }
}
```

通过注解@DateTimeFormat 和@NumberFormat，然后通过 iso 配置的格式，处理器就能够将参数通过对应的格式化器进行转换，然后传递给控制器了，只是 HTTP 传递的参数为 date1 和 amount1，所以采用了注解@RequestParam 来获取，这样便能够拿到对应的请求参数了。参数可以是一个 POJO，而不单单是一个日期或者数字，只是要给 POJO 加入对应注解，比如日期和数字 POJO，如代码清单 16-17 所示。

代码清单 16-17：日期和数字 POJO

```
package com.ssm.chapter16.pojo;

/**************** imports ****************/
public class FormatPojo {
    @DateTimeFormat(iso = DateTimeFormat.ISO.DATE)
    private Date date1;

    @NumberFormat(pattern = "##,###.00")
    private BigDecimal amount1;
    /***************setters and getters***************/
}
```

同样的大家可以看到，代码给对应的需要转换的属性上加入了注解，这样 Spring 的处理器就会根据注解使用对应的转换器，按照配置进行转换，此时控制器方法的参数就可以定义为一个 POJO。为此在 ConvertController 原有的基础上再增加一个方法，它将使用一个 POJO 接收参数，如代码清单 16-18 所示。

代码清单 16-18：接收 POJO 参数

```
@RequestMapping("/formatPojo")
public ModelAndView formatPojo(FormatPojo pojo) {
    ModelAndView mv = new ModelAndView("index");
    mv.addObject("date", pojo.getDate1());
    mv.addObject("amount", pojo.getAmount1());
    return mv;
}
```

因为将请求的映射修改为了 formatPojo.do，所以在进行测试的时候，也需要将代码清单 16-18 的请求修改为./convert/formatPojo.do，这样就能够对它进行测试，如图 16-8 所示。

在参数比较多的时候，使用 POJO 的方式接收参数是十分有益的，它能够有效提高可读性和可维护性。

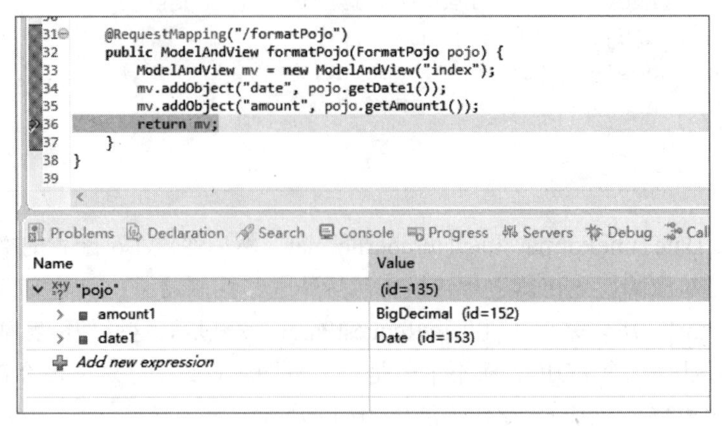

图 16-8　测试接收 POJO 参数

16.2　为控制器添加通知

与 Spring AOP 一样，Spring MVC 也能够给控制器加入通知，它主要涉及 4 个注解：

- @ControllerAdvice，主要作用于类，用以标识全局性的控制器的拦截器，它将应用于对应的控制器。
- @InitBinder，是一个允许构建 POJO 参数的方法，允许在构造控制器参数的时候，加入一定的自定义控制。
- @ExceptionHandler，通过它可以注册一个控制器异常，使用当控制器发生注册异常时，就会跳转到该方法上。
- @ModelAttribute，是一种针对于数据模型的注解，它先于控制器方法运行，当标注方法返回对象时，它会保存到数据模型中。

一个控制器通知的实例，如代码清单 16-19 所示。

代码清单 16-19：控制器通知

```
package com.ssm.chapter16.controller.advice;
/**************** imports ****************/
//标识控制器通知，并且指定对应的包
@ControllerAdvice(basePackages={"com.ssm.chapter16.controller.advice"})
public class CommonControllerAdvice {

    //定义 HTTP 对应参数处理规则
    @InitBinder
    public void initBinder(WebDataBinder binder) {
        //针对日期类型的格式化，其中 CustomDateEditor 是客户自定义编辑器
        //它的 boolean 参数表示是否允许为空
```

```
        binder.registerCustomEditor(Date.class,
            new    CustomDateEditor(new    SimpleDateFormat("yyyy-MM-dd"),
false));
    }

    //处理数据模型，如果返回对象，则该对象会保存在
    @ModelAttribute
    public void populateModel(Model model) {
        model.addAttribute("projectName", "chapter16");
    }

    //异常处理，使得被拦截的控制器方法发生异常时，都能用相同的视图响应
    @ExceptionHandler(Exception.class)
    public String exception() {
        return "exception";
    }

}
```

首先，注解@ControllerAdvice 已经标记了@Component，所以标注它，Spring MVC 在扫描的时候就会将其放置到 IoC 容器中，而它的属性 basePackages 则是指定拦截的控制器。然后，通过注解@InitBinder 可以获得一个参数——WebDataBinder，它是一个可以指定 POJO 参数属性转换的数据绑定，这里使用了关于日期的 CustomDateEditor，并且指定格式为 yyyy-MM-dd，它还允许自定义验证器，在第 15 章看到了这个过程，它的作用是允许参数的转换和验证器进行自定义。这样被拦截的控制器关于日期对象的参数，都会被它处理，就不需要我们自己制定 Formatter 了。再次，@ModelAttribute 是关于数据模型的，它会在进入控制器方法前运行，加入一个数据模型键值对"projectName"->"chapter16"。最后，@ExceptionHandler 的作用是制定被拦截的控制器发生异常后，如果异常匹配，就会使用该方法处理，返回字符串"exception"，那它就会找到对应的异常 JSP 去响应，这样就可以避免异常页面的不友好。有了这个控制器通知，不妨使用控制器去测试它们，如代码清单 16-20 所示。

代码清单 16-20：测试控制器通知

```
package com.ssm.chapter16.controller.advice;
/**************** imports ****************/
@Controller
@RequestMapping("/advice")
public class MyAdviceController {

    /***
     *
     * @param date 日期，在@initBinder 绑定的方法有注册格式
     * @param model 数据模型，@ModelAttribute 方法会先于请求方法运行
     * @return map
```

```
     */
    @RequestMapping("/test")
    @ResponseBody
    public Map<String, Object> testAdvice(Date date,
        @NumberFormat(pattern = "##,###.00") BigDecimal amount, Model model)
{
        Map<String, Object> map = new HashMap<String, Object>();
        //由于@ModelAttribute 注解的通知会在控制器方法前运行，所以这样也会取到数据
        map.put("project_name", model.asMap().get("projectName"));
        map.put("date", DateUtils.format(date, "yyyy-MM-dd"));
        map.put("amount", amount);
        return map;
    }

    /**
     * 测试异常.
     */
    @RequestMapping("/exception")
    public void exception() {
        throw new RuntimeException("测试异常跳转");
    }
}
```

首先这个控制位于控制器通知所扫描的包（com.ssm.chapter16.controller.advice）下，所以它将被通知所拦截。在 testAdvice 方法中，日期并没有加入格式化，因为在通知那里被@InitBinder 标注通知方法已经加入，所以无须重复加载。而对于参数 model 实际上在进入方法前由于运行了通知，被标注@ModelAttribute 的方法，所以它会有一个数据模型键值对（"projectName"->"chapter16"），这样我们就能从数据模型中查数据了。exception 方法就是为了测试异常而设置的方法，依据通知，当发生异常的时候将使用对应的 JSP 作为响应，这样界面就更为友好了。图 16-9 是笔者对 testAdvice 方法的测试。

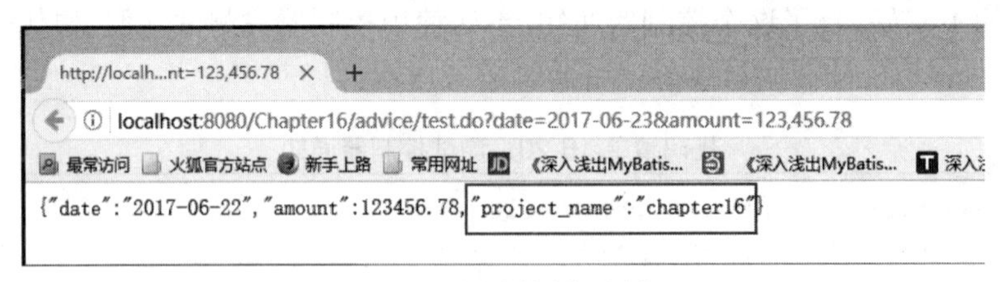

图 16-9　测试控制器通知

图 16-9 中传递的日期参数和通过@ModelAttribute 所设置的参数都可以获取了，这就是控制器的通知功能。

而事实上，控制器（注解@Controller）也可以使用@InitBinder、@ExceptionHandler、@ModelAttribute。注意，它只对于当前控制器有效，在@ModelAttribute 的功能上面只是谈到了一点，这里需要更为详细地讨论它。我们之前谈过，它是一个和数据模型有关的注解，你还可以给它变量名称（一个字符串），当它返回值的时候，它就能够保存到数据模型中了，

这样就可以通过它和变量名称获取数据模型的数据了，代码清单 16-21 演示了这个过程。

代码清单 16-21：测试@ModelAttribute

```
package com.ssm.chapter16.controller;
/*************** imports ***************/
@Controller
@RequestMapping(value = "/role")
public class RoleController {

    @Autowired
    private RoleService roleService = null;

    /**
     * 在进入控制器方法前运行，先从数据库中查询角色，然后以键 role 保存角色对象到数据模
型
     * @param id 角色编号
     * @return 角色
     */
    @ModelAttribute("role")
    public Role initRole(@RequestParam(value="id", required = false) Long
id) {
        //判断 id 是否为空
        if (id == null || id < 1 ) {
            return null;
        }
        Role role = roleService.getRole(id);
        return role;
    }

    /**
     * @ModelAttribute 注解从数据模型中取出数据，
     * @param role 从数据模型中取出的角色对象
     * @return 角色对象
     */
    @RequestMapping(value="getRoleFromModelAttribute")
    @ResponseBody
    public Role getRoleFromModelAttribute(@ModelAttribute("role") Role
role) {
        return role;
    }

}
```

注意，这个控制器并不在注解@ControllerAdvice 所扫描的包内，所以不会被公共通知所拦截，它内部的注解@ModelAttribute 只是针对当前控制器本身。它所注解的方法会在控制器之前运行。这里定义变量名为 role，这样在运行这个方法之后，返回查询的角色对象，

系统就会把返回的角色对象以键 role 保存到数据模型。getRoleFromModelAttribute 方法的角色参数也只需要注解@ModelAttribute 通过变量名 role 取出即可，这样就完成了参数传递。

16.3 处理异常

控制器的通知注解@ExceptionHandler 可以处理异常，这点之前我们已经讨论过。此外，Spring MVC 还提供了其他的异常处理机制，通过使用它们可以获取更为精确的信息，从而为定位问题带来方便。在默认的情况下，Spring 会将自身产生的异常转换为合适的状态码，通过这些状态码可以进一步确定异常发生的原因，便于找到对应的问题，如表 16-2 所示。

表 16-2　Spring 中一部分异常默认的映射码

Spring 异常	状 态 码	备　注
BindException	400-Bad Request	数据绑定异常
ConversionNotSupportedException	500-Internal Server Error	数据类型转换异常
HttpMediaTypeNotSupportedException	406-Not Acceptable	HTTP 媒体类型不可接受异常
HttpMediaTypeNotSupportedException	415-Unsupported Media Type	HTTP 媒体类型不支持异常
HttpMessageNotReadableException	400-Bad Request	HTTP 消息不可读异常
HttpMessageNotWritableException	500-Internal Server Error	HTTP 消息不可写异常
HttpRequestMethodNotSupportedException	405-Method Not Allowed	HTTP 请求找不到处理方法异常，往往是 HandlerMapping 找不到控制器或其方法响应
MethodArgumentNotValidException	400-Bad Request	控制器方法参数无效异常，一般是参数方面的问题
MissingServletRequestParameterException	400-Bad Request	缺失参数异常
MissingServletRequestPartException	400-Bad Request	方法中表明了采用"multipart/form-data"请求，而实际不是该请求
TypeMismatchException	400-Bad Request	当设置一个 POJO 属性的时候，发现类型不对

表 16-2 中只列举了一些异常映射码，而实际上会更多，关于它的定义可以看源码的枚举类 org.springframework.http.HttpStatus，这里不再一一展示了。有些时候可以自定义一些异常，比如可以定义一个找不到角色信息的异常，如代码清单 16-22 所示。

代码清单 16-22：自定义异常

```
package com.ssm.chapter16.exception;
/**************** imports ****************/
//新增 Spring MVC 的异常映射，code 代表异常映射码，而 reason 则代表异常原因
@ResponseStatus(code = HttpStatus.NOT_FOUND, reason = "找不到角色信息异常!!
")
public class RoleException extends RuntimeException  {

    private static final long serialVersionUID = 5040949196309781680L;
}
```

通过注解@ResponseStatus 的配置 code 可以映射 Spring MVC 的异常码，而通过配置 reason 可以了解配置产生异常的原因。既然定义了异常，那么我们可能就需要使用异常。在大部分情况下，可以使用 Java 所提供的 try...catch...finally 语句处理异常。Spring MVC 也提供了处理异常的方式，比如在 RoleController 中加入如代码清单 16-23 所示代码。

代码清单 16-23：使用 RoleException 异常

```
@RequestMapping("notFound")
@ResponseBody
public Role notFound(Long id) {
    Role role = roleService.getRole(id);
    //找不到角色信息抛出 RoleException
    if (role == null) {
        throw new RoleException();
    }
    return role;
}

//当前控制器发生 RoleException 异常时，进入该方法
@ExceptionHandler(RoleException.class)
public String HandleRoleException(RoleException e) {
    //返回指定的页面，避免不友好
    return "exception";
}
```

notFound 方法，它先是从角色编号查找角色信息，如果失败，就抛出 RoleException。当异常抛出后，Spring MVC 就会去找到被标注@ExceptionHandler 的方法，如果和配置的异常匹配，那么就进入该方法。注意，由于我们只是在当前控制器上加入，所以这个规则只对当前控制器内部有效。当发生了 RoleException，就会用 HandleRoleException 方法进行处理，当它返回了一个字符串 Spring MVC 就会根据规则找到对应的页面响应请求，以避免界面的不友好。

16.4　国际化

有些时候可能需要国际化，比如开发一个需要提供中文和英文的网站，特别是外资企业更是如此，国际化一般分为语言、时区和国家等信息。

16.4.1　概述

首先熟悉一下 Spring MVC 的国际化结构。DispatcherServlet 会解析一个 LocaleResolver 接口对象，通过它来决定用户区域（User Locale），读出对应用户系统设定的语言或者用户选择的语言，以确定其国际化。注意，对于 DispatcherServlet 而言，只能够注册一个

LocaleResolver 接口对象，LocaleResolver 接口的实现类在 Spring MVC 中也提供了多个实现类，它们之间的关系如图 16-10 所示。

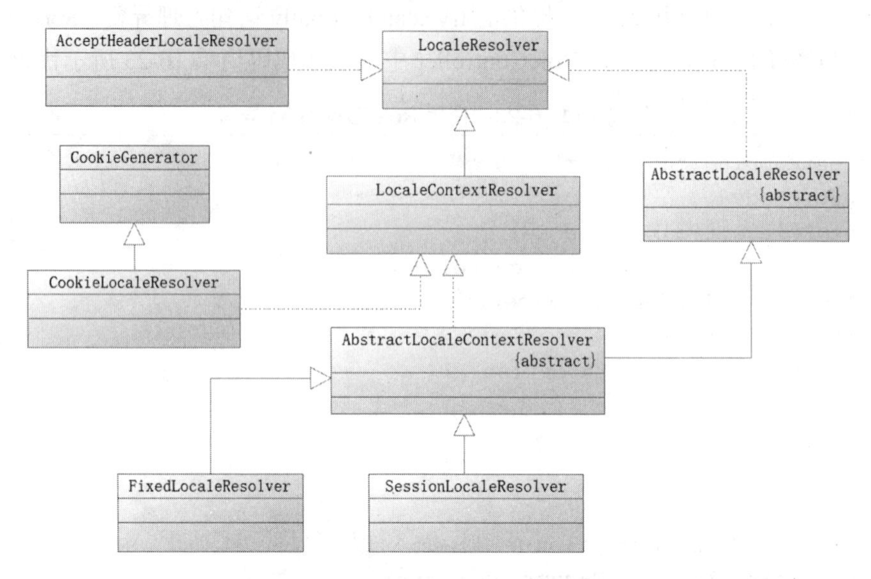

图 16-10　LocaleResolver 接口及其实现类的关系

LocaleResolver 是一个接口，当 DispatcherServlet 初始化的时候会解析它的一个实现类，所以可以使用它来进行国际化。LocaleResolver 的主要作用是实现解析国际化，此外还会解析内容的问题，尤其是时区。所以在 LocaleResolver 的基础上，Spring 还扩展了 LocaleContextResolver，它还能处理一些用户区域上的问题，包括语言和时区的问题。CookieLocalResolver 主要是使用浏览器的 Cookie 实现国际化的，而 Cookie 有时候需要服务器去写入到浏览器中，所以它会继承一个产生 Cookie 的类 CookieGenerator。FixedLocaleResolver 和 SessionLocaleResolver 有公共的方法，所以被抽象为 AbstractLocale ContextResolver。它是一个能够提供语言和时区的抽象类，而它的语言功能则继承了 AbstractLocaleResolver，而时区的实现则扩展了 LocaleContextResolver 接口，这就是国际化的整个体系。4 个实现类如下所示。

- AcceptHeaderLocaleResolver：Spring 默认的区域解析器，它通过检验 HTTP 请求的 accept-language 头部来解析区域。这个头部是由用户的 web 浏览器根据底层操作系统的区域设置进行设定。注意，这个区域解析器无法改变用户的区域，因为它无法修改用户操作系统的区域设置，所以它并不需要开发，因此也没有进一步讨论的必要。
- FixedLocaleResolver：使用固定 Locale 国际化，不可修改 Locale，这个可以由开发者提供固定的规则，一般不用，本书不再讨论它。
- CookieLocaleResolver：根据 Cookie 数据获取国际化数据，由于用户禁止 Cookie 或者没有设置，如果是这样，它会根据 accept-language HTTP 头部确定默认区域。
- SessionLocaleResolver：根据 Session 进行国际化，也就是根据用户 Session 的变量读取区域设置，所以它是可变的。如果 Session 也没有设置，那么它也会使用开发者设置默认的值。

从上面的论述中可以看到，只有 CookieLocaleResolver 和 SessionLocaleResolver 才能通过 Cookie 或者 Session 去修改国际化，而 AcceptHeaderLocaleResolver 和 FixedLocaleResolver 是固定的，所以现实中使用得多的是 CookieLocaleResolver 和 SessionLocaleResolver，因此下面会讨论它们两个 LocaleResolver 的使用。

为了可以修改国际化，Spring MVC 还提供了一个国际化的拦截器——LocaleChangeInterceptor，通过它可以获取参数，然后既可以通过 CookieLocaleResolver 使用浏览器的 Cookie 来实现国际化，也可以用 SessionLocaleResolver 通过服务器的 Session 来实现国际化。但是使用 Cookie 的问题是用户可以删除或者禁用 Cookie，所以它并非那么可靠，而使用 Session 虽然可靠，但是又存在过期的问题。不过在讨论国际化之前，还需要讨论如何加载国际化文件的问题，在 Spring MVC 中它就是 MessageSource 接口的使用问题。

16.4.2　MessageSource 接口

MessageSource 接口是 Spring MVC 为了加载消息所设置的接口，我们通过它来加载对应的国际化属性文件，与它相关的结构如图 16-11 所示。

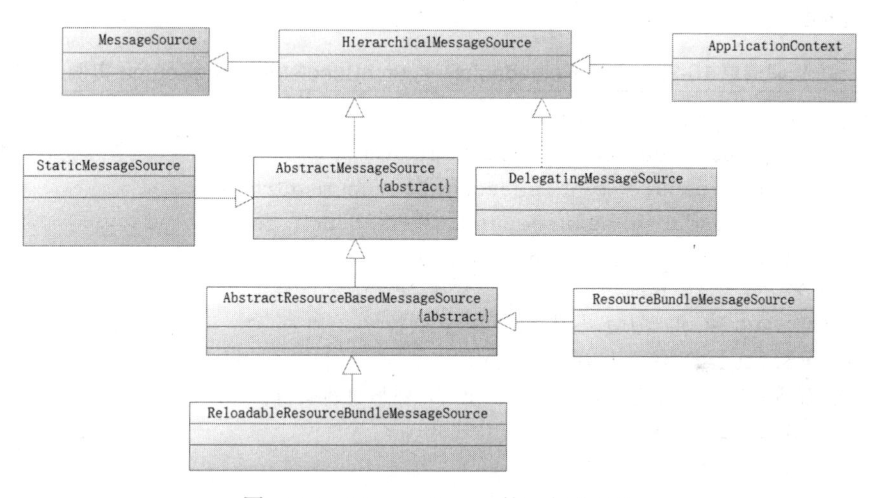

图 16-11　MessageSource 接口相关设计

其中 Spring MVC 一共提供了 4 个非抽象的实现类作为其子类。StaticMessageSource 类是一种静态的消息源，DelegatingMessageSource 实现的是一个代理的功能，这两者在实际应用中使用并不多，ResourceBundleMessageSource 和 ReloadableResourceBundleMessage Source 在实际应用中使用较多，所以着重介绍它们。

ResourceBundleMessageSource 和 ReloadableResourceBundleMessageSource 的区别主要在于：ResourceBundleMessageSource 使用的是 JDK 提供的 ResourceBundle，它只能把文件放置在对应的类路径下。它不具备热加载的功能，也就是需要重启系统才能重新加载它。而 ReloadableResourceBundleMessageSource 更为灵活，它可以把属性文件放置在任何地方，可以在系统不重新启动的情况下重新加载属性文件，这样就可以在系统运行期修改对应的国际化文件，重新定制国际化的内容。

创建 ResourceBundleMessageSource 的实例，如代码清单 16-24 所示。

代码清单 16-24：创建 ResourceBundleMessageSource 实例

```
@Bean(name="messageSource")
public MessageSource initMessageSource() {
    ResourceBundleMessageSource msgSrc = new ResourceBundleMessage
Source();
    msgSrc.setDefaultEncoding("UTF-8");
    msgSrc.setBasename("msg");
    return msgSrc;
}
```

注意，Bean 的名称被定义为"messageSource"，这个名称是 Spring MVC 默认的名称，不能随意修改，如果修改了它，Spring 就找不到对应的"messageSource"。当它看到这个名称的时候就会找到对应的属性文件。设置编码为 UTF-8，setBasename 方法可以传递一个文件名（带路径从 classpath 算起）的前缀，这里是 msg，而后缀则是通过 Locale 来确定。

如果使用 ReloadableResourceBundleMessageSource，那么可以创建它的实例，如代码清单 16-25 所示。

代码清单 16-25：创建 ReloadableResourceBundleMessageSource 实例

```
@Bean(name="messageSource")
public MessageSource initMessageSource() {
    ReloadableResourceBundleMessageSource msgSrc =
       new ReloadableResourceBundleMessageSource();
    msgSrc.setDefaultEncoding("UTF-8");
    msgSrc.setBasename("classpath:msg");
    //缓存 3600 秒,相当于 1 小时，然后重新刷新
    msgSrc.setCacheSeconds(3600);
    //缓存 3600×1000 毫秒，相当于 1 小时，然后重新刷新
    //msgSrc.setCacheMillis(3600*1000);
    return msgSrc;
}
```

上述代码和 ResourceBundleMessageSource 的内容基本一致，只是它的 setBasename 方法指定了"classpath:msg"。它的意思是在 classpath 下查找前缀为 msg 的属性文件，而事实上还可以制定为非 classpath 下的文件路径。这里设置了 3 600 秒的探测时间，每隔 3 600 秒，它探测属性文件的最后修改时间，如果被修改过则会重新加载，这样就可以避免系统重新启动。它的默认值为–1，表示永远缓存，系统运行期间不再修改，而如果设置为 0，则每次访问国际化文件时都会探测属性文件的最后修改时间。一般而言，我们会设置一个时间间隔，比如一小时，当然为了测试可以把数值设置得小一些。

ResourceBundleMessageSource 和 ReloadableResourceBundleMessageSource 都有一个 setBasenames 方法，它的参数是多个 String 型的参数，可以通过它来定义多个属性文件。也可以使用 XML 的定义方式去实现，如代码清单 16-26 所示。

代码清单 16-26：使用 XML 定义 MessageSource 接口

```
<!-- ResourceBundleMessageSource 和 ReloadableResourceBundleMessageSource
可二者选其一 -->
<!--
<bean id="messageSource"

class="org.springframework.context.support.ResourceBundleMessageSource">
<property name="defaultEncoding" value="UTF-8"/>
<property name="basenames" value="msg"/>
</bean>
-->
<bean id="messageSource"

class="org.springframework.context.support.ReloadableResourceBundleMessa
geSource">
<property name="defaultEncoding" value="UTF-8"/>
<property name="basenames" value="classpath:msg"/>
<property name="CacheSeconds" value="3600"/>
</bean>
```

从两个类中选择其中的一个作为 MessageSource 接口的实现类。关于消息的定义到这里就结束了，下面讨论如何使用它们。

16.4.3 CookieLocaleResolver 和 SessionLocaleResolver

CookieLocaleResolver 和 SessionLocaleResolver 这两个 LocaleResolver 大同小异，所以将它们合为一节进行讨论，首先讨论 CookieLocaleResolver。创建一个 CookieLocaleResolver 对象，设置它的两个属性，一个是 cookieName，它是一个 cookie 变量的名称；另一个是 maxAge，它是 cookie 超时的时间，单位为秒。创建 CookieLocaleResolver 实例，如代码清单 16-27 所示。

代码清单 16-27：创建 CookieLocaleResolver 实例

```
@Bean(name="localeResolver")
public LocaleResolver initCookieLocaleResolver() {
    CookieLocaleResolver clr = new CookieLocaleResolver();
    //cookie 名称
    clr.setCookieName("lang");
    //cookie 超时秒数
    clr.setCookieMaxAge(1800);
    //默认使用简体中文
    clr.setDefaultLocale(Locale.SIMPLIFIED_CHINESE);
    return clr;
}
```

Bean 名称为"localeResolver"，这也是一个约定的名称，不能修改它。那么这里创建了 CookieLocaleResolver，并且用它设置了 Cookie 的名称和超时秒数，同时设置默认使用简体中文，这样当 Cookie 值无效时，就会使用简体中文。

只是对于 Cookie 而言，用户可以进行删除甚至禁用，使得其安全性难以得到保证，导致大量的使用默认值，也许这些并不是用户所期待的。为了避免这个问题，一般用得更多的是 SessionLocaleResolver，它是基于 Session 实现的，具有更高的可靠性。像代码清单 16-28 那样创建一个 SessionLocaleResolver 对象，这样对应的国际化信息就保存到了 Session 中了。

代码清单 16-28：创建 SessionLocaleResolver 对象

```
@Bean(name="localeResolver")
public LocaleResolver initSessionLocaleResolver() {
    SessionLocaleResolver slr = new SessionLocaleResolver();
    //默认使用简体中文
    slr.setDefaultLocale(Locale.SIMPLIFIED_CHINESE);
    return slr;
}
```

同样的，这里的 Bean 名称也为"localeResolver"，这也是一个约定的名称，由于 Session 有其自身定义的超时时间和编码，所以这里就无须再设置了。SessionLocaleResolver 定义了两个静态公共常量——LOCALE_SESSION_ATTRIBUTE_NAME 和 TIME_ZONE_SESSION_ATTRIBUTE_NAME，前者是 Session 的 Locale 的键，后者是时区，可以通过控制器去掌控它们。

也可以使用 XML 去定义 LocaleResolver 接口对象，也要把注解的方式转变为 XML 的方式，如代码清单 16-29 所示，它定义了两种 LocaleResolver 接口对象，可以根据需要选择其中之一。

代码清单 16-29：使用 XML 方式配合 LocaleResolver

```
<bean id="localeResolver"
   class="org.springframework.web.servlet.i18n.CookieLocaleResolver">
<property name="cookieName" value="lang"/>
<property name="cookieMaxAge" value="20"/>
<property name="defaultLocale" value="zh_CN"/>
</bean>

<!--
<bean id="localeResolver"
   class="org.springframework.web.servlet.i18n.SessionLocaleResolver">
<property name="defaultLocale" value="zh_CN"/>
</bean>
-->
```

由于可靠性的问题，更多的时候，我们会优先选择 SessionLocaleResolver。

16.4.4　国际化拦截器（LocaleChangeInterceptor）

通过请求参数去改变国际化的值时，我们可以使用 Spring 提供的拦截器 LocaleChangeInterceptor，它继承了 HandlerInterceptorAdapter，通过覆盖它的 preHandle 方法，然后使用系统所配置的 LocaleResolver 实现国际化。下面配置它，在 Spring MVC 的配置文件中加入代码清单 16-30 的代码。

代码清单 16-30：配置拦截器 LocaleChangeInterceptor

```
<mvc:interceptors>
    <mvc:interceptor>
        <mvc:mapping path="/message/*.do" />
        <bean
class="org.springframework.web.servlet.i18n.LocaleChangeInterceptor">
<!--监控请求参数 language-->
        <property name="paramName" value="language"/>
        </bean>
    </mvc:interceptor>
</mvc:interceptors>
```

当请求到来时，首先拦截器会监控有没有 language 请求参数，如果有则获取它，然后通过使用系统所配置的 LocaleResolver 实现国际化，不过需要注意的是，有时候获取不到参数，或者获取的参数的国际化并非系统能够支持的主题，这个时候会采用默认的国际化主题，也就是 LocaleResolver 所调用的 setDefaultLocale 方法指定的国际化主题。

16.4.5　开发国际化

国际化的开发，首先需要新建两个国际化的属性文件 msg_en_US.properties 和 msg_zh_CN.properties。

- msg_en_US.properties

```
welcome=the project name is chapter16
```

- msg_zh_CN.properties

```
welcome=\u5DE5\u7A0B\u540D\u79F0\u4E3A\uFF1Achapter16
```

它是一串转译的编码，其内容为“工程名称为：chapter16”，注意，msg 要和配置的 MessageSource 接口对象保持一致，通过传递的参数来生成对应的 Locale，这样系统就能够自动生成后面的国际化后缀文件名，比如 zh_CN、en_US 等，进而加载对应的属性文件，下面将演示这个过程。国际化 JSP 文件，如代码清单 16-31 所示。

代码清单 16-31：国际化 JSP 文件

```
<%@ page language="java" contentType="text/html; charset=UTF-8"
    pageEncoding="UTF-8"%>
```

```
<%@taglib prefix="mvc" uri="http://www.springframework.org/tags/form"%>
<%@taglib prefix="spring" uri="http://www.springframework.org/tags"%>
<html>
<head>
<title>Spring MVC 国际化</title>
</head>
<body>
    <h2>
    <!-- 找到属性文件变量名为 welcome 的配置 -->
        <spring:message code="welcome" />
    </h2>
    Locale: ${pageContext.response.locale }
</body>
</html>
```

为了使用这个 JSP 显示页面，新建一个国际化控制器，然后让请求跳转到它上面，如代码清单 16-32 所示。

代码清单 16-32：国际化控制器

```
package com.ssm.chapter16.controller;
/**************** imports ****************/
@Controller
@RequestMapping("/message")
public class MessageController {

    @RequestMapping("/msgpage")
    public String page(Model model) {
        return "msgpage";
    }
}
```

启动项目后，在浏览器输入对应的地址，然后可以观察国际化的结果，如图 16-12 和图 16-13 所示。

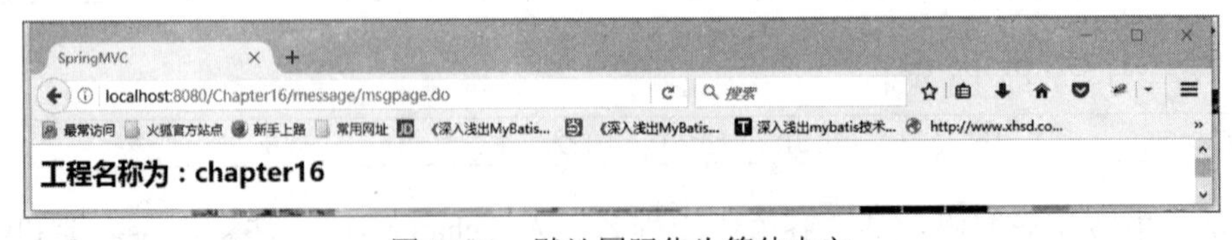

图 16-12　默认国际化为简体中文

图 16-13　通过参数修改为美国英文

测试的结果显示国际化成功了，这样就顺利实现国际化了。

第 5 部分

Redis 应用

第 17 章

Redis 概述

本章目标

1. 掌握 Redis 在 Java 互联网项目中的作用
2. 掌握如何安装 Redis
3. 掌握如何使用 Java（Spring）访问 Redis
4. 掌握 Redis 的 6 种基本数据类型
5. 了解 Redis 的优缺点

在传统的 Java Web 项目中，使用数据库进行存储数据，但是有一些致命的弊端，这些弊端主要来自于性能方面。由于数据库持久化数据主要是面向磁盘，而磁盘的读/写比较慢，在一般管理系统上，由于不存在高并发，因此往往没有瞬间需要读/写大量数据的要求，这个时候使用数据库进行读/写是没有太大的问题的，但是在互联网中，往往存在大数据量的需求，比如一些商品抢购的场景，或者是主页访问量瞬间较大的时候，一瞬间成千上万的请求就会到来，需要系统在极短的时间内完成成千上万次的读/写操作，这个时候往往不是数据库能够承受的，极其容易造成数据库系统瘫痪，最终导致服务宕机的严重生产问题。

为了克服这些问题，Java Web 项目往往就引入了 NoSQL 技术，NoSQL 工具也是一种简易的数据库，它主要是一种基于内存的数据库，并提供一定的持久化功能。Redis 和 MongoDB 是当前使用最广泛的 NoSQL，而本书主要介绍的是 Redis 技术，它的性能十分优越，可以支持每秒十几万次的读/写操作，其性能远超数据库，并且支持集群、分布式、主从同步等配置，原则上可以无限扩展，让更多的数据存储在内存中，而更让我们感到欣喜的是它还能支持一定的事务能力，这在高并发访问的场景下保证数据安全和一致性特别有用。

Redis 的性能优越主要来自于 3 个方面。首先，它是基于 ANSI C 语言编写的，接近于汇编语言的机器语言，运行十分快速。其次，它是基于内存的读/写，速度自然比数据库的磁盘读/写要快得多。最后，它的数据库结构只有 6 种数据类型，数据结构比较简单，因此规则较少，而数据库则是范式，完整性、规范性需要考虑的规则比较多，处理业务会比较复杂。所以一般而言 Redis 的速度是正常数据库的几倍到几十倍，如果把命中率高的数据存储在 Redis 上，通过 Redis 读/写和操作这些数据，系统的性能就会远超只使用数据库的情况，所以用好 Redis 对于 Java 互联网项目的响应速度和性能是至关重要的。

由于 Redis 在 Java 互联网中的广泛使用，因此本书会以一个 Java 程序员的角度去介绍 Redis 工具，这里会谈及一些在编码中常用到的内容，比如数据类型及其操作、事务和流水线等。本书结合 Java 语言，并且主要结合 Spring 框架的子项目 spring-data-redis 去介绍，因为这更符合真实工作和学习的需要。

17.1　Redis 在 Java Web 中的应用

一般而言 Redis 在 Java Web 应用中存在两个主要的场景，一个是缓存常用的数据，另一个是在需要高速读/写的场合使用它快速读/写，比如一些需要进行商品抢购和抢红包的场合。由于在高并发的情况下，需要对数据进行高速读/写的场景，一个最为核心的问题是数据一致性和访问控制，但是这些并不会在 Redis 章节讨论，因为这将涉及锁的讨论，涉及数据库、Java 和 Redis 的协作，因此放在后面专门去讨论它们，在 Redis 章节集中讨论使用 Redis 作为缓存的应用。

17.1.1　缓存

在对数据库的读/写操作中，现实的情况是读操作的次数远超写操作，一般是 1∶9 到 3∶7 的比例，所以需要读的可能性是比写的可能性多得多。当发送 SQL 去数据库进行读取时，数据库就会去磁盘把对应的数据索引回来，而索引磁盘是一个相对缓慢的过程。如果把数据直接放在运行在内存中的 Redis 服务器上，那么不需要去读/写磁盘了，而是直接读取内存，显然速度会快得多，并且会极大减轻数据库的压力。

而使用内存进行存储数据开销也是比较大的，因为磁盘可以是 TGB 级别，而且十分廉价，内存一般是几百个 GB 就相当了不起了，所以内存虽然高效但空间有限，价格也比磁盘高许多，因此使用内存代价较高，并不是想存什么就存什么，因此我们应该考虑有条件的存储数据。一般而言，存储一些常用的数据，比如用户登录的信息；一些主要的业务信息，比如银行会存储一些客户基础信息、银行卡信息、最近交易信息等。一般而言在使用 Redis 存储的时候，需要从 3 个方面进行考虑。

- 业务数据常用吗？命中率如何？如果命中率很低，就没有必要写入缓存。
- 该业务数据是读操作多，还是写操作多，如果写操作多，频繁需要写入数据库，也没有必要使用缓存。
- 业务数据大小如何？如果要存储几百兆字节的文件，会给缓存带来很大的压力，有没有必要？

在考虑过这些问题后，如果觉得有必要使用缓存，那么就使用它。使用 Redis 作为缓存的读取逻辑如图 17-1 所示。

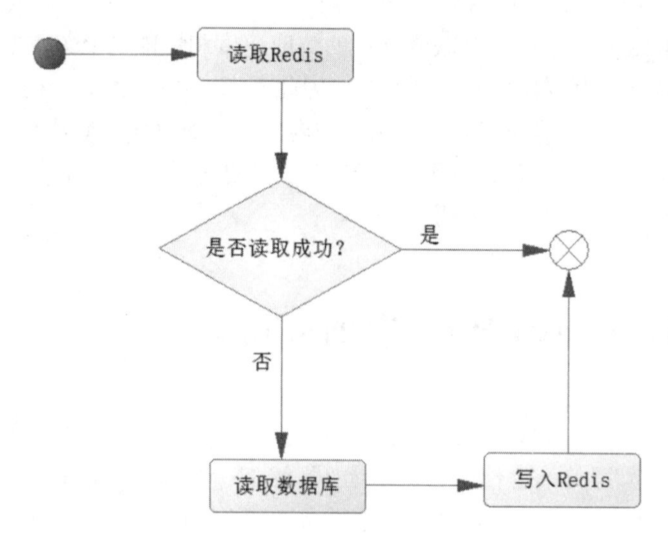

图 17-1　Redis 的缓存应用

从图 17-1 中可以知道以下两点。

- 当第一次读取数据的时候，读取 Redis 的数据就会失败，此时会触发程序读取数据库，把数据读取出来，并且写入 Redis。
- 当第二次及以后读取数据时，就直接读取 Redis，读到数据后就结束了流程，这样速度就大大提高了。

从上面的分析可知，大部分的操作是读操作，使用 Redis 应对读操作，速度就会十分迅速，同时也降低了对数据库的依赖，大大降低了数据库的负担。

分析了读操作的逻辑后，下面再来分析写操作的流程，如图 17-2 所示。

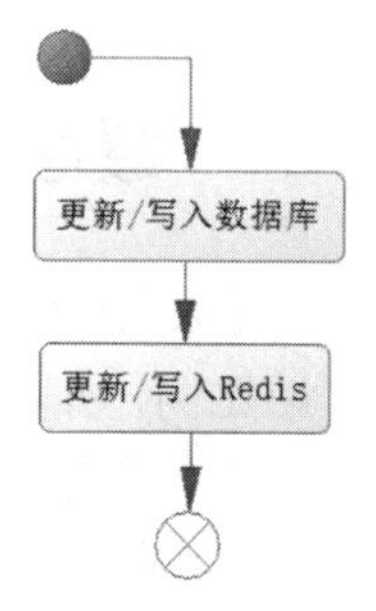

图 17-2　写操作的流程

从流程可以看出，更新或者写入的操作，需要多个 Redis 的操作。如果业务数据写次数远大于读次数没有必要使用 Redis。如果是读次数远大于写次数，则使用 Redis 就有其价值了，因为写入 Redis 虽然要消耗一定的代价，但是其性能良好，相对数据库而言，几乎可以忽略不计。

17.1.2　高速读/写场合

在互联网的应用中，往往存在一些需要高速读/写的场合，比如商品的秒杀，抢红包，淘宝、京东的双十一活动或者春运抢票等。这类场合在一个瞬间成千上万的请求就会达到服务器，如果使用的是数据库，一个瞬间数据库就需要执行成千上万的 SQL，很容易造成数据库的瓶颈，严重的会导致数据库瘫痪，造成 Java Web 系统服务崩溃。

在这样的场合的应对办法往往是考虑异步写入数据库，而在高速读/写的场合中单单使用 Redis 去应对，把这些需要高速读/写的数据，缓存到 Redis 中，而在满足一定的条件下，触发这些缓存的数据写入数据库中。先看看一次请求操作的流程图，如图 17-3 所示。

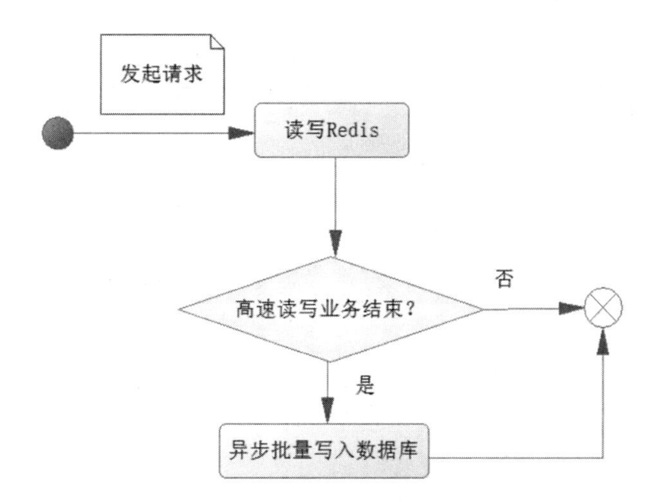

图 17-3　Redis 在高速读/写场合的应用

进一步论述这个过程：当一个请求达到服务器，只是把业务数据先在 Redis 读/写，而没有进行任何对数据库的操作，换句话说系统仅仅是操作 Redis 缓存，而没有操作数据库，这个速度就比操作数据库要快得多，从而达到需要高速响应的效果。但是一般缓存不能持久化，或者所持久化的数据不太规范，因此需要把这些数据存入数据库，所以在一个请求操作完 Redis 的读/写后，会去判断该高速读/写的业务是否结束。这个判断的条件往往就是秒杀商品剩余个数为 0，抢红包金额为 0，如果不成立，则不会操作数据库；如果成立，则触发事件将 Redis 缓存的数据以批量的形式一次性写入数据库，从而完成持久化的工作。

假设面对的是一个商品秒杀的场景，从上面的流程看，一个用户抢购商品，绝大部分的场合都是在操作内存数据库 Redis，而不是磁盘数据库，所以其性能更为优越。只有在商品被抢购一空后才会触发系统把 Redis 缓存的数据写入数据库磁盘中，这样系统大部分的操作基于内存，就能够在秒杀的场合高速响应用户的请求，达到快速应答。

而现实中这种需要高速响应的系统会比上面的分析更复杂，因为这里没有讨论高并发下的数据安全和一致性问题，没有讨论有效请求和无效请求、事务一致性等诸多问题，这些将会在未来以独立章节讨论它。

17.2　Redis 基本安装和使用

安装 Redis 十分简单，为了方便学习可以在 Windows 环境下安装 Redis，当然实际的工作中主要使用 Linux/Unix 系统安装，本书会给出安装方法。

17.2.1　在 Windows 下安装 Redis

打开网址 https://github.com/ServiceStack/redis-windows/tree/master/downloads 就可以看

到图 17-4 所示界面。

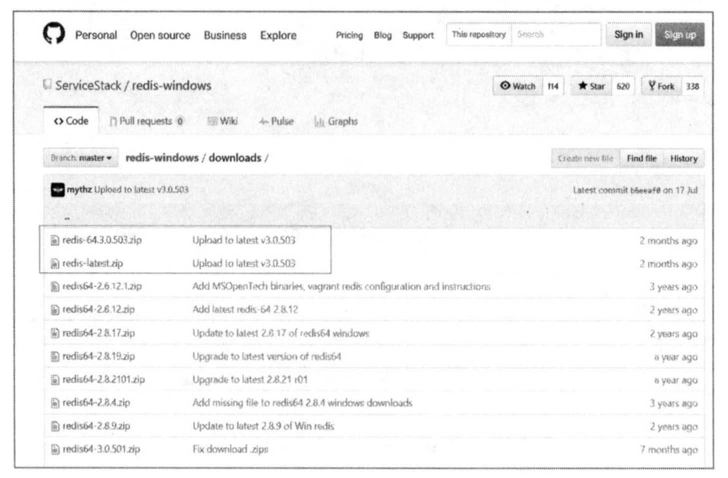

图 17-4　下载 Redis

把 Redis 的文件下载下来，进行解压缩，于是得到如图 17-5 所示的目录。

名称	修改日期	类型	大小
dump.rdb	2016/9/13 10:57	RDB 文件	1,455 KB
EventLog.dll	2016/7/1 16:27	应用程序扩展	1 KB
Redis on Windows Release Notes.docx	2016/7/1 16:07	Microsoft Word ...	13 KB
Redis on Windows.docx	2016/7/1 16:07	Microsoft Word ...	17 KB
redis.windows.conf	2016/7/1 16:07	CONF 文件	48 KB
redis.windows-service.conf	2016/7/1 16:07	CONF 文件	48 KB
redis-benchmark.exe	2016/7/1 16:28	应用程序	400 KB
redis-benchmark.pdb	2016/7/1 16:28	PDB 文件	4,268 KB
redis-check-aof.exe	2016/7/1 16:28	应用程序	251 KB
redis-check-aof.pdb	2016/7/1 16:28	PDB 文件	3,436 KB
redis-cli.exe	2016/7/1 16:28	应用程序	488 KB
redis-cli.pdb	2016/7/1 16:28	PDB 文件	4,420 KB
redis-server.exe	2016/7/1 16:28	应用程序	1,628 KB
redis-server.pdb	2016/7/1 16:28	PDB 文件	6,916 KB
Windows Service Documentation.docx	2016/7/1 9:17	Microsoft Word ...	14 KB

图 17-5　Redis 目录

为了方便，我们在这个目录新建一个文件 startup.cmd，用记事本或者其他文本编辑工具打开，然后写入以下内容。

```
redis-server redis.windows.conf
```

这个命令调用 redis-server.exe 的命令读取 redis.window.conf 的内容，用来启动 redis，保存好了 startup.cmd 文件，双击它就可以看到 Redis 启动的信息了，如图 17-6 所示。

看到图 17-6 说明 Redis 已经成功启动，这个时候可以双击放在同一个文件夹下的文件 redis-cli.exe，它是一个 Redis 自带的客户端工具，这样就可以连接到 Redis 服务器了，如图 17-7 所示。

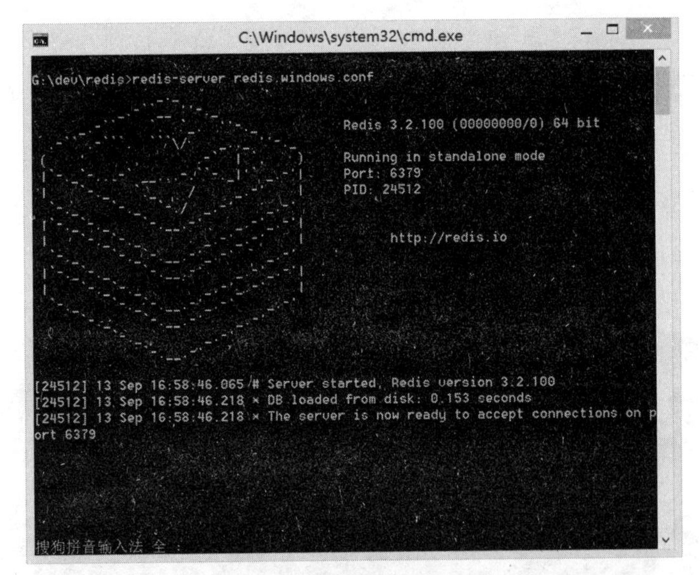

图 17-6　启动 Redis

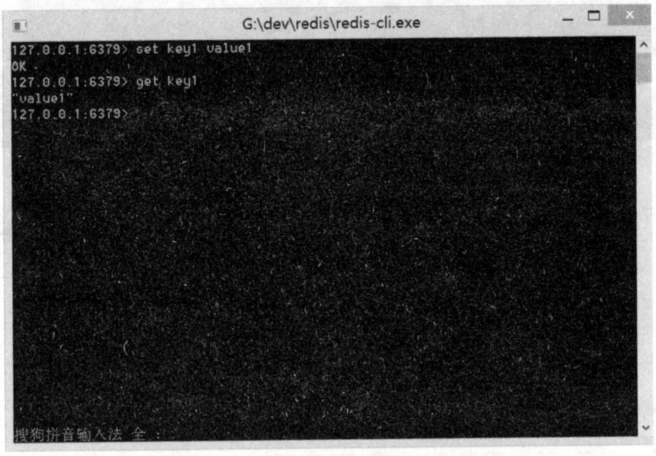

```
G:\dev\redis\redis-cli.exe
127.0.0.1:6379> set key1 value1
OK
127.0.0.1:6379> get key1
"value1"
127.0.0.1:6379>
搜狗拼音输入法 全 :
```

图 17-7　Redis 命令提示符客户端

这样就安装好了 Redis，并且用它提供的命令提示符客户端可以执行一些我们需要的命令。在学习的环境中使用 Windows 版本会比较方便，本书也是这样做的。

17.2.2　在 Linux 下安装 Redis

由于在实际的工作中，Redis 往往安装在服务器端，服务器使用的是 Linux/Unix 系统，所以更多的时候，在工作中需要安装在服务器环境中，因此这里介绍一下 Redis 在 Linux 上的安装。

首先使用 root 用户登录 Linux 系统，然后执行以下命令。

```
$ cd /usr/
$ mkdir redis
$ cd redis
```

```
$ wget http://download.redis.io/releases/redis-3.2.4.tar.gz
$ tar xzf redis-3.2.4.tar.gz
$ cd redis-3.2.4
$ make
```

其中 wget 是下载 Redis 到当前文件夹（/usr/redis）的命令，如果要变化版本需要修改对应的下载地址，而 tar xzf 命令则是解压缩文件到当前文件夹。make 命令则是安装 Redis 的命令。执行过程如图 17-8 所示。

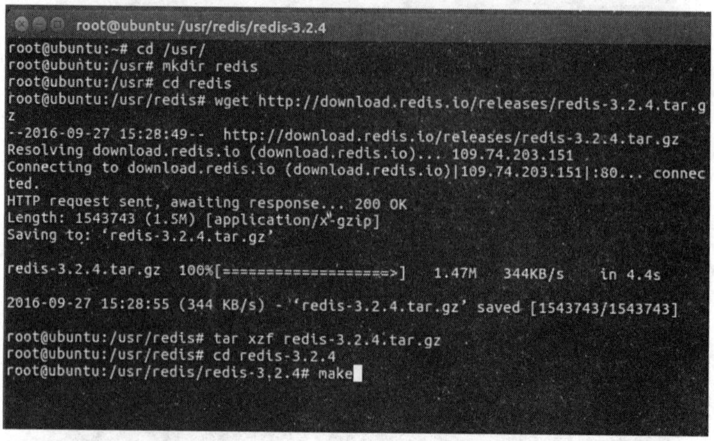

图 17-8　在 Linux 环境下安装 Redis

Linux 系统会有很多命令打开，请耐心等待其执行完成，然后在当前目录下执行以下代码。

```
src/redis-server
```

最后可以看到 Redis 的启动信息，这样 Redis 就启动好了。为了执行 Redis 命令，可以打开另外一个 Linux 的命令行窗口，用来启动 Redis 提供的命令行窗口，依次执行以下命令。

```
$ cd /usr/redis/redis-3.2.4
$ src/redis-cli
```

这样就能够启动 Linux 的命令行窗口了。

17.3　Redis 的 Java API

本书是讨论 Java 互联网技术为主，因此主要论述如何在 Java 中使用 Redis。在 Java 中，可以简易地使用 Redis，或者通过 Spring 的 RedisTemplate 使用 Redis。为了实际的工作和学习的需要，本书会以 Spring 的视角为主向读者介绍在 Java 中如何使用 Redis，不过在基础章节会以 XML 方式的配置为主，而在实践章节则会以 Java 的配置为主介绍 Redis，你可以根据需要使用 XML 或者注解来实现你想要的功能。

17.3.1 在 Java 程序中使用 Redis

在 Java 中使用 Redis 工具，要先下载 jedis.Jar 包，把它加载到工程的路径中，所以首先打开网站 http://mvnrepository.com/artifact/redis.clients/jedis，如图 17-9 所示。

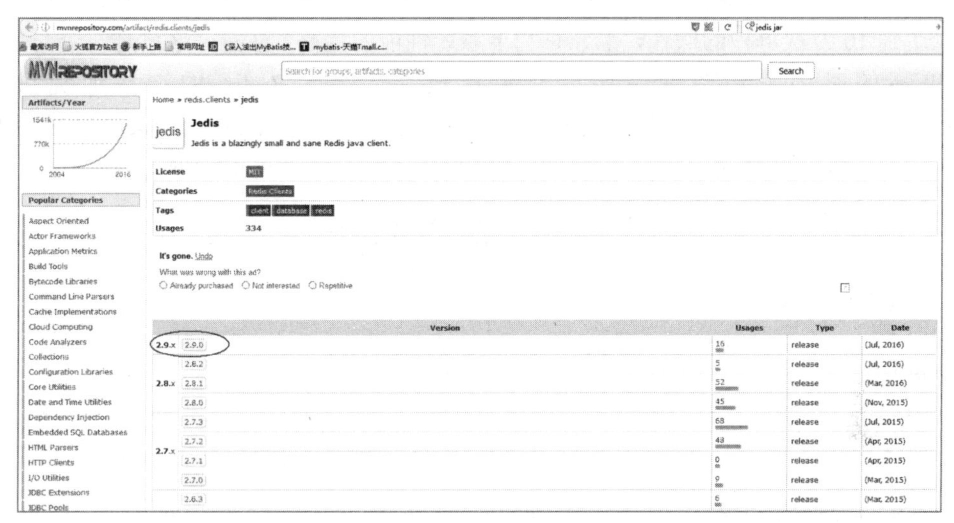

图 17-9 下载 jedis.jar

把它导入工程路径就可以使用了，可以使用代码清单 17-1 进行测试。

代码清单 17-1：Java 连接 Redis

```
Jedis jedis = new Jedis("localhost", 6379); //连接 Redis
//jedis.auth("password");//如果需密码
int i = 0;//记录操作次数
try {
    long start = System.currentTimeMillis();//开始毫秒数
    while (true) {
        long end = System.currentTimeMillis();
        if (end - start >= 1000) {//当大于等于 1000 毫秒（相当于 1 秒）时，结束操作
            break;
        }
        i++;
        jedis.set("test" + i, i + "");
    }
} finally {//关闭连接
    jedis.close();
}
System.out.println("redis 每秒操作：" + i + "次");//打印 1 秒内对 Redis 的操作次
数
```

这段代码主要在于测试 Redis 的写入性能，这是笔者使用自己电脑（使用 Windows 操作系统）测试的结果。

```
redis 每秒操作：23308 次
```

这里每秒只操作了 2 万多次，而事实上 Redis 的速度比这个操作速度快得多，这里慢是因为我们只是一条条地将命令发送给 Redis 去执行。如果使用流水线技术它会快得多，将可以达到 10 万次每秒的操作，十分有利于系统性能的提高。注意，这只是一个简单的连接，更多的时候我们会使用连接池去管理它。Java Redis 的连接池提供了类 redis.clients.jedis.JedisPool 用来创建 Redis 连接池对象。使用这个对象，需要使用类 redis.clients.jedis.JedisPoolConfig 对连接池进行配置，如代码清单 17-2 所示。

代码清单 17-2：使用 Redis 连接池

```
JedisPoolConfig poolCfg = new JedisPoolConfig();
//最大空闲数
poolCfg.setMaxIdle(50);
//最大连接数
poolCfg.setMaxTotal(100);
//最大等待毫秒数
poolCfg.setMaxWaitMillis(20000);
//使用配置创建连接池
JedisPool pool = new JedisPool (poolCfg, "localhost");
//从连接池中获取单个连接
Jedis jedis = pool.getResource();
//如果需密码
//jedis.auth("password");
```

读者可以从代码中的注释了解每一步骤的含义。使用连接池可以有效管理连接资源的分配。

由于 Redis 只能提供基于字符串型的操作，而在 Java 中使用的却以类对象为主，所以需要 Redis 存储的字符串和 Java 对象相互转换。如果自己编写这些规则，工作量还是比较大的，比如一个角色对象，我们没有办法直接把对象存入 Redis 中，需要进一步进行转换，所以对操作对象而言，使用 Redis 还是比较难的。好在 Spring 对这些进行了封装和支持，它提供了序列化的设计框架和一些序列化的类，使用后它可以通过序列化把 Java 对象转换，使得 Redis 能把它存储起来，并且在读取的时候，再把由序列化过的字符串转化为 Java 对象，这样在 Java 环境中使用 Redis 就更加简单了，所以更多的时候可以使用 Spring 提供的 RedisTemplate 的机制来使用 Redis。

17.3.2 在 Spring 中使用 Redis

17.3.1 节介绍了在没有封装情况下使用 Java API 的缺点，需要自己编写规则把 Java 对象和 Redis 的字符串进行相互转换，而在 Spring 中这些问题都可以轻松处理。在 Spring 中使用 Redis，除了需要 jedis.jar 外，还需要下载 spring-data-redis.jar，打开网址 http://mvnrepository.com/artifact/org.springframework.data/spring-data-redis，就能够看到这样

的页面，如图 17-10 所示。

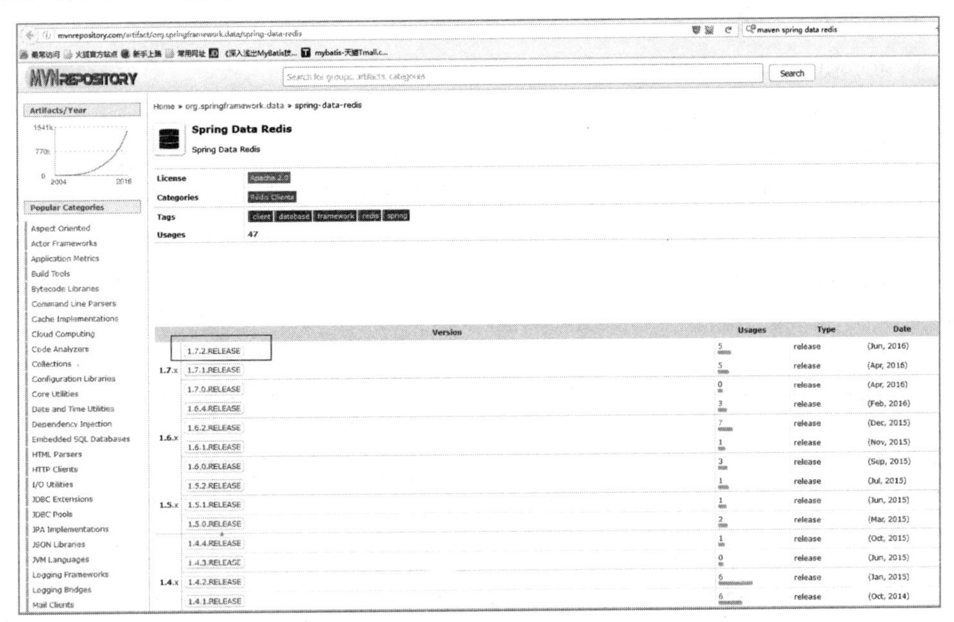

图 17-10　下载 spring-data-redis.jar

这里值得注意的是 jar 包和 Spring 版本兼容的问题，笔者使用的 jar 包版本是 1.7.2，而 Spring 的版本是 4.3.2，如果使用其他的版本可能存在不兼容的问题，从而产生异常，这是笔者从实际操作得来的经验。

把下载的 jar 包导入到工程环境中，这样就可以在使用 Spring 提供的 RedisTemplate 操作 Redis 了，只是在使用前，需要对 Spring 提供的方案进行探讨，以便更好地使用它们。附录 D 中阐述了关于 Spring Data Redis 项目的主要内容，读者需要对此项目有一定的了解才能更好地理解如何使用 Spring 操作 Redis。

在大部分情况下我们都会用到连接池，于是先用 Spring 配置一个 JedisPoolConfig 对象，这个配置相对而言比较简单，如代码清单 17-3 所示。

代码清单 17-3：使用 Spring 配置 JedisPoolConfig 对象

```
<bean id="poolConfig" class="redis.clients.jedis.JedisPoolConfig">
<!--最大空闲数-->
<property name="maxIdle" value="50" />
<!--最大连接数-->
<property name="maxTotal" value="100" />
<!--最大等待时间-->
<property name="maxWaitMillis" value="20000" />
</bean>
```

这样就设置了一个连接池的配置，继续往下配置。

在使用 Spring 提供的 RedisTemplate 之前需要配置 Spring 所提供的连接工厂，在 Spring Data Redis 方案中它提供了 4 种工厂模型。

- JredisConnectionFactory。
- JedisConnectionFactory。
- LettuceConnectionFactory。
- SrpConnectionFactory。

虽然使用哪种实现工厂都是可以的，但是要根据环境进行测试，以验证使用哪个方案的性能是最佳的。无论如何它们都是接口 RedisConnectionFactory 的实现类，更多的时候我们都是通过接口定义去理解它们，所以它们是具有接口适用性特性的。本书将以使用最为广泛的 JedisConnectionFactory 为例进行讲解。

例如，在 Spring 中配置一个 JedisConnectionFactory 对象，如代码清单 17-4 所示。

代码清单 17-4：配置 JedisConnectionFactory

```
<bean id="connectionFactory"
class="org.springframework.data.redis.connection.jedis.JedisConnectionFa
ctory">
<property name="hostName" value="localhost"/>
<property name="port" value="6379"/>
<!--<property name="password" value="paasword"/>-->
<property name="poolConfig" ref="poolConfig"/>
</bean>
```

解释一下它的属性配置。

- hostName，代表的是服务器，默认值是 localhost，所以如果是本机可以不配置它。
- port，代表的是接口端口，默认值是 6379，所以可以使用默认的 Redis 端口，也可以不配置它。
- password，代表的是密码，在需要密码连接 Redis 的场合需要配置它。
- poolConfig，是连接池配置对象，可以设置连接池的属性。

这样就完成了一个 Redis 连接工厂的配置。这里配置的是 JedisConnectionFactory，如果需要的是 LettuceConnectionFactory，可以把代码清单 17-3 中的 Bean 元素的 class 属性修改为 org.springframework.data.redis.connection.lettuce.LettuceConnectionFactor 即可，这取决于项目的需要和特殊性。有了 RedisConnectionFactory 工厂，就可以使用 RedisTemplate 了。

普通的连接使用没有办法把 Java 对象直接存入 Redis，而需要我们自己提供方案，这时往往就是将对象序列化，然后使用 Redis 进行存储，而取回序列化的内容后，在通过转换转变为 Java 对象，Spring 模板中提供了封装的方案，在它内部提供了 RedisSerializer 接口（org.springframework.data.redis.serializer.RedisSerializer）和一些实现类，其原理如图 17-11 所示。

可以选择 Spring 提供的方案去处理序列化，当然也可以去实现在 spring data redis 中定义的 RedisSerializer 接口，在 Spring 中提供了以下几种实现 RedisSerializer 接口的序列化器。

- GenericJackson2JsonRedisSerializer，通用的使用 Json2.jar 的包，将 Redis 对象的序列化器。

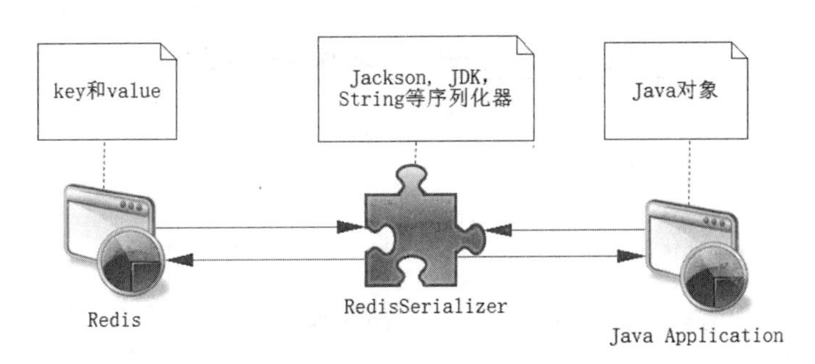

图 17-11　Spring 序列化器

- Jackson2JsonRedisSerializer<T>，通过 Jackson2.jar 包提供的序列化进行转换。
- ~~JacksonJsonRedisSerializer<T>~~，通过 jackson.jar 包进行序列化，由于版本太旧，Spring 不推荐使用。
- JdkSerializationRedisSerializer<T>，使用 JDK 的序列化器进行转化。
- OxmSerializer，使用 Spring O/X 对象 Object 和 XML 相互转换。
- StringRedisSerializer，使用字符串进行序列化。
- GenericToStringSerializer，通过通用的字符串序列化进行相互转换。

使用它们就能够帮助我们把对象通过序列化存储到 Redis 中，也可以把 Redis 存储的内容转换为 Java 对象，为此 Spring 提供的 RedisTemplate 还有两个属性。

- keySerializer——键序列器。
- valueSerializer——值序列器。

有了上面的了解，就可以配置 RedisTemplate 了。假设选用 StringRedisSerializer 作为 Redis 的 key 的序列化器，而使用 JdkSerializationRedisSerializer 作为其 value 的序列化器，则可以按照代码清单 17-5 的方法来配置 RedisTemplate。

代码清单 17-5：配置 Spring RedisTemplate

```
<bean id="jdkSerializationRedisSerializer"
   class="org.springframework.data.redis.serializer.
JdkSerializationRedisSerializer"/>
<bean id="stringRedisSerializer"
class="org.springframework.data.redis.serializer.StringRedisSerializer"/
>
<bean   id="redisTemplate"   class="org.springframework.data.redis.core.
RedisTemplate">
<property name="connectionFactory" ref="connectionFactory"/>
<property name="keySerializer" ref="stringRedisSerializer"/>
<property name="valueSerializer" ref="jdkSerializationRedisSerializer"/>
</bean>
```

这样就配置了一个 RedisTemplate 的对象，并且 spring data redis 知道会用对应的序列化器去转换 Redis 的键值。

举个例子，新建一个角色对象，使用 Redis 保存它的对象，如代码清单 17-6 所示。

代码清单 17-6：使用 Redis 保存角色类对象

```
package com.learn.ssm.chapter17.pojo;

Import java.io.Serializable;
/**
* 注意，对象要可序列化，需要实现 Serializable 接口，往往要重写 serialVersionUID
**/
public class Role implements Serializable {
    private static final long serialVersionUID = 6977402643848374753L;

    private long id ;
    private String roleName;
private String note;
/**setter and getter**/
}
```

因为要序列化对象，所以需要实现 Serializable 接口，表明它能够序列化，而 serialVersionUID 代表的是序列化的版本编号。

假设在 applicationContext.xml 中配置了代码清单 17-3 至 17-5 的配置，那么就可以测试保存这个 Role 对象了，测试代码如代码清单 17-7 所示。

代码清单 17-7：使用 RedisTemplate 保存 Role 对象

```
ApplicationContext applicationContext
    = new ClassPathXmlApplicationContext("applicationContext.xml");
    RedisTemplate                          redisTemplate                          =
applicationContext.getBean(RedisTemplate.class);
Role role = new Role();
role.setId(1L);
role.setRoleName("role_name_1");
role.setNote("note_1");
redisTemplate.opsForValue().set("role_1", role);
Role role1 = (Role) redisTemplate.opsForValue().get("role_1");
System.out.println(role1.getRoleName());
```

在 System.out.println(role1.getRoleName());这行打下断点，可以看到如图 17-12 所示的测试结果。

显然这里已经成功保存和获取了一个 Java 对象，这段代码演示的是如何使用 StringRedisSerializer 序列化 Redis 的 key，而使用 JdkSerializationRedisSerializer 序列化 Redis 的 value，当然也可以根据需要去选择，甚至是自定义序列化器。

注意，以上的使用都是基于 RedisTemplate、基于连接池的操作，换句话说，并不能保证每次使用 RedisTemplate 是操作同一个对 Redis 的连接，比如代码清单 17-7 中的下面两行代码。

```
redisTemplate.opsForValue().set("role_1", role);
Role role1 = (Role) redisTemplate.opsForValue().get("role_1");
```

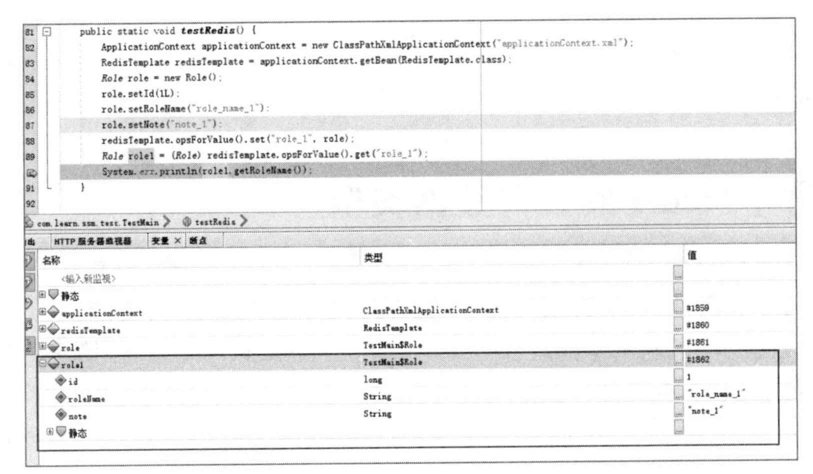

图 17-12　写入和读取序列化对象数据

set 和 get 方法看起来很简单，它可能就来自于同一个 Redis 连接池的不同 Redis 的连接。为了使得所有的操作都来自于同一个连接，可以使用 SessionCallback 或者 RedisCallback 这两个接口，而 RedisCallback 是比较底层的封装，其使用不是很友好，所以更多的时候会使用 SessionCallback 这个接口，通过这个接口就可以把多个命令放入到同一个 Redis 连接中去执行，如代码清单 17-8 所示，它主要是实现了代码清单 17-7 中的功能。

代码清单 17-8：使用 SessionCallback 接口

```
ApplicationContext applicationContext
        = new ClassPathXmlApplicationContext("applicationContext.xml");
RedisTemplate                            redisTemplate                            =
applicationContext.getBean(RedisTemplate.class);
Role role = new Role();
role.setId(1);
role.setRoleName("role_name_1");
role.setNote("role_note_1");
SessionCallback callBack = new SessionCallback<Role>() {
    @Override
    public Role execute(RedisOperations ops) throws DataAccessException {
        ops.boundValueOps("role_1").set(role);
        return (Role) ops.boundValueOps("role_1").get();
    }
};
Role savedRole = (Role)redisTemplate.execute(callBack);
System.out.println(savedRole.getId());
```

这样 set 和 get 命令就能够保证在同一个连接池的同一个 Redis 连接进行操作，这里向读者展示的是使用匿名类的形式，而事实上如果采用 Java 8 的 JDK 版本，也可以使用 Lambda 表达式进行编写 SessionCallback 的业务逻辑，这样逻辑会更为清晰明了。由于前后使用的都是同一个连接，因此对于资源损耗就比较小，在使用 Redis 操作多个命令或者使用事务时也会常常用到它。

更多关于 spring data redis 项目的信息，请参阅附录 D，在后面使用到 Spring 操作 Redis 的时候，需要对 spring data redis 项目有进一步了解。

17.4 简介 Redis 的 6 种数据类型

Redis 是一种基于内存的数据库，并且提供一定的持久化功能，它是一种键值（key-value）数据库，使用 key 作为索引找到当前缓存的数据，并且返回给程序调用者。当前的 Redis 支持 6 种数据类型，它们分别是字符串（String）、列表（List）、集合（set）、哈希结构（hash）、有序集合（zset）和基数（HyperLogLog）。使用 Redis 编程要熟悉这 6 种数据类型，并且了解它们常用的命令。Redis 定义的这 6 种数据类型是十分有用的，它除了提供简单的存储功能，还能对存储的数据进行一些计算，比如字符串可以支持浮点数的自增、自减、字符求子串，集合求交集、并集，有序集合进行排序等，所以使用它们有利于对一些不太大的数据集合进行快速计算，简化编程，同时它也比数据库要快得多，所以它们对系统性能的提升十分有意义。

表 17-1 列出了关于 Redis 的 6 种数据类型的基本描述。

表 17-1　Redis 的 6 种数据类型说明

数据类型	数据类型存储的值	说　明
STRING（字符串）	可以是保存字符串、整数和浮点数	可以对字符串进行操作，比如增加字符或者求子串；如果是整数或者浮点数，可以实现计算，比如自增等
LIST（列表）	它是一个链表，它的每一个节点都包含一个字符串	Redis 支持从链表的两端插入或者弹出节点，或者通过偏移对它进行裁剪；还可以读取一个或者多个节点，根据条件删除或者查找节点等
SET（集合）	它是一个收集器，但是是无序的，在它里面每一个元素都是一个字符串，而且是独一无二，各不相同的	可以新增、读取、删除单个元素；检测一个元素是否在集合中；计算它和其他集合的交集、并集和差集等；随机从集合中读取元素
HASH（哈希散列表）	它类似于 Java 语言中的 Map，是一个键值对应的无序列表	可以增、删、查、改单个键值对，也可以获取所有的键值对
ZSET（有序集合）	它是一个有序的集合，可以包含字符串、整数、浮点数、分值（score），元素的排序是依据分值的大小来决定的	可以增、删、查、改元素，根据分值的范围或者成员来获取对应的元素
HyperLogLog（基数）	它的作用是计算重复的值，以确定存储的数量	只提供基数的运算，不提供返回的功能

这个表格粗略描述了 Redis 的 6 种数据类型，并简要说明了它们的作用，未来我们还会详细介绍它们的数据结构和常用 Redis 命令。此外，Redis 还支持一些事务、发布订阅消息模式、主从复制、持久化等作为 Java 开发人员需要知道的功能。

17.5　Redis 和数据库的异同

和数据库一样类，Redis 等 NoSQL 工具也能够存储数据，有人认为 NoSQL 将来会取代数据库，但是笔者却不那么认为，这里谈谈 NoSQL 和传统数据库的差异。

首先，NoSQL 的数据主要存储在内存中（部分可以持久化到磁盘），而数据库主要是磁盘。其次，NoSQL 数据结构比较简单，虽然能处理很多的问题，但是其功能毕竟是有限的，不如数据库的 SQL 语句强大，支持更为复杂的计算。再次，NoSQL 并不完全安全稳定，由于它基于内存，一旦停电或者机器故障数据就很容易丢失数据，其持久化能力也是有限的，而基于磁盘的数据库则不会出现这样的问题。最后，其数据完整性、事务能力、安全性、可靠性及可扩展性都远不及数据库。

基于以上原因，笔者并不认为为 NoSQL 会取代数据库。毫无疑问，Redis 作为一种 NoSQL 是十分成功的，但是它的成功主要是解决互联网系统的一些问题，而主要的问题是性能问题。实际上，在互联网系统大部分的业务场景中，业务都是相对简单的，而难以处理的问题主要是性能问题，特别是那些会员数比较多的高并发服务网站。例如，你可以常常在淘宝或者京东网站上看到一个即将被抢购的商品，有多达几万人的关注，可能一个时刻就发生了成千上万笔业务，此时使用 Redis 作为缓存数据，就可以明显提升系统的性能，而且这十分有效。所以基于两者之间的区别，笔者认为使用 NoSQL 去取代数据库，目前还做不到，但是作为一种提高互联网应用性能的辅助工具，它十分有用。

第 18 章

Redis 数据结构常用命令

本章目标

1. 掌握 Redis 字符串数据结构和常用命令
2. 掌握 Redis 链表数据结构和常用命令
3. 掌握 Redis 哈希数据结构和常用命令
4. 掌握 Redis 集合数据结构和常用命令
5. 掌握 Redis 有序集合串数据结构和常用命令
6. 掌握 Redis 基数的含义和常用命令

本章主要讲解 Redis 的命令，尤其是 Redis 的 6 种数据类型的常用命令。在讲解它们之前先了解它们的数据结构，才能更好地理解它们的命令，因此本书会先讲解它们的数据结构，然后在讨论它们常用的命令，以及在 Java 和 Spring 中如何使用操作这些 Redis 命令。Redis 的命令相当多，但是本书只列出最为常用的命令，它们足够在学习和工作中用了，对于一些不常用的命令则需要读者自己探讨，不过在理解了 Redis 的 6 种数据类型的数据结构后，再去运用这些命令操作并不困难。

第 17 章介绍了 Redis 的 6 种数据结构的基本功能，现在开始论述 Redis 的 6 种数据结构的命令和使用方法。注意，本章大部分内容都使用 Spring 进行操作，它可能来自于同一个 Redis 连接池的不同连接。笔者这样做是因为：一方面，在大部分工作情况下，我们使用 Redis 只是执行一个简单的命令往往就结束了，因此完全没有必要区分连接的不同；另一方面，这样做可以让大家更为了解 RedisTemplate 的使用。如果要对 Redis 同时执行多个命令，那么还是采用 SessionCallback 接口进行操作，从而保证多个命令在同一个 Redis 连接操作中。

在测试本章的时候，要频繁地清空 Redis 的存储内容，以便在无污染的环境中测试代码，这个时候可以使用命令——flushdb。注意，这是一个清空当前 Redis 服务器所有存储内容的命令，在实际的生产环境中要慎用它，因为可能误删，或者需要花费过长的清空时间，造成 Redis 服务停顿。

在开始本章的时候，请读者注意以下 3 点。

- 由于 Java 和 Redis 的 API 比较接近命令，掌握了命令，使用起来也不会太困难，所以笔者主要讨论的是如何在 Spring 中使用 Redis，这更符合实际学习和工作的需要。

- 本章大部分使用 Spring 提供的 RedisTemplate 去展示多个命令，它的好处是让读者学习到如何使用 RedisTemplate 操作 Redis。而实际工作中并不是那么用的，因为每一个操作会尝试从连接池里获取一个新的 Redis 连接，多个命令应该使用 SessionCallback 接口进行操作。
- 本章主要介绍的是数据结构最常用的命令，基本足够在学习和工作中使用，需要掌握更多命令的可以参考 Redis 的 API 文档。

18.1 Redis 数据结构——字符串

字符串是 Redis 最基本的数据结构，它将以一个键和一个值存储于 Redis 内部，它犹如 Java 的 Map 结构，让 Redis 通过键去找到值。Redis 字符串的数据结构如图 18-1 所示。

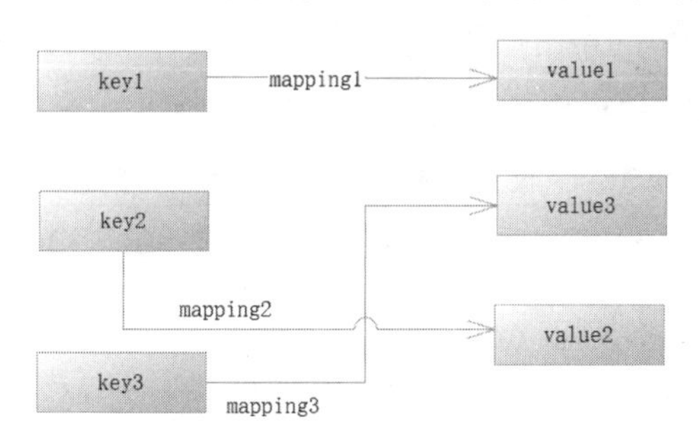

图 18-1　Redis 字符串数据结构

Redis 会通过 key 去找到对应的字符串，比如通过 key1 找到 value1，又如在 Java 互联网中，假设产品的编号为 0001，只要设置 key 为 product_0001，就可以通过 product_0001 去保存该产品到 Redis 中，也可以通过 product_0001 从 redis 中找到产品信息。

字符串的一些基本命令，如表 18-1 所示。

表 18-1　字符串的一些基本命令

命　令	说　明	备　注
set key value	设置键值对	最常用的写入命令
get key	通过键获取值	最常用的读取命令
del key	通过 key，删除键值对	删除命令，返回删除数，注意，它是一个通用的命令，换句话说在其他数据结构中，也可以使用它
strlen key	求 key 指向字符串的长度	返回长度
getset key value	修改原来 key 的对应值，并将旧值返回	如果原来值为空，则返回为空，并设置新值
getrange key start end	获取子串	记字符串的长度为 len，把字符串看作一个数组，而 Redis 是以 0 开始计数的，所以 start 和 end 的取值范围为 0 到 len-1
append key value	将新的字符串 value，加入到原来 key 指向的字符串末	返回 key 指向新字符串的长度

为了让大家更为明确，笔者在 Redis 提供的客户端进行测试如图 18-2 所示。

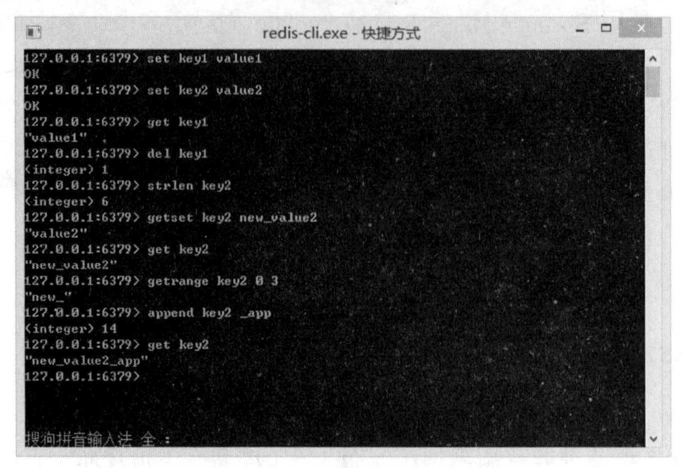

图 18-2　Redis 操作字符串重用命令

这里我们看到了字符串的常用操作，为了在 Spring 中测试这些命令，首先配置 Spring 关于 Redis 字符串的运行环境，如代码清单 18-1 所示。

代码清单 18-1：配置 Spring 关于 Redis 字符串的运行环境

```
<bean id="poolConfig" class="redis.clients.jedis.JedisPoolConfig">
<property name="maxIdle" value="50" />
<property name="maxTotal" value="100" />
<property name="maxWaitMillis" value="20000" />
</bean>

<bean id="stringRedisSerializer"
class="org.springframework.data.redis.serializer.StringRedisSerializer"/
>

<bean id="connectionFactory"
class="org.springframework.data.redis.connection.jedis.JedisConnectionFa
ctory">
<property name="hostName" value="localhost"/>
<property name="port" value="6379"/>
<property name="poolConfig" ref="poolConfig"/>
</bean>

<bean   id="redisTemplate"   class="org.springframework.data.redis.core.
RedisTemplate">
<property name="connectionFactory" ref="connectionFactory"/>
<property name="keySerializer" ref="stringRedisSerializer"/>
<property name="valueSerializer" ref="stringRedisSerializer"/>
</bean>
```

注意，这里给 Spring 的 RedisTemplate 的键值序列化器设置为了 String 类型，所以它就是一种字符串的操作。假设把这段 Spring 的配置代码保存为一个独立为文件 applicationContext.xml，那么可以按代码清单 18-2 那样测试。

代码清单 18-2：使用 Spring 测试 Redis 字符串操作

```
        ApplicationContext applicationContext
          = new ClassPathXmlApplicationContext("applicationContext.xml");
        RedisTemplate                    redisTemplate                    =
applicationContext.getBean(RedisTemplate.class);
        //设值
redisTemplate.opsForValue().set("key1", "value1");
redisTemplate.opsForValue().set("key2", "value2");
        //通过 key 获取值
        String value1 = (String) redisTemplate.opsForValue().get("key1");
System.out.println(value1);
        //通过 key 删除值
redisTemplate.delete("key1");
        //求长度
        Long length = redisTemplate.opsForValue().size("key2");
System.out.println(length);
        //设值新值并返回旧值
        String oldValue2
          =     (String)     redisTemplate.opsForValue().getAndSet("key2",
"new_value2");
System.out.println(oldValue2);
        //通过 key 获取值.
        String value2 = (String) redisTemplate.opsForValue().get("key2");
System.out.println(value2);
        //求子串
        String rangeValue2 = redisTemplate.opsForValue().get("key2", 0, 3);
System.out.println(rangeValue2);
        //追加字符串到末尾，返回新串长度
int newLen = redisTemplate.opsForValue().append("key2", "_app");
System.out.println(newLen);
        String             appendValue2             =             (String)
redisTemplate.opsForValue().get("key2");
System.out.println(appendValue2);
```

这是主要的目的只是在 Spring 操作 Redis 键值对，其操作就等同于图 18-2 所示的命令一样。在 Spring 中，redisTemplate.opsForValue()所返回的对象可以操作简单的键值对，可以是字符串，也可以是对象，具体依据你所配置的序列化方案。由于代码清单 18-1 所配置的是字符串，所以以字符串来操作 Redis，其测试结果如下：

```
value1
6
value2
```

```
new_value2
new_
14
new_value2_app
```

结果和我们看到的命令行的结果一样的，作为开发者要熟悉这些方法。

上面介绍了字符串最常用的命令，但是 Redis 除了这些之外还提供了对整数和浮点型数字的功能，如果字符串是数字（整数或者浮点数），那么 Redis 还能支持简单的运算。不过它的运算能力比较弱，目前版本只能支持简单的加减法运算，如表 18-2 所示。

表 18-2　Redis 支持的简单运算

命　　令	说　　明	备　　注
incr key	在原字段上加 1	只能对整数操作
incrby key increment	在原字段上加上整数（increment）	只能对整数操作
decr key	在原字段上减 1	只能对整数操作
decrby key decrement	在原字段上减去整数（decrement）	只能对整数操作
incrbyfloat keyincrement	在原字段上加上浮点数（increment）	可以操作浮点数或者整数

对操作浮点数和整数进行了测试，如图 18-3 所示。

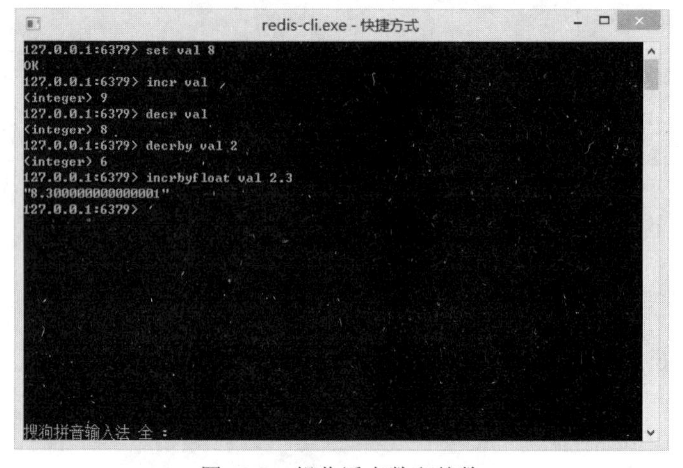

图 18-3　操作浮点数和整数

在测试过程中，如果开始把 val 设置为浮点数，那么 incr、decr、incrby、decrby 的命令都会失败。Redis 并不支持减法、乘法、除法操作，功能十分有限，这点需要我们注意。

由于 Redis 的功能比较弱，所以经常会在 Java 程序中读取它们，然后通过 Java 进行计算并设置它们的值。这里使用 Spring 提供的 RedisTemplate 测试一下它们，不过依旧是用代码清单 18-1 的配置，值得注意的是，这里使用的是字符串序列化器，所以 Redis 保存的还是字符串，如果采用其他的序列化器，比如 JDK 序列化器，那么 Redis 保存的将不会是数字而是产生异常，字符是 Redis 最基本的类型，它可以使用最多的命令，然后输入代码清单 18-3，便可以测试了。

代码清单 18-3：使用 Spring 测试 Redis 运算

```
/**
 * 测试 Redis 运算.
 */
public static void testCal() {
ApplicationContext applicationContext =
new ClassPathXmlApplicationContext("applicationContext.xml");
   RedisTemplate                        redisTemplate                         =
applicationContext.getBean(RedisTemplate.class);
redisTemplate.opsForValue().set("i", "9");
printCurrValue(redisTemplate, "i");
redisTemplate.opsForValue().increment("i", 1);
printCurrValue(redisTemplate, "i");
redisTemplate.getConnectionFactory().getConnection().decr(
redisTemplate.getKeySerializer().serialize("i"));
printCurrValue(redisTemplate, "i");
redisTemplate.getConnectionFactory().getConnection().decrBy(
redisTemplate.getKeySerializer().serialize("i"), 6);
printCurrValue(redisTemplate, "i");
redisTemplate.opsForValue().increment("i", 2.3);
printCurrValue(redisTemplate, "i");
}

/**
 * 打印当前 key 的值
 * @param redisTemplate spring RedisTemplate
 * @param key 键
 */
public static void printCurrValue(RedisTemplate redisTemplate, String key)
{
   String i = (String) redisTemplate.opsForValue().get(key);
System.err.println(i);
}
```

注意，Spring 已经优化了代码，所以加粗的 increment 方法可以支持长整形（long）和双精度（double）的加法，而对于减法而言，RedisTemplate 并没有进行支持，所以用下面的代码去代替它：

```
redisTemplate.getConnectionFactory().getConnection().decrBy(
redisTemplate.getKeySerializer().serialize("i"), 6);
```

通过获得连接工厂再获得连接从而得到底层的 Redis 连接对象。为了和 RedisTemplate 的配置保持一致，所以先获取了其 keySerializer 属性，对键进行了序列化，如果获取结果也可以进行同样的转换。当然 getConnection()只是获取一个 spring data redis 项目中封装的底层对象 RedisConnection，甚至可以获取原始的链接对象——Jedis 对象，比如下面这段代码：

```
Jedis jedis =

(Jedis)redisTemplate.getConnectionFactory().getConnection().getNativeCon
nection();
```

首先，估计是因为 Redis 的版本在更替，支持的命令会有所不一，而 Spring 提供的 RedisTemplate 方法不足以支撑 Redis 的所有命令，所以这里才会有这样的变化。而使用纯粹的 Java Redis 的最新 API 则可以看到这些命令对应的方法，这点是读者需要注意的。其次，所有关于减法的方法，原有值都必须是整数，否则就会引发异常，如代码清单 18-4 这段代码，通过操作浮点数减法产生异常。

代码清单 18-4：通过操作浮点数减法产生异常

```
redisTemplate.opsForValue().set("i", "8.9");
redisTemplate.getConnectionFactory().getConnection().decr(
redisTemplate.getKeySerializer().serialize("i"));
```

这些在 Java 中完全可以编译通过，但是运行之后产生了异常，这是因为对浮点数使用了 Redis 的命令，使用 Redis 的时候需要注意这些问题。

18.2 Redis 数据结构——哈希

Redis 中哈希结构就如同 Java 的 map 一样，一个对象里面有许多键值对，它是特别适合存储对象的，如果内存足够大，那么一个 Redis 的 hash 结构可以存储 $2^{32}-1$ 键值对（40 多亿）。一般而言，不会使用到那么大的一个键值对，所以我们认为 Redis 可以存储很多的键值对。在 Redis 中，hash 是一个 String 类型的 field 和 value 的映射表，因此我们存储的数据实际在 Redis 内存中都是一个个字符串而已。

假设角色有 3 个字段：编号（id）、角色名称（roleName）和备注（note），这样就可以使用一个 hash 结构保存它，它的内存结果如表 18-3 所示。

表 18-3　角色 hash 结构

role_1	
field	value
id	001
roleName	role_name_001
note	note_001

在 Redis 中它就是一个这样的结构，其中 role_1 代表的是这个 hash 结构在 Redis 内存的 key，通过它就可以找到这个 hash 结构，而 hash 结构由一系列的 field 和 value 组成，下面用 Redis 的命令来保存角色对象，如图 18-4 所示。

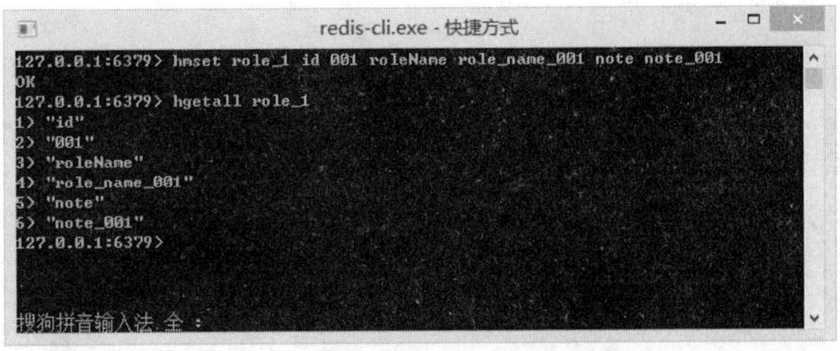

```
127.0.0.1:6379> hmset role_1 id 001 roleName role_name_001 note note_001
OK
127.0.0.1:6379> hgetall role_1
1) "id"
2) "001"
3) "roleName"
4) "role_name_001"
5) "note"
6) "note_001"
127.0.0.1:6379>
```

图 18-4 使用 Redis 命令保存角色对象

上面的命令保存了一个角色对象。在 Redis 中，角色对象是通过键 role_1 来索引的，而角色本身是一个如表 18-3 所示的 hash 结构。hash 的键值对在内存中是一种无序的状态，我们可以通过键找到对应的值。

Redis hash 结构命令，如表 18-4 所示。

表 18-4 Redis hash 结构命令

命　令	说　明	备　注
hdel key field1 [field2......]	删除 hash 结构中的某个（些）字段	可以进行多个字段的删除
hexists key field	判断 hash 结构中是否存在 field 字段	存在返回 1，否则返回 0
hgetall key	获取所有 hash 结构中的键值	返回键和值
hincrby key field increment	指定给 hash 结构中的某一字段加上一个整数	要求该字段也是整数字符串
hincrbyfloat key field increment	指定给 hash 结构中的某一字段加上一个浮点数	要求该字段是数字型字符串
hkeys key	返回 hash 中所有的键	—
hlen key	返回 hash 中键值对的数量	—
hmget key field1[field2......]	返回 hash 中指定的键的值，可以是多个	依次返回值
hmset key field1 value1 [field2 field2 ......]	hash 结构设置多个键值对	—
hset key filed value	在 hash 结构中设置键值对	单个设值
hsetnx key field value	当 hash 结构中不存在对应的键，才设置值	—
hvals key	获取 hash 结构中所有的值	—

从表 18-4 中可以看出，在 Redis 中的哈希结构和字符串有着比较明显的不同。首先，命令都是以 h 开头，代表操作的是 hash 结构。其次，大多数命令多了一个层级 field，这是 hash 结构的一个内部键，也就是说 Redis 需要通过 key 索引到对应的 hash 结构，再通过 field 来确定使用 hash 结构的哪个键值对。

下面通过 Redis 的这些操作命令来展示如何使用它们，如图 18-5 所示。

从图 18-5 中可以看到，Redis 关于哈希结构的相关命令。这里需要注意的是：

- 哈希结构的大小，如果哈希结构是个很大的键值对，那么使用它要十分注意，尤其是关于 hkeys、hgetall、hvals 等返回所有哈希结构数据的命令，会造成大量数据的读取。这需要考虑性能和读取数据大小对 JVM 内存的影响。
- 对于数字的操作命令 hincrby 而言，要求存储的也是整数型的字符串；对于 hincrbyfloat 而言，则要求使用浮点数或者整数，否则命令会失败。

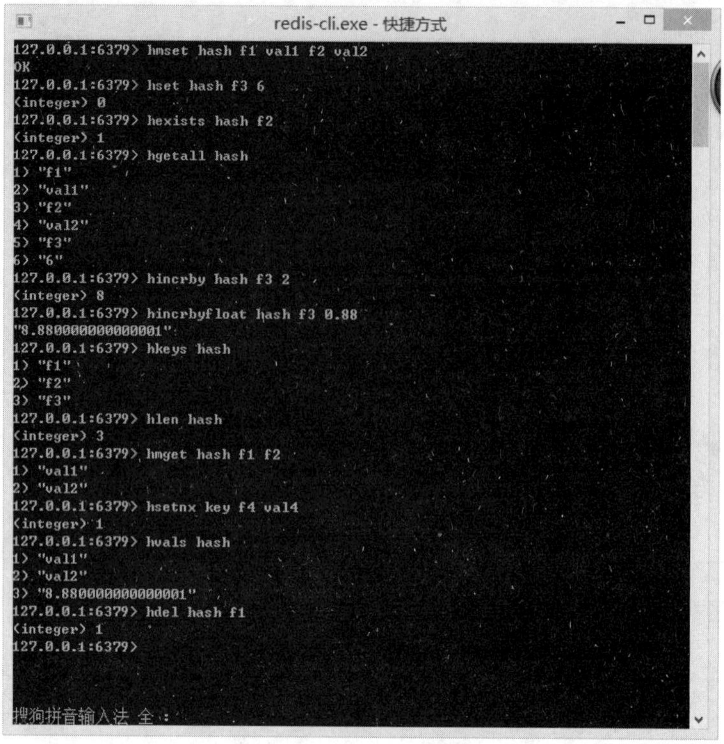

```
redis-cli.exe - 快捷方式
127.0.0.1:6379> hmset hash f1 val1 f2 val2
OK
127.0.0.1:6379> hset hash f3 6
(integer) 0
127.0.0.1:6379> hexists hash f2
(integer) 1
127.0.0.1:6379> hgetall hash
1) "f1"
2) "val1"
3) "f2"
4) "val2"
5) "f3"
6) "6"
127.0.0.1:6379> hincrby hash f3 2
(integer) 8
127.0.0.1:6379> hincrbyfloat hash f3 0.88
"8.880000000000001"
127.0.0.1:6379> hkeys hash
1) "f1"
2) "f2"
3) "f3"
127.0.0.1:6379> hlen hash
(integer) 3
127.0.0.1:6379> hmget hash f1 f2
1) "val1"
2) "val2"
127.0.0.1:6379> hsetnx key f4 val4
(integer) 1
127.0.0.1:6379> hvals hash
1) "val1"
2) "val2"
3) "8.880000000000001"
127.0.0.1:6379> hdel hash f1
(integer) 1
127.0.0.1:6379>

搜狗拼音输入法 全：
```

图 18-5　Redis 的 hash 结构命令展示

有了上面的描述，读者应该对 hash 结构有了一定的认识，也知道如何使用命令去操作它，现在讨论如何使用 Spring 去操作 Redis 的 hash 结构，由于 Spring 对 Redis 进行了封装，所以有必要对 RedisTemplate 的配置项进行修改。下面先修改 RedisTemplate 的配置，如代码清单 18-5 所示。

代码清单 18-5：修改默认的序列化器为字符串序列化

```
<bean id="stringRedisSerializer"
class="org.springframework.data.redis.serializer.StringRedisSerializer"/
>
......
<bean                                                    id="redisTemplate"
class="org.springframework.data.redis.core.RedisTemplate">
<property name="connectionFactory" ref="connectionFactory"/>
<property name="defaultSerializer" ref="stringRedisSerializer"/>
<property name="keySerializer" ref="stringRedisSerializer"/>
<property name="valueSerializer" ref="stringRedisSerializer"/>
</bean>
```

这段代码是参考代码清单 18-1 编写的，所以做了一定的省略。这里把 Spring 提供的 RedisTemplate 的默认序列化器（defaultSerializer）修改为了字符串序列化器。因为在 Spring 对 hash 结构的操作中会涉及 map 等其他类的操作，所以需要明确它的规则。这里只是指定默认的序列化器，如果想为 hash 结构指定序列化器，可以使用 RedisTemplate 提供的两个属性 hashKeySerializer 和 hashValueSerializer，来为 hash 结构的 field 和 value 指定序列化器。做了这样的修改我们用 Spring 来完成图 18-5 的功能，如代码清单 18-6 所示。

代码清单 18-6：使用 Spring 操作 hash 结构

```
public static void testRedisHash() {
    ApplicationContext applicationContext =
        new ClassPathXmlApplicationContext("applicationContext.xml");
    RedisTemplate                          redisTemplate                              =
applicationContext.getBean(RedisTemplate.class);
    String key = "hash";
    Map<String, String> map = new HashMap<String, String>();
    map.put("f1", "val1");
    map.put("f2", "val2");
    //相当于 hmset 命令
    redisTemplate.opsForHash().putAll(key, map);
    //相当于 hset 命令
    redisTemplate.opsForHash().put(key, "f3", "6");
    printValueForhash(redisTemplate, key, "f3");
    //相当于 hexists key filed 命令
    boolean exists = redisTemplate.opsForHash().hasKey(key, "f3");
    System.out.println(exists);
    //相当于 hgetall 命令
    Map keyValMap = redisTemplate.opsForHash().entries(key);
    //相当于 hincrby 命令
    redisTemplate.opsForHash().increment(key, "f3", 2);
    printValueForhash(redisTemplate, key, "f3");
    //相当于 hincrbyfloat 命令
    redisTemplate.opsForHash().increment(key, "f3", 0.88);
    printValueForhash(redisTemplate, key, "f3");
    //相当于 hvals 命令
    List valueList = redisTemplate.opsForHash().values(key);
    //相当于 hkeys 命令
    Set keyList = redisTemplate.opsForHash().keys(key);
    List<String> fieldList = new ArrayList<String>();
    fieldList.add("f1");
    fieldList.add("f2");
    //相当于 hmget 命令
    List valueList2 = redisTemplate.opsForHash().multiGet(key, keyList);
    //相当于 hsetnx 命令
    boolean success = redisTemplate.opsForHash().putIfAbsent(key, "f4",
"val4");
    System.out.println(success);
    //相当于 hdel 命令
    Long result = redisTemplate.opsForHash().delete(key, "f1", "f2");
    System.out.println(result);
}
```

```
private static void printValueForhash(RedisTemplate redisTemplate, String
key, String field) {
    //相当于 hget 命令
    Object value = redisTemplate.opsForHash().get(key, field);
    System.out.println(value);
}
```

以上代码笔者做了比较详细的注解，相信读者也不难理解，不过需要注意以下几点内容：

- hmset 命令，在 Java 的 API 中，是使用 map 保存多个键值对在先的。
- hgetall 命令会返回所有的键值对，并保存到一个 map 对象中，如果 hash 结构很大，那么要考虑它对 JVM 的内存影响。
- hincrby 和 hincrbyFloat 命令都采用 increment 方法，Spring 会识别它具体使用何种方法。
- redisTemplate.opsForHash().values(key)方法相当于 hvals 命令，它会返回所有的值，并保存到一个 List 对象中；而 redisTemplate.opsForHash().keys(key)方法相当于 hkeys 命令，它会获取所有的键，保存到一个 Set 对象中。
- 在 Spring 中使用 redisTemplate.opsForHash().putAll(key, map)方法相当于执行了 hmset 命令，使用了 map，由于配置了默认的序列化器为字符串，所以它也只会用字符串进行转化，这样才能执行对应的数值加法，如果使用其他序列化器，则后面的命令可能会抛出异常。
- 在使用大的 hash 结构时，需要考虑返回数据的大小，以避免返回太多的数据，引发 JVM 内存溢出或者 Redis 的性能问题。

运行一下代码清单 18-6 的程序，可以得到这样的输出：

```
6
true
8
8.880000000000001
true
2
```

操作成功了，按照类似的代码就可以在 Spring 中顺利操作 Redis 的 hash 结构了。

18.3 Redis 数据结构——链表（linked-list）

链表结构是 Redis 中一个常用的结构，它可以存储多个字符串，而且它是有序的，能够存储 $2^{32}-1$ 个节点（超过 40 亿个节点）。Redis 链表是双向的，因此即可以从左到右，也可以从右到左遍历它存储的节点，链表结构如图 18-6 所示。

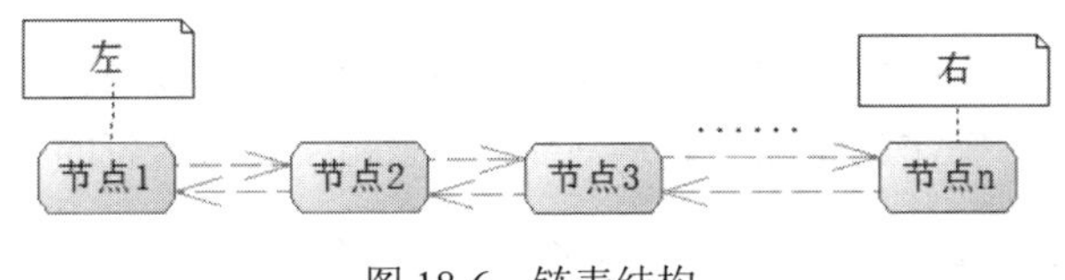

图 18-6　链表结构

由于是双向链表，所以只能够从左到右，或者从右到左地访问和操作链表里面的数据节点。但是使用链表结构就意味着读性能的丧失，所以要在大量数据中找到一个节点的操作性能是不佳的，因为链表只能从一个方向中去遍历所要节点，比如从查找节点 10 000 开始查询，它需要按照节点 1、节点 2、节点 3……直至节点 10 000，这样的顺序查找，然后把一个个节点和你给出的值比对，才能确定节点所在。如果这个链表很大，如有上百万个节点，可能需要遍历几十万次才能找到所需要的节点，显然查找性能是不佳的。

而链表结构的优势在于插入和删除的便利，因为链表的数据节点是分配在不同的内存区域的，并不连续，只是根据上一个节点保存下一个节点的顺序来索引而已，无需移动元素。其新增和删除的操作如图 18-7 所示。

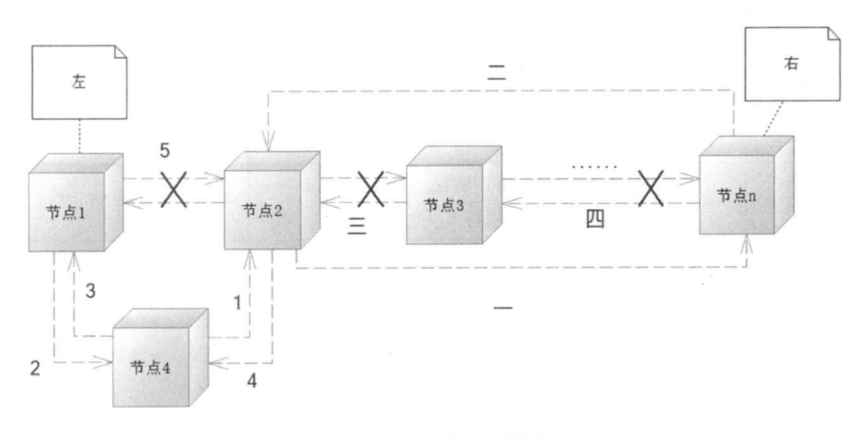

图 18-7　链表的新增和删除操作

图 18-7 的阿拉伯数字代表新增的步骤，而汉字数字代表删除步骤。

- 新增节点。对插入图中的节点 4 而言，先看从左到右的指向，先让节点 4 指向节点 1 原来的下一个节点，也就是节点 2，然后让节点 1 指向节点 4，这样就完成了从右到左的指向修改；再看从右到左，先让节点 4 指向节点 1，然后节点 2 指向节点 4，这个时候就完成了从右到左的指向，那么节点 1 和节点 2 之间的原有关联关系都已经失效，这样就完成了在链表中新增节点 4 的功能。
- 删除节点。对删除图中的节点 3 而言，首先让节点 2 从左到右指向后续节点，然后让后续节点指向节点 2，这样节点 3 就脱离了链表，也就是断绝了与节点 2 和后继节点的关联关系，然后对节点 3 进行内存回收，无须移动任何节点，就完成了删除。

由此可见，链表结构的使用是需要注意场景的，对于那些经常需要对数据进行插入和删除的列表数据使用它是十分方便的，因为它可以在不移动其他节点的情况下完成插入和删除。而对于需要经常查找的，使用它性能并不佳，它只能从左到右或者从右到左的查找和比对。

因为是双向链表结构，所以 Redis 链表命令分为左操作和右操作两种命令，左操作就意味着是从左到右，右操作就意味着是从右到左。Redis 关于链表的命令如表 18-5 所示。

表 18-5　Redis 关于链表的命令

命　令	说　明	备　注
lpush key node1 [node2.].....	把节点 node1 加入到链表最左边	如果是 node1、node2...noden 这样加入，那么链表开头从左到右的顺序是 noden...node2、node1
rpush key node1[node2]......	把节点 node1 加入到链表的最右边	如果是 node1、node2....noden 这样加入，那么链表结尾从左到右的顺序是 node1、node2，node3...noden
lindex key index	读取下标为 index 的节点	返回节点字符串，从 0 开始算
llen key	求链表的长度	返回链表节点数
lpop key	删除左边第一个节点，并将其返回	—
rpop key	删除右边第一个节点，并将其返回	—
linsert key before|after pivot node	插入一个节点 node，并且可以指定在值为 pivot 的节点的前面（before）或者后面（after）	如果 list 不存在，则报错；如果没有值为对应 pivot 的，也会插入失败返回-1
lpushx list node	如果存在 key 为 list 的链表，则插入节点 node，并且作为从左到右的第一个节点	如果 list 不存在，则失败
rpushx list node	如果存在 key 为 list 的链表，则插入节点 node，并且作为从左到右的最后一个节点	如果 list 不存在，则失败
lrange list start end	获取链表 list 从 start 下标到 end 下标的节点值	包含 start 和 end 下标的值
lrem list count value	如果 count 为 0，则删除所有值等于 value 的节点；如果 count 不是 0，则先对 count 取绝对值，假设记为 abs，然后从左到右删除不大于 abs 个等于 value 的节点	注意，count 为整数，如果是负数，则 Redis 会先求取其绝对值，然后传递到后台操作
lset key index node	设置列表下标为 index 的节点的值为 node	—
ltrim key start stop	修剪链表，只保留从 start 到 stop 的区间的节点，其余的都删除掉	包含 start 和 end 的下标的节点会保留

表 18-5 所列举的就是常用的链表命令，其中以“l”开头的代表左操作，以“r”开头的代表右操作。对于很多个节点同时操作的，需要考虑其花费的时间，链表数据结构对于查找而言并不适合于大数据，而 Redis 也给了比较灵活的命令对其进行操作。Redis 关于链表的操作命令，如图 18-8 所示。

这里展示了关于 Redis 链表的常用命令，只是对于大量数据操作的时候，我们需要考虑插入和删除内容的大小，因为这将是十分消耗性能的命令，会导致 Redis 服务器的卡顿。对于不允许卡顿的一些服务器，可以进行分批次操作，以避免出现卡顿。

需要指出的是，之前这些操作链表的命令都是进程不安全的，因为当我们操作这些命令的时候，其他 Redis 的客户端也可能操作同一个链表，这样就会造成并发数据安全和一致性的问题，尤其是当你操作一个数据量不小的链表结构时，常常会遇到这样的问题。为了克服这些问题，Redis 提供了链表的阻塞命令，它们在运行的时候，会给链表加锁，以保证操作链表的命令安全性，如表 18-6 所示。

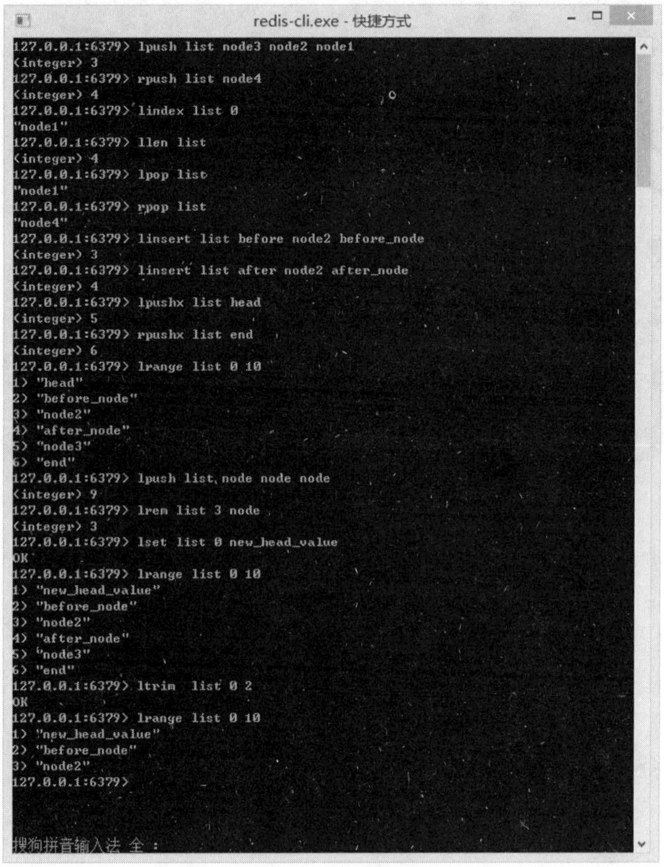

```
127.0.0.1:6379> lpush list node3 node2 node1
(integer) 3
127.0.0.1:6379> rpush list node4
(integer) 4
127.0.0.1:6379> lindex list 0
"node1"
127.0.0.1:6379> llen list
(integer) 4
127.0.0.1:6379> lpop list
"node1"
127.0.0.1:6379> rpop list
"node4"
127.0.0.1:6379> linsert list before node2 before_node
(integer) 3
127.0.0.1:6379> linsert list after node2 after_node
(integer) 4
127.0.0.1:6379> lpushx list head
(integer) 5
127.0.0.1:6379> rpushx list end
(integer) 6
127.0.0.1:6379> lrange list 0 10
1) "head"
2) "before_node"
3) "node2"
4) "after_node"
5) "node3"
6) "end"
127.0.0.1:6379> lpush list node node node
(integer) 9
127.0.0.1:6379> lrem list 3 node
(integer) 3
127.0.0.1:6379> lset list 0 new_head_value
OK
127.0.0.1:6379> lrange list 0 10
1) "new_head_value"
2) "before_node"
3) "node2"
4) "after_node"
5) "node3"
6) "end"
127.0.0.1:6379> ltrim  list 0 2
OK
127.0.0.1:6379> lrange list 0 10
1) "new_head_value"
2) "before_node"
3) "node2"
127.0.0.1:6379>
```

图 18-8　Redis 关于链表的操作命令

表 18-6　链表的阻塞命令

命　令	说　明	备　注
blpop key timeout	移出并获取列表的第一个元素，如果列表没有元素会阻塞列表直到等待超时或发现可弹出元素为止	相对于 lpop 命令，它的操作是进程安全的
brpop key timeout	移出并获取列表的最后一个元素，如果列表没有元素会阻塞列表直到等待超时或发现可弹出元素为止	相对于 rpop 命令，它的操作是进程安全的
rpoplpush key src dest	按从左到右的顺序，将一个链表的最后一个元素移除，并插入到目标链表最左边	不能设置超时时间
brpoplpush key src dest timeout	按从左到右的顺序，将一个链表的最后一个元素移除，并插入到目标链表最左边，并可以设置超时时间	可设置超时时间

当使用这些命令时，Redis 就会对对应的链表加锁，加锁的结果就是其他的进程不能再读取或者写入该链表，只能等待命令结束。加锁的好处可以保证在多线程并发环境中数据的一致性，保证一些重要数据的一致性，比如账户的金额、商品的数量。不过在保证这些

的同时也要付出其他线程等待、线程环境切换等代价，这将使得系统的并发能力下降；关于多线程并发锁，未来还会提及，这里先看 Redis 链表阻塞操作命令，如图 18-9 所示。

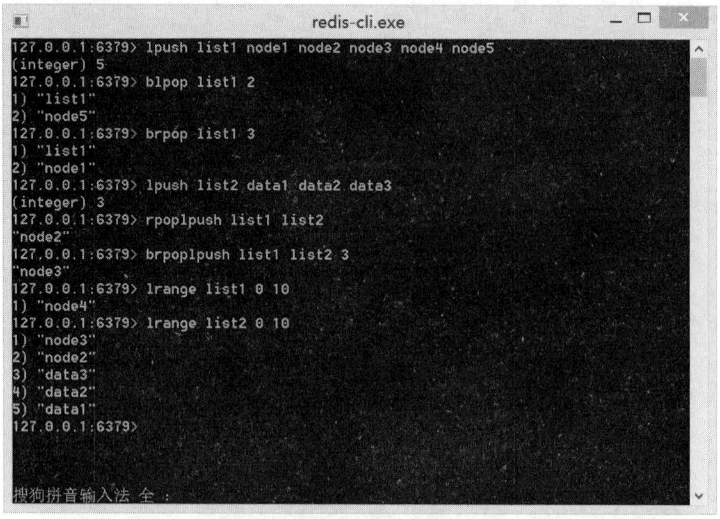

```
127.0.0.1:6379> lpush list1 node1 node2 node3 node4 node5
(integer) 5
127.0.0.1:6379> blpop list1 2
1) "list1"
2) "node5"
127.0.0.1:6379> brpop list1 3
1) "list1"
2) "node1"
127.0.0.1:6379> lpush list2 data1 data2 data3
(integer) 3
127.0.0.1:6379> rpoplpush list1 list2
"node2"
127.0.0.1:6379> brpoplpush list1 list2 3
"node3"
127.0.0.1:6379> lrange list1 0 10
1) "node4"
127.0.0.1:6379> lrange list2 0 10
1) "node3"
2) "node2"
3) "data3"
4) "data2"
5) "data1"
127.0.0.1:6379>
```

图 18-9　Redis 链表阻塞操作命令

在实际的项目中，虽然阻塞可以有效保证了数据的一致性，但是阻塞就意味着其他进程的等待，CPU 需要给其他线程挂起、恢复等操作，更多的时候我们希望的并不是阻塞的处理请求，所以这些命令在实际中使用得并不多，后面还会深入探讨关于高并发锁的问题。

使用 Spring 去操作 Redis 链表的命令，这里继续保持代码清单 18-5 关于 RedisTemplate 的配置，在此基础上获取 RedisTemplate 对象，然后输入代码清单 18-7 的代码，它实现的是图 18-8 所示的命令功能，请读者仔细体会。

代码清单 18-7：通过 Spring 操作 Redis 的链表结构

```
public static void testList() {
   ApplicationContext applicationContext
         = new ClassPathXmlApplicationContext("applicationContext.xml");
   RedisTemplate                          redisTemplate                          =
applicationContext.getBean(RedisTemplate.class);
try {
      //删除链表，以便我们可以反复测试
redisTemplate.delete("list");
      //把 node3 插入链表 list
redisTemplate.opsForList().leftPush("list", "node3");
      List<String> nodeList = new ArrayList<String>();
for (int i = 2; i >= 1; i--) {
nodeList.add("node" + i);
      }
      //相当于 lpush 把多个价值从左插入链表
redisTemplate.opsForList().leftPushAll("list", nodeList);
      //从右边插入一个节点
redisTemplate.opsForList().rightPush("list", "node4");
```

```
        //获取下标为 0 的节点
        String node1 = (String) redisTemplate.opsForList().index("list", 0);
        //获取链表长度
 long size = redisTemplate.opsForList().size("list");
        //从左边弹出一个节点
        String lpop = (String) redisTemplate.opsForList().leftPop("list");
        //从右边弹出一个节点
        String rpop = (String) redisTemplate.opsForList().rightPop("list");
        //注意，需要使用更为底层的命令才能操作 linsert 命令
        //使用 linsert 命令在 node2 前插入一个节点
redisTemplate.getConnectionFactory().getConnection().lInsert("list".getB
ytes("utf-8"),
                RedisListCommands.Position.BEFORE,
                "node2".getBytes("utf-8"),
"before_node".getBytes("utf-8"));
        //使用 linsert 命令在 node2 后插入一个节点
redisTemplate.getConnectionFactory().getConnection().lInsert("list".getB
ytes("utf-8"),
                RedisListCommands.Position.AFTER,
                "node2".getBytes("utf-8"), "after_node".getBytes("utf-8"));
        //判断 list 是否存在，如果存在则从左边插入 head 节点
redisTemplate.opsForList().leftPushIfPresent("list", "head");
        //判断 list 是否存在，如果存在则从右边插入 end 节点
redisTemplate.opsForList().rightPushIfPresent("list", "end");
        //从左到右，或者下标从 0 到 10 的节点元素
        List valueList = redisTemplate.opsForList().range("list", 0, 10);
nodeList.clear();
for (int i = 1; i <= 3; i++) {
nodeList.add("node");
        }
        //在链表左边插入三个值为 node 的节点
redisTemplate.opsForList().leftPushAll("list", nodeList);
        //从左到右删除至多三个 node 节点
redisTemplate.opsForList().remove("list", 3, "node");
        //给链表下标为 0 的节点设置新值
redisTemplate.opsForList().set("list", 0, "new_head_value");
    } catch (UnsupportedEncodingException ex) {
ex.printStackTrace();
    }
    //打印链表数据
printList(redisTemplate, "list");
}

public static void printList(RedisTemplate redisTemplate, String key) {
    //链表长度
    Long size = redisTemplate.opsForList().size(key);
```

```
    //获取整个链表的值
    List valueList = redisTemplate.opsForList().range(key, 0, size);
    //打印
System.out.println(valueList);
}
```

这里所展示的是 RedisTemplate 对于 Redis 链表的操作，其中 left 代表左操作，right 代表右操作。有些命令 Spring 所提供的 RedisTemplate 并不能支持，比如 linsert 命令，这个时候可以使用更为底层的方法去操作，正如代码中的这段：

```
//使用 linsert 命令在 node2 前插入一个节点
redisTemplate.getConnectionFactory().getConnection().lInsert("list".getB
ytes("utf-8"),
RedisListCommands.Position.BEFORE, "node2".getBytes("utf-8"),
 "before_node".getBytes("utf-8"));
```

在多值操作的时候，往往会使用 list 进行封装，比如 leftPushAll 方法，对于很大的 list 的操作需要注意性能，比如 remove 这样的操作，在大的链表中会消耗 Redis 系统很多的性能。

正如之前的探讨一样，Redis 还有对链表进行阻塞操作的命令，这里 Spring 也给出了支持，如代码清单 18-8 所示。

代码清单 18-8：Spring 对 Redis 阻塞命令的操作

```
public static void testBList() {
    ApplicationContext applicationContext
          = new ClassPathXmlApplicationContext("applicationContext.xml");
    RedisTemplate                  redisTemplate                      =
applicationContext.getBean(RedisTemplate.class);
    //清空数据，可以重复测试
redisTemplate.delete("list1");
redisTemplate.delete("list2");
    //初始化链表 list1
    List<String> nodeList = new ArrayList<String>();
for (int i=1; i<=5; i++) {
nodeList.add("node" + i);
    }
redisTemplate.opsForList().leftPushAll("list1", nodeList);
    //Spring 使用参数超时时间作为阻塞命令区分，等价于 blpop 命令，并且可以设置时间参数
redisTemplate.opsForList().leftPop("list1", 1, TimeUnit.SECONDS);
    //Spring 使用参数超时时间作为阻塞命令区分，等价于 brpop 命令，并且可以设置时间参数
redisTemplate.opsForList().rightPop("list1", 1, TimeUnit.SECONDS);
nodeList.clear();
    //初始化链表 list2
for (int i=1; i<=3; i++) {
nodeList.add("data" + i);
```

```
    }
    redisTemplate.opsForList().leftPushAll("list2", nodeList);
      //相当于 rpoplpush 命令，弹出 list1 最右边的节点，插入到 list2 最左边
    redisTemplate.opsForList().rightPopAndLeftPush("list1", "list2");
      //相当于 brpoplpush 命令，注意在 Spring 中使用超时参数区分
    redisTemplate.opsForList().rightPopAndLeftPush("list1",    "list2",    1,
    TimeUnit.SECONDS);
      //打印链表数据
    printList(redisTemplate, "list1");
    printList(redisTemplate, "list2");
    }
```

这里展示了 Redis 关于链表的阻塞命令，在 Spring 中它和非阻塞命令的方法是一致的，只是它会通过超时参数进行区分，而且我们还可以通过方法设置时间的单位，使用还是相当简单的。注意，它是阻塞的命令，在多线程的环境中，它能在一定程度上保证数据的一致而性能却不佳。

18.4　Redis 数据结构——集合

Redis 的集合不是一个线性结构，而是一个哈希表结构，它的内部会根据 hash 分子来存储和查找数据，理论上一个集合可以存储 $2^{32}-1$（大约 42 亿）个元素，因为采用哈希表结构，所以对于 Redis 集合的插入、删除和查找的复杂度都是 O(1)，只是我们需要注意 3 点。

- 对于集合而言，它的每一个元素都是不能重复的，当插入相同记录的时候都会失败。
- 集合是无序的。
- 集合的每一个元素都是 String 数据结构类型。

Redis 的集合可以对于不同的集合进行操作，比如求出两个或者以上集合的交集、差集和并集等。集合命令，如表 18-7 所示。

表 18-7　集合命令

命　令	说　明	备　注
sadd key member1 [member2 member3 ......]	给键为 key 的集合增加成员	可以同时增加多个
scard key	统计键为 key 的集合成员数	—
sdiff key1 [key2]	找出两个集合的差集	参数如果是单 key，那么 Redis 就返回这个 key 的所有元素
sdiffstore des key1 [key2]	先按 sdiff 命令的规则，找出 key1 和 key2 两个集合的差集，然后将其保存到 des 集合中。	—
sinter key1 [key2]	求 key1 和 key2 两个集合的交集。	参数如果是单 key，那么 Redis 就返回这个 key 的所有元素
sinterstore des key1 key2	先按 sinter 命令的规则，找出 key1 和 kye2 两个集合的交集，然后保存到 des 中	—

续表

命　令	说　明	备　注
sismember key member	判断 member 是否键为 key 的集合的成员	如果是返回 1，否则返回 0
smembers key	返回集合所有成员	如果数据量大，需要考虑迭代遍历的问题
smove src des member	将成员 member 从集合 src 迁移到集合 des 中	—
spop key	随机弹出集合的一个元素	注意其随机性，因为集合是无序的
srandmember key [count]	随机返回集合中一个或者多个元素，count 为限制返回总数，如果 count 为负数，则先求其绝对值	count 为整数，如果不填默认为 1，如果 count 大于等于集合总数，则返回整个集合
srem key member1 [member2 ......]	移除集合中的元素，可以是多个元素	对于很大的集合可以通过它删除部分元素，避免删除大量数据引发 Redis 停顿
sunion key1 [key2]	求两个集合的并集	参数如果是单 key，那么 Redis 就返回这个 key 的所有元素
sunionstore des key1 key2	先执行 sunion 命令求出并集，然后保存到键为 des 的集合中	—

表 18-7 中命令的前缀都包含了一个 s，用来表达这是集合的命令，集合是无序的，并且支持并集、交集和差集的运算，下面通过命令行客户端来演示这些命令，如图 18-10 所示。

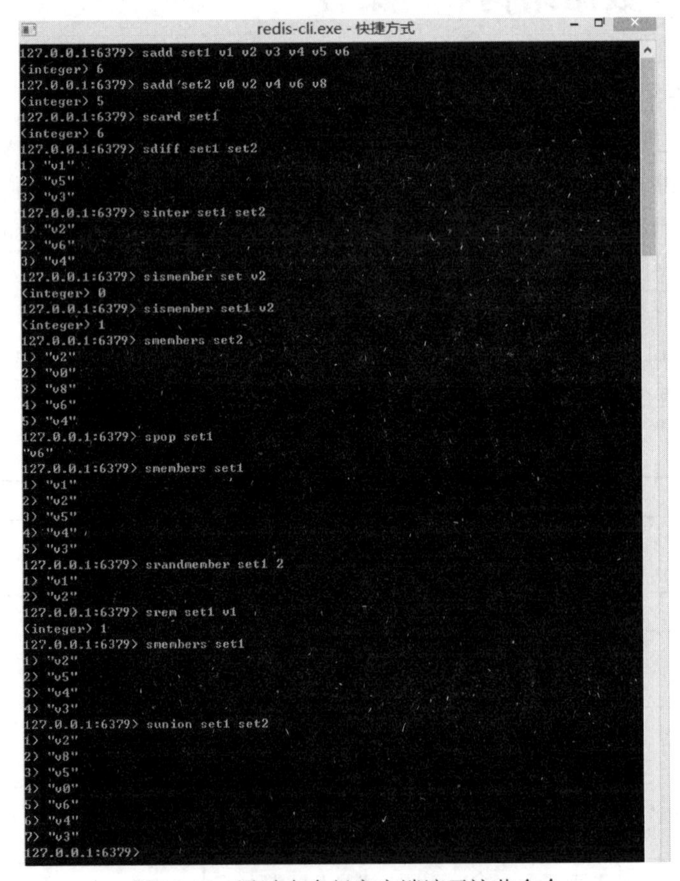

图 18-10　通过命令行客户端演示这些命令

交集、并集和差集保存命令的用法，如下图 18-11 所示。

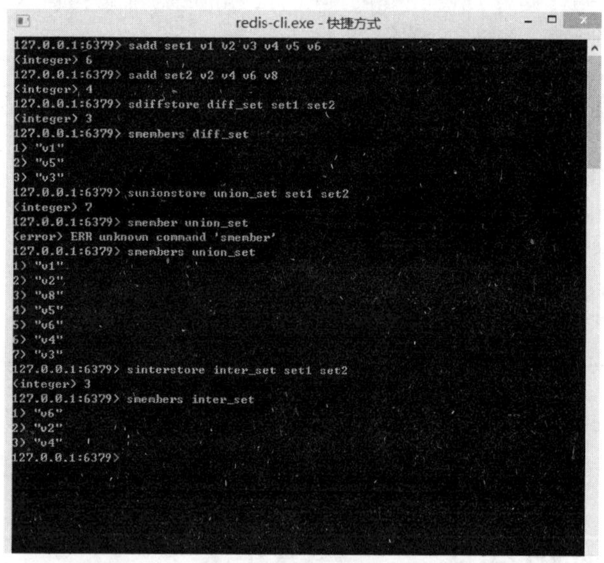

图 18-11　交集、并集和差集保存命令的用法

这里的命令主要是求差集、并集和交集，并保存到新的集合中。至此就展示了表 18-6 中的所有命令，下面将在 Spring 中操作它们，如代码清单 18-9 所示。

代码清单 18-9：Spring 操作 Redis 集合

```
//请把 RedisTemplate 值序列化器设置为 StringRedisSerializer 测试该代码片段
ApplicationContext applicationContext
      = new ClassPathXmlApplicationContext("applicationContext.xml");
RedisTemplate redisTemplate =
applicationContext.getBean(RedisTemplate.class);
Set set = null;
//将元素加入列表
redisTemplate.boundSetOps("set1").add( "v1", "v2", "v3", "v4", "v5", "v6");
redisTemplate.boundSetOps("set2").add( "v0", "v2", "v4", "v6", "v8");
//求集合长度
redisTemplate.opsForSet().size("set1");
//求差集
set = redisTemplate.opsForSet().difference("set1", "set2");
//求并集
set = redisTemplate.opsForSet().intersect("set1", "set2");
//判断是否集合中的元素
boolean exists = redisTemplate.opsForSet().isMember("set1", "v1");
//获取集合所有元素
set = redisTemplate.opsForSet().members("set1");
//从集合中随机弹出一个元素
String val = (String)redisTemplate.opsForSet().pop("set1");
//随机获取一个集合的元素
val = (String) redisTemplate.opsForSet().randomMember("set1");
```

```
//随机获取 2 个集合的元素
List list = redisTemplate.opsForSet().randomMembers("set1", 2L);
//删除一个集合的元素，参数可以是多个
redisTemplate.opsForSet().remove("set1", "v1");
//求两个集合的并集
redisTemplate.opsForSet().union("set1", "set2");
//求两个集合的差集，并保存到集合 diff_set 中
redisTemplate.opsForSet().differenceAndStore("set1", "set2", "diff_set");
//求两个集合的交集，并保存到集合 inter_set 中
redisTemplate.opsForSet().intersectAndStore("set1", "set2", "inter_set");
//求两个集合的并集，并保存到集合 union_set 中
redisTemplate.opsForSet().unionAndStore("set1", "set2", "union_set");
```

上面的注释已经较为详细地描述了代码的含义，这样我们就可以在实践中使用 Spring 操作 Redis 的集合了。

18.5 Redis 数据结构——有序集合

有序集合和集合类似，只是说它是有序的，和无序集合的主要区别在于每一个元素除了值之外，它还会多一个分数。分数是一个浮点数，在 Java 中是使用双精度表示的，根据分数，Redis 就可以支持对分数从小到大或者从大到小的排序。这里和无序集合一样，对于每一个元素都是唯一的，但是对于不同元素而言，它的分数可以一样。元素也是 String 数据类型，也是一种基于 hash 的存储结构。集合是通过哈希表实现的，所以添加、删除、查找的复杂度都是 O(1)。集合中最大的成员数为 $2^{32}-1$（40 多亿个成员），有序集合的数据结构如图 18-12 所示。

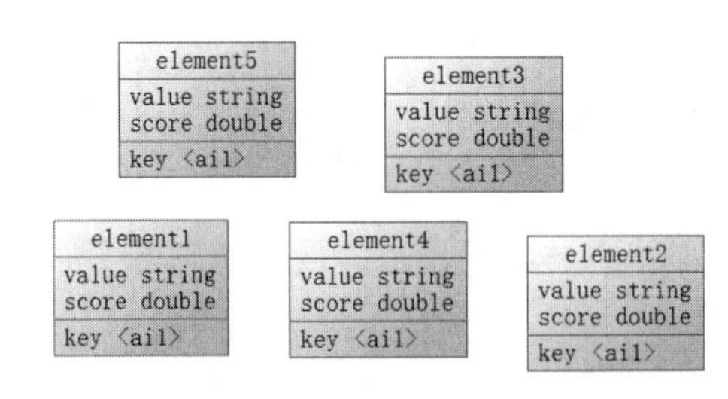

图 18-12　有序集合的数据结构

有序集合是依赖 key 标示它是属于哪个集合，依赖分数进行排序，所以值和分数是必须的，而实际上不仅可以对分数进行排序，在满足一定的条件下，也可以对值进行排序。

18.5.1 Redis 基础命令

有序集合和无序集合的命令是接近的，只是在这些命令的基础上，会增加对于排序的操作，这些是我们在使用的时候需要注意的细节。下面讲解这些常用的有序集合的部分命

令。有些时候 Redis 借助数据区间的表示方法来表示包含或者不包含，比如在数学的区间表示中，[2,5]表示包含 2，但是不包含 5 的区间。具体如表 18-8 所示。

表 18-8 Redis 有序集合的部分命令

命　令	说　明	备　注
zadd key score1 value1 [score2 value2 ......]	向有序集合的 key，增加一个或者多个成员	如果不存在对应的 key，则创建键为 key 的有序集合
zcard key	获取有序集合的成员数	—
zcount key min max	根据分数返回对应的成员列表	min 为最小值，max 为最大值，默认为包含 min 和 max 值，采用数学区间表示的方法，如果需要不包含，则在分数前面加入“(”，注意不支持“[”表示
zincrby key increment member	给有序集合成员值为 member 的分数增加 increment	—
zinterstore desKey numkeys key1 [key2 key3 ......]	求多个有序集合的交集，并且将结果保存到 desKey 中	numkeys 是一个整数，表示多少个有序集合
zlexcount key min max	求有序集合 key 成员值在 min 和 max 的范围	这里范围为 key 的成员值，Redis 借助数据区间的表示方法，“[”表示包含该值，“(”表示不包含该值
zrange key start stop [withscores]	按照分值的大小（从小到大）返回成员，加入 start 和 stop 参数可以截取某一段返回。如果输入可选项 withscores，则连同分数一起返回	这里记集合最大长度为 len，则 Redis 会将集合排序后，形成一个从 0 到 len-1 的下标，然后根据 start 和 stop 控制的下标（包含 start 和 stop）返回
zrank key member	按从小到大求有序集合的排行	排名第一的为 0，第二的为 1……
zrangebylex key min max [limit offset count]	根据值的大小，从小到大排序，min 为最小值，max 为最大值；limit 选项可选，当 Redis 求出范围集合后，会生产下标 0 到 n，然后根据偏移量 offset 和限定返回数 count，返回对应的成员	这里范围为 key 的成员值，Redis 借助数学区间的表示方法，“[”表示包含该值，“(”表示不包含该值
zrangebyscore key min max [withscores] [limit offset count]	根据分数大小，从小到大求取范围，选项 withscores 和 limit 请参考 zrange 命令和 zrangebylex 说明	根据分析求取集合的范围。这里默认包含 min 和 max，如果不想包含，则在参数前加入“(”，注意不支持“[”表示
zremrangebyscore key start stop	根据分数区间进行删除	按照 socre 进行排序，然后排除 0 到 len-1 的下标，然后根据 start 和 stop 进行删除，Redis 借助数学区间的表示方法，“[”表示包含该值，“(”表示不包含该值
zremrangebyrank key start stop	按照分数排行从小到大的排序删除，从 0 开始计算	—
zremrangebylex key min max	按照值的分布进行删除	—
zrevrange key start stop [withscores]	从大到小的按分数排序，参数请参见 zrange	与 zrange 相同，只是排序是从大到小

续表

命　　令	说　　明	备　　注
zrevrangebyscore key max min [withscores]	从大到小的按分数排序，参数请参见 zrangebyscore	与 zrangebyscore 相同，只是排序是从大到小
zrevrank key member	按从大到小的顺序，求元素的排行	排名第一位 0，第二位 1......
zscore key member	返回成员的分数值	返回成员的分数
zunionstore desKey numKeys key1 [key2 key3 key4 ......]	求多个有序集合的并集，其中 numKeys 是有序集合的个数	—

在对有序集合、下标、区间的表示方法进行操作的时候，需要十分小心命令，注意它是操作分数还是值，稍有不慎就会出现问题。

这里命令比较多，也有些命令比较难使用，在使用的时候，务必要小心，不过好在我们使用 zset 的频率并不是太高，下面是测试结果——有序集合命令展示，如图 18-13 所示。

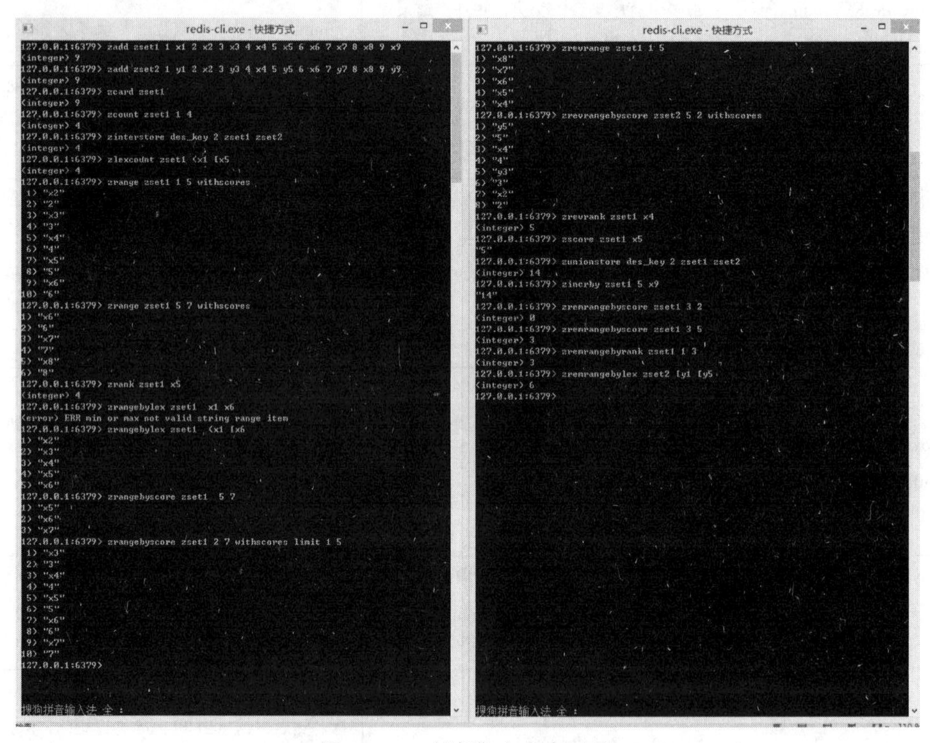

图 18-13　有序集合命令展示

18.5.2　spring-data-redis 对有序集合的封装

在 Spring 中使用 Redis 的有序集合，需要注意的是 Spring 对 Redis 有序集合的元素的值和分数的范围（Range）和限制（Limit）进行了封装，在演示如何使用 Spring 操作有序集合前要进一步了解它的封装。

先介绍一个主要的接口——TypedTuple，它不是一个普通的接口，而一个内部接口，它是 org.springframework.data.redis.core.ZSetOperations 接口的内部接口，它定义了两个方法，如代码清单 18-10 所示。

代码清单 18-10：TypedTuple 源码

```
package org.springframework.data.redis.core;
public interface ZSetOperations<K, V> {
   ......
public interface TypedTuple<V> extends Comparable<TypedTuple<V>> {
       V getValue();

       Double getScore();
}
......
}
```

这里的 getValue()是获取值，而 getScore()是获取分数，但是它只是一个接口，而不是一个实现类。spring-data-redis 提供了一个默认的实现类——DefaultTypedTuple，同样它会实现 TypedTuple 接口，在默认的情况下 Spring 就会把带有分数的有序集合的值和分数封装到这个类中，这样就可以通过这个类对象读取对应的值和分数了。

Spring 不仅对有序集合元素封装，而且对范围也进行了封装，方便使用。它是使用接口 org.springframework.data.redis.connection.RedisZSetCommands 下的内部类 Range 进行封装的，它有一个静态的 range()方法，使用它就可以生成一个 Range 对象了，只是要清楚 Range 对象的几个方法才行，为此我们来看看下面的伪代码。

```
//设置大于等于 min
public Range gte(Object min)
//设置大于 min
public Range gt(Object min)
//设置小于等于 max
public Range lte(Object max)
//设置小于 max
public Range lt(Object max)
```

这 4 个方法就是最常用的范围方法。下面讨论一下限制，它是接口 org.springframework.data.redis.connection.RedisZSetCommands 下的内部类，它是一个简单的 POJO，它存在两个属性，它们的 getter 和 setter 方法，如下面的代码所示。

```
package org.springframework.data.redis.connection;
//......
public interface RedisZSetCommands {
   //......
public class Limit {
    int offset;
    int count;
```

```
    /******setter and getter******/
    }
    //......
    }
```

通过属性的名称很容易知道：offset 代表从第几个开始截取，而 count 代表限制返回的总数量。

18.5.3 使用 Spring 操作有序集合

在上节中，我们讨论了 spring-data-redis 项目对有序集合的封装，在此基础上，这节给出演示的例子。只是在测试代码前，要把 RedisTemplate 的 keySerializer 和 valueSerializer 属性都修改为字符串序列化器 StringRedisSerializer，然后就可以测试代码清单 18-11 的代码片段了。

代码清单 18-11：通过 Spring 操作有序集合

```
public static void testZset() {
   ApplicationContext applicationContext
         = new ClassPathXmlApplicationContext("applicationContext.xml");
   RedisTemplate                          redisTemplate                          =
applicationContext.getBean(RedisTemplate.class);
   //Spring 提供接口 TypedTuple 操作有序集合
   Set<TypedTuple> set1 = new HashSet<TypedTuple>();
   Set<TypedTuple> set2 = new HashSet<TypedTuple>();
int j = 9;
for (int i=1; i<=9; i++) {
j--;
      //计算分数和值
      Double score1 = Double.valueOf(i);
      String value1 = "x" + i;
      Double score2 = Double.valueOf(j);
      String value2 =  j % 2 == 1 ? "y" + j : "x" + j ;
      //使用 Spring 提供的默认 TypedTuple——DefaultTypedTuple
      TypedTuple typedTuple1 = new DefaultTypedTuple(value1, score1);
set1.add(typedTuple1);
      TypedTuple typedTuple2 = new DefaultTypedTuple(value2, score2);
set2.add(typedTuple2);
   }
   //将元素插入有序集合 zset1
redisTemplate.opsForZSet().add("zset1", set1);
redisTemplate.opsForZSet().add("zset2", set2);
   //统计总数
   Long size = null;
size = redisTemplate.opsForZSet().zCard("set1");
   //计分数为 score，那么下面的方法就是求 3<=score<=6 的元素
```

```
size = redisTemplate.opsForZSet().count("zset1", 3, 6);
    Set set = null;
    //从下标一开始截取 5 个元素，但是不返回分数,每一个元素是 String
set = redisTemplate.opsForZSet().range("zset1", 1, 5);
printSet(set);
    //截取集合所有元素，并且对集合按分数排序，并返回分数,每一个元素是 TypedTuple
set = redisTemplate.opsForZSet().rangeWithScores("zset1", 0,  -1);
printTypedTuple(set);
    //将 zset1 和 zset2 两个集合的交集放入集合 inter_zset
size  =  redisTemplate.opsForZSet().intersectAndStore("zset1",  "zset2",
"inter_zset");
    //区间
    Range range = Range.range();
    range.lt("x8");//小于
    range.gt("x1");//大于
set = redisTemplate.opsForZSet().rangeByLex("zset1", range);
printSet(set);
    range.lte("x8");//小于等于
    range.gte("x1");//大于等于
set = redisTemplate.opsForZSet().rangeByLex("zset1", range);
printSet(set);
    //限制返回个数
    Limit limit = Limit.limit();
    //限制返回个数
limit.count(4);
    //限制从第五个开始截取
limit.offset(5);
    //求区间内的元素，并限制返回 4 条
set = redisTemplate.opsForZSet().rangeByLex("zset1", range, limit);
printSet(set);
    //求排行，排名第 1 返回 0，第 2 返回 1
    Long rank = redisTemplate.opsForZSet().rank("zset1", "x4");
System.err.println("rank = " + rank);
    //删除元素，返回删除个数
size = redisTemplate.opsForZSet().remove("zset1", "x5", "x6");
System.err.println("delete = " + size);
    //按照排行删除从 0 开始算起，这里将删除第排名第 2 和第 3 的元素
size = redisTemplate.opsForZSet().removeRange("zset2", 1, 2);
    //获取所有集合的元素和分数，以-1 代表全部元素
set = redisTemplate.opsForZSet().rangeWithScores("zset2", 0,  -1);
printTypedTuple(set);
    //删除指定的元素
size = redisTemplate.opsForZSet().remove("zset2", "y5", "y3");
System.err.println(size);
    //给集合中的一个元素的分数加上 11
    Double dbl = redisTemplate.opsForZSet().incrementScore("zset1", "x1",
```

```
11);
redisTemplate.opsForZSet().removeRangeByScore("zset1", 1, 2);
set = redisTemplate.opsForZSet().reverseRangeWithScores("zset2", 1, 10);
printTypedTuple(set);
}

/**
 * 打印 TypedTuple 集合
 * @param set -- Set<TypedTuple>
 */
public static void printTypedTuple(Set<TypedTuple> set) {
if (set != null && set.isEmpty()) {
return;
    }
    Iterator iterator = set.iterator();
while(iterator.hasNext()) {
        TypedTuple val = (TypedTuple) iterator.next();
System.err.print("{value = " + val.getValue() + ", score = " + val.getScore()
+ "}\n");
    }
}

/**
 * 打印普通集合
 * @param set 普通集合
 */
public static void printSet(Set set) {
if (set != null && set.isEmpty()) {
return;
    }
    Iterator iterator = set.iterator();
while(iterator.hasNext()) {
        Object val = iterator.next();
System.out.print(val + "\t");
    }
System.out.println();
}
```

上面的代码演示了大部分 Spring 对有序集合的操作，笔者也给了比较清晰的注释，读者参考后一步步验证，就能熟悉如何通过 Spring 操作有序集合了。

18.6 基数——HyperLogLog

基数是一种算法。举个例子，一本英文著作由数百万个单词组成，你的内存却不足以存储它们，那么我们先分析一下业务。英文单词本身是有限的，在这本书的几百万个单词中有许许多多重复单词，扣去重复的单词，这本书中也就是几千到一万多个单词而已，那么内存就足够存储它们了。比如数字集合{1,2,5,7,9,1,5,9}的基数集合为{1,2,5,7,9}那么基数（不重复元素）就是 5，基数的作用是评估大约需要准备多少个存储单元去存储数据，但是基数的算法一般会存在一定的误差（一般是可控的）。Redis 对基数数据结构的支持是从版本 2.8.9 开始的。

基数并不是存储元素，存储元素消耗内存空间比较大，而是给某一个有重复元素的数据集合（一般是很大的数据集合）评估需要的空间单元数，所以它没有办法进行存储，加上在工作中用得不多，所以简要介绍一下 Redis 的 HyperLogLog 命令就可以了，如表 18-9 所示。

表 18-9　Redis 的 HyperLogLog 命令

命　令	说　明	备　注
pfadd key element	添加指定元素到 HyperLogLog 中	如果已经存储元素，则返回为 0，添加失败
pfcount key	返回 HyperLogLog 的基数值	—
pfmerge desKey key1 [key2 key3 ......]	合并多个 HyperLogLog，并将其保存在 desKey 中	—

在命令行中演示一下它们，如图 18-14 所示。

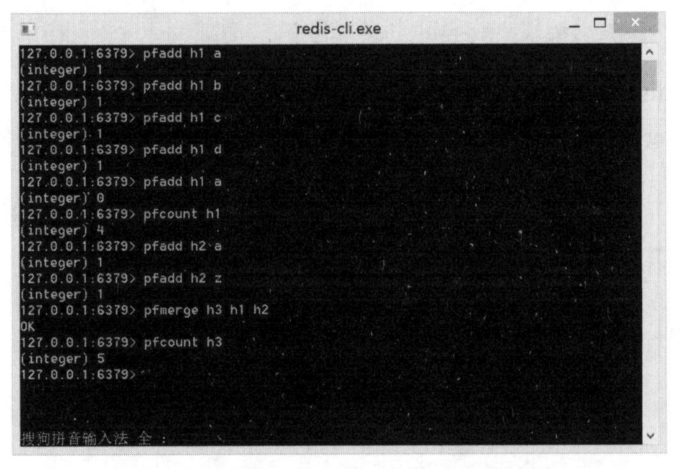

图 18-14　Redis 的 HyperLogLog 命令演示

分析一下逻辑，首先往一个键为 h1 的 HyperLogLog 插入元素，让其计算基数，到了第 5 个命令“pfadd h1 a”的时候，由于在此以前已经添加过，所以返回了 0。它的基数集合是{a,b,c,d}，故而求集合长度为 4；之后再添加了第二个基数，它的基数集合是{a,z}，所以在 h1 和 h2 合并为 h3 的时候，它的基数集合为{a,b,c,d,z}，所以求取它的基数就是 5。

在 Spring 中操作基数，如代码清单 18-12 所示。

代码清单 18-12：在 Spring 中操作基数

```
ApplicationContext applicationContext
```

```
        = new ClassPathXmlApplicationContext("applicationContext.xml");
RedisTemplate                          redisTemplate                          =
applicationContext.getBean(RedisTemplate.class);
redisTemplate.opsForHyperLogLog().add("HyperLogLog", "a", "b" , "c", "d",
"a");
redisTemplate.opsForHyperLogLog().add("HyperLogLog2", "a");
redisTemplate.opsForHyperLogLog().add("HyperLogLog2", "z");
Long size = redisTemplate.opsForHyperLogLog().size("HyperLogLog");
System.err.println(size);
size = redisTemplate.opsForHyperLogLog().size("HyperLogLog2");
System.err.println(size);
redisTemplate.opsForHyperLogLog().union("des_key",
    "HyperLogLog", "HyperLogLog2");
size = redisTemplate.opsForHyperLogLog().size("des_key");
System.err.println(size);
```

从上面的代码可以看到，增加一个元素到基数中采用 add 方法，它可以是一个或者多个元素，而求基数大小则是采用了 size 方法，合并基数则采用了 union 方法，其第一个是目标基数的 key，然后可以是一到多个 key。

18.7 小结

到这里对 Redis 的 6 种基础结构的探索就结束了，基础结构的设计是掌握 Redis 应用的金钥匙。其中 String 结构和 hash 结构是最为常用的结构，同时也介绍了如何通过 spring data redis 项目操作它们，RedisTemplate 的用法是重点内容。

第 19 章

Redis 的一些常用技术

本章目标

1. 掌握 Redis 的基础事务和回滚机制
2. 掌握 Redis 的锁的机制和 watch、unwatch 命令
3. 掌握如何使用流水线提高 Redis 的命令性能
4. 掌握发布订阅模式
5. 掌握 Redis 的超时命令和垃圾回收策略
6. 掌握如何在 Redis 中使用 Lua 语言

和其他大部分的 NoSQL 不同，Redis 是存在事务的，尽管它没有数据库那么强大，但是它还是很有用的，尤其是在那些需要高并发的网站当中，使用 Redis 读/写数据要比数据库快得多，如果使用 Redis 事务在某种场合下去替代数据库事务，则可以在保证数据一致性的同时，大幅度提高数据读/写的响应速度。细心的读者也许可以发现笔者一直都很强调性能，因为互联网和传统企业管理系统不一样，互联网系统面向的是公众，很多用户同时访问服务器的可能性很大，尤其在一些商品抢购、抢红包等场合，对性能和数据的一致性有着很高的要求，而存储系统的读/写响应速度对于这类场景的性能的提高是十分重要的。

在 Redis 中，也存在多个客户端同时向 Redis 系统发送命令的并发可能性，因此同一个数据，可能在不同的时刻被不同的线程所操纵，这样就出现了并发下的数据一致的问题。为了保证异性数据的安全性，Redis 为提供了事务方案。而 Redis 的事务是使用 MULTI-EXEC 的命令组合，使用它可以提供两个重要的保证：

- 事务是一个被隔离的操作，事务中的方法都会被 Redis 进行序列化并按顺序执行，事务在执行的过程中不会被其他客户端发生的命令所打断。
- 事务是一个原子性的操作，它要么全部执行，要么就什么都不执行。

在一个 Redis 的连接中，请注意要求是一个连接，所以更多的时候在使用 Spring 中会使用 SessionCallback 接口进行处理，在 Redis 中使用事务会经过 3 个过程：

- 开启事务。
- 命令进入队列。
- 执行事务。

先来学习 Redis 事务命令，如表 19-1 所示。

表 19-1　Redis 事务命令

命　　令	说　　明	备　　注
multi	开启事务命令，之后的命令就进入队列，而不会马上被执行	在事务生存期间，所有的 Redis 关于数据结构的命令都会入队
watch key1 [key2 ......]	监听某些键，当被监听的键在事务执行前被修改，则事务会被回滚	使用乐观锁
unwatch key1 [key2 ......]	取消监听某些键	—
exec	执行事务，如果被监听的键没有被修改，则采用执行命令，否则就回滚命令	在执行事务队列存储的命令前，Redis 会检测被监听的键值对有没有发生变化，如果没有则执行命令，否则就回滚事务
discard	回滚事务	回滚进入队列的事务命令，之后就不能再用 exec 命令提交了

19.1　Redis 的基础事务

在 Redis 中开启事务是 multi 命令，而执行事务是 exec 命令。multi 到 exec 命令之间的 Redis 命令将采取进入队列的形式，直至 exec 命令的出现，才会一次性发送队列里的命令去执行，而在执行这些命令的时候其他客户端就不能再插入任何命令了，这就是 Redis 的事务机制。Redis 命令执行事务的过程，如图 19-1 所示。

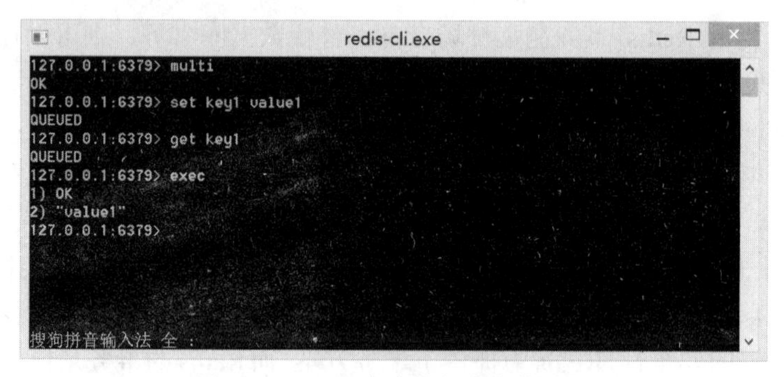

图 19-1　Redis 命令执行事务的过程

从图 19-1 中可以看到，先使用 multi 启动了 Redis 的事务，因此进入了 set 和 get 命令，我们可以发现它并未马上执行，而是返回了一个“QUEUED”的结果。这说明 Redis 将其放入队列中，并不会马上执行，当命令执行到 exec 的时候它就会把队列中的命令发送给 Redis 服务器，这样存储在队列中的命令就会被执行了，所以才会有“OK”和“value1”的输出返回。

如果回滚事务，则可以使用 discard 命令，它就会进入在事务队列中的命令，这样事务中的方法就不会被执行了，使用 discard 命令取消事务如图 19-2 所示。

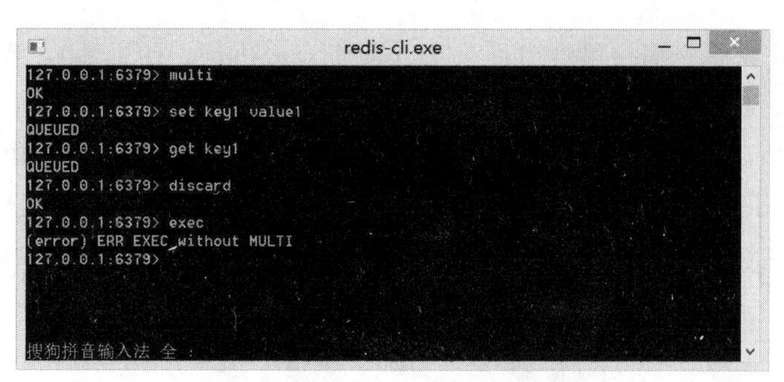

图 19-2　使用 discard 命令取消事务

当我们使用了 discard 命令后，再使用 exec 命令时就会报错，因为 discard 命令已经取消了事务中的命令，而到了 exec 命令时，队列里面已经没有命令可以执行了，所以就出现了报错的情况。

在第 18 章我们讨论过，在 Spring 中要使用同一个连接操作 Redis 命令的场景，这个时候我们借助的是 Spring 提供的 SessionCallback 接口，采用 Spring 去实现本节的命令，如代码清单 19-1 所示。

代码清单 19-1：在 Spring 中使用 Redis 事务命令

```
ApplicationContext applicationContext
      = new ClassPathXmlApplicationContext("applicationContext.xml");
RedisTemplate                    redisTemplate                    =
applicationContext.getBean(RedisTemplate.class);
SessionCallback callBack = (SessionCallback) (RedisOperations ops) -> {
   ops.multi();
   ops.boundValueOps("key1").set("value1");
   //注意由于命令只是进入队列，而没有被执行，所以此处采用 get 命令，而 value 却返回为
null
   String value = (String)ops.boundValueOps("key1").get();
System.out.println("事务执行过程中，命令入队列，而没有被执行，所以 value 为空：
value="+value);
//此时 list 会保存之前进入队列的所有命令的结果
   List list = ops.exec();//执行事务
   //事务结束后，获取 value1
   value = (String) redisTemplate.opsForValue().get("key1");
   return value;
};
//执行 Redis 的命令
String value = (String)redisTemplate.execute(callBack);
System.out.println(value);
```

这里采用了 Lambda 表达式（注意，Java 8 以后才引入 Lambda 表达式，否则只能通过类似代码清单 17-8 那样去实现你的逻辑）来为 SessionCallBack 接口实现了业务逻辑。从代码看，使用了 SessionCallBack 接口，从而保证所有的命令都是通过同一个 Redis 的连接进行操作的。在使用 multi 命令后，要特别注意的是，使用 get 等返回值的方法一律返回为空，

因为在 Redis 中它只是把命令缓存到队列中，而没有去执行。使用 exec 后就会执行事务，执行完了事务后，执行 get 命令就能正常返回结果了。

最后使用 redisTemplate.execute(callBack);就能执行我们在 SessionCallBack 接口定义的 Lambda 表达式的业务逻辑，并将获得其返回值。执行代码后可以看到这样的结果：

```
事务执行过程中，命令入队列，而没有被执行，所以 value 为空：value=null
value1
```

需要再强调的是：这里打印出来的 value=null，是因为在事务中，所有的方法都只会被缓存到 Redis 事务队列中，而没有立即执行，所以返回为 null，这是在 Java 对 Redis 事务编程中开发者极其容易犯错的地方，一定要十分注意才行。如果我们希望得到 Redis 执行事务各个命令的结果，可以用这行代码：

```
List list = ops.exec();//执行事务
```

这段代码将返回之前在事务队列中所有命令的执行结果，并保存在一个 List 中，我们只要在 SessionCallback 接口的 execute 方法中将 list 返回，就可以在程序中获得各个命令执行的结果了。

19.2 探索 Redis 事务回滚

对于 Redis 而言，不单单需要注意其事务处理的过程，其回滚的能力也和数据库不太一样，这也是需要特别注意的一个问题——Redis 事务遇到的命令格式正确而数据类型不符合，如图 19-3 所示。

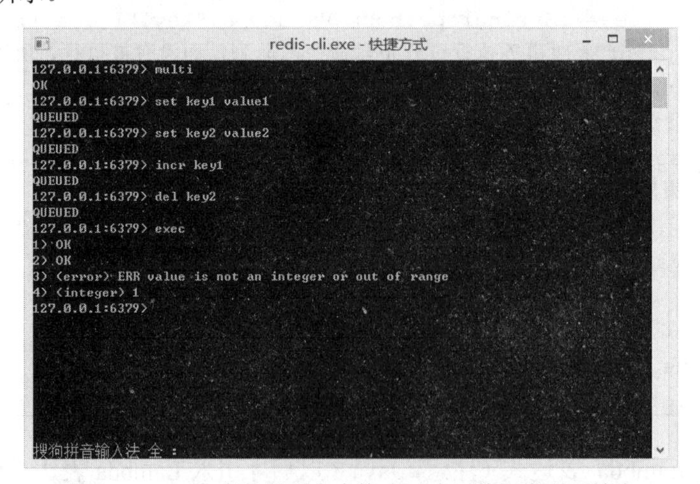

图 19-3　Redis 事务遇到命令格式正确而数据类型不符合

从图 19-3 中可知，我们将 key1 设置为字符串，而使用命令 incr 对其自增，但是命令只会进入事务队列，而没有被执行，所以它不会有任何的错误发生，而是等待 exec 命令的执行。当 exec 命令执行后，之前进入队列的命令就依次执行，当遇到 incr 时发生命令操作的数据类型错误，所以显示出了错误，而其之前和之后的命令都会被正常执行。注意，这里命令格式是正确的，问题在于数据类型，对于命令格式是错误的却是另外一种情形，如图 19-4 所示。

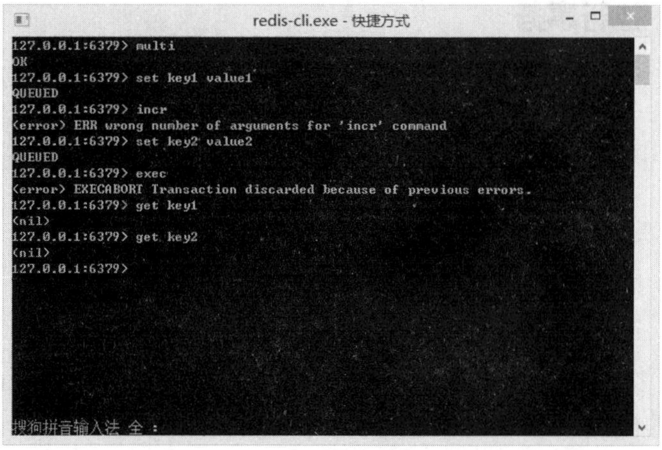

```
127.0.0.1:6379> multi
OK
127.0.0.1:6379> set key1 value1
QUEUED
127.0.0.1:6379> incr
(error) ERR wrong number of arguments for 'incr' command
127.0.0.1:6379> set key2 value2
QUEUED
127.0.0.1:6379> exec
(error) EXECABORT Transaction discarded because of previous errors.
127.0.0.1:6379> get key1
(nil)
127.0.0.1:6379> get key2
(nil)
127.0.0.1:6379>
```

图 19-4　Redis 事务遇到命令格式错误的

从图 19-4 中可以看到我们使用的 incr 命令格式是错误的，这个时候 Redis 会立即检测出来并产生错误，而在此之前我们设置了 key1，在此之后我们设置了 key2。当事务执行的时候，我们发现 key1 和 key2 的值都为空，说明被 Redis 事务回滚了。

通过上面两个例子，可以看出在执行事务命令的时候，在命令入队的时候，Redis 就会检测事务的命令是否正确，如果不正确则会产生错误。无论之前和之后的命令都会被事务所回滚，就变为什么都没有执行。当命令格式正确，而因为操作数据结构引起的错误，则该命令执行出现错误，而其之前和之后的命令都会被正常执行。这点和数据库很不一样，这是需要读者注意的地方。对于一些重要的操作，我们必须通过程序去检测数据的正确性，以保证 Redis 事务的正确执行，避免出现数据不一致的情况。Redis 之所以保持这样简易的事务，完全是为了保证移动互联网的核心问题——性能。

19.3　使用 watch 命令监控事务

在 Redis 中使用 watch 命令可以决定事务是执行还是回滚。一般而言，可以在 multi 命令之前使用 watch 命令监控某些键值对，然后使用 multi 命令开启事务，执行各类对数据结构进行操作的命令，这个时候这些命令就会进入队列。当 Redis 使用 exec 命令执行事务的时候，它首先会去比对被 watch 命令所监控的键值对，如果没有发生变化，那么它会执行事务队列中的命令，提交事务；如果发生变化，那么它不会执行任何事务中的命令，而去事务回滚。无论事务是否回滚，Redis 都会去取消执行事务前的 watch 命令，这个过程如图 19-5 所示。

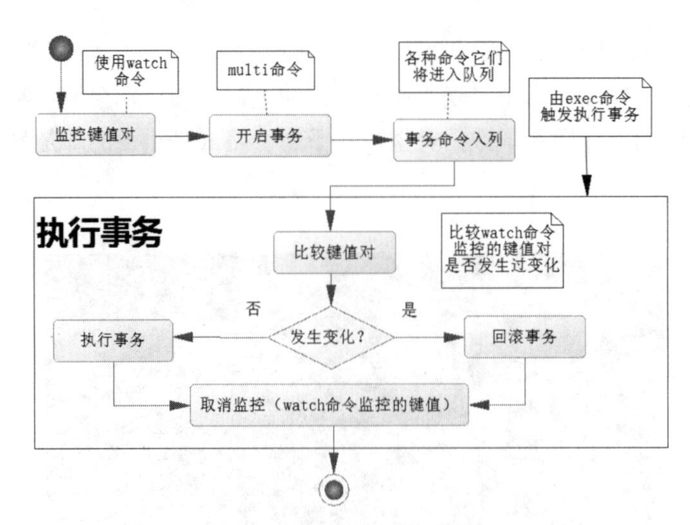

图 19-5 Redis 执行事务过程

Redis 参考了多线程中使用的 CAS（比较与交换，Compare And Swap）去执行的。在数据高并发环境的操作中，我们把这样的一个机制称为乐观锁。这句话还是比较抽象，也不好理解。所以先简要论述其操作的过程，当一条线程去执行某些业务逻辑，但是这些业务逻辑操作的数据可能被其他线程共享了，这样会引发多线程中数据不一致的情况。为了克服这个问题，首先，在线程开始时读取这些多线程共享的数据，并将其保存到当前进程的副本中，我们称为旧值（old value），watch 命令就是这样的一个功能。然后，开启线程业务逻辑，由 multi 命令提供这一功能。在执行更新前，比较当前线程副本保存的旧值和当前线程共享的值是否一致，如果不一致，那么该数据已经被其他线程操作过，此次更新失败。为了保持一致，线程就不去更新任何值，而将事务回滚；否则就认为它没有被其他线程操作过，执行对应的业务逻辑，exec 命令就是执行“类似”这样的一个功能。

注意，“类似”这个字眼，因为不完全是，原因是 CAS 原理会产生 ABA 问题。所谓 ABA 问题来自于 CAS 原理的一个设计缺陷，它可能引发 ABA 问题，如表 19-2 所示。

表 19-2 ABA 问题

时间顺序	线 程 1	线 程 2	说 明
T1	X=A	—	线程 1 加入监控 X
T2	复杂运算开始	修改 X=B	线程 2 修改 X，此刻为 B
T3		处理简单业务	—
T4		修改 X=A	线程 2 修改 X，此刻又变回 A
T5		结束线程 2	线程 2 结束
T6	检测 X=A，验证通过，提交事务	—	CAS 原理检测通过，因为和旧值保持一致

在处理复杂运算的时候，被线程 2 修改的 X 的值有可能导致线程 1 的运算出错，而最后线程 2 将 X 的值修改为原来的旧值 A，那么到了线程 1 运算结束的时间顺序 T6，它将检测 X 的值是否发生变化，就会拿旧值 A 和当前的 X 的值 A 比对，结果是一致的，于是提交事务，然后在复杂计算的过程中 X 被线程 2 修改过了，这会导致线程 1 的运算出错。在这个过程中，对于线程 2 而言，X 的值的变化为 A->B->A，所以 CAS 原理的这个设计缺陷

被形象地称为“ABA 问题”。

仅仅记录一个旧值去比较是不足够的，还要通过其他方法避免 ABA 问题。常见的方法如 Hibernate 对缓存的持久对象（PO）加入字段 version 值，当每次操作一次该 PO，则 version=version+1，这样采用 CAS 原理探测 version 字段，就能在多线程的环境中，排除 ABA 问题，从而保证数据的一致性。

关于 CAS 和乐观锁的概念，本书还会从更深层次讨论它们，暂时讨论到这里，当讨论完了 CAS 和乐观锁，读者再回头来看这个过程，就会有更深的理解了。

从上面的分析可以看出，Redis 在执行事务的过程中，并不会阻塞其他连接的并发，而只是通过比较 watch 监控的键值对去保证数据的一致性，所以 Redis 多个事务完全可以在非阻塞的多线程环境中并发执行，而且 Redis 的机制是不会产生 ABA 问题的，这样就有利于在保证数据一致的基础上，提高高并发系统的数据读/写性能。

下面演示一个成功提交的事务，如表 19-3 所示。

表 19-3　事务检测

时　　刻	客　户　端	说　　明
T1	set key1 value1	初始化 key1
T2	watch key1	监控 key1 的键值对
T3	multi	开启事务
T4	set key2 value2	设置 key2 的值
T5	exec	提交事务，Redis 会在这个时间点检测 key1 的值在 T2 时刻后，有没有被其他命令修改过，如果没有，则提交事务去执行

这里我们使用了 watch 命令设置了一个 key1 的监控，然后开启事务设置 key2，直至 exec 命令去执行事务，这个过程和图 19-6 所演示的一样。

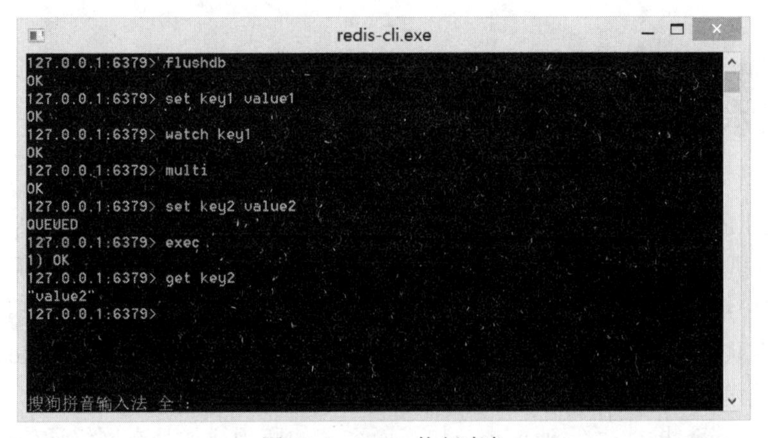

图 19-6　Redis 执行事务

这里我们看到了一个事务的过程，而 key2 也在事务中被成功设置。下面将演示一个提交事务的案例，如表 19-4 所示。

如图 19-7 所示，这是按表 19-4 的时刻顺序输入 Redis 命令产生的测试结果，我们可以看出客户端 1 的事务被回滚了。

表 19-4　提交事务

时刻	客户端 1	客户端 2	说　明
T1	set key1 value1		客户端 1：返回 OK
T2	watch key1		客户端 1：监控 key1
T3	multi		客户端 1：开启事务
T4	set key2 value2		客户端 1：事务命令入列
T5	—	set key1 val1	客户端 2：修改 key1 的值
T6	exec	—	客户端 1：执行事务，但是事务会先检查在 T2 时刻被监控的 key1 是否被其他命令修改过。因为客户端 2 修改过，所以它会回滚事务，事实上如果客户端执行的是 set key1 value1 命令，它也会认为 key1 被修改过，然后返回（nil），所以是不会产生 ABA 问题的

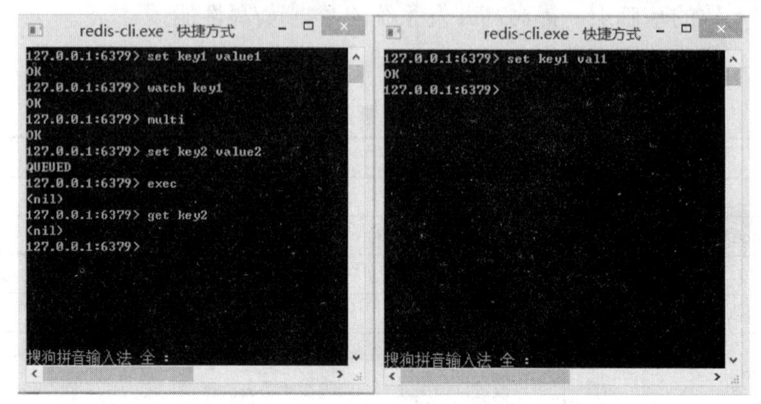

图 19-7　测试 Redis 事务回滚

在表 19-4 中有比较详尽的说明，注意 T2 和 T6 时刻命令的说明，使用 Redis 事务要掌握这些内容。

19.4　流水线（pipelined）

从 19.1 到 19.3 节讨论了 Redis 的事务的各类问题，在事务中 Redis 提供了队列，这是一个可以批量执行任务的队列，这样性能就比较高，但是使用 multi...exec 事务命令是有系统开销的，因为它会检测对应的锁和序列化命令。有时候我们希望在没有任何附加条件的场景下去使用队列批量执行一系列的命令，从而提高系统性能，这就是 Redis 的流水线（pipelined）技术。

而现实中 Redis 执行读/写速度十分快，而系统的瓶颈往往是在网络通信中的延时，如图 19-8 所示。

在实际的操作中，往往会发生这样的场景，当命令 1 在时刻 T1 发送到 Redis 服务器后，服务器就很快执行完了命令 1，而命令 2 在 T2 时刻却没有通过网络送达 Redis 服务器，这样就变成了 Redis 服务器在等待命令 2 的到来，当命令 2 送达，被执行后，而命令 3 又没有送达 Redis，Redis 又要继续等待，依此类推，这样 Redis 的等待时间就会很长，很多时候在空闲的状态，而问题出在网络的延迟中，造成了系统瓶颈。

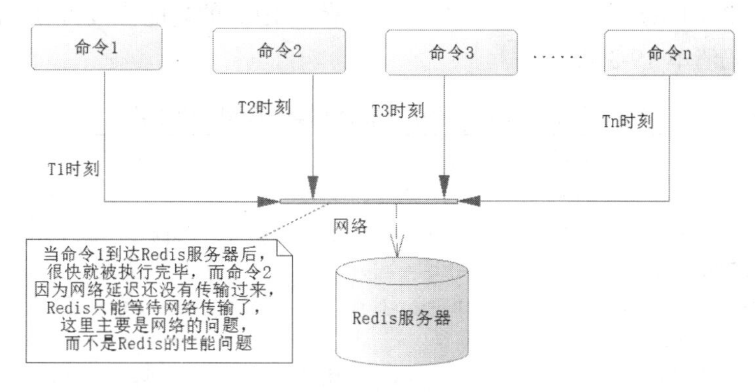

图 19-8　系统的瓶颈

为了解决这个问题，可以使用 Redis 的流水线，但是 Redis 的流水线是一种通信协议，没有办法通过客户端演示给大家，不过我们可以通过 Java API 或者使用 Spring 操作它，先使用 Java API 去测试一下它的性能，如代码清单 19-2 所示。

代码清单 19-2：使用流水线操作 Redis 命令

```
Jedis jedis = pool.getResource();
long start = System.currentTimeMillis();
//开启流水线
Pipeline pipeline = jedis.pipelined();
//这里测试 10 万条的读/写 2 个操作
for (int i = 0; i < 100000; i++) {
    int j = i + 1;
    pipeline.set("pipeline_key_" + j, "pipeline_value_" + j);
    pipeline.get("pipeline_key_" + j);
}
    //pipeline.sync();//这里只执行同步，但是不返回结果
//pipeline.syncAndReturnAll();将返回执行过的命令返回的 List 列表结果
List result = pipeline.syncAndReturnAll();
long end = System.currentTimeMillis();
//计算耗时
System.err.println("耗时：" + (end - start) + "毫秒");
```

笔者在电脑上测试这段代码，它的耗时在 550 毫秒到 700 毫秒之间，也就是不到 1 秒的时间就完成多达 10 万次读/写，可见其性能远超数据库。而代码清单 17-1 使用了非流水线，笔者的测试是 1 秒 2 万多次，可见使用流水线后其性能提高了数倍之多，效果十分明显。执行过的命令的返回值都会放入到一个 List 中。

注意，这里只是为了测试性能而已，当你要执行很多的命令并返回结果的时候，需要考虑 List 对象的大小，因为它会“吃掉”服务器上许多的内存空间，严重时会导致内存不足，引发 JVM 溢出异常，所以在工作环境中，是需要读者自己去评估的，可以考虑使用迭代的方式去处理。

在 Spring 中，执行流水线和执行事务的方法如出一辙都比较简单，使用 RedisTemplate 提供的 executePipelined 方法即可。下面将代码清单 19-2 的功能修改为 Spring 的形式供大家参考，如代码清单 19-3 所示。

代码清单 19-3：使用 Spring 操作 Redis 流水线

```
public static void testPipeline() {
    ApplicationContext applicationContext
            = new ClassPathXmlApplicationContext("applicationContext.xml");
    RedisTemplate redisTemplate =
        applicationContext.getBean(RedisTemplate.class);
    //使用 Java8 的 Lambda 表达式
    SessionCallback callBack = (SessionCallback) (RedisOperations ops) ->
{
        for (int i = 0; i<100000; i++) {
            int j = i + 1;
            ops.boundValueOps("pipeline_key_" + j).set("pipeline_value_" +
j);
            ops.boundValueOps("pipeline_key_" + j).get();
        }
        return null;
    };
    long start = System.currentTimeMillis();
    //执行 Redis 的流水线命令
List resultList= redisTemplate.executePipelined(callBack);
    long end = System.currentTimeMillis();
    System.err.println(end - start);
}
```

笔者对这段代码进行了测试，其性能慢于不用 RedisTemplate 的，测试消耗的时间大约在 1 100 毫秒到 1 300 毫秒之间，也就是消耗的时间大约是其两倍，但也属于完全可以接受的性能范围，同样的在执行很多命令的时候，也需要考虑其对运行环境内存空间的开销。

19.5 发布订阅

当使用银行卡消费的时候，银行往往会通过微信、短信或邮件通知用户这笔交易的信息，这便是一种发布订阅模式，这里的发布是交易信息的发布，订阅则是各个渠道。这在实际工作中十分常用，Redis 支持这样的一个模式。

发布订阅模式首先需要消息源，也就是要有消息发布出来，比如例子中的银行通知。首先是银行的记账系统，收到了交易的命令，成功记账后，它就会把消息发送出来，这个时候，订阅者就可以收到这个消息进行处理了，观察者模式就是这个模式的典型应用了。下面用图 19-9 描述这样的一个过程。

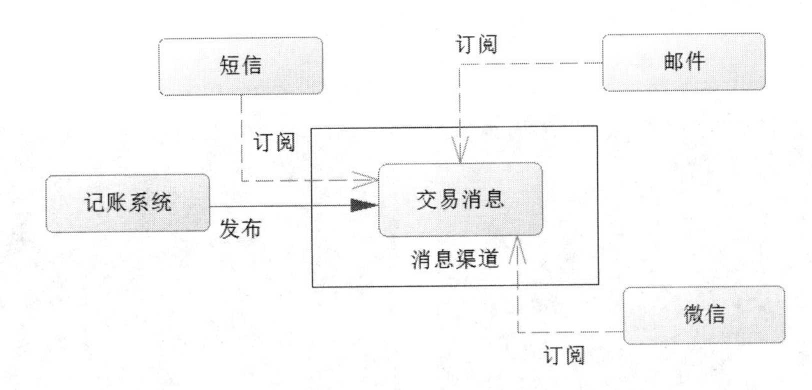

图 19-9　交易信息发布订阅机制

这里建立了一个消息渠道，短信系统、邮件系统和微信系统都在监听这个渠道，一旦记账系统把交易消息发送到消息渠道，则监听这个渠道的各个系统就可以拿到这个消息，这样就能处理各自的任务了。它也有利于系统的拓展，比如现在新增一个彩信平台，只要让彩信平台去监听这个消息渠道便能得到对应的消息了。

从上面的分析可以知道以下两点：

- 要有发送的消息渠道，让记账系统能够发送消息。
- 要有订阅者（短信、邮件、微信等系统）订阅这个渠道的消息。

同样的，Redis 也是如此。首先来注册一个订阅的客户端，这个时候使用 SUBSCRIBE 命令。

比如监听一个叫作 chat 的渠道，这个时候我们需要先打开一个客户端，这里记为客户端 1，然后输入命令：

```
SUBSCRIBE chat
```

这个时候客户端 1 就会订阅了一个叫作 chat 渠道的消息了。之后打开另外一个客户端，记为客户端 2，输入命令：

```
publish chat "let's go!!"
```

这个时候客户端 2 就向渠道 chat 发送消息：

```
"let's go!!"
```

我们观察客户端 1，就可以发现已经收到了消息，并有对应的信息打印出来。Redis 的发布订阅过程如图 19-10 所示。

图 19-10 中的数字表示其出现的先后顺序，当发布消息的时候，对应的客户端已经获取到了这个信息。

下面在 Spring 的工作环境中展示如何配置发布订阅模式。首先提供接收消息的类，它将实现 org.springframework.data.redis.connection.MessageListener 接口，并实现接口定义的方法 public void onMessage(Message message, byte[] pattern)，Redis 发布订阅监听类如代码

清单 19-4 所示。

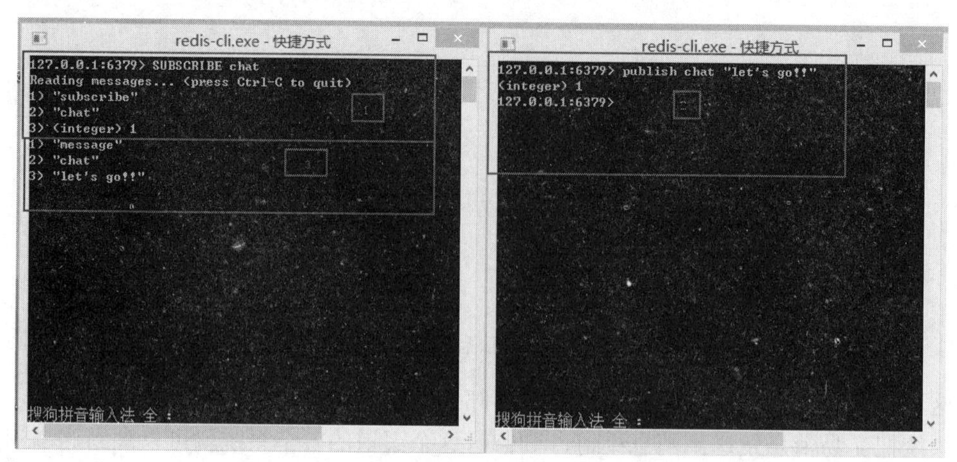

图 19-10　Redis 的发布订阅过程

代码清单 19-4：Redis 发布订阅监听类

```
package com.ssm.chapter19.redis.listener;
/*** imports ***/
public class RedisMessageListener implements MessageListener {
private RedisTemplate redisTemplate;
/*** 此处省略 redisTemplate 的 setter 和 getter 方法 ***/

    @Override
    public void onMessage(Message message, byte[] bytes) {
        //获取消息
        byte[] body = message.getBody();
        //使用值序列化器转换
        String msgBody = (String)
            getRedisTemplate().getValueSerializer().deserialize(body);
        System.err.println(msgBody);
        //获取 channel
        byte[] channel = message.getChannel();
        //使用字符串序列化器转换
        String channelStr = (String)
            getRedisTemplate().getStringSerializer().deserialize(channel);
        System.err.println(channelStr);
        //渠道名称转换
        String bytesStr = new String(bytes);
        System.err.println(bytesStr);
}
}
```

为了在 Spring 中使用这个类，需要对其进行配置。

```
<bean id="redisMsgListener"
```

```
   class="com.ssm.chapter19.redis.listener.RedisMessageListener">
<property name="redisTemplate" ref="redisTemplate"/>
</bean>
```

这样就在 Spring 上下文中定义了监听类。

有了监听类还不能进行测试。为了进行测试，要给一个监听容器，在 Spring 中已有类 org.springframework.data.redis.listener.RedisMessageListenerContainer。它可以用于监听 Redis 的发布订阅消息，下面的配置就是为了实现这个功能，读者可以通过注释来了解它的配置要点。

```
<bean id="topicContainer"

class="org.springframework.data.redis.listener.RedisMessageListenerConta
iner"
  destroy-method="destroy">
<!--Redis 连接工厂-->
<property name="connectionFactory" ref="connectionFactory"/>
<!--连接池，这里只要线程池生存，才能继续监听-->
<property name="taskExecutor">
<bean
class="org.springframework.scheduling.concurrent.ThreadPoolTaskScheduler
">
<property name="poolSize" value="3"/>
</bean>
</property>
<!--消息监听 Map-->
<property name="messageListeners">
<map>
<!--配置监听者，key-ref 和 bean id 定义一致-->
<entry key-ref="redisMsgListener">
<!--监听类-->
<bean class="org.springframework.data.redis.listener.ChannelTopic">
<constructor-arg value="chat"/>
</bean>
</entry>
</map>
</property>
</bean>
```

这里配置了线程池，这个线程池将会持续的生存以等待消息传入，而这里配置了容器用 id 为 redisMsgListener 的 Bean 进行对渠道 chat 的监听。当消息通过渠道 chat 发送的时候，就会使用 id 为 redisMsgListener 的 Bean 进行处理消息。

通过代码清单 19-5 测试 Redis 发布订阅。

代码清单 19-5：测试 Redis 发布订阅

```
public static void main(String[] args) {
    ApplicationContext applicationContext
        = new ClassPathXmlApplicationContext("applicationContext.xml");
RedisTemplate redisTemplate =
    applicationContext.getBean(RedisTemplate.class);
String channel = "chat";
redisTemplate.convertAndSend(channel, "I am lazy!!");
}
```

convertAndSend 方法就是向渠道 chat 发送消息的，当发送后对应的监听者就能监听到消息了。运行它，后台就会打出对应的消息：

```
log4j:WARN    No    appenders    could    be    found    for    logger
(org.springframework.core.env.StandardEnvironment).
log4j:WARN Please initialize the log4j system properly.
log4j:WARN See http://logging.apache.org/log4j/1.2/faq.html#noconfig for
more info.
I am lazy!!
chat
chat
```

显然监听类已经监听到这个消息，并进行了处理。

19.6 超时命令

正如 Java 虚拟机，它提供了自动 GC（垃圾回收）的功能，来保证 Java 程序使用过且不再使用的 Java 对象及时的从内存中释放掉，从而保证内存空间可用。当程序编写不当或考虑欠缺的时候（比如读入大文件），内存就可能存储不下运行所需要的数据，那么 Java 虚拟机就会抛出内存溢出的异常而导致服务失败。同样，Redis 也是基于内存而运行的数据集合，也存在着对内存垃圾的回收和管理的问题。

Redis 基于内存，而内存对于一个系统是最为宝贵的资源，而且它远远没有磁盘那么大，所以对于 Redis 的键值对的内存回收也是一个十分重要的问题，如果操作不当会产生 Redis 宕机的问题，使得系统性能低下。

一般而言，和 Java 虚拟机一样，当内存不足时 Redis 会触发自动垃圾回收的机制，而程序员可以通过 System.gc()去建议 Java 虚拟机回收内存垃圾，它将“可能”（注意，System.gc()并不一定会触发 JVM 去执行回收，它仅仅是建议 JVM 做回收）触发一次 Java 虚拟机的回收机制，但是如果这样做可能导致 Java 虚拟机在回收大量的内存空间的同时，引发性能低下的情况。

对于 Redis 而言，del 命令可以删除一些键值对，所以 Redis 比 Java 虚拟机更灵活，允许删除一部分的键值对。与此同时，当内存运行空间满了之后，它还会按照回收机制去自动回收一些键值对，这和 Java 虚拟机又有相似之处，但是当垃圾进行回收的时候，又有可能执行回收而引发系统停顿，因此选择适当的回收机制和时间将有利于系统性能的提高，这是我们需要去学习的。

在谈论 Redis 内存回收之前，首先要讨论的是键值对的超时命令，因为大部分情况下，我们都想回收那些超时的键值对，而不是那些非超时的键值对。

对于 Redis 而言，可以给对应的键值设置超时，相关命令如表 19-5 所示。

表 19-5　Redis 的超时命令

命　令	说　明	备　注
persist key	持久化 key，取消超时时间	移除 key 的超时时间
ttl key	查看 key 的超时时间	以秒计算，-1 代表没有超时时间，如果不存在 key 或者 key 已经超时则为-2
expire key seconds	设置超时时间戳	以秒为单位
expireat key timestamp	设置超时时间点	用 uninx 时间戳确定
pptl key milliseconds	查看 key 的超时时间戳	用毫秒计算
pexpire key	设置键值超时的时间	以毫秒为单位
Pexpireat key stamptimes	设置超时时间点	以毫秒为单位的 uninx 时间戳

下面展示这些命令在 Redis 客户端的使用，如图 19-11 所示。

图 19-11　Redis 超时命令

使用 Spring 也可以执行这样的一个过程，下面用 Spring 演示这个过程，如代码清单 19-6 所示。

代码清单 19-6：使用 Spring 操作 Redis 超时命令

```
public static void testExpire() {
    ApplicationContext applicationContext
        = new ClassPathXmlApplicationContext("applicationContext.xml");
    RedisTemplate                    redisTemplate                    =
applicationContext.getBean(RedisTemplate.class);
    redisTemplate.execute((RedisOperations ops) -> {
        ops.boundValueOps("key1").set("value1");
        String keyValue  = (String) ops.boundValueOps("key1").get();
        Long expSecond = ops.getExpire("key1");
```

```
            System.err.println(expSecond);
            boolean b =false;
            b =  ops.expire("key1", 120L, TimeUnit.SECONDS);
            b =  ops.persist("key1");
            Long l = 0L;
            l = ops.getExpire("key1");
            Long now = System.currentTimeMillis();
            Date date = new Date();
            date.setTime(now + 120000);
            ops.expireAt("key", date);
            return null;
        });
    }
```

上面这段代码采用的就是 Spring 操作 Redis 超时命令的一个过程，感兴趣的读者可以打断点一步步验证这个过程。

这里有一个问题需要讨论：如果 key 超时了，Redis 会回收 key 的存储空间吗？这也是面试时常常被问到的一个问题。

答案是不会。这里读者需要非常注意的是：**Redis 的 key 超时不会被其自动回收，它只会标识哪些键值对超时了。**这样做的一个好处在于，如果一个很大的键值对超时，比如一个列表或者哈希结构，存在数以百万个元素，要对其回收需要很长的时间。如果采用超时回收，则可能产生停顿。坏处也很明显，这些超时的键值对会浪费比较多的空间。

Redis 提供两种方式回收这些超时键值对，它们是定时回收和惰性回收。

- 定时回收是指在确定的某个时间触发一段代码，回收超时的键值对。
- 惰性回收则是当一个超时的键，被再次用 get 命令访问时，将触发 Redis 将其从内存中清空。

定时回收可以完全回收那些超时的键值对，但是缺点也很明显，如果这些键值对比较多，则 Redis 需要运行较长的时间，从而导致停顿。所以系统设计者一般会选择在没有业务发生的时刻触发 Redis 的定时回收，以便清理超时的键值对。对于惰性回收而言，它的优势是可以指定回收超时的键值对，它的缺点是要执行一个莫名其妙的 get 操作，或者在某些时候，我们也难以判断哪些键值对已经超时。

无论是定时回收还是惰性回收，都要依据自身的特点去定制策略，如果一个键值对，存储的是数以千万的数据，使用 expire 命令使其到达一个时间超时，然后用 get 命令访问触发其回收，显然会付出停顿代价，这是现实中需要考虑的。

19.7 使用 Lua 语言

在 Redis 的 2.6 以上版本中，除了可以使用命令外，还可以使用 Lua 语言操作 Redis。从前面的命令可以看出 Redis 命令的计算能力并不算很强大，而使用 Lua 语言则在很大程度上弥补了 Redis 的这个不足。只是在 Redis 中，执行 Lua 语言是原子性的，也就说 Redis 执行 Lua 的时候是不会被中断的，具备原子性，这个特性有助于 Redis 对并发数据一致性的支持。

Redis 支持两种方法运行脚本，一种是直接输入一些 Lua 语言的程序代码；另外一种是将 Lua 语言编写成文件。在实际应用中，一些简单的脚本可以采取第一种方式，对于有一定逻辑的一般采用第二种方式。而对于采用简单脚本的，Redis 支持缓存脚本，只是它会使用 SHA-1 算法对脚本进行签名，然后把 SHA-1 标识返回回来，只要通过这个标识运行就可以了。

19.7.1　执行输入 Lua 程序代码

它的命令格式为：

```
eval lua-script  key-num  [key1 key2 key3 ...] [value1 value2 value3 ...]
```

其中：

- eval 代表执行 Lua 语言的命令。
- Lua-script 代表 Lua 语言脚本。
- key-num 整数代表参数中有多少个 key，需要注意的是 Redis 中 key 是从 1 开始的，如果没有 key 的参数，那么写 0。
- [key1key2key3 ...]是 key 作为参数传递给 Lua 语言，也可以不填它是 key 的参数，但是需要和 key-num 的个数对应起来。
- [value1 value2 value3 ...]这些参数传递给 Lua 语言，它们是可填可不填的。

这里难理解的是 key-num 的意义，举例说明就能很快掌握它了，如图 19-12 所示。

```
127.0.0.1:6379> eval "return 'hello java'" 0
"hello java"
127.0.0.1:6379> eval "redis.call('set',KEYS[1], ARGV[1])" 1  lua-key lua-value
(nil)
127.0.0.1:6379> get lua-key
"lua-value"
127.0.0.1:6379>
```

图 19-12　Redis 执行 Lua 语言脚本

这里可以看到执行了两个 Lua 脚本。

```
evel "return 'hello java'" 0
```

这个脚本只是返回一个字符串，并不需要任何参数，所以 key-num 填写了 0，代表着没有任何 key 参数。按照脚本的结果就是返回了 hello java，所以执行后 Redis 也是这样返回的。这个例子很简单，只是返回一个字符串。

```
eval "redis.call('set',KEYS[1], ARGV[1])"  1  lua-key lua-value
```

设置一个键值对，可以在 Lua 语言中采用 redis.call(command, key[param1, param2...])进行操作，其中：

- command 是命令，包括 set、get、del 等。
- Key 是被操作的键。
- param1,param2...代表给 key 的参数。

脚本中的 KEYS[1]代表读取传递给 Lua 脚本的第一个 key 参数，而 ARGV[1]代表第一个非 key 参数。这里共有一个 key 参数，所以填写的 key-num 为 1，这样 Redis 就知道 key-value 是 key 参数，而 lua-value 是其他参数，它起到的是一种间隔的作用。最后我们可以看到使用 get 命令获取数据是成功的，所以 Lua 脚本运行成功了。

有时可能需要多次执行同样一段脚本，这个时候可以使用 Redis 缓存脚本的功能，在 Redis 中脚本会通过 SHA-1 签名算法加密脚本，然后返回一个标识字符串，可以通过这个字符串执行加密后的脚本。这样的一个好处在于，如果脚本很长，从客户端传输可能需要很长的时间，那么使用标识字符串，则只需要传递 32 位字符串即可，这样就能提高传输的效率，从而提高性能。

首先使用命令：

```
script load script
```

这个脚本的返回值是一个 SHA-1 签名过后的标识字符串，我们把它记为 shastring。通过 shastring 可以使用命令执行签名后的脚本，命令的格式是：

```
evalsha shastring keynum [key1 key2 key3 ...] [param1 param2 param3...]
```

下面演示这样的一个过程，如图 19-13 所示。

```
root@ubuntu: /usr/redis
127.0.0.1:6379> script load "redis.call('set',KEYS[1], ARGV[1])"
"c2abd8efdbad1367c9e361b859b3d2b43de47cee"
127.0.0.1:6379> evalsha c2abd8efdbad1367c9e361b859b3d2b43de47cee 1 sha-key val
(nil)
127.0.0.1:6379> get sha-key
"val"
127.0.0.1:6379>
```

图 19-13　使用签名运行 Lua 脚本

对脚本签名后就可以使用 SHA-1 签名标识运行脚本了。在 Spring 中演示这样的一个过程，如果是简单存储，笔者认为原来的 API 中的 Jedis 对象就简单些，所以先获取了原来的 connection 对象，如代码清单 19-7 所示。

代码清单 19-7：在 Java 中使用 Lua 脚本

```
//如果是简单的对象，使用原来的封装会简易些
ApplicationContext applicationContext =
   new ClassPathXmlApplicationContext("applicationContext.xml");
RedisTemplate                          redisTemplate                          =
```

```
applicationContext.getBean(RedisTemplate.class);
//如果是简单的操作，使用原来的 Jedis 会简易些
Jedis jedis
    =                                                                    (Jedis)
redisTemplate.getConnectionFactory().getConnection().getNativeConnection
();
//执行简单的脚本
String helloJava = (String) jedis.eval("return 'hello java'");
System.out.println(helloJava);
//执行带参数的脚本
jedis.eval("redis.call('set',KEYS[1],     ARGV[1])",     1,     "lua-key",
"lua-value");
String luaKey = (String) jedis.get("lua-key");
System.out.println(luaKey);
//缓存脚本，返回 sha1 签名标识
String sha1 = jedis.scriptLoad("redis.call('set',KEYS[1], ARGV[1])");
//通过标识执行脚本
jedis.evalsha(sha1, 1, new String[]{"sha-key", "sha-val"});
//获取执行脚本后的数据
String shaVal = jedis.get("sha-key");
System.out.println(shaVal);
//关闭连接
jedis.close();
```

上面演示的是简单字符串的存储，但现实中可能要存储对象，这个时候可以考虑使用 Spring 提供的 RedisScript 接口，它还是提供了一个实现类——DefaultRedisScript，让我们来了解它的使用方法。

这里先来定义一个可序列化的对象 Role，因为要序列化所以需要实现 Serializable 接口，如代码清单 19-8 所示。

代码清单 19-8：可序列化的 Role 对象

```
public class Role implements Serializable {
    private static final long serialVersionUID = 7247714666080613254L;
    private Long id;
    private String roleName;
    private String note;
    /**********setter and getter*********/
}
```

这个时候，就可以通过 Spring 提供的 DefaultRedisScript 对象执行 Lua 脚本来操作对象了，如代码清单 19-9 所示。

代码清单 19-9：使用 RedisScript 接口对象通过 Lua 脚本操作对象

```
ApplicationContext          applicationContext          =          new
ClassPathXmlApplicationContext("applicationContext.xml");
```

```
RedisTemplate      redisTemplate      =      applicationContext.getBean
(RedisTemplate.class);
//定义默认脚本封装类
DefaultRedisScript<Role> redisScript = new DefaultRedisScript<Role>();
//设置脚本
redisScript.setScriptText("redis.call('set',
   KEYS[1], ARGV[1])  return redis.call('get', KEYS[1])");
//定义操作的 key 列表
List<String> keyList = new ArrayList<String>();
keyList.add("role1");
//需要序列化保存和读取的对象
Role role = new Role();
role.setId(1L);
role.setRoleName("role_name_1");
role.setNote("note_1");
//获得标识字符串
String sha1 = redisScript.getSha1();
System.out.println(sha1);
//设置返回结果类型，如果没有这句话，结果返回为空
redisScript.setResultType(Role.class);
//定义序列化器
JdkSerializationRedisSerializer      serializer      =      new
JdkSerializationRedisSerializer();
//执行脚本
//第一个是 RedisScript 接口对象，第二个是参数序列化器
//第三个是结果序列化器，第四个是 Reids 的 key 列表，最后是参数列表
Role obj = (Role) redisTemplate.execute(redisScript, serializer, serializer,
keyList, role);
//打印结果
System.out.println(obj);
```

注意加粗的代码，两个序列化器第一个是参数序列化器，第二个是结果序列化器。这里配置的是 Spring 提供的 JdkSerializationRedisSerializer，如果在 Spring 配置文件中将 RedisTemplate 的 valueSerializer 属性设置为 JdkSerializationRedisSerializer，那么使用默认的序列化器即可。

19.7.2 执行 Lua 文件

在 19.7.1 节中我们把 Lua 变为一个字符串传递给 Redis 执行，而有些时候要直接执行 Lua 文件，尤其是当 Lua 脚本存在较多逻辑的时候，就很有必要单独编写一个独立的 Lua 文件。比如编写了一段 Lua 脚本，如代码清单 19-10 所示。

代码清单 19-10：test.lua

```
redis.call('set', KEYS[1], ARGV[1])
redis.call('set', KEYS[2], ARGV[2])
```

```
local n1 = tonumber(redis.call('get', KEYS[1]))
local n2 = tonumber(redis.call('get', KEYS[2]))
if n1 > n2 then
   return 1
end
if n1 == n2 then
   return 0
end
if n1 < n2 then
   return 2
end
```

这是一个可以输入两个键和两个数字（记为 n1 和 n2）的脚本，其意义就是先按键保存两个数字，然后去比较这两个数字的大小。当 n1==n2 时，就返回 0；当 n1>n2 时，就返回 1；当 n1<n2 时，就返回 2，且把它以文件名 test.lua 保存起来。这个时候可以对其进行测试，在 Windows 或者在 Linux 操作系统上执行下面的命令：

```
redis-cli  --eval test.lua key1 key2 , 2 4
```

注意，redis-cli 的命令需要注册环境，或者把文件放置在正确的目录下才能正确执行，这样就能看到效果，如图 19-14 所示。

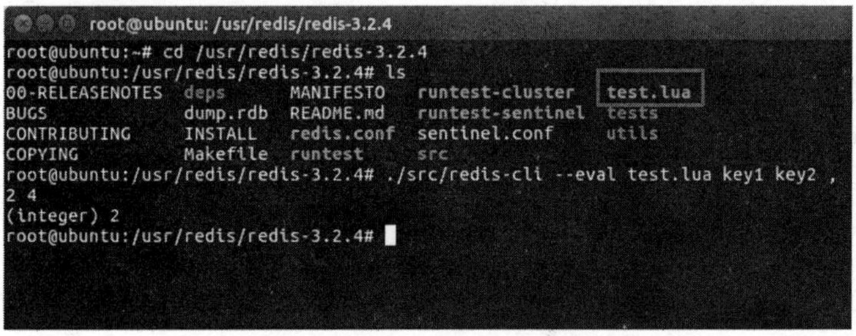

```
root@ubuntu: /usr/redis/redis-3.2.4
root@ubuntu:~# cd /usr/redis/redis-3.2.4
root@ubuntu:/usr/redis/redis-3.2.4# ls
00-RELEASENOTES  deps       MANIFESTO  runtest-cluster   test.lua
BUGS             dump.rdb   README.md  runtest-sentinel  tests
CONTRIBUTING     INSTALL    redis.conf sentinel.conf     utils
COPYING          Makefile   runtest    src
root@ubuntu:/usr/redis/redis-3.2.4# ./src/redis-cli --eval test.lua key1 key2 ,
2 4
(integer) 2
root@ubuntu:/usr/redis/redis-3.2.4#
```

图 19-14　redis-cli 的命令执行

看到结果就知道已经运行成功了。只是这里需要非常注意命令，执行的命令键和参数是使用逗号分隔的，而键之间用空格分开。在本例中 key2 和参数之间是用逗号分隔的，而这个逗号前后的空格是不能省略的，这是要非常注意的地方，一旦左边的空格被省略了，那么 Redis 就会认为“key2,”是一个键，一旦右边的空格被省略了，Redis 就会认为“,2”是一个键。

在 Java 中没有办法执行这样的文件脚本，可以考虑使用 evalsha 命令，这里更多的时候我们会考虑 evalsha 而不是 eval，因为 evalsha 可以缓存脚本，并返回 32 位 sha1 标识，我们只需要传递这个标识和参数给 Redis 就可以了，使得通过网络传递给 Redis 的信息较少，从而提高了性能。如果使用 eval 命令去执行文件里的字符串，一旦文件很大，那么就需要通过网络反复传递文件，问题往往就出现在网络上，而不是 Redis 的执行效率上了。参考上面的例子去执行，代码清单 19-11 模拟了这样的一个过程。

代码清单 19-11：使用 Java 执行 Redis 脚本

```
ppublic static void testLuaFile() {
ApplicationContext applicationContext =
     new ClassPathXmlApplicationContext("applicationContext.xml");
   RedisTemplate                        redisTemplate                        =
applicationContext.getBean(RedisTemplate.class);
   //读入文件流
   File file = new File("G:\\dev\\redis\\test.lua");
   byte[] bytes = getFileToByte(file);
Jedis jedis =
   (Jedis)
redisTemplate.getConnectionFactory().getConnection().getNativeConnection
();
   //发送文件二进制给 Redis，这样 REdis 就会返回 sha1 标识
   byte[] sha1 = jedis.scriptLoad(bytes);
//使用返回的标识执行，其中第二个参数 2，表示使用 2 个键
//而后面的字符串都转化为了二进制字节进行传输
Object obj =
  jedis.evalsha(sha1,     2,     "key1".getBytes(),     "key2".getBytes(),
"2".getBytes(), "4".getBytes());
   System.out.println(obj);
}

/**
 * 把文件转化为二进制数组
 * @param file 文件
 * @return  二进制数组
 */
public static byte[] getFileToByte(File file) {
   byte[] by = new byte[(int) file.length()];
   try {
      InputStream is = new FileInputStream(file);
      ByteArrayOutputStream bytestream = new ByteArrayOutputStream();
      byte[] bb = new byte[2048];
      int ch;
      ch = is.read(bb);
      while (ch != -1) {
         bytestream.write(bb, 0, ch);
         ch = is.read(bb);
      }
      by = bytestream.toByteArray();
   } catch (Exception ex) {
      ex.printStackTrace();
   }
   return by;
}
```

如果我们将 sha1 这个二进制标识保存下来，那么可以通过这个标识反复执行脚本，只需要传递 32 位标识和参数即可，无需多次传递脚本。从对 Redis 的流水线的分析可知，系统性能不佳的问题往往并非是 Redis 服务器的处理能力，更多的是网络传递，因此传递更少的内容，有利于系统性能的提高。

这里采用比较原始的 Java Redis 连接操作 Redis，还可以采用 Spring 提供的 RedisScript 操作文件，这样就可以通过序列化器直接操作对象了。

19.8　小结

本章是 Redis 的重要内容之一，其中事务、流水线、超时命令和回收机制等内容更是 Redis 的核心技术，而 Lua 语言则是 Redis 最为重要的扩展。笔者从 Spring 的角度操作了它们，这是读者需要注意的地方。

第 20 章 Redis 配置

本章目标

1. 掌握 Redis 基础配置文件的配置方法
2. 掌握 Redis 备份的特点
3. 掌握 Redis 内存回收策略
4. 掌握主从复制的配置方法和执行过程
5. 掌握哨兵模式的配置方法及其在 Java 中的用法

前面几章我们已经介绍了 Redis 的使用，现在讨论 Redis 的配置，一些最常用的配置，包括备份、回收策略、主从复制和哨兵模式，它们在企业中得到了大量的运用。

20.1 Redis 基础配置文件

Redis 的配置文件放置在其安装目录下，如果是 Windows 系统，则默认的配置文件就是 redis.window.conf；如果是 Linux 系统，则是 redis.conf。在大部分的情况下我们都会使用到 Linux 环境，所以本章以 Linux 为主进行讲述，读者可以参考图 20-1 所示的文件目录找到对应的文件。

```
root@ubuntu: /usr/redis/redis-3.2.4
root@ubuntu:/usr/redis/redis-3.2.4# ll
total 216
drwxrwxr-x  6 root root  4096 Nov  5 08:58 ./
drwxr-xr-x  3 root root  4096 Sep 27 15:29 ../
-rw-rw-r--  1 root root 77971 Sep 26 00:10 00-RELEASENOTES
-rw-rw-r--  1 root root    53 Sep 26 00:10 BUGS
-rw-rw-r--  1 root root  1805 Sep 26 00:10 CONTRIBUTING
-rw-rw-r--  1 root root  1487 Sep 26 00:10 COPYING
drwxrwxr-x  7 root root  4096 Sep 27 15:34 deps/
-rw-r--r--  1 root root    76 Nov  5 08:58 dump.rdb
-rw-rw-r--  1 root root   363 Sep 26 00:10 .gitignore
-rw-rw-r--  1 root root    11 Sep 26 00:10 INSTALL
-rw-rw-r--  1 root root   151 Sep 26 00:10 Makefile
-rw-rw-r--  1 root root  4223 Sep 26 00:10 MANIFESTO
-rw-rw-r--  1 root root  6834 Sep 26 00:10 README.md
-rw-rw-r--  1 root root 46695 Sep 26 00:10 redis.conf
-rwxrwxr-x  1 root root   271 Sep 26 00:10 runtest*
-rwxrwxr-x  1 root root   280 Sep 26 00:10 runtest-cluster*
-rwxrwxr-x  1 root root   281 Sep 26 00:10 runtest-sentinel*
-rw-rw-r--  1 root root  7606 Sep 26 00:10 sentinel.conf
drwxrwxr-x  2 root root  4096 Sep 27 15:35 src/
drwxrwxr-x 10 root root  4096 Sep 26 00:10 tests/
drwxrwxr-x  7 root root  4096 Sep 26 00:10 utils/
```

图 20-1 Redis 配置文件

读者打开它就能看到所有的配置内容，本章主要的任务就是讲解这个配置文件和一些相关的命令。

20.2　Redis 备份（持久化）

在 Redis 中存在两种方式的备份：一种是快照（snapshotting），它是备份当前瞬间 Redis 在内存中的数据记录；另一种是只追加文件（Append-Only File，AOF），其作用就是当 Redis 执行写命令后，在一定的条件下将执行过的写命令依次保存在 Redis 的文件中，将来就可以依次执行那些保存的命令恢复 Redis 的数据了。对于快照备份而言，如果当前 Redis 的数据量大，备份可能造成 Redis 卡顿，但是恢复重启是比较快速的；对于 AOF 备份而言，它只是追加写入命令，所以备份一般不会造成 Redis 卡顿，但是恢复重启要执行更多的命令，备份文件可能也很大，使用者使用的时候要注意。在 Redis 中允许使用其中的一种、同时使用两种，或者两种都不用，所以具体使用何种方式进行备份和持久化是用户可以通过配置决定的。对于 Redis 而言，它的默认配置为：

```
################################SNAPSHOTTING#############################
###
......
save 900 1
save 300 10
save 60 10000
.......
stop-writes-on-bgsave-error yes
.......
rdbchecksum yes
.......
dbfilename dump.rdb
......
##############################          APPEND          ONLY          MODE
###############################
......
appendonly no
......
appendfilename "appendonly.aof"
......
# appendfsync always
appendfsync everysec
# appendfsync no......
......
no-appendfsync-on-rewrite no
......
auto-aof-rewrite-percentage 100
auto-aof-rewrite-min-size 64mb
```

```
......
aof-load-truncated yes
......
```

对于快照模式的备份而言，它的配置项如下：

```
save 900 1
save 300 10
save 60 10000
```

这 3 个配置项的含义分别为：

- 当 900 秒执行 1 个写命令时，启用快照备份。
- 当 300 秒执行 10 个写命令时，启用快照备份。
- 当 60 秒内执行 10000 个写命令时，启用快照备份。

Redis 执行 save 命令的时候，将禁止写入命令。

```
stop-writes-on-bgsave-error yes
```

这里先谈谈 bgsave 命令，它是一个异步保存命令，也就是系统将启动另外一条进程，把 Redis 的数据保存到对应的数据文件中。它和 save 命令最大的不同是它不会阻塞客户端的写入，也就是在执行 bgsave 的时候，允许客户端继续读/写 Redis。在默认情况下，如果 Redis 执行 bgsave 失败后，Redis 将停止接受写操作，这样以一种强硬的方式让用户知道数据不能正确的持久化到磁盘，否则就会没人注意到灾难的发生，如果后台保存进程重新启动工作了，Redis 也将自动允许写操作。然而如果安装了靠谱的监控，可能不希望 Redis 这样做，那么你可以将其修改为 no。

```
rdbchecksum yes
```

这个命令意思是是否对 rbd 文件进行检验，如果是将对 rdb 文件检验。从 dbfilename 的配置可以知道，rdb 文件实际是 Redis 持久化的数据文件。

```
dbfilename dump.rdb
```

它是数据文件。当采用快照模式备份（持久化）时，Redis 将使用它保存数据，将来可以使用它恢复数据。

```
appendonly no
```

如果 appendonly 配置为 no，则不启用 AOF 方式进行备份。如果 appendonly 配置为 yes，则以 AOF 方式备份 Redis 数据，那么此时 Redis 会按照配置，在特定的时候执行追加命令，用以备份数据。

```
appendfilename "appendonly.aof"
```

这里定义追加的写入文件为 appendonly.aof，采用 AOF 追加文件备份的时候命令都会写到这里。

```
# appendfsync always
appendfsync everysec
# appendfsync no
```

AOF 文件和 Redis 命令是同步频率的，假设配置为 always，其含义为当 Redis 执行命令的时候，则同时同步到 AOF 文件，这样会使得 Redis 同步刷新 AOF 文件，造成缓慢。而采用 evarysec 则代表每秒同步一次命令到 AOF 文件。采用 no 的时候，则由客户端调用命令执行备份，Redis 本身不备份文件。对于采用 always 配置的时候，每次命令都会持久化，它的好处在于安全，坏处在于每次都持久化性能较差。采用 evarysec 则每秒同步，安全性不如 always，备份可能会丢失 1 秒以内的命令，但是隐患也不大，安全度尚可，性能可以得到保障。采用 no，则性能有所保障，但是由于失去备份，所以安全性比较差。笔者建议采用默认配置 everysec，这样在保证性能的同时，也在一定程度上保证了安全性。

```
no-appendfsync-on-rewrite no
```

它指定是否在后台 AOF 文件 rewrite（重写）期间调用 fsync，默认为 no，表示要调用 fsync（无论后台是否有子进程在刷盘）。Redis 在后台写 RDB 文件或重写 AOF 文件期间会存在大量磁盘 I/O，此时，在某些 Linux 系统中，调用 fsync 可能会阻塞。

```
auto-aof-rewrite-percentage 100
```

它指定 Redis 重写 AOF 文件的条件，默认为 100，表示与上次 rewrite 的 AOF 文件大小相比，当前 AOF 文件增长量超过上次 AOF 文件大小的 100%时，就会触发 background rewrite。若配置为 0，则会禁用自动 rewrite。

```
auto-aof-rewrite-min-size 64mb
```

它指定触发 rewrite 的 AOF 文件大小。若 AOF 文件小于该值，即使当前文件的增量比例达到 auto-aof-rewrite-percentage 的配置值，也不会触发自动 rewrite。即这两个配置项同时满足时，才会触发 rewrite。

```
aof-load-truncated yes
```

Redis 在恢复时会忽略最后一条可能存在问题的指令，默认为 yes。即在 AOF 写入时，可能存在指令写错的问题（突然断电、写了一半），这种情况下 yes 会 log 并继续，而 no 会直接恢复失败。

以上就是关于备份的全部配置内容，Redis 还有一些其他常用的配置，下面的小节介绍它们。

20.3 Redis 内存回收策略

Redis 也会因为内存不足而产生错误，也可能因为回收过久而导致系统长期的停顿，因此掌握执行回收策略十分有必要。在 Redis 的配置文件中，当 Redis 的内存达到规定的最大值时，允许配置 6 种策略中的一种进行淘汰键值，并且将一些键值对进行回收，让我们来看看它们的特点。

首先，Redis 的配置文件放在 Redis 的安装目录下，在 Windows 中是 redis.windows.conf，在 Lunix/Unix 中则是 redis.conf。Redis 对其中的一个配置项——maxmemory-policy，提供了这样的一段描述：

```
# volatile-lru -> remove the key with an expire set using an LRU algorithm
# allkeys-lru -> remove any key according to the LRU algorithm
# volatile-random -> remove a random key with an expire set
# allkeys-random -> remove a random key, any key
# volatile-ttl -> remove the key with the nearest expire time (minor TTL)
# noeviction -> don't expire at all, just return an error on write operations
```

更深一步地阐述它们的含义。

- volatile-lru：采用最近使用最少的淘汰策略，Redis 将回收那些超时的（仅仅是超时的）键值对，也就是它只淘汰那些超时的键值对。
- allkeys-lru：采用淘汰最少使用的策略，Redis 将对所有的（不仅仅是超时的）键值对采用最近使用最少的淘汰策略。
- volatile-random：采用随机淘汰策略删除超时的（仅仅是超时的）键值对。
- allkeys-random：采用随机淘汰策略删除所有的（不仅仅是超时的）键值对，这个策略不常用。
- volatile-ttl：采用删除存活时间最短的键值对策略。
- noeviction：根本就不淘汰任何键值对，当内存已满时，如果做读操作，例如 get 命令，它将正常工作，而做写操作，它将返回错误。也就是说，当 Redis 采用这个策略内存达到最大的时候，它就只能读而不能写了。

Redis 在默认情况下会采用 noeviction 策略。换句话说，如果内存已满，则不再提供写入操作，而只提供读取操作。显然这往往并不能满足我们的要求，因为对于互联网系统而言，常常会涉及数以百万甚至更多的用户，所以往往需要设置回收策略。

这里需要指出的是：**LRU 算法或者 TTL 算法都是不是很精确算法，而是一个近似的算法。**Redis 不会通过对全部的键值对进行比较来确定最精确的时间值，从而确定删除哪个键值对，因为这将消耗太多的时间，导致回收垃圾执行的时间太长，造成服务停顿。而在 Redis 的默认配置文件中，存在着参数 maxmemory-samples，它的默认值为 3，假设采取了 volatile-ttl 算法，让我们去了解这样的一个回收的过程，假设当前有 5 个即将超时的键值对，如表 20-1 所示。

表 20-1　volatile-ttl 样本删除方式

键　值　对	剩余超时秒数	备　　注
A1	6	属于探测样本
A2	3	属于探测样本中最短值，因此最先删除
A3	4	属于探测样本
A4	1	最短值，但是它不属于探测样本，所以没有最先删除
A5	9	但不属于样本

由于配置 maxmemory-samples 的值为 3，如果 Redis 是按表中的顺序探测，那么它只会取到样本 A1、A2、A3，然后进行比较，因为 A2 过期剩余秒数最少，所以决定淘汰 A2，因此 A2 是最先被删除的。注意，此时即将过期且剩余超时秒数最短的 A4 却还在内存中，因为它不属于探测样本。这就是 Redis 中采用的近似算法。当设置 maxmemory-samples 越大，则 Redis 删除的就越精确，但是与此同时带来不利的是，Redis 也就需要花更多的时间去计算和匹配更为精确的值。

回收超时策略的缺点是必须指明超时的键值对，这会给程序开发带来一些设置超时的代码，无疑增加了开发者的工作量。对所有的键值对进行回收，有可能把正在使用的键值对删掉，增加了存储的不稳定性。对于垃圾回收的策略，还需要注意的是回收的时间，因为在 Redis 对垃圾的回收期间，会造成系统缓慢。因此，控制其回收时间有一定好处，只是这个时间不能过短或过长。过短则会造成回收次数过于频繁，过长则导致系统单次垃圾回收停顿时间过长，都不利于系统的稳定性，这些都需要设计者在实际的工作中进行思考。

20.4　复制

尽管 Redis 的性能很好，但是有时候依旧满足不了应用的需要，比如过多的用户进入主页，导致 Redis 被频繁访问，此时就存在大量的读操作。对于一些热门网站的某个时刻（比如促销商品的时候）每秒成千上万的请求是司空见惯的，这个时候大量的读操作就会到达 Redis 服务器，触发许许多多的操作，显然单靠一台 Redis 服务器是完全不够用的。一些服务网站对安全性有较高的要求，当主服务器不能正常工作的时候，也需要从服务器代替原来的主服务器，作为灾备，以保证系统可以继续正常的工作。因此更多的时候我们更希望可以读/写分离，读/写分离的前提是读操作远远比写操作频繁得多，如果把数据都存放在多台服务器上那么就可以从多台服务器中读取数据，从而消除了单台服务器的压力，读/写分离的技术已经广泛用于数据库中了。

20.4.1　主从同步基础概念

互联网系统一般是以主从架构为基础的，所谓主从架构设计的思路大概是：

- 在多台数据服务器中，只有一台主服务器，而主服务器只负责写入数据，不负责让外部程序读取数据。

- 存在多台从服务器，从服务器不写入数据，只负责同步主服务器的数据，并让外部程序读取数据。
- 主服务器在写入数据后，即刻将写入数据的命令发送给从服务器，从而使得主从数据同步。
- 应用程序可以随机读取某一台从服务器的数据，这样就分摊了读数据的压力。
- 当从服务器不能工作的时候，整个系统将不受影响；当主服务器不能工作的时候，可以方便地从从服务器中选举一台来当主服务器。

请注意上面的思路，笔者用了“大概”这两个字，因为这只是一种大概的思路，每一种数据存储的软件都会根据其自身的特点对上面的这几点思路加以改造，但是万变不离其宗，只要理解了这几点就很好理解 Redis 的复制机制了。主从同步机制如图 20-2 所示。

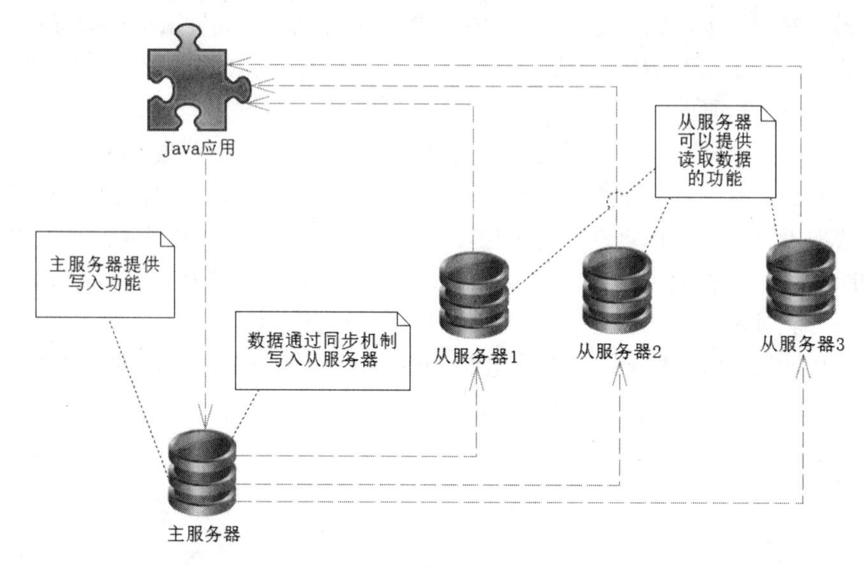

图 20-2　主从同步机制

这个时候读数据就可以随机从从服务器上读取，当从服务器是多台的时候，那么单台服务器的压力就大大降低了，这十分有利于系统性能的提高，当主服务器出现不能工作的情况时，也可以切换为其中的一台从服务器继续让系统稳定运行，所以也有利于系统运行的安全性。当然由于 Redis 自身具备的特点，所以其也有实现主从同步的特殊方式。

20.4.2　Redis 主从同步配置

对 Redis 进行主从同步的配置分为主机与从机，主机是一台，而从机可以是多台。

首先，明确主机。当你能确定哪台机子是主机的时候，关键的两个配置是 dir 和 dbfilename 选项，当然必须保证这两个文件是可写的。对于 Redis 的默认配置而言，dir 的默认值为“./”，而对于 dbfilename 的默认值为“dump.rbd”。换句话说，默认采用 Redis 当前目录的 dump.rbd 文件进行同步。对于主机而言，只要了解这多信息，很简单。

其次，在明确了从机之后，进行进一步配置所要关注的只有 slaveof 这个配置选项，它的配置格式是：

```
slaveof server port
```

其中，server 代表主机，port 代表端口。当从机 Redis 服务重启时，就会同步对应主机的数据了。当不想让从机继续复制主机的数据时，可以在从机的 Redis 命令客户端发送 slaveof no one 命令，这样从机就不会再接收主服务器的数据更新了。又或者原来主服务器已经无法工作了，而你可能需要去复制新的主机，这个时候执行 slaveof sever port 就能让从机复制另外一台主机的数据了。

在实际的 Linux 环境中，配置文件 redis.conf 中还有一个 bind 的配置，默认为 127.0.0.1，也就是只允许本机访问，把它修改为 bind 0.0.0.0，其他的服务器就能够访问了。

上面的文字描述了如何配置，但是有时候需要进一步了解 Redis 主从复制的过程，这些内容对于复制而言是很有必要的，同时也是很有趣的。

20.4.3　Redis 主从同步的过程

Redis 主从同步的过程如图 20-3 所示。

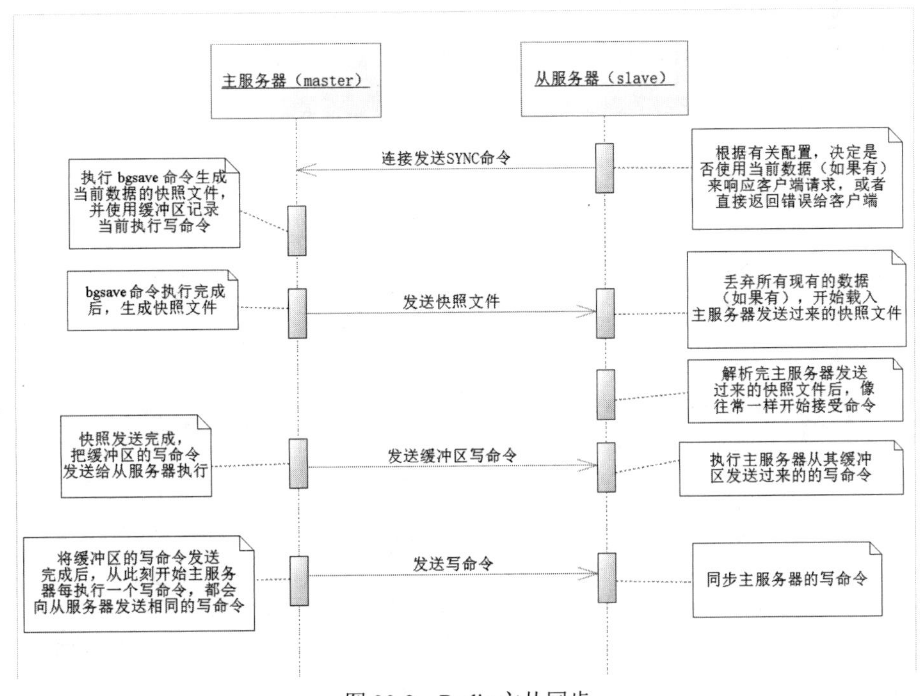

图 20-3　Redis 主从同步

图 20-3 中左边的流程是主服务器，而右边的流程为从服务器，这里有必要进行更深层次的描述：

（1）无论如何要先保证主服务器的开启，开启主服务器后，从服务器通过命令或者重启配置项可以同步到主服务器。

（2）当从服务器启动时，读取同步的配置，根据配置决定是否使用当前数据响应客户端，然后发送 SYNC 命令。当主服务器接收到同步命令的时候，就会执行 bgsave 命令备份数据，但是主服务器并不会拒绝客户端的读/写，而是将来自客户端的写命令写入缓冲区。从服务器未收到主服务器备份的快照文件的时候，会根据其配置决定使用现有数据响应客户端或者拒绝。

（3）当 bgsave 命令被主服务器执行完后，开始向从服务器发送备份文件，这个时候从服务器就会丢弃所有现有的数据，开始载入发送的快照文件。

（4）当主服务器发送完备份文件后，从服务器就会执行这些写入命令。此时就会把 bgsave 执行之后的缓存区内的写命令也发送给从服务器，从服务完成备份文件解析，就开始像往常一样，接收命令，等待命令写入。

（5）缓冲区的命令发送完成后，当主服务器执行一条写命令后，就同时往从服务器发送同步写入命令，从服务器就和主服务器保持一致了。而此时当从服务器完成主服务器发送的缓冲区命令后，就开始等待主服务器的命令了。

以上 5 步就是 Redis 主从同步的过程。

只是在主服务器同步到从服务器的过程中，需要备份文件，所以在配置的时候一般需要预留一些内存空间给主服务器，用以腾出空间执行备份命令。一般来说主服务器使用 50%~65%的内存空间，以为主从复制留下可用的内存空间。

多从机同步机制，如图 20-4 所示。

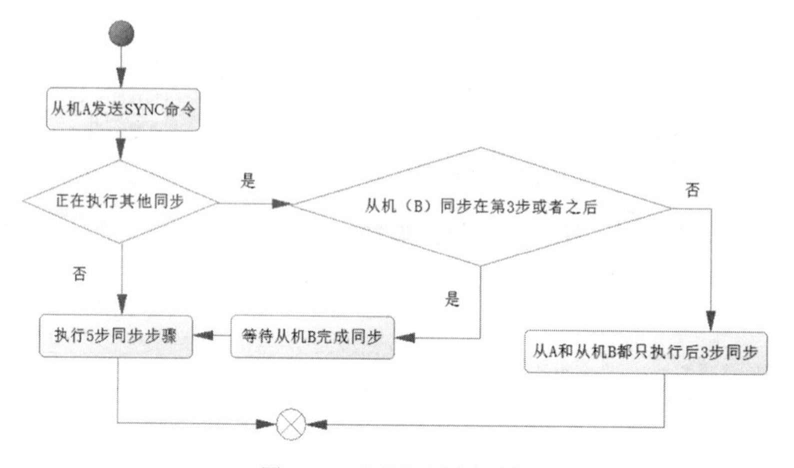

图 20-4　多从机同步机制

如果出现多台同步，可能会出现频繁等待和频繁操作 bgsave 命令的情况，导致主机在较长时间里性能不佳，这个时候我们会考虑主从链进行同步的机制，以减少这种可能。

20.5　哨兵（Sentinel）模式

主从切换技术的方法是：当主服务器宕机后，需要手动把一台从服务器切换为主从服务器，这就需要人工干预，既费时费力，还会造成一段时间内服务不可用，这不是一种推荐的方式，因此笔者没有介绍主从切换技术。更多的时候，我们优先考虑哨兵模式，它是当前企业应用的主流方式。

20.5.1 哨兵模式概述

Redis 可以存在多台服务器，并且实现了主从复制的功能。哨兵模式是一种特殊的模式，首先 Redis 提供了哨兵的命令，哨兵是一个独立的进程，作为进程，它会独立运行。其原理是哨兵通过发送命令，等待 Redis 服务器响应，从而监控运行的多个 Redis 实例，如图 20-5 所示。

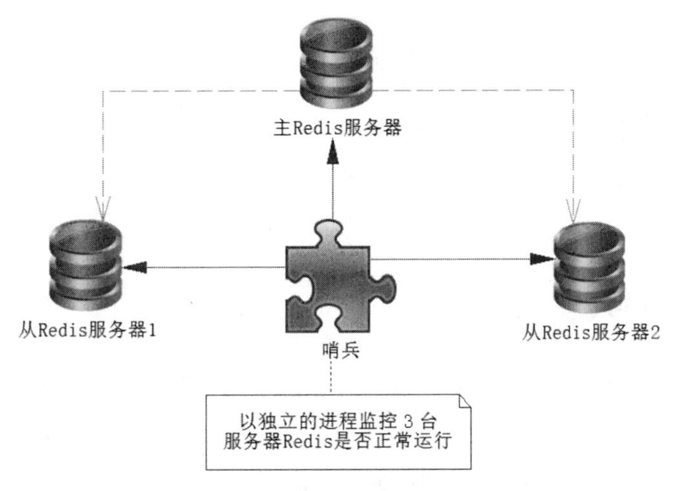

图 20-5 Redis 哨兵

这里的哨兵有两个作用：

- 通过发送命令，让 Redis 服务器返回监测其运行状态，包括主服务器和从服务器。
- 当哨兵监测到 master 宕机，会自动将 slave 切换成 master，然后通过发布订阅模式通知到其他的从服务器，修改配置文件，让它们切换主机。

只是现实中一个哨兵进程对 Redis 服务器进行监控，也可能出现问题，为了处理这个问题，还可以使用多个哨兵的监控，而各个哨兵之间还会相互监控，这样就变为了多个哨兵模式。多个哨兵不仅监控各个 Redis 服务器，而且哨兵之间互相监控，看看哨兵们是否还“活”着，其关系如图 20-6 所示。

论述一下故障切换（failover）的过程。假设主服务器宕机，哨兵 1 先监测到这个结果，当时系统并不会马上进行 failover 操作，而仅仅是哨兵 1 主观地认为主机已经不可用，这个现象被称为主观下线。当后面的哨兵监测也监测到了主服务器不可用，并且有了一定数量的哨兵认为主服务器不可用，那么哨兵之间就会形成一次投票，投票的结果由一个哨兵发起，进行 failover 操作，在 failover 操作的过程中切换成功后，就会通过发布订阅方式，让各个哨兵把自己监控的服务器实现切换主机，这个过程被称为客观下线。这样对于客户端而言，一切都是透明的。

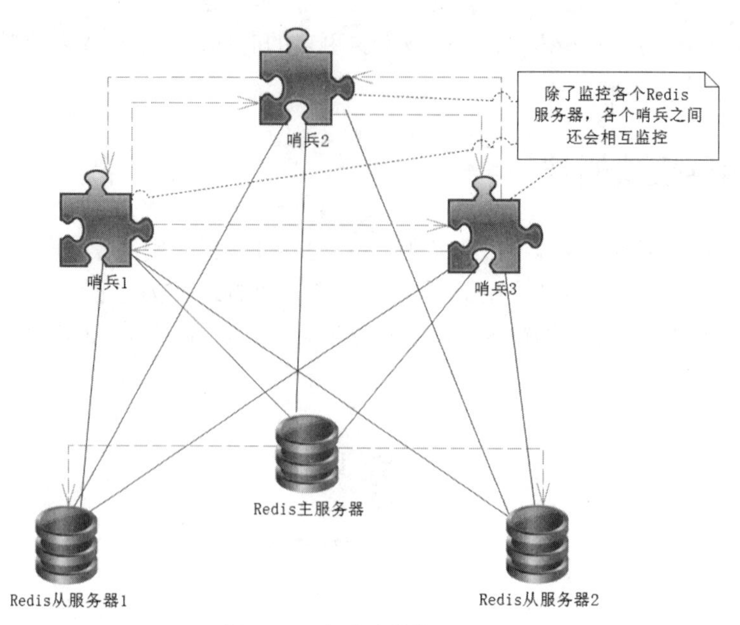

图 20-6　多哨兵监控 Redis

20.5.2　搭建哨兵模式

配置 3 个哨兵和 1 主 2 从的 Redis 服务器来演示这个过程。机器的分配，如表 20-2 所示：

表 20-2　机器分配

服务类型	是否主服务器	IP 地 址	端　口
Redis	是	192.168.11.128	6379
Redis	否	192.168.11.129	6379
Redis	否	192.168.11.130	6379
Sentinel	—	192.168.11.128	26379
Sentinel	—	192.168.11.129	26379
Sentinel	—	192.168.11.130	26379

它的结构就如同图 20-6 所示，下面对它们进行配置。首先配置 Redis 的主从服务器，修改服务器的 redis.conf 文件，下面的配置内容，仅仅是笔者在原有文件的基础上修改的内容：

```
#使得 Redis 服务器可以跨网络访问
bind 0.0.0.0
#设置密码
requirepass "abcdefg"
#指定主服务器，注意：有关 slaveof 的配置只是配置从服务器，而主服务器不需要配置
slaveof 192.168.11.128 6379
#主服务器密码，注意：有关 slaveof 的配置只是配置从服务器，而主服务器不需要配置
masterauth abcdefg
```

上述内容主要是配置 Redis 服务器，从服务器比主服务器多一个 slaveof 的配置和密码，这里配置的 bind 使得 Redis 服务器可以跨网段访问。而对于外部的访问还需要提供密码，因此还提供了 requirepass 的配置，用以配置密码，这样就配置完了 3 台服务器。

配置 3 个哨兵，每一个哨兵的配置都是一样的，在 Redis 安装目录下可以找到 sentinel.conf 文件，然后对其进行修改。下面对 3 个哨兵的这个文件作出修改，同样也是在原有的基础上进行修改，如下所示。

```
#禁止保护模式
protected-mode no
#配置监听的主服务器，这里 sentinel monitor 代表监控，
#mymaster 代表服务器名称，可以自定义
# 192.168.11.128 代表监控的主服务器
#6379 代表端口
#2 代表只有两个或者两个以上的哨兵认为主服务器不可用的时候，才会做故障切换操作
sentinel monitor mymaster 192.168.11.128 6379 2
#sentinel auth-pass 定义服务的密码
#mymaster 服务名称
#abcdefg Redis 服务器密码
sentinel auth-pass mymaster abcdefg
```

上述关闭了保护模式，以便测试。sentinel monitor 是配置一个哨兵主要的内容，首先是自定义服务名称 mymaster，然后映射服务器和端口。最后的 2 是代表当存在两个或者两个以上的哨兵投票认可当前主服务器不可用后，才会进行故障切换，这样可以降低因出错而切换主服务器的概率。sentinel auth-pass 用于配置服务名称及其密码。

有了上述的修改，我们可以进入 Redis 的安装目录下的 src 目录，通过以下命令启动 Redis 服务器和哨兵，如下所示：

```
#启动哨兵进程
./redis-sentinel ../sentinel.conf
#启动 Redis 服务器进程
./redis-server ../redis.conf
```

只是这里要注意服务器启动的顺序，首先是主机（192.168.11.128）的 Redis 服务进程，然后启动从机的服务进程，最后启动 3 个哨兵的服务进程。这里可以从哨兵启动的输出窗口看一下哨兵监控信息，如图 20-7 所示。

从图 20-7 中，我们看到了一个哨兵对多台 Redis 服务器进行了监控。

20.5.3　在 Java 中使用哨兵模式

在 Java 中使用哨兵模式，加入关于哨兵的信息即可，非常简单，代码清单 20-1 展示了这样的一个过程。

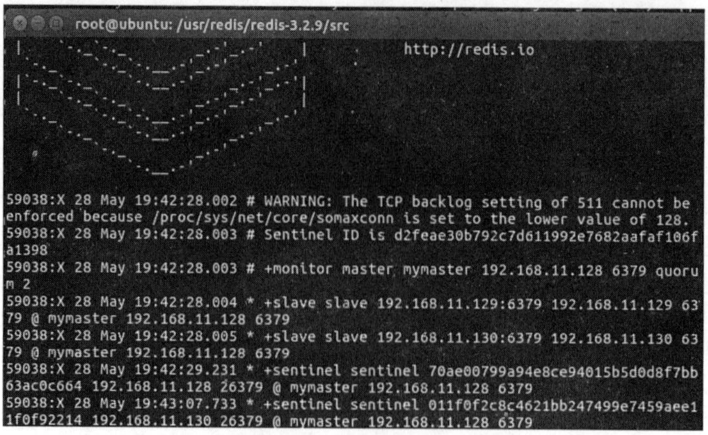

```
root@ubuntu: /usr/redis/redis-3.2.9/src
                                          http://redis.io

59038:X 28 May 19:42:28.002 # WARNING: The TCP backlog setting of 511 cannot be
enforced because /proc/sys/net/core/somaxconn is set to the lower value of 128.
59038:X 28 May 19:42:28.003 # Sentinel ID is d2feae30b792c7d611992e7682aafaf106f
a1398
59038:X 28 May 19:42:28.003 # +monitor master mymaster 192.168.11.128 6379 quoru
m 2
59038:X 28 May 19:42:28.004 * +slave slave 192.168.11.129:6379 192.168.11.129 63
79 @ mymaster 192.168.11.128 6379
59038:X 28 May 19:42:28.005 * +slave slave 192.168.11.130:6379 192.168.11.130 63
79 @ mymaster 192.168.11.128 6379
59038:X 28 May 19:42:29.231 * +sentinel sentinel 70ae00799a94e8ce94015b5d0d8f7bb
63ac0c664 192.168.11.128 26379 @ mymaster 192.168.11.128 6379
59038:X 28 May 19:43:07.733 * +sentinel sentinel 011f0f2c8c4621bb247499e7459aee1
1f0f92214 192.168.11.130 26379 @ mymaster 192.168.11.128 6379
```

图 20-7　哨兵监控信息

代码清单 20-1：使用 Redis 哨兵

```
//连接池配置
JedisPoolConfig jedisPoolConfig = new JedisPoolConfig();
jedisPoolConfig.setMaxTotal(10);
jedisPoolConfig.setMaxIdle(5);
jedisPoolConfig.setMinIdle(5);
//哨兵信息
Set<String> sentinels = new HashSet<String>(Arrays.asList(
        "192.168.11.128:26379",
        "192.168.11.129:26379",
        "192.168.11.130:26379"
));
//创建连接池
//mymaster 是我们配置给哨兵的服务名称
//sentinels 是哨兵信息
//jedisPoolConfig 是连接池配置
//abcdefg 是连接 Redis 服务器的密码
JedisSentinelPool  pool =
new JedisSentinelPool("mymaster", sentinels, jedisPoolConfig, "abcdefg");
//获取客户端
Jedis jedis = pool.getResource();
//执行两个命令
jedis.set("mykey", "myvalue");
String myvalue = jedis.get("mykey");
//打印信息
System.out.println(myvalue);
```

通过上述的代码就能够连接 Redis 服务器了，这个时候将启动主机（192.168.11.128）提供服务。为了验证哨兵的作用，我们可以把主机上的 Redis 服务器关闭，马上运行，你就可以发现报错，那倒不是因为哨兵失效导致的，而是因为 Redis 哨兵默认超时 3 分钟后才会进行投票切换主机，等超过 3 分钟后再进行测试，我们就可以得到下面的日志。

```
五 月   29,  2017  11:47:56  上 午   redis.clients.jedis.JedisSentinelPool
initSentinels
信息: Trying to find master from available Sentinels...
五 月   29,  2017  11:47:56  上 午   redis.clients.jedis.JedisSentinelPool
initSentinels
信 息 : Redis master running at 192.168.11.130:6379, starting Sentinel
listeners...
五月 29, 2017 11:47:57 上午 redis.clients.jedis.JedisSentinelPool initPool
信息: Created JedisPool to master at 192.168.11.130:6379
myvalue
```

从日志可以看到，我们实际使用的是 192.168.11.130 服务器，这是因为在 192.168.11.128 服务器不可用后，哨兵经过投票切换为 192.168.11.130 服务器，通过这样的自动切换就保证服务持续稳定运行了。

同样的，通过配置也可以实现在 Spring 中使用哨兵的这些功能，如代码清单 20-2 所示。

代码清单 20-2：在 Spring 中使用 Redis 哨兵模式

```
<!--配置 Redis 连接池-->
<bean id="poolConfig" class="redis.clients.jedis.JedisPoolConfig">
<property name="maxIdle" value="50" /><!--最大空闲数-->
<property name="maxTotal" value="100" /><!--最大连接数-->
<property name="maxWaitMillis" value="3000" /><!--最大等待时间 3s-->
</bean>

<!--jdk 序列化器，可保存对象-->
<bean id="jdkSerializationRedisSerializer"

class="org.springframework.data.redis.serializer.JdkSerializationRedisSe
rializer"/>

<!--String 序列化器-->
<bean id="stringRedisSerializer"

class="org.springframework.data.redis.serializer.StringRedisSerializer"/
>

<!--哨兵配置-->
<bean id="sentinelConfig"

class="org.springframework.data.redis.connection.RedisSentinelConfigurat
ion">
<!--服务名称-->
<property name="master">
<bean class="org.springframework.data.redis.connection.RedisNode">
<property name="name" value="mymaster"/>
```

```
</bean>
</property>
<!--哨兵服务 IP 和端口-->
<property name="sentinels">
<set>
<bean class="org.springframework.data.redis.connection.RedisNode">
<constructor-arg name="host" value="192.168.11.128"/>
<constructor-arg name="port" value="26379"/>
</bean>
<bean class="org.springframework.data.redis.connection.RedisNode">
<constructor-arg name="host" value="192.168.11.129"/>
<constructor-arg name="port" value="26379"/>
</bean>
<bean class="org.springframework.data.redis.connection.RedisNode">
<constructor-arg name="host" value="192.168.11.130"/>
<constructor-arg name="port" value="26379"/>
</bean>
</set>
</property>
</bean>

<!--连接池设置-->
<bean id="connectionFactory"

class="org.springframework.data.redis.connection.jedis.JedisConnectionFa
ctory">
<constructor-arg name="sentinelConfig" ref="sentinelConfig"/>
<constructor-arg name="poolConfig" ref="poolConfig"/>
<property name="password" value="abcdefg"/>
</bean>

<!--配置 RedisTemplate-->
<bean                                                    id="redisTemplate"
class="org.springframework.data.redis.core.RedisTemplate">
<property name="connectionFactory" ref="connectionFactory"/>
<property name="keySerializer" ref="stringRedisSerializer"/>
<property name="defaultSerializer" ref="stringRedisSerializer"/>
<property name="valueSerializer" ref="jdkSerializationRedisSerializer"/>
</bean>
```

这样就在 Spring 中配置好了哨兵和其他的内容，使用 Spring 测试哨兵，如代码清单 20-3 所示。

代码清单 20-3：使用 Spring 测试哨兵

```
ApplicationContext ctx =
new
```

```
ClassPathXmlApplicationContext("com/ssm/chapter13/config/spring-cfg.xml"
);
RedisTemplate redisTemplate = ctx.getBean(RedisTemplate.class);
String retVal = (String) redisTemplate.execute((RedisOperations ops) -> {
    ops.boundValueOps("mykey").set("myvalue");
    String value = (String) ops.boundValueOps("mykey").get();
    return value;
});
System.out.println(retVal);
```

然后运行这段代码就可以得到这样的日志：

```
log4j:WARN    No    appenders    could    be    found    for    logger
(org.springframework.core.env.StandardEnvironment).
log4j:WARN Please initialize the log4j system properly.
log4j:WARN See http://logging.apache.org/log4j/1.2/faq.html#noconfig for
more info.
五 月   29,  2017  12:30:23  下 午   redis.clients.jedis.JedisSentinelPool
initSentinels
信息: Trying to find master from available Sentinels...
五 月   29,  2017  12:30:23  下 午   redis.clients.jedis.JedisSentinelPool
initSentinels
信 息 : Redis master running at 192.168.11.130:6379, starting Sentinel
listeners...
五月 29, 2017 12:30:23 下午 redis.clients.jedis.JedisSentinelPool initPool
信息: Created JedisPool to master at 192.168.11.130:6379
myvalue
```

显然测试成功了，这样在实际的项目中，就可以使用哨兵模式来提高系统的可用性和稳定了。

20.5.4 哨兵模式的其他配置项

上述以最简单的配置完成了哨兵模式。哨兵模式的配置项还是比较有用的，比如上述我们需要等待 3 分钟后，Redis 哨兵进程才会做故障切换，有时候我们希望这个时间短一些，下面再对它们进行一些介绍，如表 20-3 所示。

表 20-3 哨兵模式的其他配置项

配 置 项	参数类型	作 用
port	整数	启动哨兵进程端口
dir	文件夹目录	哨兵进程服务临时文件夹，默认为/tmp，要保证有可写入的权限
sentinel down-after-milliseconds	<服务名称><毫秒数（整数）>	指定哨兵在监测 Redis 服务时，当 Redis 服务在一个毫秒数内都无法回答时，单个哨兵认为的主观下线时间，默认为 30000（30 秒）

续表

配　置　项	参数类型	作　　用
sentinel parallel-syncs	<服务名称><服务器数（整数）>	指定可以有多少 Redis 服务同步新的主机，一般而言，这个数字越小同步时间就越长，而越大，则对网络资源要求则越高
sentinel failover-timeout	<服务名称><毫秒数（整数）>	指定在故障切换允许的毫秒数，当超过这个毫秒数的时候，就认为切换故障失败，默认为 3 分钟
sentinel notification-script	<服务名称><脚本路径>	指定 sentinel 检测到该监控的 redis 实例指向的实例异常时，调用的报警脚本。该配置项可选，比较常用

sentinel down-after-milliseconds 配置项只是一个哨兵在超过其指定的毫秒数依旧没有得到回答消息后，会自己认为主机不可用。对于其他哨兵而言，并不会认为主机不可用。哨兵会记录这个消息，当拥有认为主观下线的哨兵到达 sentinel monitor 所配置的数量的时候，就会发起一次新的投票，然后切换主机，此时哨兵会重写 Redis 的哨兵配置文件，以适应新场景的需要。

第 21 章

Spring缓存机制和Redis的结合

本章目标

1. 什么时候要特别注意 Redis 缓存和数据库一致性的问题
2. 掌握如何将 Redis 整合到 Spring 框架之中
3. 懂得使用 Spring 的机制处理 Redis 的各类场景

前面结合 Java 语言讨论了许多关于 Redis 的常用知识，并且以如何在 Spring 中使用它们作为主线，本章将会把 Spring 和 Redis 整合到一起，这是 Java 互联网项目和实际开发中常常用到的。

本章目标是做一个简单的例子来掌握将 Spring 和 Redis 结合的方法，前面的章节主要是通过 XML 配置的方式来讨论 Redis，本章以全注解的方式为主介绍 Spring 和 Redis 的整合，不过在编写之前要先了解一些关于 Spring 框架和 Redis 的其他的一些知识，还有 Spring 对缓存的一些支持。

21.1 Redis 和数据库的结合

使用 Redis 可以优化性能，但是存在 Redis 的数据和数据库同步的问题，这是我们需要关注的问题。假设两个业务逻辑都是在操作数据库的同一条记录，而 Redis 和数据库不一致，如图 21-1 的场景。

在图 21-1 中，T1 时刻以键 key1 保存数据到 Redis，T2 时刻刷新进入数据库，但是 T3 时刻发生了其他业务需要改变数据库同一条记录的数据，但是采用了 key2 保存到 Redis 中，然后又写入了更新数据到数据库中，此时在 Redis 中 key1 的数据是脏数据，和数据库的数据并不一致。

而图 21-1 只是数据不一致的一个可能的原因，实际情况可能存在多种，比如数据库的事务是完善的，而对于 Redis 的事务，通过学习应该清楚它并不是那么严格的，如果发生异常回滚的事件，那么 Redis 的数据可能就和数据库不太一致了，所以要保存数据的一致性是相当困难的。

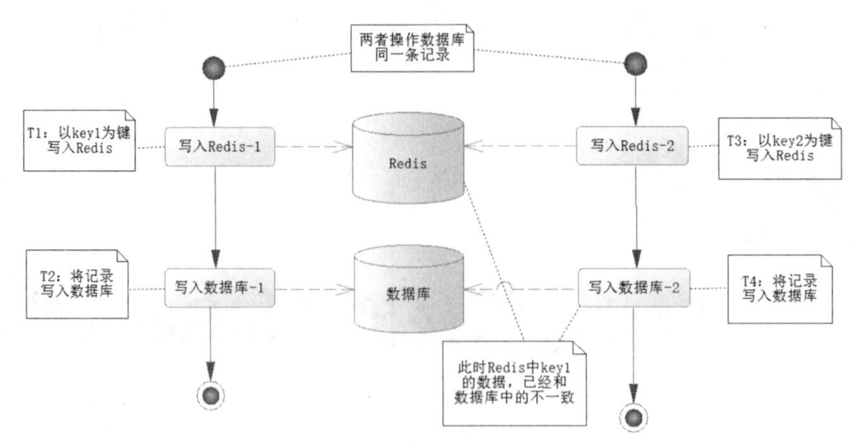

图 21-1　Redis 和数据库不一致

但是不用沮丧，因为互联网系统显示给用户的信息往往并不需要完全是“最新的”，有些数据允许延迟。举个例子，一个购物网站会有一个用户购买排名榜，如果做成实时的，每一笔投资都会引发重新计算，那么网站的性能就存在极大的压力，但是这个排名榜却没有太大的意义。同样，商品的总数有时候只需要去实现一个非实时的数据。这些在互联网系统中也是十分常见的，一般而言，可以在某段时间进行刷新（比如以一个小时为刷新间隔），排出这段时间的最新排名，这就是延迟性的更新。但是对于一些内容则需要最新的，尤其是当前用户的交易记录、购买时商品的数量，这些需要实时处理，以避免数据的不一致，因为这些都是对于企业和用户重要的记录。我们会考虑读/写以数据库的最新记录为主，并且同步写入 Redis，这样数据就能保持一致性了，而对于一些常用的只需要显示的，则以查询 Redis 为主。这样网站的性能就很高了，毕竟写入的次数远比查询的次数要少得多得多。下面先对数据库的读/写操作进行基本阐述。

21.1.1　Redis 和数据库读操作

数据缓存往往会在 Redis 上设置超时时间，当设置 Redis 的数据超时后，Redis 就没法读出数据了，这个时候就会触发程序读取数据库，然后将读取的数据库数据写入 Redis（此时会给 Redis 重设超时时间），这样程序在读取的过程中就能按一定的时间间隔刷新数据了，读取数据的流程如图 21-2 所示。

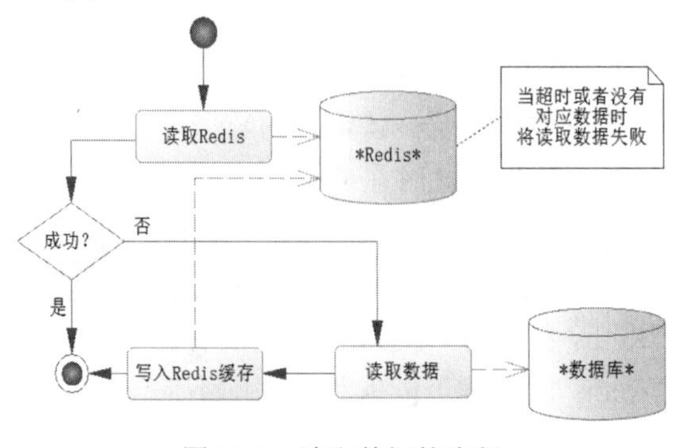

图 21-2　读取数据的流程

下面写出这个流程的伪代码：

```
public DataObject readMethod(args) {
    //尝试从 Redis 中读取数据
    DataObject data = getRedis(key);
    If (data != null) { //读取数据返回为空，失败
        //从数据库中读取数据
        data = getFromDataBase();
        //重新写入 Redis，以便以后读出
        writeRedis(key, data);
        //设置 Redis 的超时时间为 5 分钟
        setRedisExpire(key, 5);
    }
    return data;
}
```

上面的伪代码完成了图 21-2 所描述的过程。这样每当读取 Redis 数据超过 5 分钟，Redis 就不能读到超时数据了，只能重新从 Redis 中读取，保证了一定的实时性，也避免了多次访问数据库造成的系统性能低下的情况。

21.1.2　Redis 和数据库写操作

写操作要考虑数据一致的问题，尤其是那些重要的业务数据，所以首先应该考虑从数据库中读取最新的数据，然后对数据进行操作，最后把数据写入 Redis 缓存中，如图 21-3 所示。

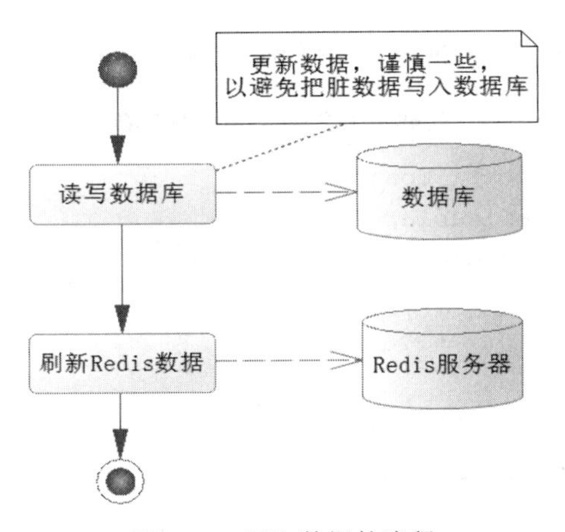

图 21-3　写入数据的流程

写入业务数据，先从数据库中读取最新数据，然后进行业务操作，更新业务数据到数据库后，再将数据刷新到 Redis 缓存中，这样就完成了一次写操作。这样的操作就能避免将脏数据写入数据库中，这类问题在操作时要注意。

下面写出这个流程的伪代码：

```
public DataObject writeMethod(args) {
    //从数据库里读取最新数据
    DataObject dataObject = getFromDataBase(args);
    //执行业务逻辑
    ExecLogic(dataObject);
    //更新数据库数据
    updateDataBase(dataObject );
    //刷新 Redis 缓存
    updateRedisData(dataObject );
}
```

上面的伪代码完成了图 21-3 所描述的过程。首先，从数据库中读取最新的数据，以规避缓存中的脏数据问题，执行了逻辑，修改了部分业务数据。然后，把这些数据保存到数据库里，最后，刷新这些数据到 Redis 中。

21.2 使用 Spring 缓存机制整合 Redis

前面的章节大部分使用的是 XML 的方式整合 Redis，现在用注解驱动的方式来使用 Redis。和数据库事务一样，Spring 提供了缓存的管理器和相关的注解来支持类似于 Redis 这样的键值对缓存。

21.2.1 准备测试环境

首先，定义一个简单的角色 POJO，如代码清单 21-1 所示。

代码清单 21-1：角色 POJO

```
package com.ssm.chapter21.pojo;
import java.io.Serializable;
public class Role implements Serializable {
    private Long id;
    private String roleName;
private String note;
/****setter and getter****/
}
```

注意，该类实现了 Serializable 接口，这说明这个类支持序列化，这样就可以通过 Spring 的序列化器，将其保存为对应的编码，缓存到 Redis 中，也可以通过 Redis 读回那些编码，反序列化为对应的 Java 对象。

接下来是关于 MyBatis 的开发环境，这样我们就可以操作数据库了。创建 RoleMapper.xml，如代码清单 21-2 所示。

代码清单 21-2：创建 RoleMapper.xml

```
<?xml version="1.0" encoding="UTF-8" ?>
<!DOCTYPE mapper
  PUBLIC "-//mybatis.org//DTD Mapper 3.0//EN"
  "http://mybatis.org/dtd/mybatis-3-mapper.dtd">
<mapper namespace="com.ssm.chapter21.dao.RoleDao">

<select id="getRole" resultType="com.ssm.chapter21.pojo.Role">
       select id, role_name as
       roleName, note from t_role where id = #{id}
</select>

<delete id="deleteRole">
       delete from t_role where id=#{id}
</delete>

<insert id="insertRole" parameterType="com.ssm.chapter21.pojo.Role"
          useGeneratedKeys="true" keyProperty="id">
       insert into t_role (role_name, note) values(#{roleName}, #{note})
</insert>

<update id="updateRole" parameterType="com.ssm.chapter21.pojo.Role">
       update t_role set role_name = #{roleName}, note = #{note}
       where id = #{id}
</update>
<select id="findRoles" resultType="com.ssm.chapter21.pojo.Role">
   select id, role_name as roleName, note from t_role
<where>
<if test="roleName != null">
          role_name like concat('%', #{roleName}, '%')
</if>
<if test="note != null">
          note like concat('%', #{note}, '%')
</if>
</where>
</select>
</mapper>
```

然后，需要一个 MyBatis 角色接口，以便使用这样的一个映射文件，如代码清单 21-3 所示。

代码清单 21-3：MyBatis 角色接口

```
package com.ssm.chapter21.dao;
/****imports****/
@Repository
public interface RoleDao {
```

```
    public Role getRole(Long id);

    public int deleteRole(Long id);

    public int insertRole(Role role);

public int updateRole(Role role);

public List<Role> findRoles(@Param("roleName") String roleName,
    @Param("note") String note);
}
```

注解@Repository 表示它是一个持久层的接口。通过扫描和注解联合定义 DAO 层，就完成了映射器方面的内容。定义角色服务接口（RoleService），如代码清单 21-4 所示，不过服务接口实现类会在后面谈起，因为它需要加入 Spring 缓存注解，以驱动不同的行为。

代码清单 21-4：角色服务接口

```
package com.ssm.chapter21.service;
import com.ssm.chapter21.pojo.Role;

public interface RoleService {
    public Role getRole(Long id);

    public int deleteRole(Long id);

    public Role insertRole(Role role);

public int updateRole(Role role);

public List<Role> findRoles(String roleName, String note);
}
```

通过 Java 配置定义数据库和相关的扫描内容，如代码清单 21-5 所示。

代码清单 21-5：通过 Java 配置定义数据库和相关的扫描内容

```
package com.ssm.chapter21.config;
/****imports****/
@Configuration
//定义 Spring 扫描的包
@ComponentScan("com.*")
//使用事务驱动管理器
@EnableTransactionManagement
//实现接口 TransactionManagementConfigurer，这样可以配置注解驱动事务
public class RootConfig implements TransactionManagementConfigurer {
```

```
    private DataSource dataSource = null;

    /**
     * 配置数据库
     * @return 数据连接池
     */
    @Bean(name = "dataSource")
    public DataSource initDataSource() {
        if (dataSource != null) {
            return dataSource;
        }
        Properties props = new Properties();
        props.setProperty("driverClassName", "com.mysql.jdbc.Driver");
        props.setProperty("url", "jdbc:mysql://localhost:3306/chapter21");
        props.setProperty("username", "root");
        props.setProperty("password", "123456");
        try {
            dataSource = BasicDataSourceFactory.createDataSource(props);
        } catch (Exception e) {
            e.printStackTrace();
        }
        return dataSource;
    }

    /**
     * *
     * 配置 SqlSessionFactoryBean
     * @return SqlSessionFactoryBean
     */
    @Bean(name = "sqlSessionFactory")
    public SqlSessionFactoryBean initSqlSessionFactory() {
        SqlSessionFactoryBean        sqlSessionFactory        =        new
SqlSessionFactoryBean();
        sqlSessionFactory.setDataSource(initDataSource());
        //配置 MyBatis 配置文件
        Resource   resource   =   new   ClassPathResource("mybatis/mybatis-
config.xml");
        sqlSessionFactory.setConfigLocation(resource);
        return sqlSessionFactory;
    }

    /**
     * *
     * 通过自动扫描，发现 MyBatis Mapper 接口
     *
     * @return Mapper 扫描器
```

```
     */
    @Bean
    public MapperScannerConfigurer initMapperScannerConfigurer() {
        MapperScannerConfigurer msc = new MapperScannerConfigurer();
        //扫描包
        msc.setBasePackage("com.*");
        msc.setSqlSessionFactoryBeanName("sqlSessionFactory");
        //区分注解扫描
msc.setAnnotationClass(Repository.class);
        return msc;
    }

    /**
     * 实现接口方法，注册注解事务，当@Transactional 使用的时候产生数据库事务
     */
    @Override
    @Bean(name = "annotationDrivenTransactionManager")
    public PlatformTransactionManager annotationDrivenTransactionManager()
{
        DataSourceTransactionManager    transactionManager    =    new
DataSourceTransactionManager();
        transactionManager.setDataSource(initDataSource());
        return transactionManager;
    }

}
```

在 SqlSessionFactoryBean 的定义中引入了关于 MyBatis 的一个配置文件——mybatis-config.xml，它放在源码的 mybatis 目录之下，它的作用是引入 RoleMapper.xml，这里笔者放在目录 com\ssm\chapter21\mapper 下，其内容如代码清单 21-6 所示。

代码清单 21-6：mybatis-config.xml

```
<?xml version="1.0" encoding="UTF-8" ?>
<!DOCTYPE configuration
  PUBLIC "-//mybatis.org//DTD Config 3.0//EN"
  "http://mybatis.org/dtd/mybatis-3-config.dtd">
<configuration>
<mappers>
<mapper resource="com/ssm/chapter21/mapper/RoleMapper.xml"/>
</mappers>
</configuration>
```

这样测试只要一个 RoleService 实现类就可以了，这个类的实现就是我们后面所需要讨论的主要的内容，不过在此之前要先了解 Spring 的缓存管理器。

21.2.2 Spring 的缓存管理器

在 Spring 项目中它提供了接口 CacheManager 来定义缓存管理器，这样各个不同的缓存就可以实现它来提供管理器的功能了，而在 spring-data-redis.jar 包中实现 CacheManager 接口的则是 RedisCacheManager，因此要定义 RedisCacheManager 的 Bean，不过在此之前要先定义 RedisTemplate。下面使用注解驱动 RedisCacheManager 定义，代码清单 21-7 所示。

代码清单 21-7：使用注解驱动 RedisCacheManager 定义

```
package com.ssm.chapter21.config;

/****imports****/
@Configuration
@EnableCaching
public class RedisConfig {

    @Bean(name = "redisTemplate")
    public RedisTemplate initRedisTemplate() {
        JedisPoolConfig poolConfig = new JedisPoolConfig();
        //最大空闲数
        poolConfig.setMaxIdle(50);
        //最大连接数
        poolConfig.setMaxTotal(100);
        //最大等待毫秒数
        poolConfig.setMaxWaitMillis(20000);
        //创建 Jedis 连接工厂
        JedisConnectionFactory connectionFactory = new
JedisConnectionFactory(poolConfig);
        connectionFactory.setHostName("localhost");
        connectionFactory.setPort(6379);
        //调用后初始化方法，没有它将抛出异常
        connectionFactory.afterPropertiesSet();
        //自定 Redis 序列化器
        RedisSerializer jdkSerializationRedisSerializer
= new JdkSerializationRedisSerializer();
        RedisSerializer stringRedisSerializer = new
StringRedisSerializer();
        //定义 RedisTemplate，并设置连接工程
        RedisTemplate redisTemplate = new RedisTemplate();
        redisTemplate.setConnectionFactory(connectionFactory);
        //设置序列化器
        redisTemplate.setDefaultSerializer(stringRedisSerializer);
        redisTemplate.setKeySerializer(stringRedisSerializer);
        redisTemplate.setValueSerializer
(jdkSerializationRedisSerializer);
        redisTemplate.setHashKeySerializer(stringRedisSerializer);
```

```
redisTemplate.setHashValueSerializer(jdkSerializationRedisSerializer);
        return redisTemplate;
    }

@Bean(name = "redisCacheManager")
    public CacheManager initRedisCacheManager(@Autowired RedisTemplate
redisTempate) {
        RedisCacheManager cacheManager = new RedisCacheManager
(redisTempate);
        //设置超时时间为 10 分钟，单位为秒
        cacheManager.setDefaultExpiration(600);
        //设置缓存名称
        List<String> cacheNames = new ArrayList<String>();
        cacheNames.add("redisCacheManager");
        cacheManager.setCacheNames(cacheNames);
        return cacheManager;
    }
}
```

@EnableCaching 表示 Spring IoC 容器启动了缓存机制。对于 RedisTemplate 的定义实例和 XML 的方式差不多。注意，在创建 Jedis 连接工厂（JedisConnectionFactory）后，要自己调用其 afterPropertiesSet 方法，因为这里不是单独自定义一个 Spring Bean，而是在 XML 方式中是单独自定义的。这个类实现了 InitializingBean 接口，按照 Spring Bean 的生命周期，我们知道它会被 Spring IoC 容器自己调用，而这里的注解方式没有定义 Spring Bean，因此需要自己调用，这也是使用注解方式的不便之处——需要了解其内部的实现。

字符串定义了 key（包括 hash 数据结构），而值则使用了序列化，这样就能够保存 Java 对象了。缓存管理器 RedisCacheManager 定义了默认的超时时间为 10 分钟，这样就可以在一定的时间间隔后重新从数据库中读取数据了，而名称则定义为 redisCacheManager，名称是为了方便后面注解引用的。

如果在 XML 中使用缓存管理器，那也是可行的，首先要定义 RedisTemplate，这些已经在前面的章节中谈论过了，所以关于 RedisTemplate 的 XML 配置就不再重复阐述了，这里只定义 RedisCacheManager，使用 XML 定义缓存管理器如代码清单 21-8 所示。

代码清单 21-8：使用 XML 定义缓存管理器

```
<?xml version='1.0' encoding='UTF-8' ?>
<!-- was: <?xml version="1.0" encoding="UTF-8"?> -->
<beans xmlns="http://www.springframework.org/schema/beans"
      xmlns:xsi="http://www.w3.org/2001/XMLSchema-instance"
      xmlns:p="http://www.springframework.org/schema/p"
      xmlns:aop="http://www.springframework.org/schema/aop"
      xmlns:tx="http://www.springframework.org/schema/tx"
xmlns:cache="http://www.springframework.org/schema/cache"
      xmlns:context="http://www.springframework.org/schema/context"
```

```
      xsi:schemaLocation="http://www.springframework.org/schema/beans
http://www.springframework.org/schema/beans/spring-beans-4.0.xsd
      http://www.springframework.org/schema/aop
http://www.springframework.org/schema/aop/spring-aop-4.0.xsd
http://www.springframework.org/schema/cache
http://www.springframework.org/schema/cache/spring-cache-4.0.xsd
      http://www.springframework.org/schema/context
http://www.springframework.org/schema/context/spring-context-4.0.xsd
      http://www.springframework.org/schema/tx
http://www.springframework.org/schema/tx/spring-tx-4.0.xsd">
<!--
   使用注解驱动，其中属性 cache-manager 默认值为 cacheManager，
   所以如果你的缓存管理器名称也是 cacheManager 则无需重新定义
   -->
<cache:annotation-driven cache-manager="redisCacheManager"/>

<!--定义缓存管理器，如果你使用 id="cacheManager"，则驱动不需要显式配置
cache-manager 属性-->
<bean id="redisCacheManager"
        class="org.springframework.data.redis.cache.RedisCacheManager">
<!--通过构造方法注入 RedisTemplate-->
<constructor-arg index="0" ref="redisTemplate"/>
<!--定义默认超时时间，单位秒-->
<property name="defaultExpiration" value="600"/>
<!--缓存管理器名称-->
<property name="cacheNames">
<list>
<value>redisCacheManager</value>
</list>
</property>
</bean>
......
</beans>
```

这样也可以配置好对应的缓存管理器。

21.2.3　缓存注解简介

配置了缓存管理器之后，Spring 就允许用注解的方式使用缓存了，这里的注解有 4 个。XML 也可以使用它们，但是用得不多，我们就不再介绍了，还是以注解为主。首先简介一下缓存注解，如表 21-1 所示。

注解@Cacheable 和@CachePut 都可以保存缓存键值对，只是它们的方式略有不同，请注意二者的区别，它们只能运用于有返回值的方法中，而删除缓存 key 的@CacheEvict 则可以用在 void 的方法上，因为它并不需要去保存任何值。

表 21-1　缓存注解

注　解	描　述
@Cacheable	表明在进入方法之前，Spring 会先去缓存服务器中查找对应 key 的缓存值，如果找到缓存值，那么 Spring 将不会再调用方法，而是将缓存值读出，返回给调用者；如果没有找到缓存值，那么 Spring 就会执行你的方法，将最后的结果通过 key 保存到缓存服务器中
@CachePut	Spring 会将该方法返回的值缓存到缓存服务器中，这里需要注意的是，Spring 不会事先去缓存服务器中查找，而是直接执行方法，然后缓存。换句话说，该方法始终会被 Spring 所调用
@CacheEvict	移除缓存对应的 key 的值
@Caching	这是一个分组注解，它能够同时应用于其他缓存的注解

上述注解都能标注到类或者方法之上，如果放到类上，则对所有的方法都有效；如果放到方法上，则只是对方法有效。在大部分情况下，会放置到方法上。因为@Cacheable 和@CachePut 可以配置的属性接近，所以把它们归为一类去介绍，而@Caching 因为不常用，就不介绍了。一般而言，对于查询，我们会考虑使用@Cacheable；对于插入和修改，我们会考虑使用@CachePut；对于删除操作，我们会考虑使用@CacheEvict。

21.2.4　注解@Cacheable 和@CachePut

因为@Cacheable 和@CachePut 两个注解的配置项比较接近，所以这里就将这两个注解一并介绍了，它们的属性，如表 21-2 所示。

表 21-2　@Cacheable 和@CachePut 配置属性

属　性	配置类型	描　述
value	String[]	使用缓存的名称
condition	String	Spring 表达式，如果表达式返回值为 false，则不会将缓存应用到方法上，true 则会
key	String	Spring 表达式，可以通过它来计算对应缓存的 key
unless	String	Spring 表达式，如果表达式返回值为 true，则不会将方法的结果放到缓存上

其中，因为 value 和 key 这两个属性使用得最多，所以先来讨论这两个属性。value 是一个数组，可以引用多个缓存管理器，比如代码清单 21-7 所定义的 RedisCacheManager，就可以引用它了，而对于 key 则是缓存中的键，它支持 Spring 表达式，通过 Spring 表达式就可以自定义缓存的 key。编写剩下的 RoleService 接口的实现类——RoleServiceImpl 的方法。

先了解一些 Spring 表达式和缓存注解之间的约定，通过这些约定去引用方法的参数和返回值的内容，使得其注入 key 所定义的 Spring 表达式的结果中，表达式值的引用如表 21-3 所示。

表 21-3　表达式值的引用

表 达 式	描　述	备　注
#root.args	定义传递给缓存方法的参数	不常用，不予讨论
#root.caches	该方法执行是对应的缓存名称，它是一个数组	同上
#root.target	执行缓存的目标对象	同上

续表

表 达 式	描　　述	备　　注
#root.targetClass	目标对象的类，它是#root.target.class 的缩写	同上
#root.method	缓存方法	同上
#root.methodName	缓存方法的名称，它是#root.method.name 的缩写	同上
#result	方法返回结果值，还可以使用 Spring 表达式进一步读取其属性	请注意该表达式不能用于注解@Cacheable，因为该注解的方法可能不会被执行，这样返回值就无从谈起了
#Argument	任意方法的参数，可以通过方法本身的名称或者下标去定义	比如 getRole(Long id)方法，想读取 id 这个参数，可以写为#id，或者#a0、#p0，笔者建议写为#id，这样可读性高

这样就方便使用对应的参数或者返回值作为缓存的 key 了。

RoleService 接口的实现类——RoleServiceImpl，它有 3 个方法，使用这个缓存可以启动缓存管理器来保存数据，如代码清单 21-9 所示。

代码清单 21-9：RoleServiceImpl 和它的 3 个方法

```
package com.ssm.chapter21.service.impl;
/****imports****/
@Service
public class RoleServiceImpl implements RoleService {
    //角色 DAO，方便执行 SQL
    @Autowired
    private RoleDao roleDao = null;

    /**
     * 使用@Cacheable 定义缓存策略
     * 当缓存中有值，则返回缓存数据，否则访问方法得到数据
     * 通过 value 引用缓存管理器，通过 key 定义键
     * @param id 角色编号
     * @return 角色
     */
    @Override
    @Transactional(isolation = Isolation.READ_COMMITTED,
            propagation = Propagation.REQUIRED)
    @Cacheable(value = "redisCacheManager", key = "'redis_role_'+#id")
    public Role getRole(Long id) {
        return roleDao.getRole(id);
    }

    /**
     * 使用@CachePut 则表示无论如何都会执行方法，最后将方法的返回值再保存到缓存中
     * 使用在插入数据的地方，则表示保存到数据库后，会同期插入 Redis 缓存中
     * @param role 角色对象
     * @return 角色对象（会回填主键）
```

```
     */
    @Override
    @Transactional(isolation = Isolation.READ_COMMITTED
            propagation = Propagation.REQUIRED)
    @CachePut(value        =        "redisCacheManager",        key        =
"'redis_role_'+#result.id")
    public Role insertRole(Role role) {
        roleDao.insertRole(role);
        return role;
    }

    /**
     * 使用@CachePut，表示更新数据库数据的同时，也会同步更新缓存
     * @param role 角色对象
     * @return  影响条数
     */
    @Override
    @Transactional(isolation = Isolation.READ_COMMITTED,
            propagation = Propagation.REQUIRED)
    @CachePut(value = "redisCacheManager", key = "'redis_role_'+#role.id")
    public Role updateRole(Role role) {
        roleDao.updateRole(role);
        return role;
    }

    ......

}
```

因为 getRole 方法是一个查询方法，所以使用@Cacheable 注解，这样在 Spring 的调用中，它就会先查询 Redis，看看是否存在对应的值，那么采用什么 key 去查询呢？注解中的 key 属性，它配置的是'redis_role_'+#id，这样 Spring EL 就会计算返回一个 key，比如参数 id 为 1L，其 key 计算结果就为 redis_role_1。以一个 key 去访问 Redis，如果有返回值，则不再执行方法，如果没有则访问方法，返回角色信息，然后通过 key 去保存数据到 Redis 中。

先执行 insertRole 方法才能把对应的信息保存到 Redis 中，所以采用的是注解@CachePut。由于主键是由数据库生成，所以无法从参数中读取，但是可以从结果中读取，那么#result.id 的写法就会返回方法返回的角色 id。而这个角色 id 是通过数据库生成，然后由 MyBatis 进行回填得到的，这样就可以在 Redis 中新增一个 key，然后保存对应的对象了。

对于 updateRole 方法而言，采用的是注解@CachePut，由于对象有所更新，所以要在方法之后更新 Redis 的数据，以保证数据的一致性。这里直接读取参数的 id，所以表达式写为#role.id，这样就可以引入角色参数的 id 了。在方法结束后，它就会去更新 Redis 对应的 key 的值了。

为此可以提供一个 log4j.properties 文件来监控整个过程：

```
log4j.rootLogger=DEBUG , stdout
log4j.logger.org.springframework=DEBUG
log4j.appender.stdout=org.apache.log4j.ConsoleAppender
log4j.appender.stdout.layout=org.apache.log4j.PatternLayout
log4j.appender.stdout.layout.ConversionPattern=%5p %d %C: %m%n
```

然后通过代码清单 21-10 来测试缓存注解。

代码清单 21-10：测试缓存注解

```
//使用注解 Spring IoC 容器
ApplicationContext ctx =
  new          AnnotationConfigApplicationContext(RootConfig.class,
RedisConfig.class);
//获取角色服务类
RoleService roleService = ctx.getBean(RoleService.class);
Role role = new Role();
role.setRoleName("role_name_1");
role.setNote("role_note_1");
//插入角色
roleService.insertRole(role);
//获取角色
Role getRole = roleService.getRole(role.getId());
getRole.setNote("role_note_1_update");
//更新角色
roleService.updateRole(getRole);
```

这里将关于数据库和 Redis 的相关配置通过注解 Spring IoC 容器加载进来，这样就可以用 Spring 操作这些资源了，然后执行插入、获取、更新角色的方法，运行这段代码后可以得到如下日志：

```
......
 DEBUG    2017-05-31    14:59:05,532    org.apache.ibatis.logging.jdbc.
BaseJdbcLogger: ==>  Preparing: insert into t_role (role_name, note)
values(?, ?)
 DEBUG    2017-05-31    14:59:05,553    org.apache.ibatis.logging.jdbc.
BaseJdbcLogger: ==> Parameters: role_name_1(String), role_note_1(String)
 DEBUG    2017-05-31    14:59:05,554    org.apache.ibatis.logging.jdbc.
BaseJdbcLogger: <==   Updates: 1
 DEBUG   2017-05-31   14:59:05,557   org.mybatis.spring.SqlSessionUtils:
Releasing    transactional    SqlSession    [org.apache.ibatis.session.
defaults.DefaultSqlSession@9f674ac]
 DEBUG    2017-05-31    14:59:05,582    org.springframework.data.redis.
core.RedisConnectionUtils: Opening RedisConnection
 DEBUG    2017-05-31    14:59:05,659    org.springframework.data.redis.
core.RedisConnectionUtils: Closing Redis Connection
 ......
 DEBUG    2017-05-31    14:59:05,679    org.springframework.data.redis.
core.RedisConnectionUtils: Opening RedisConnection
```

```
DEBUG 2017-05-31 14:59:05,679 org.springframework.data.redis.
core.RedisConnectionUtils: Closing Redis Connection
DEBUG 2017-05-31 14:59:05,680 org.springframework.data.redis.
core.RedisConnectionUtils: Opening RedisConnection
DEBUG 2017-05-31 14:59:05,680 org.springframework.data.redis.
core.RedisConnectionUtils: Closing Redis Connection
DEBUG 2017-05-31 14:59:05,719 org.springframework.transaction.
support.AbstractPlatformTransactionManager: Initiating transaction commit
DEBUG 2017-05-31 14:59:05,720
DEBUG 2017-05-31 14:59:05,726 org.mybatis.spring.transaction.
SpringManagedTransaction: JDBC Connection [jdbc:mysql://localhost:3306/
chapter19, UserName=root@localhost, MySQL-AB JDBC Driver] will be managed
by Spring
DEBUG 2017-05-31 14:59:05,726 org.apache.ibatis.logging.jdbc.
BaseJdbcLogger: ==> Preparing: update t_role set role_name = ?, note = ?
where id = ?
DEBUG 2017-05-31 14:59:05,726 org.apache.ibatis.logging.jdbc.
BaseJdbcLogger: ==> Parameters: role_name_1(String), role_note_1_update
(String), 1(Long)
DEBUG 2017-05-31 14:59:05,727 org.apache.ibatis.logging.jdbc.
BaseJdbcLogger: <== Updates: 1
DEBUG 2017-05-31 14:59:05,727 org.mybatis.spring.SqlSessionUtils:
Releasing transactional SqlSession [org.apache.ibatis.session.defaults.
DefaultSqlSession@180b3819]
DEBUG 2017-05-31 14:59:05,728 org.springframework.data.redis.core.
RedisConnectionUtils: Opening RedisConnection
DEBUG 2017-05-31 14:59:05,728 org.springframework.data.redis.core.
RedisConnectionUtils: Closing Redis Connection
......
```

从日志可以看到，先插入了一个角色对象，所以有 insert 语句的执行，跟着可以看到 Redis 连接的打开和关闭，Spring 将值保存到 Redis 中。对于 getRole 方法，则没有看到 SQL 的执行，因为使用@Cacheable 注解后，它先在 Redis 上查找，找到数据就返回了，所以这里中断了我们本可以看到的 Redis 连接的闭合。对于 updateRole 方法而言，则是先去执行 SQL，更新数据后，再执行 Redis 的命令，这样更新到数据库的数据就和 Redis 的数据同步了。注意，因为在缓存管理器中设置了超时时间为 10 分钟，所以 10 分钟后再用相同的 id 去调用 getRole 方法，它就会通过调用方法将数据从数据库中取回了。

21.2.5 注解@CacheEvict

注解@CacheEvict 主要是为了移除缓存对应的键值对，主要对于那些删除的操作，先来了解它存在哪些属性，如表 21-4 所示。

value 和 key 与之前的@Cacheable 和@CachePut 是一致的，所以这里就不再讨论了。而属性 allEntries 要求删除缓存服务器中所有的缓存，这个时候指定的 key 将不会生效，所以这个属性要慎用。beforeInvocation 属性指定缓存在方法前或者方法后移除。

beforeInvocation 的名字暴露了 Spring 的实现方式——反射方法，它是通过 AOP 去实现的，数据库事务的方式也是如此。和@Transactional 一样，beforeInvocation 提供注解和配置项，进一步简化了开发。使用@CacheEvict 移除缓存，如代码清单 21-11 所示。

表 21-4　@CacheEvict 属性

属　性	类　型	描　述
value	String[]	要使用缓存的名称
key	String	指定 Spring 表达式返回缓存的 key
condition	String	指定 Spring 表达式，如果返回为 true，则执行移除缓存，否则不执行
allEntries	boolean	如果为 true，则删除特定缓存所有键值对，默认值为 false，请注意它将清除所有缓存服务器的缓存，这个属性慎用
beforeInvocation	boolean	指定在方法前后移除缓存，如果指定为 true，则在方法前删除缓存；如果为 false，则在方法调用后删除缓存，默认值为 false

代码清单 21-11：使用@CacheEvict 移除缓存

```
/**
 * 使用@CacheEvict 删除缓存对应的 key
 * @param id 角色编号
 * @return  返回删除记录数
 */
@Override
@Transactional(isolation = Isolation.READ_COMMITTED,
       propagation = Propagation.REQUIRED)
@CacheEvict(value = "redisCacheManager", key = "'redis_role_'+#id")
public int deleteRole(Long id) {
   return roleDao.deleteRole(id);
}
```

在方法执行完成后会移除对应的缓存，也就是还可以从方法内读取到缓存服务器中的数据。如果属性 beforeInvocation 声明为 true，则在方法前删除缓存数据，这样就不能在方法中读取缓存数据了，只是这个值的默认值为 false，所以默认的情况下只会在方法后执行删除缓存。

21.2.6　不适用缓存的方法

21.2.5 节使用注解操作 Redis 缓存，但是对类 RoleServiceImpl 而言，还有一个方法没有实现，它就是 findRoles，先给出它的实现，如代码清单 21-12 所示。

代码清单 21-12：findRoles 方法

```
@Override
@Transactional(isolation = Isolation.READ_COMMITTED,
propagation = Propagation.REQUIRED)
public List<Role> findRoles(String roleName, String note) {
   return roleDao.findRoles(roleName, note);
}
```

笔者并没有使用任何缓存注解标注在这个方法上。注意，使用缓存的前提——高命中率，由于这里根据角色名称和备注查找角色信息，该方法的返回值会根据查询条件而多样化，导致其不确定和命中率低下，对于这样的场景，使用缓存并不能有效提高性能，所以这样的场景，就不再使用缓存了。

21.2.7 自调用失效问题

看到自调用失效问题，你是否想起了我们在数据库事务中谈到的自调用失败的问题呢？下面在 RoleService 上加入一个新的方法 insertRoles，然后在其实现类 RoleServiceImpl 实现它，如代码清单 21-13 所示。

代码清单 21-13：自调用失效问题

```
@Override
@Transactional(isolation = Isolation.READ_COMMITTED,
      propagation = Propagation.REQUIRED)
public int insertRoles(List<Role> roleList) {
   for (Role role : roleList) {
//同一类方法调用自己的方法，产生自调用失效问题
      this.insertRole(role);
   }
   return roleList.size();
}
```

在 insertRoles 方法中调用了同一个类中带有注解@CachePut 的 insertRole 方法，然而悲剧发生了，当方法执行后，你会发现 Spring 并没有把对应新增的角色保存到 Redis 缓存上，也就是缓存注解失效了，为什么？

我们在数据库事务的章节中讨论过类似的问题，那是因为缓存注解也是基于 Spring AOP 实现的，对于 Spring AOP 的基础是动态代理技术，也就是只有代理对象的相互调用，AOP 才有拦截的功能，才能执行缓存注解提供的功能。而这里的自调用是没有代理对象存在的，所以其注解功能也就失效了，这是一个很容易掉进去的陷阱，和数据库事务一样，在实际的工作中要注意避免这样的场景发生。

21.3 RedisTemplate 的实例

在很多时候，我们也许需要使用一些更为高级的缓存服务器的 API，如 Redis 的流水线、事务和 Lua 语言等，所以也许会使用到 RedisTemplate 本身。这里再多给几个实例帮助大家加深对 RedisTemplate 使用的理解。首先，定义 RedisTemplateService 的接口，如代码清单 21-14 所示。

代码清单 21-14：定义 RedisTemplateService 接口

```
package com.ssm.chapter21.service;

public interface RedisTemplateService {
```

```
    /**
     * 执行多个命令
     */
    public void execMultiCommand();

    /**
     * 执行 Redis 事务
     */
    public void execTransaction();

    /**
     * 执行 Redis 流水线
     */
    public void execPipeline();
}
```

这样就可以提供一个实现类来展示如何使用这些方法了，如代码清单 21-15 所示。

代码清单 21-15：使用 RedisTemplate 实现 Redis 的各种操作

```
package com.ssm.chapter21.service.impl;

/**** imports ****/

@Service
public class RedisTemplateServiceImpl implements RedisTemplateService {

    @Autowired
    private RedisTemplate redisTemplate = null;

    /**
     * 使用 SessionCallback 接口实现多个命令在一个 Redis 连接中执行
     */
    @Override
public void execMultiCommand() {
    //使用 Java 8 lambda 表达式
        Object obj = redisTemplate.execute((RedisOperations ops) -> {
            ops.boundValueOps("key1").set("abc");
            ops.boundHashOps("hash").put("hash-key-1", "hash-value-1");
            return ops.boundValueOps("key1").get();
        });
        System.err.println(obj);
    }

    /**
     * 使用 SessionCallback 接口实现事务在一个 Redis 连接中执行
     */
    @Override
    public void execTransaction() {
        List list = (List) redisTemplate.execute((RedisOperations ops) -> {
            //监控
```

```
            ops.watch("key1");
            //开启事务
            ops.multi();
            //注意，命令都不会被马上执行，只会放到 Redis 的队列中，只会返回为 null
            ops.boundValueOps("key1").set("abc");
            ops.boundHashOps("hash").put("hash-key-1", "hash-value-1");
            ops.opsForValue().get("key1");
            //执行 exec 方法后会触发事务执行，返回结果，存放到 list 中
            List result = ops.exec();
            return result;
        });
        System.err.println(list);
    }

    /**
     * 执行流水线，将多个命令一次性发送给 Redis 服务器
     */
    @Override
public void execPipeline() {
    //使用匿名类实现
        List list = redisTemplate.executePipelined( new SessionCallback() {
            @Override
            public    Object    execute(RedisOperations    ops)    throws
DataAccessException {
                //在流水线下，命令不会马上返回结果，结果是一次性执行后返回的
                ops.opsForValue().set("key1", "value1");
                ops.opsForHash().put("hash", "key-hash-1", "value-hash-1");
                ops.opsForValue().get("key1");
                return null;
            };
        });
        System.err.println(list);
    }

}
```

执行多个命令都会用到 SessionCallback 接口，这里可以使用 Java 8 的 Lambda 表达式或者 SessionCallback 接口的匿名类，而事实上也可以使用 RedisCallback 接口，但是它会涉及底层的 API，使用起来比较困难。

因此在大多数情况下，笔者建议优先使用 SessionCallback 接口进行操作，它会提供高级 API，简化编程。因为对于 RedisTemplate 每执行一个方法，就意味着从 Redis 连接池中获取一条连接，使用 SessionCallBack 接口后，就意味着所有的操作都来自同一条 Redis 连接，而避免了命令在不同连接上执行。因为事务或者流水线执行命令都是先缓存到一个队列里，所以执行方法后并不会马上返回结果，结果是通过最后的一次性执行才会返回的，这点在使用的时候要注意。

在需要保证数据一致性的情况下，要使用事务。在需要执行多个命令时，可以使用流水线，它让命令缓存到一个队列，然后一次性发给 Redis 服务器执行，从而提高性能。

第 6 部分

SSM 框架+Redis 实践应用

第 22 章 高并发业务

本章目标

1．掌握高并发的场景和常用系统设计的理念
2．掌握锁和数据一致性（超发问题）的概念
3．掌握如何使用悲观锁实现数据一致性
4．掌握如何使用乐观锁实现高并发业务及其重入机制
5．掌握如何使用 Redis 锁完成高并发应用
6．掌握各类实现方式的优缺点

互联网无时无刻不面对着高并发问题，比如早年小米手机出新产品时，大量的买家打开手机、平板电脑等设备准备疯抢。又如春运火车票开始发售时，你是否也在忙着抢购车票呢？当微信群里发红包的时候，你是否也在疯狂地点击呢？

电商的秒杀、抢购，春运抢回家的车票，微信群抢红包，从技术的角度来说，这对于 Web 系统是一个巨大的考验。当一个 Web 系统，在一秒内收到数以万计甚至更多请求时，系统的优化和稳定是至关重要的。互联网的开发包括 Java 后台、NoSQL、数据库、限流、CDN、负载均衡等内容，甚至可以说目前并没有权威性的技术和设计，有的只是长期经验的总结，但是使用这些经验可以有效优化系统，提高系统的并发能力。不过本书不会涉及全部的技术，只涉及和本书命题相关的 Java 后台、NoSQL（以 Redis 为主）和数据库部分技术。首先需要对互联网常用的架构和技术有一定的了解。

22.1 互联系统应用架构基础分析

在互联网系统中包含许多的工具，每个企业都有自己的架构，正如没有完美的程序一样，也不会有完美的架构，本节分析的架构严格来说并不严谨，但是却包含了互联网的思想，互联网架构如图 22-1 所示。

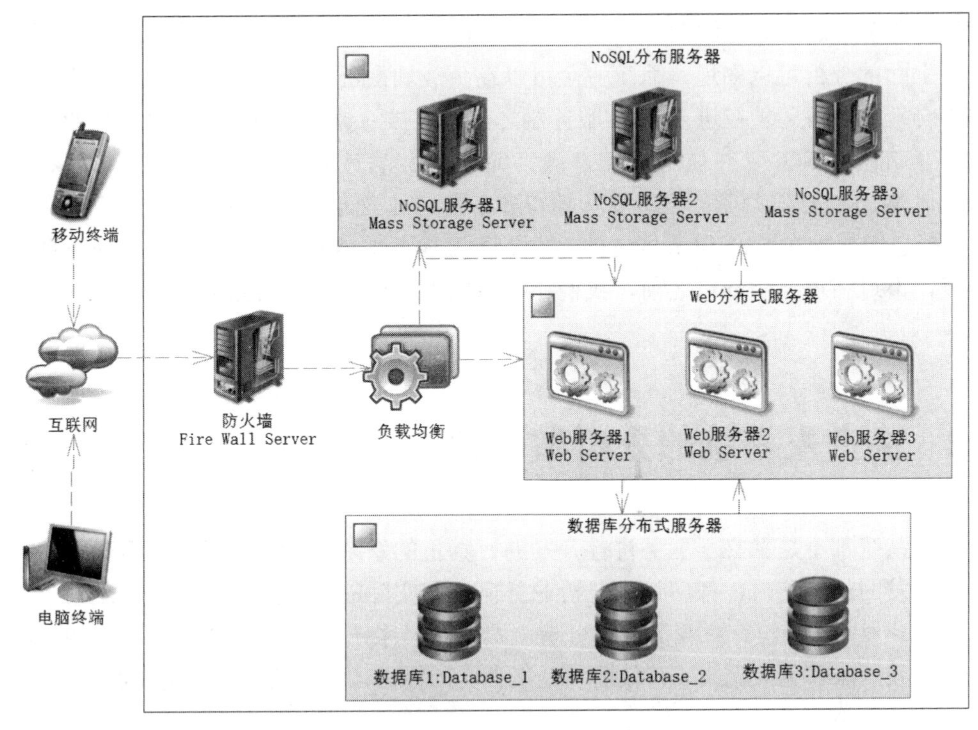

图 22-1　互联网架构

这不是一个严谨的架构，但是它包含了互联网的许多特性。对于防火墙，无非是防止互联网上的病毒和其他攻击，正常的请求通过防火墙后，最先到达的就是负载均衡器，这是关注的核心。

负载均衡器，它有以下几个功能：

- 对业务请求做初步的分析，决定分不分发请求到 Web 服务器，这就好比一个把控的关卡，常见的分发软件比如 Nginx 和 Apache 等反向代理服务器，它们在关卡处可以通过配置禁止一些无效的请求，比如封禁经常作弊的 IP 地址，也可以使用 Lua、C 语言联合 NoSQL 缓存技术进行业务分析，这样就可以初步分析业务，决定是否需要分发到服务器。
- 提供路由算法，它可以提供一些负载均衡的算法，根据各个服务器的负载能力进行合理分发，每一个 Web 服务器得到比较均衡的请求，从而降低单个服务器的压力，提高系统的响应能力。
- 限流，对于一些高并发时刻，如双十一、新产品上线，需要通过限流来处理，因为可能某个时刻通过上述的算法让有效请求过多到达服务器，使得一些 Web 服务器或者数据库服务器产生宕机。当某台机器宕机后，会使得其他服务器承受更大的请求量，这样就容易产生多台服务器连续宕机的可能性，持续下去就会引发服务器雪崩。因此在这种情况下，负载均衡器有限流的算法，对于请求过多的时刻，可以告知用户系统繁忙，稍后再试，从而保证系统持续可用。

如果顺利通过了防火墙和负载均衡器的请求，那么负载均衡器就会通过设置的算法进行计算后，将请求分发到某一台 Web 服务器上，由 Web 服务器通过分布式的 NoSQL 和数据库提供服务，这样就能够高效响应客户端的请求了。

从上面的分析可以知道，系统完全可以在负载均衡器中进行初步鉴别业务请求，使得一些不合理的业务请求在进入 Web 服务器之前就被排除掉，而为了应对复杂的业务，可以把业务存储在 NoSQL（往往是 Redis）上，通过 C 语言或者 Lua 语言进行逻辑判断，它们的性能比 Web 服务器判断的性能要快速得多，通过这些简单的判断就能够快速发现无效请求，并把它们排除在 Web 服务器之外，从而降低 Web 服务器的压力，提高互联网系统的响应速度，不过在进一步分析之前，我们还要鉴别无效请求，下面先来讨论有效请求和无效请求。

22.2 高并发系统的分析和设计

任何系统都不是独立于业务进行开发的，真正的系统是为了实现业务而开发的，所以开发高并发网站抢购时，都应该先分析业务需求和实际的场景，在完善这些需求之后才能进入系统开发阶段。没有对业务进行分析就贸然开发系统是开发者的大忌。对于业务分析，首先是有效请求和无效请求，有效请求是指真实的需求，而无效请求则是虚假的抢购请求。

22.2.1 有效请求和无效请求

无效请求有很多种类，比如通过脚本连续刷新网站首页，使得网站频繁访问数据库和其他资源，造成性能持续下降，还有一些为了得到抢购商品，使用刷票软件连续请求的行为。鉴别有效请求和无效请求是获取有效请求的高并发网站业务分析的第一步，我们现在来分析哪些是无效请求的场景，以及应对方法。

首先，一个账号连续请求，对于一些懂技术或者使用作弊软件的用户，可以使用软件对请求的服务接口连续请求，使得后台压力变大，甚至在一秒内发送成百上千个请求到服务器。这样的请求显然可以认为是无效请求，应对它的方法很多，常见的做法是加入验证码。一般而言，首次无验证码以便用户减少录入，第二次请求开始加入验证码，可以是图片验证码、等式运算等。使用图片验证码可能存在识别图片作弊软件的攻击，所以在一些互联网网站中，图片验证码还会被加工成为东倒西歪的形式，这样增加了图片识别作弊软件的辨别难度，以压制作弊软件的使用。简单的等式运算，也会使图片识别作弊软件更加难以辨认。

其次，使用短信服务，把验证码发送到短信平台以规避部分作弊软件。在企业应用中，这类问题的逻辑判断，不应该放在 Web 服务器中实现，而应放在负载均衡器上完成，即在进入 Web 服务器之前完成，做完这一步就能避免大量的无效请求，对保证高并发服务器可用性很有效果。仅仅做这一步或许还不够，毕竟验证码或许还有其他作弊软件可以快速读取图片或者短信信息，从而发送大量的请求。进一步的限制请求，比如限制用户在单位时间的购买次数以压制其请求量，使得这些请求排除在服务器之外。判断验证码逻辑，如图 22-2 所示。

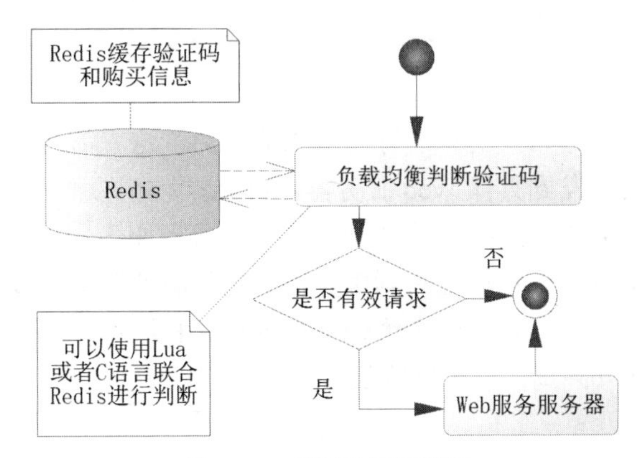

图 22-2　判断验证码逻辑

这里的判断是在负载均衡转发给 Web 服务器前，对验证码和单位时间单个账号请求数量进行判断。这里使用了 C 语言和 Redis 进行判断，那么显然这套方案会比 Java 语言和数据库机制的性能要高得多，通过这套体系，基本能够压制一个用户对系统的作弊，也提高了整个系统验证的性能。

这是对一个账号连续无效请求的压制，有时候有些用户可能申请多个账号来迷惑服务器，使得他可以避开对单个账户的验证，从而获得更多的服务器资源。一个人多个账户的场景还是比较好应付的，可以通过提高账户的等级来压制多个请求，比如对于支付交易的网站，可以通过银行卡验证，实名制获取相关证件号码，从而使用证件号码使得多个账户归结为一人，通过这层关系来屏蔽多个账号的频繁请求，这样就有效地规避了一个人多个账号的频繁请求。

对于有组织的请求，则不是那么容易了，因为对于一些黄牛组织，可能通过多人的账号来发送请求，统一组织伪造有效请求，如图 22-3 所示。

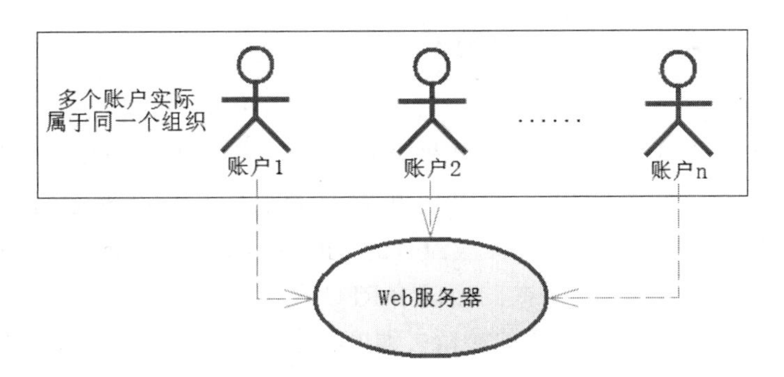

图 22-3　统一组织伪造有效请求

对于这样的请求，我们会考虑使用僵尸账号排除法对可交易的账号进行排除，所谓僵尸账号，是指那些平时没有任何交易的账号，只是在特殊的日子交易，比如春运期间进行大批量抢购的账号。当请求达到服务器，我们通过僵尸账号，排除掉一些无效请求。当然还能使用 IP 封禁，尤其是通过同一 IP 或者网段频繁请求的，但是这样也许会误伤有效请求，所以使用 IP 封禁还是要慎重一些。

22.2.2 系统设计

高并发系统往往需要分布式的系统分摊请求的压力，这就需要使用负载均衡服务了，它进行简易判断后就会分发到具体 Web 服务器。我们要尽量根据 Web 服务器的性能进行均衡分配请求，使得单个 Web 服务器压力不至于过大，导致服务瘫痪，这可以参考 Nginx 的请求分发，这样使得请求能够均衡发布到服务器中去，服务器可以按业务划分。比如当前的购买分为产品维护、交易维护、资金维护、报表统计和用户维护等模块，按照功能模块进行区分，使得它们相互隔离，就可以降低数据的复杂性，图 22-4 就是一种典型的按业务划分，或者称为水平分法。

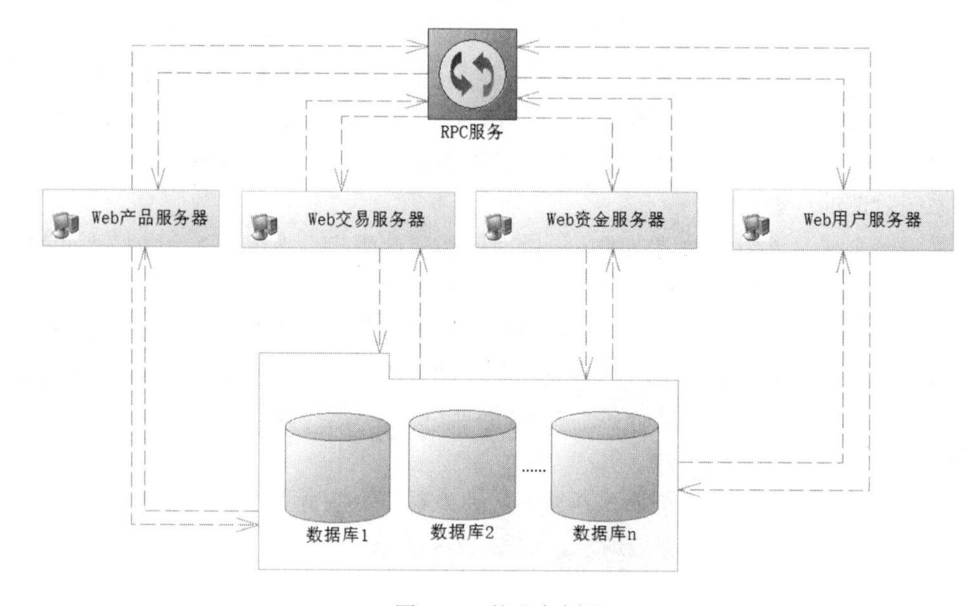

图 22-4　按业务划分

按照业务划分的好处是：首先，一个服务管理一种业务，业务简单了，提高了开发效率；其次，数据库的设计也方便许多，毕竟各管各的东西。但是，这也会带来很多麻烦，比如由于各个系统业务存在着关联，还要通过 RPC（Remote Procedure Call Protoco，远程过程调用协议）处理这些关联信息，比较流行的 RPC 有 Dubbo、Thrift 和 Hessian 等。其原理是，每一个服务都会暴露一些公共的接口给 RPC 服务，这样对于任何一个服务器都能够通过 RPC 服务获取其他服务器对应的接口去调度各个服务器的逻辑来完成功能，但是接口的相互调用也会造成一定的缓慢。

有了水平分法也会有垂直分法，所谓垂直分法就是将一个很大的请求量，不按子系统分，而是将它们按照互不相干的几个同样的系统分摊下去，比如一台服务器的最大负荷为每秒 1 万个请求，而测得系统高峰为每秒 2 万个请求，如果我们把各个请求按照一定的算法合理分配到 4 台服务器上，那么 4 台服务器平均 5 千个请求就属于正常服务了，这样的路由算法被称为垂直分法，如图 22-5 所示。

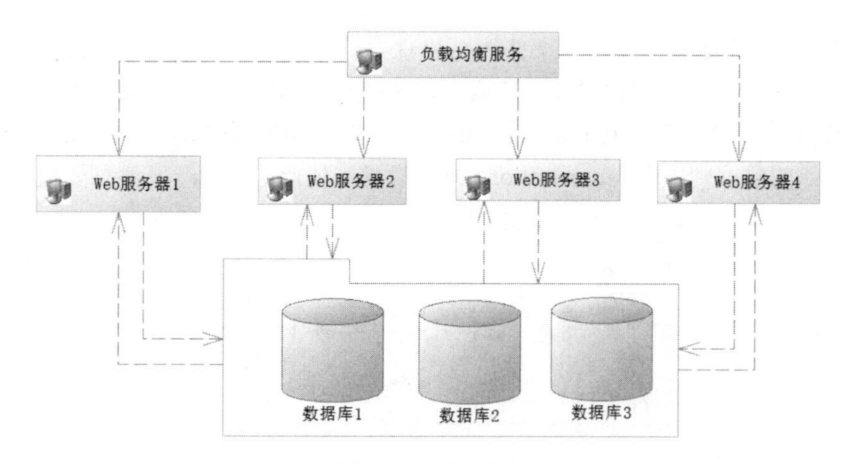

图 22-5　垂直分法

垂直分法不按业务分，对于负载均衡器的算法往往可以通过用户编号把路由分发到对应的服务器上。每一个服务器处理自己独立的业务，互不干扰，但是每一个服务器都包含所有的业务逻辑功能，会造成开发上的业务困难，对于数据库设计而言也是如此。

对于大型网站还会有更细的分法，比如水平和垂直结合的分法，如图 22-6 所示。

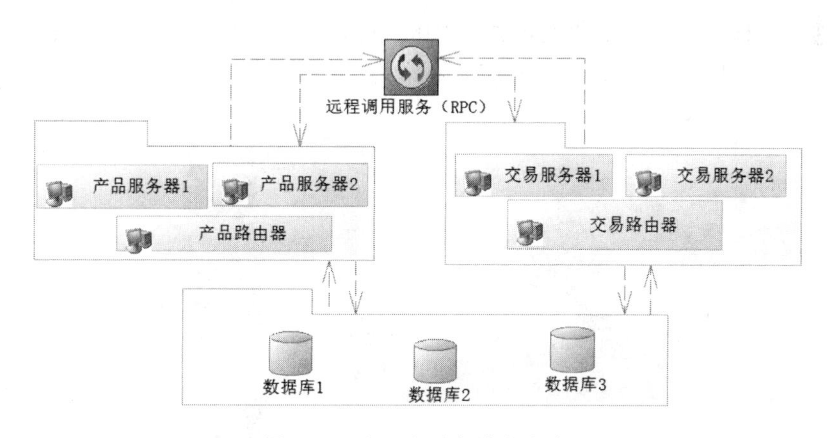

图 22-6　水平和垂直结合分法

首先将系统按照业务区分为多个子系统，然后在每一个子系统下再分多个服务器，通过每一个子系统的路由器找到对应的子系统服务器提供服务。

分法是多样性的，每一个企业都会根据自己的需要而进行不同的设计，但是无论系统如何分，秉承的原则是不变的。首先，服务器的负载均衡，要使得每一个服务器都能比较平均地得到请求数量，从而提高系统的吞吐和性能。其次，业务简化，按照模块划分可以使得系统划分为各个子系统，这样开发者的业务单一化，就更容易理解和开发了。

22.2.3　数据库设计

对于数据库的设计而言，为了得到高性能，可以使用分表或分库技术，从而提高系统的响应能力。

分表是指在一个数据库内本来一张表可以保存的数据，设计成多张表去保存，比如交易表 t_transaction。由于存储数据多会造成查询和统计的缓慢，这个时候可以使用多个表存储，比如2016年的数据用表t_transaction_2016存储，2017年的数据使用表t_transaction_2017存储，2018 年的数据则用表 t_transaction_2018 存储，依此类推，开发者只要根据查询的年份确定需要查找哪张表就可以了，如图 22-7 所示。

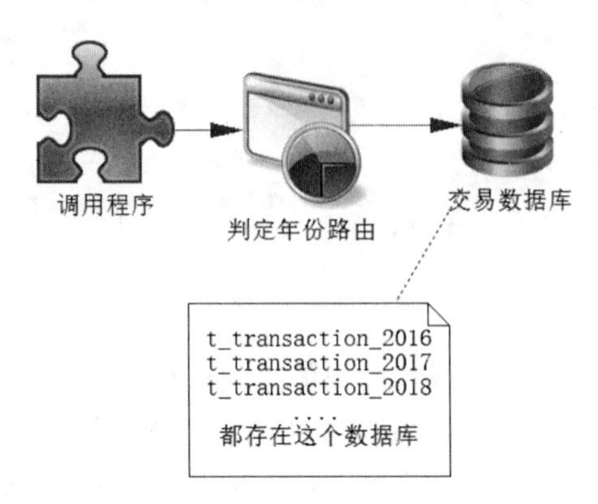

图 22-7　通过年份路由分表

分库则不一样，它把表数据分配在不同的数据库中，比如上述的交易表 t_transaction 可以存放在多个数据库中，如图 22-8 所示。

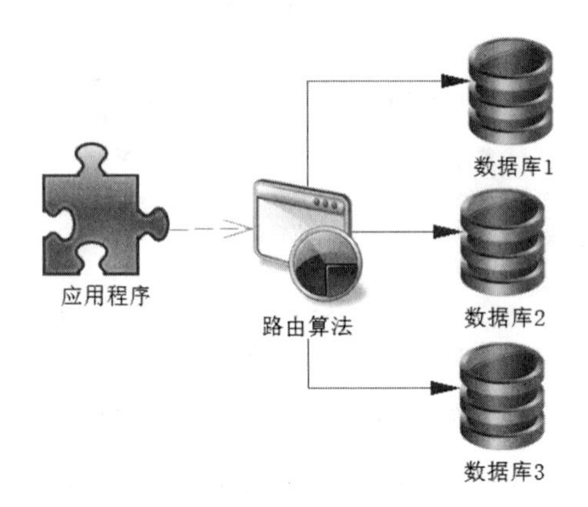

图 22-8　分库设计

分库数据库首先需要一个路由算法确定数据在哪个数据库上，然后才能进行查询，比如我们可以把用户和对应业务的数据库的信息缓存到 Redis 中，这样路由算法就可以通过 Redis 读取的数据来决定使用哪个数据库进行查询了。

一些会员很多的网站还可以区分活跃会员和非活跃会员。活跃会员可以通过数据迁徙的手段，也就是先记录在某个时间段（比如一个月的月底）会员的活跃度，然后通过数据迁徙，将活跃会员较平均分摊到各个数据库中，以避免某个库过多的集中活跃会员，而导致个别数据库被访问过多，从而达到数据库的负载均衡。

做完这些还可以考虑优化 SQL，建立索引等优化，提高数据库的性能。性能低下的 SQL 对于高并发网站的影响是很大的，这些对开发者提出了更高的要求。在开发网站中使用更新语句和复杂查询语句要时刻记住更新是表锁定还是行锁定，比如 id 是主键，而 user_name 是用户名称，也是唯一索引，更新用户的生日，可以使用以下两条 SQL 中的任何一条：

```
update t_user set birthday = #{birthday} where id= #{id};
update t_user set birthday = #{birthday} where user_name= #{userName};
```

上述逻辑都是正确的，但是优选使用主键更新，其原因是在 MySQL 的运行过程中，第二句 SQL 会锁表，即不仅锁定更新的数据，而且锁定其他表的数据，从而影响并发，而使用主键的更新则是行锁定。

对于 SQL 的优化还有很多细节，比如可以使用连接查询代替子查询。查询一个没有分配角色的用户 id，可能有人使用这样的一个 SQL：

```
SELECT u.id FROM t_user u
WHERE u.id NOT IN (SELECT ur.user_id FROM t_user_role ur);
```

这是一个 not in 语句，性能低下，对于这样的 not in 和 not exists 语句，应该全部修改为连接语句去执行，从而极大地提高 SQL 的性能，比如这条 not in 语句可以修改为：

```
select u.id from t_user u left join t_user_role ur
on u.id = ur.user_id
where ur.user_id is null;
```

not in 语句消失了，使用了连接查询，大大提高了 SQL 的执行性能。

此外还可以通过读/写分离等技术，进行进一步的优化，这样就可以有一台主机主要负责写业务，一台或者多台备机负责读业务，有助于性能的提高。

对于分布式数据库而言，还会有另外一个麻烦，就是事务的一致性，事务的一致性比较复杂，目前流行的有两段提交协议，即 XA 协议、Paxos 协议。

22.2.4　动静分离技术

动静分离技术是目前互联网的主流技术，对于互联网而言大部分数据都是静态数据，只有少数使用动态数据，动态数据的数据包很小，不会造成网络瓶颈，而静态的数据则不一样，静态数据包含图片、CSS（样式）、JavaScript（脚本）和视频等互联网的应用，尤其是图片和视频占据的流量很大，如果都从动态服务器（比如 Tomcat、WildFly 和 WebLogic 等）获取，那么动态服务器的带宽压力会很大，这个时候应该考虑使用动静分离技术。对于一些有条件的企业也可以考虑使用 CDN（Content Delivery Network，即内容分发网络）技术，它允许企业将自己的静态数据缓存到网络 CDN 的节点中，比如企业将数据缓存在北京的节点上，当在天津的客户发送请求时，通过一定的算法，会找到北京 CDN 节点，从而把 CDN 缓存的数据发送给天津的客户，完成请求。对于深圳的客户，如果企业将数据缓存到广州 CDN 节点上，那么它也可以从广州的 CDN 节点上取出数据，由于就近取出缓存节点的数据，所以速度会很快，如图 22-9 所示。

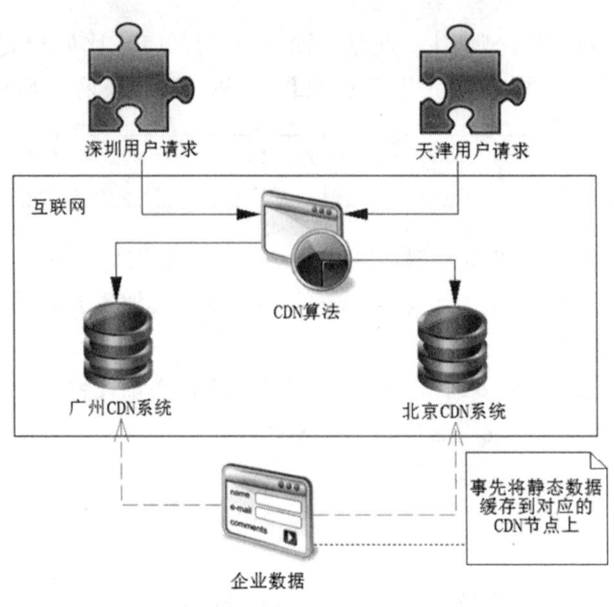

图 22-9　图解 CDN

一些企业也许需要自己的静态 HTTP 服务器，将静态数据分离到静态 HTTP 服务器上。其原理大同小异，就是将资源分配到静态服务器上，这样图片、HTML、脚本等资源都可以从静态服务器上获取，尽量使用 Cookie 等技术，让客户端缓存能够缓存数据，避免多次请求，降低服务器的压力。

对于动态数据，则需要根据会员登录来获取后台数据，这样的动态数据是高并发网站关注的重点。

22.2.5　锁和高并发

无论区分有效请求和无效请求，水平划分和垂直划分，动静分离技术，还是数据库分表、分库等技术的应用，都无法避免动态数据，而动态数据的请求最终也会落在一台 Web 服务器上。对于一台 Web 服务器而言，如果是 Java 服务器，它极有可能采用本书介绍的 SSM 框架结合数据库和 Redis 等技术提供服务，那么它会面临何种困难呢？高并发系统存在的一个麻烦是并发数据不一致问题。

以抢红包为例，发放了一个总额为 20 万元的红包，它可以拆分为 2 万个可抢的小红包。假设每个小红包都是 10 元，供给网站会员抢夺，网站同时存在 3 万会员在线抢夺，这就是一个典型的高并发的场景。这会出现多个线程同时享有大红包数据的场景，在高并发的场景中，由于线程每一步完成的顺序不一样，这样会导致数据的一致性问题，比如在最后的一个红包，就可能出现如表 22-1 所示的场景。

注意表 22-1 中加粗的文字，由此可见，在高并发的场景下可能出现错扣红包的情况，这样就会导致数据错误。由于在一个瞬间产生很高的并发，因此除了保证数据一致性，我们还要尽可能地保证系统的性能，加锁会影响并发，而不加锁就难以保证数据的一致性，这就是高并发和锁的矛盾。

表 22-1　最后一个红包出现多扣现象

时　刻	线　程　一	线　程　二	备　注
T0	—	—	存在最后一个红包可抢
T1	读取大红包信息，存在最后一个红包，可抢	—	—
T2	—	读取大红包信息，存在最后一个红包，可抢	—
T3	扣减最后一个红包	—	此时已经不存在红包可抢
T4	—	**扣减红包**	**错误发生了，超扣了**
T5	记录用户获取红包信息		—
T6	—	**记录用户获取红包信息**	**因为错误扣减红包而引发的错误**

为了解决这对矛盾，在当前互联网系统中，大部分企业提出了悲观锁和乐观锁的概念，而对于数据库而言，如果在那么短的时间内需要执行大量 SQL，对于服务器的压力可想而知，需要优化数据库的表设计、索引、SQL 语句等。有些企业提出了使用 Redis 事务和 Lua 语言所提供的原子性来取代现有的数据库的技术，从而提高数据的存储响应，以应对高并发场景，严格来说它也属于乐观锁的概念。下面讨论关于数据不一致的方案，悲观锁、乐观锁和 Redis 实现的场景。

22.3　搭建抢红包开发环境和超发现象

22.2 节介绍了抢红包的场景，现在模拟 20 万元的红包，共分为 2 万个可抢的小红包，有 3 万人同时抢夺的场景，模拟讲解出现超发和如何保证数据一致性的问题。在高并发的场景下，除了数据的一致性外，还要关注性能的问题，因为一般而言，超过 5 秒用户体验就不太好了，所以要测试数据一致性和系统的性能。

22.3.1　搭建 Service 层和 DAO 层

首先要在数据库建表，一个是红包表，另一个是用户抢红包表，如图 22-10 所示。

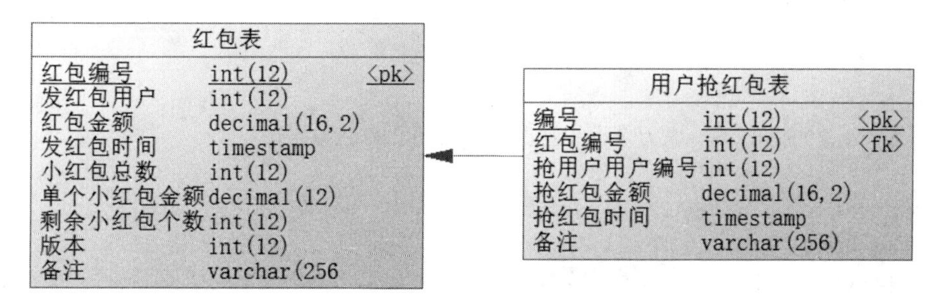

图 22-10　抢红包表设计

这里的红包表表示存放红包的是一个大红包的信息，它会分为若干个小红包，为了业务简单，假设每一个红包是等额的。而对于抢红包而言，就是从大红包中抢夺那些剩余的小红包，剩余红包数会被记录在红包表中，下面给出这两个表的建表 SQL 和数据，如代码清单 22-1 所示。

代码清单 22-1：抢红包表建表 SQL 和数据

```
/*==============================================================*/
/* Table: 红包表                                               */
/*==============================================================*/
create table T_RED_PACKET
(
   id                   int(12)                        not null auto_increment,
   user_id              int(12)                        not null,
   amount               decimal(16,2)                  not null,
   send_date            timestamp                      not null,
   total                int(12)                        not null,
   unit_amount          decimal(12)                    not null,
   stock                int(12)                        not null,
   version              int(12) default 0              not null,
   note                 varchar(256)                   null,
   primary key clustered (id)
);

/*==============================================================*/
/* Table: 用户抢红包表                                              */
/*==============================================================*/
create table T_USER_RED_PACKET
(
   id                   int(12)                        not null auto_increment,
   red_packet_id        int(12)                        not null,
   user_id              int(12)                        not null,
   amount               decimal(16,2)                  not null,
   grab_time            timestamp                      not null,
   note                 varchar(256)                   null,
    primary key clustered (id)
);

/**
* 插入一个 20 万元金额，2 万个小红包，每个 10 元的红包数据
*/
insert into T_RED_PACKET(user_id, amount, send_date, total, unit_amount,
stock, note)
 values(1, 200000.00, now(), 20000, 10.00, 20000,'20 万元金额，2 万个小红包，
每个 10 元');
```

这样就建好了两个表，并且将一个 20 万元金额，2 万个小红包，每个 10 元的红包信

息插入到了红包表中，将来可以用来模拟测试。

有了这两个表，我们就可以为这两个表建两个 POJO 了，让这两个表和 POJO 对应起来，这两个 POJO 为 RedPacket 和 UserRedPacket，如代码清单 22-2 所示。

代码清单 22-2：两个 POJO

```
package com.ssm.chapter22.pojo;
import java.io.Serializable;
import java.sql.Timestamp;
//实现 Serializable 接口，这样便可序列化对象
public class RedPacket implements Serializable {
    private Long id;
    private Long userId;
    private Double amount;
    private Timestamp sendDate;
    private Integer total;
    private Double unitAmount;
    private Integer stock;
    private Integer version;
    private String note;
/*******setters and getters***************/

private static final long serialVersionUID = 1049397724701962381L;
}

/*****************************************************************
*****************/
package com.ssm.chapter22.pojo;
import java.io.Serializable;
import java.sql.Timestamp;
public class UserRedPacket implements Serializable {

    private Long id;
    private Long redPacketId;
    private Long userId;
    private Double amount;
    private Timestamp grabTime;
    private String note;
/*******setters and getters***************/
private static final long serialVersionUID = -5617482065991830143L;
}
```

这两个 POJO，它们一个是红包信息，一个是抢红包信息。使用 MyBatis 开发它们，先来完成大红包信息的查询，此时先来定义一个 DAO 对象，如代码清单 22-3 所示。

代码清单 22-3：红包 DAO——RedPacketDao

```
package com.ssm.chapter22.dao;
```

```
import org.springframework.stereotype.Repository;
import com.ssm.chapter22.pojo.RedPacket;
@Repository
public interface RedPacketDao {

    /**
     * 获取红包信息
     * @param id 红包 id
     * @return 红包具体信息
     */
    public RedPacket getRedPacket(Long id);

    /**
     * 扣减抢红包数
     * @param id -- 红包 id
     * @return 更新记录条数
     */
    public int decreaseRedPacket(Long id);

}
```

其中的两个方法，一个是查询红包，另一个是扣减红包库存。抢红包的逻辑是，先查询红包的信息，看其是否拥有存量可以扣减。如果有存量，那么可以扣减它，否则就不扣减，现在用一个映射 XML 实现这两个方法，如代码清单 22-4 所示。

代码清单 22-4：RedPacket.xml

```
<?xml version="1.0" encoding="UTF-8" ?>
<!DOCTYPE mapper PUBLIC "-//mybatis.org//DTD Mapper 3.0//EN"
  "http://mybatis.org/dtd/mybatis-3-mapper.dtd">
<mapper namespace="com.ssm.chapter22.dao.RedPacketDao">

<!-- 查询红包具体信息 -->
<select            id="getRedPacket"            parameterType="long"
resultType="com.ssm.chapter22.pojo.RedPacket">
select id, user_id as userId, amount, send_date as sendDate, total,
unit_amount as unitAmount, stock, version, note from T_RED_PACKET where id
= #{id}
</select>

<!-- 扣减抢红包库存 -->
<update id="decreaseRedPacket">
       update T_RED_PACKET set stock = stock - 1 where  id = #{id}
</update>
</mapper>
```

这里并没有加锁这类动作，目的是为了演示超发红包的情况，让大家能够明确在高并发下所面临的问题。然后是抢红包的设计了，先来定义插入抢红包的 DAO，如代码清单 22-5 所示。

代码清单 22-5：抢红包 DAO——UserRedPacketDao

```
package com.ssm.chapter22.dao;
import org.springframework.stereotype.Repository;
import com.ssm.chapter22.pojo.UserRedPacket;

@Repository
public interface UserRedPacketDao {

    /**
     * 插入抢红包信息
     * @param userRedPacket 抢红包信息
     * @return 影响记录数
     */
    public int grapRedPacket(UserRedPacket  userRedPacket);
}
```

同样的，我们也要使用一个映射 XML 实现接口所定义的插入抢红包的 grapRedPacket 方法，如代码清单 22-6 所示。

代码清单 22-6：UserRedPacket.xml

```
<?xml version="1.0" encoding="UTF-8" ?>
<!DOCTYPE mapper
  PUBLIC "-//mybatis.org//DTD Mapper 3.0//EN"
  "http://mybatis.org/dtd/mybatis-3-mapper.dtd">
<mapper namespace="com.ssm.chapter22.dao.UserRedPacketDao">
<!-- 插入抢红包信息 -->
<insert id="grapRedPacket" useGeneratedKeys="true"
   keyProperty="id"
parameterType="com.ssm.chapter22.pojo.UserRedPacket">
       insert  into  T_USER_RED_PACKET(  red_packet_id,  user_id,  amount,
grab_time, note)
       values (#{redPacketId}, #{userId}, #{amount}, now(), #{note})
</insert>
</mapper>
```

这里使用了 useGeneratedKeys 和 keyProperty，这就意味着会返回数据库生成的主键信息，这样就可以拿到插入记录的主键了，关于 DAO 层就基本完成了。

接下来定义两个 Service 层接口，分别是 UserRedPacketService 和 RedPacketService，如代码清单 22-7 所示。

代码清单 22-7：定义两个 Service 接口

```
package com.ssm.chapter22.service;
```

```
import com.ssm.chapter22.pojo.RedPacket;
public interface RedPacketService {

    /**
     * 获取红包
     * @param id 编号
     * @return 红包信息
     */
    public RedPacket getRedPacket(Long id);

    /**
     * 扣减红包
     * @param id 编号
     * @return 影响条数
     */
    public int decreaseRedPacket(Long id);

}

/*********************************************************************
******************/
package com.ssm.chapter22.service;
public interface UserRedPacketService {

    /**
     * 保存抢红包信息.
     * @param redPacketId 红包编号
     * @param userId 抢红包用户编号
     * @return 影响记录数
     */
    public int grapRedPacket(Long redPacketId, Long userId);

}
```

它的两个实现类，比较简单的 RedPacketService 的实现类，如代码清单 22-8 所示。

代码清单 22-8：红包服务实现类 RedPacketServiceImpl

```
package com.ssm.chapter22.service.impl;
import org.springframework.beans.factory.annotation.Autowired;
import org.springframework.stereotype.Service;
import org.springframework.transaction.annotation.Isolation;
import org.springframework.transaction.annotation.Propagation;
import org.springframework.transaction.annotation.Transactional;
import com.ssm.chapter22.dao.RedPacketDao;
import com.ssm.chapter22.pojo.RedPacket;
import com.ssm.chapter22.service.RedPacketService;
```

```
@Service
public class RedPacketServiceImpl implements RedPacketService {

    @Autowired
    private RedPacketDao  redPacketDao = null;

    @Override
    @Transactional(isolation=Isolation.READ_COMMITTED,   propagation   =
Propagation.REQUIRED)
    public RedPacket getRedPacket(Long id) {
        return redPacketDao.getRedPacket(id);
    }

    @Override
    @Transactional(isolation=Isolation.READ_COMMITTED,   propagation   =
Propagation.REQUIRED)
    public int decreaseRedPacket(Long id) {
        return redPacketDao.decreaseRedPacket(id);
    }

}
```

配置了事务注解@Transactional，让程序能够在事务中运行，以保证数据的一致性，这里采用的是读/写提交的隔离级别，之所以不采用更高的级别，主要是提高数据库的并发能力，而对于传播行为则采用 Propagation.REQUIRED，这样调用这个方法的时候，如果没有事务则会创建事务，如果有事务则沿用当前事务。

实现 UserRedPacketService 接口的方法 grapRedPacket，它是核心的接口方法，如代码清单 22-9 所示。

代码清单 22-9：UserRedPacketServiceImpl

```
package com.ssm.chapter22.service.impl;

import org.springframework.beans.factory.annotation.Autowired;
import org.springframework.stereotype.Service;
import org.springframework.transaction.annotation.Isolation;
import org.springframework.transaction.annotation.Propagation;
import org.springframework.transaction.annotation.Transactional;
import com.ssm.chapter22.dao.RedPacketDao;
import com.ssm.chapter22.dao.UserRedPacketDao;
import com.ssm.chapter22.pojo.RedPacket;
import com.ssm.chapter22.pojo.UserRedPacket;
import com.ssm.chapter22.service.UserRedPacketService;

@Service
```

```
public class UserRedPacketServiceImpl implements UserRedPacketService {

    @Autowired
    private UserRedPacketDao userRedPacketDao = null;

    @Autowired
    private RedPacketDao redPacketDao = null;

    //失败
    private static final  int FAILED = 0;

    @Override
    @Transactional(isolation          =          Isolation.READ_COMMITTED,
propagation=Propagation.REQUIRED)
    public int grapRedPacket(Long redPacketId, Long userId) {
        //获取红包信息
        RedPacket redPacket = redPacketDao.getRedPacket(redPacketId);
        //当前小红包库存大于 0
        if (redPacket.getStock() > 0) {
            redPacketDao.decreaseRedPacket(redPacketId);
            //生成抢红包信息
            UserRedPacket userRedPacket = new UserRedPacket();
            userRedPacket.setRedPacketId(redPacketId);
            userRedPacket.setUserId(userId);
            userRedPacket.setAmount(redPacket.getUnitAmount());
            userRedPacket.setNote("抢红包 " + redPacketId);
            //插入抢红包信息
            int result = userRedPacketDao.grapRedPacket(userRedPacket);
            return result;
        }
        //失败返回
        return FAILED;
    }

}
```

grapRedPacket 方法的逻辑是首先获取红包信息，如果发现红包库存大于 0，则说明还有红包可抢，抢夺红包并生成抢红包的信息将其保存到数据库中。要注意的是，数据库事务方面的设置，代码中使用注解@Transactional，说明它会在一个事务中运行，这样就能够保证所有的操作都是在一个事务中完成的。在高并发中会发生超发的现象，后面会看到超发的实际测试。

22.3.2 使用全注解搭建 SSM 开发环境

这里将使用注解的方式来完成 SSM 开发的环境，可以通过继承 AbstractAnnotation

ConfigDispatcherServletInitializer 去配置其他内容，因此首先来配置 WebAppInitializer，如代码清单 22-10 所示。

代码清单 22-10：WebAppInitializer 配置类

```
package com.ssm.chapter22.config;

import javax.servlet.MultipartConfigElement;
import javax.servlet.ServletRegistration.Dynamic;
import
org.springframework.web.servlet.support.AbstractAnnotationConfigDispatch
erServletInitializer;

public class WebAppInitializer
        extends AbstractAnnotationConfigDispatcherServletInitializer {

    //Spring IoC 环境配置
    @Override
    protected Class<?>[] getRootConfigClasses() {
        //配置 Spring IoC 资源
        return new Class<?>[] {RootConfig.class};
    }

    //DispatcherServlet 环境配置
    @Override
    protected Class<?>[] getServletConfigClasses() {
        //加载 Java 配置类
        return new Class<?>[] { WebConfig.class };
    }

    //DispatchServlet 拦截请求配置
    @Override
    protected String[] getServletMappings() {
        return new String[] { "*.do" };
    }

    /**
     * @param dynamic Servlet 上传文件配置.
     */
    @Override
    protected void customizeRegistration(Dynamic dynamic) {
        //配置上传文件路径
        String filepath = "e:/mvc/uploads";
        //5MB
        Long singleMax = (long) (5*Math.pow(2, 20));
        //10MB
        Long totalMax = (long) (10*Math.pow(2, 20));
```

```
        //设置上传文件配置
        dynamic.setMultipartConfig(new MultipartConfigElement(filepath,
                singleMax, totalMax, 0));
    }

}
```

这个类继承了 AbstractAnnotationConfigDispatcherServletInitializer，它实现了 3 个抽象方法，并且覆盖了父类的 customizeRegistration 方法，作为上传文件的配置。实现的 3 个方法为：

- getRootConfigClasses 是一个配置 Spring IoC 容器的上下文配置，此配置在代码中将会由类 RootConfig 完成。
- getServletConfigClasses 配置 DispatcherServlet 上下文配置，将会由 WebConfig 完成。
- getServletMappings 配置 DispatcherServlet 拦截内容，拦截所有以.do 结尾的请求。

通过这 3 个方法就可以配置 Web 工程中的 Spring IoC 资源和 DispatcherServlet 的配置内容，首先是配置 Spring IoC 容器，配置类 RootConfig，如代码清单 22-11 所示。

代码清单 22-11：Spring IoC 上下文配置——RootConfig

```
package com.ssm.chapter22.config;
import java.util.Properties;
import javax.sql.DataSource;
import org.apache.commons.dbcp.BasicDataSourceFactory;
import org.mybatis.spring.SqlSessionFactoryBean;
import org.mybatis.spring.mapper.MapperScannerConfigurer;
import org.springframework.context.annotation.Bean;
import org.springframework.context.annotation.ComponentScan;
import org.springframework.context.annotation.ComponentScan.Filter;
import org.springframework.context.annotation.Configuration;
import org.springframework.context.annotation.FilterType;
import org.springframework.core.io.ClassPathResource;
import org.springframework.core.io.Resource;
import org.springframework.jdbc.datasource.DataSourceTransactionManager;
import org.springframework.stereotype.Repository;
import org.springframework.stereotype.Service;
import org.springframework.transaction.PlatformTransactionManager;
import
org.springframework.transaction.annotation.EnableTransactionManagement;
import
org.springframework.transaction.annotation.TransactionManagementConfigur
er;

@Configuration
//定义 Spring 扫描的包
@ComponentScan(value= "com.*", includeFilters= {@Filter(type =
FilterType.ANNOTATION, value ={Service.class})})
```

```
//使用事务驱动管理器
@EnableTransactionManagement
//实现接口 TransactionManagementConfigurer，这样可以配置注解驱动事务
public class RootConfig implements TransactionManagementConfigurer {

    private DataSource dataSource = null;

    /**
     * 配置数据库
     * @return 数据连接池
     */
    @Bean(name = "dataSource")
    public DataSource initDataSource() {
        if (dataSource != null) {
            return dataSource;
        }
        Properties props = new Properties();
        props.setProperty("driverClassName", "com.mysql.jdbc.Driver");
        props.setProperty("url",
"jdbc:mysql://localhost:3306/chapter22");
        props.setProperty("username", "root");
        props.setProperty("password", "123456");
props.setProperty("maxActive", "200");
        props.setProperty("maxIdle", "20");
        props.setProperty("maxWait", "30000");
        try {
            dataSource = BasicDataSourceFactory.createDataSource(props);
        } catch (Exception e) {
            e.printStackTrace();
        }
        return dataSource;
    }

    /***
     * 配置 SqlSessionFactoryBean
     * @return SqlSessionFactoryBean
     */
    @Bean(name="sqlSessionFactory")
    public SqlSessionFactoryBean initSqlSessionFactory() {
        SqlSessionFactoryBean        sqlSessionFactory        =        new
SqlSessionFactoryBean();
        sqlSessionFactory.setDataSource(initDataSource());
        //配置 MyBatis 配置文件
        Resource resource = new ClassPathResource("mybatis/mybatis-config.
xml");
        sqlSessionFactory.setConfigLocation(resource);
```

```
        return sqlSessionFactory;
    }

    /***
     * 通过自动扫描，发现 MyBatis Mapper 接口
     * @return Mapper 扫描器
     */
    @Bean
    public MapperScannerConfigurer initMapperScannerConfigurer() {
        MapperScannerConfigurer msc = new MapperScannerConfigurer();
        msc.setBasePackage("com.*");
        msc.setSqlSessionFactoryBeanName("sqlSessionFactory");
        msc.setAnnotationClass(Repository.class);
        return msc;
    }


    /**
     * 实现接口方法，注册注解事务，当@Transactional 使用的时候产生数据库事务
     */
    @Override
    @Bean(name="annotationDrivenTransactionManager")
   public PlatformTransactionManager annotationDrivenTransactionManager()
{
        DataSourceTransactionManager transactionManager =
           new DataSourceTransactionManager();
        transactionManager.setDataSource(initDataSource());
        return transactionManager;
    }

}
```

这个类和之前论述的有所不同，它标注了注解@EnableTransactionManagement，实现了接口 TransactionManagementConfigurer，这样的配置是为了实现注解式的事务，将来可以通过注解@Transactional 配置数据库事务。它有一个方法定义，这个方法就是 annotationDrivenTransactionManager，这需要将一个事务管理器返回给它就可以了。除了配置数据库事务外，还配置了数据源 SqlSessionFactoryBean 和 MyBatis 的扫描类，并把 MyBatis 的扫描类通过注解@Repository 和包名（"com.*"）限定。这样 MyBatis 就会通过 Spring 的机制找到对应的接口和配置，Spring 会自动把对应的接口装配到 IoC 容器中。

有了 Spring IoC 容器后，还需要配置 DispatcherServlet 上下文，从代码清单 22-10 来看，完成这个任务的便是类 WebConfig，如代码清单 22-12 所示。

代码清单 22-12：配置 DispatcherServlet 上下文——WebConfig

```
package com.ssm.chapter22.config;
import java.util.ArrayList;
```

```
import java.util.List;

import org.springframework.context.annotation.Bean;
import org.springframework.context.annotation.ComponentScan;
import org.springframework.context.annotation.ComponentScan.Filter;
import org.springframework.context.annotation.Configuration;
import org.springframework.context.annotation.FilterType;
import org.springframework.http.MediaType;
import
org.springframework.http.converter.json.MappingJackson2HttpMessageConver
ter;
import org.springframework.stereotype.Controller;
import
org.springframework.transaction.annotation.EnableTransactionManagement;
import org.springframework.web.servlet.HandlerAdapter;
import org.springframework.web.servlet.ViewResolver;
import org.springframework.web.servlet.config.annotation.EnableWebMvc;
import
org.springframework.web.servlet.mvc.method.annotation.RequestMappingHand
lerAdapter;
import
org.springframework.web.servlet.view.InternalResourceViewResolver;

@Configuration
//定义 Spring MVC 扫描的包
@ComponentScan(value="com.*", includeFilters= {@Filter(type = FilterType.
ANNOTATION, value = Controller.class)})
//启动 Spring MVC 配置
@EnableWebMvc
public class WebConfig {

    /***
     * 通过注解 @Bean 初始化视图解析器
     * @return ViewResolver 视图解析器
     */
    @Bean(name="internalResourceViewResolver")
    public ViewResolver initViewResolver() {
        InternalResourceViewResolver          viewResolver          =new
InternalResourceViewResolver();
        viewResolver.setPrefix("/WEB-INF/jsp/");
        viewResolver.setSuffix(".jsp");
        return viewResolver;
    }

    /**
     * 初始化 RequestMappingHandlerAdapter，并加载 Http 的 Json 转换器
```

```
     * @return  RequestMappingHandlerAdapter 对象
     */
    @Bean(name="requestMappingHandlerAdapter")
    public HandlerAdapter initRequestMappingHandlerAdapter() {
        //创建 RequestMappingHandlerAdapter 适配器
        RequestMappingHandlerAdapter         rmhd          =          new
RequestMappingHandlerAdapter();
        //HTTP JSON 转换器
        MappingJackson2HttpMessageConverter  jsonConverter
           = new MappingJackson2HttpMessageConverter();
        //MappingJackson2HttpMessageConverter 接收 JSON 类型消息的转换
        MediaType mediaType = MediaType.APPLICATION_JSON_UTF8;
        List<MediaType> mediaTypes = new ArrayList<MediaType>();
        mediaTypes.add(mediaType);
        //加入转换器的支持类型
        jsonConverter.setSupportedMediaTypes(mediaTypes);
        //往适配器加入 json 转换器
        rmhd.getMessageConverters().add(jsonConverter);
        return rmhd;
    }
}
```

这里配置了一个视图解析器，通过它找到对应 JSP 文件，然后使用数据模型进行渲染，采用自定义创建 RequestMappingHandlerAdapter，为了让它能够支持 JSON 格式（@ResponseBody）的转换，所以需要创建一个关于对象和 JSON 的转换消息类，那就是 MappingJackson2HttpMessageConverter 类对象。创建它之后，把它注册给 RequestMapping HandlerAdapter 对象，这样当控制器遇到注解@ResponseBody 的时候就知道采用 JSON 消息类型进行应答，那么在控制器完成逻辑后，由处理器将其和消息转换类型做匹配，找到 MappingJackson2HttpMessageConverter 类对象，从而转变为 JSON 数据。

通过上面的 3 个类就搭建好了 Spring MVC 和 Spring 的开发环境，但是没有完成对 MyBatis 配置文件，从代码清单 22-11 中可以看出，使用文件/mybatis/mybatis-config.xml 进行配置，它的源码也很简单，如下所示。

```
<?xml version="1.0" encoding="UTF-8" ?>
<!DOCTYPE configuration
  PUBLIC "-//mybatis.org//DTD Config 3.0//EN"
  "http://mybatis.org/dtd/mybatis-3-config.dtd">
<configuration>
<mappers>
<mapper resource="com/ssm/chapter22/mapper/UserRedPacket.xml"/>
<mapper resource="com/ssm/chapter22/mapper/RedPacket.xml"/>
</mappers>
</configuration>
```

这样关于后台的逻辑就已经完成，接下来就要开发控制器，进行页面测试了。

22.3.3　开发控制器和超发现象测试

有了上述的内容就可以开发控制器，并进行测试。首先要给出一个控制器，用来完成基础的逻辑，如代码清单 22-13 所示。

代码清单 22-13：抢红包控制器

```
package com.ssm.chapter22.controller;
import java.util.HashMap;
import java.util.Map;
import org.springframework.beans.factory.annotation.Autowired;
import org.springframework.stereotype.Controller;
import org.springframework.web.bind.annotation.RequestMapping;
import org.springframework.web.bind.annotation.ResponseBody;
import com.ssm.chapter22.service.UserRedPacketService;

@Controller
@RequestMapping("/userRedPacket")
public class UserRedPacketController {

    @Autowired
    private UserRedPacketService userRedPacketService = null;

    @RequestMapping(value = "/grapRedPacket")
    @ResponseBody
    public Map<String, Object> grapRedPacket(Long redPacketId, Long userId)
{
        //抢红包
        int   result   =   userRedPacketService.grapRedPacket(redPacketId,
userId);
        Map<String, Object> retMap = new HashMap<String, Object>();
        boolean flag = result > 0;
        retMap.put("success", flag);
        retMap.put("message", flag? "抢红包成功":"抢红包失败");
        return retMap;
    }

}
```

这样就完成了控制器的开发，对于控制器而言，它将抢夺一个红包，并且将一个 Map 返回，由于使用了注解@ResponseBody 标注方法，所以最后它会转变为一个 JSON 返回给前端请求，编写 JSP 对其进行测试，如代码清单 22-14 所示。

代码清单 22-14：使用 JavaScript 模拟高并发抢红包测试控制器

```
<%@ page language="java" contentType="text/html; charset=UTF-8"
        pageEncoding="UTF-8"%>
<!DOCTYPE html PUBLIC "-//W3C//DTD HTML 4.01 Transitional//EN"
"http://www.w3.org/TR/html4/loose.dtd">
<html>
<head>
<meta http-equiv="Content-Type" content="text/html; charset=UTF-8">
<title>参数</title>
<!-- 加载 Query 文件-->
<script                                              type="text/javascript"
src="https://code.jquery.com/jquery-3.2.0.js">
</script>
<script type="text/javascript">
          $(document).ready(function () {
     //模拟 30000 个异步请求，进行并发
              var max = 30000;
              for (var i = 1; i <= max; i++) {
                 //jQuery 的 post 请求，请注意这是异步请求
                 $.post({
                     //请求抢 id 为 1 的红包
                     url:
"./userRedPacket/grapRedPacket.do?redPacketId=1&userId=" + i,
                     //成功后的方法
                     success: function (result) {
                     }
                 });
              }
          });
</script>
</head>
<body>
</body>
</html>
```

这里我们使用了 JavaScript 去模拟 3 万人同时抢红包的场景，在实际的测试中，笔者使用了 FireFox 浏览器进行测试（使用 Chrome 浏览器时，发现很多请求丢失，而 IE 浏览器又太慢）。JavaScript 的 post 请求是一个异步请求，所以这是一个高并发的场景，它将抢夺 id 为 1 的红包，依据之前 SQL 的插入，这是一个 20 万元的红包，一共有两万个，那么在这样高并发场景下会有什么问题发生呢？注意两个点：一个是数据的一致性，另外一个是性能问题。

启动服务器，然后运行代码清单 20-13 模拟高并发程序，观察数据库的数据，就会发现超发现象，如图 22-11 所示。

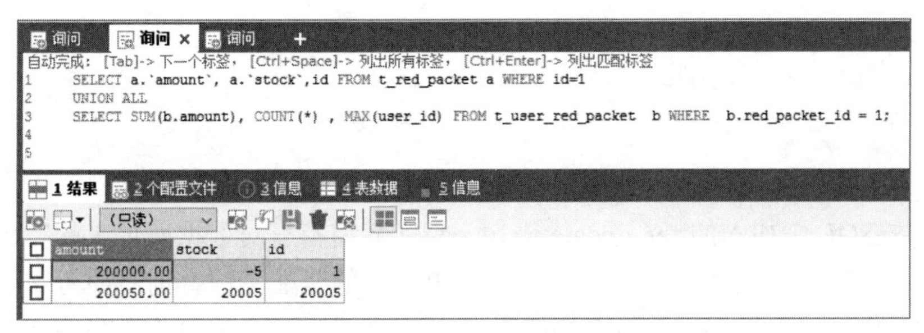

图 22-11　超发现象

使用 SQL 去查询红包的库存、发放红包的总个数、总金额，我们发现了错误，红包总额为 20 万元，两万个小红包，结果发放了 200 050 元的红包，20 005 个红包，现有库存为 –5，超出了之前的限定，这就是高并发的超发现象，这是一个错误的逻辑。

上面讨论了超发现象，我们还需要考虑性能问题，不妨查看最后一个红包和第一个红包的时间间隔，可以通过 SQL 进行插入测试，如图 22-12 所示。

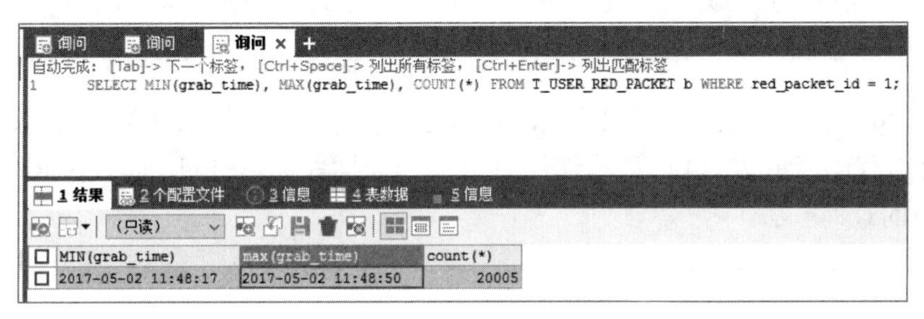

图 22-12　性能测试

一共使用了 33 秒的时间，完成 20 005 个红包的抢夺，性能还是不错的，但是逻辑上存在超发错误，还需要解决超发问题。

超发现象是由多线程下数据不一致造成的，类似于表 20-1 的场景，对于此类问题，当前互联网主要通过悲观锁和乐观锁来处理，下面将通过悲观锁和乐观锁来消除高并发下的超发现象，以保证数据的一致性，这两种方法的性能是不一样的。

22.4　悲观锁

悲观锁是一种利用数据库内部机制提供的锁的方法，也就是对更新的数据加锁，这样在并发期间一旦有一个事务持有了数据库记录的锁，其他的线程将不能再对数据进行更新了，这就是悲观锁的实现方式。

首先在代码清单 22-4 中增加一个 id 为 getRedPacketForUpdate 的 SQL，修改为下面的代码：

```
<!-- 查询红包具体信息 -->
<select id="getRedPacketForUpdate" parameterType="long"
    resultType="com.ssm.chapter22.pojo.RedPacket">
```

```
select id, user_id as userId, amount, send_date as sendDate, total,
unit_amount as unitAmount, stock, version, note
from T_RED_PACKET where id = #{id}  for update
</select>
```

注意，在 SQL 中加入的 for update 语句，意味着将持有对数据库记录的行更新锁（因为这里使用主键查询，所以只会对行加锁。如果使用的是非主键查询，要考虑是否对全表加锁的问题，加锁后可能引发其他查询的阻塞），那就意味着在高并发的场景下，当一条事务持有了这个更新锁才能往下操作，其他的线程如果要更新这条记录，都需要等待，这样就不会出现超发现象引发的数据一致性问题了。再插入一条新记录到数据库里，如下面的代码所示。

```
insert into T_RED_PACKET(user_id, amount, send_date, total, unit_amount,
stock, note)
values(1, 200000.00, now(), 20000, 10.00, 20000,'20 万元金额，2 万个小红包，每
个 10 元');
```

还是以 20 万元的红包，每个 10 元，共两万个红包为例。插入这条数据后，获取其编号，然后修改代码清单 20-14 中被抢红包的 id 为当前插入记录的 id，同时在 RedPacketDao 中加入对应的查询方法。

```
/***
 * 使用 for update 语句加锁
 * @param id 红包 id
 * @return 红包信息
 */
public RedPacket getRedPacketForUpdate(Long id);
```

接下来，将代码清单 22-9 中的加粗的代码修改为以下代码：

```
RedPacket redPacket = redPacketDao.getRedPacketForUpdate(redPacketId);
```

做完这些修改后，再次进行测试，便能够得到如图 22-13 所示的结果。

amount	stock	id
200000.00	0	2
200000.00	20000	29999

图 22-13　悲观锁测试结果

这里已经解决了超发的问题，所以结果是正确的，这点很让人欣喜，但是对于互联而言，除了结果正确，我们还需要考虑性能问题，下面先看看测试的结果，如图 22-14 所示。

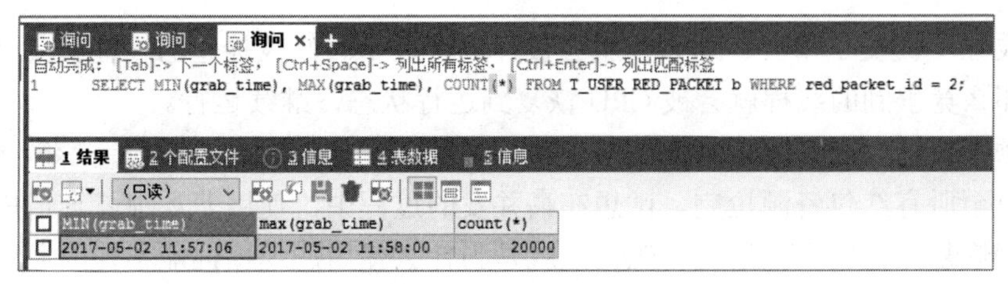

图 22-14　悲观锁性能测试

图 22-14 显示了，花费 54 秒完成了两万个红包的抢夺。相对于不使用锁的 33 秒而言，性能下降了不少，要知道目前只是对数据库加了一个锁，当加的锁比较多的时候，数据库的性能还会持续下降，讨论一下性能下降的原因。

对于悲观锁来说，当一条线程抢占了资源后，其他的线程将得不到资源，那么这个时候，CPU 就会将这些得不到资源的线程挂起，挂起的线程也会消耗 CPU 的资源，尤其是在高并发的请求中，如图 22-15 所示。

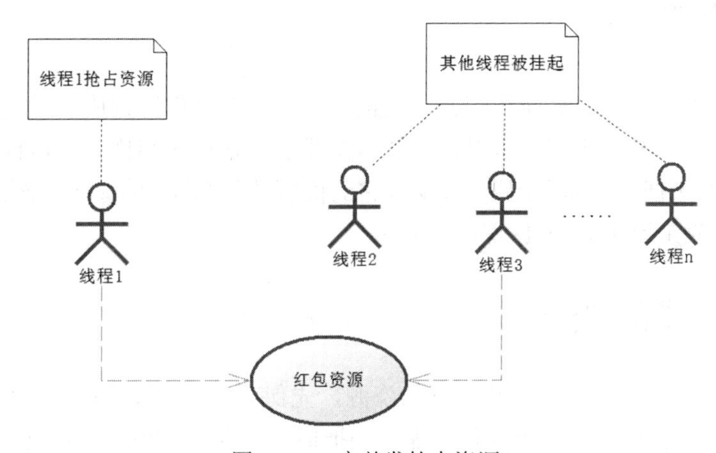

图 22-15　高并发抢占资源

只能有一个事务占据资源，其他事务被挂起等待持有资源的事务提交并释放资源。当图中的线程 1 提交了事务，那么红包资源就会被释放出来，此时就进入了线程 2，线程 3……线程 n，开始抢夺资源的步骤了，这里假设线程 3 抢到资源，如图 22-16 所示。

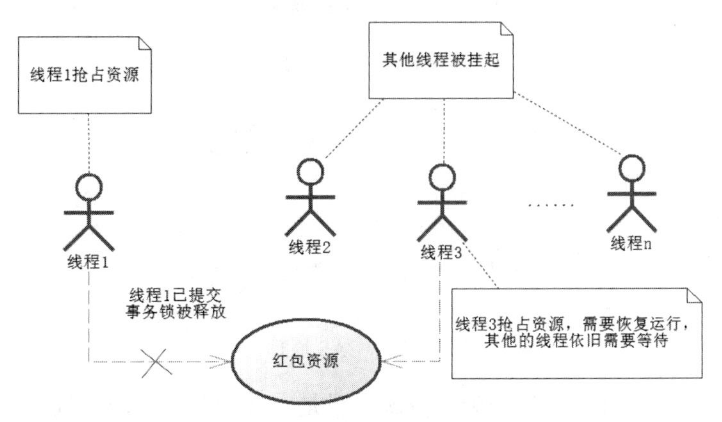

图 22-16　多线程竞争资源和恢复

一旦线程 1 提交了事务，那么锁就会被释放，这个时候被挂起的线程就会开始竞争红包资源，那么竞争到的线程就会被 CPU 恢复到运行状态，继续运行。

于是频繁挂起，等待持有锁线程释放资源，一旦释放资源后，就开始抢夺，恢复线程，周而复始直至所有红包资源抢完。试想在高并发的过程中，使用悲观锁就会造成大量的线程被挂起和恢复，这将十分消耗资源，这就是为什么使用悲观锁性能不佳的原因。有些时候，我们也会把悲观锁称为独占锁，毕竟只有一个线程可以独占这个资源，或者称为阻塞锁，因为它会造成其他线程的阻塞。无论如何它都会造成并发能力的下降，从而导致 CPU 频繁切换线程上下文，造成性能低下。

为了克服这个问题，提高并发的能力，避免大量线程因为阻塞导致 CPU 进行大量的上下文切换，程序设计大师们提出了乐观锁机制，乐观锁已经在企业中被大量应用了。

22.5 乐观锁

乐观锁是一种不会阻塞其他线程并发的机制，它不会使用数据库的锁进行实现，它的设计里面由于不阻塞其他线程，所以并不会引发线程频繁挂起和恢复，这样便能够提高并发能力，所以也有人把它称为非阻塞锁，那么它的机制是怎么样的呢？乐观锁使用的是 CAS 原理，所以我们先来讨论 CAS 原理的内容。

22.5.1 CAS 原理概述

在 CAS 原理中，对于多个线程共同的资源，先保存一个旧值（Old Value），比如进入线程后，查询当前存量为 100 个红包，那么先把旧值保存为 100，然后经过一定的逻辑处理。当需要扣减红包的时候，先比较数据库当前的值和旧值是否一致，如果一致则进行扣减红包的操作，否则就认为它已经被其他线程修改过了，不再进行操作，CAS 原理流程如图 22-17 所示。

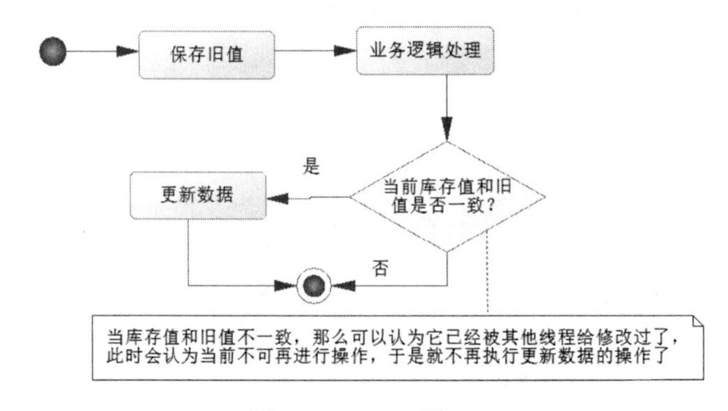

图 22-17　CAS 原理

CAS 原理并不排斥并发，也不独占资源，只是在线程开始阶段就读入线程共享数据，保存为旧值。当处理完逻辑，需要更新数据的时候，会进行一次比较，即比较各个线程当前共享的数据是否和旧值保持一致。如果一致，就开始更新数据；如果不一致，则认为该数据已经被其他线程修改了，那么就不再更新数据，可以考虑重试或者放弃。有时候可以重试，这样就是一个可重入锁，但是 CAS 原理会有一个问题，那就是 ABA 问题，下面先来讨论一下 ABA 问题。

22.5.2　ABA 问题

对于乐观锁而言，我们之前讨论了存在 ABA 的问题，那么什么是 ABA 问题呢？下面看看表 22-2 的两个线程发生的场景。

表 22-2　ABA 问题

时　刻	线　程　1	线　程　2	备　　注
T0	—	—	初始化 X=A
T1	读入 X=A	—	—
T2	—	读入 X=A	—
T3	处理线程 1 的业务逻辑	X=B	修改共享变量为 B
T4		处理线程 2 业务逻辑第一段	此时线程 1 在 X=B 的情况下运行逻辑
T5		X=A	还原变量为 A
T6	因为判断 X=A，所以更新数据	处理线程 2 业务逻辑第二段	此时线程 1 无法知道线程 2 是否修改过 X，引发业务逻辑错误
T7	—	更新数据	—

在 T3 时刻，由于线程 2 修改了 X=B，此时线程 1 的业务逻辑依旧执行，但是到了 T5 时刻，线程 2 又把 X 还原为 A，那么到了 T6 时刻，使用 CAS 原理的旧值判断，线程 1 就会认为 X 值没有被修改过，于是执行了更新。我们难以判定的是在 T4 时刻，线程 1 在 X=B 的时候，对于线程 1 的业务逻辑是否正确的问题。由于 X 在线程 2 中的值改变的过程为 A->B->A，才引发这样的问题，因此人们形象地把这类问题称为 ABA 问题。

ABA 问题的发生，是因为业务逻辑存在回退的可能性。如果加入一个非业务逻辑的属性，比如在一个数据中加入版本号（version），对于版本号有一个约定，就是只要修改 X 变量的数据，强制版本号（version）只能递增，而不会回退，即使是其他业务数据回退，它也会递增，那么 ABA 问题就解决了，如表 22-3 所示。

表 22-3　用版本号消除 ABA 问题

时　刻	线　程　1	线　程　2	备　　注
T0	—	—	初始化 X=A，version=0
T1	读入 X=A	—	线程 1 旧值：version=0
T2	—	读入 X=A	线程 2 旧值：version=0
T3	处理线程 1 的业务逻辑	X=B	修改共享变量为 B，version=1
T4		处理线程 2 业务逻辑第一段	—

续表

时　刻	线 程 1	线 程 2	备　注
T5	—	X=A	还原变量为 A，version=2
T6	判断 version == 0，由于线程 2 两次更新数据，导致数据 version=2，所以不再更新数据	处理线程 2 业务逻辑第二段	此时线程 1 知道旧值 version 和当前 version 不一致，将不更新数据
T7	—	更新数据	—

只是这个 version 变量并不存在什么业务逻辑，只是为了记录更新次数，只能递增，帮助我们克服 ABA 问题罢了，有了这些理论，我们就可以开始使用乐观锁来完成抢红包业务了。

22.5.3　乐观锁实现抢红包业务

通过上述的讨论，我们清楚了 CAS 原理如何避免数据的不一致，如何规避 CAS 原理产生的 ABA 问题，在高并发的应用中使用 CAS 原理，我们称之为乐观锁。为了顺利使用乐观锁，需要先在红包表（T_RED_PACKET）加入一个新的列版本号（version），这个字段在建表的时候已经建了，只是我们还没有使用，那么在代码清单 20-4 的代码中加入新的方法，如代码清单 22-15 所示。

代码清单 22-15：使用乐观锁实现抢红包扣减

```
<!--
通过版本号扣减抢红包
每更新一次，版本增 1，
其次增加对版本号的判断
-->
<update id="decreaseRedPacketForVersion">
    update T_RED_PACKET
    set stock = stock - 1,
    version = version + 1
    where id = #{id}
    and version = #{version}
</update>
```

注意加粗的代码，在扣减红包的时候，增加了对版本号的判断，其次每次扣减都会对版本号加一，这样保证每次更新在版本号上有记录，从而避免 ABA 问题。对于查询也不使用 for update 语句，避免锁的发生，这样就没有线程阻塞的问题了，这里在对应的 UserRedPacketDao 接口上加入对应方法，然后就可以在类 UserRedPacketServiceImpl 中新增方法 grapRedPacketForVersion（需要在其接口 UserRedPacketService 加上同样的方法），完成对应的逻辑即可，如代码清单 22-16 所示。

代码清单 22-16：乐观锁实现方法 grapRedPacketForVersion

```
@Override
@Transactional(isolation          =          Isolation.READ_COMMITTED,
propagation=Propagation.REQUIRED)
```

```
public int grapRedPacketForVersion(Long redPacketId, Long userId) {
    //获取红包信息，注意 version 值
    RedPacket redPacket = redPacketDao.getRedPacket(redPacketId);
    //当前小红包库存大于 0
    if (redPacket.getStock() > 0) {
        //再次传入线程保存的 version 旧值给 SQL 判断，是否有其他线程修改过数据
        int update = redPacketDao.decreaseRedPacketForVersion(redPacketId,
redPacket.getVersion());
        //如果没有数据更新，则说明其他线程已经修改过数据，本次抢红包失败
        if (update == 0) {
            return FAILED;
        }
        //生成抢红包信息
        UserRedPacket userRedPacket = new UserRedPacket();
        userRedPacket.setRedPacketId(redPacketId);
        userRedPacket.setUserId(userId);
        userRedPacket.setAmount(redPacket.getUnitAmount());
        userRedPacket.setNote("抢红包 " + redPacketId);
        //插入抢红包信息
        int result = userRedPacketDao.grapRedPacket(userRedPacket);
        return result;
    }
    //失败返回
    return FAILED;
}
```

version 值一开始就保存到了对象中，当扣减的时候，再次传递给 SQL，让 SQL 对数据库的 version 和当前线程的旧值 version 进行比较。如果一致则插入抢红包的数据，否则就不进行操作。为了进行测试，在控制器 UserRedPacketController 内新建方法，如代码清单 22-17 所示。

代码清单 22-17：在控制器内新建方法

```
@RequestMapping(value = "/grapRedPacketForVersion")
@ResponseBody
public Map<String, Object> grapRedPacketForVersion(Long redPacketId, Long
userId) {
    //抢红包
    int result = userRedPacketService.grapRedPacketForVersion(redPacketId,
userId);
    Map<String, Object> retMap = new HashMap<String, Object>();
    boolean flag = result > 0;
    retMap.put("success", flag);
    retMap.put("message", flag? "抢红包成功":"抢红包失败");
    return retMap;
}
```

修改代码清单 20-14 的 JSP 文件中 JavaScript 的 POST 请求地址和红包，id 对应上新增控制器的方法，便可以进行测试，结果如图 22-18 所示。

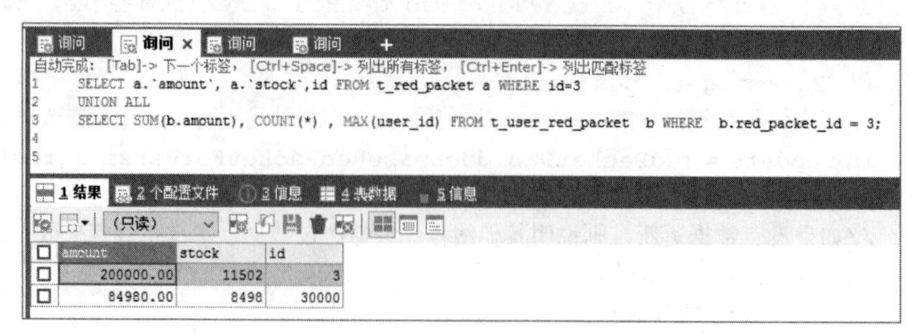

图 22-18　乐观锁测试结果

从图 22-18 中我们看到，经过 3 万次的抢夺，还会存在大量的红包，也就是存在大量的因为版本不一致的原因造成抢红包失败的请求，不过这个失败率太高了一点。有时候会容忍这个失败，这取决于业务的需要，因为允许用户自己再发起抢夺红包，比如微信抢红包也常常发生错误返回。再次对性能进行测试，如图 22-19 所示。

图 22-19　测试乐观锁性能

33 秒完成所有抢红包的功能，这个结果和不使用任何锁一样，但是还存在大量的红包因为版本并发的原因而没有被抢到，而且这个概率比较高，下面解决这个问题。

为了克服这个问题，提高成功率，还会考虑使用重入机制。也就是一旦因为版本原因没有抢到红包，则重新尝试抢红包，但是过多的重入会造成大量的 SQL 执行，所以目前流行的重入会加入两种限制，一种是按时间戳的重入，也就是在一定时间戳内（比如说 100 毫秒），不成功的会循环到成功为止，直至超过时间戳，不成功才会退出，返回失败。另外一种是按次数，比如限定 3 次，程序尝试超过 3 次抢红包后，就判定请求失效，这样有助于提高用户抢红包的成功率，下面讨论如何重入。

22.5.4　乐观锁重入机制

因为乐观锁造成大量更新失败的问题，使用时间戳执行乐观锁重入，是一种提高成功率的方法，比如考虑在 100 毫秒内允许重入，把 UserRedPacketServiceImpl 中的方法 grapRedPacketForVersion 修改为代码清单 22-18。

代码清单 22-18：使用时间戳执行乐观锁重入

```
@Override
@Transactional(isolation = Isolation.READ_COMMITTED,
```

```
propagation=Propagation.REQUIRED)
public int grapRedPacketForVersion(Long redPacketId, Long userId) {
    //记录开始时间
    long start = System.currentTimeMillis();
    //无限循环，等待成功或者时间满100毫秒退出
    while (true) {
        //获取循环当前时间
        long end = System.currentTimeMillis();
        //当前时间已经超过100毫秒，返回失败
        if (end - start > 100) {
            return FAILED;
        }
        //获取红包信息,注意version值
        RedPacket redPacket = redPacketDao.getRedPacket(redPacketId);
        //当前小红包库存大于0
        if (redPacket.getStock() > 0) {
            //再次传入线程保存的version旧值给SQL判断，是否有其他线程修改过数据
            int update =
            redPacketDao.decreaseRedPacketForVersion(redPacketId,
redPacket.getVersion());
            //如果没有数据更新，则说明其他线程已经修改过数据，则重新抢夺
            if (update == 0) {
                continue;
            }
            //生成抢红包信息
            UserRedPacket userRedPacket = new UserRedPacket();
            userRedPacket.setRedPacketId(redPacketId);
            userRedPacket.setUserId(userId);
            userRedPacket.setAmount(redPacket.getUnitAmount());
            userRedPacket.setNote("抢红包 " + redPacketId);
            //插入抢红包信息
            int result = userRedPacketDao.grapRedPacket(userRedPacket);
            return result;
        } else {
            //一旦没有库存，则马上返回
            return FAILED;
        }
    }
}
```

当因为版本号原因更新失败后，会重新尝试抢夺红包，但是会实现判断时间戳，如果时间戳在100毫秒内，就继续，否则就不再重新尝试，而判定失败，这样可以避免过多的SQL执行，维持系统稳定。乐观锁按时间戳重入，如图22-20所示。

从结果来看，之前大量失败的场景消失了，也没有超发现象，3万次尝试抢光了所有的红包，避免了总是失败的结果，但是有时候时间戳并不是那么稳定，也会随着系统的空

闲或者繁忙导致重试次数不一。有时候我们也会考虑限制重试次数，比如 3 次。下面再次改写 UserRedPacketServiceImpl 中的方法 grapRedPacketForVersion，如代码清单 22-19 所示。

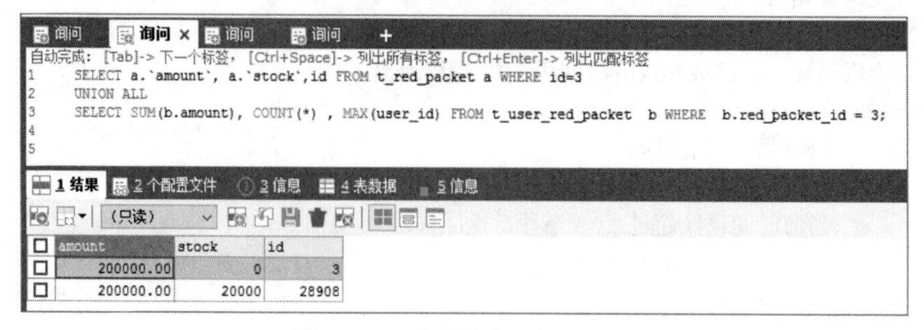

图 22-20　乐观锁按时间戳重入

代码清单 22-19：通过重试次数提高乐观锁抢红包成功率

```
@Override
@Transactional(isolation                =             Isolation.READ_COMMITTED,
propagation=Propagation.REQUIRED)
public int grapRedPacketForVersion(Long redPacketId, Long userId) {
    for (int i=0; i<3; i++) {
        //获取红包信息，注意 version 值
        RedPacket redPacket = redPacketDao.getRedPacket(redPacketId);
        //当前小红包库存大于 0
        if (redPacket.getStock() > 0) {
            //再次传入线程保存的 version 旧值给 SQL 判断，是否有其他线程修改过数据
            int update =
   redPacketDao.decreaseRedPacketForVersion(redPacketId,
redPacket.getVersion());
            //如果没有数据更新，则说明其他线程已经修改过数据，则重新抢夺
            if (update == 0) {
                continue;
            }
            //生成抢红包信息
            UserRedPacket userRedPacket = new UserRedPacket();
            userRedPacket.setRedPacketId(redPacketId);
            userRedPacket.setUserId(userId);
            userRedPacket.setAmount(redPacket.getUnitAmount());
            userRedPacket.setNote("抢红包 " + redPacketId);
            //插入抢红包信息
            int result = userRedPacketDao.grapRedPacket(userRedPacket);
            return result;
        } else {
            //一旦没有库存，则马上返回
            return FAILED;
        }
    }
    return FAILED;
}
```

通过 for 循环限定重试 3 次，3 次过后无论成败都会判定为失败而退出，这样就能避免

过多的重试导致过多 SQL 被执行的问题，从而保证数据库的性能。为此笔者也进行了测试，如图 22-21 所示。

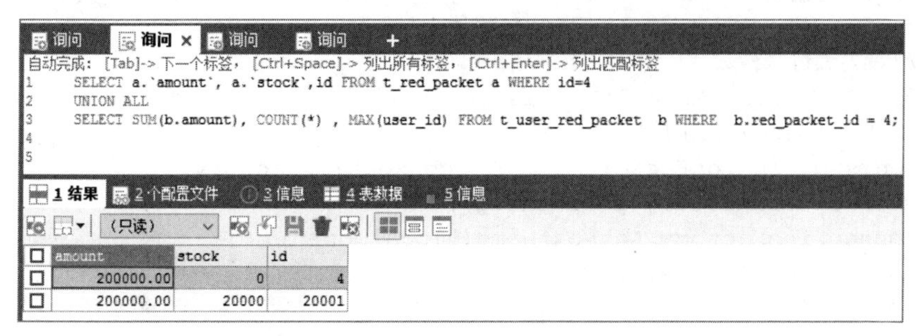

图 22-21　乐观锁按重试次数重入

显然效果很好，3 万次请求，所有红包都被抢到了，也没有发生超发现象，这样就可以消除大量的请求失败，避免非重入的时候大量请求失败的场景。

但是现在是使用数据库的情况，有时候并不想使用数据库作为抢红包时刻的数据保存载体，而是选择性能优于数据库的 Redis。之前我们学习过 Redis 事务，也学习过 Redis 的 Lua 语言，它是一种原子性的操作，为此我们将绕开数据库用 Redis 处理高并发的请求。

22.6　使用 Redis 实现抢红包

数据库最终会将数据保存到磁盘中，而 Redis 使用的是内存，内存的速度比磁盘速度快得多，所以这里将讨论使用 Redis 实现抢红包。

对于使用 Redis 实现抢红包，首先需要知道的是 Redis 的功能不如数据库强大，事务也不完整，因此要保证数据的正确性，数据的正确性可以通过严格的验证得以保证。而 Redis 的 Lua 语言是原子性的，且功能更为强大，所以优先选择使用 Lua 语言来实现抢红包。但是无论如何对于数据而言，在 Redis 当中存储，始终都不是长久之计，因为 Redis 并非一个长久储存数据的地方，它存储的数据是非严格和安全的环境，更多的时候只是为了提供更为快速的缓存，所以当红包金额为 0 或者红包超时的时候（超时操作可以使用定时机制实现，这不属于本书内容，所以暂不讨论它的实现），会将红包数据保存到数据库中，这样才能够保证数据的安全性和严格性。

22.6.1　使用注解方式配置 Redis

首先在类 RootConfig 上创建一个 RedisTemplate 对象，并将其装载到 Spring IoC 容器中，如代码清单 22-20 所示。

代码清单 22-20：创建 RedisTemplate 对象

```
@Bean(name = "redisTemplate")
public RedisTemplate initRedisTemplate() {
    JedisPoolConfig poolConfig = new JedisPoolConfig();
```

```
    //最大空闲数
    poolConfig.setMaxIdle(50);
    //最大连接数
    poolConfig.setMaxTotal(100);
    //最大等待毫秒数
    poolConfig.setMaxWaitMillis(20000);
    //创建 Jedis 链接工厂
    JedisConnectionFactory connectionFactory = new
JedisConnectionFactory(poolConfig);
    connectionFactory.setHostName("localhost");
    connectionFactory.setPort(6379);
    //调用后初始化方法，没有它将抛出异常
    connectionFactory.afterPropertiesSet();
    //自定 Redis 序列化器
    RedisSerializer jdkSerializationRedisSerializer = new
JdkSerializationRedisSerializer();
    RedisSerializer stringRedisSerializer = new StringRedisSerializer();
    //定义 RedisTemplate，并设置连接工厂
    RedisTemplate redisTemplate = new RedisTemplate();
    redisTemplate.setConnectionFactory(connectionFactory);
    //设置序列化器
    redisTemplate.setDefaultSerializer(stringRedisSerializer);
    redisTemplate.setKeySerializer(stringRedisSerializer);
    redisTemplate.setValueSerializer(stringRedisSerializer);
    redisTemplate.setHashKeySerializer(stringRedisSerializer);
    redisTemplate.setHashValueSerializer(stringRedisSerializer);
    return redisTemplate;
}
```

这样 RedisTemplate 就可以在 Spring 上下文中使用了。注意，JedisConnectionFactory 对象在最后的时候需要自行调用 afterPropertiesSet 方法，它实现了 InitializingBean 接口。如果将其配置在 Spring IoC 容器中，Spring 会自动调用它，但是这里我们是自行创建的，因此需要自行调用，否则在运用的时候会抛出异常，从而出现错误。

22.6.2 数据存储设计

Redis 并不是一个严格的事务，而且事务的功能也是有限的。加上 Redis 本身的命令也比较有限，功能性不强，为了增强功能性，还可以使用 Lua 语言。Redis 中的 Lua 语言是一种原子性的操作，可以保证数据的一致性。依据这个原理可以避免超发现象，完成抢红包的功能，而且对于性能而言，Redis 会比数据库快得多。

第一次运行 Lua 脚本的时候，先在 Redis 中编译和缓存脚本，这样就可以得到一个 SHA1 字符串，之后通过 SHA1 字符串和参数就能调用 Lua 脚本了。先来编写 Lua 脚本，如代码清单 22-21 所示。

代码清单 22-21：用 Lua 脚本保存抢红包信息

```
--缓存抢红包列表信息列表 key
```

```
local listKey = 'red_packet_list_'..KEYS[1]
--当前被抢红包 key
local redPacket = 'red_packet_'..KEYS[1]
--获取当前红包库存
local stock = tonumber(redis.call('hget', redPacket, 'stock'))
--没有库存，返回为 0
if stock <= 0 then return 0 end
--库存减 1
stock = stock -1
--保存当前库存
redis.call('hset', redPacket, 'stock', tostring(stock))
--往链表中加入当前红包信息
redis.call('rpush', listKey, ARGV[1])
--如果是最后一个红包，则返回 2，表示抢红包已经结束，需要将列表中的数据保存到数据库中
if stock == 0 then return 2 end
--如果并非最后一个红包，则返回 1，表示抢红包成功
return 1
```

这里可以看到这样一个流程：

- 判断是否存在可抢的库存，如果已经没有可抢夺的红包，则返回为 0，结束流程。
- 有可抢夺的红包，对于红包的库存减一，然后重新设置库存。
- 将抢红包数据保存到 Redis 的链表当中，链表的 key 为 red_packet_list_{id}。
- 如果当前库存为 0，那么返回 2，这说明可以触发数据库对 Redis 链表数据的保存，链表的 key 为 red_packet_list_{id}，它将保存抢红包的用户名和抢的时间。
- 如果当前库存不为 0，那么将返回 1，这说明抢红包信息保存成功。

当返回为 2 的时候（现实中如果抢不完红包，可以使用超时机制触发，这比较复杂，本书不讨论这样的情况），说明红包已经没有库存，会触发数据库对链表数据的保存，这是一个大数据量的保存。为了不影响最后一次抢红包的响应，在实际的操作中往往会考虑使用 JMS 消息发送到别的服务器进行操作，这样会比较复杂，而 JMS 消息也不属于本书讨论的范围，所以这里只是创建一条新的线程去运行保存 Redis 链表数据到数据库，为此我们需要一个新的服务类，如代码清单 22-22 所示。

代码清单 22-22：设计保存 Redis 抢红包的服务类

```
package com.ssm.chapter22.service;
public interface RedisRedPacketService {
    /**
     * 保存 redis 抢红包列表
     * @param redPacketId --抢红包编号
     * @param unitAmount -- 红包金额
     */
    public   void   saveUserRedPacketByRedis(Long   redPacketId,   Double
unitAmount);

}
```

还需要这个接口的实现类，如代码清单 22-23 所示。

代码清单 22-23：RedisRedPacketService 接口实现类

```
package com.ssm.chapter22.service.impl;
import java.sql.Connection;
import java.sql.SQLException;
import java.sql.Statement;
import java.sql.Timestamp;
import java.text.DateFormat;
import java.text.SimpleDateFormat;
import java.util.ArrayList;
import java.util.List;
import javax.sql.DataSource;
import org.springframework.beans.factory.annotation.Autowired;
import org.springframework.data.redis.core.BoundListOperations;
import org.springframework.data.redis.core.RedisTemplate;
import org.springframework.scheduling.annotation.Async;
import org.springframework.stereotype.Service;

import com.ssm.chapter22.pojo.UserRedPacket;
import com.ssm.chapter22.service.RedisRedPacketService;

@Service
public class RedisRedPacketServiceImpl implements RedisRedPacketService {

    private static final String PREFIX = "red_packet_list_";
    //每次取出 1000 条，避免一次取出消耗太多内存
    private static final int TIME_SIZE = 1000;

    @Autowired
    private RedisTemplate redisTemplate = null; //RedisTemplate

    @Autowired
    private DataSource dataSource = null; //数据源

    @Override
    //开启新线程运行
    @Async
    public void saveUserRedPacketByRedis(Long redPacketId, Double
unitAmount) {
        System.err.println("开始保存数据");
        Long start = System.currentTimeMillis();
        //获取列表操作对象
        BoundListOperations ops = redisTemplate.boundListOps(PREFIX +
redPacketId);
        Long size = ops.size();
```

```
        Long times = size % TIME_SIZE == 0 ? size / TIME_SIZE : size / TIME_SIZE
+ 1;
        int count = 0;
        List<UserRedPacket>         userRedPacketList          =          new
ArrayList<UserRedPacket>(TIME_SIZE);
        for (int i = 0; i < times; i++) {
            //获取至多 TIME_SIZE 个抢红包信息
            List userIdList = null;
            if (i == 0) {
                userIdList = ops.range(i * TIME_SIZE, (i + 1) * TIME_SIZE);
            } else {
                userIdList = ops.range(i * TIME_SIZE + 1, (i + 1) * TIME_SIZE);
            }
            userRedPacketList.clear();
            //保存红包信息
            for (int j = 0; j < userIdList.size(); j++) {
                String args = userIdList.get(j).toString();
                String[] arr = args.split("-");
                String userIdStr = arr[0];
                String timeStr = arr[1];
                Long userId = Long.parseLong(userIdStr);
                Long time = Long.parseLong(timeStr);
                //生成抢红包信息
                UserRedPacket userRedPacket = new UserRedPacket();
                userRedPacket.setRedPacketId(redPacketId);
                userRedPacket.setUserId(userId);
                userRedPacket.setAmount(unitAmount);
                userRedPacket.setGrabTime(new Timestamp(time));
                userRedPacket.setNote("抢红包 " + redPacketId);
                userRedPacketList.add(userRedPacket);
            }
            //插入抢红包信息
            count += executeBatch(userRedPacketList);
        }
        //删除 Redis 列表
        redisTemplate.delete(PREFIX + redPacketId);
        Long end = System.currentTimeMillis();
        System.err.println("保存数据结束，耗时" + (end - start)
            + "毫秒，共" + count + "条记录被保存。");
    }
    /**
     * 使用 JDBC 批量处理 Redis 缓存数据.
     * @param userRedPacketList -- 抢红包列表
     * @return 抢红包插入数量.
     */
    private int executeBatch(List<UserRedPacket> userRedPacketList) {
```

```
        Connection conn = null;
        Statement stmt = null;
        int []count = null;
        try {
            conn = dataSource.getConnection();
            conn.setAutoCommit(false);
            stmt = conn.createStatement();
            for (UserRedPacket userRedPacket : userRedPacketList) {
                String sql1 = "update T_RED_PACKET set stock = stock-1 where
id="
                    + userRedPacket.getRedPacketId();
                DateFormat    df   =   new    SimpleDateFormat("yyyy-MM-dd
HH:mm:ss");
                String sql2 = "insert into T_USER_RED_PACKET(red_packet_id,
user_id, "
                        + "amount, grab_time, note)"
                        + " values (" + userRedPacket.getRedPacketId() + ",
"
                        + userRedPacket.getUserId() + ", "
                        + userRedPacket.getAmount() + ","
                        +  "'"  +  df.format(userRedPacket.getGrabTime())
+"',"
                        + "'"+ userRedPacket.getNote() + "')";
                stmt.addBatch(sql1);
                stmt.addBatch(sql2);
            }
            //执行批量
            count = stmt.executeBatch();
            //提交事务
            conn.commit();
        } catch (SQLException e) {
            /*********错误处理逻辑********/
            throw new RuntimeException("抢红包批量执行程序错误");
        } finally {
            try {
                if (conn != null && !conn.isClosed()) {
                    conn.close();
                }
            } catch (SQLException e) {
                e.printStackTrace();
            }
        }
        //返回插入抢红包数据记录
        return count.length/2;
    }
}
```

注意，注解@Async 表示让 Spring 自动创建另外一条线程去运行它，这样它便不在抢最后一个红包的线程之内。因为这个方法是一个较长时间的方法，如果在同一个线程内，那么对于最后抢红包的用户需要等待的时间太长，影响其体验。这里是每次取出 1 000 个抢红包的信息，之所以这样做是为了避免取出的数据过大，导致 JVM 消耗过多的内存影响系统性能。对于大批量的数据操作，这是我们在实际操作中要注意的，最后还会删除 Redis 保存的链表信息，这样就帮助 Redis 释放内存了。对于数据库的保存，这里采用了 JDBC 的批量处理，每 1 000 条批量保存一次，使用批量有助于性能的提高。在笔者的实际测试中，2 万条数据 6 秒就可以保存到数据库中了，性能还是不错的。

用注解@Async 的前提是提供一个任务池给 Spring 环境，这个时候要在原有的基础上改写配置类 WebConfig，如下面代码所示。

```
.....
@EnableAsync
public class WebConfig extends AsyncConfigurerSupport  {
......
public Executor getAsyncExecutor() {
    ThreadPoolTaskExecutor taskExecutor = new ThreadPoolTaskExecutor();
    taskExecutor.setCorePoolSize(5);
    taskExecutor.setMaxPoolSize(10);
    taskExecutor.setQueueCapacity(200);
    taskExecutor.initialize();
    return taskExecutor;
}
}
```

使用@EnableAsync 表明支持异步调用，而我们重写了抽象类 AsyncConfigurerSupport 的 getAsyncExecutor 方法，它是获取一个任务池，当在 Spring 环境中遇到注解@Async 就会启动这个任务池的一条线程去运行对应的方法，这样便能执行异步了。

22.6.3　使用 Redis 实现抢红包

有了 Redis 的配置，下面讨论一下如何使用 Redis 实现抢红包的逻辑，首先要自己编写 Lua 语言，然后通过对应的链接发送给 Redis 服务器，那么 Redis 会返回一个 SHA1 字符串，我们保存它，之后的发送可以只发送这个字符和对应的参数。下面在 UserRedPacketService 接口中加入一个新的方法：

```
/**
 * 通过 Redis 实现抢红包
 * @param redPacketId  红包编号
 * @param userId  用户编号
 * @return
 * 0-没有库存，失败
```

```
 * 1--成功，且不是最后一个红包
 * 2--成功，且是最后一个红包
 */
public Long grapRedPacketByRedis(Long redPacketId, Long userId);
```

它的实现类 UserRedPacketServiceImpl 也要加入其实现方法，如代码清单 22-24 所示。

代码清单 22-24：使用 Redis 实现抢红包逻辑

```
@Autowired
private RedisTemplate redisTemplate = null;

@Autowired
private RedisRedPacketService redisRedPacketService = null;

//Lua 脚本
String script = "local listKey = 'red_packet_list_'..KEYS[1] \n"
        + "local redPacket = 'red_packet_'..KEYS[1] \n"
        + "local stock = tonumber(redis.call('hget', redPacket, 'stock'))
\n"
        + "if stock <= 0 then return 0 end \n"
        + "stock = stock -1 \n"
        + "redis.call('hset', redPacket, 'stock', tostring(stock)) \n"
        + "redis.call('rpush', listKey, ARGV[1]) \n"
        + "if stock == 0 then return 2 end \n"
        + "return 1 \n";

//在缓存 Lua 脚本后，使用该变量保存 Redis 返回的 32 位的 SHA1 编码，使用它去执行缓存的
Lua 脚本
String sha1 = null;

@Override
public Long grapRedPacketByRedis(Long redPacketId, Long userId) {
    //当前抢红包用户和日期信息
    String args = userId + "-" + System.currentTimeMillis();
    Long result = null;
    //获取底层 Redis 操作对象
    Jedis jedis =
       (Jedis)      redisTemplate.getConnectionFactory().getConnection().
getNativeConnection();
    try {
        //如果脚本没有加载过，那么进行加载，这样就会返回一个 sha1 编码
        if (sha1 == null) {
            sha1 = jedis.scriptLoad(script);
        }
        //执行脚本，返回结果
        Object res = jedis.evalsha(sha1, 1, redPacketId + "", args);
```

```
            result = (Long) res;
            //返回 2 时为最后一个红包，此时将抢红包信息通过异步保存到数据库中
            if (result == 2) {
                //获取单个小红包金额
                String unitAmountStr = jedis.hget("red_packet_" + redPacketId,
    "unit_amount");
                //触发保存数据库操作
                Double unitAmount = Double.parseDouble(unitAmountStr);
                System.err.println("thread_name       =       "        +
    Thread.currentThread().getName());
                redisRedPacketService.saveUserRedPacketByRedis(redPacketId,
    unitAmount);
            }
        } finally {
            //确保 jedis 顺利关闭
            if (jedis != null && jedis.isConnected()) {
                jedis.close();
            }
        }
        return result;
    }
```

这里使用了保存脚本返回的 SHA1 字符串，所以只会发送一次脚本到 Redis 服务器，之后只传输 SHA1 字符串和参数到 Redis 就能执行脚本了，当脚本返回为 2 的时候，表示此时所有的红包都已经被抢光了，那么就会触发 redisRedPacketService 的 saveUserRedPacketByRedis 方法。由于在 saveUserRedPacketByRedis 加入注解@Async，所以 Spring 会创建一条新的线程去运行它，这样就不会影响最后抢一个红包用户的响应时间了。

此时重新在控制器 UserRedPacketController 上加入新的方法作为响应便可以了，如代码清单 22-25 所示。

代码清单 22-25：UserRedPacketController 使用 Redis 实现抢红包逻辑

```
    @RequestMapping(value = "/grapRedPacketByRedis")
    @ResponseBody
    public Map<String, Object> grapRedPacketByRedis(Long redPacketId, Long
    userId) {
        Map<String, Object> resultMap = new HashMap<String, Object>();
        Long result = userRedPacketService.grapRedPacketByRedis(redPacketId,
    userId);
        boolean flag = result > 0;
        resultMap.put("result", flag);
        resultMap.put("message", flag ? "抢红包成功": "抢红包失败");
        return resultMap;
    }
```

为了测试它，我们先在 Redis 上添加红包信息，于是执行这样的命令：

```
hset red_packet_5 stock 20000
hset red_packet_5 unit_amount 10
```

初始化了一个编号为 5 的大红包，其中库存为 2 万个，每个 10 元，读者在自己操作的时候，需要保证数据库的红包表内也有对应的记录。然后写一个 JSP 文件，对其进行测试，如代码清单 22-26 所示。

代码清单 22-26：测试 Redis 抢红包

```
<%@ page language="java" contentType="text/html; charset=UTF-8"
       pageEncoding="UTF-8"%>
<!DOCTYPE  html  PUBLIC  "-//W3C//DTD  HTML  4.01  Transitional//EN"
"http://www.w3.org/TR/html4/loose.dtd">
<html>
<head>
<meta http-equiv="Content-Type" content="text/html; charset=UTF-8">
<title>参数</title>
<!-- 加载 Query 文件-->
<script                                                type="text/javascript"
src="https://code.jquery.com/jquery-3.2.0.js">
</script>
<script type="text/javascript">
          $(document).ready(function () {
             //jQuery 的 post 请求，请注意这是异步请求
             for(var i=1; i<=30000; i++) {
                 $.post({
                    //请求抢 id 为 5 的红包
                url:
"./userRedPacket/grapRedPacketByRedis.do?redPacketId=5&userId=" + i,
                    //成功后的方法
                    success: function (result) {
                    }
                 });
             }
          });
</script>
</head>
<body>
</body>
</html>
```

这样运行服务器，使用 JSP 便能够进行测试了，下面是笔者测试的结果，如图 22-22 所示。

结果正确，那么它的性能如何呢？再次进行查询，如图 22-23 所示。

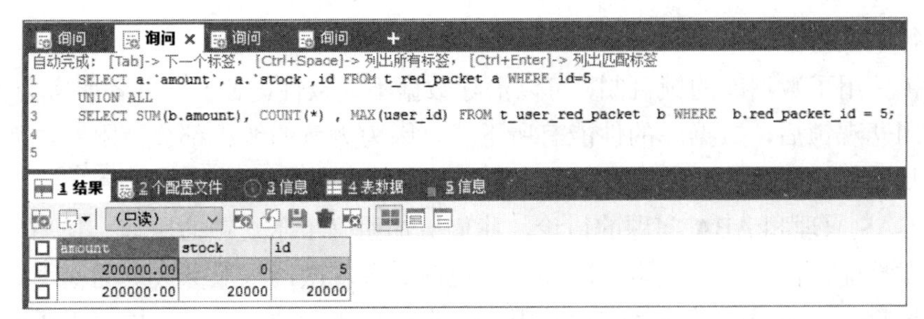

图 22-22　Redis 实现抢红包测试

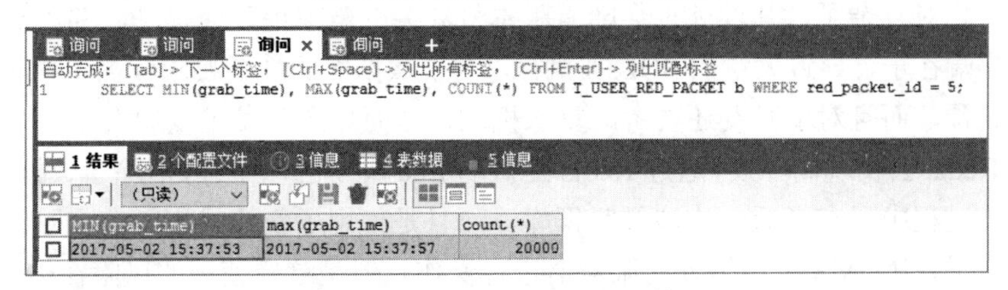

图 22-23　查询 Redis 抢红包性能

2 万个红包只要 4 秒便完成了，而且没有发生超发的状况，性能远远超过乐观锁的 33 秒，更是远超使用悲观锁的 50 多秒，可见使用 Redis 是多么高效。

注意，在一个普通请求的过程中，并没有去操作任何数据库，而只是使用 Redis 缓存数据而已，这就是程序能够高速运行的原因。Redis 抢红包流程图，如图 22-24 所示。

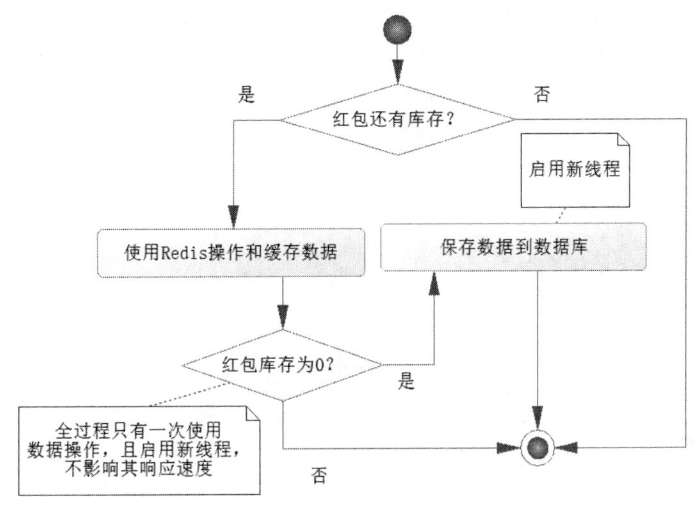

图 22-24　Redis 抢红包流程图

22.7　各类方式的优缺点

本章主要讨论了 Java 互联网的高并发应用，先谈及了一些常用的系统设计理念，用以搭建高可用的互联网应用系统，着重介绍了抢红包的高并发应用，还讨论了数据不一致的超发问题，并且论述了乐观锁、悲观锁和 Redis 如何消除数据不一致性的问题，也对它们的性能进行了探讨。

悲观锁使用了数据库的锁机制，可以消除数据不一致性，对于开发者而言会十分简单，但是，使用悲观锁后，数据库的性能有所下降，因为大量的线程都会被阻塞，而且需要有大量的恢复过程，需要进一步改变算法以提高系统的并发能力。

通过 CAS 原理和 ABA 问题的讨论，我们更加明确了乐观锁的原理，使用乐观锁有助于提高并发性能，但是由于版本号冲突，乐观锁导致多次请求服务失败的概率大大提高，而我们通过重入（按时间戳或者按次数限定）来提高成功的概率，这样对于乐观锁而言实现的方式就相对复杂了，其性能也会随着版本号冲突的概率提升而提升，并不稳定。使用乐观锁的弊端在于，导致大量的 SQL 被执行，对于数据库的性能要求较高，容易引起数据库性能的瓶颈，而且对于开发还要考虑重入机制，从而导致开发难度加大。

使用 Redis 去实现高并发，通过 Redis 提供的 Lua 脚本的原子性，消除了数据不一致性，并且在整个过程中只有最后一次涉及数据库，而且是使用了新的线程。在实际的操作中笔者更加倾向于使用 JMS 启动另外的服务器进行操作。但是这样使用的风险在于 Redis 的不稳定性，因为其事务和存储都存在不稳定的因素，所以更多的时候，笔者都建议使用独立 Redis 服务器做高并发业务，一方面可以提高 Redis 的性能，另一方面即使在高并发的场合，Redis 服务器宕机也不会影响现有的其他业务，同时也可以使用备机等设备提高系统的高可用，保证网站的安全稳定。

以上讨论了 3 种方式实现高并发业务技术的利弊，妥善规避风险，同时保证系统的高可用和高效是值得每一位开发者思考的问题。

附录 A 数据库表模型

在默认的情况下，本书使用以下数据模型，如图 A-1 所示。

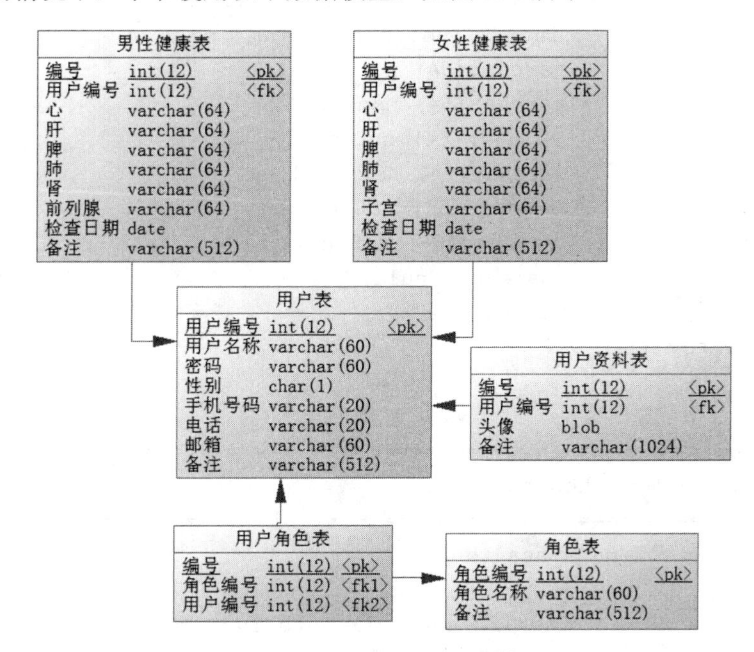

图 A-1　本书通用数据库表模型

对模型进行一定的描述。

- 用户表和角色表通过用户角色表关联，它们是多对多的关系。
- 用户表里面有一个性别字段（sex），1 表示男性，0 表示女性，根据男性或者女性关联不同的健康表。
- 用户表和用户资料表通过用户编号一对一关联。

其建表语句如下：

```
drop table if exists T_male_health;

drop table if exists t_female_health;
```

```
drop table if exists t_role;

drop table if exists t_user;

drop table if exists t_user_info;

drop table if exists t_user_role;

/*==============================================================*/
/* Table: T_male_health                                         */
/*==============================================================*/
create table T_male_health
(
   id                   int(12) not null auto_increment,
   user_id              int(12) not null,
   heart                varchar(64) not null,
   liver                varchar(64) not null,
   spleen               varchar(64) not null,
   lung                 varchar(64) not null,
   kidney               varchar(64) not null,
   prostate             varchar(64) not null,
   check_date           date not null,
   note                 varchar(512),
   primary key (id)
);

/*==============================================================*/
/* Table: t_female_health                                       */
/*==============================================================*/
create table t_female_health
(
   id                   int(12) not null auto_increment,
   user_id              int(12) not null,
   heart                varchar(64) not null,
   liver                varchar(64) not null,
   spleen               varchar(64) not null,
   lung                 varchar(64) not null,
   kidney               varchar(64) not null,
   uterus               varchar(64) not null,
   check_date           date not null,
   note                 varchar(512),
   primary key (id)
);

/*==============================================================*/
/* Table: t_role                                                */
```

```
/*==============================================================*/
create table t_role
(
   id                   int(12) not null auto_increment,
   role_name             varchar(60) not null,
   note                 varchar(512),
   primary key (id)
);

/*==============================================================*/
/* Table: t_user                                                */
/*==============================================================*/
create table t_user
(
   id                   int(12) not null,
   user_name             varchar(60) not null,
   password              varchar(60) not null,
   sex                  char(1) not null,
   mobile                varchar(20) not null,
   tel                  varchar(20),
   email                 varchar(60),
   note                 varchar(512),
   primary key (id)
);

/*==============================================================*/
/* Table: t_user_info                                           */
/*==============================================================*/
create table t_user_info
(
   id                   int(12) not null,
   user_id               int(12) not null,
   head_image             blob not null,
   note                 varchar(1024),
   primary key (id)
);

/*==============================================================*/
/* Table: t_user_role                                           */
/*==============================================================*/
create table t_user_role
(
   id                   int(12) not null auto_increment,
   role_id               int(12) not null,
   user_id               int(12) not null,
   primary key (id)
```

```
);

/*==============================================================*/
/* Index: role_user_idx                                         */
/*==============================================================*/
create unique index role_user_idx on t_user_role
(
   user_id,
   role_id
);
```

附录 B

DispatcherServlet 流程源码分析

DispatcherServlet 的服务流程是必须掌握的内容，它是 Spring MVC 的核心。它的具体服务流程对一些中高级应用的开发者十分重要，所以这里探讨一下 Spring MVC 的源码，但是还是属于比较粗粒度的探索，其主要目的是为了帮助读者更好地理解 Spring MVC 的组件及其流程。

附录 B.1　服务流程

一般而言，Servlet 有一个服务方法 doService 来为 Http 请求提供服务，DispatcherServlet 也是如此，它的 doService 方法，如代码清单 B-1 所示。

代码清单 B-1：DispatcherServlet 的 doService 方法

```
@Override
protected void doService(HttpServletRequest request, HttpServletResponse
response) throws Exception {
    if (logger.isDebugEnabled()) {
        String    resumed    =    WebAsyncUtils.getAsyncManager(request).
hasConcurrentResult() ?
            " resumed" : "";
        logger.debug("DispatcherServlet with name '" + getServletName() +
"'" + resumed +
        "  processing  " + request.getMethod() + " request for [" +
getRequestUri(request) + "]");
    }
    //快照处理
    //Keep a snapshot of the request attributes in case of an include,
    //to be able to restore the original attributes after the include.
    Map<String, Object> attributesSnapshot = null;
    if (WebUtils.isIncludeRequest(request)) {
        attributesSnapshot = new HashMap<String, Object>();
        Enumeration<?> attrNames = request.getAttributeNames();
```

```
        while (attrNames.hasMoreElements()) {
            String attrName = (String) attrNames.nextElement();
            if                (this.cleanupAfterInclude                ||
attrName.startsWith("org.springframework.web.servlet")) {
                attributesSnapshot.put(attrName,
request.getAttribute(attrName));
            }
        }
    }

    //Make framework objects available to handlers and view objects.
    //设置 Web IoC 容器
    request.setAttribute(WEB_APPLICATION_CONTEXT_ATTRIBUTE,
getWebApplicationContext());
    //设置国际化属性
    request.setAttribute(LOCALE_RESOLVER_ATTRIBUTE,
this.localeResolver);
    //主题属性
    request.setAttribute(THEME_RESOLVER_ATTRIBUTE, this.themeResolver);
    //主题源属性
    request.setAttribute(THEME_SOURCE_ATTRIBUTE, getThemeSource());
    //FlashMap 关于这部分不讨论，非 FlashMap 开发用不到
    FlashMap                    inputFlashMap                    =
this.flashMapManager.retrieveAndUpdate(request, response);
    if (inputFlashMap != null) {
        request.setAttribute(INPUT_FLASH_MAP_ATTRIBUTE,
Collections.unmodifiableMap(inputFlashMap));
    }
    request.setAttribute(OUTPUT_FLASH_MAP_ATTRIBUTE, new FlashMap());
    request.setAttribute(FLASH_MAP_MANAGER_ATTRIBUTE,
this.flashMapManager);

    try {
        //处理分发
        doDispatch(request, response);
    }
    finally {
        if
(!WebAsyncUtils.getAsyncManager(request).isConcurrentHandlingStarted())
{
            //Restore the original attribute snapshot, in case of an include.
            if (attributesSnapshot != null) {
                restoreAttributesAfterInclude(request,
attributesSnapshot);
            }
        }
```

```
        }
    }
```

从这段源码中我们看到了快照的处理，使用快照可以更快响应用户请求，并且设置一些属性，最后所有的流程都集中在了 doDispatch 方法中。在 Spring MVC 流程中这是一个最为重要的方法，因此我们还需要探索它，如代码清单 B-2 所示。

代码清单 B-2：DispatcherServlet 的 doDispatch 方法

```
protected void doDispatch(HttpServletRequest request, HttpServletResponse
response) throws Exception {
    HttpServletRequest processedRequest = request;
    HandlerExecutionChain mappedHandler = null;
    boolean multipartRequestParsed = false;

    WebAsyncManager asyncManager = WebAsyncUtils.getAsyncManager(request);

    try {
        //模型和视图
        ModelAndView mv = null;
        //错误处理
        Exception dispatchException = null;

        try {
            //文件上传处理解析器
            processedRequest = checkMultipart(request);
            //是否为文件上传请求
            multipartRequestParsed = (processedRequest != request);

            //Determine handler for the current request.
//获取匹配的执行链
            mappedHandler = getHandler(processedRequest);
//没有处理器错误
            if (mappedHandler == null || mappedHandler.getHandler() == null)
{
                noHandlerFound(processedRequest, response);
                return;
            }

            //Determine handler adapter for the current request.
        //找到对应的处理适配器（HandlerAdapter）
             HandlerAdapter                    ha                        =
getHandlerAdapter(mappedHandler.getHandler());

            //Process last-modified header, if supported by the handler.
            //判断是 http 的 get 方法还是 post 方法
            String method = request.getMethod();
```

```
            boolean isGet = "GET".equals(method);
            //GET 方法的处理
            if (isGet || "HEAD".equals(method)) {
                long lastModified = ha.getLastModified(
                  request, mappedHandler.getHandler());
                if (logger.isDebugEnabled()) {
                    logger.debug("Last-Modified    value    for    ["    +
getRequestUri(request) +
                        "] is: " + lastModified);
                }
                if            (new            ServletWebRequest(request,
response).checkNotModified(lastModified)
&& isGet) {
                    return;
                }
            }
//执行拦截器的事前方法，如果返回 false，则流程结束
           if (!mappedHandler.applyPreHandle(processedRequest, response))
{
                return;
            }

            //Actually invoke the handler.
//执行处理器，返回 ModelAndView
            mv        =        ha.handle(processedRequest,        response,
mappedHandler.getHandler());

            if (asyncManager.isConcurrentHandlingStarted()) {
                return;
            }
            //如果视图为空，给予设置默认视图的名称
            applyDefaultViewName(processedRequest, mv);
//执行处理器拦截器的事后方法
            mappedHandler.applyPostHandle(processedRequest,     response,
mv);
        }
        catch (Exception ex) {
            //记录异常
            dispatchException = ex;
        }
        catch (Throwable err) {
            //As of 4.3, we're processing Errors thrown from handler methods
as well,
            //making them available for @ExceptionHandler methods and other
scenarios.
            //记录异常
```

```
            dispatchException = new NestedServletException("Handler dispatch failed", err);
        }
    //处理请求结果，显然这里已经通过处理器得到最后的结果和视图
        //如果是逻辑视图，则解析名称，否则就不解析，最后渲染视图
        processDispatchResult(processedRequest, response,
            mappedHandler, mv, dispatchException);
    }
    catch (Exception ex) {
        //异常处理，拦截器完成方法
        triggerAfterCompletion(processedRequest, response, mappedHandler, ex);
    }
    catch (Throwable err) {
        //错误处理
        triggerAfterCompletion(processedRequest, response, mappedHandler,
                new NestedServletException("Handler processing failed", err));
    }
    finally {
        //处理资源的释放
        if (asyncManager.isConcurrentHandlingStarted()) {
            //Instead of postHandle and afterCompletion
            if (mappedHandler != null) {
                //拦截器完成方法

    mappedHandler.applyAfterConcurrentHandlingStarted(processedRequest, response);
            }
        }
        else {
            //Clean up any resources used by a multipart request.
            //文件请求资源释放
            if (multipartRequestParsed) {
                cleanupMultipart(processedRequest);
            }
        }
    }
}
```

这是关于 Spring MVC 流程的源码，为了便于读者理解，部分地方笔者加入了中文注释，其中加粗的注释是主要流程，需要着重理解和掌握。

通过源码可以看出其流程是：

（1）通过请求找到对应的执行链，执行链包含了拦截器和开发者控制器。

（2）通过处理器找到对应的适配器。

（3）执行拦截器的事前方法，如果返回 false，则流程结束，不再处理。

（4）通过适配器运行处理器，然后返回模型和视图。

（5）如果视图没有名称，则给出默认的视图名称。

（6）执行拦截器的事后方法。

（7）处理分发请求得到的数据模型和视图的渲染。

我们有必要对获取处理器和结果处理这两步进行探索，因为它们是常用内容。

附录 B.2　处理器和拦截器

通过源码讨论 Spring MVC 流程后，我们有必要对找到处理器这步进行探讨，探讨处理器和拦截器的内容，这是核心内容之一，代码清单 B-3 就是 DispatcherServlet 的 getHandler 方法。

代码清单 B-3：DispacherServlet 的 getHandler 方法

```
protected HandlerExecutionChain getHandler(HttpServletRequest request)
throws Exception {
    for (HandlerMapping hm : this.handlerMappings) {
        if (logger.isTraceEnabled()) {
            logger.trace(
                "Testing handler map [" + hm + "] in DispatcherServlet with
name '"
                + getServletName() + "'");
        }
        HandlerExecutionChain handler = hm.getHandler(request);
        if (handler != null) {
            return handler;
        }
    }
    return null;
}
```

在启动期间，Spring MVC 已经初始化了处理器映射——HandlerMappings，所以这里先根据请求找到对应的 HandlerMapping，找到 HandlerMapping 后，就把相关处理的内容转化成一个 HandlerExecutionChain 对象，那么 HandlerExecutionChain 的数据结构是怎么样的呢？我们不妨看看它的源码，如代码清单 B-4 所示。

代码清单 B-4：HandlerExecutionChain

```
public class HandlerExecutionChain {
    //日志
    private          static          final          Log          logger          =
LogFactory.getLog(HandlerExecutionChain.class);
    //处理器，我们的控制器（或其方法）
```

```
    private final Object handler;
    //拦截器数组
    private HandlerInterceptor[] interceptors;
    //拦截器列表
    private List<HandlerInterceptor> interceptorList;
    //当前拦截器下标，当使用数组时有效
    private int interceptorIndex = -1;
......
}
```

源码中笔者给了注释，这样阅读会更方便，可以在进入控制器之前，运行对应的拦截器，这样就可以在进入处理器前做一些逻辑了。同样的，在 doDispatch 方法中笔者也有关于拦截器的 3 处注解，这是需要注意的地方。为此再探讨 HandlerInterceptor 接口的源码内容，如代码清单 B-5 所示。

代码清单 B-5：HandlerInterceptor 接口的源码分析

```
package org.springframework.web.servlet;
/***************imports***************/
public interface HandlerInterceptor {

    boolean  preHandle(HttpServletRequest  request,  HttpServletResponse
response, Object handler)throws Exception;

    void   postHandle(HttpServletRequest   request,   HttpServletResponse
response,
Object handler, ModelAndView modelAndView)throws Exception;

    void afterCompletion(HttpServletRequest request, HttpServletResponse
response,
Object handler, Exception ex)throws Exception;

}
```

依据 doDispatch 方法，我们知道当 preHandle 方法返回为 true 的时候才会继续运行，否则就会结束流程，而在数据模型渲染视图之前调用 postHandle 方法，在流程的 finally 语句中还会调用 afterCompletion 方法，这就是处理器拦截器的内容。

测试 HandlerExecutionChain 对象的数据结构，如图 B-1 所示。

通过请求的内容，Spring MVC 映射到了开发的 MyController 和 getRole 方法（注意，方法有一个 long 型参数）上，而它之中还存在一个拦截器，它是一个类型拦截器，也就是在进入控制器的方法之前，可以先执行拦截器的方法，改变一些逻辑，进而影响处理器的执行结果，这样通过拦截器就可以有效地加强控制器的功能，这点和 AOP 的原理十分接近。

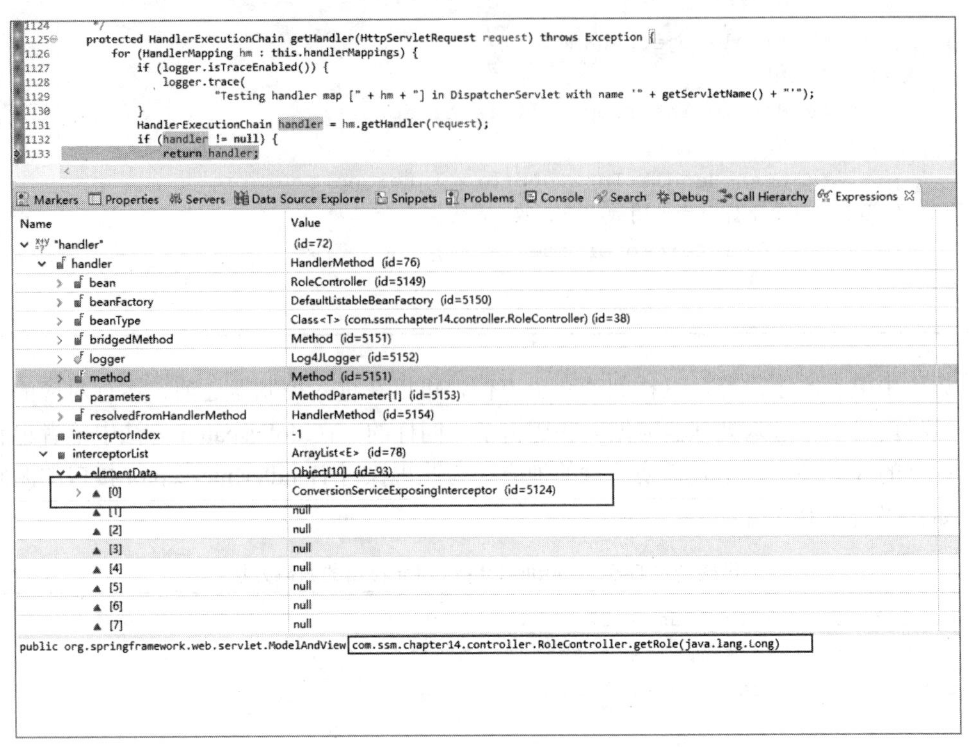

图 B-1　测试 HandlerExecutionChain 对象的数据结构

附录 B.3　视图渲染

在服务流程中，最后是 processDispatchResult 对模型和视图的处理，所以这里还是很有必要探讨一下 Spring MVC 是如何渲染视图的。processDispatchResult 方法的源码，如代码清单 B-6 所示。

代码清单 B-6：processDispatchResult 方法

```
private void processDispatchResult(HttpServletRequest request, HttpServletResponse response,
    HandlerExecutionChain mappedHandler, ModelAndView mv, Exception exception) throws Exception {
    boolean errorView = false;
    //处理器发生异常
    if (exception != null) {
        //视图和模型定义方面的异常
        if (exception instanceof ModelAndViewDefiningException) {
            logger.debug("ModelAndViewDefiningException encountered", exception);
            mv = ((ModelAndViewDefiningException) exception).getModelAndView();
        }
```

```
            //处理器的异常
            else {
                Object    handler    =    (mappedHandler    !=    null    ?
mappedHandler.getHandler() : null);
                mv  =  processHandlerException(request,  response,  handler,
exception);
                errorView = (mv != null);
            }
        }
        //处理器是否返回视图和模型
        //Did the handler return a view to render?
        if (mv != null && !mv.wasCleared()) {
//渲染视图
            render(mv, request, response);
            if (errorView) {
                WebUtils.clearErrorRequestAttributes(request);
            }
        }
        else {
            //视图为 null，或者已经被处理过
            if (logger.isDebugEnabled()) {
                logger.debug("Null ModelAndView returned to DispatcherServlet
with name '"
+  getServletName()  +"':  assuming  HandlerAdapter  completed  request
handling");
            }
        }
        //是否存在并发处理
        if
(WebAsyncUtils.getAsyncManager(request).isConcurrentHandlingStarted()) {
            //Concurrent handling started during a forward
            return;
        }
        //完成方法
        if (mappedHandler != null) {
            mappedHandler.triggerAfterCompletion(request, response, null);
        }
    }
```

关键流程笔者也给了注释，首先是处理异常信息，如果没有，则继续流程。相信这些也不难阅读，所以就不多加讨论了，显然这里关注的核心问题是 render 方法，它的源码如代码清单 B-7 所示。

代码清单 B-7：render 方法

```
protected  void  render(ModelAndView  mv,  HttpServletRequest  request,
HttpServletResponse response) throws Exception {
```

```
    //Determine locale for request and apply it to the response.
    //国际化
    Locale locale = this.localeResolver.resolveLocale(request);
    response.setLocale(locale);

    View view;
    //是否是逻辑视图，如果是需要转化为真实路径下的视图
    if (mv.isReference()) {
        //We need to resolve the view name.
        //转化逻辑视图为真实视图
        view = resolveViewName(mv.getViewName(), mv.getModelInternal(),
locale, request);
        if (view == null) {
            throw new ServletException("Could not resolve view with name '"
+ mv.getViewName() +
                    "' in servlet with name '" + getServletName() + "'");
        }
    }
    //非逻辑视图
    else {
        //No need to lookup: the ModelAndView object contains the actual View
object.
        view = mv.getView();
        if (view == null) {
            throw new ServletException("ModelAndView [" + mv + "] neither
contains a view name nor a "
+"View object in servlet with name '" + getServletName() + "'");
        }
    }

    //Delegate to the View object for rendering.
    if (logger.isDebugEnabled()) {
        logger.debug("Rendering view [" + view + "] in DispatcherServlet with
name '"
+ getServletName() + "'");
    }
    try {
        if (mv.getStatus() != null) {
            response.setStatus(mv.getStatus().value());
        }
//渲染视图，view 为视图，mv.getModelInternal()为数据模型
        view.render(mv.getModelInternal(), request, response);
    }
    catch (Exception ex) {
        if (logger.isDebugEnabled()) {
            logger.debug("Error rendering view [" + view + "] in
```

```
DispatcherServlet with name '" +
                    getServletName() + "'", ex);
        }
        throw ex;
    }
}
```

首先是国际化的设置，然后判断是否是逻辑视图，如果是就转化它为真实视图，或者直接获取视图即可，最后进入视图的 render 方法，将模型和视图中的数据模型传递到该方法中去，这样就完成了视图的渲染，展示给用户。

附录 B.4　小结

通过源码揭示了 Spring MVC 的流程，从中我们看到了整个流程的运行过程，可以获得更多的知识，有利于我们对 Spring MVC 的理解，从而指导生产实践。整个流程是 Spring MVC 的核心内容，也是开发者的主要内容，通过附录的内容，让我们更清楚 Spring MVC 是如何工作的。

附录 C

JSTL 常用标签

在 Spring 中，常常会使用到 JSTL 和 Spring MVC 所提供的标签库进行开发，这里让我们学习它的使用。在 Spring MVC 中，通过 JstlView 就可以渲染视图。

附录 C.1　JSTL 和开发实例简介

JSTL（JSP Standard Tag Library，JSP 标准标签库）是一个开源的 JSP 标签库，它主要提供了五大标签库，如表 C-1 所示。

表 C-1　JSTL 的五大标签库

标 签 库	URI	前　缀	备　注
核心标签库	http://java.sun.com/jsp/jstl/core	c	核心标签是最常用的 JSTL 标签
格式化标签库	http://java.sun.com/jsp/jstl/fmt	fmt	JSTL 格式化标签用来格式化并输出文本、日期、时间、数字
SQL 标签库	http://java.sun.com/jsp/jstl/sql	sql	JSTL SQL 标签库提供了与关系型数据库（Oracle、MySQL、SQL Server 等）进行交互的标签
XML 标签库	http://java.sun.com/jsp/jstl/xml	x	JSTL XML 标签库提供了创建和操作 XML 文档的标签
JSTL 函数库	http://java.sun.com/jsp/jstl/functions	fn	JSTL 包含一系列标准函数，大部分是通用的字符串处理函数

在五大标签库中，SQL 标签库和 XML 标签库使用的地方不多，这里就不介绍它们了，而使用最多的是核心标签库，其次是格式化标签库，所以笔者在这里会介绍它们。

为了更好地介绍它们，先创建一个数据库表，如代码清单 C-1 所示。

代码清单 C-1：创建用户表

```
CREATE TABLE t_user (
id INT(12) AUTO_INCREMENT,
user_name VARCHAR(60) NOT NULL,
sex INT(2) NOT NULL COMMENT '1-男， 2-女',
posi INT(2) NOT NULL COMMENT '1-普通职工,2-经理，3-总裁',
birthday DATE NOT NULL,
```

```
note VARCHAR(256) null,
PRIMARY KEY(id)
);
```

创建一个用户 POJO 与这个表对应，如代码清单 C-2 所示。

代码清单 C-2：用户 POJO

```
package com.ssm.appendix4.pojo;
/*************** imports ***************/
public class User {

    private Long id;
    private String userName;
    private int sex;
    private int posi;
    private Date birthday;
    private String note;
   /*************** setters and getters***************/
}
```

显然，这个 POJO 的属性和用户表的字段是一一对应的，有时候我们需要查询一个列表，而列表还需要进行分页，那么还需要一个能够保存页面数据的 POJO，如代码清单 C-3 所示。

代码清单 C-3：页面数据 POJO

```
public class PageData<T> {
    private List<T> dataList;
    private int start;
    private int limit;
    private int total;
/***************setter and getter***************/
}
```

这样通过 POJO 就能够有效保存页面数据了。关于 Spring MVC 和数据库环境的搭建可以参考本书对应的章节。假设已经开发好了一个 UseService 接口的两个方法，接口定义如代码清单 C-4 所示。

代码清单 C-4：UserService 接口定义

```
package com.ssm.appendix4.service;
/*************** imports ***************/
public interface UserService {

    /**
     * 获取所有用户信息列表
     * @param start 开始行
     * @param limit 限制总数
```

```
     * @return 返回用户页面数据.
     */
    public PageData<User> getAllUser(int start, int limit);

    /***
     * 获取单个用户详情
     * @param id ——用户编号
     * @return 单个用户
     */
    public User getUser(Long id);

}
```

这里可以参考本书 Spring MVC 的开发内容，搭建 Spring MVC 的开发环境，就可以开发用户控制器了。这里用到了用户表，需要开发一个用户控制器，如代码清单 C-5 所示。

代码清单 C-5：用户控制器

```
package com.ssm.appendix4.controller;

/*************** imports ***************/
@Controller
@RequestMapping("/user")
public class UserController {
    //用户服务类
    @Autowired
    private UserService userService = null;

    /**
     * 用户详情
     * @param id 用户编号
     * @param model 数据模型
     * @return 返回视图名称
     */
    @RequestMapping("/details")
    public String details(Long id, Model model) {
        User user = userService.getUser(id);
        model.addAttribute("user", user);
        return "user_details";
    }

    /**
     * 全部用户列表.
     * @param start 开始条数
     * @param limit 限制条数
     * @param model 数据模型
     * @return 视图名称
```

```
     */
    @RequestMapping("/getAll")
    public String getAll(Integer start, Integer limit, Model model) {
        PageData<User> pageUser = userService.getAllUser(start, limit);
        //找到一页用户数据
        model.addAttribute("pageUser", pageUser);
        return "all_user";
    }

}
```

控制器存在两个方法，一个是显示用户的详细信息的 details 方法，它将获取一个用户的信息，然后跳转到 user_details.jsp 上；另一个是显示用户列表，它将获取用户列表，绑定到数据模型后跳转到 all_user.jsp 上。这样需要开发两个 JSP，并将控制器获得的数据模型渲染到对应的 JSP 上，这个工程的目录如图 C-1 所示。

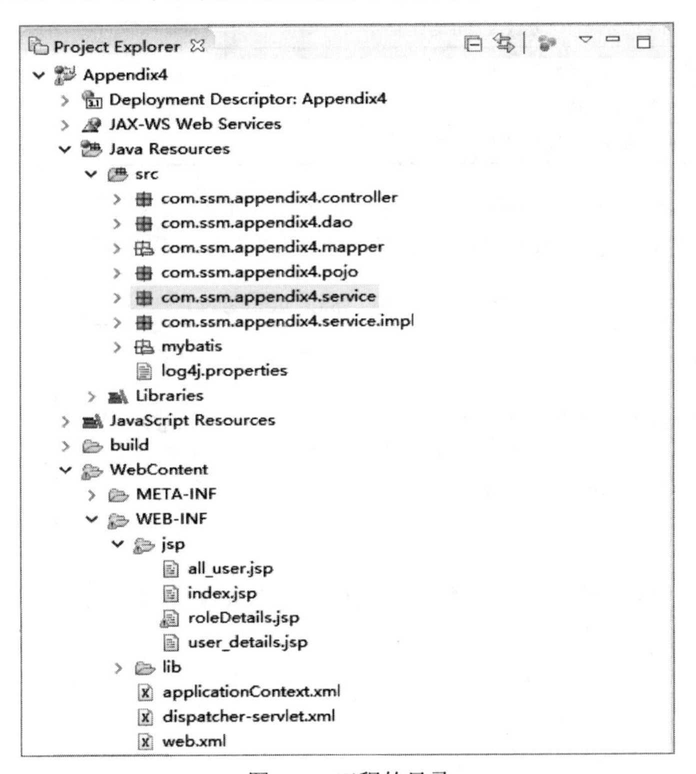

图 C-1 工程的目录

附录 C.2 JSTL 核心标签库和格式化标签库

核心标签库是 JSTL 最基础的标签库，也是使用最为频繁的标签库。核心标签库主要分为数据模型控制、条件控制、输出和跳转控制，核心标签库的标签如表 C-2 所示。

表 C-2　核心标签库的标签

标　签	描　述	备　注
<c:out>	用于在 JSP 中显示数据，就像<%= ... >	将数据输出到页面
<c:set>	用于保存数据	保存数据到某一个范围，可以是 page、request、session 或者 application
<c:remove>	用于删除数据	删除数据
<c:catch>	用来处理产生错误的异常状况，并且将错误信息储存起来	—
<c:if>	与我们在一般程序中用的 if 一样	相当于 if 语句
<c:choose>	本身只当作<c:when>和<c:otherwise>的父标签	相当于 switch...case...default...语句中的 case
<c:when>	<c:choose>的子标签，用来判断条件是否成立	相当于 switch...case...default...语句中的 switch
<c:otherwise>	<c:choose>的子标签，接在<c:when>标签后，当<c:when>标签判断为 false 时被执行	相当于 switch...case...default...语句中的 default
<c:import>	检索一个绝对或相对 URL，然后将其内容暴露给页面	—
<c:forEach>	基础迭代标签，接受多种集合类型	循环语句，相当于 for 语句
<c:forTokens>	根据指定的分隔符来分隔内容并迭代输出	—
<c:param>	用来给包含或重定向的页面传递参数	—
<c:redirect>	重定向至一个新的 URL	重定向
<c:url>	使用可选的查询参数来创造一个 URL	—

user_details.jsp 将展示用户的详细信息。对于模型而言，在控制器中已经绑定了 user，我们可以使用标签将其读出并在 JSP 中展示，如代码清单 C-6 所示。

代码清单 C-6：user_details.jsp

```
<%@ page language="java" contentType="text/html; charset=UTF-8"
pageEncoding="UTF-8"%>
<%@ taglib prefix="c" uri="http://java.sun.com/jsp/jstl/core"%>
<!DOCTYPE html PUBLIC "-//W3C//DTD HTML 4.01 Transitional//EN"
   "http://www.w3.org/TR/html4/loose.dtd">
<html>
<head>
<meta http-equiv="Content-Type" content="text/html; charset=UTF-8">
<title>用户详情</title>
</head>
<body>
<center>
<table border="1">
<tr>
<td>标签</td>
<td>值</td>
</tr>
<tr>
<td>编号</td>
<!-- 输出 -->
<td><c:out value="${user.id}"></c:out></td>
```

```
</tr>
<tr>
<td>用户名称</td>
<td><c:out value="${user.userName}"></c:out></td>
</tr>
<tr>
<td>性别</td>
<td>
<!-- if 条件标签 -->
<c:if test="${user.sex == 1}">男</c:if>
<c:if test="${user.sex == 2}">女</c:if>
</td>
</tr>
<tr>
<td>职位</td>
<td>
<!-- choose...when....othderwise...标签 -->
<c:choose>
<c:when test="${user.posi == 1}">普通职工</c:when>
<c:when test="${user.posi == 2}">经理</c:when>
<c:otherwise>总裁</c:otherwise>
</c:choose>
</td>
</tr>
<tr>
<td>出生日期</td>
<td><c:out value="${user.birthday}"></c:out></td>
</tr>
<tr>
<td>备注</td>
<td><c:out value="${user.note}"></c:out></td>
</tr>
</table>
</center>
</body>
</html>
```

上面的代码首先引入了核心标签库，由于在 Spring MVC 控制器中绑定的数据模型的键是"user"，所以这里的 ELuser 就代表了 POJO 对象。然后通过属性名将其读出进行展示，展示是通过标签<c:out>来完成的，而 value 处填入对应的 EL，就能从数据模型中获取数据了。这里的<c:if>和<c:when>的属性 test 是一个 boolean 值，代表判断的真假。这样就可以测试用户详情页面了，如图 C-2 所示。

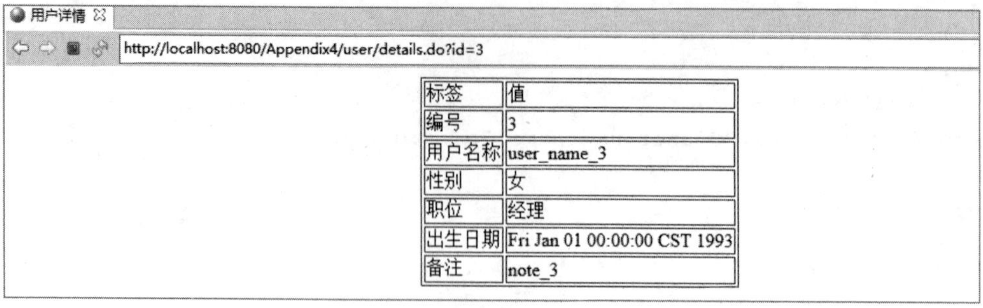

用户详情

http://localhost:8080/Appendix4/user/details.do?id=3

标签	值
编号	3
用户名称	user_name_3
性别	女
职位	经理
出生日期	Fri Jan 01 00:00:00 CST 1993
备注	note_3

图 C-2　用户详情页面

再看用户列表的例子，如代码清单 C-7 所示。

代码清单 C-7：用户列表 all_user.jsp

```
<%@page import="com.ssm.appendix4.pojo.PageData"%>
<%@page import="com.ssm.appendix4.pojo.User"%>
<%@ page language="java" contentType="text/html; charset=UTF-8"
       pageEncoding="UTF-8"%>
<%@ taglib prefix="c" uri="http://java.sun.com/jsp/jstl/core"%>
<!DOCTYPE html PUBLIC "-//W3C//DTD HTML 4.01 Transitional//EN"
"http://www.w3.org/TR/html4/loose.dtd">
<html>
<head>
<meta http-equiv="Content-Type" content="text/html; charset=UTF-8">
<title>用户详情</title>
</head>
<%
       int currPage = 0;//当前页码
       int totalPage = 0;//总页码
       //读取数据模型的数据
       PageData<User>  pageUser  =  (PageData)  request.getAttribute
("pageUser");
       int total = pageUser.getTotal();
       int start = pageUser.getStart();
       int limit = pageUser.getLimit();
       //计算当前页码
       currPage = (start != 0 && start % limit == 0) ? (start / limit) : (start
/ limit + 1);
       //计算总页码
       if (total == 0) {
           totalPage = 1;
       } else {
           totalPage = total % limit == 0 ? total / limit : total / limit +
1;
       }
    %>
<!-- 设值 -->
```

```
<c:set var="currPage" scope="request" value="<%=currPage%>"/>
<c:set var="totalPage" scope="request" value="<%=totalPage%>"/>
<body>
<center>
<table border="1">
<tr>
<td>编号</td>
<td>用户名称</td>
<td>性别</td>
<td>职位</td>
<td>详情</td>
</tr>
<!-- 循环读取用户信息 -->
<c:forEach var="user" items="${pageUser.dataList}">
<tr>
<td><c:out value="${user.id}"></c:out></td>
<td><c:out value="${user.userName}"></c:out></td>
<td>
<c:if test="${user.sex == 1}">男</c:if>
<c:if test="${user.sex == 2}">女</c:if>
</td>
<td>
<c:choose>
<c:when test="${user.posi == 1}">普通职工</c:when>
<c:when test="${user.posi == 2}">经理</c:when>
<c:otherwise>总裁</c:otherwise>
</c:choose>
</td>
<td>
<!-- 设置新的 URL，跳转到详情页 -->
<c:url var="userUrl" value="./details.do">
<c:param name="id" value="${user.id}"/>
</c:url>
<a href="<c:out value="${userUrl}"/>">详细</a>
</td>
</tr>
</c:forEach>
</table>
<span>当前是第
<font color="red"><c:out value="${currPage}"></c:out></font>页，共
<font color="red"><c:out value="${totalPage}"></c:out></font>页
</span>
</center>
</body>
</html>
```

这里先从数据模型中取出对应的后台信息，算出当前页和总页数，再通过<c:set>去设置值，并且设置 scope 为 request，也就是在请求期间有效。也可以根据需要设置为 page、session 或者 application，而从数据模型读出的用户列表信息是需要循环语句读出的，所以这里使用了<c:forEach>标签，其属性 items 标明循环的列表对象，而 var 属性则表示当前的列表元素。这里由于控制器返回的是用户列表，所以显示的也是用户信息。对于<c:url>则是定义一个 URL，它的 var 标明模型变量名称，而 value 则表示跳转路径，其子标签<c:param>则可以设置参数，它的 name 表示 url 的参数名称，value 就是表示值。通过这样就能够传递参数，查看用户列表了，其结果如图 C-3 所示。

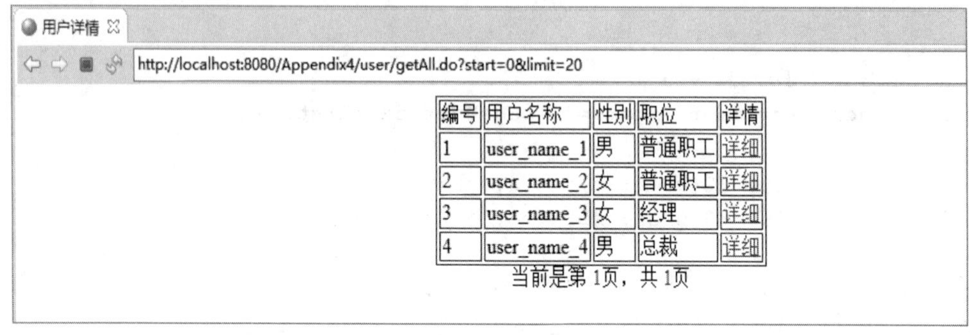

图 C-3　用户列表

通过上述内容，我们基本掌握了最常用的核心标签的用法了。从图 C-2 中可以看到，出生日期的显示是以西方习惯显示的，有时候希望使用格式化日期和数字，这就是 JSTL 的格式化标签了。

JSTL 格式化标签，如表 C-3 所示。

表 C-3　JSTL 格式化标签

标　　签	描　　述
<fmt:formatNumber>	使用指定的格式或精度格式化数字
<fmt:parseNumber>	解析一个代表着数字、货币或百分比的字符串
<fmt:formatDate>	使用指定的风格或模式格式化日期和时间
<fmt:parseDate>	解析一个代表着日期或时间的字符串
<fmt:bundle>	绑定资源
<fmt:setLocale>	指定地区
<fmt:setBundle>	绑定资源
<fmt:timeZone>	指定时区
<fmt:setTimeZone>	指定时区
<fmt:message>	显示资源配置文件信息
<fmt:requestEncoding>	设置 request 的字符编码

在 Spring MVC 中用得最多的是数字、日期的格式化，也就是<fmt:formatNumber>和<fmt:formatDate>，其他的标签使用相对较少，所以这里只介绍这两个标签。新建一个控制器，用于返回数字和日期，格式化控制器如代码清单 C-8 所示。

代码清单 C-8：格式化控制器

```
package com.ssm.appendix4.controller;
/**************** imports ****************/
@Controller
@RequestMapping("/fmt")
public class FmtController {

    @RequestMapping("dateAndNum")
    public String showDateAndNum(Model model) {
        model.addAttribute("date", new Date());
        model.addAttribute("num", 123456.789);
        return "format";
    }
}
```

这里的数据模型，包含两个参数，一个是日期，另一个是数字，我们要将其渲染到页面中。新建一个 JSP 文件，JSTL 显示格式化如代码清单 C-9 所示。

代码清单 C-9：JSTL 显示格式化（format.jsp）

```
<%@    page    language="java"    contentType="text/html;    charset=UTF-8"
pageEncoding="UTF-8"%>
<%@ taglib prefix="c" uri="http://java.sun.com/jsp/jstl/core"%>
<%@ taglib prefix="fmt" uri="http://java.sun.com/jsp/jstl/fmt"%>
<!DOCTYPE html PUBLIC "-//W3C//DTD HTML 4.01 Transitional//EN"
"http://www.w3.org/TR/html4/loose.dtd">
<html>
<head>
<meta http-equiv="Content-Type" content="text/html; charset=UTF-8">
<title>格式化</title>
</head>
<body>
<table border="1">
    <tr>
        <td>日期</td>
        <td>
                日期格式化 (1):
                <fmt:formatDate type="time" value="${date}" /><p>
                日期格式化 (2):
                <fmt:formatDate type="date" value="${date}" /><p>
                日期格式化 (3):
                <fmt:formatDate type="both" value="${date}" /><p>
                日期格式化 (4):
                <fmt:formatDate type="both" dateStyle="short"
                   timeStyle="short" value="${date}" /><p>
                日期格式化 (5):
                <fmt:formatDate type="both" dateStyle="medium"
```

```
                timeStyle="medium" value="${date}" /><p>
            日期格式化 (6):
            <fmt:formatDate type="both" dateStyle="long"
                timeStyle="long" value="${date}" /><p>
            日期格式化 (7):
            <fmt:formatDate pattern="yyyy-MM-dd" value="${date}" /><p>
        </td>
        <td>数字</td>
        <td>
            格式化数字 (1):
            <fmt:formatNumber value="${num}" type="currency" /><p>
            格式化数字 (2):
            <fmt:formatNumber   type="number"   maxIntegerDigits="3"
value="${num}" /><p>
            格式化数字 (3):
            <fmt:formatNumber   type="number"   maxFractionDigits="3"
value="${num}" /><p>
            格式化数字 (4):
            <fmt:formatNumber   type="number"   groupingUsed="false"
value="${num}" /><p>
            格式化数字 (5):
            <fmt:formatNumber   type="percent"   maxIntegerDigits="3"
value="${num}" /><p>
            格式化数字 (6):
            <fmt:formatNumber   type="percent"   minFractionDigits="2"
value="${num}" /><p>
            格式化数字 (7):
            <fmt:formatNumber   type="percent"   maxIntegerDigits="3"
value="${num}" /><p>
            格式化数字 (8):
            <fmt:formatNumber   type="number"   pattern="###.###.00"
value="${num}" /><p>
            人民币 :<fmt:setLocale value="zh_CN" /><fmt:formatNumber
value="${num}"
                type="currency" />
        </td>
    </tr>
</table>
</body>
</html>
```

这里展示了多种格式化，方法各异，我们不再讨论它们的细节。测试日期和时间格式化，如图 C-4 所示。

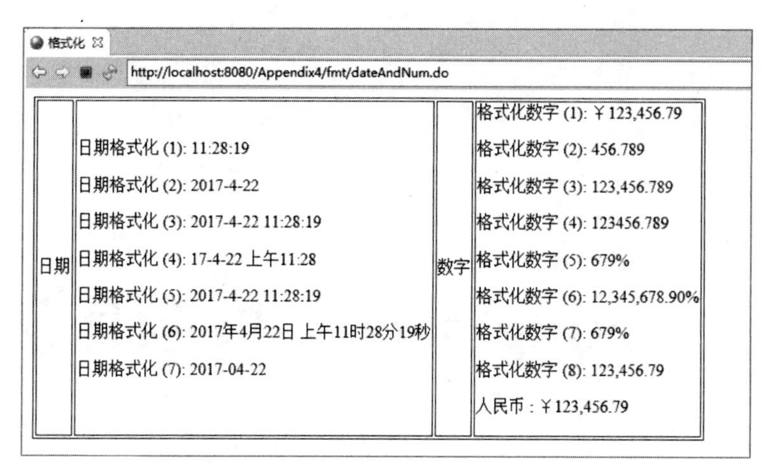

图 C-4　日期和时间格式化

附录 D

spring data redis 项目分析

D.1 Spring 对 Redis API 的基本封装

Java 有多种 Redis 的 API，而本书采用了 Jedis 连接 Redis 并提供 API，其实还有 Jredis、Lettuce 等。为了融合这些不同的 API，Spring 给出一个对底层操作的接口 RedisConnection，通过这个接口就消除了各种连接 API 的差异，提供统一的接口规范来简化操作，如图 D-1 所示。

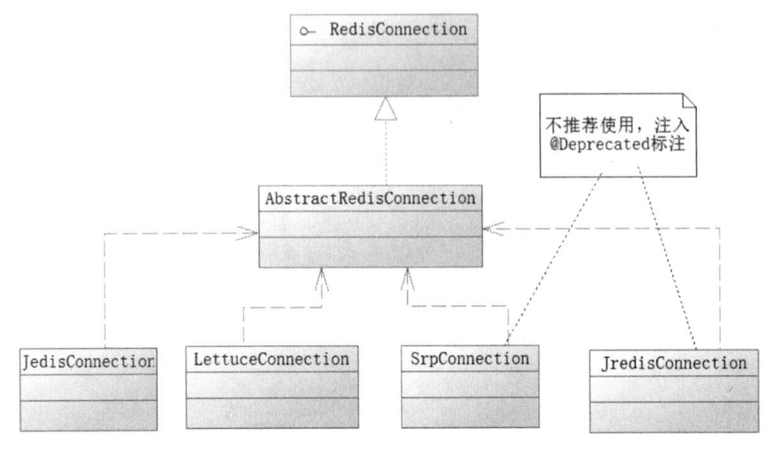

图 D-1 RedisConnection 设计

Spring 对 Java 多种 Redis 连接 API 进行了封装，而各个连接的实现类都继承了抽象类 AbstractRedisConnection，而这个抽象类则实现了 RedisConnection 接口。所以对于使用者而言，只需要知道 RedisConnection 接口的 API 就可以消除各个 API 的差异了。

有了这个接口我们自然可以想到 Spring 会提供创建这个接口对象的工厂——RedisConnectionFactory。它也是类似的一个简易模型，RedisConnectionFactory 设计如图 D-2 所示。

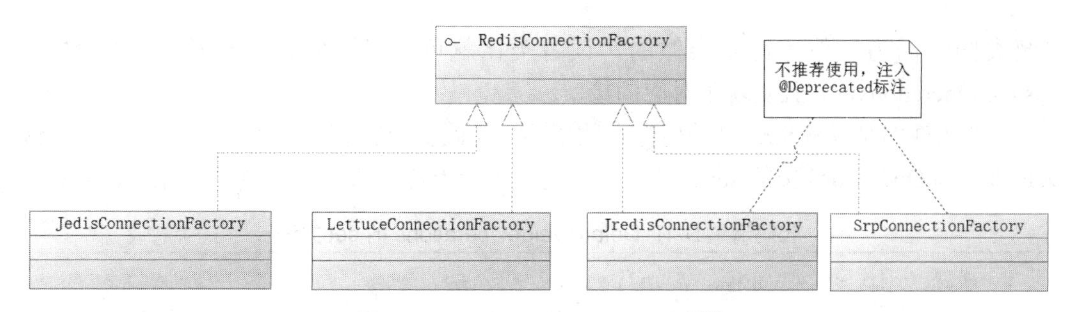

图 D-2 RedisConnectionFactory 设计

通过工厂就可以生成一个 RedisConnection 对象，进而可以通过各个命令操作 Redis 的各个命令。

D.2 Spring 对 Redis 命令的封装

由于 Redis 的命令很多，分为 6 种数据类型，如果所有的命令都集中在一个 RedisConnection 接口去操作，那么层次就很不清晰，而且方法很多。为此 Spring 对 6 种数据类型的命令进行了更深层次封装，它会对 6 种数据结构进行分解：

- ValueOperations——键值对操作接口。
- HashOperations——哈希操作接口。
- ListOperations——链表操作接口。
- SetOperations——无序集合操作接口。
- ZSetOperations——有序集合操作接口。
- HyperLogLogOperations——基数操作接口。

Spring 也会为它们提供默认的实现类，在大部分情况下只要使用 Spring 提供的实现类即可，这些实现类是：DefaultValueOperations、DefaultHashOperations、DefaultListOperations、DefaultSetOperations、DefaultZSetOperations 和 DefaultHyperLogLogOperations。通过名称就可以知道它们对应的操作数据命令是什么。

显然可以轻易得到 Spring 提供的实现类，如图 D-3 所示。

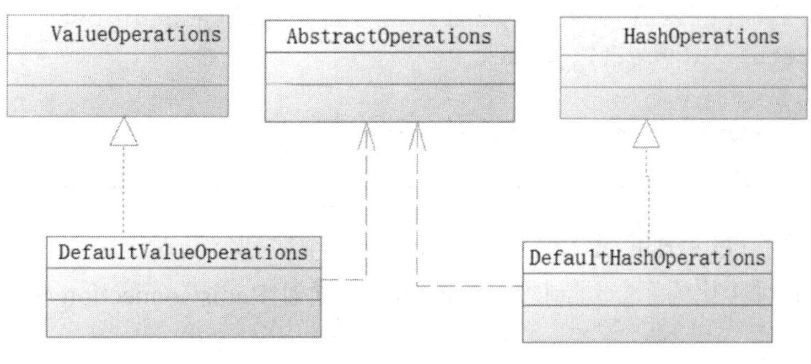

图 D-3 Spring 提供的实现类

注意，这里没有画出所有的操作类的类图，只是画出了键值对和哈希结构数据的命令封装类图，因为其他的都是类似的，读者类比就可以了。它们都继承了抽象类——AbstractOperations，并且实现了对应的接口。

需要关注的是，Spring 是如何保存数据的。为此我们选取了一个方法去探讨，它就是 DefaultValueOperations 类的 set 方法，这也是一个最为常用的方法，如代码清单 D-1 所示。

代码清单 D-1：DefaultValueOperations 的 set 方法

```
public void set(K key, V value) {
final byte[] rawValue = rawValue(value);
execute(new ValueDeserializingRedisCallback(key) {
    protected byte[] inRedis(byte[] rawKey, RedisConnection connection) {
       connection.set(rawKey, rawValue);
        Return null;
    }
}, true);
}
```

Spring 把 key 和 value 转化为 rawKey 和 rawValue，然后通过 RedisConnection 发给 Redis 存储，那么它是如何将 key 转化为 rawKey，如何将 value 转化为 rawValue 的呢？

答案是 Spring 通过 AbstractOperations 抽象类进行转化，它有两个方法 rawKey 和 rawValue，如代码清单 D-2 所示。

代码清单 D-2：Spring 的键值序列化器

```
@SuppressWarnings("unchecked")
byte[] rawKey(Object key) {
Assert.notNull(key, "non null key required");
if (keySerializer() == null && key instanceof byte[]) {
    return (byte[]) key;
}
return keySerializer().serialize(key);
}
......
@SuppressWarnings("unchecked")
byte[] rawValue(Object value) {
    if (valueSerializer() == null && value instanceof byte[]) {
        return (byte[]) value;
}
return valueSerializer().serialize(value);
}
```

Spring 使用了 keySerializer 和 valueSerializer 两个序列化器对键值对进行序列化，这个序列化就把键值对转化为了二进制数组（byte[]），通过 RedisConnection 传达给 Redis 服务器。

对于这个序列化 Spring 也提供了接口——RedisSerializer。

```
public interface RedisSerializer<T> {

    byte[] serialize(T t) throws SerializationException;

    T deserialize(byte[] bytes) throws SerializationException;
}
```

这里有两个方法，一个是 serialize，它的作用是能把对象（对象要求实现 Serializable 接口）通过序列化转化为二进制数组；另一个是 deserialize，它能将序列化的二进制转化为对应的对象。只要实现了这个接口，并实现这两个方法，就可以自定义序列化器了，然后通过配置就能在 Spring 的上下文中使用自定义的序列化器，如图 D-4 所示。

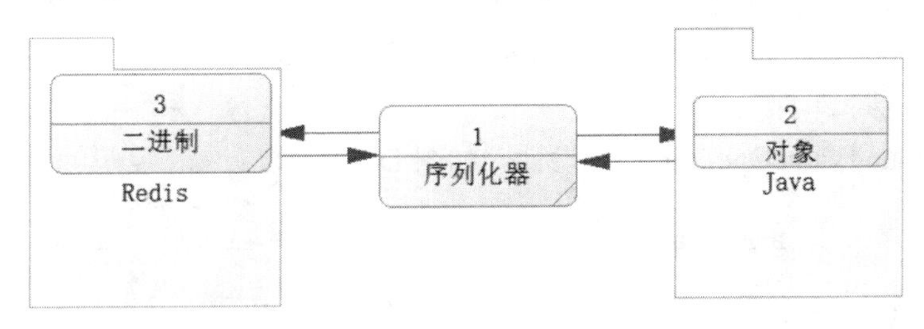

图 D-4　Redis 序列化器

当然 Spring 也会有自己的序列化器，通过使用它们一样可以实现对键值对的序列化和反序列化。比如常见的 Json 序列化器——Jackson2JsonRedisSerializer、JDK 序列化器——JdkSerializationRedisSerializer、字符串序列化器——StringRedisSerializer 等，它们都实现了 RedisSerializer 接口，在不使用自定义的时候使用它们就可以了。

D.3　Spring 对 Redis 操作的封装

在 Spring 中提供了对应的操作接口——BoundKeyOperations，它是一个公共接口，它的方法可以给 6 种数据类型操作共享，如代码清单 D-3 所示。

代码清单 D-3：BoundKeyOperations 接口

```
public interface BoundKeyOperations<K> {
    K getKey();
    DataType getType();
    Long getExpire();
    Boolean expire(long timeout, TimeUnit unit);
    Boolean expireAt(Date date);
    Boolean persist();
    void rename(K newKey);
}
```

这是一个最基础的接口，为了实现各个数据类型不同的操作，在此接口上 Spring 扩展出了其他的接口：

- BoundValueOperations——对于键值对的操作，这是 Redis 最基础的数据类型。
- BoundHashOperations——对于哈希数据的操作。
- BoundListOperations——对于链表（List）数据的操作。
- BoundSetOperations——对于集合（Set）数据的操作。
- BoundZSetOperations——对于有序集合（ZSet）数据的操作。
- HyperLogLogOperations——基数统计统计操作。

这样 Spring 通过操作就可以把各个数据类型的命令封装到各个操作里面，提供统一的操作接口给调用者使用。Spring 也对它们提供对应的默认实现类。对于 6 个接口的实现类而言，也许无须全部讨论，因为它们都是类似的设计原理，只需要挑选出最基本的 BoundValueOperations 接口的实现类 DefaultBoundValueOperations 便可以进一步探讨 Spring 对 Redis 操作的封装了。

DefaultBoundValueOperations 的设计，如图 D-5 所示。

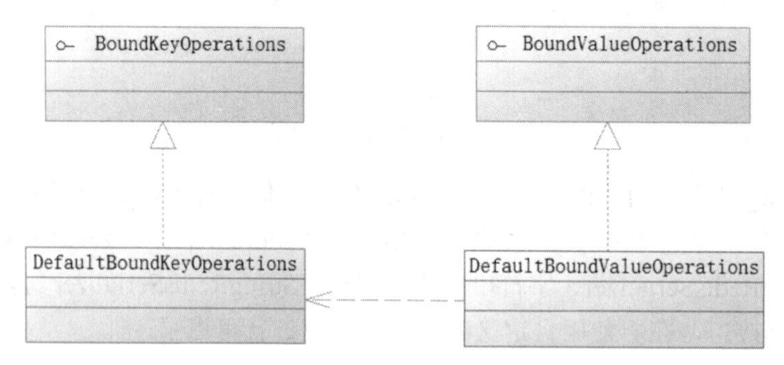

图 D-5　DefaultBoundValueOperations 的设计

DefaultBoundValueOperations 的构造方法如下所示：

```
public DefaultBoundValueOperations(K key, RedisOperations<K, V> operations)
{
super(key, operations);
this.ops = operations.opsForValue();
}
```

key 的传递限制了这个类在操作对应的 Redis 的键值对，而属性 ops 是一个操作。operations.opsForValue()是获取一个 ValueOperations 接口对象，可见它最终还是通过对命令的封装进行操作的。这样它就能够操作命令封装的类对 Redis 的命令操作了。其他的操作封装也是类似的，这里不再赘述。

注意，Spring 提供了一个接口——TypedTuple 来操作有序集合，因为有序集合的元素是由分数（score）和值（value）组成的，分数是用于排序的一个双精度数字，这个接口要求实现两个方法：

```
public interface TypedTuple<V> extends Comparable<TypedTuple<V>> {
V getValue();

Double getScore();
}
```

getValue 方法是获取值，而 getScore 方法是返回一个分数，用于排序。由于它继承了 Comparable 接口，所以还需要实现一个 compareTo 方法。compareTo 方法是一个比较方法，定义在 JDK 所带的包里。不过 Spring 提供了一个默认的实现类——DefaultTypedTuple，使用它就可以设置有序集合的元素了，十分方便。

D.4 揭秘 RedisTemplate

上述的类大部分都是比较底层的类，在大部分情况下，可能对它们使用不多，所以感觉它们不是那么“亲民”，而 RedisTemplate 是使用较多的类。只要使用 Redis，就会常常遇到它。

正如 Spring 所承诺的，提供模板给使用者调用，从而降低开发难度，Spring 也为 Redis 提供了一个 RedisTemlate 模板，通过它就可以快速操作 Redis。

它在内部定义了许多很有用的属性，通过代码和注释去了解它们。

```
    private boolean enableTransactionSupport = false;//是否支持事务
    private boolean exposeConnection = false;//是否暴露连接，用于代理访问的形
式时
    private boolean initialized = false;//初始化状态
    private boolean enableDefaultSerializer = true;//默认的序列化器是否开启
    private RedisSerializer<?> defaultSerializer;//默认序列化器
    private ClassLoader classLoader;//类加载器

    private RedisSerializer keySerializer = null;//键序列化器
    private RedisSerializer valueSerializer = null;//值序列化器
    private RedisSerializer hashKeySerializer = null;//hash 数据结构键序列化
器
    private RedisSerializer hashValueSerializer = null;//hash 数据结构值序列
化器
  private     RedisSerializer<String>     stringSerializer     =     new
StringRedisSerializer();//字符串序列化器

private ScriptExecutor<K> scriptExecutor;//Lua 脚本执行器

//cache singleton objects (where possible)
private ValueOperations<K, V> valueOps;//字符串操作
```

```
    private ListOperations<K, V> listOps;//链表操作
    private SetOperations<K, V> setOps;//集合操作
    private ZSetOperations<K, V> zSetOps;//有序集合操作
    private HyperLogLogOperations<K, V> hllOps;//HyperLogLog 操作
```

通过上面的代码我们对 RedisTemplate 有了更深的了解，我们可以通过设置 key 和 value 的序列化器去控制其序列化，其次也可以获得各种操作来执行各种 Redis 的命令。还有一个 scriptExecutor 来支持 Lua 脚本的执行。

RedisTemplate 有 3 大类的操作：

- 数据类型的公共命令，比如 expire、delete、watch、unwatch 等命令。
- 获取对应的操作类，比如 ValueOperations 对象。
- 执行多个命令或者其他用户回调模板。

下面分小节对它们进行详细的讨论。

附录 D.4.1 RedisTemplate 公共命令

先来看看公共命令 Spring 的封装，以删除键值对的 delete 方法为例进行讨论。

```
    public void delete(K key) {
        final byte[] rawKey = rawKey(key);
        execute(new RedisCallback<Object>() {
            public Object doInRedis(RedisConnection connection) {
                connection.del(rawKey);
                return null;
            }
    }, true);

    }
```

真正的逻辑是在 execute 方法的参数里面。这个参数是一个 RedisCallback 接口对象，Spring 为了兼容非 Java 8 的版本，所以没有采用 Java 8 的 Lamda 表达式，而是采用了传统的匿名类形式。在 RedisCallback 接口对象里，它采用了自己封装的 RedisConnection 接口操作 Redis 命令。这时我们关注的焦点又落到了 execute 方法中。在 RedisTemplate 中，名称为 execute 的方法有许多个，只是参数不一而已，这里不需要所有的都探讨，只需要看一个最底层的就可以了，让我们探讨一下它。

```
    public <T> T execute(RedisCallback<T> action, boolean exposeConnection,
    boolean pipeline) {
        Assert.isTrue(initialized, "template not initialized; call
    afterPropertiesSet() before using it");
    Assert.notNull(action, "Callback object must not be null");
    //获取 Redis 连接池
        RedisConnectionFactory factory = getConnectionFactory();
```

```
    RedisConnection conn = null;
try {
    //获取连接，判断是否存在事务
        if (enableTransactionSupport) {
                //only bind resources in case of potential transaction
synchronization
                conn = RedisConnectionUtils.bindConnection(factory,
enableTransactionSupport);
        } else {
                conn = RedisConnectionUtils.getConnection(factory);
        }
        boolean existingConnection = TransactionSynchronizationManager.
hasResource(factory);
        RedisConnection connToUse = preProcessConnection(conn,
existingConnection);
        boolean pipelineStatus = connToUse.isPipelined();
        //是否采用流水线
        if (pipeline && !pipelineStatus) {
                connToUse.openPipeline();
        }
        //是否采用代理访问
        RedisConnection connToExpose = (exposeConnection ? connToUse :
createRedisConnectionProxy(connToUse));
        //调用 RedisCallback 接口的 doInRedis 方法
        T result = action.doInRedis(connToExpose);
        //关闭 pipeline
        if (pipeline && !pipelineStatus) {
                connToUse.closePipeline();
        }
        //TODO: any other connection processing?
        //事后方法
        return postProcessResult(result, connToUse, existingConnection);
} finally {
    //是否事务，关闭事务
        if (!enableTransactionSupport) {
            RedisConnectionUtils.releaseConnection(conn, factory);
        }
    }
}
```

在上面的代码中，笔者加入了自己的一些注释，以便于读者理解。当用一个公共命令的时候，Spring 会从 Redis 的连接池里获取连接，所以在一个方法里面使用 RedisTemplate 操作，比如下面的代码，在大部分情况下都会抛出异常。

```
redisTemplate.multi();
......some redis actions......
```

```
redisTemlate.exec();
```

这是因为使用公共命令，每次 RedisTemplate 都会尝试在连接池里面拿到一条空闲的连接，而 redisTemplate.multi()和 redisTemlate.exec();执行的时候，在大部分的情况下都不是同一条连接，因此会在 redisTemlate.exec();执行过程中发生异常，因为它内部的 Redis 连接没有执行事务的开启（该连接在此之前没有执行 multi 命令）。

附录 D.4.2 获取操作类

RedisTemplate 的属性定义了 Redis 的 6 种数据结构的操作类，只要通过 opsForXXX 这样的方法就可以得到命令的封装类。比如要对字符串操作，就可以使用：

```
redisTemplate.opsForValue();
```

得到命令封装类。如果要对某个键值对操作，那么也可以通过 boundXXXOps 来获取操作类，比如对字符串的 boundValueOps 方法，这样就可以得到一个字符串的操作类。它们的底层也是通过使用 RedisTemplate 的 execute 方法去执行的，所以对于它们的操作还是类似 RedisTemplate 那样，执行一次命令就尝试在连接池里获取新的连接，有兴趣的读者可以自己跟一下源码，这里就不再赘述了。

附录 D.4.3 执行模板

RedisTemplate 在执行命令的时候都尝试获取新的连接，不过它执行简易的方法还是很有好处的，因为模板会自动获取和关闭连接（如果有流水线也会关闭）。但是当在一个方法内执行多个命令时，首先用 RedisTemplate 使用公共命令就会出现每个命令都有可能被不同的连接执行，显然这样的方式会造成资源的严重浪费。其次对于 watch... multi... exec...这样需要组合的命令就会失败。

为了克服这个问题，Spring 提供了模板类，使用 RedisTemplate 的 public <T> T execute(SessionCallback<T> session)方法，它会使用同一个连接执行多个命令，而获取和关闭连接，Spring 也会封装。现在模拟一个事务命令的执行。

```
SessionCallback callBack = (SessionCallback) (RedisOperations ops) -> {
    ops.boundValueOps("mykey").set("mykey");
    ops.watch("mykey");
ops.multi();
/** 一些操作**/
ops.exec();
};
//使用模板执行多个 Redis 的命令
redisTemplate.execute(callBack);
```

这样 RedisTemlate 就会使用同一个连接执行多个命令。这多个命令被封装在 SessionCallback 接口对象中。执行流水线也是一样的道理，感兴趣的读者可以研读一下 RedisTemlate 的 executePipelined 方法的源码，也是类似的。

附录 D.4.4　对 Lua 脚本模板的支持

对于 Lua 脚本的支持，在 RedisTemplate 的属性中看到了 ScriptExecutor 接口对象。在默认的情况下，Spring 提供了实现类 DefaultScriptExecutor，如果不需要自定义，那么使用它便可以了。

对于 ScriptExecutor 接口，它定义了两个方法：

```
public interface ScriptExecutor<K> {
    <T> T execute(RedisScript<T> script, List<K> keys, Object... args);

    <T> T execute(RedisScript<T> script, RedisSerializer<?> argsSerializer,
RedisSerializer<T> resultSerializer, List<K> keys, Object... args);

}
```

在 Spring 提供的默认接口实现类 DefaultScriptExecutor 中，存在两个 execute 方法，但是并不需要都去探讨，因为在 Spring 的内部第一个 execute 方法是通过第二个 execute 方法去实现的，只是它把 argsSerializer 和 resultSerializer 通过 RedisTemplate 的 valueSerializer 去设置而已。所以这里掌握第二个 execute 方法就可以了。

RedisScript 是 Spring 提供的类，而 argsSerializer 是参数序列化器，resultSerializer 是结果序列化器。如果采用 DefaultScriptExecutor，那么就是 RedisTemplate 定义的 valueSerializer。而 keys 就是 Redis 的键参数，args 则是多个参数。下面再探索 RedisScript 接口。

```
public interface RedisScript<T> {
    String getSha1();
    Class<T> getResultType();
    String getScriptAsString();
}
```

上面的 3 个方法都比较简单，Spring 也会提供一个默认的实现类 DefaultScriptExecutor。

- getSha1 方法是获取脚本的 32 位 SHA1 编码，当执行了 evalsha 命令后，它就会把脚本的 SHA1 编码返回，保存起来，以后就可以通过这个编码执行脚本了。这样再长的脚本也只要通过 32 位编码的发送就可以了，有利于网络传输数据的减少，从而减少性能瓶颈。从对 Redis 流水线的分析可以知道，问题往往发生在网络传递的命令速度跟不上 Redis 的执行速度。
- getResultType 是一个获取结果类型的方法，也就是 Lua 语言最后返回的结果类型。
- getScriptAsString 方法是把脚本用字符串返回回来，可让程序知道自己在执行什么样的脚本。

RedisTemplate 模板提供了两个方法：

```
public <T> T execute(RedisScript<T> script, List<K> keys, Object... args)
{
        return scriptExecutor.execute(script, keys, args);
    }

    public  <T>  T  execute(RedisScript<T>  script,  RedisSerializer<?>
argsSerializer, RedisSerializer<T> resultSerializer, List<K> keys, Object...
args) {
        return       scriptExecutor.execute(script,       argsSerializer,
resultSerializer, keys, args);
    }
```

这样我们只需要通过它便可以执行对应的 Lua 脚本了。